软件开发微视频讲解大系

C++从入门到精通（项目案例版）

明日学院 编著

中国水利水电出版社
www.waterpub.com.cn
·北京·

内容提要

《C++从入门到精通（项目案例版）》以初学者为核心，全面介绍了C++程序设计、C++入门（C++ primer）、C++标准库、C++编程思想、C++高级编程和C++项目实战案例等。全书共分19章，其中第1～12章介绍了C++基础知识、核心技术和高级应用，主要内容包括初识C++，数据的计算、输入与输出，逻辑工具——判断与循环，程序模块——函数的应用，指针和引用，数组的应用，面向对象——类的构造、继承和派生，模板的使用，代码整理，STL标准模块库，文件操作等；第13～19章通过商品销售系统、坦克动荡游戏、365系统加速器、股票分析仿真系统等7个具体的项目开发案例，详细展示了项目开发的全过程，以使读者掌握面向对象的分析和设计技术，并学会用面向对象的方式思考和编程。

《C++从入门到精通（项目案例版）》配备了极为丰富的学习资源，具体内容如下：

◎配套资源：106集教学视频（可扫描二维码观看），以及全书实例源代码。

◎附赠"Visual C++开发资源库"，拓展学习本书的深度和广度。

※实例资源库：881个实例及源码解读　※模块资源库：15个典型模块完整开发过程展现

※项目资源库：16个项目完整开发过程展现　※能力测试题库：4种程序员必备能力测试题库

※面试资源库：355道常见C语言面试真题

◎附赠在线课程：包括C语言、C++、C#体系课程、实战课程等多达百余学时的在线课程。

《C++从入门到精通（项目案例版）》是一本C++入门视频教程，适合作为C++语言爱好者、C++初学者、C++工程师、应用型高校、培训机构的教材或参考书。C++语言是C语言的超集，所以也适合所有C语言爱好者参考学习。

图书在版编目（CIP）数据

C++从入门到精通 ： 项目案例版 / 明日学院编著
. -- 北京 ： 中国水利水电出版社，2017.11（2020.11重印）
（软件开发微视频讲解大系）
ISBN 978-7-5170-5779-6

Ⅰ. ①C… Ⅱ. ①明… Ⅲ. ①C语言—程序设计 Ⅳ.
①TP312.8

中国版本图书馆CIP数据核字(2017)第210738号

丛书名	软件开发微视频讲解大系
书　名	C++从入门到精通（项目案例版） C++ CONG RUMEN DAO JINGTONG（XIANGMU ANLI BAN）
作　者	明日学院 编著
出版发行	中国水利水电出版社 （北京市海淀区玉渊潭南路1号D座　100038） 网址：www.waterpub.com.cn E-mail：zhiboshangshu@163.com 电话：（010）62572966-2205/2266/2201（营销中心）
经　售	北京科水图书销售中心（零售） 电话：（010）88383994、63202643、68545874 全国各地新华书店和相关出版物销售网点
排　版	北京智博尚书文化传媒有限公司
印　刷	三河市龙大印装有限公司
规　格	203mm×260mm　16开本　39印张　917千字　1插页
版　次	2017年11月第1版　2020年11月第6次印刷
印　数	14501—17000册
定　价	89.80元

前　言

Preface

C++是一种使用非常广泛的计算机编程语言，该语言是在 C 语言基础上扩展并融合了许多新的编程理念发展起来的，是一种静态数据类型检查的、支持多重编程范式的通用程序设计语言，支持过程化程序设计、数据抽象、面向对象程序设计、泛型程序设计等多种程序设计风格。C++语言支持类、封装、重载等特性，常用于系统开发，引擎开发等应用领域，是使用人数最多、最强大的编程语言之一。

本书从初学者的角度出发，为想学习 C++、想使用 C++从事软件开发的初中级开发人员、编程爱好者、大学师生等精心策划编写而成。所讲内容从技术应用的角度出发，结合实际应用进行讲解，以便让想要学习 C++编程的开发人员学会编程，并能够根据自己的意愿开发出实用的程序。

本书特点

➘ 结构合理，适合自学

本书定位以初学者为主，在内容安排上充分体现了初学者的特点，内容循序渐进、由浅入深，能引领读者快速入门。

➘ 视频讲解，通俗易懂

为了提高学习效率，本书大部分章节都录制了教学视频。视频录制时不是干巴巴地将书中内容阅读一遍，缺少讲解的“味道”，而是采用模仿实际授课的形式，在各知识点的关键处给出解释、提醒和需注意事项，专业知识和经验的提炼，让你高效学习的同时，更多体会编程的乐趣。

➘ 实例丰富，一学就会

本书在介绍各知识点时，辅以大量的实例，并提供具体的设计过程，读者可按照步骤一步步操作，或将代码全部输入一遍，从而快速理解并掌握所学知识点。最后的 7 个大型综合案例，运用软件工程的设计思想和 C++相关技术，全面展示了软件项目开发的实际过程。

➘ 精彩栏目，及时关键

根据需要并结合实际工作经验，作者在各章知识点的叙述中穿插了大量的“注意”、“说明”、“技巧”等小栏目，让读者在学习过程中更轻松地理解相关知识点及概念，切实掌握相关技术的应用技巧。

本书显著特色

🕮 体验好

二维码扫一扫，随时随地看视频。书中大部分章节都提供了二维码，读者朋友可以通过手机微信扫一扫，随时随地观看相关的教学视频。（若个别手机不能播放，请参考前言中的“本书学习资源列表及获取方式”下载后在计算机上观看）

📖 资源多

从配套到拓展，资源库一应俱全。本书提供了几乎覆盖全书的配套视频和源文件。还提供了开发资源库供读者拓展学习，具体包括：实例资源库、模块资源库、项目资源库、能力测试库、面试资源库等，拓展视野、贴近实战，学习资源一网打尽！

📖 案例多

案例丰富详尽，边做边学更快捷。跟着大量案例去学习，边学边做，从做中学，学习可以更深入、更高效。

📖 入门易

遵循学习规律，入门实战相结合。编写模式采用基础知识+中小实例+实战案例，内容由浅入深，循序渐进，入门与实战相结合。

📖 服务快

提供在线服务，随时随地可交流。提供企业服务 QQ、网站下载等多渠道贴心服务。

本书学习资源列表及获取方式

本书的学习资源十分丰富，全部资源如下：

📖 配套资源

（1）本书的配套同步视频共计 106 集，总时长 17.5 小时（可扫描二维码观看或通过下述方法下载后在计算机中观看）

（2）本书中小实例共计 178 个，综合案例共计 7 个（源代码可通过下述方法下载）

📖 拓展学习资源（开发资源库）

（1）实例资源库（881 个实例及源代码分析，多读源代码是快速学习之道）

（2）模块资源库（15 个典型移植模块，拿来改改就能用，方便快捷）

（3）项目资源库（16 个项目开发案例，完整展现开发全流程）

（4）能力测试题库（4 种类型能力测试题，全面检测程序员能力）

（5）面试资源库（355 道面试真题，详解面试技巧及职业规划）

📖 以上资源的获取及联系方式（注意：本书不配带光盘，书中提到的所有资源均需通过以下方法下载后使用）

（1）扫描并关注下面的微信公众号，在“资源下载”栏中选择本书对应的资源进行下载或咨询本书的有关问题。

（2）登录网站 xue.bookln.cn，输入书名，搜索到本书后下载。

（3）加入本书学习 QQ 群：642499709，咨询本书的有关问题。

（4）登录中国水利水电出版社的官方网站：www.waterpub.com.cn/softdown/，找到本书后，根据相关提示下载。

本书读者

- 编程初学者
- 大中专院校的老师和学生
- 初中级程序开发人员
- 想学习编程的在职人员
- 编程爱好者
- 相关培训机构的老师和学员
- 程序测试及维护人员

致读者

本书由明日学院 C/C++语言程序开发团队组织编写，主要编写人员有刘志铭、藏超、辛洪郁、刘杰、宋万勇、申小琦、赵宁、张鑫、周佳星、白宏健、王国辉、李磊、王小科、贾景波、冯春龙、何平、李菁菁、张渤洋、杨柳、葛忠月、隋妍妍、赵颖、李春林、裴莹、刘媛媛、张云凯、吕玉翠、庞凤、孙巧辰、胡冬、梁英、周艳梅、房雪坤、江玉贞、高春艳、张宝华、杨丽、房德山、宋晓鹤、高洪江、赛奎春、潘建羽、王博等。

在编写本书的过程中，我们始终坚持“坚韧、创新、博学、笃行”的企业理念，以科学、严谨的态度，力求精益求精，但错误、疏漏之处在所难免，敬请广大读者批评指正。

祝读者朋友在编程学习路上一帆风顺！

编　者

目 录

Contents

“开发资源库”目录

第 1 大部分　实例资源库

（881 个完整实例分析，路径：资源包/Visual C++开发资源库/实例资源库）

- 具有提示功能的工具栏
- 在工具栏中添加编辑框
- 带组合框的工具栏
- 工具栏左侧双线效果
- 多国语音工具栏
- 显示系统时间的状态栏
- 使状态栏随对话框的改变而改变
- 带进度条的状态栏
- 自绘对话框动画效果的状态栏
- 滚动字幕的状态栏
- 带下拉菜单的工具栏
- 动态设置是否显示工具栏按钮文本

第 2 大部分　模块资源库

（15 个经典模块，路径：资源包/Visual C++开发资源库/模块资源库）

模块 1　图像处理模块

- **图像处理模块概述**
  - 模块概述
  - 功能结构
  - 模块预览
- **关键技术**
  - 位图数据的存储形式
  - 任意角度旋转图像
  - 实现图像缩放
  - 在 Visual C++中使用 GDI+进行图像处理
  - 实现图像的水印效果
  - 浏览 PSD 文件
  - 利用滚动窗口浏览图片
  - 使用子对话框实现图像的局部选择
- **图像旋转模块设计**
- **图像平移模块设计**
- **图像缩放模块设计**
- **图像水印效果模块设计**
- **位图转换为 JPEG 模块设计**
- **PSD 文件浏览模块设计**
- **照片版式处理模块设计**

模块 2　办公助手模块

- **办公助手模块概述**
  - 模块概述
  - 功能结构
  - 模块预览
- **关键技术**
  - 如 QQ 般自动隐藏
  - 按需要设计编辑框
  - 设计计算器的圆角按钮
  - 回行数据在 INI 文件中的读取与写入
  - 根据数据库数据生成复选框
  - 饼形图显示投票结果
- **主窗体设计**
- **计算器设计**
- **便利贴设计**
- **加班模块设计**
- **投票项目模块设计**

模块 3　桌面精灵模块

- **桌面精灵模块概述**
  - 模块概述
  - 功能结构
  - 模块预览
- **关键技术**
  - 阳历转换成阴历的算法
  - 时钟的算法
  - 实现鼠标穿透
  - 窗体置顶及嵌入桌面
  - 添加系统托盘
  - 开机自动运行
  - 自绘右键弹出菜单
  - 带图标的按钮控件

第 3 大部分　项目资源库

（16 个企业开发项目，路径：资源包/Visual C++开发资源库/项目资源库）

第 4 大部分 能力测试题库

（4 类程序员必备能力测试题库，路径：资源包/Visual C++开发资源库/能力测试）

第 1 部分 Visual C++ 编程基础能力测试

……

第 2 部分 数学及逻辑思维能力测试

- 基本测试
- 进阶测试
- 高级测试

第 3 部分 面试能力测试

第 4 部分 编程英语能力测试

- 英语基础能力测试
- 英语进阶能力测试

第 5 大部分 面试资源库

（355 道面试真题，路径：资源包/Visual C++开发资源库/面试系统）

第 1 部分 C、C++程序员职业规划

- 你了解程序员吗
- 程序员自我定位

第 2 部分 C、C++程序员面试技巧

- 面试的三种方式
- 如何应对企业面试
- 英语面试
- 电话面试
- 智力测试

第 3 部分 C、C++常见面试题

- C/C++语言基础面试真题
- 字符串与数组面试真题
- 函数面试真题
- 指针与引用面试真题
- 预处理和内存管理面试真题
- 位运算面试真题
- 面向对象面试真题
- 继承与多态面试真题
- 数据结构与常用算法面试真题
- 排序与常用算法面试真题

第 4 部分 C、C++企业面试真题汇编

- 企业面试真题汇编（一）
- 企业面试真题汇编（二）
- 企业面试真题汇编（三）
- 企业面试真题汇编（四）

第 5 部分 VC 虚拟面试系统

……

扫一扫，看视频

第 1 章　初识 C++

C++是当今流行的编程语言之一，它是在 C 语言基础上发展起来的。随着面向对象编程思维的发展，C++也融入了新的编程理念，这些理念有利于程序的开发。C++从语言角度来讲也是个规范，随着 C++11 标准的发布，部分编译器开始了支持新特性的先例。

通过学习本章，读者可以达到以下学习目的：

- 了解 C++的发展历程
- 了解为 C++发展做出杰出贡献的人物
- 掌握主要的 C++编译器及开发环境
- 掌握 C++项目文件及编译工程

1.1　C++历史背景

扫一扫，看视频

学习一门语言，首先要对这门语言有一定的了解，要知道这门语言能做什么，要怎样做才能学好。本节将对 C++语言的历史背景进行简单的介绍，使读者对 C++语言有一个简单而直接的印象。

1.1.1　20 世纪最伟大的发明——计算机

计算机的出现给人们的生活带来了巨大的变化，那么它是如何发展起来的呢？开始时人们致力于能够进行四则运算的机器，是通过机械齿轮运作的加法器，而后是精度只有 12 位的乘法计算器，直到 1847 年 Charles Babbages 开发出能计算 31 位精度的机械式差分机，这台差分机被普遍认为是世界第一台机械式计算机。随着电子物理的发展，真空二极管，真空三极管问世，到 1939 年第一部用真空管计算的机器被研制出来，该机器是能进行 16 位加法的机器；随后，用氖气灯（霓虹灯）存储器、复杂数字计算机（断电器计数机）、可编写程序的计数机，被一一研制出来。1946 年，第一台电子管计算机 ENIAC 在美国被研制出来，这台计算机占地 170 平方米，重 30 吨，有 1.8 万个电子管，用十进制计算，每秒运算 5000 次。计算机从此进入了电子计算机时代，期间经历了真空管计算机、晶体管计算机、集成电路计算机、大规模集成电路计算机 4 个阶段，每一个阶段都是随着电子物理的发展而发展的，后来晶体管的出现取代了电子管，将电子元件结合到一片小小的硅片上，形成集成电路（IC），在一个芯片上容纳几百个甚至上千个电子元件形成了大规模集成电路（LSI），直到现在已经出现了 32 纳米制作的电子芯片，可谓是发展迅速。计算机运行速度越来越快，从第一台计算机的每秒 5000 次到现在的 2GHz。

现在计算机已经应用到各个领域，包括科学计算、信号检测、数据管理、辅助设计等，人们的生活已经渐渐离不开它，所以说计算机是 20 世纪最伟大的发明。

1.1.2 C++发展历程

早期的计算机程序语言就是计算机控制指令，每条指令就是一组二进制数，不同的计算都有不同的计算机指令集。使用二进制指令集开发程序是件很头痛的事，需要记住大量的二进制数，为了便于记忆，人们将二进制数用字母组合代替，以字符串关键字代替二进制机器码的编程语言称为汇编语言，汇编语言被称为是低级语言。虽然汇编语言比机器码容易记忆，但仍然存在可读性差的缺点，大量的跳转指令和地址值很难让程序员在很短的时间理解程序的意思，于是编程语言进入了高级语言时代。

第一个高级语言是美国尤尼法克公司在 1952 年研制成功的 Short Code，但被广泛使用的高级语言是 FORTRAN，它是由美国科学家巴克斯设计并在 IBM 公司的计算机上实现的。但 FORTRAN 语言和 ALGOL60 主要应用于科学和工程计算，随后出现了 Pascal 和 C 语言。C 语言是在其他语言基础上发展起来的。首先是 Richard Martin 开发一种高级语言 BCPL，随后 Ken Thompson 使用 BCPL 语言对其进行了简化，形成一门新的语言——B 语言，但 B 语言没有类型的概念，Dennis Ritchie 对 B 语言进行研究和改进，在 B 语言基础上添加了结构和类型，并将这个改进后的语言命名为 C 语言，寓意很简单，因为字母 C 是字母 B 的下一个字母，预示着语言的发展。

本书所讲述的 C++语言就是从 C 语言发展而来的，Stroustrup 经过钻研在 C 语言中加入类的概念，C++最初的名字是 C with Class，到 1983 年 12 月由 Rick Mascitti 建议改名为 CPlusPlus，即 C++。最开始提出类概念的语言是 Simula，它具有很高的灵活性，但无法胜任比较大型的程序，此后在 Simula 语言基础上发展的语言 Smalltalk 才是真正的面向对象语言，但 Smalltalk-80 不支持多继承。

C++从 Simula 继承了类的概念，从 Algol68 继承了运算符重载、引用以及在任何地方声明变量的能力，从 BCPL 获得了“//”注释，从 Ada 得到了模板、名字空间，从 Ada、Clu 和 ML 取来了异常。

1.1.3 C++中的杰出人物

Dennis Ritchie

Dennis M. Ritchie 被称为 C 语言之父，UNIX 之父，生于 1941 年 9 月 9 日，哈佛大学数学博士，现任朗讯科技公司贝尔实验室（原 AT&T 实验室）下属的计算机科学研究中心系统软件研究部的主任一职。他开发了 C 语言，并著有《C 程序设计语言》（The C Programming Language）一书，还和 Ken Thompson 一起开发了 UNIX 操作系统。他因杰出的工作得到了众多计算机组织的公认和表彰，1983 年，获得美国计算机协会颁发的图灵奖（又称计算机界的诺贝尔奖），还获得过 C&C 基金奖、电气和电子工程师协会优秀奖章、美国国家技术奖章等多项大奖。

Bjarne Stroustrup

Bjarne Stroustrup 1950 年出生于丹麦，先后毕业于丹麦阿鲁斯大学和英国剑桥大学，AT&T 大规模程序设计研究部门负责人，AT&T 贝尔实验室和 ACM 成员。1979 年，Stroustrup 开始开发一种语言，当时称为“C with Class”，后来演化为 C++。1998 年，ANSI/ISO C++标准建立，同年，Stroustrup 推出其经典著作 The C++ Programming Language 的第三版。

Scott Meyers

Scott Meyers 是世界顶级的 C++软件开发技术权威人士之一，他拥有 Brown University 的计算机科学博士学位，其著作 Effective C++和 More Effective C++很受编程人员的喜爱。Scott Meyers 曾经是《C++ Report》的专栏作家，为《C/C++ Users Journal》和《Dr. Dobb's Journal》撰过稿，为全球范围内的客户提供咨询活动。他还是 Advisory Boards for NumeriX LLC 和 InfoCruiser 公司的成员。

Andrei Alexandrescu

Andrei Alexandrescu 被认为是新一代 C++天才的代表人物，2001 年撰写了经典名著 Modern C++ Design，其中对 Template 技术进行了精湛运用，第一次将模板作为参数在模板编程中使用，该书震撼了整个 C++社群，开辟了 C++编程领域的"Modern C++"新时代。此外，他还与 Herb Sutter 合著了 C++ Coding Standards。他在对象拷贝（objectcopying）、对齐约束（alignment constraint）、多线程编程、异常安全和搜索等领域作出了巨大贡献。

Herb Sutter

Herb Sutter 是 C++ Standard Committee 的主席，作为 ISO/ANSI C++标准委员会的委员，Herb Sutter 是 C++程序设计领域屈指可数的大师之一。他的 Exceptional 系列三本书（Exceptional C++、More Exceptional C++和 Exceptional C++ Style）成为 C++程序员的必读书。他是深受程序员喜爱的技术讲师和作家，是《C/C++ Users Journal》的撰稿编辑和专栏作者，曾发表了上百篇软件开发方面的技术文章和论文。他还担任 Microsoft Visual C++架构师，和 Stan Lippman 一道在微软主持 VC 2005（即 C++/CLI）的设计。

Andrew Koenig

Andrew Koenig 是 AT&T 公司 Shannon 实验室大规模编程研究部门中的成员，同时也是 C++标准委员会的项目编辑，是一位真正的 C++内部权威。Andrew Koenig 的编程经验超过 30 年，其中有 15 年在使用 C++，已经出版了超过 150 篇和 C++有关的论文，并且在世界范围内就这个主题进行过多次演讲，对 C++的最大贡献是带领 Alexander Stepanov 将 STL 引入 C++标准。

1.2 Visual Studio 2010 集成编译环境

在使用 C++语言时，需选择一款开发环境，如常见的 Visual C++6.0 等。Visual Studio 2010 是微软继 Visual C++6.0 之后新设计的集成开发环境，它更加支持 C++标准规范，对新标准——C++0x 提供全面的支持。下面将介绍它的使用方法。

1.2.1 安装 Visual Studio 2010

在安装 Visual Studio 2010 之前，首先要了解安装 Visual Studio 2010 所需的必备条件，检查计算机的软硬件配置是否满足安装 Visual Studio 2010 开发环境的要求，具体要求见表 1.1。

表 1.1 安装 Visual Studio 2010 所需的必备条件

软 硬 件	描 述
处理器	1.6GHz 处理器，建议使用 2.0 GHz 双核处理器
RAM	1GB，建议使用 2GB 内存
可用硬盘空间	系统驱动器上需要 5.4GB 的可用空间，安装驱动器上需要 2GB 的可用空间
CD-ROM 驱动器或 DVD-ROM	必须使用
显示器	建议使用 1024×768，增强色 16 位
鼠标	微软鼠标或兼容的指针设备
操作系统及所需补丁	Windows XP（SP3）、Windows Server 2003（SP2）、Windows Vista、Windows 7

注意：

Windows XP Home 不支持本地 Web 应用程序开发，只有在 Windows 专业版和服务器版中才支持本地 Web 应用程序开发。

下面将详细介绍如何安装 Visual Studio 2010，使读者掌握每一步的安装过程。安装 Visual Studio 2010 的步骤如下。

（1）将 Visual Studio 2010 安装盘放到光驱中，资源包自动运行后进入安装程序文件界面，如果资源包不能自动运行，则双击 setup.exe 可执行文件，应用程序会自动跳转到如图 1.1 所示的“Visual Studio 2010 安装程序”界面。该界面上有两个安装选项：安装 Visual Studio 2010 和检查 Service Release，一般情况下需安装第一项。

（2）单击第一个安装选项“安装 Visual Studio 2010”，弹出如图 1.2 所示的“Visual Studio 2010 安装向导”界面。

图 1.1 Visual Studio 2010 安装界面

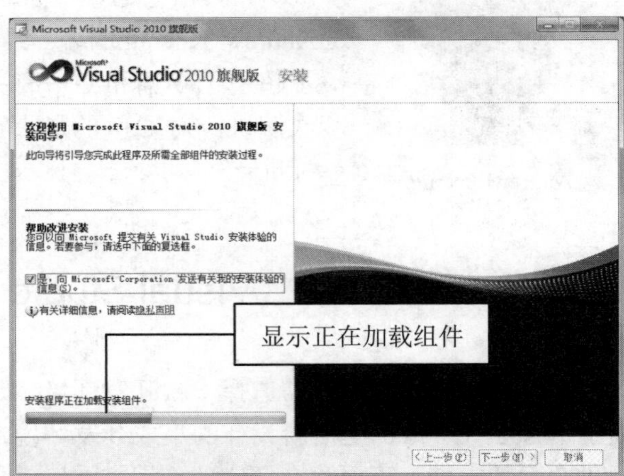

图 1.2 Visual Studio 2010 安装向导

（3）单击“下一步”按钮，弹出如图 1.3 所示的“Microsoft Visual Studio 2010 安装程序-起始页”界面，该界面左边显示关于 Visual Studio 2010 安装程序所需组件信息，右边显示用户许可协议。

（4）选中“我已阅读并接受许可条款”单选按钮，单击“下一步”按钮，弹出如图 1.4 所示的“Microsoft Visual Studio 2010 安装程序-选项页”界面，用户可以选择要安装的功能和产品安装路径，一般使用默认设置即可，默认的产品安装路径为“C:\Program Files\Microsoft Visual Studio 10.0\”。在此将安装路径改为“D:\Program Files\Microsoft Visual Studio 10.0\”。

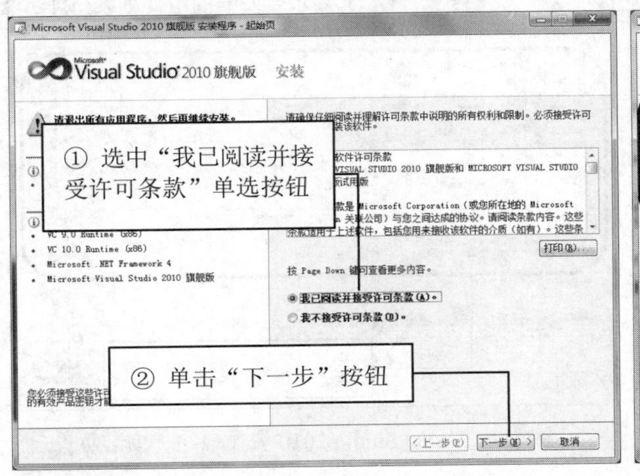

图 1.3 Visual Studio 2010 安装程序-起始页

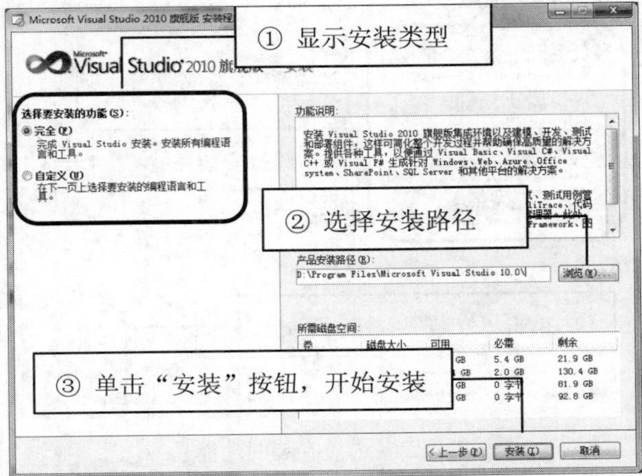

图 1.4 Visual Studio 2010 安装程序-选项页

说明：

在选择安装选项页中，用户可以选择“完全”和“自定义”两种方式。如果选择“完全”，安装程序会安装系统的所有功能，如图 1.5 所示；如果选择“自定义”，用户可以选择希望安装的项目，增加了安装程序的灵活性，如图 1.6 所示。

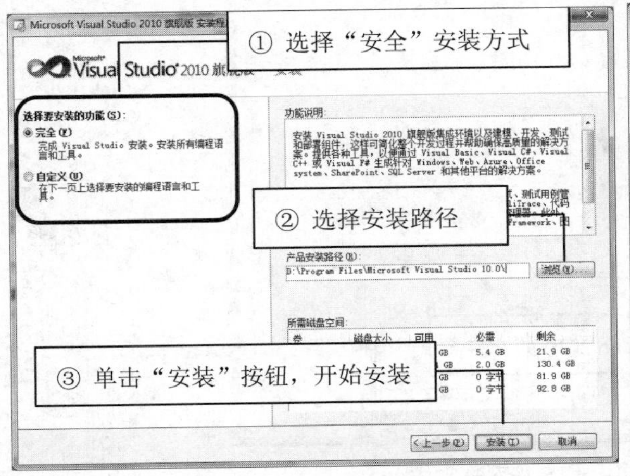

图 1.5 选择“完全”安装方式

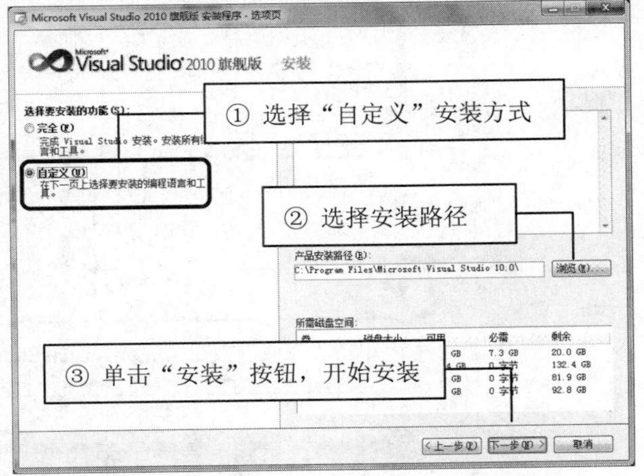

图 1.6 选择“自定义”安装方式

（5）在图 1.5 中，选择好产品安装路径单击“安装”按钮，进入产品的安装界面，如图 1.9

所示。

在图 1.6 中，选择好产品安装路径，单击“下一步”按钮，进入选择要安装的功能界面，如图 1.7 所示。

（6）选择好产品安装路径之后，单击“安装”按钮，进入如图 1.8 所示的“Visual Studio 2010 安装程序—安装页”界面，显示正在安装组件。

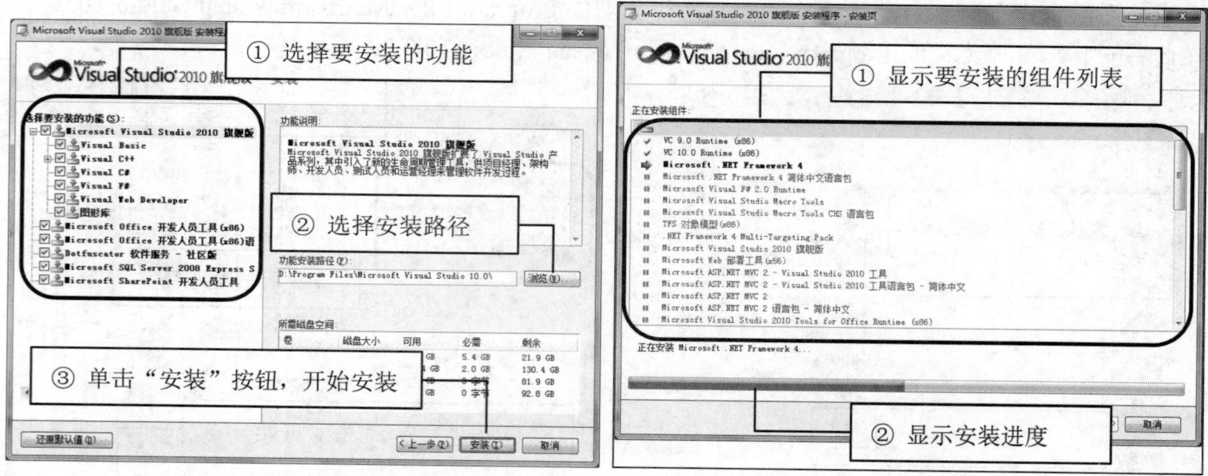

图 1.7　选择安装的功能　　图 1.8　Visual Studio 2010 安装程序—安装页

（7）安装完毕后，单击“下一步”按钮，弹出如图 1.9 所示的“Visual Studio 2010 安装程序—完成页”界面，单击“完成”按钮，至此，Visual Studio 2010 程序开发环境安装完成。

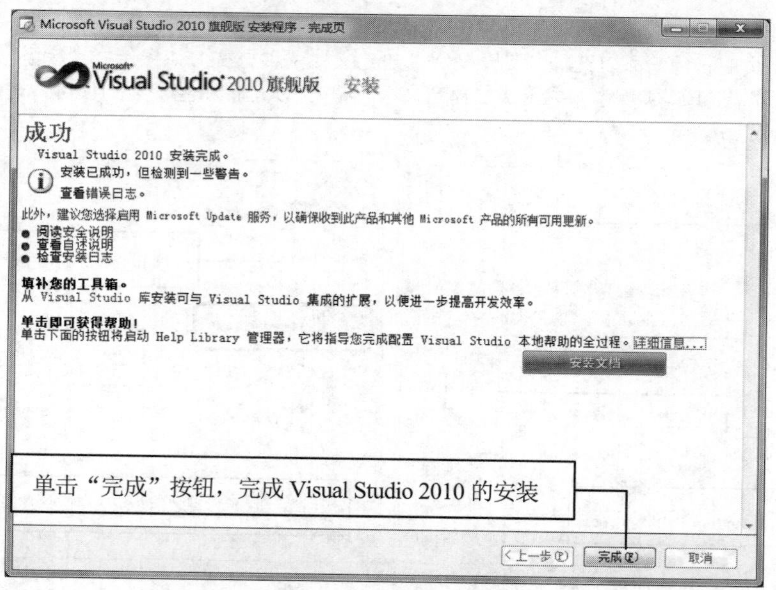

图 1.9　Visual Studio 2010 安装程序—完成页

1.2.2 卸载 Visual Studio 2010

如果想卸载 Visual Studio 2010，可以按以下步骤进行。

（1）在 Windows 7 操作系统中，打开“控制面板”/“程序”/“程序和功能”，在打开的窗口中选中“Microsoft Visual Studio 旗舰版—简体中文”，如图 1.10 所示。

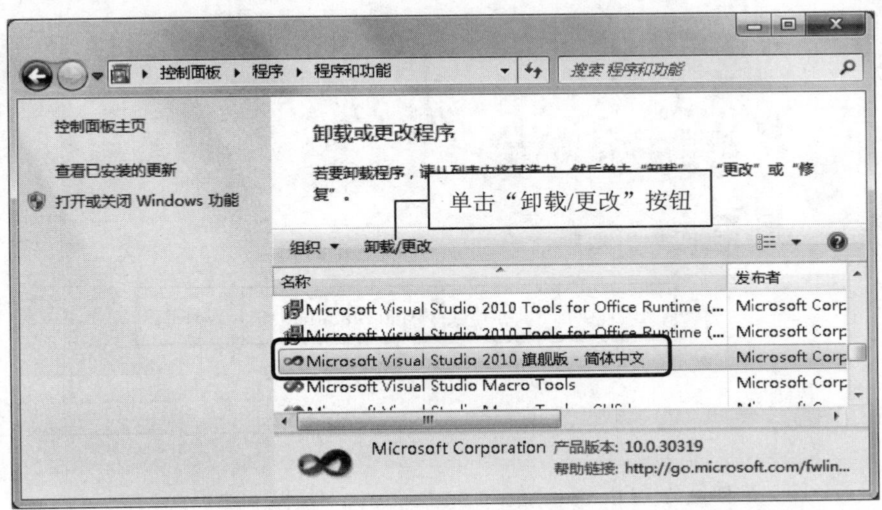

图 1.10 添加或删除程序

（2）选中“Microsoft Visual Studio 2010 简体中文”后，单击“卸载/更改”按钮进入 Microsoft Visual Studio 2010 安装程序-维护页 1，如图 1.11 所示。

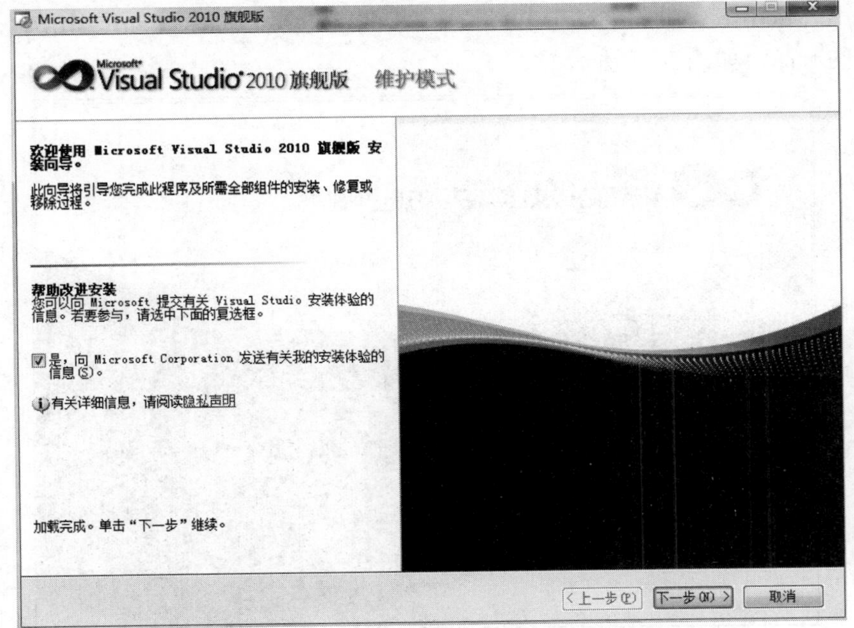

图 1.11 Microsoft Visual Studio 2010 安装程序-维护页 1

（3）单击“下一步”按钮，进入 Microsoft Visual Studio 2010 安装程序-维护页 2，如图 1.12 所示。单击“卸载”按钮，即可进行卸载。

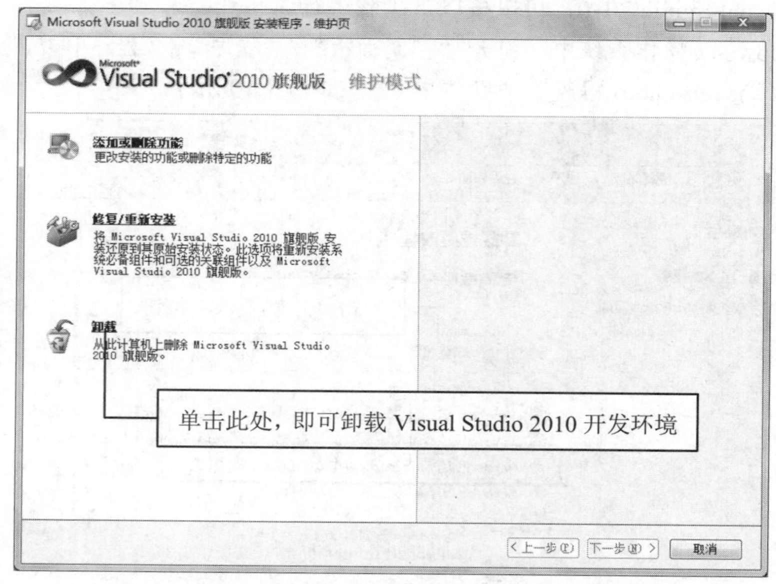

图 1.12　Microsoft Visual Studio 2010 安装程序-维护页 2

扫一扫，看视频

1.2.3　使用 Visual Studio 2010 创建一个 C++控制台程序

创建项目的过程非常简单，启动 Visual Studio 2010 开发环境，选择“开始”/“程序”/Microsoft Visual Studi 2010/Microsoft Visual Studio 2010 命令，即可进入 Visual Studio 2010 开发环境，其右侧会列出已安装的产品，如图 1.13 所示。

图 1.13　进入 Visual Studio 2010 开发环境

Microsoft Visual Studio 2010 的起始页界面如图 1.14 所示。

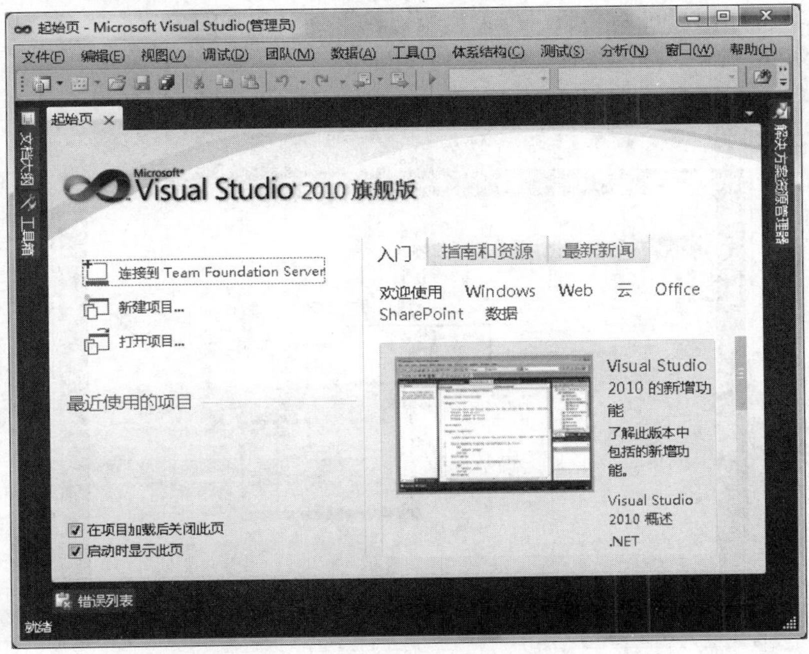

图 1.14 Visual Studio 2010 起始页

启动 Visual Studio 2010 开发环境之后，可以通过两种方法创建项目：一种是选择“文件”/“新建”/“项目”命令，如图 1.15 所示。另一种是通过“起始页”/“创建项目”，如图 1.16 所示。

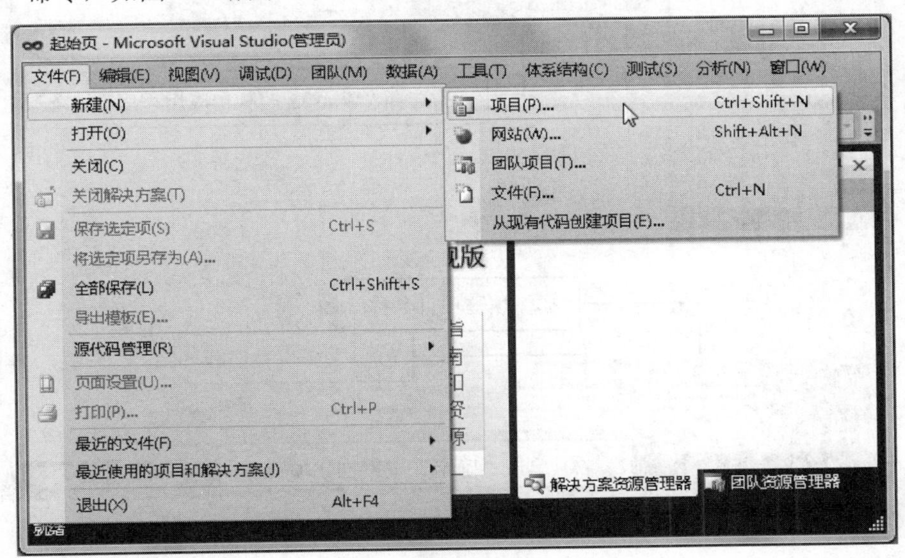

图 1.15 创建项目 1

选择其中一种方法创建项目，将弹出如图 1.17 所示的“新建项目”对话框。

在图 1.17 中选择 Win32，再选择“Win32 控制台应用程序”后，用户可对所要创建的项目进行命名、选择保存的位置、对是否创建解决方案目录等进行设定，在命名时可以使用用户自定义的名称，也可使用默认名，用户可以单击“浏览”按钮设置项目保存的位置。需要注意的是解决方案名称与项目名称一定要统一，然后单击“确定”按钮。

图 1.16　创建项目 2

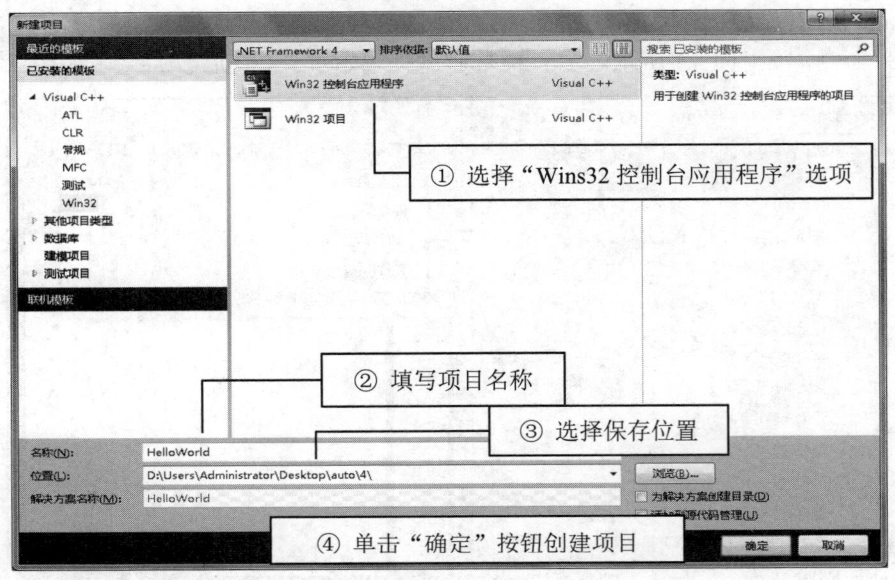

图 1.17　“新建项目”对话框

在程序向导中单击“完成”，接受当前设置完成创建。单击“下一步”按钮则进行详细设置，这里选择默认设置，进入项目，如图 1.18 所示。

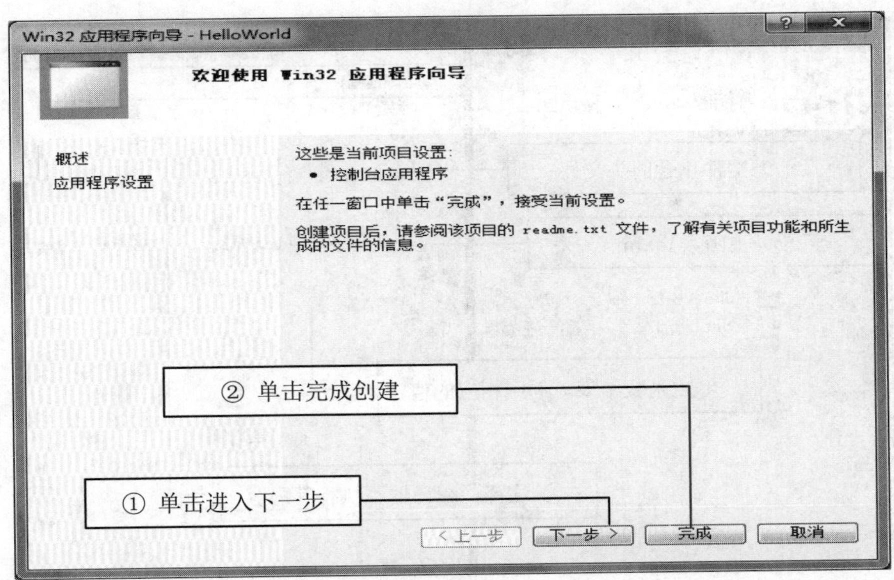

图 1.18　应用程序向导

1.2.4　编写第一个 C++程序“HelloWorld!!”

如图 1.19 所示，项目中左边的解决方案资源管理器中显示了本程序所有包含和依赖的文件。

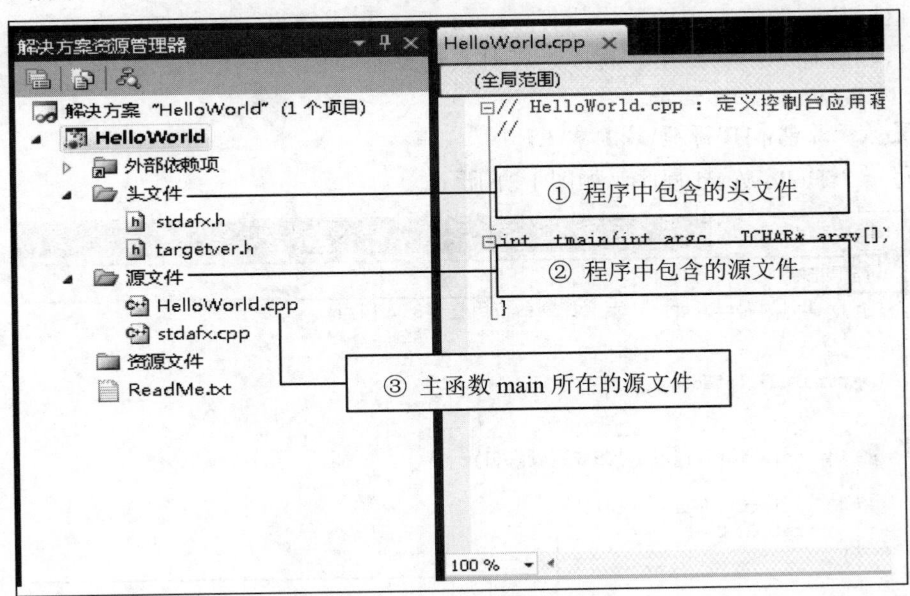

图 1.19　解决方案资源管理器

头文件储存着函数、变量的声明，存在着与之相对应的源文件提供了这些函数、变量的实现。本项目的入口在 HelloWorld.cpp 这个源文件中，因为它包含着程序的入口主函数 main，如图 1.20 所示。

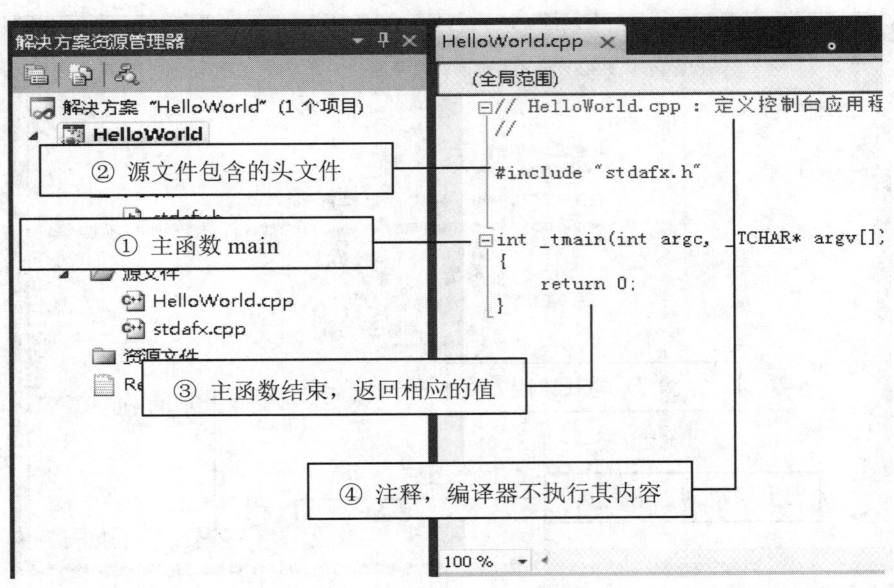

图 1.20　HelloWorld.cpp 源文件

C++程序的入口是 main 函数，控制台应用程序也可以用_tmain 来做为入口。为保持一致，将_tmain 函数改为 main。但无论哪个，编译器都会找到它们作为入口使用。在这个源文件中包含着一个头文件 stdafx.h，它由编译器生成，其中包含了项目中常用的头文件。return 语句表示函数结束，返回相应的值。主函数中执行 return 后，程序结束。双斜杠后边的绿色文字叫做注释，对程序只起解释和说明作用。程序运行时，注释不会被当作代码使用。

例 1.1　HelloWorld 程序演示

实例位置：资源包\MR\源码\第 1 章\1.1

下面编写一个 HelloWorld 程序，如图 1.21 所示。

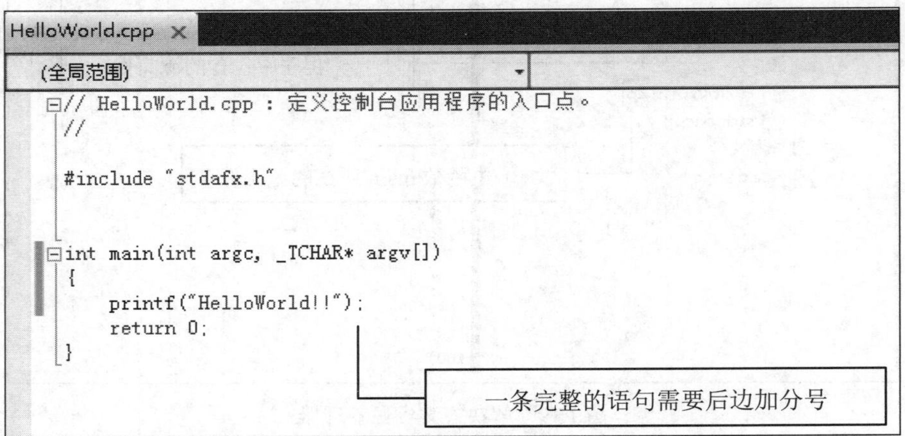

图 1.21　HelloWorld 程序

在工具条点击<调试>会看到<启动调试>和<开始执行>，快捷键如图 1.22 所示。调试运行的时候会查找程序中的错误，并在设置的断点处进行停留。开始执行则不会进行调试，直接运行程序，当程序遇到编译错误时，执行失败。现在，直接运行这个程序（Ctrl+F5）效果如图 1.23 所示。

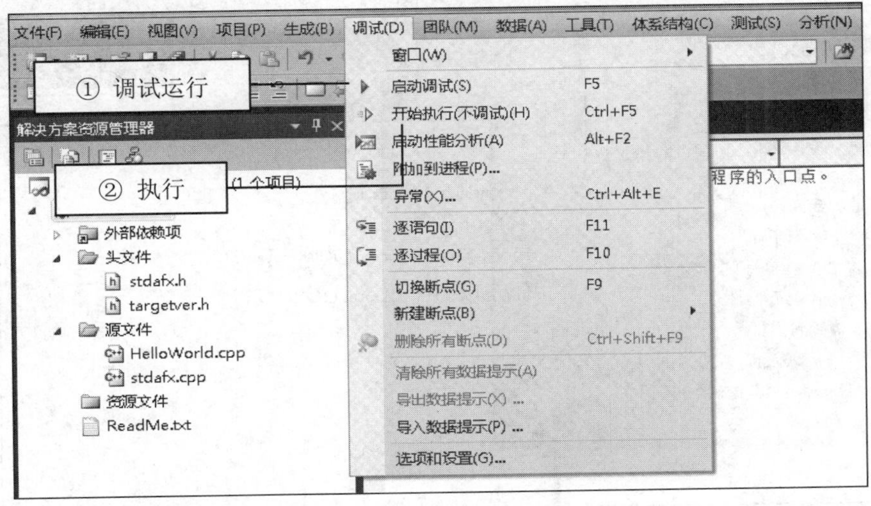

图 1.22　运行程序

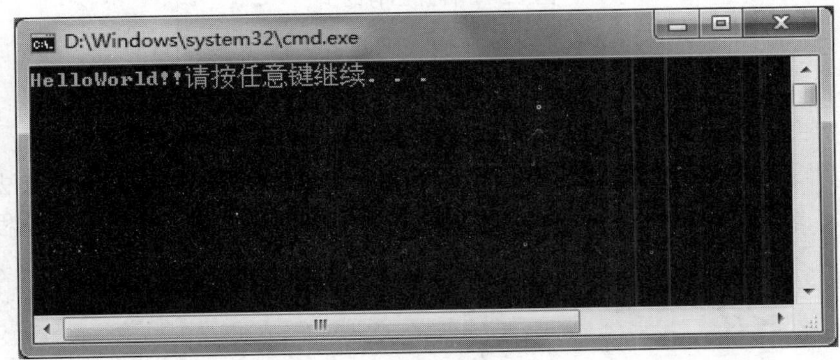

图 1.23　HelloWorld 程序

前边的“HelloWord!!”是通过输出语句 pritf 输出的，若要输出不同内容，只需要将 printf 语句中双引号内的内容改动即可。

1.3　如何使用本书代码

本书各个章节的实例部分都包含了代码。若想运行他们可以通过以下两种办法：第一种，根据路径提供打开本书所提供的项目（.sln 文件），如图 1.24 所示；第二种，在电脑中通过本书提供的路径查找到项目文件夹，将相应的源文件和头文件拖拽复制到项目资源管理器中。

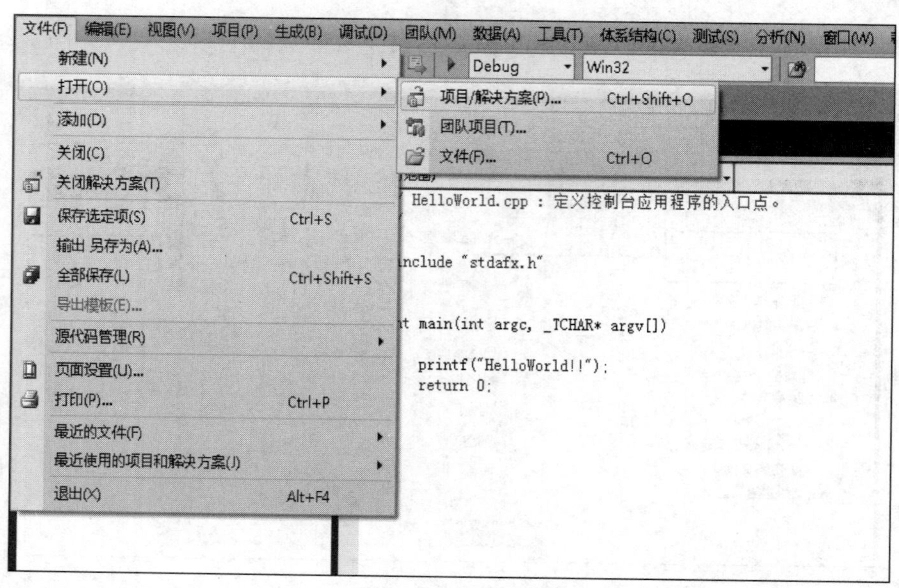

图 1.24　打开已有的工程

1.4　本章总结

本章简单介绍了 C++语言的发展情况和集成环境 Virtual Studio 2010 的使用方法。编写了一个 HelloWorld 程序，使刚刚接触编写程序的读者能够熟悉 C++项目从编写到运行的流程。

第 2 章 与计算机交流的手段——数据的计算、输入与输出

通过鼠标、键盘等设备，将指令发送给计算机，而计算机将执行结果显示出来。这就是输入与输出。输入设备的信号，显示器上体现的图形、文字，甚至喇叭发出的声音在计算机中的体现都是数据，它是计算机信息的载体。

通过学习本章，读者可以达到以下学习目的：

- C++数据的基本类型
- 数据的运算
- 输入语句与输出语句
- 各种表达式的使用方法

2.1 C++语言基本要素

扫一扫，看视频

程序设计语言的基本要素包括标识符、关键字、常量和变量等。本节将介绍 C++语言的基本要素。

2.1.1 标识符

在 C++语言中，变量、常量、函数、标签和用户定义的各种对象，被称之为标识符。标识符由一个或多个字符构成。字符可以是字母、数字或下划线，但是标识符的首字符必须是字母或下划线，而不能是数字。例如，下面的标识符均是合法的。

```
maxAge, num,_sex
```

而下面的标识符是非法的。

```
1maxAge,nu!m,
```

在 C++语言中，标识符是区分大小写的。例如，“value”和“Value”是两个不同的标识符。此外，标识符不能与 C/C++的关键字同名。

注意：

C++语言中标识符的长度可以是任意的，但是通常情况下，前 1024 个字符是有意义的，这与 C 语言不同。在 C 语言中，标识符也可以是任意长度，但是在外部链接进程中调用该标识符时，通常前 6 个字符是有效的，如被多个文件共享的全局函数或变量。如果标识符不用于外部进程链接，通常前 31 个字符是有效的。

2.1.2 关键字

关键字是 C++编译器内置的有特殊意义的标识符，用户不能定义与关键字相同的标识符。C++语言关键字见表 2.1。

表 2.1　C++关键字

C++关键字	C++关键字	C++关键字	C++关键字
__asm	else	main	struct
__assume	enum	__multiple_inheritance	switch
auto	__except	__single_inheritance	template
__based	explicit	__virtual_inheritance	this
bool	extern	mutable	thread
break	false	naked	throw
case	__fastcall	namespace	true
catch	__finally	new	try
__cdecl	float	noreturn	__try
char	for	operator	typedef
class	friend	private	typeid
const	goto	protected	typename
const_cast	if	public	union
continue	inline	register	unsigned
__declspec	__inline	reinterpret_cast	using declaration, using directive
default	int	return	uuid
delete	__int8	short	__uuidof
dllexport	__int16	signed	virtual
dllimport	__int32	sizeof	void
do	__int64	static	volatile
double	__leave	static_cast	wmain
dynamic_cast	long	__stdcall	while

2.1.3　常量

常量，顾名思义，其值在运行时是不能改变的，但是在定义常量时可以设置初始值。在 C++中，可以使用 const 关键字来定义一个常量。例如，下面的代码定义了一个 MAX_VALUE 常量。

```
const int MAX_VALUE = 100;
```

编译器将常量放置在一个只读的内存区域，其值不能被修改，但是可以应用在各种表达式中。如果用户试图修改常量，编译器将提示错误。

当程序中有多处需要使用一个常数值时，可以使用常量代替。当需要改动常数值时，只需要改动常量的值即可。此外，在定义函数时，如果在函数体中不需要修改参数值，建议将参数的类型定义为常量，这样当用户在函数体内修改了参数值，编译器将提示错误信息。

2.1.4 变量

变量是指程序在运行时其值可改变的量。变量提供了一个具有名称（变量名）的存储区域，使得开发人员可以通过名称来对存储区域进行读写。与常量不同的是，变量可以在程序中被随意赋值。对于每一个变量，都具有两个属性，也就是通常所说的左值和右值。所谓左值，是指变量的地址值，即存储变量值的内存地址。右值是指变量的数据值，即内存地址中存储的数据。

在程序中定义变量时，首先是变量的数据类型（2.3 节将详细介绍），然后是变量名。例如，下面的代码定义了两个变量。

```
int min = 0 ;
char* pch ;
```

在定义变量时，可以对变量进行初始化，即为其设置初始值。例如，上面的代码定义了一个 min 整型变量，将其初始化为 0。在初始化变量时，可以将变量初始化为自身。例如：

```
int min = min;
```

这样做虽然是合法的，但也是很“愚蠢”和不明智的。在初始化变量时，可以进行隐式初始化。例如：

```
int min(10);
```

当一条语句定义多个变量时，可以为多个变量同时指定初始值，并且后续变量可以利用之前变量作为初始值。例如：

```
int min = 10 , max = min+50;
```

✍ **说明：**

在用一条语句定义多个变量时，变量之间用逗号分隔，在最后一个变量定义结束后，以分号结束语句。

2.2 数 据 类 型

C++语言中常用的数据类型有数值类型、字符类型、数组类型、布尔类型、枚举类型、结构体类型、共用体类型、指针类型、引用类型和自定义类型。本节将详细介绍这些数据类型。

2.2.1 数值类型

C++语言中数值类型主要分为整型和实型（浮点类型）两大类。其中，整型按符号划分，可以分为有符号和无符号两大类；按长度划分，可以分为普通整型、短整型和长整型 3 类，见表 2.2。

表 2.2　整数类型

类　型	名　称	字 节 数	范　围
[signed] int	有符号整型	4	−2147483648～2147483647
Unsigned [int]	无符号整型	4	0～4294967295
[signed]short	有符号短整型	2	−32768～32767
Unsigned short [int]	无符号短整型	2	0～65535

（续表）

类　　型	名　　称	字　节　数	范　　围
[signed] long [int]	有符号长整型	4	–2147483648～2147483647
Unsigned long [int]	无符号长整型	4	0～4294967295

说明：

表格中的[]为可选部分。例如，[signed] long [int]可以简写为 long。

实型主要包括单精度型、双精度型和长双精度型，见表 2.3。

表 2.3　实数类型

类　　型	名　　称	字　节　数	范　　围
float	单精度型	4	$1.2e^{-38}$～$3.4e^{38}$
double	双精度型	8	$2.2e^{-308}$～$1.8e^{308}$
long double	长双精度型	8	$2.2e^{-308}$～$1.8e^{308}$

在程序中使用实型数据时需要注意以下几点。

1．实数的相加

实型数据的有效数字是有限制的，如单精度 float 的有效数字是 6～7 位，如果将数字 86041238.78 赋值给 float 类型，显示的数字可能是 86041240.00，个位数 8 被四舍五入，小数位被忽略。如果将 86041238.78 与 5 相加，输出的结果为 86041245.00，而不是 86041243.78。

2．实数与零的比较

在开发程序的过程中，经常会进行两个实数的比较，此时尽量不要使用“==”或“!=”运算符，而应使用“>=”或“<=”之类的运算符，许多程序开发人员在此经常犯错。例如：

```
float fvar = 0.00001;
if (fvar == 0.0)
…
```

上述代码并不是高质量的代码，如果程序要求的精度非常高，可能会产生未知的结果。通常在比较实数时需要定义实数的精度。例如：

例 2.1　利用实数精度进行实数比较。

```
#include “stdafx.h”
void main()
{
float eps = 0.0000001;//定义 0 的精度
float fvar = 0.00001;
if (fvar >= -eps && fvar <= eps)
    printf("等于零!\n",fvar);
else
    printf("不等于零!\n",10);
}
```

执行结果如图 2.1 所示。

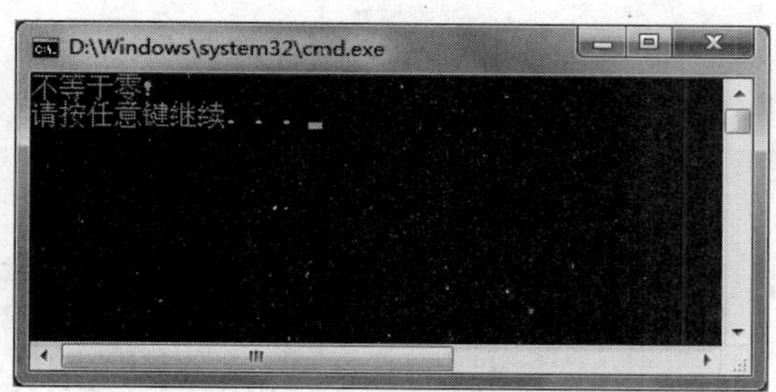

图 2.1　执行结果

2.2.2　字符类型

在 C++语言中，字符数据使用“''”来表示，如'A'、'B'、'C'等。定义字符变量可以使用 char 关键字。例如：

```
char c= 'a';
char ch = 'b';
```

在计算机中字符是以 ASCII 码的形式存储的，因此可以直接将整数赋值给字符变量。例如：

```
char ch = 97;
printf("%c\n",ch);
```

输出结果为“a”，因为 97 对应的 ASCII 码为“a”。

2.2.3　布尔类型

在逻辑判断中，结果通常只有真和假两个值。C++语言中提供了布尔类型 bool 来描述真和假。bool 类型共有两个取值，分别为 true 和 false。顾名思义，true 表示真，false 表示假。在程序中，bool 类型被作为整数类型对待，false 表示 0，true 表示 1。将 bool 类型赋值给整型是合法的，反之，将整型赋值给 bool 类型也是合法的。例如：

```
bool ret;
int  var = 3;
ret = var;        //ret=true
var = ret;        //var=1
```

2.3　数据输入与输出

扫一扫，看视频

在用户与计算机进行交互的过程中，数据输入和数据输出是必不可少的操作过程，计算机需要通过输入获取来自用户的操作指令，并通过输出来显示操作结果。本节将介绍数据输入与输出的相关内容。

2.3.1　格式输出函数

C++语言中还保留着 C 语言中的屏幕输出函数 printf。使用 printf 可以将任意数量、类型的数据输出到屏幕。

printf 函数的作用是向终端（输出设备）输出若干任意类型的数据。printf 函数的一般格式为：

```
printf(格式控制，输出列表)
```

括号内包括两部分：

- 格式控制

格式控制是用双引号括起来的字符串，也称为转换控制字符串。其中包括两种字符，一种是格式字符；另一种是普通字符。

  - 格式字符用来进行格式说明，作用是将输出的数据转化为指定的格式输出。格式字符是以“%”字符开头的。
  - 普通字符是需要原样输出的字符，其中包括双引号内的逗号、空格和换行符。

- 输出列表

输出列表中列出的是要进行输出的一些数据，可以是变量或表达式。

例如，要输出一个整型变量时：

```
int iInt=10;
printf("this is %d",iInt);
```

执行上面的语句显示出来的字符是 this is 10。在格式控制双引号中的字符是 this is %d，其中的 this is 字符串是普通字符，而%d 是格式字符，表示输出的是后面 iInt 的数据。

由于 printf 是函数，“格式控制”和“输出列表”这两个位置都是函数的参数，因此 printf 函数的一般形式也可以表示为：

```
printf(参数 1，参数 2，……，参数 n)
```

函数中的每一个参数按照给定的格式和顺行依次输出。例如，显示一个字符型变量和整型变量：

printf("the Int is %d,the Char is %c",iInt,cChar);

表 2.4 中列出了有关 printf 函数的格式字符。

表 2.4　printf 函数格式字符

格 式 字 符	功 能 说 明
d,i	以十进制形式输出带符号整数（整数不输出符号）
o	以八进制形式输出无符号整数
x,X	以十六进制形式输出无符号整数。用 x 时，输出十六进制数的 a~f 时以小写形式输出；用 X 时，则以大写字母输出
u	以十进制形式输出无符号整数
c	以字符形式输出，只输出一个字符
s	输出字符串
f	以小数形式输出
e,E	以指数形式输出实数，用 e 时指数以“e”表示，用 E 时指数以“E”表示
g,G	选用%f 或%e 格式中输出宽度较短的一种格式，不输出无意义的 0。若以指数形式输出，则指数以大写表示

例 2.2　使用格式输出函数 printf。

在本实例中，使用 printf 函数对不同类型变量进行输出，对使用 printf 函数所用到的输出格式进行分析理解。

```
#include "stdafx.h"
int main()
{
int iInt=10;                                      /*定义整型变量*/
char cChar='A';                                   /*定义字符型变量*/
float fFloat=12.34f;                              /*定义单精度浮点型*/
printf("the int is: %d\n",iInt);                  /*使用 printf 函数输出整型*/
printf("the char is: %c\n",cChar);                /*输出字符型*/
printf("the float is: %f\n",fFloat);              /*输出浮点型*/
printf("the stirng is: %s\n","I LOVE YOU");       /*输出字符串*/
return 0;
}
```

在程序中定义一个整型变量 iInt，在 printf 函数中使用格式字符%d 进行输出。字符型变量 cChar 赋值为'A'，在 printf 函数中使用格式字符%c 输出字符。格式字符%f 是用来输出实型变量的数值。在最后一个 printf 输出函数中，可以看到使用%s 将一个字符串进行输出，字符串不包括双引号。

运行程序，显示结果如图 2.2 所示。

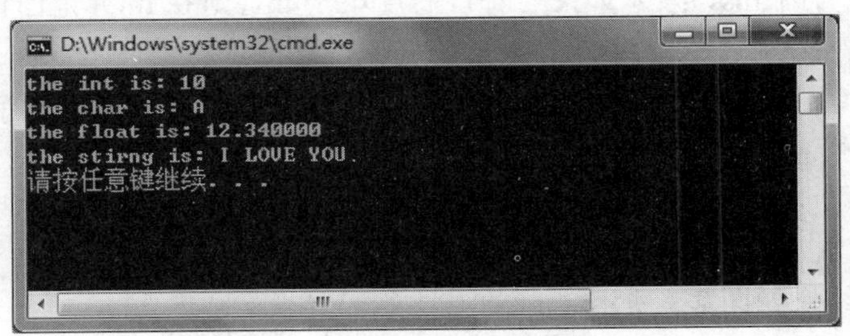

图 2.2　使用格式输出函数 printf

另外，在格式说明中，在%符号和上述格式字符间可以插入几种附加符号，见表 2.5。

表 2.5　printf 的附加格式说明字符

字　符	功 能 说 明
字母 l	用于长整型整数，可加在格式符 d、o、x、u 前面
m（代表一个整数）	数据最小宽度
n（代表一个整数）	对实数，表示输出 n 位小数；对字符串，表示截取的字符个数
-	输出的数字或字符在域内向左靠

说明：

在使用 printf 函数时，除 X、E、G 外其他格式字符必须用小写字母，如%d 不能写成%D。

如果想输出“%”符号，则在格式控制处使用%%进行输出即可。

例 2.3　在 printf 函数中使用附加符号。

在本实例中，使用 printf 函数的附加格式说明字符，对输出的数据进行更为精准的格式设计。

```
#include "stdafx.h"
int main()
```

```
{
long iLong=100000;                              /*定义长整型变量，为其赋值*/
printf("the Long is %ld\n",iLong);              /*输出长整型变量*/
printf("the string is: %s\n","LOVE");           /*输出字符串*/
printf("the string is: %10s\n","LOVE");         /*使用 m 控制输出列*/
printf("the string is: %-10s\n","LOVE");        /*使用-表示向左靠拢*/
printf("the string is: %10.3s\n","LOVE");       /*使用 n 表示取字符数*/
printf("the string is: %-10.3s\n","LOVE");
return 0;
}
```

（1）在程序代码中，定义的长整型变量在使用 printf 对其进行输出时，应该在%d 格式字符中添加 l 字符，继而输出长整型变量。

（2）%s 用来输出一个字符串的格式字符，在结果中可以看到输出字符串“LOVE”。

（3）%10s 为格式%ms，表示输出字符串占 m 列，如果字符串本身长度大于 m，则突破 m 的限制，将字符串全部输出；若字符串小于 m，则用空格进行左补齐。可以看到在字符串“LOVE”前后存在 6 个空格。

（4）%-10s 格式为%-ms，表示如果字符串长度小于 m，则在 m 列范围内，字符串向左靠，右补空格。

（5）%10.3s 格式为%m.ns，表示输出占 m 列，但只取字符串中左端 n 个字符。这 n 个字符输出在 m 列的右侧，左补空格。

（6）%-10.3s 格式为%-m.ns，其中 m、n 含义同上，n 个字符输出在 m 列的左侧，右补空格。如果 n>m，则 m 自动取 n 值，即保证 n 个字符正常输出。

运行程序，显示结果如图 2.3 所示。

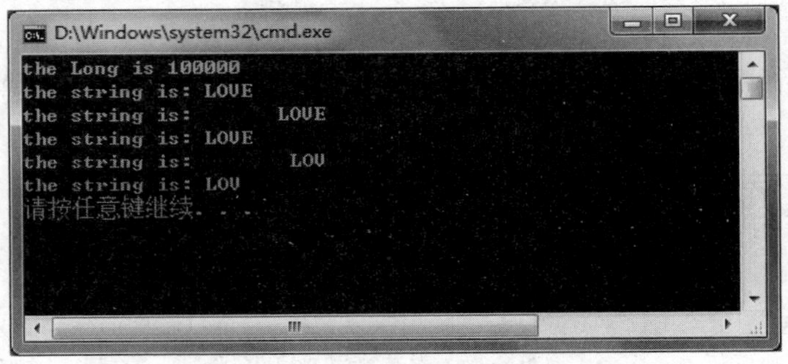

图 2.3　在 printf 函数中使用附加符号

2.3.2　格式输入函数

与格式输出函数 printf 相对应的是格式输入函数 scanf。该函数的功能是指定固定的格式，并且按照指定的格式接收用户在键盘上输入的数据，最后将数据存储在指定的变量中。

scanf 函数的一般格式为：

```
scanf(格式控制，地址列表)
```

通过 scanf 函数的一般格式可以看出，参数位置中的格式控制与 printf 函数相同。例如，%d 表示十进制的整型，%c 表示单字符。而在地址列表中，此处应该给出用来接收数据变量的地址。例如，得到一个整型数据的操作：

```
scanf("%d",&iInt);                                  /*得到一个整型数据*/
```

在上面的代码中，&符号表示取 iInt 变量的地址，因此不用关心变量的地址具体是多少，只要在代码中在变量的标识符前加&符号，就表示取变量的地址。

说明：

编写程序时，在 scanf 函数参数的地址列表处，一定要使用变量的地址，而不是变量的标识符，否则编译器会提示出现错误。

表 2.6 中列出了 scanf 函数中使用的格式字符。

表 2.6　scanf 函数格式字符

格 式 字 符	功 能 说 明
d,i	用来输入有符号的十进制整数
u	用来输入无符号的十进制整数
o	用来输入无符号的八进制整数
x,X	用来输入无符号的十六进制整数（大小写作用是相同的）
c	用来输入单个字符
s	用来输入字符串
f	用来输入实型，可以用小数形式或指数形式输入
e,E,g,G	与 f 作用相同，e 与 f，g 之间可以相互替换（大小写作用相同）

说明：

格式字符%s 用来输入字符串。将字符串送到一个字符数组中，在输入时以非空白字符开始，以第一个空白字符结束。字符串以串结束标志"\0"作为最后一个字符。

例 2.4　使用 scanf 格式输入函数得到用户输入的数据。

在本实例中，利用 scanf 函数得到用户输入的两个整型数据，因为 scanf 函数只能用于输入操作，所以若在屏幕上显示信息则使用显示函数。

```
#include "stdafx.h"
int main()
{
int iInt1,iInt2;                                  /*定义两个整型变量*/
puts("Please enter two numbers:");                /*通过 puts 函数输出提示信息的字符串*/
scanf("%d%d",&iInt1,&iInt2);                      /*通过 scanf 函数得到输入的数据*/
printf("The first is : %d\n",iInt1);              /*显示第一个输入的数据*/
printf("The second is : %d\n",iInt2);             /*显示第二个输入的数据*/
return 0;
}
```

（1）为了能接收用户输入的整型数据，在程序代码中定义了两个整型变量 iInt1 和 iInt2。

（2）因为 scanf 函数只能接收用户的数据，而不能显示信息，所以先使用 puts 函数输出一段字符表示信息提示。puts 函数在输出字符串之后会自动进行换行。

（3）调用 scanf 格式输入函数，在函数参数中可以看到，在格式控制的位置使用双引号将格式字符括起来，%d 表示输入的为十进制的整数。在参数中的地址列表位置，使用&符号表示变量的地址。

（4）此时变量 iInt1 和 iInt2 已经得到了用户输入的数据，调用 printf 函数将变量进行输出，这里要注意区分的是 printf 函数使用的是变量的标识符，而不是变量的地址。scanf 函数使用的是变量的地址，而不是变量的标识符。

说明：

程序是怎样将输入的内容分别保存到指定的两个变量中的呢？原来 scanf 函数使用空白字符分隔输入的数据，这些空白字符包括空格、换行、制表符（tab）。例如，在本程序中，使用换行作为空白字符。

运行程序，显示结果如图 2.4 所示。

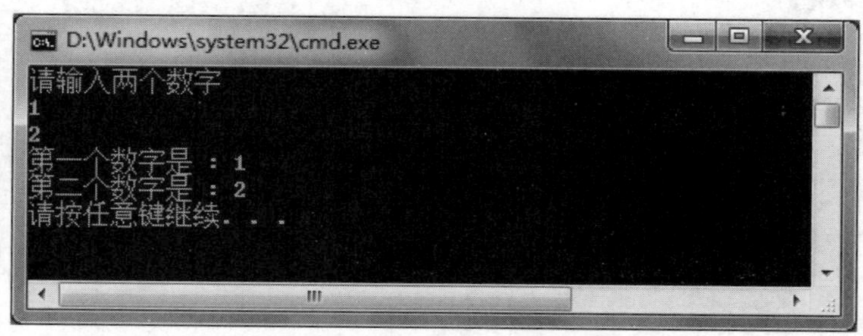

图 2.4　使用 scanf 函数得到用户输入的数据

在 printf 函数中除了格式字符还有附加格式用于更为具体的说明，相应地，scanf 函数中也有附加格式用于更为具体的格式说明，见表 2.7。

表 2.7　scanf 函数的附加格式

字　符	功 能 说 明
l	用于输入长整型数据（可用于%ld、%lo、%lx、%lu）以及 double 型的数据（%lf 或%le）
h	用于输入短整型数据（可用于%hd、%ho、%hx）
n（整数）	指定输入数据所占宽度
*	表示指定的输入项在读入后不赋给相应的变量

例 2.5　使用附加格式说明 scanf 函数的格式输入。

在本实例中，将所有 scanf 附加格式都进行格式输入的说明，通过这些指定格式的输入后，对比输入前后的结果，观察其附加格式的效果。

```
#include "stdafx.h"
int main()
{
long iLong;                                    /*长整型变量*/
short iShort;                                  /*短整型变量*/
int iNumber1=1;                                /*整型变量，为其赋值为 1*/
int iNumber2=2;                                /*整型变量，为其赋值为 2*/
char cChar[10];                                /*定义字符数组变量*/
```

```
printf("Enter the long integer\n");                          /*输出信息提示*/
scanf("%ld",&iLong);                                         /*输入长整型数据*/
printf("Enter the short integer\n");                         /*输出信息提示*/
scanf("%hd",&iShort);                                        /*输入短整型数据*/
printf("Enter the number:\n");                               /*输出信息提示*/
scanf("%d*%d",&iNumber1,&iNumber2);                          /*输入整型数据*/
printf("Enter the string but only show three character\n");    /*输出信息提示*/
scanf("%3s",cChar);                                          /*输入字符串*/
printf("the long interger is: %ld\n",iLong);    /*显示长整型值*/
printf("the short interger is: %hd\n",iShort); /*显示短整型值*/
printf("the Number1 is: %d\n",iNumber1);        /*显示整型 iNumber1 的值*/
printf("the Number2 is: %d\n",iNumber2);        /*显示整型 iNumber2 的值*/
printf("the three character are: %s\n",cChar); /*显示字符串*/
return 0;
}
```

（1）为了程序中的 scanf 函数能接收数据，在程序代码中定义所使用的变量。为了演示不同格式说明的情况，定义变量的类型有长整型、短整型和字符数组。

（2）使用 printf 函数显示一串字符，提示输入的数据为长整型，调用 scanf 函数使变量 iLong 得到用户输入的数据。在 scanf 函数的格式控制部分，格式字符使用 l 附加格式表示的为长整型。

（3）再使用 printf 函数显示数据提示，提示输入的数据为短整型。调用 scanf 函数时，使用附加格式字符 h 表示短整型。

（4）使用格式字符“*”的作用是表示指定的输入项在读入后不赋给相应的变量，在代码中分析这句话的含义就是，第一个%d 是输入 iNumber1 变量，第二个%d 是输入 iNumber2 变量，但是在第二个%d 前有一个“*”附加格式说明字符，这样第二个输入的值被忽略，也就是说，iNumber2 变量不保存相应输入的值。

（5）%s 是用来表示字符串的格式字符，将一个数 n（整数）放入%s 中间，这样就指定了数据的宽度。在程序中，scanf 函数中指定的数据宽度为 3，那么在输入一个字符串时，只接收前 3 个字符。

（6）最后利用 printf 函数将输入得到的数据进行输出。

运行程序，显示结果如图 2.5 所示。

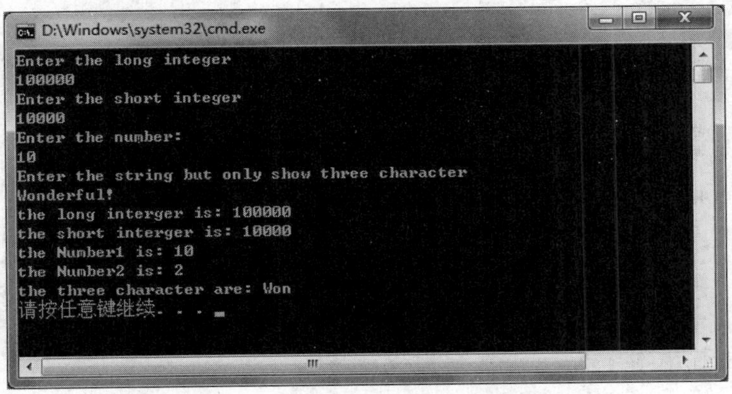

```
D:\Windows\system32\cmd.exe
Enter the long integer
100000
Enter the short integer
10000
Enter the number:
10
Enter the string but only show three character
Wonderful!
the long interger is: 100000
the short interger is: 10000
the Number1 is: 10
the Number2 is: 2
the three character are: Won
请按任意键继续. . .
```

图 2.5　使用附加格式说明 scanf 函数的格式输入

2.3.3 标准输出输入流

在C++语言中，数据的输入和输出包括标准输入/输出设备（键盘、显示器）、外部存储介质（磁盘）上的文件和内存的存储空间3个方面的输入/输出。对标准输入/输出设备的输入/输出简称为标准I/O，对在外存磁盘上文件的输入/输出简称文件I/O，对内存中指定的字符串存储空间的输入/输出简称为串I/O。

C++语言中把数据之间的传输操作称为流。C++中的流既可以表示数据从内存传送到某个载体或设备中，即输出流；也可以表示数据从某个载体或设备传送到内存缓冲区变量中，即输入流。C++中的所有流都是相同的，但文件可以不同（文件流会在后面讲到）。使用流以后，程序用流统一对各种计算机设备和文件进行操作，使程序与设备、文件无关，从而提高了程序设计的通用性和灵活性。

C++语言定义了I/O类库供用户使用，标准I/O操作有4个类对象，分别是cin，cout，cerr和clog。其中cin代表标准输入设备键盘，也称为cin流或标准输入流。cout代表标准输出显示器，也称为cout流或标准输出流，当进行键盘输入操作时使用cin流，当进行显示器输出操作时使用cout流，当进行错误信息输出操作时使用cerr或clog流。

C++的流通过重载运算符“<<”和“>>”执行输入和输出操作。输出操作是向流中插入一个字符序列，因此，在流操作中，将左移运算符“<<”称为插入运算符。输入操作是从流中提取一个字符序列，因此，将右移运算符“>>”称为提取运算符。

1. cout语句的一般格式

```
cout<<表达式1<<表达式2<<……<<表达式n;
```

cout代表显示器，执行cout << x操作就相当于把x的值输出到显示器。

先把x的值输出到显示器屏幕上，在当前屏幕光标位置显示出来，然后cout流恢复到等待输出的状态，以便继续通过插入操作符输出下一个值。当使用插入操作符向一个流输出一个值后，再输出下一个值时将被紧接着放在上一个值的后面，所以为了让流中前后两个值分开，可以在输出一个值后接着输出一个空格，或一个换行符，或是其他所需要的字符或字符串。

一个cout语句可以分写成若干行。例如：

```
cout<< "Hello World!" <<endl;
```

可以写成：

```
cout<< "Hello" //注意行末尾无分号
<<" "
<<"World!"
<<endl;   //语句最后有分号
```

也可写成多个cout语句：

```
cout<< "Hello"; //语句末尾有分号
cout<<" ";
cout<<"World!.";
cout<<endl;
```

以上3种情况的输出均正确。

2. cin语句的一般格式

```
cin>>变量1>>变量2>>……>>变量n;
```

cin 代表键盘，执行 cin>>x 就相当于把键盘输入的数据赋值给变量。

当从键盘上输入数据时，只有当输入完数据并按下回车键后，系统才把该行数据存入到键盘缓冲区，供 cin 流顺序读取给变量。另外，从键盘上输入的每个数据之间必须用空格或回车符分开，因为 cin 为一个变量读入数据时是以空格或回车符作为其结束标志的。

当 cin>>x 操作中的 x 为字符指针类型时，则要求从键盘的输入中读取一个字符串，并把该字符串赋值给 x 所指向的存储空间，若 x 没有事先指向一个允许写入信息的存储空间，则无法完成输入操作。另外，从键盘上输入的字符串，其两边不能带有双引号定界符，若有则只作为双引号字符看待。对于输入的字符也是如此，不能带有单引号定界符。

cin 函数相当于 c 库函数的 scanf，将用户的输入赋值给变量。例如：

```
#include "stdafx.h"
#include <iostream>
using std::cout;
using std:cin;
void main()
{
int iInput;
cout << "Please input a number:" <<endl;
cin >> iInput;
cout << "the number is:" << iInput<<endl;
}
```

实例将用户输入的数打印出来。

例 2.6　简单输出字符。

```
#include "stdafx.h"
#include <iostream>
using namespace std;
void main()
{
int i=0;
cout << i<< endl;
cout << "HelloWorld" <<endl;
}
```

运行程序，将向控制台屏幕输出 HelloWorld 字符串，运行结果如图 2.6 所示。

图 2.6　向控制台屏幕输出 HelloWorld 字符串

endl 是向流的末尾部位加入换行符。i 是一个整型变量，在输出流中自动将整型变量转换成字符串输出。

2.3.4 流操作的控制

在头文件 iomanip.h 中定义了一些控制流输出格式的函数，默认情况下整型数按十进制形式输出，也可以通过 hex 将其设置为十六进制输出。流操作的控制的具体函数如下。

（1）long setf(long f);

根据参数 f 设置相应的格式标志，返回此前的设置。该参数 f 所对应的实参为无名枚举类型中的枚举常量（又称格式化常量），可以同时使用一个或多个常量，每两个常量之间要用按位或操作符连接。如需要左对齐输出，并使数值中的字母大写时，则调用该函数的实参为 ios::left|ios::uppercase。

（2）long unsetf(long f);

根据参数 f 清除相应的格式化标志，返回此前的设置。如果要清除此前的左对齐输出设置，恢复默认的右对齐输出设置，则调用该函数的实参为 ios::left。

（3）int width();

返回当前的输出域宽。若返回数值为 0，则表明没为刚才输出的数值设置输出域宽。输出域宽是指输出的值在流中所占有的字节数。

（4）int width(int w);

设置下一个数据值的输出域宽为 w，返回为输出上一个数据值所规定的域宽，若无规定则返回 0。注意，此设置不是一直有效，而只是对下一个输出数据有效。

（5）setiosflags(long f);

设置 f 所对应的格式标志，功能与 setf(long f)成员函数相同，当然，在输出该操作符后返回的是一个输出流。如果采用标准输出流 cout 输出它时，则返回 cout。输出每个操作符后都是如此，即返回输出它的流，以便向流中继续插入下一个数据。

（6）resetiosflags(long f);

清除 f 所对应的格式化标志，功能与 unsetf(long f)成员函数相同。输出后返回一个流。

（7）setfill(int c);

设置填充字符的 ASCII 码为 c 的字符。

（8）setprecisiion(int n);

设置浮点数的输出精度为 n。

（9）setw(int w);

设置下一个数据的输出域宽为 w。

数据输入/输出的格式控制还有更简便的形式，就是使用头文件 iomainip.h 中提供的操作符。使用这些操作符不需要调用成员函数，只要把它们作为插入操作符的输出对象即可。

- dec：转换为按十进制输出整数，是默认的输出格式。
- oct：转换为按八进制输出整数。
- hex：转换为按十六进制输出整数。
- ws：从输出流中读取空白字符。
- endl：输出换行符\n 并刷新流。刷新流是指把流缓冲区的内容立即写入到对应的物理设备上。

- ends：输出一个空字符\0。
- flush：只刷新一个输出流。

例 2.7　控制打印格式程序。

```
#include "stdafx.h"
#include <iostream>
#include <iomanip>
using namespace std;
void main()
{
double a=123.456789012345;
cout << a << endl;
cout << setprecision(9) << a << endl;
cout << setprecision(6);    //恢复默认格式(精度为 6)
cout << setiosflags(ios::fixed);
cout << setiosflags(ios::fixed) << setprecision(8) << a << endl;
cout << setiosflags(ios::scientific) << a << endl;
cout << setiosflags(ios::scientific) << setprecision(4) << a << endl;
}
```

程序运行结果如图 2.7 所示。

图 2.7　控制打印格式程序

例 2.8　整数输出的实例。

```
#include "stdafx.h"
#include <iostream>
#include <iomanip>
using namespace std;
void main()
{
int b=123456;                                          //对 b 赋初值
cout << b << endl;                                     //输出：123456
cout << hex << b << endl;                              //输出：1e240
cout << setiosflags(ios::uppercase) << b << endl;      //输出：1E240
cout << setw(10) << b <<','<< b << endl;               //输出：123456，123456
cout << setfill('*') << setw(10) << b << endl;         //输出：**** 123456
cout << setiosflags(ios::showpos) << b << endl;        //输出：+123456
}
```

程序运行结果如图 2.8 所示。

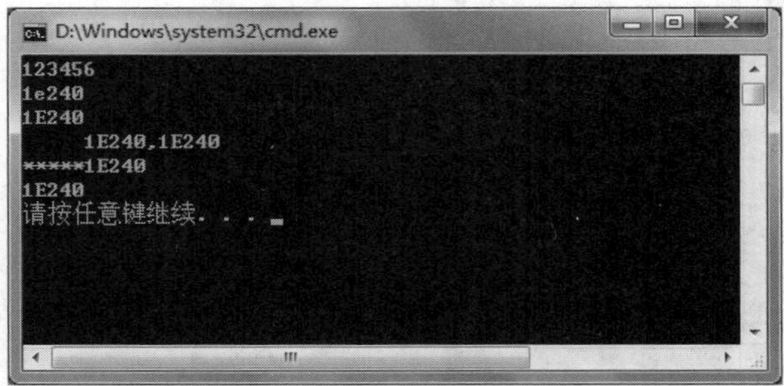

图 2.8　整数输出

例 2.9　输出大写的十六进制。

```
#include "stdafx.h"
#include <iostream>
#include <iomanip>
using namespace std;
void main()
{
int i=0x2F,j=255;
cout << i << endl;
cout << hex << i << endl;
cout << hex << j << endl;
cout << hex << setiosflags(ios::uppercase) << j << endl;
}
```

程序运行结果如图 2.9 所示。

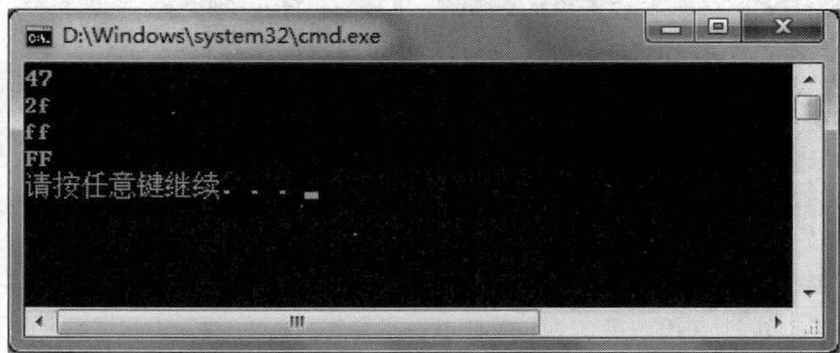

图 2.9　输出大写的十六进制

例 2.10　控制输出精确度。

```
#include "stdafx.h"
#include <iostream>
using namespace std;
void main()
{
int x=123;
double y=-3.1415;
cout << "x=";
cout.width(10);
cout << x;
cout << "y=";
cout.width(10);
```

```
cout << y <<endl;
cout.setf(ios::left);
cout << "x=";
cout.width(10);
cout << x;
cout << "y=";
cout << y <<endl;
cout.fill('*');
cout.precision(4);
cout.setf(ios::showpos);
cout << "x=";
cout.width(10);
cout << x;
cout << "y=";
cout.width(10);
cout << y <<endl;
}
```

程序运行结果如图 2.10 所示。

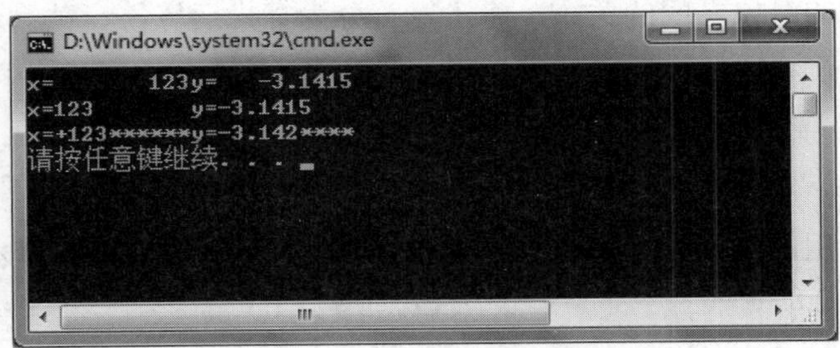

图 2.10　控制输出精确度

例 2.11　流输出小数控制。

```
#include "stdafx.h"
#include <iostream>
using namespace std;
void main()
{
float x=20,y=-400.00;
cout << x <<' '<< y << endl;
cout.setf(ios::showpoint); //强制显示小数点和无效 0
cout << x <<' '<< y << endl;
cout.unsetf(ios::showpoint);
cout.setf(ios::scientific);//设置按科学表示法输出
cout << x <<' '<< y << endl;
cout.setf(ios::fixed);      //设置按定点表示法输出
cout << x <<' '<< y << endl;
}
```

程序运行结果如图 2.11 所示。

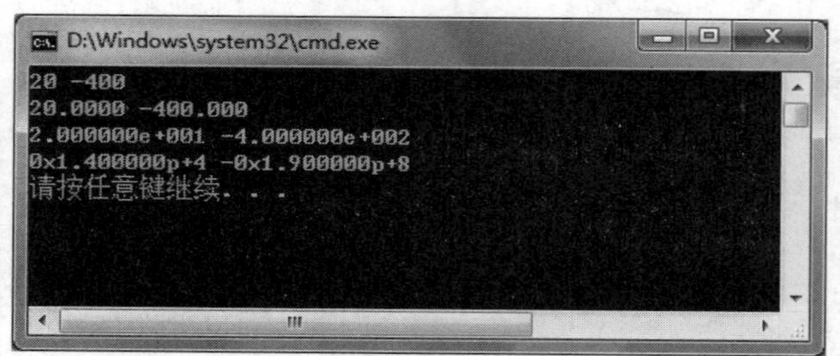

图 2.11　流输出小数控制

扫一扫，看视频

2.4　运　算　符

运算符就是具有运算功能的符号。C++语言中有丰富的运算符，其中有很多运算符都是从 C 语言继承下来的，它新增的运算符有作用域运算符“::”和成员指针运算符“->”。

和 C 语言一样，根据使用运算符的对象个数，将运算符分为单目运算符、双目运算符和三目运算符。根据使用运算符的对象之间的关系，将运算符分为算术运算符、关系运算符、逻辑运算符、赋值运算符和逗号运算符。

2.4.1　算术运算符

算术运算主要指常用的加（+）、减（-）、乘(*)、除（/）四则运算。算术运算符中有单目运算符和双目运算符，见表 2.8。

表 2.8　算术运算符

操　作　符	功　　能	目　　数	用　　法
+	加法运算符	双目	expr1 + expr2
-	减法运算符	双目	expr1 - expr2
*	乘法运算符	双目	expr1 * expr2
/	除法运算符	双目	expr1 / expr2
%	模运算	双目	expr1 % expr2
++	自增加	单目	++expr 或 expr++
--	自减少	单目	--expr 或 expr--

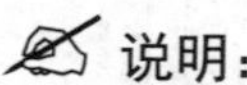
说明：

expr 表示使用运算符的对象，可以是表达式、变量和常量。

（1）+是加法运算符，可以进行两个对象的加法运算，例如，1+1 表示两个常量相加；i+1 表示变量和常量相加；x+y 表示两个变量相加；+100 表示有符号的常量，强调常量是正数。

（2）-是减法运算符，可以进行两个对象的减法运算，例如，1-1 表示两个常量相减；j-1 表示变量和常量相减；x-y 表示两个变量相减；-100 表示有符号的常量，强调常量是一个负值。

（3）*是乘法运算符，可以进行两个对象的乘法运算，例如，2*3 表示两个常量相乘。

（4）/是除法运算符，可以进行两个对象的除法运算，例如，2/3 表示两个常量相除，/运算符左侧的是被除数，也称分子；/运算符右侧的是除数，也称为分母。

在进行除法运算时，除数或分母不可以为 0，为 0 会产生溢出，处理器抛出异常。例如，2/0 表示不合法运算；0/2 表示合法运算，计算结果是 0。

两个整型数值进行除法运算时返回的结果可能是一个小数，小数点后的数值会被舍去。

（5）%是模运算符，求两个整型的数值或变量在进行除法运算后的余数。例如，5%2 表示两个常量进行求模运算，计算结果是 1。

（6）++是自加运算符，属于单目运算符。有++expr 和 expr++两种形式，++expr 表示 expr 自加 1 后再进行其他运算；expr++表示 expr 先参加完其他运算后再进行自加 1，expr 只能是变量。例如，++i 表示 i 自增 1 后再参与其他运算；i++表示 i 参与运算后，i 的值再自增；1++表示不合法。

（7）--是自减运算符，属于单目运算符。有--expr 和 expr--两种形式，--expr 表示 expr 自身减 1 后再进行其他运算；expr--表示 expr 先参加完其他运算后再进行自身减 1，expr 只能是变量。例如，--i 表示 i 自减 1 后再参与其他运算；i--表示 i 参与运算后，i 的值再自减；1--表示不合法。

2.4.2　关系运算符

关系运算主要是对两个对象进行比较，运算结果是逻辑常量真或假。关系运算符见表 2.9。

表 2.9　关系运算符

操作符	功能	目数	用法
<	小于	双目	expr1 < expr2
>	大于	双目	expr1 > expr2
>=	大于或等于	双目	expr1 >= expr2
<=	小于或等于	双目	expr1 <= expr2
==	恒等	双目	expr1 == expr2
!=	不等	双目	expr1 != expr2

（1）<是比较两个对象的大小，前者小于后者，运算结果为真。例如，a<b 表示两个变量进行比较，如果变量 a 的值小于变量 b 的值，运算结果为真；2<1 的运算结果为假。

（2）>是比较两个对象的大小，前者大于后者，运算结果为真。例如，a>b 表示两个变量进行比较，如果变量 a 的值大于变量 b 的值，运算结果为真；2>1 的运算结果为真。

（3）>=是比较两个对象的大小，前者大于或等于后者，运算结果为真。例如，3>=2 的运算结果为真；2>=2 的运算结果为真。

（4）<=是比较两个对象的大小，前者小于或等于后者，运算结果为真。例如，1<=2 的运算结果为真。

（5）==是对两个对象进行判断，前者恒等于后者，运算结果为真。例如，a==b 表示两个变量进行比较，如果变量 a 的值恒等于变量 b 的值，运算结果为真。

（6）!=是对两个对象进行判断，前者不等于后者，运算结果为真。例如，a!=b 表示两个变量进行比较，如果变量 a 的值不等于变量 b 的值，运算结果为真。

关系运算符都是双目运算符，其结合性均为左结合。关系运算符的优先级低于算术运算符，高于赋值运算符。在 6 个关系运算符中，<、<=、>、>=的优先级相同，高于==和!=，==和!=的优先级相同。

2.4.3 逻辑运算符

逻辑运算符是对真和假这两种逻辑值进行运算，运算后的结果仍是一个逻辑值。逻辑运算符见表 2.10。

表 2.10 逻辑运算符

操 作 符	功 能	目 数	用 法
&&	逻辑与	双目	expr1 && expr2
||	逻辑或	双目	expr1 || expr2
!	逻辑非	单目	!expr

（1）&&是对两个对象进行与运算，当两个对象都为真时，结果为真；有一个对象为假或两个对象都为假时，结果为假。例如，真&&假的结果为假；真&&真的结果为真；假&&假的结果为假。

（2）|| 是对两个对象进行或运算，当两个对象都为假时，结果为假；有一个对象为真或两个对象都为真时，结果为真。例如，真 || 假的结果为真；真 || 真的结果为真；假 || 假的结果为假。

（3）!是对一个对象取反运算，当对象为真时，运算结果为假；当对象为假时，运算结果为真。例如，!真的运算结果为假；!假的运算结果为真。

变量 a 和 b 的逻辑运算见表 2.11。

表 2.11 逻辑运算结果

a	b	a&&b	a||b	!a	!b
0	0	0	0	1	1
0	非 0	0	1	1	0
非 0	0	0	1	0	1
非 0	非 0	1	1	0	0

说明：

用 1 代表真，用 0 代表假。

逻辑表达式的对象仍可以是逻辑表达式，从而组成了嵌套的情形。例如，(a||b)&&c 是根据逻辑运算符的左结合性。

例 2.12 求逻辑表达式的值。

```
#include "stdafx.h"
#include<iostream>
using namespace std;
void main()
```

```
{
int i=5,j=8,k=12,l=4,x1,x2;
x1=i>j&&k>l;
x2=!(i>j)&&k>l;
printf("%d,%d\n",x1,x2);
}
```

程序运行结果如图 2.12 所示。

图 2.12　运算结果

2.4.4　赋值运算符

赋值运算符分为简单赋值运算符和复合赋值运算符，复合赋值运算符又称为带有运算的赋值运算符，简单赋值运算符就是给变量赋值的运算符。例如：

```
变量 = 表达式
```

等号“=”就为简单赋值运算符。

C++提供了很多复合赋值运算符，见表 2.12。

表 2.12　赋值运算符

操 作 符	功　能	目　数	用　法
+=	加法赋值	双目	expr1 += expr2
−=	减法赋值	双目	expr1 −=expr2
*=	乘法赋值	双目	expr1 *= expr2
/=	除法赋值	双目	expr1 /= expr2
%=	模运算赋值	双目	expr1 % = expr2
<<=	左移赋值	双目	expr1 <<= expr2
>>=	右移赋值	双目	expr1 >>= expr2
&=	按位与运算并赋值	双目	expr1 &= expr2
|=	按位或运算并赋值	双目	expr1 |= expr2
^=	按位异或运算并赋值	双目	expr1 ^= expr2

复合赋值运算符都有等同的简单赋值运算符和其他运算的组合。

a+=b 等价于 a=a+b　　a−=b 等价于 a=a−b　　a*=b 等价于 a=a*b

a/=b 等价于 a=a/b　　a%=b 等价于 a=a%b　　a<<=b 等价于 a=a<<b

a>>=b 等价于 a=a>>b　　a&=b 等价于 a=a&b　　a^=b 等价于 a=a^b

a|=b 等价于 a=a|b

复合赋值运算符都是双目运算符，C++采用这种运算符可以更高效地进行加运算，编译器在生成目标代码时能够直接优化，可以使程序代码更小。这种书写形式也非常简洁，使得代码更紧凑。

复合赋值运算符将运算结果返回，作为表达式的值，同时把操作数 1 对应的变量设为运算结果值。例如：

```
int a=6;
a*=5;
```

运算结果是：a 的值为 30。

a*=5 等价于 a=a*5，a*5 的运算结果作为临时变量赋给了变量 a。

2.4.5　位运算符

位运算符有位逻辑与、位逻辑或、位逻辑异或和取反运算符，其中位逻辑与、位逻辑或、位逻辑异或为双目运算符，取反运算符为单目运算符。位运算符见表 2.13。

表 2.13　位运算符

操 作 符	功　能	目　数	用　法
&	位逻辑与	双目	expr1 & expr2
|	位逻辑或	双目	expr1 | expr2
^	位逻辑异或	单目	expr1 ^ expr2
~	取反运算符	单目	~expr

在双目运算符中，位逻辑与优先级最高，位逻辑或次之，位逻辑异或最低。

（1）位逻辑与实际上是将操作数转换成二进制表示方式，然后将两个二进制操作数对象从低位（最右边）到高位对齐，每位求与，若两个操作数对象同一位都为 1，则结果对应位为 1，否则结果中对应位为 0。例如，12 和 8 经过位逻辑与运算后得到的结果是 8。

```
  0000 0000 0000 1100      （十进制 12 原码表示）
& 0000 0000 0000 1000      （十进制 8 原码表示）
  0000 0000 0000 1000      （十进制 8 原码表示）
```

说明：

十进制在用二进制表示时有原码、反码、补码多种表示方式。

（2）位逻辑或实际上是将操作数转换成二进制表示方式，然后将两个二进制操作数对象从低位（最右边）到高位对齐，每位求或，若两个操作数对象同一位都为 0，则结果对应位为 0，否则结果中对应位为 1。例如，31 和 22 经过位逻辑或运算后得到的结果是 9。

```
  0000 0000 0000 0100      （十进制 4 原码表示）
| 0000 0000 0000 1000      （十进制 8 原码表示）
  0000 0000 0000 1100      （十进制 12 原码表示）
```

（3）位逻辑异或实际上是将操作数转换成二进制表示方式，然后将两个二进制操作数对象从低位（最右边）到高位对齐，每位求异或，若两个操作数对象同一位不同时为 1，则结果对应位为 1，否则结果中对应位为 0。例如，4 和 8 经过位逻辑异或运算后的结果是 12。

0000 0000 0001 1111　　（十进制 31 原码表示）
^ 0000 0000 0001 0110　　（十进制 22 原码表示）
0000 0000 0000 1001　　（十进制 9 原码表示）

（4）取反运算符，实际上是将操作数转换成二进制表示方式，然后将各位二进制位由 1 变为 0，由 0 变为 1。例如，41883 取反运算后得到的结果是 23652。

~ 1010 0011 1001 1011　　（十进制 41883 原码表示）
0101 1100 0110 0100　　（十进制 23652 原码表示）

逻辑位运算符实际上是算术运算符，用该运算符组成的表达式的值是算术值。

2.4.6 移位运算符

移位运算有两个，分别是左移<<和右移>>，这两个运算符都是双目的。

（1）左移是将一个二进制操作数对象按指定的移动位数向左移，左边（高位端）溢出的位被丢弃，右边（低位端）的空位用 0 补充。左移相当于乘以 2 的幂，如图 2.13 所示。

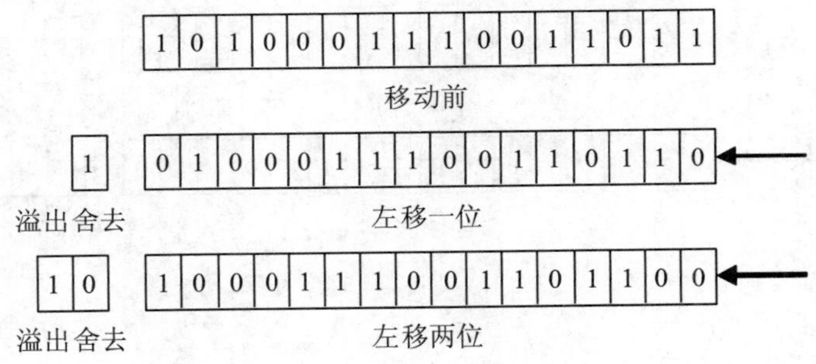

图 2.13　左移位运算

例如，操作数 41883 的二进制是 1010 0011 1001 1011，左移一位变成 18230，左移两位变成 36460，运行过程如图 2.14 所示。

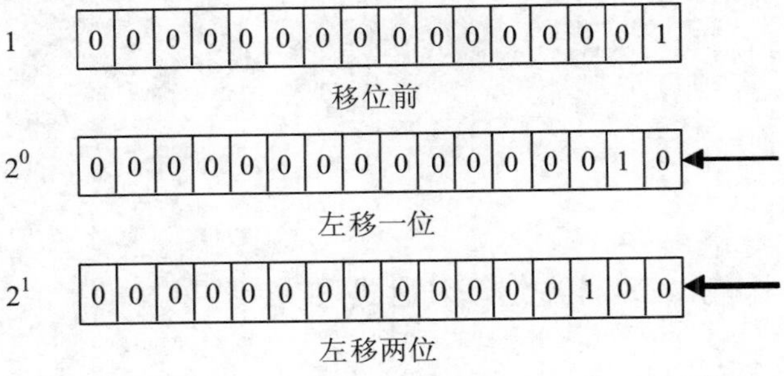

图 2.14　左移位运算过程

（2）右移是将一个二进制操作数对象按指定的位数向右移动，右边（低位端）溢出的位被丢弃，左边（高位端）的空位或者一律用 0 填充，或者用被移位操作数的符号位填充，运算结果和编译器有关，在使用补码的机器中，正数的符号位为 0，负数的符号为 1。右移位运算相当于除以 2 的幂，如图 2.15 所示。

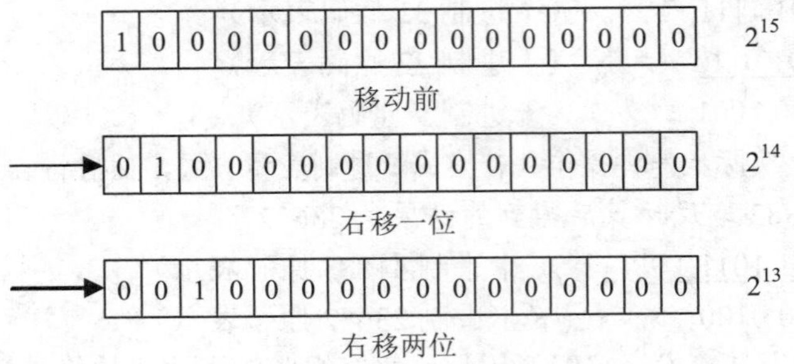

图 2.15　右移位运算

例如，操作数 41883 的二进制是 1010 0011 1001 1011，右移一位变成 20941，右移两位变成 10470，运行过程如图 2.16 所示。

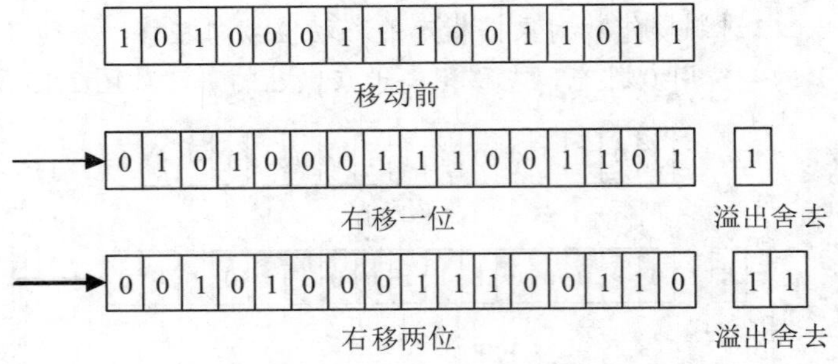

图 2.16　右移位运算过程

例 2.13　左移运算。

```
#include "stdafx.h"
#include<iostream>
using namespace std;
void main()
{
int a=0x40,b;
b=a<<1;
cout << b << endl;
}
```

运算结果是：

```
128
```

由于位运算的速度很快，在程序中遇到表达式乘以或除以 2 的幂的情况，一般采用位运算来代替。

例 2.14　使用移位运算。

```
#include "stdafx.h"
#include <iostream>
using namespace std;
void main()
```

```
{
long nWord=0x12345678;
int nBits;
nBits=nWord & 0xFFFF;
printf("low bits are 0x%x\n",nBits);
nBits=(nWord & 0xFFFF0000)>>16;
printf("hight bits is 0x%x\n",nBits);
}
```

运算结果如图 2.17 所示。

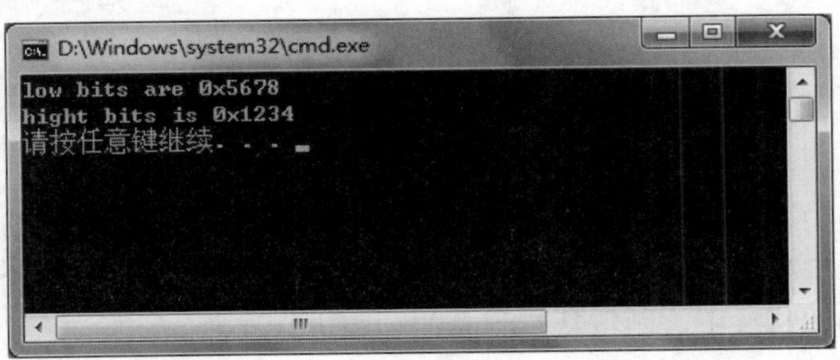

图 2.17　运算结果

2.4.7　sizeof 运算符

sizeof 是一个很像函数的运算符，也是唯一一个用到字母的运算符。该运算符有以下两种形式：

```
sizeof(类型说明符)
sizeof(表达式)
```

功能是返回指定的数据类型或表达式值的数据类型在内存中占用的字节数。

说明：

由于 CPU 寄存器的位数不同，同种数据类型占用的内存字节数目也可能不同。

例如：

```
sizeof(char)
```

返回 1，说明 char 类型占用 1 个字节。

```
sizeof(void *)
```

返回 4，说明空指针占用 4 个字节。

```
sizeof(66)
```

返回 4，说明常量占用 4 个字节。

2.4.8　条件运算符

条件运算符是 C++语言中仅有的一个三目运算符，该运算符需要 3 个运算数对象，形式如下：

```
<表达式 1> ? <表达式 2>  : <表达式 3>
```

表示式 1 是一个逻辑值，可以为真或假。若表达式 1 为真，则运算结果是表达式 2；若表达式 1 为假，则运算结果是表达式 3。这个运算相当于一个 if 语句。

2.4.9 逗号运算符

C++语言中逗号“,”也是一种运算符，称为逗号运算符。逗号运算符的优先级别最低，结合方向自左至右，其功能是把两个表达式连接起来组成一个表达式。逗号运算符是一个多目运算符，并且操作数的个数不限定，可以将任意多个表达式组成一个表达式。

例如：

```
x,y,z
a=1,b=2
```

扫一扫，看视频

2.5 结合性和优先级

运算符优先级决定了在表达式中各个运算符执行的先后顺序，高优先级运算符要先于低优先级运算符进行运算。例如，根据先乘除后加减的原则，表达式“a+b*c”会先计算 b*c，得到结果再与 a 相加。在优先级相同的情况下，则按从左到右的顺序进行计算。

当表达式中出现了括号时，会改变优先级。先计算括号中的子表达式值，再计算整个表达式的值。

运算符的结合方式有两种，左结合和右结合。左结合表示运算符优先与其左边的标识符结合进行运算，如加法运算；右结合表示运算符优先与其右边的表示符结合，如单目运算符 +、-。

同一优先级的优先级别相同，运算次序由结合方向决定。例如，1*2/3，*和/的优先级别相同，其结合方向自左向右，则等价于(1*2)/3。

运算符的优先级见表 2.14。

表 2.14　运算符优先级

运 算 符	名　称	优 先 级	结 合 性
() [ ] -> .	圆括号 下标 取类或结构分量 取类或结构成员	1（最高）	→
! ~ ++ -- - & * (类型) sizeof	逻辑非 按位取反 自增 1 自减 1 取负 取地址 取内容 强制类型转换 长度计算	2	←
* / %	乘 除 整数取模	3	→

（续表）

<table>
<tr><th>运算符</th><th>名称</th><th>优先级</th><th>结合性</th></tr>
<tr><td>+
-</td><td>加
减</td><td>4</td><td>→</td></tr>
<tr><td><<
>></td><td>左移
右移</td><td>5</td><td>→</td></tr>
<tr><td><
<=
>
>=</td><td>小于
小于等于
大于
大于等于</td><td>6</td><td>→</td></tr>
<tr><td>==
!=</td><td>恒等
不等于</td><td>7</td><td>→</td></tr>
<tr><td>&</td><td>按位与</td><td>8</td><td>→</td></tr>
<tr><td>~</td><td>按位异或</td><td>9</td><td>→</td></tr>
<tr><td>|</td><td>按位或</td><td>10</td><td>→</td></tr>
<tr><td>&&</td><td>逻辑与</td><td>11</td><td>→</td></tr>
<tr><td>||</td><td>逻辑或</td><td>12</td><td>→</td></tr>
<tr><td>?:</td><td>条件</td><td>13</td><td>→</td></tr>
<tr><td>=
/=
%=
*=
-=
>>=
<<=
&=
^
|=</td><td>赋值
/运算并赋值
%运算并赋值
*运算并赋值
-运算并赋值
>>运算并赋值
<<运算并赋值
&运算并赋值
^运算并赋值
| 运算并赋值</td><td>14</td><td>→
←
→</td></tr>
<tr><td>,</td><td>逗号（顺序求值）</td><td>15（最低）</td><td>→</td></tr>
</table>

扫一扫，看视频

2.6 表　达　式

表达式由运算符、括号、数值对象或变量等几个元素构成。一个数值对象是最简单的表达式，一个表达式可以看做一个数学函数，带有运算符的表达式通过计算将返回一个数值。例如：

```
1 + 1
3.1415926
i + 1
x > y
100 >> 2
j * 3
```

当表达式有两个或多个运算符时，表达式称为复杂表达式，运算符执行的先后顺序由它们的优先级和结合性决定。例如：

```
(X+Y)*Z
a*x+b*y+z
```

一个表达式的值的数据类型由运算符的种类和操作数的数据类型决定。

带运算符的表达式根据运算符的不同，可以分成算术表达式、关系表达式、逻辑表达式、条件表达式和赋值表达式等几类。

2.6.1 算术表达式

算术表达式的一般形式如下：

```
表达式　算术运算符　表达式
```

算术表达式由算术运算符把表达式连接而成，其值的计算很简单，其值的数据类型按下述规定确定：若所有运算符数量类型相同，则表达式运算结果的数据类型和操作数的数据类型相同；若操作数的数据类型不同，就需要转换，表达式运算结果的数据类型取精度最高的数据类型。

2.6.2 关系表达式

关系表达式的一般形式如下：

```
表达式　关系运算符　表达式
```

关系表达式一般只出现在三目运算符、if 语句和循环语句的判断条件中。关系表达式的运算结果都是逻辑型，只能取 true 或 false。数值 0 表示 false，非 0 代表 true。

2.6.3 条件表达式

条件表达式的一般形式如下：

```
关系表达式　？　表达式　：　表达式
```

条件表达式的值和数据类型取决于“？”前表达式的真假，若为真，则整个表达式的运算结果和数据类型和“：”前的操作数相同；若为假，则整个表达式的值和数据类型和“：”后的操作数相同。

2.6.4 赋值表达式

赋值表达式的一般形式如下：

```
表达式　赋值运算符　表达式
a>b;
```

赋值运算符的值和数据类型的第一个操作数对象赋值完毕后的值和数据类型相同。

由于赋值运算符的结合性是从右至左，因此可以出现连续赋值的表达式。

2.6.5 逻辑表达式

逻辑表达式的一般形式为：

```
表达式 逻辑运算符 表达式
```

逻辑表达式用逻辑运算符将关系表达式连接起来。逻辑表达式的值也是逻辑型，只能取真值 true 或假值 false。

其中的表达式也可以是逻辑表达式，从而组成了嵌套的情形。例如，(a||b)&&c 根据逻辑运算符的左结合性，也可写为 a||b&&c。逻辑表达式的值是式中各种逻辑运算的最后值，以 1 和 0 分别代表真和假。

逻辑表达式的注意事项如下：

（1）逻辑运算符两侧的操作数，除可以是 0 和非 0 的整数外，也可以是其他任何类型的数据，如实型、字符型等。

（2）在计算逻辑表达式时，只有在必须执行下一个表达式才能求解时，才求解该表达式，也就是说并不是所有的表达式都被求解。

- 对于逻辑与运算，如果第一个操作数被判定为假，系统不再判定或求解第二操作数。
- 对于逻辑或运算，如果第一个操作数被判定为真，系统不再判定或求解第二操作数。

2.6.6 逗号表达式

C 语言中逗号“,”也是一种运算符，称为逗号运算符。逗号运算符的优先级别最低，结合方向自左至右，其功能是把两个表达式连接起来组成一个表达式，称为逗号表达式。

其一般形式如下：

```
表达式 1，表达式 2
```

其求值过程是先求解表达式 1，再求解表达式 2，并以表达式 2 的值作为整个逗号表达式的值。

逗号表达式的一般形式可以扩展为：

```
表达式 1，表达式 2，表达式 3，……，表达式 n
```

该逗号表达式的值为表达式 n 的值。

整个逗号表达式的值和类型由最后一个表达式决定。计算一个逗号表达式的值时，从左至右依次计算各个表达式的值，最后计算的一个表达式的值和类型便是整个逗号表达式的值和类型。

逗号表达式的用途仅在于解决只能出现一个表达式的地方却要出现多个表达式的问题。

例 2.15 逗号运算符应用。

```
#include "stdafx.h"
#include<iostream>
using namespace std;
void main()
{
int a=4,b=6,c=8,res1,res2;
res1=a,res2=b+c;
for(int i=0,j=0;i<2;i++)
{
    printf("y=%d,x=%d\n",res1,res2);
}
}
```

程序运行结果如图 2.18 所示。

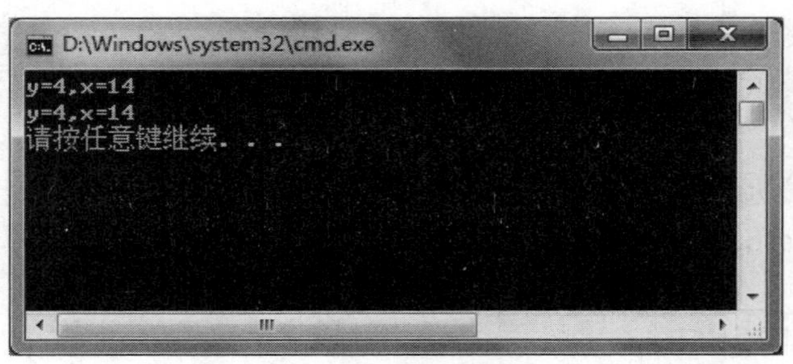

图 2.18　运行结果

实例中多处用到了逗号表达式，变量赋初值时、for 循环语句中、printf 打印语句中。其中“res1=a,res2=b+c;”比较难理解，其中 res2 等于整个逗号表达式的值，也就是表达式 2 的值，res1 是第一个表达式的值。

逗号表达式的注意事项如下：

（1）逗号表达式可以嵌套。例如：

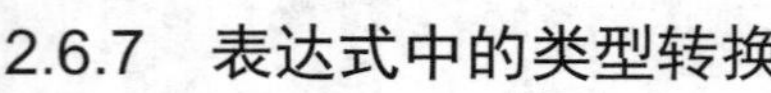

```
表达式 1，(表达式 2，表达式 3)
```

嵌套的逗号表达式可以转换成扩展形式，扩展形式如下：

```
表达式 1，表达式 2，……，表达式 n
```

整个逗号表达式的值等于表达式 n 的值。

（2）程序中使用逗号表达式，通常是要分别求逗号表达式内各表达式的值，并不一定要求整个逗号表达式的值。

（3）并不是在所有出现逗号的地方都组成逗号表达式，如在变量说明中，函数参数表中逗号只是用作各变量之间的间隔符。

扫一扫，看视频

2.6.7　表达式中的类型转换

变量的数据类型转换的方法有两种：一种是隐式转换，一种是强制转换。

1. 隐式转换

隐式转换发生在不同数据类型的量混合运算时，由编译系统自动完成。

隐式转换遵循以下规则：

（1）若参与运算量的类型不同，则先转换成同一类型，然后进行运算。赋值时会把赋值类型和被赋值类型转换成同一类型，一般赋值号右边量的类型将转换为左边量的类型。如果右边量的数据类型长度比左边长时，将丢失一部分数据，这样会降低精度，丢失的部分按四舍五入向前舍入。

（2）转换按数据由低到高顺序执行，以保证精度不降低。

- int 型和 long 型运算时，先把 int 型转成 long 型后再进行运算。
- 所有的浮点运算都是以双精度进行的，即使仅含 float 单精度量运算的表达式，也要先转换成 double 型，再作运算。
- char 型和 short 型参与运算时，必须先转换成 int 型。

类型转换的顺序如图 2.19 所示。

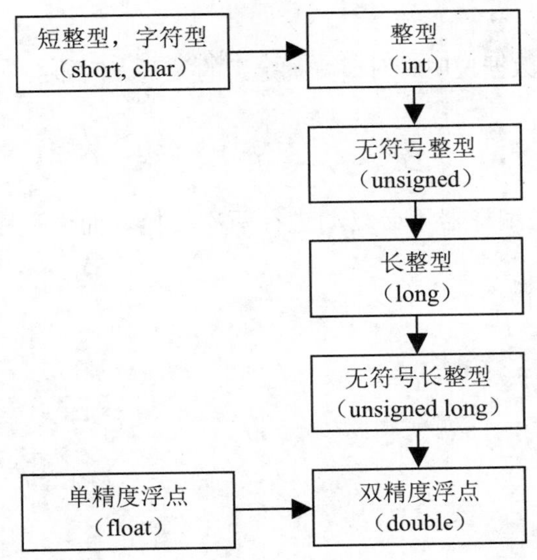

图 2.19　数据类型转换

例 2.16　隐式类型转换。

```
#include "stdafx.h"
#include<iostream>
using namespace std;
void main()
{
double result;
char a='k';
int b=10;
float e=1.515;
result=(a+b)-e;
printf("%f\n",result);
}
```

程序运行结果为：

```
115.485000
```

2．强制类型转换

强制类型转换是通过类型转换运算来实现的，其一般形式为：

```
类型说明符 (表达式)
```

或

```
(类型说明符) 表达式
```

其功能是把表达式的运算结果强制转换成类型说明符所表示的类型。

例如:

```
(float) x;
```

表示把 x 转换为单精度型。

```
(int)(x+y);
```

表示把 x+y 的结果转换为整型。

```
int(1.3)
```

表示一个整数。

强制类型转换后不改变数据说明时对该变量定义的类型。例如：

```
double x;
(int)x;
```

x 仍为双精度类型。

使用强制转换的优点是编译器不必自动进行两次转换，而由程序员负责保证类型转换的正确性。

例 2.17 强制类型转换应用。

```
#include "stdafx.h"
#include<iostream>
using namespace std;
void main()
{
float i,j;
int k;
i=60.25;
j=20.5;
k=(int)i+(int)j;
cout << k << endl;
}
```

程序运行结果为：

```
80
```

扫一扫，看视频

2.7 语 句

在 C++程序中，语句是最小的可执行单元，一条语句由一个分号结束。

C++程序语句按其功能可以划分为两类，一类是用于描述计算机执行操作运算的，称为操作运算语句；另一类是用于控制操作运算执行顺序的，称为流程控制语句。任何程序设计语句都具备流程控制的功能。基本的控制结构有 3 种：顺序结构、选择结构和循环结构。

顺序结构指按照语句在程序中的先后次序一条一条顺次执行。顺序结构是自然形成的，不需要控制，按默认的顺序执行，顺序控制语句就是一条简单的语句。

1．表达式语句

表达式语句是由表达式后面加上一个分号组成的。表达式有很多种，如关系表达式、逻辑表达式、算术表达式等，但关系表达式、逻辑表达式多用于循环或选择结构中，只有赋值表达式多用于赋值语句。赋值表达式后面加上一个分号可以形成赋值语句，将右边的表达式（算术表达式）的结果赋给左边的变量。一个赋值语句中可以包含多个赋值表达式。

2．空语句

空语句只有一个分号，表示什么也不做。空语句经常出现在选择或循环语句中，表示某个分支或循环体不执行具体的操作，也用于编制程序的初始阶段，在搭建程序的模块框架中，先用空语句占位，接下来再逐步细化和补充。

例如：

```
while ( a < b )
;
```

上面是一个循环语句，表示当变量 a 小于变量 b 时，循环体中要进行某种操作，但不确定循环体应该实现什么功能，所以需要使用空语句占位。空语句语法上是正确的。

3．复合语句

复合语句是若干条语句的一个集合，它在语法上是一个整体，相当于一个语句，其语法形式是由一对大括号将若干条语句括起来。复合语句经常出现在选择或循环结构中，选择语句的分支和循环语句的循环体由多条语句组成时，用大括号括起来形成一条复合语句，起到层次划分的作用。一对大括号形成了一个范围，这个范围也是变量的作用范围，也可以将大括号内的代码称之为程序段。在能使用简单语句的地方，都能够使用复合语句。在一个复合语句中可以包含另外一个或多个复合语句。

例如：

```
{
x=1;
y=2;
a=x+y;
}
```

一个复合语句的大括号外面不能再写分号。

4．函数调用语句

函数由函数名、带实际参数表的圆括号组成，函数调用语句就是在函数后加上一个分号。调用主要指程序执行到函数调用语句时，会跳转到相应的函数体中执行该函数体中的内容，执行完所有内容后返回到函数调用语句处，执行调用语句下面的语句。可以调用的函数主要有用系统库函数和自定义函数。

顺序、选择、循环是结构化程序的 3 种基本结构。选择结构语句、循环结构语句会在后面章节讲到。

2.8　左值与右值

C++中的每个语句、表达式的结果分为左值与右值两类。左值指的是内存当中持续储存的数据，而右值是临时储存的结果。

在程序中，声明过的独立的变量，例如：

```
Int k;
short p;
char a;
```

它们都是左值。又如：

```
Int a = 0;
Int b = 2;
```

```
Int c = 3;
a = c-b;
b = a++;
c = ++a;
c--;
```

c–b 是一个储存表达式结果的临时数据，它的结果将被复制到 a 中，它是一个右值。a++自增的过程实质上是一个临时变量执行了表达式，而 a 的值已经自增了。++a 恰好相反，它是自增之后的 a，是一个左值。由此可见，c—是一个右值。

左值都可以出现在表达式等号的左边，所以成为左值。若表达式的结果不是一个左值，那么表达式的结果一定是个右值。

2.9 上机实践

2.9.1 计算三角形周长

➤➤➤题目描述

现有 3 根木棍，分别长 3.3 厘米、4.4 厘米、5.7 厘米，将它们搭成一个三角形。设计程序计算并输出这个三角形的周长。

➤➤➤技术指导

三角形的周长计算方法为三条边之和。在程序中定义三个变量储存边长的值。之后保留浮点数精度，用格式化输出语句 printf 输出这三个变量相加的结果。本上机实践的关键代码参考如下：

```
float a =3.3,b=4.4,c=5.7;
printf("三角形边长%f\n",a+b+c);
```

2.9.2 计算三角形的边长

➤➤➤题目描述

若将这些木棍搭建成一个边长分别为 3、4、5 的直角三角形，每个木棍则需要削成相应长度的两段。那么，直角三角形完工后，剩下的三根小木棍能否再搭建一个三角形？设计程序，用一个 bool 型变量储存表达计算的结果，并输出它。

➤➤➤技术指导

由于浮点数存在着精度，进行比较运算的时候需要将浮点转换为相应的整型变量才会得到正确的结果。三条边能够搭建成一个三角形的条件是任意两边之和大于第三边，程序中使用整形变量储存“剩下的三根小木棍”的边长，再用三个比较表达式得到三条边的比较结果。之后创建一个 bool 型变量储存这三个比较结果的“与”逻辑表达式结果，输出结果。本上机实践的关键代码参考如下：

```
int a1= a*10 - 30, b1= b*10- 40,c1 = c*10-50;//依据实际精度计算剩下的三条边长
bool bp1 = (c1+b1>a1)&&(a1+c1>b1)&&(a1+b1>c1);
cout<<bp1<<endl;
```

2.10　本 章 总 结

本章介绍了 C++语言中的基本数据类型、运算符和表达式等，希望通过本章的学习，读者能够熟练掌握 C++的基础知识，理解书中涉及的 C++语言的一些特性和高级用法，积累 C++语言的开发经验。

第3章 重要的逻辑工具——判断与循环

一个大的问题需要分成若干个小的问题才能够得到解决。C++语言提供了分支语句与循环语句，应用到程序中的各个步骤中。当需要一个条件影响到问题的结论时，我们需要判断语句；当需要执行若干个相同的指令时，我们需要循环语句。

通过学习本章，读者可以达到以下学习目的：

- 掌握3种形式的判断语句
- 了解条件运算符与判断语句的转换
- 掌握swtich分支语句
- 掌握判断语句的嵌套
- 了解3种循环语句
- 掌握各种循环的区别
- 了解循环的跳转
- 掌握循环的嵌套

3.1 条件判断

扫一扫，看视频

计算机的主要功能是为用户提供计算功能，但在计算的过程中会遇到各种各样的情况，针对不同的情况会有不同的处理方法，这就要求程序开发语言要有处理决策的能力。汇编语言使用判断指令和跳转指令实现决策，高级语言使用选择判断语句实现决策。为描述决策系统的流通，设计人员开发了流程图。流程图使用图形方式描述系统不同状态的不同处理方法。开发人员使用流程图表现程序的结构。

主要的流程图符号如图3.1所示。

使用流程图描述十字路口转向的决策，利用方位做决定，判断是否是南方。如果是南方，向前行，如果不是南方，寻找南方，如图3.2所示。

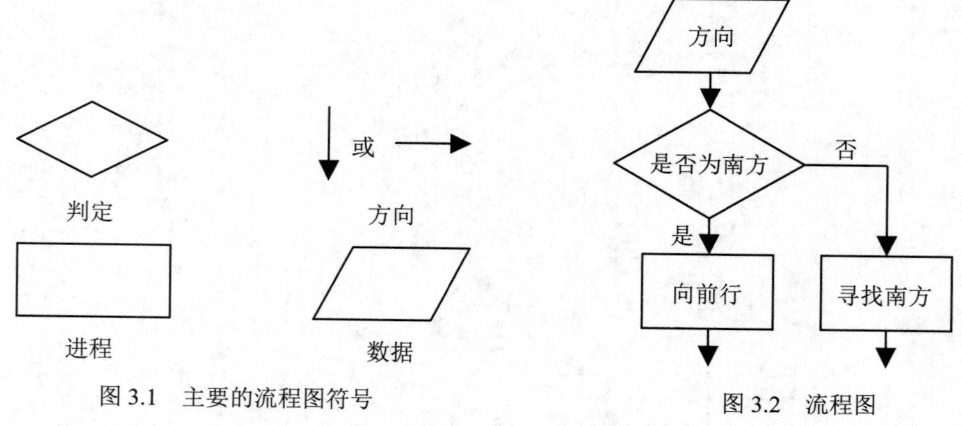

图3.1 主要的流程图符号

图3.2 流程图

程序中使用选择判断语句来做决策。选择判断是编程语言的基础语句，在 C++语言中有 3 种形式的选择判断语句，同时提供了 switch 语句，简化多分支决策的处理。下面对选择判断语句进行介绍。

3.1.1　if 语句

C++语言中使用 if 关键字来组成判断语句，形式如下：

```
if(表达式)
语句
```

表达式一般为关系表达式，表达式的运算结果应该是真或假（true 或 false）。如果表达式为真，执行语句，如果为假就跳过，执行下一条语句。用流程图来描述 if 语句的执行过程，如图 3.3 所示。

例 3.1　判断输入数是否为奇数。

```
#include "stdafx.h"
#include <iostream>
using namespace std;
void main()
{
int iInput;
cout << "Input a value:" << endl;
cin >> iInput; //输入一整型数
if(iInput%2!=0)
    cout << "The value is odd number" << endl;
}
```

用流程图来描述判断语句的执行过程，如图 3.4 所示。

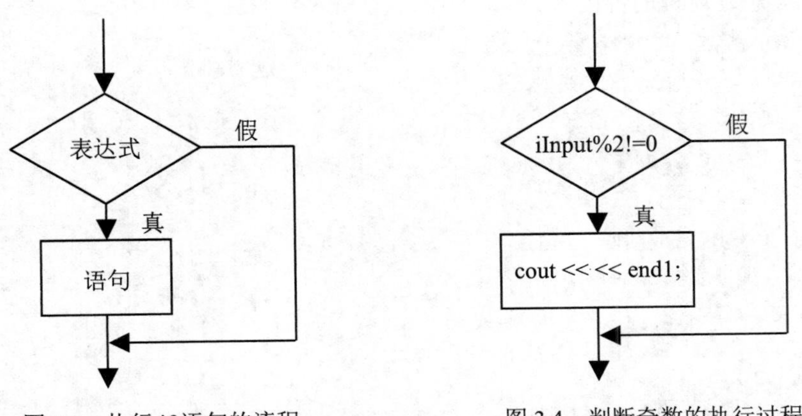

图 3.3　执行 if 语句的流程　　图 3.4　判断奇数的执行过程

程序分两步执行。

（1）定义一个整型变量 iInput，然后使用 cin 获得用户输入的整型数据。

（2）对变量 iInput 的值与 2 进行%运算，如果运算结果不为 0，表示用户输入的是奇数，输出字符串“这个整数是奇数”。如果运算结果为 0，则不进行任何输出，程序执行完毕。

说明：

整数与 2 进行%运算，结果只有 0 或 1 两种情况。

要注意第一种形式的判断语句的书写格式。

判断语句

```
if(a>b)
    max=a;
```

可以写成：

```
if( a>b ) max=a;
```

但不建议使用“if(a>b) max=a;”这种书写方式，因为这种方式不便于阅读。

判断形式中的语句可以是复合语句，也就是说可以用大括号括起多条简单语句。例如：

```
if(a>b)
{
    tmp=a;
    b=a;
    a=tmp;
}
```

3.1.2 if-else 语句

在 if 关键字后，使用 else 关键字表示当程序进入到 if-else 语句中会根据 if 语句判断内容，若为真(true)，执行 if 语句中的内容，若为假(false)，则执行 else 语句的内容。用流程图来描述 if-else 判断语句执行过程，如图 3.5 所示。

例 3.2 根据分数判断是否优秀。

```
#include "stdafx.h"
#include <iostream>
using namespace std;
void main()
{
int iInput;
cout<<"大于 90 为优秀成绩"<<endl;
cout<<"请输入学生成绩"<<endl;
cin >> iInput;

if(iInput>90)
    cout << "成绩优秀" << endl;
else
    cout << "成绩非优秀" << endl;
}
```

用流程图来描述判断语句的执行过程，如图 3.6 所示。

程序需要和用户交互。用户输入一个数值，将该数值赋值给 iInput 变量，然后判断用户输入的数据是否大于 90。如果大于 90，输出字符串“成绩优秀”，否则输出字符串“成绩非优秀”。

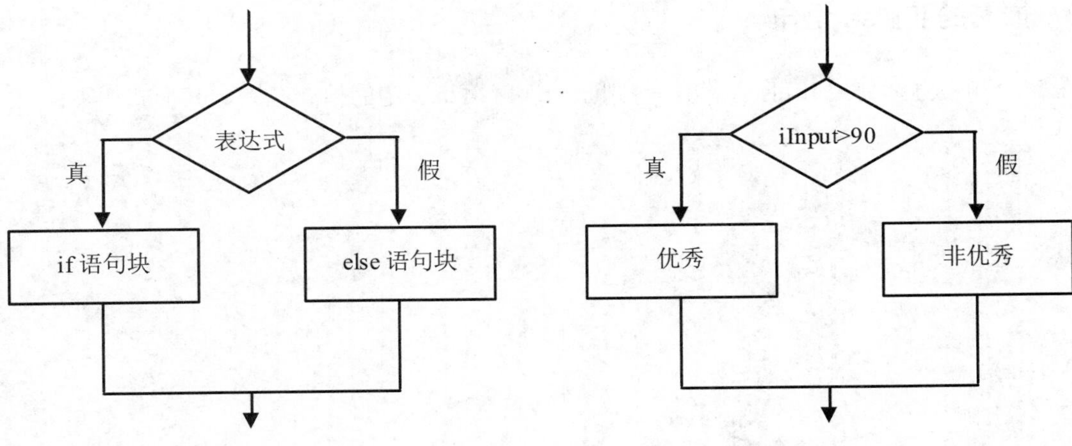

图 3.5 if-else 判断语句过程

图 3.6 判断语句的执行过程

例 3.3 if-else 语句的奇偶性判别。

```
#include <iostream>
using namespace std;
void main()
{
int iInput;
cout << "Input a value:" << endl;
cin >> iInput;  //输入一整型数
if(iInput%2!=0)
    cout << "这个整数是奇数" << endl;
else
    cout << "这个整数是偶数" << endl;
}
```

程序分两步执行。

（1）定义一个整型变量 iInput，然后使用 cin 获得用户输入的整型数据。

（2）对变量 iInput 的值与 2 进行%运算。如果运算结果不为 0，表示用户输入的是奇数，输出字符串“这个整数是奇数”；如果运算结果为 0，表示用户输入的是偶数，输出字符串“这个整数是偶数”，最后程序执行完毕。

使用 else 时的注意事项如下：

- else 不能单独使用，必须和关键字 if 一起出现。“else (a>b) max=a”是不合法的。
- else 后跟的语句可以是复合语句。例如：

```
if(a>b)
{
max=a;
cout << a << endl;
}
else
{
max=b;
cout << b << endl;
}
```

3.1.3 嵌套的 if-else 语句

在 if 语句中继续使用 if-else 语句，每判断一次就缩小一定的检查范围，其形式如下：

```
if(表达式1)
    语句1;
else if(表达式2)
    语句2;
else if(表达式3)
    语句3;
…
else if(表达式m)
    语句m;
else
    语句n;
```

表达式一般为关系表达式，表达式的运算结果应该是真或假（true 或 false）。如果表达式为真，执行语句，如果表达式的值为假就跳过，执行下一条语句。用流程图描述执行过程，如图 3.7 所示。

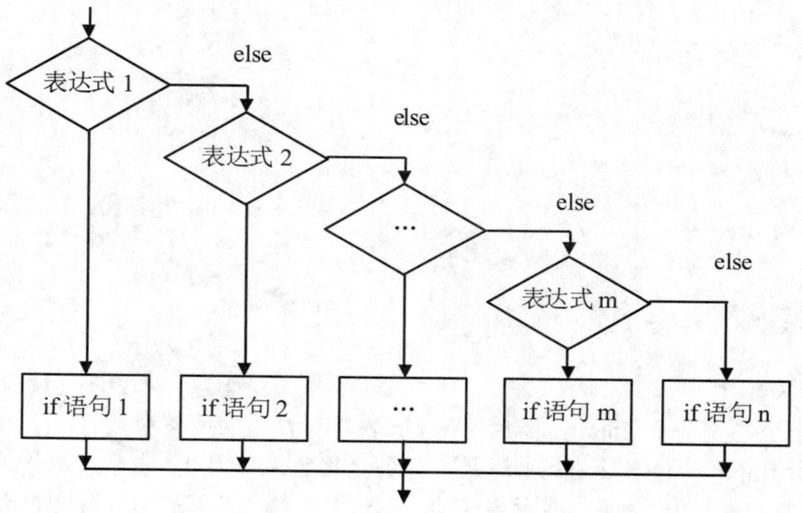

图 3.7 else if 判断语句

例 3.4 根据成绩划分等级。

```
#include "stdafx.h"
#include <iostream>
using namespace std;
void main()
{
cout<<"输入成绩"<<endl;
int iInput;
cin >> iInput;
if(iInput>=90)
{
    cout << "优秀" <<endl;
}
```

```
else if(iInput>=80&& iInput<90)
{
    cout << "良好" <<endl;
}
else if(iInput>=70 && iInput <80)
{
    cout << "一般" <<endl;
}
else if(iInput>=60 && iInput <70)
{
    cout << "及格" <<endl;
}
else if(iInput<60&&iInput>=0)
{
    cout << "考试不及格，请再加把劲" <<endl;
}
```

程序需要用户输入整型数值，然后判断数值是否大于 90。如果大于 90，输出“优秀”字符串，否则继续判断；判断是否小于 90 大于 80，如果小于 90 大于 80，输出“良好”字符串，否则继续判断。依此类推，最后判断是否小于 60，如果小于 60，输出“考试不及格，请再加把劲”字符串，最后没有使用 else 再进行判断。

判断语句可以有多种嵌套方式，可以根据具体需要进行设计，但一定要注意逻辑关系的正确处理。形式如下：

```
if(表达式 1)
{
    if(表达式 2)
        语句 1;
    Else
        语句 2;
}
else
{
    if(表达式 2)
        语句 1;
    else
        语句 2;
}
```

例 3.5 判断是否是闰年。

```
#include "stdafx.h"
#include <iostream>
using namespace std;
void main()
{
 int iYear;
 cout << "请输入年份" << endl;
 cin >> iYear;
 if(iYear%4==0)
 {
    if(iYear%100==0)
```

```
    {
        if(iYear%400==0)
            cout << "这是个闰年" << endl;
        else
            cout << "这不是个闰年" << endl;
    }
    else
        cout << "这不是个闰年" << endl;
}
else
    cout << "这不是个闰年" << endl;
}
```

判断闰年的方法是看该年份能否被 4 整除，如不能被 100 整除，但能被 400 整除。程序使用判断语句对这 3 个条件逐一判断，先判断年份能否被 4 整除 iYear%4==0，如果不能整除则输出字符串"这不是个闰年"，如果能整除，继续判断能否被 100 整除 iYear%100==0，如果不能整除则输出字符串"这不是个闰年"，如果能整除，继续判断能否被 400 整除 iYear%400==0，如果能整除则输出字符串"这是个闰年"，不能整除则输出字符串"这不是个闰年"。

可以简化判断是否是闰年的实例代码，用一条判断语句来完成。

例 3.6 判断是否是闰年。

```
#include "stdafx.h"
#include <iostream>
using namespace std;
void main()
{
    int iYear;
    cout << "请输入年份" << endl;
    cin >> iYear;
    if(iYear%4==0 && iYear%100!=0 || iYear%400==0)
        cout << "这是个闰年" << endl;
    else
        cout << "这不是个闰年" << endl;
}
```

程序中将能否被 4 整除、不能被 100 整除、但能被 400 整除，这 3 个条件用一个表达式来完成。表达式是一个复合表达式，进行了 3 次算术运算和两次逻辑运算，算术运算判断能否被整除，逻辑运算判断是否满足 3 个条件。

使用判断语句嵌套时要注意：else 关键字要和 if 关键字成对出现，并且遵守临近原则，即 else 关键字和自己最近的 if 语句构成一对。另外，判断语句应尽量使用复合语句，以免产生二义性，导致书写格式的运行结果和设计时的不一致。

程序中也可以出现多个独立的 if 与 else 语句，形式如下：

```
if(表达式 1)
{
    语句 1;
    ……;
}
if(表达式 2)
```

```
{
    语句 2;
    ……;
else  if (表达式 3)
{
    语句 3;
    ……;
}
else  //将与最近的 if 组成 if-else 判断语句
{
    语句 4;
    ……;
}
```

3.1.4 使用条件运算符进行判断

扫一扫，看视频

条件运算符是一个三目运算符，它能像判断语句一样完成判断。例如：

```
max=(iA > iB) ? iA : iB;
```

首先比较 iA 和 iB 的大小，如果 iA 大于 iB 就取 iA 的值，否则取 iB 的值。

可以将条件运算符改为判断语句。例如：

```
if(iA > iB)
    max= iA;
else
    max= iB;
```

例 3.7 用条件运算符完成判断数的奇偶性。

```
#include "stdafx.h"
#include<iostream>
using namespace std;
void main()
{
    int iInput;
    cout << "输入一个整数" << endl;
    cin >> iInput;  //从键盘中输入一个数
    (iInput%2!=0) ? cout << "请输入一个奇数" : cout << "这个整数是偶数" ;
    cout << endl;
}
```

该程序使用条件运算符完成判断数的奇偶性，比使用判断语句时的代码更为简洁。程序同样完成由用户输入整型数，然后和 2 进行%运算，如果运算结果不为 0，是奇数，否则是偶数。

例 3.8 用条件表达式判断一个数是否是 3 和 5 的整倍数。

```
#include "stdafx.h"
#include<iostream>
using namespace std;
void main()
{
    int iInput;
    cout << "输入一个整数" << endl;
    cin >> iInput;  //从键盘中输入一个数
```

```
    (iInput%3==0 && iInput%5==0)?cout << "yes" : cout<<"no";
    cout << endl;
}
```

程序需要用户输入一个整型数，然后用%运算判断能否被 3 整除，以及能否被 5 整除。如果同时能被 3 和 5 整除，说明输入的整型数是 3 和 5 的整倍数。

条件运算符可以嵌套，例如：

```
表达式 1?（表达式 a?表达式 b:表达式 c;）:表达式 1;
```

例 3.9 用条件表达式判断一个数是否是 3 和 5 的整倍数。

```
#include "stdafx.h"
#include<iostream>
using namespace std;
void main()
{
    int iInput;
    cout << "输入一个整数" << endl;
    cin >> iInput;  //从键盘中输入一个数
    (iInput%3==0)?
        ((iInput%5==0) ? cout << "yes" : cout << "no" )
        : cout << "no";
    cout << endl;
}
```

实例 3.8 和实例 3.9 完成同一个目标，都是通过%运算来判断输入的整型数是否是 3 和 5 的整倍数，但实例 3.9 中使用了条件运算符的嵌套。由于条件运算符嵌套后的代码不容易阅读，一般不建议使用。

扫一扫，看视频

3.1.5 switch 语句

C++语言提供了一种用于多分支选择的 switch 语句。可以使用 if 判断语句做多分支结构程序，但当分支足够多的时候，if 判断语句会导致代码混乱，可读性也很差；如果使用不当，就会产生表达式上的错误。所以建议在仅有两个分支或分支数少时使用 if 判断语句，而在分支比较多的时候使用 switch 语句。

switch 语句的一般形式如下：

```
switch(表达式)
{
case 常量表达式 1:
    语句 1;
    break;
case 常量表达式 2:
    语句 2;
    break;
    …
case 常量表达式 n:
    语句 n;
    break;
default:
    语句 n+1;
```

```
}
```

表达式是一个算术表达式，需要计算出表达式的值，该值应该是一个整型数或是一个字符。如果是浮点数，可能会因为精度的不精确而产生错误。

switch 是分支的入口，开始判断是在 case 分语句中，用表达式的值逐一和 case 语句中的值进行比较。如有匹配成功的，就使用“break;”跳出 switch 语句；如果没有匹配成功的，就执行 default 分句。

default 分句可以不写。如果不写 default 分句，case 分语句中没有匹配成功的，就不进行任何操作。

例 3.10　根据输入的字符输出字符串。

```
#include "stdafx.h"
#include <iostream>
#include <iomanip>
using namespace std;
void main()
{
cout<<"输入一个 A-D 范围内的大写字母作为成绩评价"<<endl;
char iInput;
cin >> iInput;
switch (iInput)
{
case 'A':
cout << "very good" << endl;
break;
case 'B':
cout << "good" << endl;
break;
case 'C':
cout << "normal" << endl;
break;
case 'D':
cout << "failure" << endl;
break;
default:
    cout << "input error" << endl;
}
}
```

程序需要用户输入一个字符，当用户输入字符 A 时，向屏幕输出“very good”字符串；输入字符 B 时，向屏幕输出“good”字符串；输入字符 C 时，向屏幕输出“normal”字符串；输入字符 D 时，向屏幕输出“failure”字符串；输入其他字符时，向屏幕输出“input error”字符串。

可以将 switch 的判断结构改为第一种形式的判断语句。

例 3.11　根据输入的字符输出字符串。

```
#include "stdafx.h"
#include <iostream>
using namespace std;
void main()
```

```
{
    cout<<"输入一个A-D范围内的大写字母作为成绩评价"<<endl;
    int iInput;
    cin >> iInput;
    if(iInput =='A')
{
    cout << "very good" <<endl;
    return ;
}
if(iInput =='B')
{
    cout << "good" <<endl;
    return ;
}
if(iInput =='C')
{
    cout << "normal" <<endl;
    return ;
}
if(iInput =='D')
{
    cout << "failure" <<endl;
    return ;
}
    cout << "input error" << endl;
}
```

实例 3.10 和实例 3.11 完成的功能基本相同。当用户输入字符 A 后，输出字符串“very good”。所不同的是，输出完字符串后，使用 return 跳出主函数，并结束程序，不执行下面的语句。同样输入字符 B、C 和 D 后，也输出对应的字符串后，跳出主函数并结束程序。

也可以将 switch 的判断结构改为第三种形式的判断语句。

例 3.12 根据输入的字符输出字符串。

```
#include "stdafx.h"
#include <iostream>
using namespace std;
void main()
{
    cout<<"输入一个A-D范围内的大写字母作为成绩评价"<<endl;
    char iInput;
    cin >> iInput;
if(iInput == 'A')
{
    cout << "very good" <<endl;
    return ;
}else if(iInput == 'B')
{
    cout << "good" <<endl;
```

```
    return ;
}else if(iInput == 'C')
{
    cout << "normal" <<endl;
    return ;
}else if(iInput == 'D')
{
    cout << "failure" <<endl;
    return ;
}else
    cout << "input error" << endl;
}
```

同样，本程序也是根据输入不同的字符输出不同的字符串。

switch 语句中每个 case 语句都使用“break;”语句跳出，该语句可以省略。由于程序默认执行程序是顺序执行，当语句匹配成功后，其后面的每条 case 语句都会被执行，而不进行判断。

例 3.13　不加 break 的 switch 判断语句。

```
#include "stdafx.h"
#include <iostream>
using namespace std;
void main()
{
    cout<<"输入一个 1-7 范围内的数字作为相应的星期"<<endl;
    int iInput;
    cin >> iInput;
    switch(iInput)
{
    case 1:
        cout << "Monday" << endl;
    case 2:
        cout << "Tuesday" << endl;
    case 3:
        cout << "Wednesday" << endl;
    case 4:
        cout << "Thursday" << endl;
    case 5:
        cout << "Friday" << endl;
    case 6:
        cout << "Saturday" << endl;
    case 7:
        cout << "Sunday" << endl;
    default:
        cout << "Input error" << endl;
    }
}
```

当输入 1 时，程序运行结果如图 3.8 所示。

当输入 7 时，程序运行结果如图 3.9 所示。

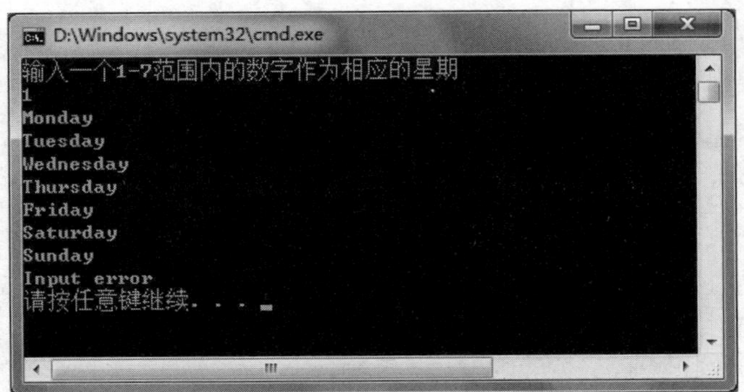

图 3.8　运行结果 1

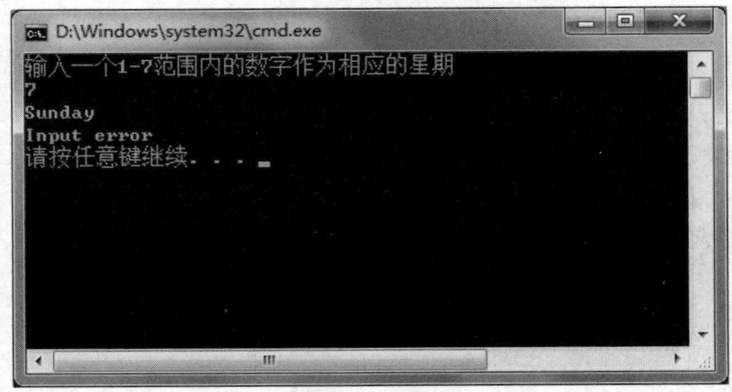

图 3.9　运行结果 2

程序想要实现根据输入的 1~7 中的任意整型数输出整型数对应的英文星期名称，但由于 switch 语句中的各 case 分句没有及时使用“break;”语句跳出，导致意想不到的结果输出。

3.2　循 环 语 句

在程序中除了可以作出选择判断外，还可以重复执行指令，直到满足某个条件为止，这种重复称之为循环。循环语句包含 3 种形式，即 while 语句、do…while 语句和 for 语句。

扫一扫，看视频

3.2.1　while 循环

while 循环语句的一般形式如下：

```
while(表达式)
{
重复执行的内容;
}
```

表达式一般是一个关系表达式或一个逻辑表达式，表达式的值应该是一个逻辑值真或假（true 和 false）。当表达式的值为真时开始循环执行语句，当表达式的值为假时退出循环，执行循环外的下一条语句。循环每次都是执行完语句后回到表达式处重新开始判断，重新计算表达式的值，一旦表达式的值为假时就退出循环，为真时就继续执行语句。while 循环可以用流程来演示执行过程，如

图 3.10 所示。

语句可以是复合语句，也就是用大括号括起多条简单语句。大括号及其所包括的语句，被称为循环体，循环主要指循环执行循环体的内容。

例 3.14　使用 while 循环计算从 1 到 10 的累加。

1 到 10 的累加就是计算 1+2+...+10，需要有一个变量从 1 变化到 10，将该变量命名为 i；还需要另外一个临时变量不断和该变量进行加法运算，并记录运算结果，将临时变量命名为 sum。变量 i 每增加 1 时，就和变量 sum 进行一次加法运算，变量 sum 记录的是累加的结果。程序需要使用循环语句，使用 while 循环需要将循环语句的结束条件设置为 i<=10，循环流程如图 3.11 所示。

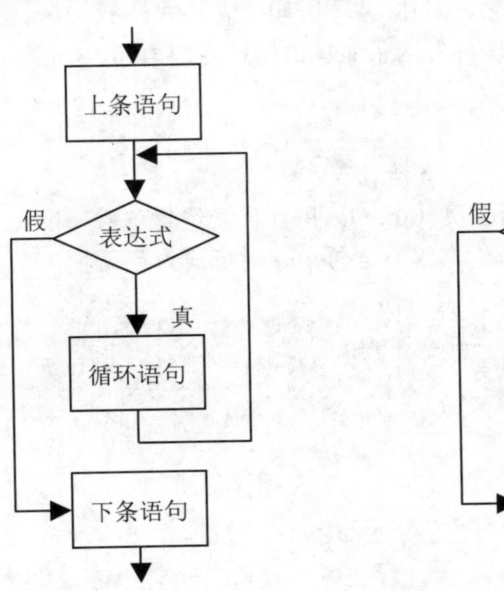

图 3.10　while 循环

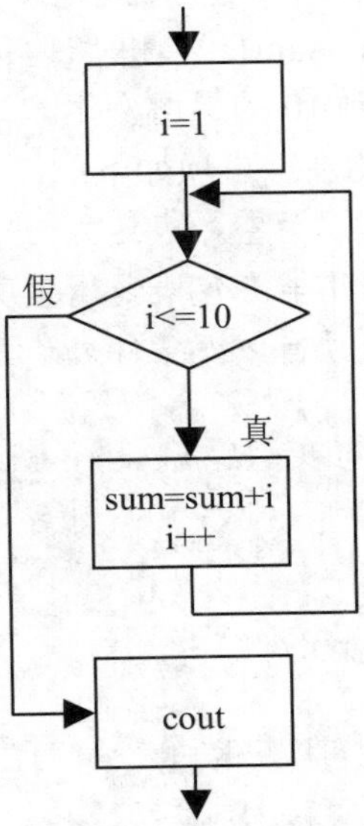

图 3.11　while 循环计算从 1 到 10 的累加

程序代码如下：

```
#include "stdafx.h"
#include <iostream>
using namespace std;
void main()
{
    int sum=0,i=1;
    while(i<=10)
{
    sum=sum+i;
    i++;
}
    cout << "数字 1-10 之和:" << sum << endl;
}
```

程序运行结果如图 3.12 所示。

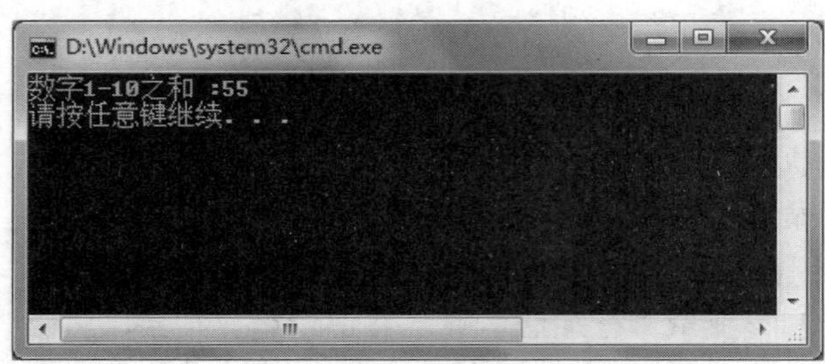

图 3.12　程序运行结果

程序先对变量 sum 和 i 进行初始化，while 循环语句的表达式是 i<=10，所要执行的循环体是一个复合语句，由“sum=sum+i;”和“i++;”两条简单语句构成，语句“sum=sum+i;”完成累加，语句“i++;”完成由 1 到 10 的递增变化。

使用 while 循环的注意事项如下：

（1）表达式不可以为空，表达式为空不合法。

（2）表达式可以用非 0 代表逻辑值真（true），用 0 代表逻辑值假（false）。

（3）循环体中必须有改变条件表达式值的语句，否则将成为死循环。

例如：

```
while(1)   //也可以写做 while(true)
{
...
}
```

是一个无限循环语句。

例如：

```
while(0)    //也可以写做 while(false)
{
...
}
```

是一个不会进行循环的语句。

3.2.2　do...while 循环

do...while 循环语句的一般形式如下：

```
do
语句
while(表达式)
```

do 为关键字，必须与 while 配对使用。do 与 while 之间的语句称为循环体，该语句同样是用大括号“{}”括起来的复合语句。循环语句中的表达式与 while 语句中的相同，也多为关系表达式或逻辑表达式。但特别值得注意的是，do...while 语句后要有分号“;”。do...while 循环可以用流程来演示执行过程，如图 3.13 所示。

do...while 循环的执行顺序是先执行循环体的内容，然后判断表达式的值，如果表达式的值为真就跳到循环体处继续执行循环体，循环一直到表达式的值为假，表达式的值为假时跳出循环，执行下一条语句。

例 3.15　使用 do...while 循环计算 1 到 10 的累加。

1 到 10 的累加就是计算 1+2+...+10，前面的实例使用 while 循环语句实现了 1 到 10 的累加，do...while 循环和 while 循环实现累加的循环体语句相同，只是执行循环体的先后顺序不同，do…while 循环程序执行顺序如图 3.14 所示。

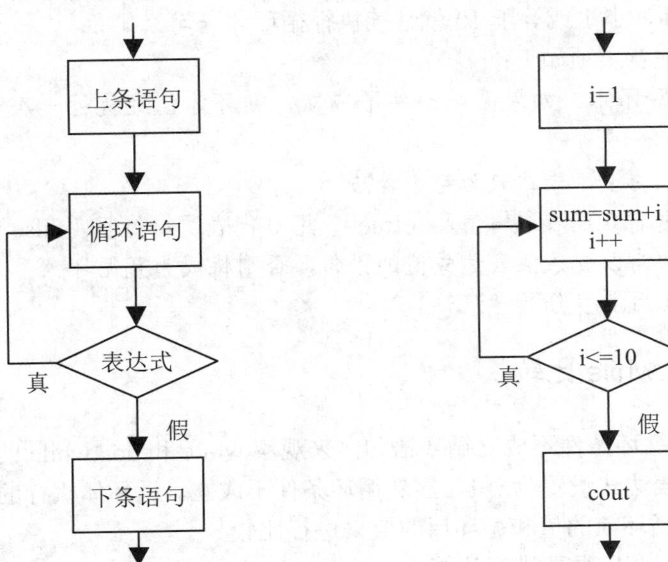

图 3.13 do...while 循环　　　图 3.14 do...while 循环计算 1 到 10 的累加

程序代码如下：

```
#include "stdafx.h"
#include <iostream>
using namespace std;
void main()
{
    int sum=0,i=1;
    do
    {
        sum=sum+i;
        i++;
    }while(i<=10);
    cout << "数字 1-10 之和 :" << sum << endl;
}
```

程序运行结果如图 3.15 所示。

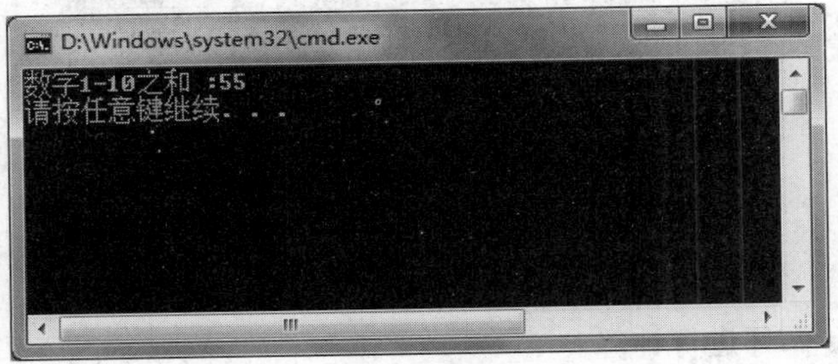

图 3.15 程序运行结果

程序使用变量 sum 作为记录累加的结果，变量 i 完成由 1 到 10 的变化。程序先将变量 sum 初始化为 0，将变量 i 初始化为 1，先执行循环体变量 sum 和变量 i 的加法运算，并将运算结果保存到变量 sum，然后变量 i 进行自加运算，接着判断循环条件，看变量 i 的值是否已经大于 10，如果变量 i 大于 10 就跳出循环，小于或等于 10 就继续执行循环体语句。

do…while 循环的注意事项如下：

（1）循环先执行循环体，如果循环条件不成立，循环体已经执行一次了，使用时注意变量变化。

（2）表达式不可以为空，表达式为空不合法。

（3）表达式可以用非 0 代表逻辑值真（true），用 0 代表逻辑值假（false）。

（4）循环体中必须有改变条件表达式值的语句，否则将成为死循环。

（5）注意循环语句后要有分号“;”。

3.2.3　while 与 do…while 比较

可以通过设置起始循环条件不成立循环语句，来观察 while 和 do...while 的不同。将变量 i 初始值设置为 0，然后循环表达式设置为 i>1，显然循环条件不成立。循环体执行的是对变量 j 的加 1 运算，通过输出变量 j 在循环前的值和循环后的值来进行比较。

例 3.16　使用 do...while 循环进行计算。

使用 do...while 循环进行计算，代码如下：

```
#include "stdafx.h"
#include <iostream>
using namespace std;
void main()
{
    int i=0,j=0;
    cout << "before do_while j=" << j << endl;
    do
    {
        j++;
    }while(i>1);
    cout << " after do_while j=" << j << endl;
}
```

程序运行结果如图 3.16 所示。

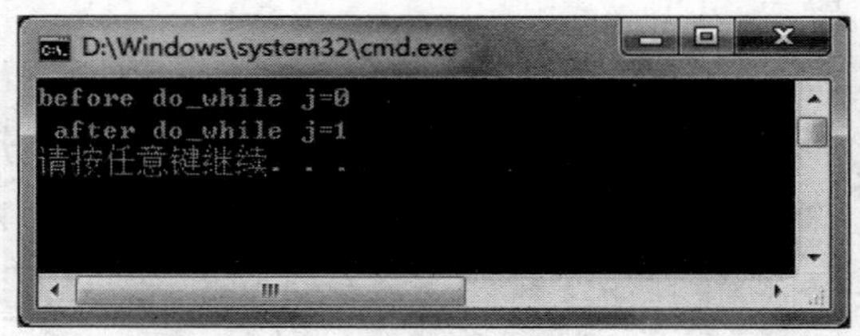

图 3.16　do...while 循环

例 3.17　使用 while 循环进行计算。

使用 while 循环进行计算，代码如下：

```
#include "stdafx.h"
#include <iostream>
using namespace std;
void main()
{
    int i=0,j=0;
    cout << "执行 while 前 j=" << j << endl;
    while(i>1)
{
    j++;
}
    cout << "执行 while 后 j=" << j << endl;
}
```

程序运行结果如图 3.17 所示。

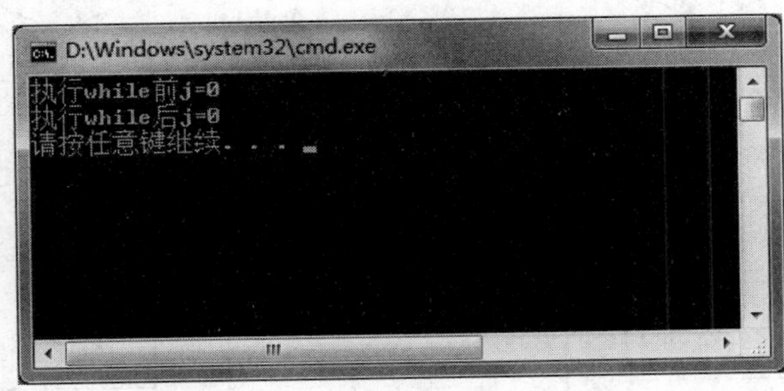

图 3.17　while 循环

使用 do...while 循环后变量 j 的值为 1，而使用 while 循环后变量 j 的值仍为 0。

3.2.4　for 循环

扫一扫，看视频

for 循环语句的一般格式如下：

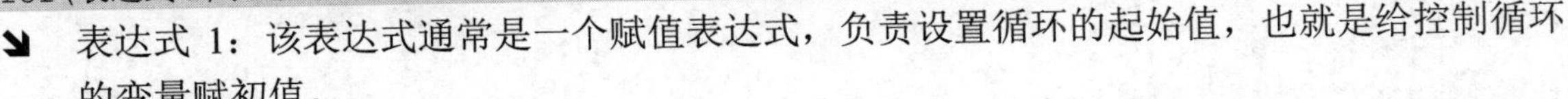

```
for(表达式 1;表达式 2;表达式 3) 语句
```

- 表达式 1：该表达式通常是一个赋值表达式，负责设置循环的起始值，也就是给控制循环的变量赋初值。
- 表达式 2：该表达式通常是一个关系表达式，用控制循环的变量和循环变量允许的范围值进行比较。
- 表达式 3：该表达式通常是一个赋值表达式，对控制循环的变量进行增大或减小。
- 语句：语句仍然是复合语句。

for 循环语句的执行过程如下：

（1）先求解表达式 1。

（2）求解表达式 2，若其值为真，则执行 for 语句中指定的内嵌语句，然后执行（3）。若表达式 2 值为 0，则结束循环，转到（5）。

（3）求解表达式 3。

（4）返回（2）继续执行。

（5）循环结束，执行 for 语句下面的一条语句。

上面的 5 个步骤也可以用图 3.18 表示。

例 3.18 用 for 循环计算从 1 到 10 的累加。

for 循环不同于 while 循环和 do...while 循环，它有 3 个表达式，需要正确设置这 3 个表达式。计算累加需要一个能由 1 到 10 递增变化的变量 i 和一个记录累加和的变量 sum，for 循环的表达式中可以对变量进行初始化，以及实现变量由 1 到 10 的递增变化。循环执行顺序如图 3.19 所示。

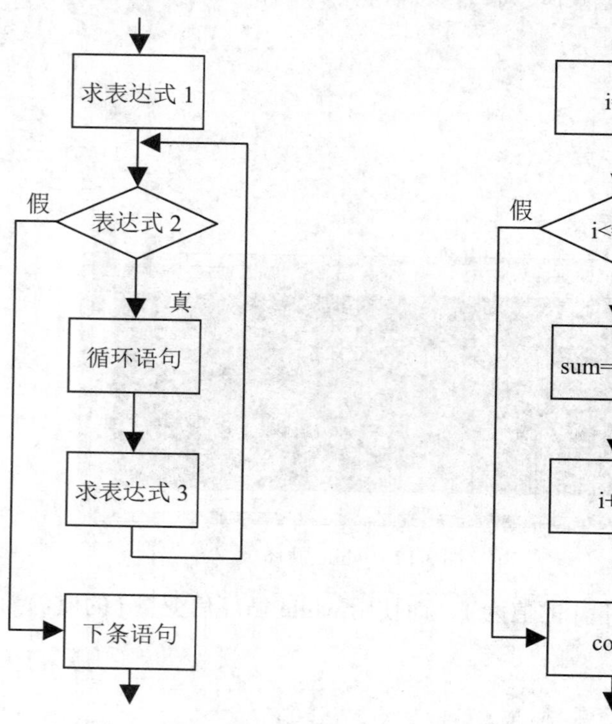

图 3.18 for 循环执行过程

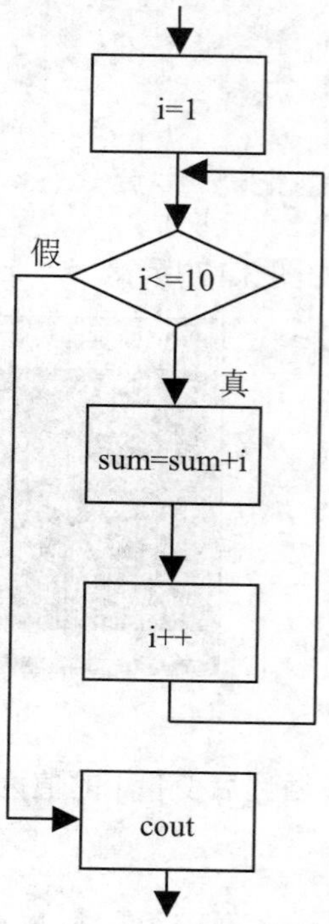

图 3.19 for 循环执行顺序

程序代码如下：

```
#include "stdafx.h"
#include <iostream>
using namespace std;
void main()
{
    int sum=0;
    int i;
    for(i=1;i<=10;i++)  //for 循环语句
        sum+=i;
   cout << "数字 1-10 的和:" << sum << endl;
}
```

程序运行结果如图 3.20 所示。

程序中“for(i=1;i<=10;i++) sum+=i;”就是一个循环语句，“sum+=i;”是循环体语句，其中 i 就是控制循环的变量，i=1 是表达式 1，i<=10 是表达式 2，i++是表达式 3；表达式 1 将循环控制变量 i 赋初始值为 1，表达式 2 中 10 是循环变量允许的范围，也就是说 i 不能大于 10，大于 10 时将不执

行语句“sum +=i;”。语句“sum +=i;”是使用了带运算的赋值语句，它等同于语句“sum = sum +i;”。“sum +=i;”语句一共执行了 10 次，i 的值是从 1 到 10 变化，完成 1 到 10 的累加。

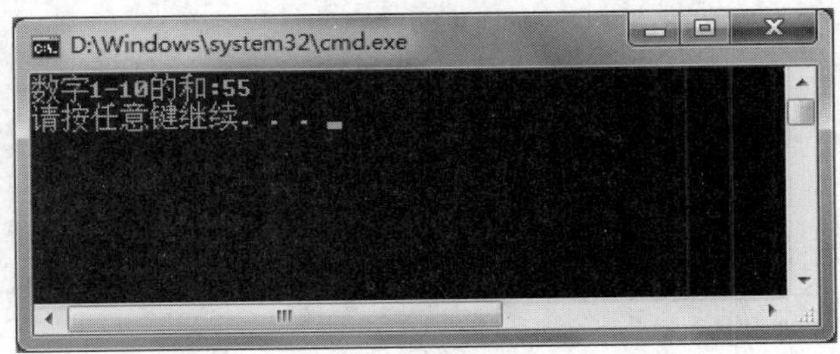

图 3.20　运行结果

for 循环的注意事项如下。

（1）for 语句可以在表达式 1 中直接声明变量。例如：

在表达式外声明变量。

```
#include <iostream>
using namespace std;
void main()
{
    int sum=0,i;                        //在表达式外声明变量
    for(i=0;i<=10;i++)
    sum+=i;
    cout <<sum << endl;
}
```

在表达式内声明变量。

```
#include <iostream>
using namespace std;
void main()
{
    for(int i=0,sum=0;i<=10;i++)    //在表达式内声明变量
        sum+=i;
    cout <<sum << endl;
}
```

在循环语句中声明变量，也相当于在函数内声明了变量，如果在表达式 1 中声明两个相同变量，编译器将报错。例如：

```
void main()
{
    for(int i=0,sum=0;i<=10;i++)    //在循环语句中声明变量
        sum+=i;
    for(int i=0,sum=0;i<=10;i++)    //不合法，编译器报错
        sum+=i;
    cout <<sum << endl;
}
```

（2）for 循环中的表达式 1、表达式 2、表达式 3 都可以省略。

➘　省略表达式 1。

如果省略表达式 1，且控制变量在循环外声明了并赋初值，程序能编译通过并且正确运行。例如：

```
#include <iostream>
using namespace std;
void main()
{
    int sum=0;
    int i=0;                                //将循环控制变量拿到循环语句外声明并赋初值
    for(;i<=10;i++)
    sum+=i;
    cout <<sum << endl;
}
```

程序仍是计算从 1 到 10 的累加。

如果控制变量在循环外声明了但没有赋初值，程序能编译通过，但运行结果并不是用户所期待的。因为编译器会为变量赋一个默认的初值，该初值一般为一个比较大的负数，所以会导致运行结果不正确。

- 省略表达式 2。

省略了表达 2 也就是省略了循环判断语句，即没有循环的终止条件，循环变成无限循环。

- 省略表达式 3。

省略表达式 3 后循环也是无限循环，因为控制循环的变量永远都是初始值，永远符合循环条件。

- 省略表达式 1 和表达式 2。

for 循环语句如果省略表达式 1 和表达式 2，就和 while 循环一样了。例如：

```
#include <iostream>
using namespace std;
void main()
{
    int sum=0;
    int i=0;
    for(;i<=10;)
    {
        sum=sum+i;
        i++;
    }
        cout << "the result :" << sum << endl;
}
```

- 3 个表达式同时省略。

for 循环语句如果省略 3 个表达式，就会变成无限循环。无限循环就是死循环，它会使程序进入瘫痪状态。使用循环时，建议使用计数控制，也就是说循环执行到指定次数就跳出循环。例如：

```
void main()
{
    int iCount=0;                       //声明用于计数的变量
    for(;;)
    {
        …
        iCount++;                       //每循环一次，计数器加一
        if(iCount>200000)               //如果循环次数大于 200,000 跳出循环
        return;
    }
```

```
    cout << "the loop end" << endl;
}
```

3.3 循环控制

循环控制包含两方面的内容，一方面是控制循环变量的变化方式，一方面是控制循环的跳转。控制循环的跳转需要用到 break 和 continue 两个关键字，这两条跳转语句的跳转效果不同，break 是中断循环，continue 是跳出本次循环体的执行。

3.3.1 控制循环的变量

无论是 for 循环还是 while、do...while 循环，都需要循环一个控制循环的变量，while、do...while 循环的控制变量变化可以是显式的，也可以是隐式的。例如，在读取文件时，在 while 循环中循环读取文件内容，但程序中没有出现控制变量。代码如下：

```
#include <iostream>
#include <fstream>
using namespace std;
void main()
{
ifstream ifile("test.dat",std::ios::binary);
    if(!ifile.fail())
    {
        while(!ifile.eof())         //判断文件是否结束
        {
            char ch;
            ifile.get(ch);          //获取文件内容
            if(!ifile.eof())        //如果是文件结束，就不进行最后输出
            std::cout << ch;
        }
    }
}
```

程序中 while 循环中的表达式是判断文件指针是否指向文件末尾，如果文件指针指向文件末尾，就跳出循环。起始程序中控制循环的变量是文件的指针，文件的指针在读取文件时不断变化。

for 循环的循环控制变量的变化方式有两种，一个是递增方式，一个是递减方式。使用递增方式还是递减方式，和变量的初值和范围值的比较有关。

如果初值大于限定范围的值，表达式 2 是大于关系（>）判定的不等式，使用递减方式。

如果初值小于限定的范围值，表达式 2 是小于关系（<）判定的不等式，使用递增方式。

前文使用 for 循环计算 1 到 10 的累计和使用的是递增方式，也可以使用递减方式计算 1 到 10 的累计和。代码如下：

```
#include <iostream>
using namespace std;
void main()
{
```

```
    int sum=0;      //定义存储累加和变量
    for(int i=10;i>=1;i--)
    sum+=i; //进行累加
    cout << "the result :"<<sum << endl;
}
```

程序中 for 循环的表达式 1 中声明变量并赋初值 10，表达式 2 中限定范围的值就是 1，不等式是循环控制变量 i 是否大于等于 1，如果小于 1 就停止循环，循环控制变量就是由 10 到 1 递减变化。程序输出结果仍是“the result :55”。

3.3.2 break 语句

使用 break 语句可以跳出 switch 结构。在循环结构中，同样也可用 break 语句跳出当前循环体，从而中断当前循环。

在 3 种循环语句中使用 break 语句的形式如图 3.21 所示。

```
while(...)      do              for
{               {               {
    ...             ...             ...
    break;          break;          break;
    ...             ...             ...
}               }while(...);    }
```

图 3.21 break 语句的使用形式

例 3.19 使用 break 跳出循环。

```
nclude "stdafx.h"
#include <iostream>
using namespace std;
void main()
{
    int i,n,sum;
    sum=0;
    cout<< "请输入 10 个整数" << endl;
    for(i=1;i<=10;i++)
    {
        cout<< i<< ":" ;
        cin >> n;
        if(n<0) //判断输入是否为负数
        break;
        sum+=n; //对输入的数进行累加
    }
    cout << " 数的和 :"<< sum << endl;
}
```

程序中需要用户输入 10 个数，然后计算 10 个数的和。当输入数为负数时，就停止循环，不再进行累加，输出前面累加结果。例如，输入 4 次数字 1，最后输入数字-1，程序运行结果如图 3.22 所示。

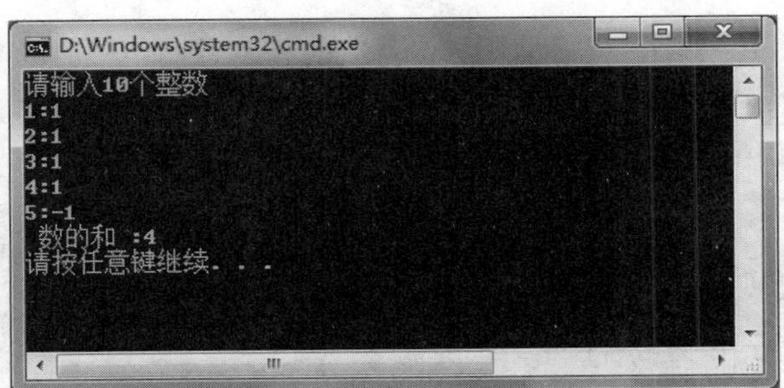

图 3.22　运行结果

注意：

如果遇到循环嵌套的情况，break 语句将只会使程序流程跳出包含它的最内层的循环结构，只跳出一层循环。

3.3.3　continue 语句

continue 语句是针对 break 语句的补充。continue 不是立即跳出循环体，而是跳过本次循环结束前的语句，回到循环的条件测试部分，重新开始执行循环。在 for 循环语句中遇到 continue 后，首先执行循环的增量部分，然后进行条件测试。在 while 和 do…while 循环中，continue 语句使控制直接回到条件测试部分。

在 3 种循环语句中使用 continue 语句的形式如图 3.23 所示。

```
while(...)        do                for
{                 {                 {
    ...               ...               ...
    continue;         continue;         continue;
    ...               ...               ...
}                 }while(...);      }
```

图 3.23　continue 语句的使用形式

例 3.20　使用 continue 跳出循环。

```
#include "stdafx.h"
#include <iostream>
using namespace std;
void main()
{
    int i,n,sum;
    sum=0;
    cout<< "请输入 10 个整数" << endl;
    for(i=1;i<=10;i++)
    {
        cout<< i<< ":" <;
        cin >> n;
        if(n<0) //判断输入是否为负数
            continue;
        sum+=n; //对输入的数进行累加
    }
    cout << "数的和:" <<sum << endl;
}
```

程序中需要用户输入 10 个数，然后计算 10 个数的和。当输出数为负数时，不执行“sum+=n;”语句，也就是不对负数进行累加。与 break 不同的是，执行完 continue 后，程序回到 for 循环处继续执行，执行结果如图 3.24 所示。

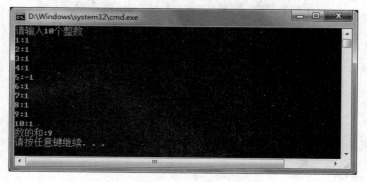

图 3.24　运行结果

3.3.4　goto 语句

goto 语句又称为无条件跳转语句，用于改变语句的执行顺序。goto 语句的一般格式为：

```
goto 标号;
```

其中，标号是用户自定义的一个标识符，以冒号结束。下面利用 goto 语句实现 1 到 10 的累加求和。

例 3.21　使用 goto 语句实现循环。

```
#include "stdafx.h"
#include <iostream>
using namespace std;
void main()
{
    int ivar = 0 ;              //定义一个整型变量，初始化为 0
    int num = 0;                //定义一个整型变量，初始化为 0
    label:                      //定义一个标签
    ivar++;                     //ivar 自加 1
    num += ivar;                //累加求和
    if (ivar <=10)              //判断 ivar 是否小于 10
    {
        goto label;             //转向标签
    }
    cout << num << endl;
}
```

执行结果：

```
55
```

程序中利用标签实现循环功能。当语句执行到“if (ivar <=10)”时，如果条件为真，跳转到标签定义“label:”处。这是一种古老的跳转语句，它会使程序的执行顺序变得混乱，CPU 需要不停地进行跳转，效率比较低，因此，在开发程序时慎用 goto 语句。

使用 goto 语句时的注意事项如下：

（1）使用 goto 语句时，应注意标签的定义。在定义标签时，其后不能紧接着出现“}”符号。例如下面的代码是非法的。

```
int ivar = 0 ;                          //定义一个整型变量，初始化为0
int num = 0;                            //定义一个整型变量，初始化为0
{
        …                               //其他操作
        label:                          //定义一个标签
}
```

在上述代码中定义标签时，其后没有执行代码了，所以出现编译错误。如果程序中出现上述情况，可以在标签后添加一个语句，以解决编译错误。

（2）在使用 goto 语句时，还应注意 goto 语句不能越过复合语句之外的变量定义的语句。例如下面的 goto 语句是非法的。

```
goto label;                             //跳转到标签
int i = 10;                             //声明一个变量，初始化为10
label:                                  //定义标签
    cout<<"goto" << endl;                   //输出信息
```

在上述代码中，goto 语句试图越过变量 i 的定义，导致编译错误。解决上述问题的方法是，将变量的声明放在复合语句中。例如下面的代码是合法的。

```
goto label;                             //跳转到标签
{
    int i = 10;                             //声明一个变量，初始化为10
}
label:                                  //定义标签
    cout<<"goto"<< endl;                    //输出信息
```

扫一扫，看视频

3.4 循环嵌套

循环有 for、while、do...while 3 种方式，这 3 种循环可以相互嵌套。例如，在 for 循环中套用 for 循环。

```
for(...)
{
    for(...)
    {
        ...
    }
}
```

在 while 循环中套用 while 循环。

```
while(...)
{
    while(...)
    {
        ...
    }
}
```

在 while 循环中套用 for 循环。

```
while(...)
{
    for(...)
    {
        ...
    }
}
```

扫一扫，看视频

例 3.22 打印三角形。

使用嵌套的 for 循环输出由字符*组成的三角形。

```
#include "stdafx.h"
#include <iostream>
using namespace std;
void main()
{
   int i, j, k;
   for (i = 1; i <= 5; i++)                          //控制行数
   {
      for (j = 1; j <= 5-i; j++)                     //控制空格数
         cout << " ";
      for (k = 1; k <= 2 *i - 1; k++)                //控制打印*号的数量
         cout << "*";
      cout << endl;
   }
}
```

程序中一共输出 5 行字符，最外面的 for 循环控制输出的行数，嵌套的第一个循环控制字符*前的空格数，第二个 for 循环控制输出字符*的个数。第一个循环随着行数的增加，字符*前的空格数越来越少；第二个循环输出和行号有关的奇数个字符*。程序运行结果如图 3.25 所示。

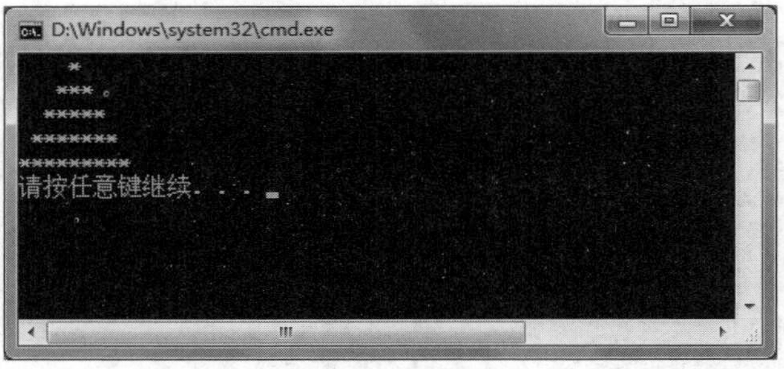

图 3.25　运行结果

例 3.23 输出乘法口诀表。

使用嵌套的 for 循环输出乘法口诀表。

```
#include <iostream>
#include "stdafx.h"
#include <iomanip>
#include<iostream>
using namespace std;
void main(void)
```

```
{
    int i,j;
    i=1;
    j=1;
    for(i=1;i<10;i++)
    {
        for(j=1;j<i+1;j++)
        cout  << setw(2) << i << "*" << j << "=" << setw(2) << i*j ;
        cout << endl;
    }
}
```

程序使用了两层 for 循环：第一个循环由 1 到 9 变化；第二个循环则是控制随着行数的增加，列数也增加，最后形成第 9 行有 9 列。程序运行结果如图 3.26 所示。

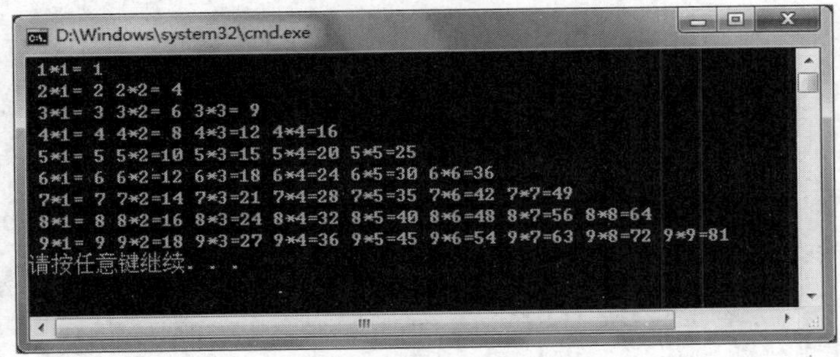

图 3.26　乘法口诀表

3.5　上 机 实 践

3.5.1　图书的位置

➤➤➤题目描述

一个图书馆的图书编号具有以下规律：

图书编号由两位数字组成：第一位代表类别，数字 1 是文学类书籍，数字 2 代表的是社科类书籍，数字 3 代表的是历史类书籍，数字 4 代表的是人物传记；第二位数字代表此书位于书架的第几层。这个图书馆的书架按类别分开，每个书架都有 4 层。设计一个程序实现当输入一个编号后，输出书应该位于哪个书架的第几层；当编号无效时，应给出提示并再次输入。

➤➤➤技术指导

程序应先判断输入的编号是否有效。当输入的数字被判断为无效，应使用一个循环回到这个输入语句。若编号有效，判断由第一位数字的值判断书籍在哪一类图书的书架上，由后一位数字判断书籍所处书架的层数。代码如下：

```
do{
    int num,kind,row;
    cout<<"输入一个两位的图书编号"<<endl;
    cin>>num;
    kind = num/10;
```

```
    row = num%10;
    if(kind<1||kind>4||row>4||row<1)
    {
        cout<<"您输入的有误"<<endl;
        continue;  //寻找循环判断条件，这里是 while
    }
    cout<<"此书位于";
    switch(kind)
    {
        case 1:
            cout<<"文学类书架";
            break;
        case 2:
            cout<<"社科类书架";
            break;
        case 3:
            cout<<"历史类书架";
            break;
        case 4:
            cout<<"人物传记书架";
            break;
    }
    cout<<"第"<<row<<"层"<<endl;
    break;  //找到位置,跳出 while
}while(true);
```

3.5.2 输出闰年

➤➤➤题目描述

本章介绍了如何判断闰年的程序，那么从 1773 年到 2012 年之间（包含 1773 和 2012 年），一共有多少个闰年呢?输出这些闰年。

➤➤➤技术指导

本题可以将 1773 年到 2012 年之间的所有年份逐年判断闰年。也可以选择从 1773 年到 2012 年的第一个闰年开始，每隔 4 年判断一次。代码如下：

```
//若直接使用 for 循环遍历 1773~2012 年，则需要执行 240 次判断。
   int year; //1773 开始的第一个闰年
   int yearStart = 1773;//代表从何年开始
   int yearTo = 2012;//代表从何年结束
//其实可以将以下 for 循环条件设定为 i<4，不过有些年份在世纪末，设定为 i<8 则是考虑到了这一点。
for(int i = 0;i<8;i++ )
{
   if( (yearStart+i)%4==0 && (yearStart+i)%100!=0 || (yearStart+i)%400==0)
   {
      year = yearStart+i;  //此时 year 为 1773 开始的第一个闰年
      break;
   }
}
int count = 1;  //闰年个数
```

```
  for(int yearIter =year;yearIter<=yearTo;count++)
{


   if(yearIter%100 == 0&&yearIter%400 != 0)
   {
       yearIter+=4;
       count--;
       continue;
   }

   cout<<yearIter<<" ";
   if(count%10 == 0)
   {
       cout<<endl; //每 10 个年份换行
   }
   yearIter+=4;
}
cout<<endl;
 //整个程序执行了共 62 次循环 S
```

3.6 本章总结

本章讲解了判断语句和循环语句。判断语句主要用于程序内产生的分支，循环语句则通过循环条件进行着有规律的重复操作。这两种语句是 C++中重要的工具，在今后的编程中会经常用到，希望读者能掌握并灵活运用它们。

第 4 章　程序的模块——函数

程序是由函数组成的，一个函数就是程序中的一个模块。函数可以相互调用，可以将相互联系密切的语句都放到一个函数内，也可以将复杂的函数分解成多个子函数。函数本身也有很多特点，熟练掌握函数的特点可以将程序的结构设计得更合理。

通过学习本章，读者可以达到以下学习目的：

- 了解函数工作机制
- 掌握函数调用
- 掌握重载函数
- 了解内联函数

扫一扫，看视频

4.1 函数概述

函数就是能够实现特定功能的程序模块，它可以是只有一条语句的简单函数，也可以是包含许多子函数的复杂函数。函数有别人写好的存放在库里的库函数，也有开发人员自己写的自定义函数。函数根据功能可以分为字符函数、日期函数、数学函数、图形函数、内存函数等。一个程序可以只有一个主函数，但不可以没有函数。

4.1.1 函数的结构

函数是有具体用途的代码块，由函数名、函数体、返回值、类型标识符以及参数列表构成。函数定义的一般形式如下：

```
类型标识符 函数名(参数列表)
{
    变量的声明  //函数体内部
    语句        //函数体内部
}
```

函数名的命名规则与变量相同。函数体是执行语句的具体内容；类型标识符是返回值的类型，返回值是函数通过 retrun 语句，向调用它的主调函数返回的值，其类型一定要与类型标识符相对应，否则程序将不能执行。在声明或者定义一个函数时，参数列表由各种类型变量组成，各参数之间用逗号间隔，在进行函数调用时，主调函数对变量进行赋值。

扫一扫，看视频

4.1.2 函数的声明和使用

在程序中经常看到的 main 函数就是一种函数声明，例如：

```
Int main( )          //函数名 main 与标识符 int,形参列表为空
{
    Int a= 3;
```

```
    Int b= 4;
    return 0; //返回直为0,与 int 相对应
}
```

下面通过实例来介绍如何在程序中声明、定义和使用函数。

例 4.1　声明、定义和使用函数。

```
#include <iostream>
using namespace std;
void ShowMessage();      //函数声明语句
void ShowAge();          //函数声明语句
void ShowIndex();        //函数声明语句
void main()
{
    ShowMessage();           //函数调用语句
    ShowAge();               //函数调用语句
    ShowIndex();             //函数调用语句
}
void ShowMessage()
{
    cout << "HelloWorld!" << endl;
}
void ShowAge()
{
    int iAge=23;
    cout << "age is :" << iAge << endl;
}
void ShowIndex()
{
    int iIndex=10;
    cout << "Index is :" << iIndex << endl;
}
```

程序运行结果如图 4.1 所示。

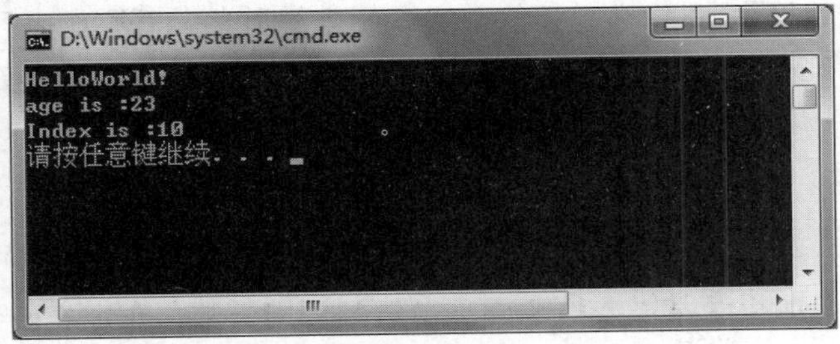

图 4.1　运行结果

程序定义和声明了 ShowMessage、ShowAge、ShowIndex 函数，并进行了调用，通过函数中的输出语句进行输出。

扫一扫，看视频

4.2 函数参数

4.2.1 形参与实参

函数定义时，如果参数列表为空，说明函数是无参函数；如果参数列表不为空，就称为有参函数。有参函数中的参数在函数声明和定义时被称为“形式参数”，简称形参；在函数被调用时被赋予具体值，具体的值被称为“实际参数”，简称实参。形参与实参如图 4.2 所示。

```
形参
int function(int a,int b);
void main()
{               实参
    function(3,4);
    cout<<"Hello Word!!"<<endl;
}
int function(int a, int b)
{
    return a+b;
}
```

图 4.2 形参与实参

实参与形参的个数应相等，类型应一致。实参与形参按顺序对应，函数被调用时会一一传递数据。

形参与实参的区别如下：

（1）在定义函数中指定的形参，在未出现函数调用时，它们并不占用内存中的存储单元。只有在发生函数调用时，函数的形参才被分配内存单元，在调用结束后，形参所占的内存单元也被释放。

（2）实参应该是确定的值。在调用时将实参的值赋值给形参，如果形参是指针类型，就将地址值传递给形参。

（3）实参与形参的类型应相同。

（4）实参与形参之间是单项传递，只能由实参传递给形参，而不能由形参传回来给实参。

实参与形参之间存在一个分配空间和参数值传递的过程，这个过程是在函数调用时发生的。C++支持引用型变量，引用型变量则没有值传递的过程，这将在后文讲到。

4.2.2 默认参数

在调用有参函数时，如果经常需要传递同一个值到调用函数，在定义函数时，可以为参数设置一个默认值。这样在调用函数时可以省略一些参数，此时程序将采用默认值作为函数的实际参数。下面的代码定义了一个具有默认值参数的函数。

例 4.2 调用默认参数的函数。

```
#include "stdafx.h"
#include <iostream>
using std::cout;
using std::endl;
```

```
bool Less(int a,int b = 1)    //b 具有默认值 1
{
    if(a>b)
        return true;
     else
            return false;
}
int main()
{
int k =3;
    bool p;
    p=Less(k);
    if(p)
    {
        cout<<"k 大于默认参数"<<endl;
    }
    else
        {
        cout<<"k 小于默认参数"<<endl;
    }
    p = Less(k,4);
    if(p)
    {
        cout<<"k 大于参数 b"<<endl;
    }
    else
        {
        cout<<"k 小于参数 b"<<endl;
    }

        return 0;
}
```

程序运行结果如图 4.3 所示。

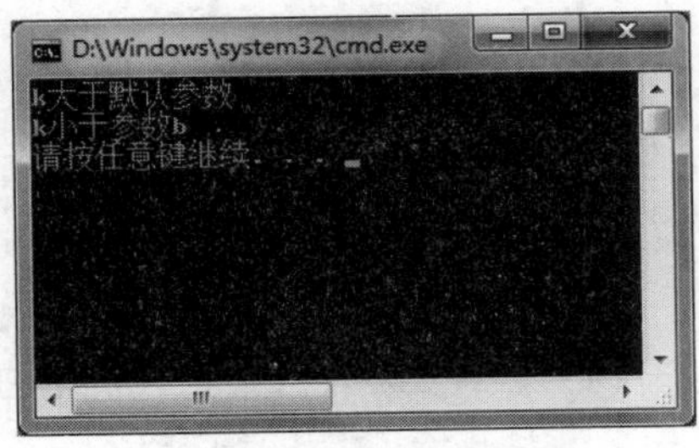

图 4.3 运行结果

4.3 函数的返回值

4.3.1 返回值

函数的返回值是指函数被调用之后，执行函数体中的程序段所取得的并返回给主调函数的值，函数的返回值通过 return 语句返回给主调函数。return 语句一般形式如下：

return (表达式);

关于返回值的说明如下：

（1）函数返回值的类型和函数定义中函数的类型标识符应保持一致。如果两者不一致，则以函数类型为准，自动进行类型转换。

（2）如函数值为整型，在函数定义时可以省去类型标识符。

（3）在函数中允许有多个 return 语句，但每次调用只能有一个 return 语句被执行，因此只能返回一个函数值。

（4）不返回函数值的函数，可以明确定义为"空类型"，类型标识符为"void"。例如：

```
void ShowIndex()
{
    int iIndex=10;
    cout << "Index is :" << iIndex << endl;
}
```

（5）类型标识符为 void 的函数不能进行赋值运算及值传递。例如：

```
i= ShowIndex();                //不能进行赋值
SetIndex(ShowIndex);           //不能进行值传递
```

注意：

为了降低程序出错的几率，凡不要求返回值的函数都应定义为空类型。

4.3.2 空函数

没有参数和返回值，函数的作用域也为空的函数就是空函数。

```
void setWorkSpace(){ }
```

调用此函数时，什么工作也不做，没有任何实际意义。在主函数 main 函数中调用 setWorkSpace 函数时，这个函数没有起到任何作用。例如：

```
void setWorkSpace(){ }
void main()
{
     setWorkSpace();
}
```

空函数存在的意义是：在程序设计中往往根据需要确定若干模块，分别由一些函数来实现。而在第一阶段只设计最基本的模块，其他一些次要功能或锦上添花的功能则在以后需要时陆续补上。在编写程序的开始阶段，可以在将来准备扩充功能的地方写上一个空函数，这些函数没有开发完成，先占一个位置，以后用一个编好的函数代替它。这样做可以使程序的结构清楚，可读性好，以后扩充新功能方便，且对程序结构影响不大。

4.4 函数的递归调用

直接或间接调用自己的函数被称为递归函数（recursive funciton）。

使用递归方法解决问题的优点是：问题描述清楚、代码可读性强、结构清晰，代码量比使用非递归方法少。缺点是：递归程序的运行效率比较低，无论是从时间角度还是从空间角度，都比非递归程序差。对于时间复杂度和空间复杂度要求较高的程序，使用递归函数调用要慎重。

递归函数必须定义一个停止条件，否则函数将永远递归下去。

例 4.3　汉诺（Hanoi）塔问题。

有 3 个立柱垂直矗立在地面，给这 3 个立柱分别命名为 A、B、C。开始时立柱 A 上有 64 个圆盘，这 64 个圆盘大小不一，并且按从小到大的顺序依次摆放在立柱 A 上，如图 4.4 所示。现在的问题是要将立柱 A 上的 64 个圆盘移到立柱 C 上，并且每次只允许移动一个圆盘，在移动过程中始终保持大盘在下，小盘在上。

分析程序：

先假设移动 4 个圆盘，立柱 A 上的圆盘按由上到下的顺序分别命名为 a、b、c、d，如图 4.4 所示。

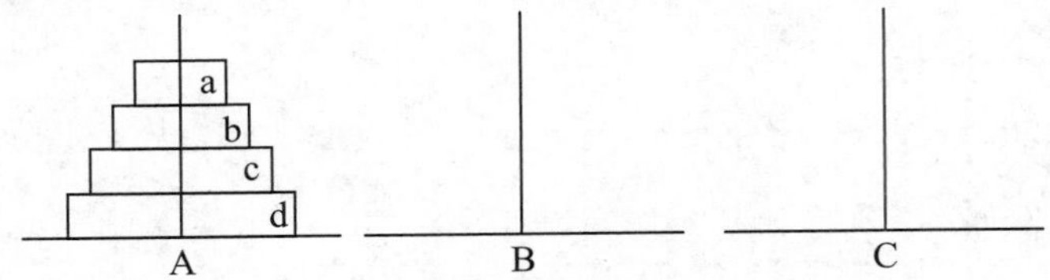

图 4.4　圆盘原始状态

先考虑将 a 和 b 移动到立柱 C 上。移动顺序是 a->B，b->C，a->C。移动结果如图 4.5 所示。

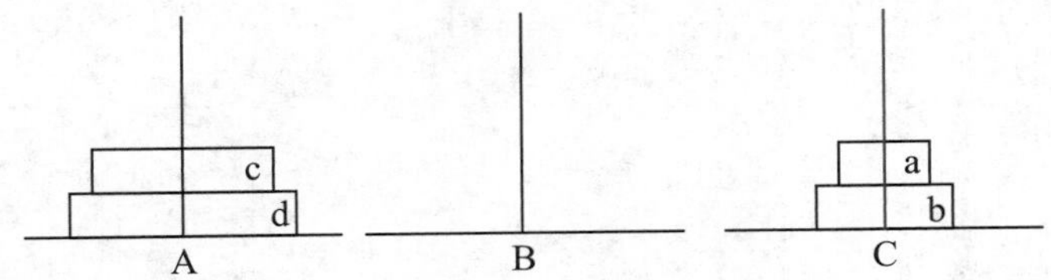

图 4.5　移动两个圆盘到目标

如果要将 c 也移动到 C 上，就要暂时将 c 移动到 B，然后再移动 a 和 b。移动顺序是 c->B，a->A，b->B，a->B，d->c。移动结果如图 4.6 所示。

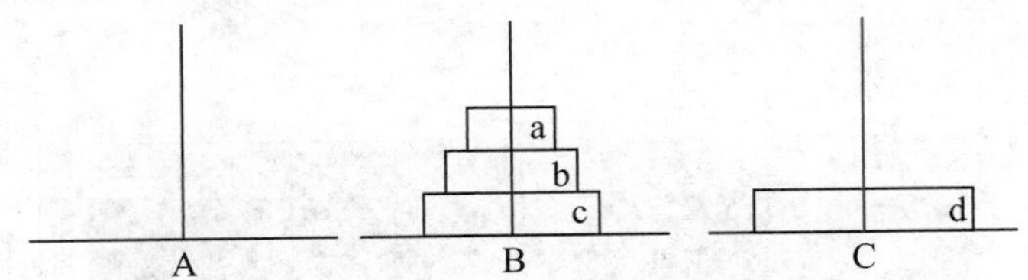

图 4.6　移动 3 个圆盘到目标

最后是完成 4 个圆盘的移动，移动顺序是 a->C，b->A，a->A，c->C，a->B，b->C，a->C。

总结一下：

要将 4 个圆盘移动到指定立柱，总共需要移动 15 次。

在移动过程中，将两个圆盘移动到指定立柱需要移动 3 次，分别是 a->B，b->C，a->C。

在移动过程中，将 3 个圆盘移动到指定立柱需要移动 7 次，分别是 a->B，b->C，a->C，c->B，a->A，b->B，a->B。

移动次数可以总结为 2^n-1 次。

在移动过程中，可以将 a、b、c 3 个圆盘看成是一个圆盘，移动 4 个圆盘的过程就像是在移动两个圆盘。还可以将 a、b、c 这 3 个圆盘中的 a、b 两个圆盘看成是一个圆盘，移动 3 个圆盘也像是在移动两个圆盘。可以使用递归的思路来移动 n 个圆盘。

移动 n 个圆盘可以分成 3 个步骤：

（1）把 A 上的 n−1 个圆盘移到 B 上；

（2）把 A 上的一个圆盘移到 C 上；

（3）把 B 上的 n−1 个圆盘移到 C 上。

程序代码如下：

```
#include "stdafx.h"
#include <iostream>
using namespace std;
long lCount;
void move(int n,char x,char y,char z)       //将 n 个圆盘从 x 针借助 y 针移到 z 针上
{
    if(n==1)
        cout << "Times:" << ++lCount << x << "->" << z << endl;
    else
    {
        move(n-1,x,z,y);
        cout << "Times:" << ++lCount << x << "->" << z <<endl;
        move(n-1,y,x,z);
    }
}
void main()
{
    int n ;
    lCount=0;
    cout << "please input a number" << endl;
        cin >> n ;
    move(n,'a','b','c');
}
```

程序运行结果如图 4.7 所示。

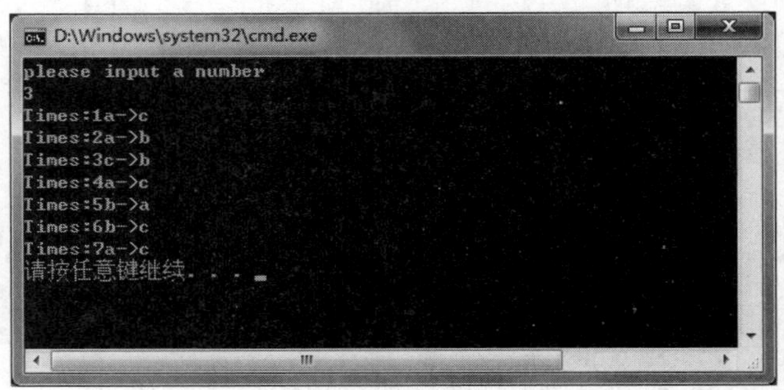

图 4.7　汉诺塔问题运行结果

输入数字 3，表示移动 3 个圆盘，程序打印出挪动 3 个圆盘的步骤。

例 4.4　求 n 的阶乘。

```
#include "stdafx.h"
#include <iostream>
using namespace std;
long Fac(int n)
{
    if(n==0)
        return 1;
    else
        return n*Fac(n-1);
}
void main()
{
    int n ;
    long f;
    cout << "please input a number" << endl;
        cin >> n ;
    f=Fac(n);
    cout << "Result :" << f << endl;
}
```

程序运行结果如图 4.8 所示。

图 4.8　计算阶乘

程序中 Fac 函数实现了计算 n 的阶乘。以 n 等于 4 为例，4!等于 4*3!，3!等于 3*2!，……，1!等于 1。当计算 4 的阶乘时，只要知道 3 的阶乘就可以了，4*3!等于 4!。同理，计算 3 的阶乘，只要知道 2 的阶乘就可以了，依此类推。1 的阶乘为 1，知道了 1 的阶乘，就可以计算 2 的阶乘，知道 2 的阶乘就可以计算 3 的阶乘……

在上面的递归函数中，如果传递一个很大的数作为参数，会导致堆栈溢出。因为每调用一个函数，系统会为函数的参数分配堆栈空间。对于上述的递归函数 Fac，完全可以用连续乘积的方式实现。

例 4.5　利用循环求 n 的阶乘。

```
#include "stdafx.h"
#include <iostream>
using namespace std;
typedef unsigned int UINT;      //自定义类型
long Fac(const UINT n)          //定义函数
{
```

```
    long ret = 1;                          //定义结果变量
    for(int i=1; i<=n; i++)       //累计乘积
    {
        ret *= i;
    }
    return ret;                       //返回结果
}

void main()
{
    int n ;
    long f;
    cout << "please input a number" << endl;
     cin >> n ;
    f = Fac(n);
    cout << "Result :" << f << endl;
}
```

程序运行结果如图 4.9 所示。

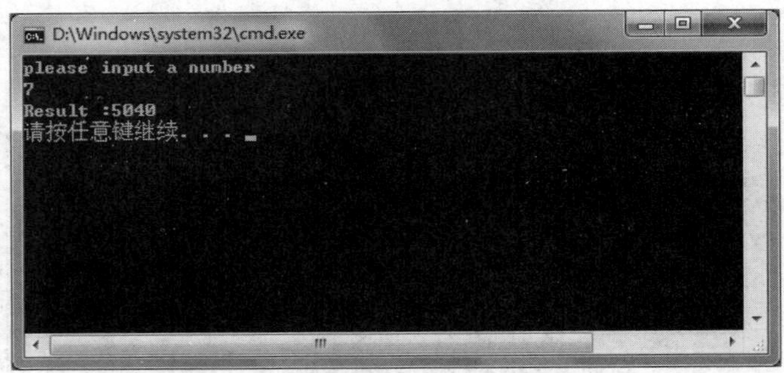

图 4.9　利用循环求 n 的阶乘

说明：

在编程算法中，实例 4.4 计算阶乘的方法称为递归法，实例 4.5 的方法称为迭代法。对这些算法有兴趣深入研究的读者，可以查阅相关资料。

4.5 重载函数

C++中使用了名字重组的技术，通过函数的参数类型来识别函数。所谓重载函数，就是指多个函数具有相同的函数标识符，但参数类型或参数个数不同。函数调用时，编译器以参数的类型及个数来区分调用哪个函数。下面的实例定义了重载函数。

例 4.6　使用重载函数。

```
#include "stdafx.h"
#include <iostream>
using namespace std;
int Add(int x ,int y)                    //定义第一个重载函数
{
```

```
    cout << "int add" << endl;              //输出信息
    return x + y;                           //设置函数返回值
}
double Add(double x,double y)          //定义第二个重载函数
{
    cout << "double add" << endl;           //输出信息
    return x + y;                           //设置函数返回值
}
int main()
{
    int ivar = Add(5,2);                    //调用第一个 Add 函数
    float fvar = Add(10.5,11.4);            //调用第二个 Add 函数
    return 0;
}
```

程序运行结果如图 4.10 所示。

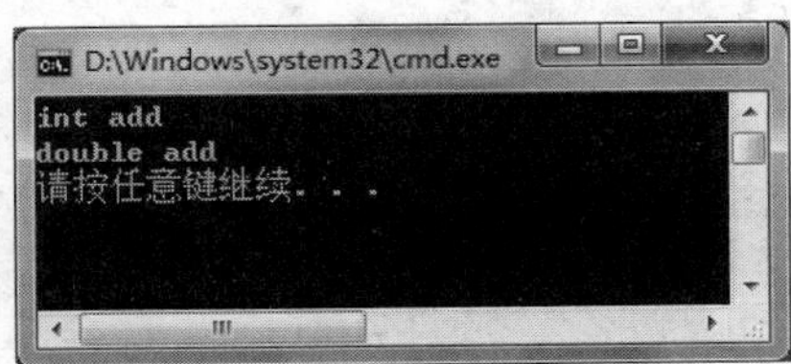

图 4.10　函数重载

程序中定义了两个相同函数名标识符的函数，函数名都为 add，在 main 调用 add 函数时实参类型不同。语句“int ivar = Add(5,2);”的实参类型是整型，语句“float fvar = Add(10.5,11.4);”的实参类型是双精度。编译器可以区分这两个函数，会正确调用相应的函数。

在定义重载函数时，应注意函数的返回值类型不作为区分重载函数的一部分。下面的函数重载是非法的。

```
int Add(int x ,int y)                  //定义一个重载函数
{
    return x + y;
}
double Add(int x,int y)                //定义一个重载函数
{
    return x + y;
}
```

4.6　生存周期与作用域

变量的声明位置以及储存方式有很多类别，这些都影响着函数对变量的调用。

扫一扫，看视频

4.6.1　变量的作用域

根据变量的声明位置，可以将变量分为局部变量和全局变量。在函数体内定义的变量称为局部变量，在函数体外定义的变量称为全局变量。

例 4.7 变量的作用域。

```
#include "stdafx.h"
#include <iostream>
using namespace std;
int globalCount = 33;               //全局变量
int GetCount();                     //声明函数
void SetCount(int k);
void main()
{
    Int count = 100;                //局部变量
    cout << globalCount<< endl; //输出全局变量
    SetCount(200);//
    cout << GetCount() << endl;
}

void SetCount(int k)                //定义函数
{
    int hisCount;                   //定义局部变量
    //myCount =200;  执行会出错,注释掉
    //count =200;      执行会出错, 注释掉
    hisCount = k;                   //函数体自身内部定义的变量可以被使用,k 也可以看作是局部变量
    globalCount=hisCount;           //给全局变量赋值

}
int GetCount()
{
    int myCount;                    //定义局部变量
    myCount = globalCount;          //使用自身的局部变量
    return myCount;
}
```

程序运行结果如图 4.11 所示。

图 4.11 执行结果

当一个函数体内定义的局部变量和全局变量同名时，程序会优先选择使用局部变量。若想使用全局变量，则需要在变量名前加入区域符号“::”。

例 4.8 同名的全局变量与局部变量。

```
#include "stdafx.h"
#include <iostream>
```

```
using namespace std;
int name = 0;
int main()
{
    Int name = 3;
    cout<<"局部变量 name 的值:"<<endl;
    cout<<name<<endl;
    cout<<"全局变量 name 的值:"<<endl;
    cout<<::name<<endl;
    return 0;
}
```

程序运行结果如图 4.12 所示。

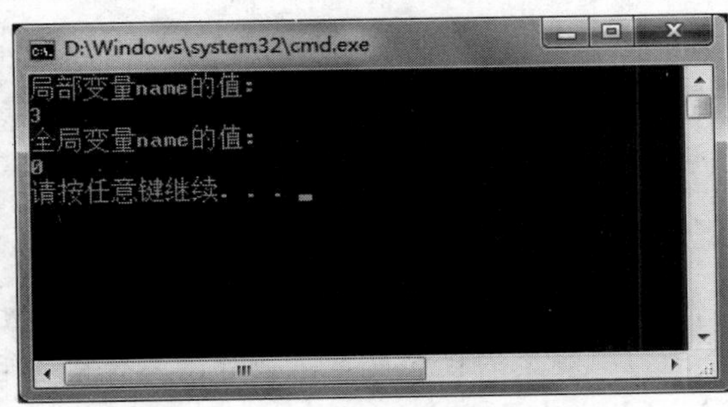

图 4.12　执行结果

4.6.2　变量的生存周期

定义在同一个函数中的变量的生存周期并不完全相同。在不同语句块定义的变量，作用域的大小也不一样。

4.6.3　变量的储存方式

存储类别是变量的属性之一，C++语言中定义了 4 种变量的存储类别，分别是 auto 变量、static 变量、register 变量和 extern 变量。变量存储方式不同会使变量的生存期不同，生存期表示了变量存在的时间。生存期和变量作用域从时间和空间这两个不同的角度来描述变量的特性。

静态存储变量通常是在变量定义时就分配固定的存储单元，并一直保持不变，直至整个程序结束。前面讲过的全局变量即属于此类存储方式，它们存放在静态存储区中。动态存储变量是在程序执行过程中使用它时才分配存储单元，使用完毕立即将该存储单元释放。前面讲过的函数的形式参数，在函数定义时并不给形参分配存储单元，只是在函数被调用时才予以分配，调用函数完毕立即释放，此类变量存放在动态存储区中。从以上分析可知，静态存储变量是一直存在的，而动态存储变量则时而存在时而消失。

1．自动变量

这种存储类型是 C ++语言程序中默认的存储类型。函数内未加存储类型说明的变量均视为自动变量。例如：

```
{
```

```
int i,j,k;
…
}
```

自动变量具有以下特点：

（1）自动变量的作用域仅限于定义该变量的个体内。在函数中定义的自动变量，只在该函数内有效。在复合语句中定义的自动变量，只在该复合语句中有效。例如：

```
int Show()
{
    int x,y;
    if(true)
    {
        char ch;
        cout << ch << endl;          //正确
        cout << x << endl;           //正确
    }
    cout << ch << endl;              //错误
    cout << x << endl;               //正确
}
```

（2）自动变量属于动态存储方式，变量分配的内存是在栈中，当函数调用结束后，自动变量的值会被释放。同样，在复合语句中定义的自动变量，在退出复合语句后也不能再使用，否则将引起错误。

（3）由于自动变量的作用域和生存期都局限于定义它的个体内（函数或复合语句内），因此不同的个体中允许使用同名的变量而不会混淆。即使在函数内定义的自动变量，也可与该函数内部的复合语句中定义的自动变量同名。

例 4.9 输出不同生命期的变量值。

```
#include "stdafx.h"
#include<iostream>
using namespace std;
void main()
{
    int i,j,k;
    cout <<"input the number:" << endl;
    cin >> i >> j;
    k=i+j;
    if( i!=0 && j!=0 )
    {
        int k;
        k=i-j;
        cout << "k :" << k << endl;      //输出变量 k 的值
    }
    cout << "k :" <<k << endl;           //输出变量 k 的值
}
```

程序运行结果如图 4.13 所示。

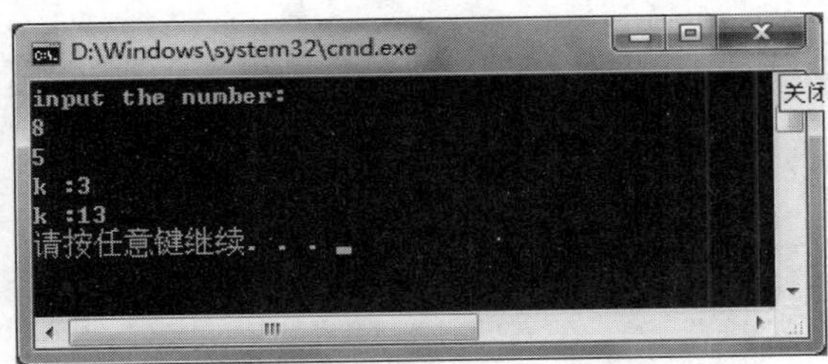

图 4.13　输出不同生命期的变量值

程序两次输出自动变量 k。第一次输出的是 i-j 的值，第二次输出的是 i+j 的值。虽然变量名都为 k，但其实是两个不同的变量。

注意：

在以前的标准中，关键字 auto 代表了自动变量的存储方式。在 C++11 的新标准中这一功能已经失效，在第 10 章中将详细介 auto 关键字的作用。

2．static 变量

在声明变量前加关键字 static，可以将变量声明成静态变量。静态局部变量的值在函数调用结束后不消失，静态全局变量只能在本源文件中使用。例如，下面的代码声明变量为静态变量：

```
static int a,b;
static float x,y;
static int a[3]={0,1,2};
```

静态变量属于静态存储方式，它具有以下特点：

（1）静态变量在函数内定义，在程序退出时释放，在程序整个运行期间都不释放，也就是说它的生存期为整个源程序。

（2）静态变量的作用域与自动变量相同，在函数内定义就在函数内使用，尽管该变量还继续存在，但不能使用它，如再次调用定义它的函数时，它又可继续使用。

（3）编译器会为静态局部变量赋予 0 值。

下面通过实例介绍 static 变量的用法。

例 4.10　使用 static 变量实现累加。

```
#include "stdafx.h"
#include<iostream>
using namespace std;
int add(int x)
{
    static int n=0;
    n=n+x;
    return n;
}
void main()
{
    int i,j,sum;
    cout << " input the number:" << endl;
    cin >> i;
    cout << "the result is:" << endl;
```

```
    for(j=1;j<=i;j++)
    {
        sum=add(j);
        cout << j << ":" <<sum << endl;
    }
}
```

程序运行结果如图 4.14 所示。

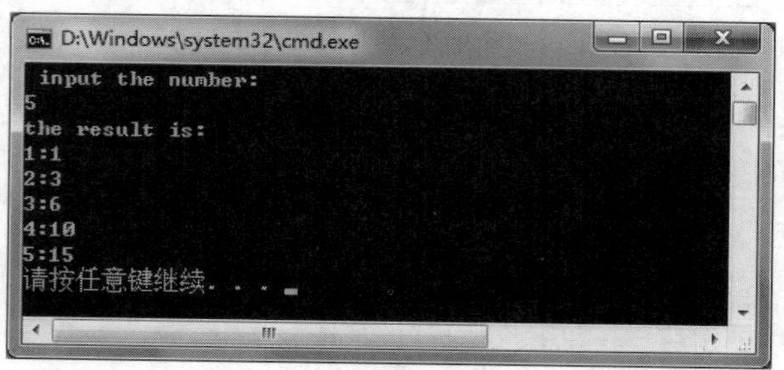

图 4.14　使用 static 变量实现累加

程序中 n 是静态局部变量，每次调用函数 add 时，静态局部变量 n 都保存了前次被调用后留下的值。所以当输入循环次数 3 时，变量 sum 累加的结果是 6，而不是 3。

如果去除 static 关键字，则运行结果如图 4.15 所示。

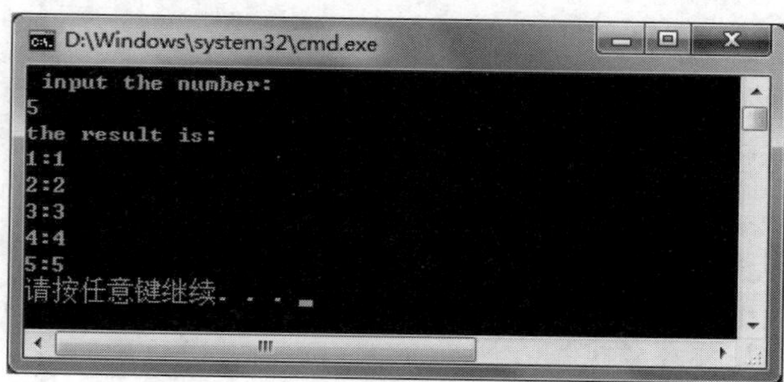

图 4.15　运行结果

当输入循环次数 3 时，变量 sum 累加的结果是 3。变量 n 不再使用静态存储区空间，每次调用后变量 n 的值都被释放，再次调用时 n 的值为初始值 0。

3．register 变量

通常变量的值存放在内存中，当对一个变量频繁读写时，需要反复访问内存储器，此时将花费大量的存取时间。为了提高效率，C++语言可以将变量声明为寄存器变量，这种变量将局部变量的值存放在 CPU 中的寄存器中，使用时不需要访问内存，而直接从寄存器中读写。寄存器变量的说明符是 register。

对寄存器变量的说明如下：

（1）寄存器变量属于动态存储方式。凡需要采用静态存储方式的变量不能定义为寄存器变量。

（2）编译程序会自动决定哪个变量使用寄存器存储。register 可以起到程序优化的作用。

4．extern 变量

在一个源文件中定义的变量和函数只能被本源文件中的函数调用，一个 C++程序中会有许多源文件，那么如何使用非本源文件的全局变量呢？C++提供了 extern 关键字来解决这个问题。在使用其他源文件中的全局变量时，只需要在本源文件使用 extern 关键字来声明这个变量即可。例如，在 Sample1.cpp 源文件中定义全局变量 a、b、c，代码如下：

```
int a,b;     /*外部变量定义*/
char c;      /*外部变量定义*/
vid main()
{
    cout << a << endl;
    cout << b << endl;
    cout << c << endl;
}
```

在 Sample2.cpp 源文件中要使用 Sample1.cpp 源文件中全局变量 a、b、c，代码如下：

```
extern int a,b; /*外部变量说明*/
extern char c;  /*外部变量说明*/
func (int x,y)
{
    cout << a << endl;
    cout << b << endl;
    cout << c << endl;
}
```

在 Sample2.cpp 源文件中，编译系统不再为全局变量 a、b、c 分配内存空间，而是改变全局变量 a、b、c 的值，在 Sample1.cpp 源文件中输出值也会发生变化。

4.7　名 称 空 间

扫一扫，看视频

名称空间，也称为名字空间、命名空间，英文关键字为 namespace。在以前的代码中，经常使用这样一个语句：

```
using namespace std;
```

要使用标准输入输出流，除了包含他们所在的头文件之外，还必须使用他们的名称空间。namespace 后边的 std 是该名称空间的名称。它的主要作用就是防止不同文件中包含的同一变量、函数等因名字重复而导致的错误。using namespace std 表示的是在本文件中使用所有名字为 std 空间的所有数据，而不需要像下面这样加上名称标识：

```
using std::cout;
using std::endl
```

除了上述两种方法，最常用的方法可以是如下形式：

```
std::cout<<"hi!!"<<endl;
```

将这三种方法进行比较，可以发现：

- 第一种方法使用简便，编程者不需要逐个包含名称空间中的变量、函数等，可以直接使用它们。缺点是在文件中失去了名称空间应有的作用，定义需注意与该名称空间中的各个数据命名冲突问题。

- 第二种方法比较折中，编程者为了方便使用名称空间的少数数据而使用。
- 第三种方法在每次使用名称空间数据时都要加上名称空间的名字，引用起来比上述两种方法稍显繁琐。但这种方法在所有情况下都适用，不会造成混乱，在编写大型项目时比较可取。

定义一个名称空间可以使用 namespace 关键字，形式如下：

```
namespace 名称空间名{
    代码
}
```

例 4.11 名称空间的定义和使用。

```
#include "stdafx.h"
#include <iostream>
using std::cout;//头文件包含了 std 名称空间，可以使用
using std::endl;
namespace welcome{
    int count = 3;
    float getCount(){
        return 3.33f;
    }
}
using namespace welcome;//定义名称空间，之后使用
namespace hello{
    int count =4;
    float getCount(){
        return 4.44f;
    }
}
float getCount(){
    return 1.11f;
}
int main()
{
    int count =1;
    cout<<"直接调用 getCount 函数和使用 count"<<endl;
    //cout<<"getCount:"<<getCount()<<endl;    编译器函数重载冲突
    cout<<"count:"<<count<<endl;
    cout<<"-----------------------------------------"<<endl;//视觉分割线
    cout<<"使用域标识符调用 getCount 函数和使用 count"<<endl;
    cout<<"::getCount:"<<::getCount()<<endl; //没有定义名称空间
    cout<<"count:"<<::count<<endl;
    cout<<"welcome::getCount:"<<welcome::getCount()<<endl;
    cout<<"welcome::count:"<<welcome::count<<endl;
    cout<<"::getCount:"<<hello::getCount()<<endl;
    cout<<"hello::count:"<<hello::count<<endl;
    return 0;
}
```

运行结果如图 4.16 所示。

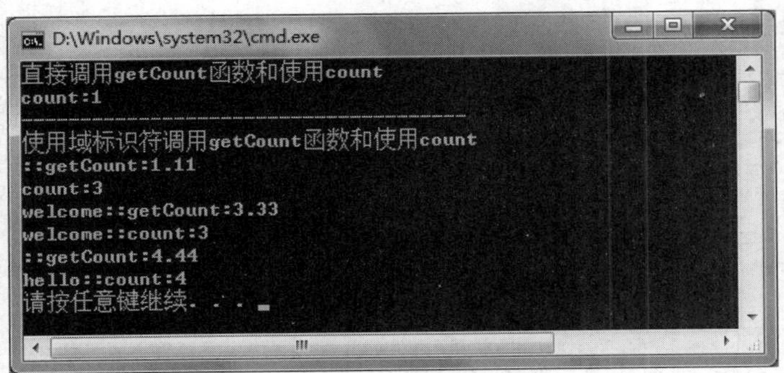

图 4.16　运行结果

4.8　上 机 实 践

4.8.1　等差数列的和

➤➤➤题目描述

在等差数列中，后一个数和前一个数的差是固定的。例如，1、5、9、13…，这是一个差值为 4 的等差数列。编写一个程序，使它包含一个函数，功能为求出等差数列前 n 项的和。在程序中，通过输入来控制第一项的值、差值和项数 n。

➤➤➤技术指导

计算一个等差数列的规律是后一项的值与前一项相差固定的整数，当知晓第一项、固定差量和项数这三个参数时，即可计算相应项数的和。本上机实践的关键代码如下：

```
int Sum(int a1,int d,int count)
{
        int sum = 0;
        for(int i= 0;i<count;i++)//这里也可以直接利用公式计算
        {
            sum += a1+i*d;
        }
        return sum;
}
```

4.8.2　提款机的记录

➤➤➤题目描述

设计一个函数模拟取款机的提款过程，在函数体内记录了自身现金剩余量。主函数用一个循环不断地访问它，每次访问该函数都会输出提款次数。当函数中剩余现金量不足时，停止访问。

➤➤➤技术指导

程序的关键在于记录剩余现金变量的定义。每一次访问函数后，剩余金额的量都需要储存，供下一次使用。将函数内静态变量定义为现金剩余量，变量不会随着函数结束而被释放掉。关键代码如下：

```
bool ATM(int cash)
{
        static int myCash = 10000;
        myCash -= cash;
        if(myCash<0)
    {
        return false;
    }
    else
    {
        return true;
    }
}
```

4.9 本 章 总 结

本章主要介绍函数的使用，使用函数要了解函数的返回值、函数的参数以及函数的调用方式。变量的作用域和函数有关，函数的递归调用可以帮助开发人员设计出思路明了的程序，函数重载使代码中通明函数得到了复用，命名空间则解决了命名冲突的问题。

第 5 章　内存访问——指针和引用

程序中的所有变量与函数都存放在内存中，C++提供了指针对它们在内存中的地址进行访问。指针的功能强大，操作灵活，还能提高程序的运行效率。相对的，对内存操作是一把双刃剑，如果处理不当，将会造成程序的崩溃。引用则是变量的别名，它们使用同一块地址。

通过学习本章，读者可以达到以下学习目的：

- 掌握指针和内存的关系
- 掌握指针作为函数参数的使用方法
- 内存的安全操作和动态分配
- 引用的概念和使用
- 引用和指针的关系
- 引用作为函数参数

5.1　指　　针

5.1.1　变量与指针

系统的内存就像是带有编号的小房间，如果想使用内存就需要得到房间号。如图 5.1 所示，定义一个整型变量 i，它需要 4 个字节，所以编译器为变量 i 分配了编号从 4001 到 4004 的房间，每个房间代表一个字节。

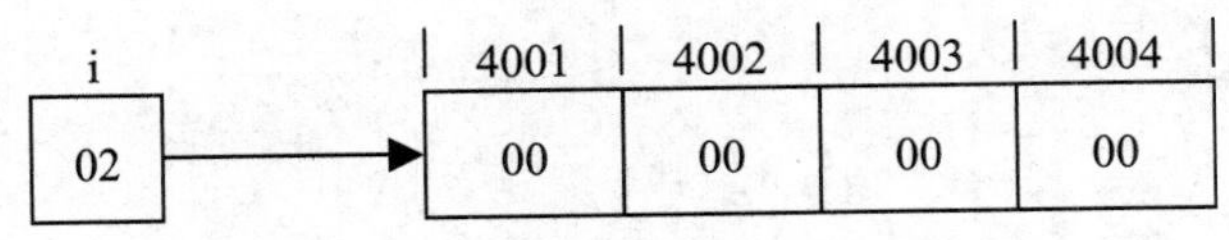

图 5.1　整型变量 i

各个变量连续地存储在系统的内存中。如图 5.2 所示，两个整型变量 i 和 j 存储在内存中。

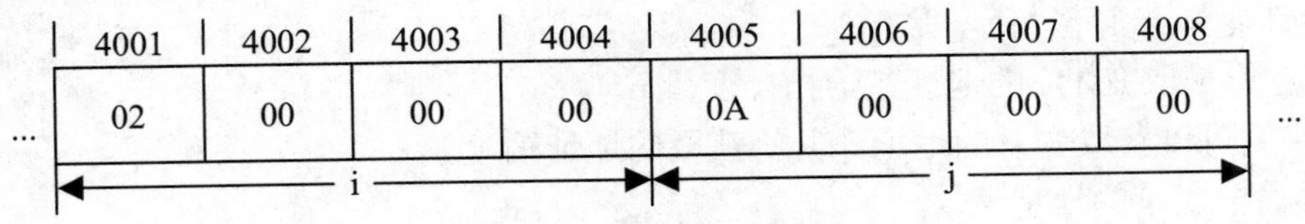

图 5.2　整型变量 i 和 j

在程序代码中通过变量名来对内存单元进行存取操作，但是代码经过编译后已经将变量名转换为该变量在内存的存放地址，对变量值的存取都是通过地址进行的。例如语句“i+j;”的执行过程是根据变量名与地址的对应关系，找到变量 i 的地址 4001，然后从 4001 开始读取 4 个字节数据放到 CPU 的寄存器中，再找到变量 j 的地址 4005，从 4005 开始读取 4 个字节的数据放到 CPU 另一个寄存器中，通过 CPU 的加法中断计算出结果。

在低级语言的汇编语言中都是直接通过地址来访问内存单元，而在高级语言中才使用变量名访问内存单元，C 语言作为高级语言却提供了通过地址来访问内存单元的方法，C++语法也继承了这一特性。

由于通过地址能访问指定的内存存储单元，可以说地址“指向”该内存单元，如房间号 4001 指向系统内存中的一个字节。地址可以形象地称为指针，意思是通过指针能找到内存单元。一个变量的地址称为该变量的指针。如果有一个变量专门用来存放另一个变量的地址，它就是指针变量。在 C++语言中有专门用来存放内存单元地址的变量类型，就是指针类型。

指针是一种数据类型，通常所说的指针就是指针变量，它是一个专门用来存放地址的变量，而变量的指针主要指变量在内存中的地址。变量的地址在编写代码时无法获取，只有在程序运行时才可以得到。

1. 指针的声明

声明指针的一般形式如下：

```
数据类型标识符 *指针变量名
```

例如：

```
int *p_iPoint;       //声明一个整型指针
float *a,*b          //声明两个浮点型指针
```

2. 指针的赋值

指针可以在初始化时赋值，也可以在后期赋值。

- 在初始化时赋值

```
int i=100;
int *p_iPoint=&i;
```

- 在后期赋值

```
int i=100;
p_iPoint =&i;
```

注意：

通过变量名访问一个变量是直接的，而通过指针访问一个变量是间接的。

3. 关于指针使用的说明

（1）指针变量名是 p，而不是*p。

p=&i 的意思是取变量 i 的地址赋给指针变量 p。

下面的实例可以获取变量的地址，并将获取的地址输出。

例 5.1 输出变量的地址值。

```
#include "stdafx.h"
#include <iostream>
using namespace std;
void main()
{
        int a=100;
```

```
        int *p=&a;
        printf("%d\n",p);          //获取地址值
}
```

程序运行结果如图 5.3 所示。

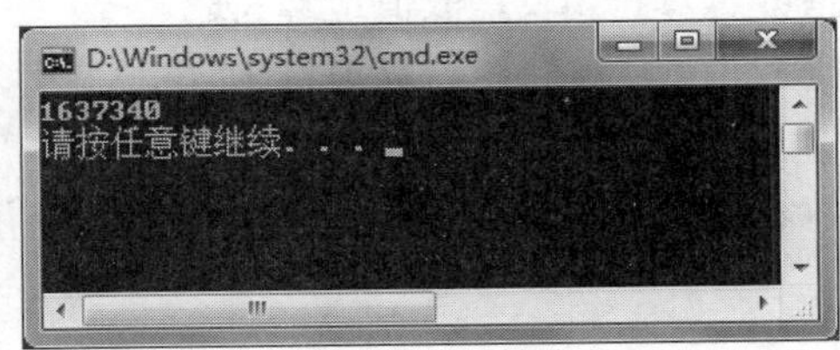

图 5.3 输出变量的地址值

实例可以通过 printf 函数直接将地址值输出。由于变量是由系统分配空间，所以变量的地址不是固定不变的。

注意：

在定义一个指针之后，一般要使指针有明确的指向。与常规的变量未赋值相同，没有明确指向的指针不会引起编译器出错，但是对于指针则可能导致无法预料的或者隐藏的灾难性后果，所以指针一定要赋值。

（2）指针变量不可以直接赋值。例如：

```
int a=100;
int *p;
p=100;
```

编译不能通过，有 error C2440: '=' : cannot convert from 'const int' to 'int *'错误提示。

如果强行赋值，使用指针运算符*提取指针所指变量时会出错。例如：

```
int a=100;
int *p;
p=(int*)100;               //通过强制转换将 100 赋值给指针变量
printf("%d",p);            //输出地址，能够输出地址
printf("%d",*p);           //输出指针指向的值，出错语句
```

（3）不能将*p 当变量使用。例如：

```
int a=100;
int *p;
*p=100;                    //指针没有获得地址
printf("%d",p);            //输出地址，出错语句
printf("%d",*p);           //输出指针指向的值，出错语句
```

上面代码可以编译通过，但运行时会弹出错误提示对话框，如图 5.4 所示。

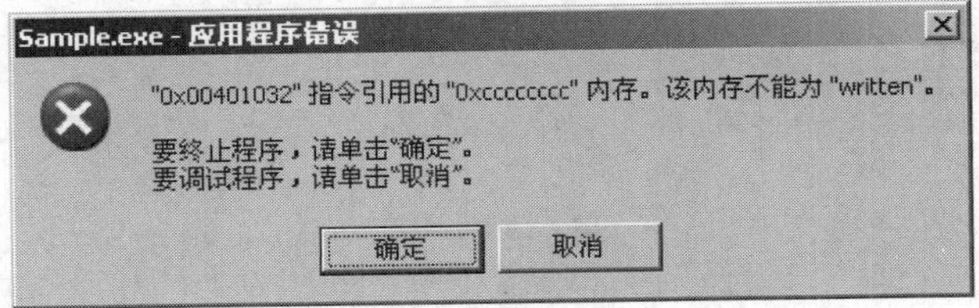

图 5.4 错误提示

5.1.2 指针运算符和取地址运算符

1. 指针运算符和取地址运算符简介

*和&是两个运算符，*是指针运算符，&是取值运算符。

如图 5.5 所示，变量 i 的值为 100，存储在内存地址为 4009 的地方，取地址运算符&使指针变量 p 得到地址 4009。

如图 5.6 所示，指针变量存储的是地址编号 4009，指针通过指针运算符可以得到地址 4009 所对应的数值。

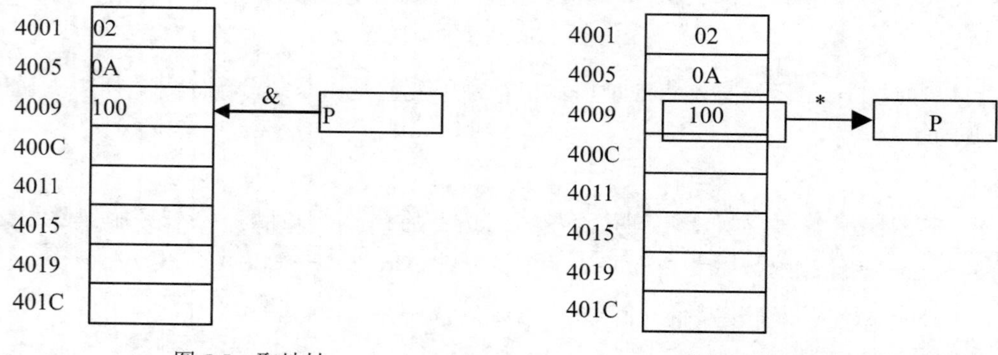

图 5.5　取地址　　图 5.6　通过地址取值

下面的实例通过指针来实现数据大小比较的功能。

例 5.2　使用指针比较两个数大小。

```
#include "stdafx.h"
#include <iostream>
using namespace std;
void main()
{
    int *p1,*p2;
    int *p;      //临时指针
    int a,b;
    cout << "input a: " << endl;
    cin >> a;
    cout << "input b: " << endl;
    cin >> b;
    p1=&a;p2=&b;
    if(a<b)
    {
        p=p1;
        p1=p2;
        p2=p;
    }
    cout << "a=" << a;
    cout << " ";
    cout << "b=" << b;
    cout << endl;
```

```
    cout << "较大的数:" << *p1 << "较小的数:" << *p2 <<endl;
}
```

程序运行结果如图 5.7 所示。

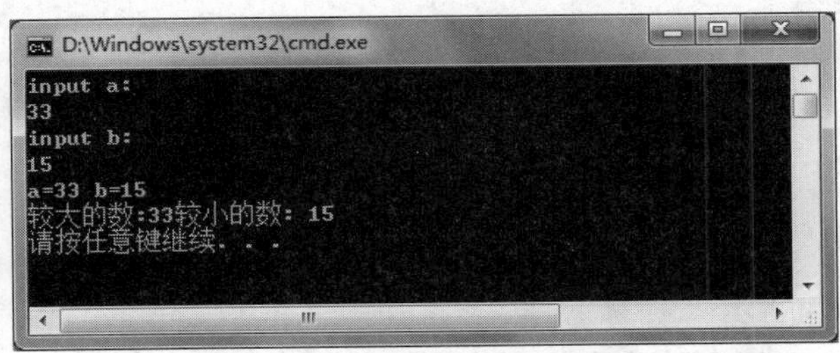

图 5.7　使用指针比较两个数大小

2．指针运算符和取地址运算符的说明

声明并初始化指针变量时同时用到了*和&这两个运算符。例如：

```
int *p=&a;
```

该语句等同于如下语句：

```
int * (p=&a);
```

如果写成“*p=&a;”程序会报错。

“&*p”中的 p 只能是指针变量，如果将*放在变量名前，编译的时候会有逻辑错误。例如：

```
#include <iostream>
using namespace std;
void main()
{
        int a=100;
        int *p;
        printf("%d",&*a);
}
```

编译程序会出现“error C2100: illegal indirection”的错误提示。

3．&*p 和*&a 的区别

&和*的运算符优先级别相同，按自右而左的方向结合，因此&*p 是先进行*运算，*p 相当于变量 a；再进行&运算，&*p 就相当于取变量 a 的地址。*&a 是先计算&运算符，&a 就是取变量 a 的地址；然后进行*运算，*&a 就相当于取变量 a 所在地址的值，实际就是变量 a。

5.1.3　指针运算

指针变量存储的是地址值，对指针作运算就等于对地址作运算。下面通过实例来使读者了解指针的运算。

例 5.3　输出 int 指针运算后地址值。

```
#include "stdafx.h"
#include <iostream>
using namespace std;
void main()
{
```

```
        int a=100;
        int *p=&a;
        printf("address:%d\n",p);
        p++;
        printf("address:%d\n",p);
        p--;
        printf("address:%d\n",p);
        p--;
        printf("address:%d\n",p);
}
```

程序运行结果如图 5.8 所示。

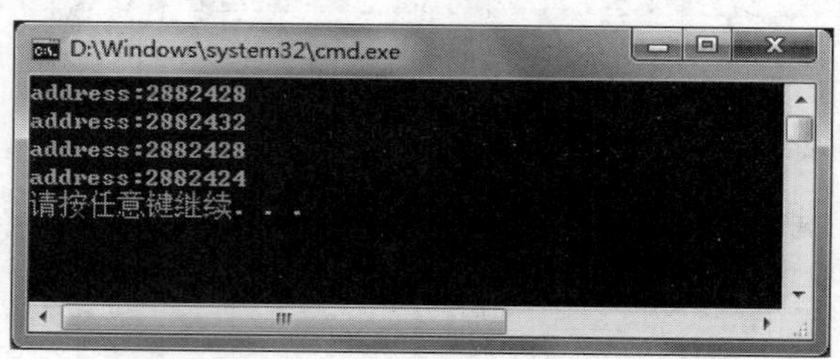

图 5.8　输出指针运算后地址值

程序首先输出的是指向变量 a 的指针地址值 2882428，然后对指针分别进行自加运算、自减运算、自减运算，输出的结果分别是 2882432、2882428、2882424。

指针进行一次加 1 运算，其地址值并没有加 1，而是增加了 4，这和声明指针的类型有关。

p++是对指针做自加运算，相当于语句“p=p+1”，地址是按字节存放数据，但指针加 1 并不代表地址值加 1 个字节，而是加上指针数据类型所占的字节宽度。要获取字节宽度需要使用 sizeof 关键字，如整型的字节宽度是 sizeof(int)，sizeof(int)的值为 4；双精度整型的字节宽度是 sizeof(double)，其值为 8。将实例中的 int 指针类型改为 double，看看运行结果。

例 5.4　输出 double 指针运算后地址值。

```
#include "stdafx.h"
#include <iostream>
using namespace std;
void main()
{
        double a=100;
        double *p=&a;
        printf("address:%d\n",p);
        p++;
        printf("address:%d\n",p);
        p--;
        printf("address:%d\n",p);
        p--;
        printf("address:%d\n",p);
}
```

程序运行结果如图 5.9 所示。

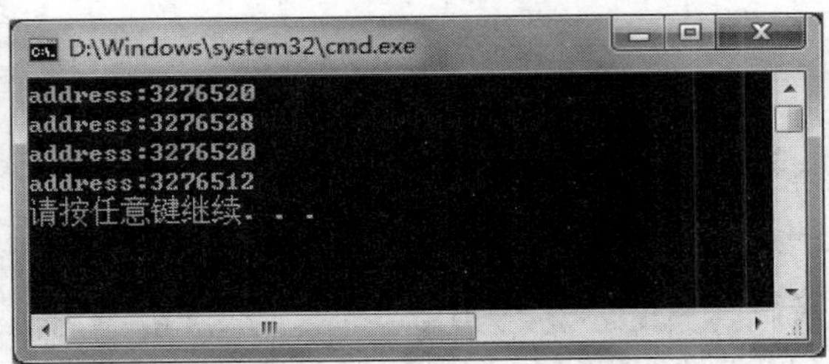

图 5.9　运行结果

说明：

定义指针变量时必须指定一个数据类型。指针变量的数据类型用来指定该指针变量所指向数据的类型。

5.1.4　空类型指针与指向空的指针

指针可以指向任何数据类型的数据，包括空类型（void）。

```
void* p;
```

空类型指针可以接受任何类型的指针，使用它时可以将其强制转化为所对应数据类型。

例 5.5　空类型指针的使用。

```
#include "stdafx.h"
#include <iostream>
using namespace std;
int main()
{
    int *pI = NULL;
    int i = 4;
    pI = &i;
    float f = 3.333f;
    bool b =true;
    void *pV = NULL;
    cout<<"依次赋值给空指针"<<endl;
    pV = pI;
    cout<<"pV = pI --------"<<*(int*)pV<<endl;
    cout<<"pV = pI ---------转为 float 类型指针"<<*(float*)pV<<endl;
    pV = &f;
    cout<<"pV = &f --------"<<*(float*)pV<<endl;
    cout<<"pV = &f --------转为 int 类型指针"<<*(int*)pV<<endl;
    ;
    return 0;
}
```

程序运行结果如图 5.10 所示。

可以看到空指针赋值后，转化为对应类型的指针才能得到所期望的结果。若将它转换为其他类型的指针，得到的结果将不可预知，非空类型指针同样具有这样的特性。在本实例中，出现了一个符号 NULL，他表示空值。空值无法用输出语句表示，而且赋空的指针无法被使用，直到它被赋予其他的值。

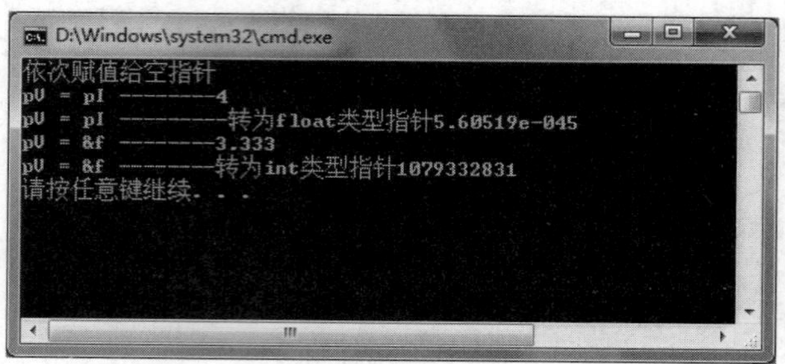

图 5.10　执行结果

5.1.5　指针常量与指向常量的指针

同其他数据类型一样，指针也有常量，使用 const 关键字形式如下：

```
int i =9;
int * const p = &i;
*p = 3;
```

将关键字 const 放在标识符前，表示这个数据本身是常量，而数据类型是 int*即整型指针。与其他常量一样，指针常量必须初始化。无法改变它的内存指向，但是可以改变它指向内存的内容。

若将关键字 const 放到指针类型的前方，形式如下：

```
int i =9;
cosnt*  int p = &i;
```

这是指向常量的指针，虽然它所指向的数据可以通过赋值语句进行修改，但是通过该指针修改内存内容的操作是不被允许的。

当 const 以如下形式使用时：

```
int i =9;
cosnt*  int const p = &i;
```

该指针是一个指向常量的指针常量，既不可以改变他的内存指向，也不可以通过它修改指向内存的内容。

例 5.6　指针与 const。

```
#include "stdafx.h"
#include <iostream>
using std::cout;
using std::endl;
int main()
{
        int i = 5;
        const int c = 99;
        const int* pR = &i;//这个指针只能用来“读”内存数据，但可以改变自己的地址。
        int* const pC = &i;//这个指针本身是常量，不能改变指向，但它能够改变内存的内容。
        const int* const pCR = &i;//这个指针只能用来“读”内存数据,并且不能改变指向。
        cout<<"三个指针都指向了同一个变量 i，同一块内存"<<endl;
        cout<<"指向常量的指针 pR 操作:"<<endl;
        //*pR = 6             //去掉语句前方注释报错
        cout<<"通过赋值语句修改 i:"<<endl;
        i = 100;
```

```
    cout<<"i:"<<i<<endl;
    cout<<"将 pR 的地址变成常量 c 的地址:"<<endl;
    pR = &c;
    cout<<"*pR:"<<*pR<<endl;
    cout<<"指向常量的指针 pC 操作:"<<endl;
    //pC = &c;            //去掉语句前方注释报错
    cout<<"通过 pC 改变 i 值:"<<endl;
    *pC = 6;
    cout<<"i:"<<i<<endl;
    cout<<"指向常量的指针常量 pCR 操作:"<<endl;
    //pCR =&c;//报错
    //*pCR =100;//报错
    cout<<"通过 pCR 无法改变任何东西，真正作到了只读"<<endl;
    return 0;
}
```

程序运行结果如图 5.11 所示。

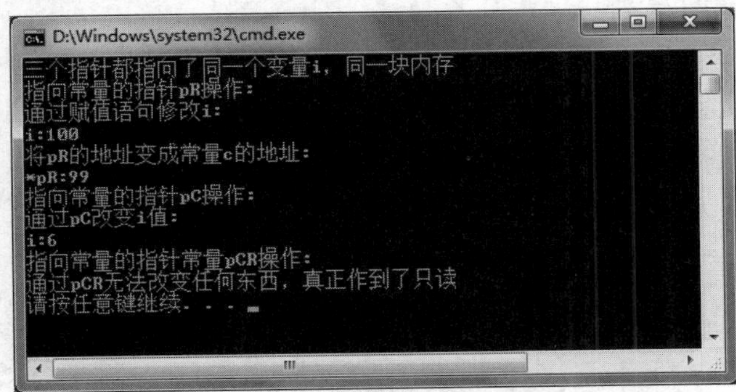

图 5.11 执行结果

5.2 指针与函数

5.2.1 指针传递参数

以前所接触到的函数都是按值传递参数，也就是说实参传递进函数体内后，生成的是实参的副本，在函数内改变副本的值并不影响到实参。而指针传递参数时，指针变量产生了副本，但副本与原变量所指向的内存区域是同一个。对指针副本指向的变量进行改变，就是改变原指针变量所指向的变量。

例 5.7 调用自定义函数交换两变量值。

```
#include "stdafx.h"
#include <iostream>
using namespace std;
void swap(int *a,int *b)
{
    int tmp;
    tmp=*a;
    *a=*b;
```

```
        *b=tmp;
}
void swap(int a,int b)
    {
        int tmp;
        tmp=a;
        a=b;
        b=tmp;
}
void main()
{
        int x,y;
        int *p_x,*p_y;
        cout << " input two number " << endl;
        cin >> x;
        cin >> y;
        p_x=&x;p_y=&y;
        cout<<"按指针传递参数交换"<<endl;
        swap(p_x,p_y);//执行的是参数列表都为指针的 swap 函数
        cout << "x=" << x <<endl;
        cout << "y=" << y <<endl;
        cout<<"按值传递参数交换"<<endl;
        swap(x,y);
        cout << "x=" << x <<endl;
        cout << "y=" << y <<endl;
}
```

程序运行结果如图 5.12 所示。

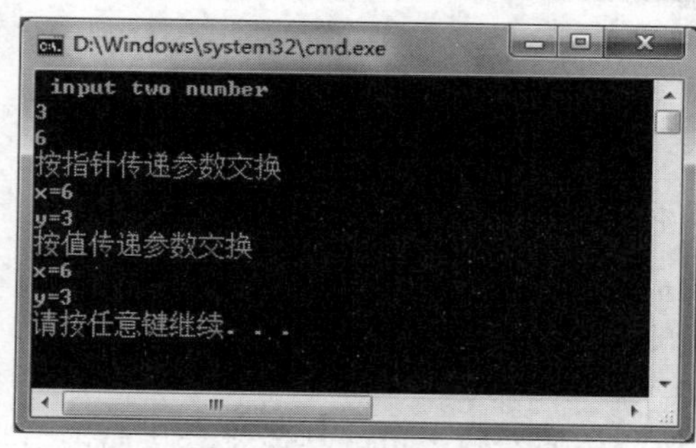

图 5.12　调用自定义函数交换两变量值

从图 5.12 中可以看出，使用指针传递参数的函数真正的实现了 x 与 y 的交换，而按值传递函数只是交换了 x 与 y 的副本。

swap 函数是用户自定义函数，在 main 函数中调用该函数交换变量 a 和 b 的值。swap 函数的两个形参被传入了两个地址值，也就是传入了两个指针变量，在 swap 函数的函数体内使用整型变量 tmp 作为中转变量，将两个指针变量所指向的数值进行交换。在 main 函数内首先获取输入的两个数值，分别传递给变量 x 和 y，然后将 x 和 y 的地址值传递给 swap 函数。在按指针传递的 swap 函数内，两个指针变量的副本 a 和 b 所指向的变量正是 x 与 y。而按值传递的 swap 函数并没有实现交换 x 与 y 的功能。

5.2.2 函数指针

函数指针是指向函数内存的指针，一个函数在编译时被分配给一个入口地址，这个函数入口地址就称为函数的指针。可以用一个指针变量指向函数，然后通过该指针变量调用此函数。

一个函数可以返回一个整型值、字符值、实型值等，也可以返回指针型的数据，即地址。其概念与之前类似，只是返回的值的类型是指针类型而已。返回指针类型的值的函数简称为指针函数。

定义指针函数的一般形式为：

```
类型名 *函数名(参数表列);
```

例如，定义一个具有两个参数和一个返回值的函数的指针和一个函数具有同样返回值参数列表的函数：

```
Int sum(int x,int y)
int *a(int ,int );
a = sum;
```

函数指针能指向返回值与参数列表的函数，当使用函数指针的形式如下：

```
Int c.d;
*a(c ,d );
```

下面定义通过函数指针实现求和与求平均值的计算。

例 5.8 使用指针函数进行计算。

```
#include "stdafx.h"
#include <iostream>
using namespace std;
int avg(int a,int b);
int sum(int a,int b);
void main()
{
        int iWidth,iLenght,iResult;
        iWidth = 10;
        iLenght = 30;
        int (*pFun)(int,int);  //定义函数指针
        cout << "pFun 指向了 avg"<<endl;
        pFun = avg;
        iResult=(*pFun)(iWidth,iLenght);
        cout <<"执行结果:"<< iResult <<endl;
        cout << "pFun 指向了 sum"<<endl;
        pFun =sum;
        iResult=(*pFun)(iWidth,iLenght);
        cout <<"执行结果:"<< iResult <<endl;
}
int sum(int a,int b)
{
        return a+b;
}
int avg(int a,int b)
{
        return (a+b)/2;
}
```

程序运行结果如图 5.13 所示。

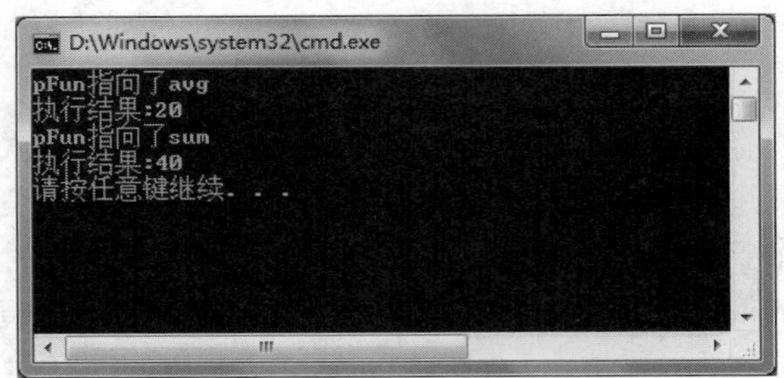

图 5.13　执行结果

pFun 函数指针先后指向了平均值函数、求和函数。通过对他自身指向的函数调用，得到了各自的结果。

5.2.3　空类型指针与函数

空类型指针指向任意类型函数或者将任意类型的函数指针赋值给空类型指针都是合法的。使用空指针调用自身所指向的函数，仍然按照强制转换的形式使用。

例 5.9　使用空类型指针执行函数。

```
#include "stdafx.h"
#include <iostream>
using std::cout;
using std::endl;
int plus(int b)
{
        return b+1;
}
int main()
{
        void* pV = NULL;
        int result = 0;
        pV = plus;
        cout<<"执行 pV 指向的函数:"<<endl;
        result=((int(*)(int))pV)(10);
        cout<<"result:"<<result<<endl;
        return 0;
}
```

程序运行结果如图 5.14 所示。

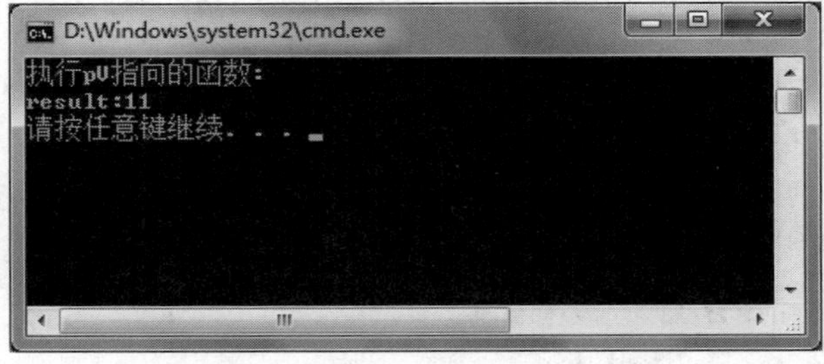

图 5.14　执行结果

注意：

当函数被重载时，不要使用直接将函数名赋给空类型指针的操作（如上例），这会使编译器无法确定将哪个重载函数交给空类型指针。

5.2.4　指针与函数返回值

定义一个返回指针类型的函数，形式如下：

```
int* function(参数列表)
{
        ……;//执行过程
        return  p;
}
```

p 是一个指针变量，也可以是形式如&value 的地址值。当函数返回一个指针变量时，得到的是地址值。值得注意的是，返回指针的内存内容并不随返回的地址一样经过复制成为临时变量。如果操作不当，后果将难以预料。

例 5.10　指针作返回值。

```
#include "stdafx.h"
#include <iostream>
using std::cout;
using std::endl;
int* pointerGet(int* p)
{
        int i = 9;
        cout<<"函数体中 i 的地址"<<&i<<endl;
        cout<<"函数体中 i 的值:"<<i<<endl;
        p = &i;
        return p;
}
int main()
{
        int* k = NULL;
        cout<<"k 的地址:"<<k<<endl;
        cout<<"执行函数，将 k 赋予函数返回值"<<endl;
        k = pointerGet(k);
        cout<<"k 的地址:"<<k<<endl;
        cout<<"k 所指向内存的内容:"<<*k<<endl;
}
```

程序运行结果如图 5.15 所示。

图 5.15　执行结果

从图 5.15 中可以看到，函数返回的是函数中定义的 i 的地址。函数执行后，i 的内存被销毁，值变成了一个不可预知的数。

说明：

值为 NULL 的指针地址为 0，但并不意味着这块内存可以使用。将指针赋值为 NULL 也是基于安全而考虑的，以后的章节还将详细讨论内存的安全问题。

5.3 指针与安全

5.3.1 内存的分配方式

1. 堆与栈

在程序中定义一个变量，它的值会被放入内存当中。如果没有申请动态分配的方式，它的值将放到栈中。在栈中的变量所属的内存大小是无法被改变的，它们的产生与消亡也与变量定义的位置和储存方式有关。与栈相对应的堆是一种动态分配方式的内存。当申请使用动态分配方式去储存某个变量时，那么这个变量会被放入堆中。根据需要，这个变量的内存大小可以发生改变，内存的申请和销毁的时机则由编程者来操作。

2. 关键字 new 与 delete

创建变量之前，编译器没有获取到变量的名称，只具有指向该变量的指针。那么，申请变量的堆内存即是申请自身指向堆。new 是 C++语言申请动态内存的关键字，形式如下：

例 5.11 动态分配空间。

```
#include "stdafx.h"
#include <iostream>
using namespace std;

int main()
{
        int* pI1 = NULL;
        pI1 = new int;//申请动态分配
        *pI1 = 111;//动态分配的内存储存的内容变成 111 的整型变量
        cout<<"pI 内存的内容"<<*pI1<<",pI 所指向的地址"<<pI1<<endl;
        int* pI2;
        //*pI2 = 222;  //直接赋值会导致错误！！！
        int k ;//栈中的变量
        pI2 = &k; //分配栈内存
        *pI2 = 222;//分配内存后方可赋值
        cout<<"pI 内存的内容"<<*pI2<<",pI 所指向的地址"<<pI2<<endl;
        return 0;
}
```

这样，pI 指针就申请了动态方式，使用它在堆内申请的内存储存 int 类型的值。

指针 pI1 创建后申请了动态分配，程序自动交给了它一块堆内存。而指针 pI2 则是获取了栈中的内存地址，属于静态分配。

程序运行结果如图 5.16 所示。

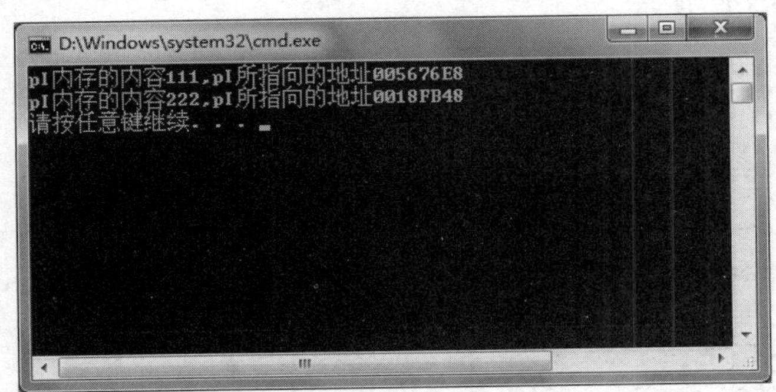

图 5.16 执行结果

动态分配方式虽然很灵活，但是随之带来了新的问题。申请一块堆内存后，系统不会在程序执行时依据情况自动销毁它。若想释放该内存空间，则需要使用 delete 关键字。

例 5.12 动态内存的销毁。

```
#include "stdafx.h"
#include <iostream>
using std::cout;
using std::endl;
int* newPointerGet(int* p1)
{
    int k1 = 55;
    p1 =new int;//变为堆内存。
    * p1 = k1;//int 型变量赋值操作
    return p1;
}
int* PointerGet(int *p2)
{
    int k2 = 55;
    p2 =&k2;   //指向函数中定义变量所在的栈内存，此段内存在函数执行后销毁
    return p2;
}

int main()
{
        cout<<"输出函数各自返回指针所指向的内存的值"<<endl;
        int* p =NULL;
        p = newPointerGet(p);//p 具有堆内存的地址
        int* i=NULL;
        i = PointerGet(i);  //i 具有栈内存地址，内存内容被销毁
        cout<<"newGet: "<<*p<<" , get: "<<*i<<endl;
        cout<<"i 所指向的内存没有被立刻销毁,执行一个输出语句后:"<<endl;
                                                    //i 仍然为 55，但不代表程序不会对它进行销毁
        cout<<"newGet: "<<*p<<" , get: "<<*i<<endl;   //执行其他的语句后，程序销毁了栈
                                                                  空间
        delete p;  //依照 p 销毁堆内存
        cout<<"销毁堆内存后:"<<endl;
        cout<<"*p:  "<<*p<<endl;
        return 0;
```

```
}
```

程序运行结果如图 5.17 所示。

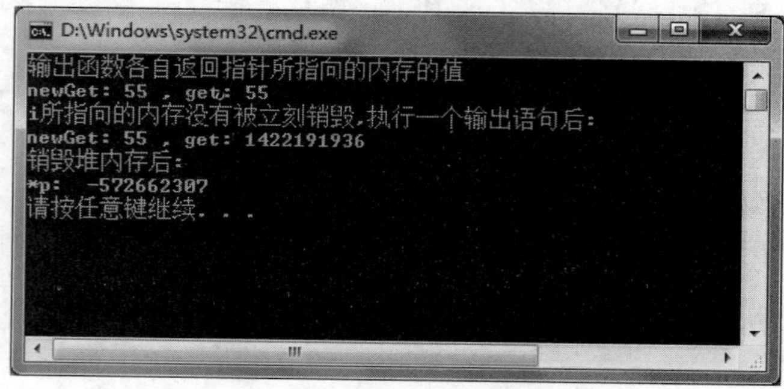

图 5.17　执行结果

变量 p 接受了 newGet 返回的指针的堆内存地址，所以内存的内容并没有被销毁，而栈内存则由系统控制。程序最后使用 delete 语句释放了堆内存。

5.3.2　内存安全

指针是 C++提供的强大而灵活的工具，如何安全地使用它们对内存安全的操作是编程者必须要掌握的。在前面的章节中讨论过指针所指向内存销毁的问题，当一块内存被销毁时，该区域不可复用。若有指针指向该区域，则需要将该指针置空值(NULL)或者指向未被销毁的内存。

内存销毁实质上是系统判定该内存不是编程人员正常使用的空间，系统也会将它分配给别的任务。若擅自使用被销毁内存的指针更改该内存的数据，很可能会造成意想不到的结果。

例 5.13　被销毁的内存。

这是一个反例，也许它会造成内存出错。

```
#include "stdafx.h"
#include <iostream>
using std::cout;
using std::endl;
int* sum(int a,int b)
{
	int* pS =NULL;
	int c = a+b;
	pS = &c;
	return pS;
}
int main()
{
	int* pI = NULL;  //将指针初始化为空
	int k1 = 3;
	int k2 = 5;
	pI = sum(k1,k2);
	cout<<"*pI 的值:"<<*pI<<endl;
	cout<<"也许*pI 还保留着 i 值，但它已经被程序认定为销毁"<<endl;
	cout<<"*pI 的值:"<<*pI<<endl;
	cout<<"尝试修改*pI"<<endl;
```

```
        *pI = 3;
        for(int i= 0;i<3;i++)
        {
            cout<<"修改被销毁的内存后*pI 的值:"<<*pI<<endl;
        }
}
```

程序运行结果如图 5.18 所示。

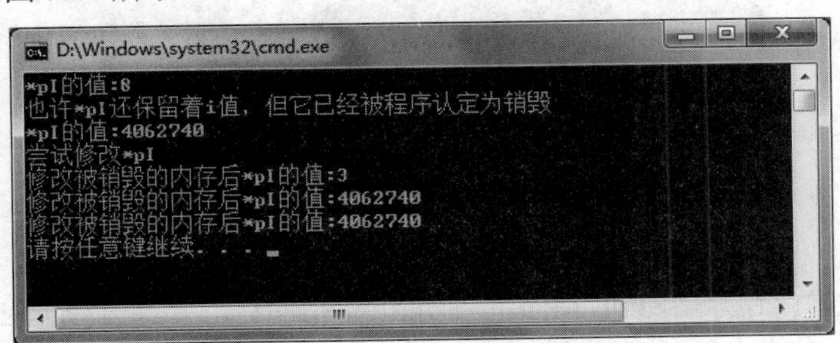

图 5.18　执行结果

指针 pI 从 sum 函数中得到了一个临时指针，该指针是指针 pS 的临时复制品，操作完成后消失，将所保留的地址交给了 pI。在函数 sum 执行完毕后，该域使用的栈内存会被系统销毁甚至挪用。本程序尝试通过 pI 继续使用、修改它，结果是系统会再次销毁它。在某些场合下，该程序也许会引起内存报错，甚至造成多个程序崩溃。所以对于栈内存的指针一定要明白其何时销毁，不再重复使用它。

与此相对应的另一个安全问题叫内存泄漏。在申请动态分配内存后，系统不会主动销毁该堆内存，需要编程者使用 delete 关键字通知系统销毁。如果不这样做，系统将浪费很多资源，使程序执行时变得臃肿，只需占用数十 MB 内存的程序可能为此占用上百 MB 的内存。可见，回收堆内存空间是很重要的。销毁内存时，需要保留指向该堆内存的指针。当没有指针指向一块没被回收的堆内存时，此块内存犹如丢失了一般，称之为内存泄漏。

例 5.14　丢失的内存。

这是一个反例，它会造成内存泄漏。

```
#include "stdafx.h"
#include <iostream>
using namespace std;

int main()
{
        float* pF = NULL;
        pF = new float;
        *pF = 4.321f;
        float f2 = 5.321f;
        cout<<"pF 指向的地址:"<<pF<<endl;
        cout<<"*pF 的值:"<<*pF<<endl;
        pF = &f2;
        cout<<"pF 指向了 f2 的地址:"<<pF<<endl;
    if(*pF>5)
    {
        cout<<"*pF 的值:"<<*pF<<endl;
```

```
    }
        return 0;
}
```

程序运行结果如图 5.19 所示。

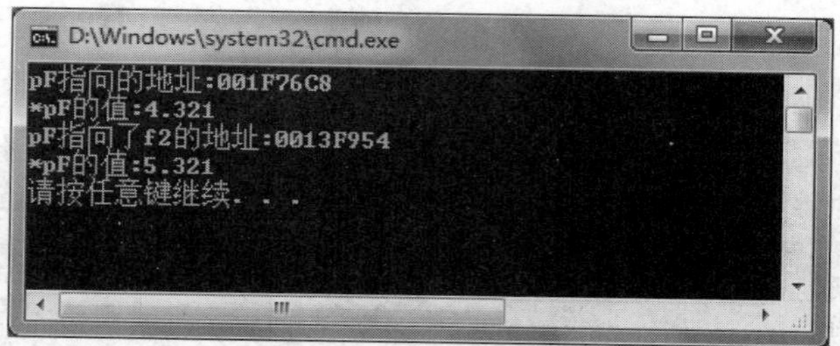

图 5.19　执行结果

程序中动态分配的内存开始由 pF 指向。当 pF 改变指向后，此块内存再也无法回收了。

一般情况下，无法通过调试程序发现内存泄漏。所以，使用动态分配时一定要注意形成良好的习惯。

例 5.15　回收动态内存的一般处理步骤。

```
#include "stdafx.h"
#include <iostream>
void swap(int* a,int* b)
{
        int temp = *a;
        *a = *b;
        *b = temp;
}
int main()
{
        int* pI =new int;
        *pI = 3;
        int k =5;
        swap(pI,&k);
        std::cout<<"*pI:"<<*pI<<std::endl;//使用 std 名字空间
        std::cout<<"k:"<<k<<std::endl;
        delete pI  ;//回收动态内存
        pI = NULL; //将 pI 置空，防止使用已销毁的内存。和上一语句不可颠倒，否则将造成内存泄漏
        return 0;
}
```

程序运行结果如图 5.20 所示。

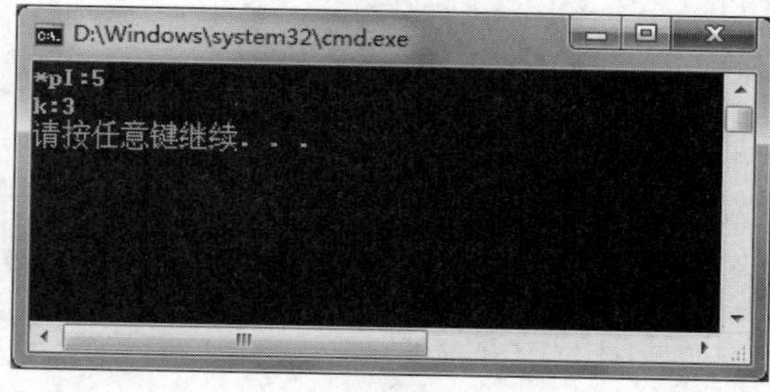

图 5.20　执行结果

5.4 引　　用

5.4.1 引用概述

在 C++11 标准中提出了左值引用的概念。如果不加特殊声明，一般认为引用指的都是左值引用。

引用实际上是一种隐式指针，它为对象建立一个别名，通过操作符&来实现，引用的形式如下：

```
数据类型 & 表达式;
例如:
int a=10;
int & ia=i;
ia=2;
```

定义了一个引用变量 ia，它是变量 a 的别名，对 ia 的操作与对 a 的操作完全一样。ia=2 把 2 赋给 a，&ia 返回 a 的地址。执行 ia=2 和执行 a=2 等价。

使用引用的说明：

（1）一个 C++引用被初始化后，无法使用它再去引用另一个对象，它不能被重新约束。

（2）引用变量只是其他对象的别名，对它的操作与原来对象的操作具有相同作用。

（3）指针变量与引用有两点主要区别：一是指针是一种数据类型，而引用不是一个数据类型，指针可以转换为它所指向变量的数据类型，以便赋值运算符两边的类型相匹配；而在使用引用时，系统要求引用和变量的数据类型必须相同，不能进行数据类型转换。二是指针变量和引用变量都用来指向其他变量，但指针变量使用的语法要复杂一些；而在定义了引用变量后，其使用方法与普通变量相同。

例如：

```
int a;
int *pa = & a;
int & ia=a;
```

（4）引用应该初始化，否则会报错。

例如：

```
int a;
int b;
int &a;
```

编译器会报出“references must be initialized”这样的错误，造成编译不能通过。

下面通过实例使读者更好地了解引用的使用，实例为输出引用的功能。

例 5.16 输出引用。

```
#include "stdafx.h"
#include <iostream>
using namespace std;
void main()
{
        int a;
        int & ref_a =a;
        a=100;
        cout << "a= "<< a <<endl;
        cout << "ref_a="<< ref_a << endl;
```

```
        a=2;
        cout << "a= "<< a <<endl;
        cout << "ref_a="<< ref_a << endl;
        int b=20;
        ref_a=b;
        cout << "a= "<< a <<endl;
        cout << "ref_a="<< ref_a << endl;
        ref_a--;
        cout << "a= "<< a <<endl;
        cout << "ref_a="<< ref_a << endl;
}
```

程序声明了变量 a 和一个对变量 a 的引用 ref_a，通过不断地改变变量 a 和引用 ref_a 的值使读者了解引用的使用，然后将改变的结果输出，程序运行如图 5.21 所示。

图 5.21　输出引用

5.4.2　右值引用

右值引用是 C++11 (即 C++0x)新增加的一个非常量的引用类型。它的形式为：

```
类型 && i = 被引用的对象;
```

先复习一下左值与右值的区别，右值是临时变量，如函数的返回值，并且无法被改变。例如：

```
#include "stdafx.h"
#include <iostream>
int get()
{
    int i =4;
    return i;
}
int main()
{
    int k =3;
    //int a =++(get());  //编译出错
    //int a =++(get()+k); //编译出错
    return 0;
}
```

那么什么是右值引用呢？右值引用可以理解为右值的引用，当右值引用初始化后，临时变量消失。

例 5.17　右值引用的定义。

```
#include "stdafx.h"
```

```
#include <iostream>
int get()
{
        int i =4;
        return i;
}
int main()
{
        int &&k =get()+4;
        // int &i = get()+4;  //出错
        k++;
        std::cout<<"k 的值"<<k<<std::endl;
        return 0;
}
```

程序运行结果如图 5.22 所示。

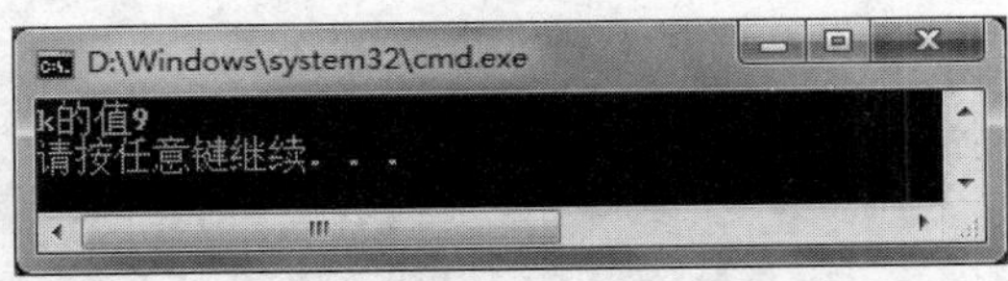

图 5.22　执行结果

右值引用只可以初始化于右值，但右值引用实质上是一个左值，它具有临时变量的数据类型。

右值引用与左值引用的相同之处如下：

（1）一个右值引用被初始化后，无法使用它再去引用另一个对象，它不能被重新约束。

（2）右值引用初始化后，具有该类型数据的所有操作。

5.5　函数与引用

5.5.1　使用引用传递参数

在 C++语言中，函数参数的传递方式主要有两种，分别为值传递和引用传递。所谓值传递，是指在函数调用时，将实际参数的值赋值一份传递到调用函数中，这样如果在调用函数中修改了参数的值，其改变不会影响到实际参数的值。而引用传递则恰恰相反，如果函数按引用方式传递，在调用函数中修改了参数的值，其改变会影响到实际参数。

例 5.18　通过引用交换数值。

```
#include "stdafx.h"
#include <iostream>
using namespace std;
void swap(int & a,int & b)
{
        int tmp;
        tmp=a;
        a=b;
        b=tmp;
```

```
}
void main()
{
        int x,y;
        cout << "请输入 x" << endl;
        cin >> x;
        cout << "请输入 y" << endl;
        cin >> y;
        cout<<"通过引用交换 x 和 y"<<endl;
        swap(x,y);
        cout << "x=" << x <<endl;
        cout << "y=" << y <<endl;
}
```

程序运行结果如图 5.23 所示。

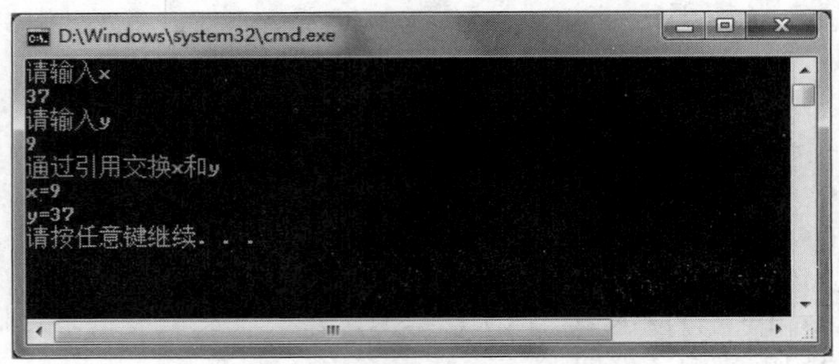

图 5.23　通过引用交换数值

程序中自定义函数 swap，该函数定义了两个引用参数。用户输入两个值，如果第一次输入的数值比第二次输入的数值小，则调用 swap 函数交换用户输入的数值。如果使用值传递方式，swap 函数就不能实现交换。

5.5.2　指针与引用

引用传递参数与指针传递参数能达到同样的目的。指针传递参数也属于一种值传递，传递的是指针变量的副本。如果使用指针的引用，就可达到在函数体内改变指针地址的目的。

例 5.19　指针的引用传递参数。

```
#include "stdafx.h"
#include <iostream>
using std::cout;
using std::endl;
static int global=16;//静态全局变量
    void getMax(int* &p)
{
        if(*p<global)
        {
            delete p;//释放内存。
            p = &global;//相当于 pI1 的引用改变了
        }
}
```

```
    void getMin(int *p)
{
    if(*p>global)
    {
        delete p;//释放了 pI2 所指向的内存
        p = &global;//副本值改变了，pI2 无变化
    }
}
int main()
{
        int* pI1 = new int;
        int* pI2 = new int;
        cout<<"pI1 指向的地址:"<<pI1<<endl;
        cout<<"pI2 指向的地址:"<<pI2<<endl;
        *pI1 = 15;//global 较大
        *pI2 = 18; //global 较小
        cout<<"全局变量 global 的地址:"<<&global<<endl;
        cout<<"将 pI1 与 pI2 分别带入 getMax 与 getMin 函数"<<endl;
        getMax(pI1);
        getMin(pI2);
        cout<<"pI1 指向的地址:"<<pI1<<endl;
        cout<<"pI2 指向的地址:"<<pI2<<endl;
        cout<<"*pI1 的值:"<<*pI1<<endl;
        cout<<"*pI2 的值:"<<*pI2<<endl;
        return 0;
}
```

程序运行结果如图 5.24 所示。

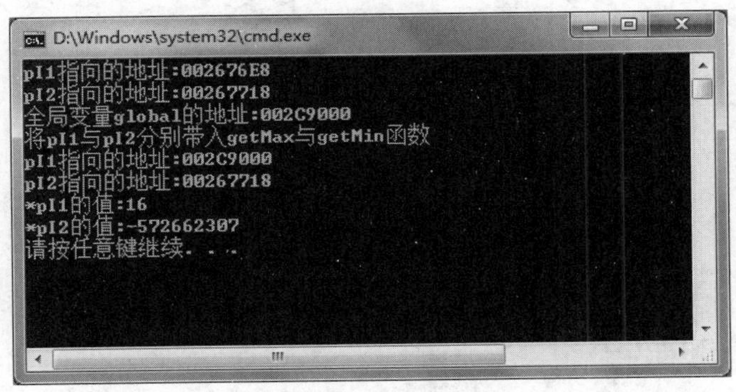

图 5.24　运行结果

getMax 函数通过传递指针的引用改变了指针的地址，指针 pI1 的地址最终指向了全局变量。而通过按值传递指针的 getMin 函数中，只能够改变内存的内容，对内存执行操作，并不能改变指针所指向的地址。

引用类型不存在指针，例如：

```
int& *p
```

上边的声明是非法的，从左向右延伸的意思为这是指向 int 型数据别名的指针类型变量。别名无法被指针指向，所以是非法的。指针可以指向变量的引用，相当于指针指向了该变量。

5.5.3 右值引用传递参数

使用字面值，例如 1、3.15f、true，或者表达式等临时变量作为函数实参传递时，按左值引用传递参数都会被编译器阻止。而进行值传递时，将产生一个和参数同等大小的副本。C++11 提供右值引用传递参数，不会申请局部变量，也不会产生参数副本。

例 5.20 右值引用传递参数。

```
#include "stdafx.h"
#include <iostream>
using namespace std;
static float  global = 1.111f;
void offset(float && f)
{
        global += f;
}
float getFloat()
{
    float f = 4.444f;
        return f;
}
void offset(float& f)  //重载了 offset 函数
{
        global -= f;
}
int main()
{
        float u = 10.000f;
        cout<<"global:"<<global<<endl;
        offset(3.333f);   ///语句 1
        cout<<"global:"<<global<<endl;
        offset(getFloat()+2.222);
        cout<<"global:"<<global<<endl;
        offset(u);   //语句 2      执行的是按左值引用的 offset 函数,右值引用无法初始化为左值.
        cout<<"global:"<<global<<endl;
        return 0;
}
```

程序运行结果如图 5.25 所示。

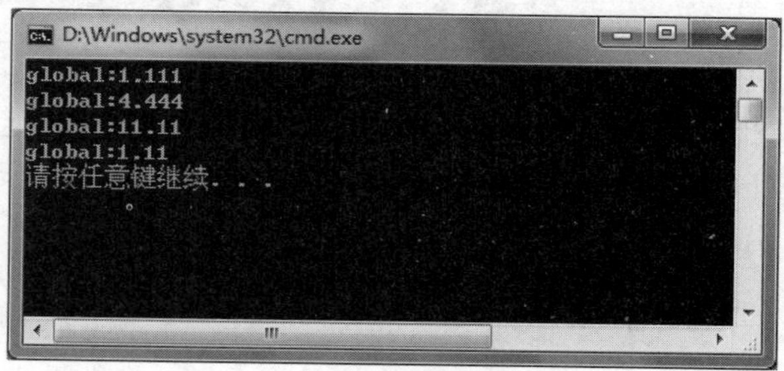

图 5.25 运行结果

程序中重载了 offset 函数。可以看到此函数的功能是通过函数的参数改变全局变量的值。右值引用只接受右值实参，可以将它看作是临时变量的别名，不会将临时变量再复制 1 次，相比按值传递提高了效率。

5.6 上机实践

5.6.1 水桶的平衡

➤➤➤题目描述

现在有两个带有 100 个刻度的水桶，分别向它们的内部装水。当它们的水位达到相同刻度时，求出交换水量。

➤➤➤技术指导

在函数中真正的交换两个变量，可以使用引用或指针参数列表定义函数。关键代码如下：

```
int balance(int *pA,int *pB)
{
    int offset = *pA - *pB;
    *pA -= offset/2;
    *pB += offset/2;
    return offset;
}
```

5.6.2 分步计算

➤➤➤题目描述

输入两个整数，计算并输出它们的平方和。设计两个函数，一个函数计算整数的平方，另一个函数计算两个数的和，运用指针可以提高计算效率。

➤➤➤技术指导

输入的两个整数是由变量储存。第一步计算它们各自的平方，可以传递各自的引用，这样节省了值传递参数的复制过程。之后将平方的结果传递到求和函数中，主函数不必为平方的结果创建两个新变量。求和的函数应使用右值引用，同样的避免了参数传递的复制过程。关键代码如下：

函数定义：

```
int square(const int &x)//使用左值引用不进行复制
{
    return x*x;
}
int add(int &&p,int &&temp) //使用右值引用提高效率
{
    return p+temp;
}
```

主函数中调用函数的形式为：

```
cout<<"平方和为"<<add(square(dV1),square(dV1))<<endl;
```

5.7 本章总结

本章详细介绍了指针的工作原理，引用的分类和函数参数传递等知识。通过学习指针传递参数、值传递参数、引用传递参数，更深入地理解函数运行过程。同时，还应该注意指针的正确使用方法，掌握灵活、高效、安全的内存调用的技巧。

第 6 章　一即是全，全即是一——数组和字符串

数组是有序数据的集合，而使用数组实质上就是使用数组中的每个元素。它提供的顺序储存结构使原本毫无关联的变量联系起来，是算法执行的重要工具。

通过学习本章，读者可以达到以下学习目的：

- 数组的概念和应用
- 指针与数组的关系
- 多维数组的使用方法
- 字符串的概念和应用
- 本地字符串类型

扫一扫，看视频

6.1 一维数组

6.1.1 一维数组的声明

在程序设计中，将同一数据类型的数据按一定形式有序地组织起来，这些有序数据的集合就称为数组。一个数组有一个统一的数组名，可以通过数组名和下标来唯一确定数组中的元素。

一维数组的声明形式如下：

```
数据类型 数组名[常量表达式]
```

例如：

```
int a[10];                  //声明一个整型数组，有 10 个元素
char name[128];             //声明一个字符数组，数组有 128 个元素
float price[20];            //声明一个浮点数组，数组有 20 个元素
```

使用数组的说明：

（1）数组名的命名规则和变量名相同。

（2）数组名后面的括号是方括号，方括号内是常量表达式。

（3）常量表达式表示元素的个数，即数组的长度。

（4）定义数组的常量表达式不能是变量，因为数组的大小不能动态定义。例如：

```
int a[i];  //不合法
```

6.1.2 一维数组的元素

一维数组元素的一般形式如下：

```
数组名[下标]
```

例如：

```
int a[10];  //声明数组
```

a[0]、a[1]、a[2]、a[3]、a[4]、a[5]、a[6]、a[7]、a[8]、a[9]，是对数组 a 中 10 个元素的引用。

一维数组元素的说明：

（1）数组元素的下标起始值为 0 而不是 1。

（2）a[10]是不存在的数组元素，引用 a[10]非法。

注意：

a[10]属于下标越界，下标越界容易造成程序瘫痪。

6.1.3 一维数组的初始化

数组元素初始化的方式有两种，一种是对单个元素逐一赋值，另一种是使用聚合方式赋值。

1. 单一数组元素赋值

a[0]=0 就是对单一数组元素赋值，也可以通过变量控制下标的方式进行赋值。例如：

```
#include "stdafx.h"
#include <iostream>
using namespace std;
void main()
{
    char a[3];
    a[0]='a';
    a[2]='c';
    int i=0;
    cout << a[i] << endl;
}
```

程序运行结果如图 6.1 所示。

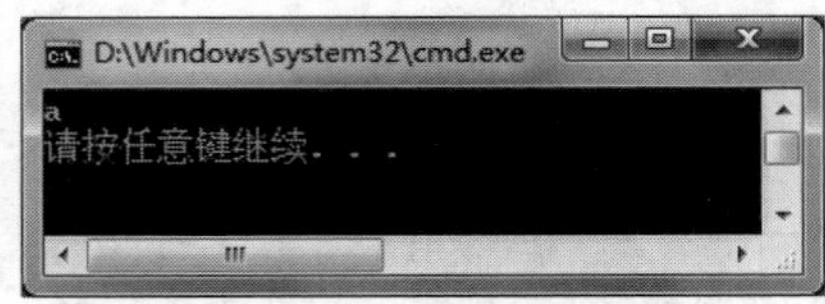

图 6.1　单一数组元素赋值

2. 聚合方式赋值

数组不仅可以逐一对数组元素赋值，还可以通过大括号进行多个元素的赋值。例如：

```
int a[12]={1,2,3,4,5,6,7,,8,9,10,11,12};
```

或

```
int a[]={1,2,3,4,5,6,7,,8,9,10,11,12}; //编译器能够获得数组元素个数
```

或

```
int a[12]={1,2,3,4,5,6,7};                 //前 7 个元素被赋值，后面 5 个元素的值为 0
```

下面通过实例来看一下如何为一维数组的数组元素赋值。

例 6.1　一维数组赋值。

```
#include "stdafx.h"
#include <iostream>
using namespace std;
void main()
{
    int i,a[10];
```

```
    //利用循环，分别为 10 个元素赋值
    for(i=0;i<10;i++)
        a[i]=i;
    //将数组中的 10 个元素输出到显示设备
    for(i=0;i<10;i++)
        cout << a[i] << endl;
}
```

程序运行结果如图 6.2 所示。

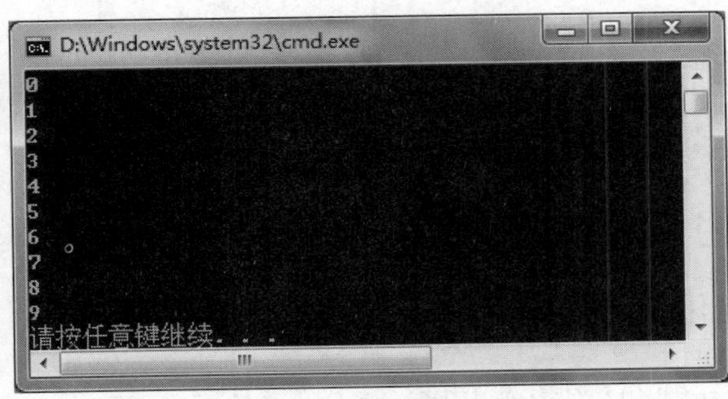

图 6.2　一维数组赋值

程序实现通过 for 循环将 int a[10]定义的数组中的每个元素赋值，然后再循环通过 cout 函数将数组中的元素值输出到显示设备。

6.2　二维数组

6.2.1　二维数组的声明

二维数组声明的一般形式为：

```
数据类型 数组名[常量表达式1][常量表达式2]
```

例如：

```
int a[3][4];                //声明具有 3 行 4 列元素的整型数组
float myArray[4][5];        //声明具有 4 行 5 列元素的浮点型数组
```

一维数组描述的是一个线性序列，二维数组描述的则是一个矩阵。常量表达式 1 代表行的数量，常量表达式 2 代表列的数量。

二维数组可以看作是一种特殊的一维数组，如图 6.3 所示，虚线左侧为 3 个一维数组的首元素，二维数组是由 A[0]、A[1]、A[2]这 3 个一维数组组成，每个一维数组都包含 4 个元素。

A[0][0]	A[0][1]	A[0][2]	A[0][3]
A[1][0]	A[1][1]	A[1][2]	A[1][3]
A[2][0]	A[2][1]	A[2][2]	A[2][3]

图 6.3　二维数组

使用数组的说明：

（1）数组名的命名规则和变量名相同。

（2）二维数组有两个下标，所以要有两个中括号。例如：

```
int a[3,4]  //不合法
int a[3:4]  //不合法
```

（3）下标运算符中的整数表达式代表数组每一个维的长度，

它们必须是正整数，其乘积确定了整个数组的长度。例如：

```
int a[3][4]
```

其长度就是 3×4=12。

（4）定义数组的常量表达式不能是变量，因为数组的大小不能动态定义。例如：

```
int a[i][j];    //不合法
```

6.2.2 二维数组元素的引用

二维数组元素的引用形式为：

```
数组名[下标][下标]
```

二维数组元素的引用和一维数组基本相同。例如：

```
a[2-1][2*2-1]           //合法
a[2,3],a[2-1,2*2-1]     //不合法
```

6.2.3 二维数组的初始化

二维数组元素初始化的方式和一维数组相同，也分为单个元素逐一的赋值和使用聚合方式赋值。例如：

```
myArray[0][1]=12;                                //单个元素初始化
int a[3][4]={1,2,3,4,5,6,7,8,9,10,11,12};       //使用聚合方式赋值
```

使用聚合方式给数组赋值等同于分别对数组中的每个元素进行赋值。例如：

```
int a[3][4]={1,2,3,4,5,6,7,8,9,10,11,12};
```

等同于执行如下语句：

```
a[0][0]=1;a[0][1]=2;a[0][2]=3;a[0][3]=4;
a[1][0]=5;a[1][1]=6;a[1][2]=7;a[1][3]=8;
a[2][0]=9;a[2][1]=10;a[2][2]=11;a[2][3]=12;
```

二维数组中元素排列的顺序是按行存放，即在内存中先顺序存放第 1 行的元素，再存放第 2 行的元素。例如“int a[3][4]={1,2,3,4,5,6,7,8,9,10,11,12};”的赋值顺序是：

先给第 1 行元素赋值：a[0][0]->a[0][1]->a[0][2]->a[0][3]。

再给第 2 行元素赋值：a[1][0]->a[1][1]->a[1][2]->a[1][3]。

最后给第 3 行元素赋值：a[2][0]->a[2][1]->a[2][2]->a[2][3]。

数组元素的位置以及对应数值如图 6.4 所示。

A[0][0]	A[0][1]	A[0][2]	A[0][3]
A[1][0]	A[1][1]	A[1][2]	A[1][3]
A[2][0]	A[2][1]	A[2][2]	A[2][3]

数组位置

1	2	3	4
5	6	7	8
9	10	11	12

数值位置

图 6.4 数组位置对应的数值

使用聚合方式赋值，还可以按行进行赋值，例如：

```
int a[3][4]={{1,2,3,4},{5,6,7,8},{9,10,11,12}};
```

二维数组可以只对前几个元素赋值。例如：

```
a[3][4]={1,2,3,4};  //相当于给第一行赋值，其余数组元素全为0
```

数组元素是左值，可以出现在表达式中，也可以对数组元素进行计算，例如：

```
b[1][2]=a[2][3]/2;
```

下面通过实例来熟悉二维数组的操作，通过实例实现将二维数组中行数据和列数据相互置换的功能。

例 6.2　将二维数组行列对换。

```
#include "stdafx.h"
#include <iostream>
using namespace std;
int fun(int array[3][3])
{
    int i,j,t;
    for(i=0;i<3;i++)
        for(j=0;j<i;j++)
        {
            t=array[i][j];
            array[i][j]=array[j][i];
            array[j][i]=t;
        }
        return 0;
}
void main()
{
    int i,j;
    int array[3][3]={{1,2,3},{4,5,6},{7,8,9}};
    cout << "Converted Front" <<endl;
    for(i=0;i<3;i++)
    {
        for(j=0;j<3;j++)
            cout << setw(7) << array[i][j] ;
        cout<< endl;
    }
    fun(array);
    cout << "Converted result" <<endl;
    for(i=0;i<3;i++)
    {
        for(j=0;j<3;j++)
            cout << setw(7) << array[i][j] ;
        cout<< endl;
    }
}
```

程序运行结果如图 6.5 所示。

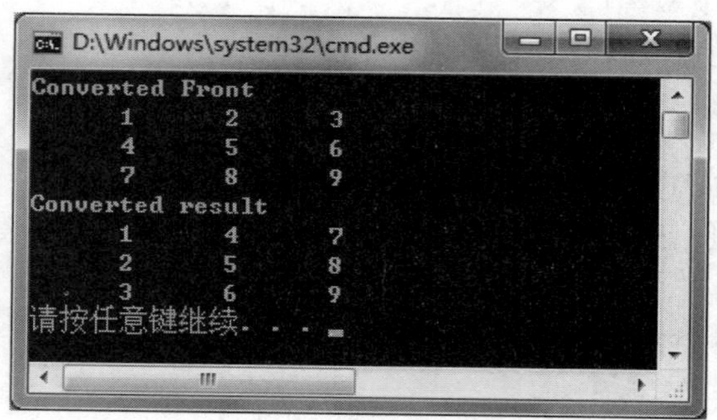

图 6.5　将二维数组行列对换

程序首先输出二维数组 array 中的元素，然后调用自定义函数 fun 将数组中的行元素转换为列元素，最后输出转换后的结果。

扫一扫，看视频

6.3 字 符 数 组

用来存放字符数据的数组是字符数组，字符数组中的一个元素存放一个字符。字符数组具有数组的共同属性。由于字符串应用广泛，C 和 C++专门为它提供了许多方便的用法和函数。

6.3.1　声明一个字符数组

```
char pWord[11];
```

表示的是容纳 11 个字符的数组。

6.3.2　字符数组赋值方式

可以对数组元素逐一赋值。例如：

```
pWord[0]='H' pWord[1]='E' pWord[2]='L' pWord[3]='L'
pWord[4]='O' pWord[5]=' ' pWord[6]='W' pWord[7]='O'
pWord[8]='R' pWord[9]='L' pWord[10]='D'
```

也可以使用聚合方式赋值。例如：

```
char pWord[]={'H','E','L','L','O',' ','W','O','R','L','D'};
```

如果大括号中提供的初值个数大于数组长度，则按语法错误处理。如果初值个数小于数组长度，则只将这些字符赋给数组中前面那些元素，其余元素自动定义为空字符。如果提供的初值个数与预定的数组长度相同，在定义时可以省略数组长度，系统会自动根据初值个数确定数组长度。

6.3.3　字符数组的一些说明

聚合方式只能在数组声明时使用。例如：

```
char pWord[5];
pWord={'H','E','L','L','O'};          //错误
```

字符数组不能给字符数组赋值。例如：

```
char a[5]= {'H','E','L','L','O'};
char b[5];
a=b;                        //错误
a[0]=b[0];                  //正确
```

6.3.4　字符串和字符串结束标志

字符数组常作字符串使用，作为字符串要有字符串结束符“\0”。

可以使用字符串为字符数组赋值。例如：

```
char a[]= "HELLO WORLD";
```

等同于：

```
char a[]= "HELLO WORLD\0";
```

字符串结束符“\0”主要告知字符串处理函数字符串已经结束了，不需要再输出了。

下面通过实例来看一下使用字符串结束符“\0”和不使用字符串结束符“\0”的区别。

例 6.3　使用字符串结束符“\0”防止出现非法字符。

未使用字符串结束符“\0”的程序代码如下：

```
#include "stdafx.h"
#include<iostream>
using namespace std;
void main()
{
    int i;
    char array[12];
    array[0]='a';
    array[1]='b';
    printf("%s\n",array);
}
```

程序运行结果如图 6.6 所示。

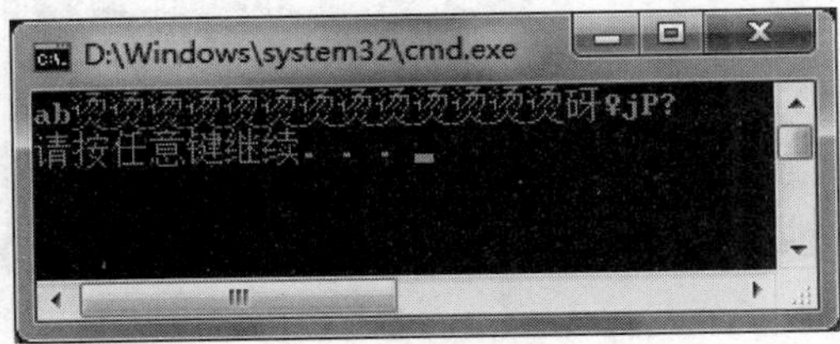

图 6.6　未使用字符串结束符“\0”

使用字符串结束符“\0”的程序代码如下：

```
#include "stdafx.h"
#include<iostream>
using namespace std;
void main()
{
    int i;
    char array[12];
    array[0]='a';
    array[1]='b';
```

```
    array[2]='\0';
    printf("%s\n",array);
}
```

程序运行结果如图 6.7 所示。

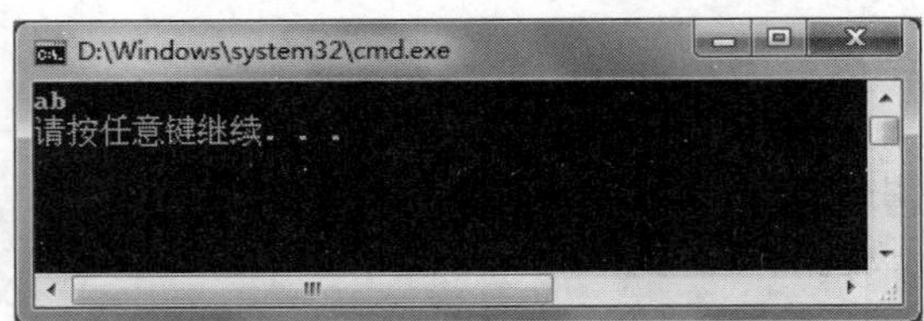

图 6.7　使用字符串结束符“\0”

printf 函数使用%s 格式可以输出字符串，如果字符串中没有结束符，函数会将整个字符数组输出。array 字符数组中只有前两个字符初始化了，所以未使用字符串结束符“\0”的程序会出现乱码。

下面通过实例来熟悉在程序中对字符数组的操作。

例 6.4　输出字符数组中内容。

```
#include "stdafx.h"
#include<iostream>
using namespace std;
void main()
{
    int i;
    char array[12]={'H','E','L','L','O',' ','W','O','R','L','D'};
    for(i=0;i<12;i++)
        cout<<array[i];
    cout << endl;
}
```

程序运行结果如图 6.8 所示。

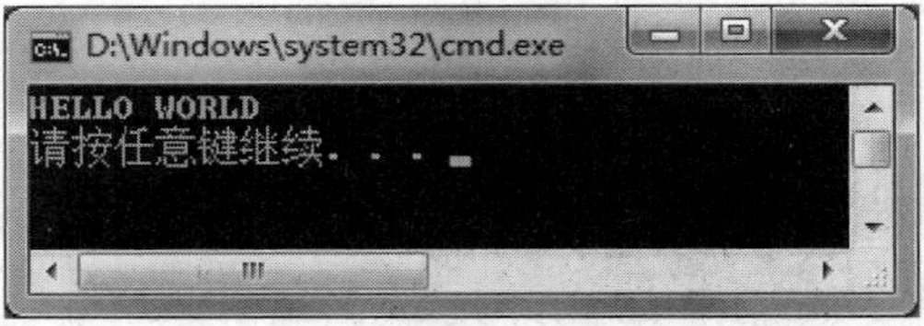

图 6.8　字符数组中内容

6.3.5　字符串处理函数

1．strlen 函数

测字符串长度函数 strlen 的格式如下：

```
strlen(字符数组名)
```

其功能是测字符串的实际长度（不含字符串结束标志“\0”），函数返回值为字符串的实际长度。下面通过实例调用 strlen 函数来实现获取字符串长度的功能。

```
#include "stdafx.h"
#include<iostream>
```

```
using std::cout;
using std::endl;
using std::cin;
void main()
{
    char str1[30],str2[20];
    cout<<"请输入数组:"<< endl;
    cin>>str1;
    cout<<"字符串长度"<<strlen(str1)<<endl;
}
```

程序运行结果如图 6.9 所示。

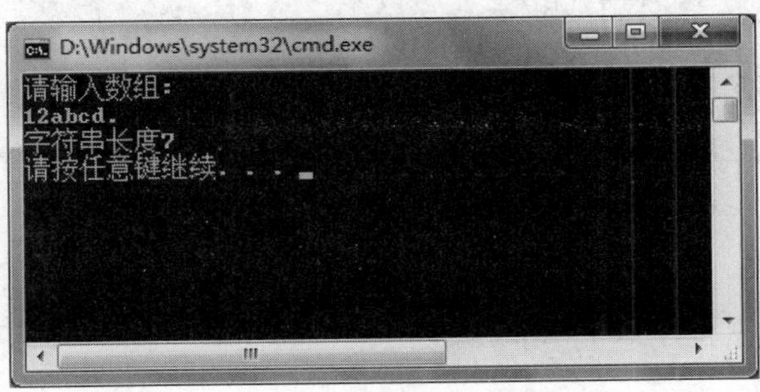

图 6.9　获取字符串长度

2．strcat 函数

字符串连接函数 strcat 的格式如下：

```
strcat(字符数组名 1，字符数组名 2)
```

其功能是将字符数组 2 中的字符串连接到字符数组 1 中字符串的后面，并删去字符串 1 后的串结束标志“\0”。

下面通过实例使用 strcat 函数将两个字符串连接在一起。

例 6.5　连接字符串。

```
#include "stdafx.h"
#include<iostream>
using std::cout;
using std::endl;
using std::cin;
void main()
{
    char str1[30],str2[20];
    cout<<"请输入数组1:"<< endl;
    cin>>str1;
    cout<<"请输入数组2"<<endl;
    cin>>str2;
    if(30>strlen(str1)+strlen(str2))
    {
        strcat(str1,str2);
        cout <<"Now the string1 is:"<<str1<<endl;
    }
```

```
    else
        cout<<"操作失败"<<endl;
}
```

程序运行结果如图 6.10 所示。

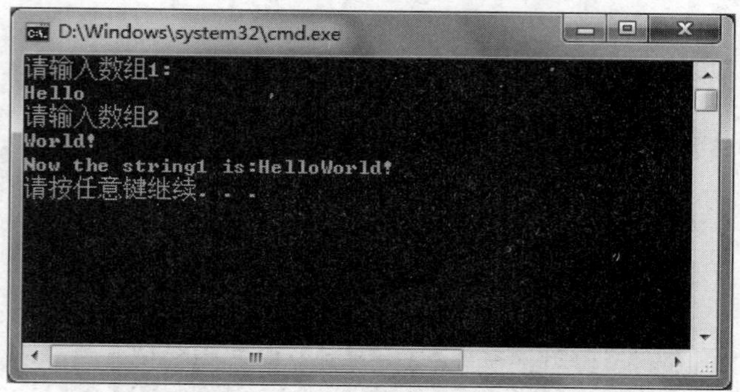

图 6.10　连接字符串

注意：

在使用 strcat 函数时要注意，字符数组 1 的长度要足够大，否则不能装下连接后的字符串。

3. strcpy 函数

字符串复制函数 strcpy 的格式如下：

```
strcpy(字符数组 1，字符数组 2)
```

其功能是将字符数组 2 中的字符串复制到字符数组 1 中。字符串结束标志“\0”也一同复制。字符数组 1 应有足够的长度，否则不能全部装入所复制的字符串。

下面通过实例使用 strcpy 函数来实现字符串复制的功能。

例 6.6　字符串复制。

```
#include"stdafx.h"
#include<iostream>
using namespace std;
void main()
{
    char str1[30],str2[20] = {'n','o','n','e','\0'};
    cout<<"请输入数组 1:"<< endl;
    scanf("%s",&str1);
    strcpy(str1,str2);
    cout<<"数组 1 的内容:"<<endl;
    printf("%s",str1);
}
```

程序运行结果如图 6.11 所示。无论在数组 1 中输入什么内容，执行 strcpy 都会被数组 2 中的内容代替。

注意：

使用 strcpy 时，也可以将常量字符串做第二个参数，赋值给第一个参数的数组。

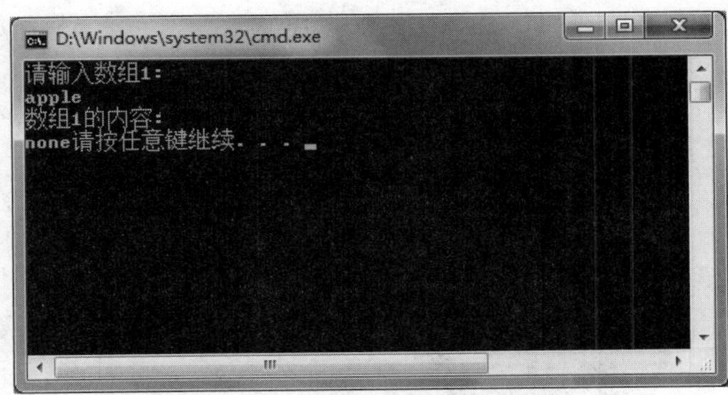

图 6.11　字符串拷贝

4．strcmp 函数

字符串比较函数 strcmp 的格式如下：

```
strcmp(字符数组 1，字符数组 2)
```

其功能是按照 ASCII 码顺序比较两个数组中的字符串，并由函数返回值返回比较结果。以下是执行过程：

各自选中自身的第一个字符：字符 1，字符 2

字符 1>字符 2，返回值为一正数。

字符 1<字符 2，返回值为一负数。

字符 1=字符 2，继续比较后边的元素，若完全相等，返回值为 0。

该函数可用于比较两个字符串常量，或比较数组和字符串常量。例如：

```
strcmp(str1,str2);
```

该语句是两个数组进行比较。

```
strcmp(str1,"hello");
```

该语句是一个数组与一个字符串进行比较。

```
strcmp("hello","how");
```

该语句是两个字符串进行比较。

下面通过实例来看一下如何使用 strcmp 函数对字符串进行比较。

例 6.7　字符串比较。

```
#include"stdafx.h"
#include<iostream>
using namespace std;
#include<string>
void main()
{
    char str1[30],str2[20];
    int i=0;
    cout<<"请输入字符串 1:"<< endl;
    gets(str1);
    cout<<"请输入字符串 2:"<<endl;
    gets(str2);
    i=strcmp(str1,str2);
    if(i>0)
```

```
    cout <<"str1>str2"<<endl;
    else
    if(i<0)
    cout <<"str1<str2"<<endl;
    else
    cout <<"str1=str2"<<endl;
}
```

程序运行结果如图 6.12 所示。

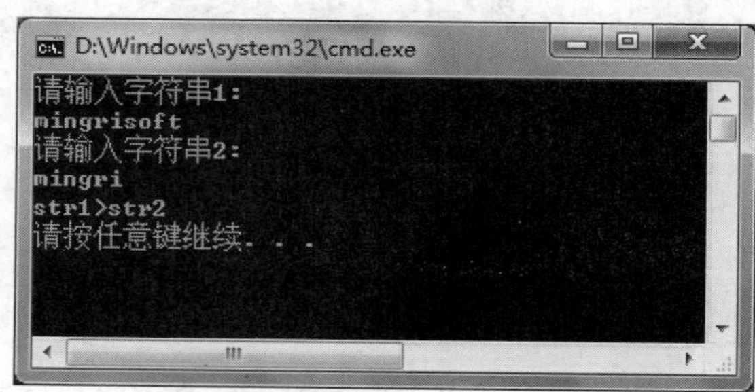

图 6.12　字符串比较

5．gets 与 puts 函数

使用标准输出函数（cin）和格式化输出函数（scanf）时都存在着这样一个问题，当输入空格时，输入的对象不会接受空格符之后的内容。

输入函数 gets 与输出函数 puts 都只以结束符“\0”为输入\输出结束的标志。下面举例来说明：

例 6.8　gets 与 puts 函数。

```
#include"stdafx.h"
#include<iostream>
using namespace std;
void main()
{
    char str1[30],str2[30],str3[30],temp[30];
    cout<<"请使用 scanf 和 cout 输入 Hello World!!"<< endl;
    scanf("%s",&str1);
    cin>>str2;
    cout<<"str1:";
    printf("%s\n",str1);
    cout<<"str2:";
    cout<<str2<<endl;
    cout<<"输入流中残留了 cin 留下的空格符'，使用 gets 接收它:"<<endl;
    gets(temp);
    cout<<"temp:"<<temp<<endl;
    cout<<"请使用 gets 输入 Hello World!!:"<<endl;
    gets(str3);
    cout<<"str3:";
    puts(str3);
}
```

程序运行结果如图 6.13 所示。

```
D:\Windows\system32\cmd.exe
请使用scanf和cout输入Hello World!!
Hello World!!
str1:Hello
str2:World!!
输入流中残留了cin留下的空格符，使用gets接收它:
temp:
请使用gets输入Hello World!!:
Hello World!!
str3:Hello World!!
请按任意键继续. . .
```

图 6.13　执行结果

说明：

标准输入流在操作完成后，流的内容仍然会保留下来。这样就通过键盘输入“World”赋值给 str2。因为 gets 接受空格符，所以 temp 同样接收到的是流中残存的空格字符。

扫一扫，看视频

6.4　指针与数组

6.4.1　数组的存储

扫一扫，看视频

数组，作为同名、同类型元素的有序集合，被顺序存放在一块连续的内存中，而且每个元素存储空间的大小相同。数组中第一个元素的存储地址就是整个数组的存储首地址，该地址放在数组名中。

对于一维数组而言，其结构是线性的，所以数组元素按下标值由小到大的顺序依次存放在一块连续的内存中。在内存中存储一维数组如图 6.14 所示。

地址	元素
4001	a[0]
4005	a[1]
4009	a[2]
400C	a[3]
4011	a[4]
4015	a[5]
4019	a[6]
401C	a[7]

图 6.14　一维数组的存储

对于二维数组而言，用矩阵方式存储元素，在内存中仍然是线性结构。

6.4.2　指针与一维数组

系统需要提供一定量连续的内存来存储数组中的各元素，内存都有地址，指针变量就是存放地址的变量，如果把数组的地址赋给指针变量，就可以通过指针变量来引用数组。引用数组元素有两种方法：下标法和指针法。

通过指针引用数组，就要先声明一个数组，再声明一个指针。例如：

```
int a[10];
int * p;
```

然后通过&运算符获取数组中元素的地址，再将地址值赋给指针变量。例如：

```
p=&a[0];
```

把 a[0]元素的地址赋给指针变量 p，即 p 指向 a 数组的第 0 号元素，如图 6.15 所示。

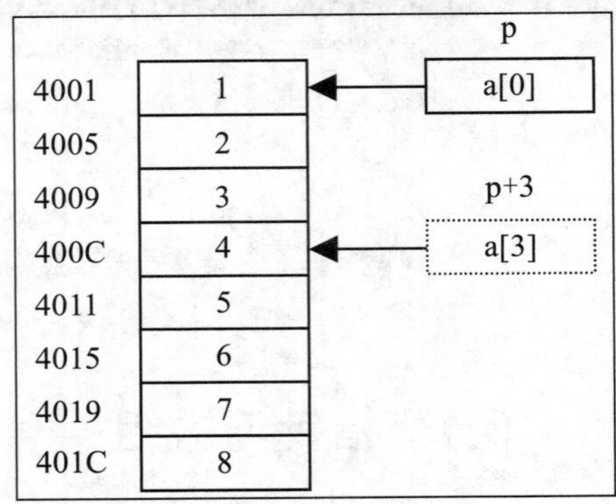

图 6.15　指针指向数组元素

下面通过实例使读者了解指针和数组间的操作，实例将实现通过指针变量获取数组中元素的功能。

例 6.9　通过指针变量获取数组中的元素。

```
#include "stdafx.h"
#include <iostream>
using namespace std;
void main()
{
    int i,a[10];
    int *p;
    //利用循环，分别为 10 个元素赋值
    for(i=0;i<10;i++)
        a[i]=i;
    //将数组中的 10 个元素输出到显示设备
    p=&a[0];
    for(i=0;i<10;i++,p++)
        cout << *p << endl;
}
```

如果指针变量 p 已指向数组中的一个元素，则 p+1 指向同一数组中的下一个元素。

p+i 和 a+i 是 a[i]的地址。a 代表首元素的地址，a+i 也是地址，对应数组元素 a[i]。

(p+i)或 (a+i)是 p+i 或 a+i 所指向的数组元素，即 a[i]。

程序中使用指针获取数组首元素的地址，也可以将数组名赋值给指针，然后通过指针访问数组。实现代码如下：

```
#include "stdafx.h"
```

```
#include <iostream>
using namespace std;
void main()
{
    int i,a[10];
    int *p;
    //利用循环，分别为 10 个元素赋值
    for(i=0;i<10;i++)
        a[i]=i;
    //将数组中的 10 个元素输出到显示设备
    p=a;
    for(i=0;i<10;i++,p++)
        cout << *p << endl;
}
```

程序运行结果如图 6.16 所示。

图 6.16　通过指针变量获取数组中元素

说明：

在处理字符串函数的章节中，数组名为何能作为函数参数呢？原因如同看到的一样，它其实是一个指针常量。在数组声明之后，C++分配给了数组一个常指针，始终指向数组的第一个元素。而本章中出现的字符串处理函数中接受数组名的参数列表，也接受字符指针。关于字符串数组和指针的详细问题，在后边的章节还会再做讲解。

程序中还可以使用数组地址来进行计算，用 a+i 表示数组 a 中的第 i 个元素，然后通过指针运算符就可以获得数组元素的值。实现代码如下：

```
#include <iostream>
using namespace std;
void main()
{
    int i,a[10];
    int *p;
    //利用循环，分别为 10 个元素赋值
    for(i=0;i<10;i++)
        a[i]=i;
    //将数组中的 10 个元素输出到显示设备
    p=a;
    for(i=0;i<10;i++)
```

```
        cout << *(a+i) << endl;
}
```

指针操作数组的一些说明。

（1）* (p--)相当于 a[i--]，先对 p 进行*运算，再使 p 自减。

（2）* (++p)相当于 a[++i]，先使 p 自加，再作*运算。

（3）* (--p)相当于 a[--i]，先使 p 自减，再作*运算。

6.4.3 指针与二维数组

可以将一维数组的地址赋给指针变量，同样也可以将二维数组的地址赋给指针变量，因为一维数组的内存地址是连续的，二维数组的内存地址也是连续的，所以可以将二维数组看作是一维数组。二维数组中各元素的地址如图 6.17 所示。

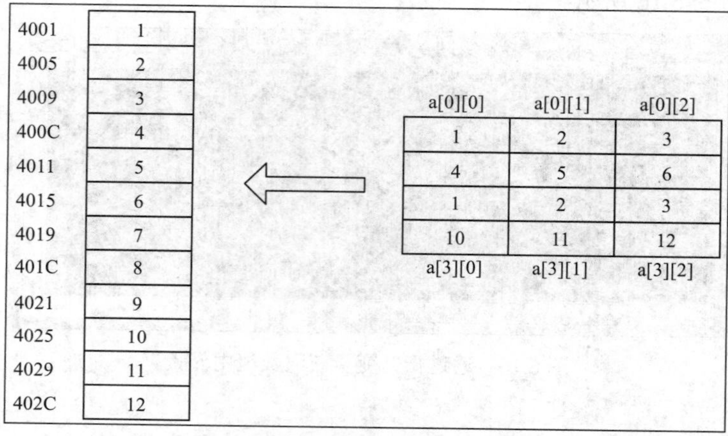

图 6.17　二维数组中各元素的地址

因为多维数组可以看作是一维数组，本例实现将多维数组转换成一维数组的功能。

例 6.10　将多维数组转换成一维数组。

```
#include "stdafx.h"
#include <iostream>
using namespace std;
void main()
{
    int array1[3][4]={{1,2,3,4},
    {5,6,7,8},
    {9,10,11,12}};
    int array2[12]={0};
    int row,col,i;
    cout << "array old" <<endl;
    for(row=0;row<3;row++)
    {
        for(col=0;col<4;col++)
        {
            cout << array1[row][col];
```

```
        }
        cout << endl;
    }
    cout << "array new" << endl;
    for(row=0;row<3;row++)
    {
        for(col=0;col<4;col++)
        {
            i=col+row*4;
            array2[i]=array1[row][col];
        }
    }
    for(i=0;i<12;i++)
        cout << array2[i] << endl;
}
```

程序运行结果如图 6.18 所示。

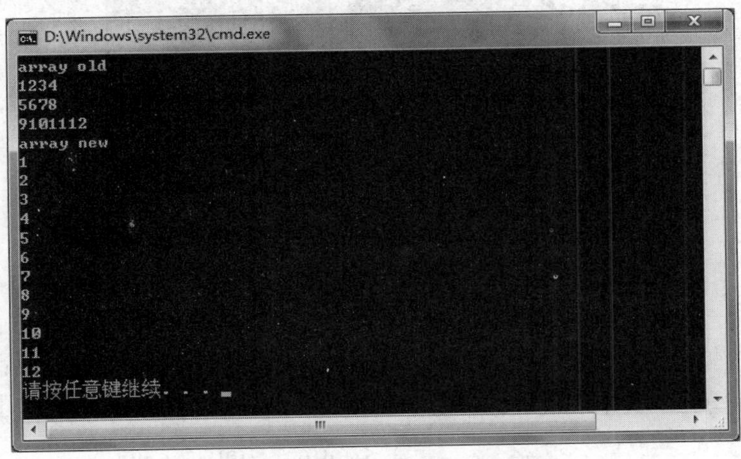

图 6.18　将多维数组转换成一维数组

使用指针引用二维数组和引用一维数组相同，首先声明一个二维数组和一个指针变量。例如：

```
int a[4][3];
int * p;
```

a[0]是二维数组中第一个元素的地址，可以将该地址值直接赋给指针变量。例如：

```
p=a[0];
```

此时使用指针 p 就可以引用二维数组中的元素了。

为了更好地操作二维数组，下面通过实例来实现使用指针变量遍历二维数组的功能。

例 6.11　使用指针变量遍历二维数组。

```
#include "stdafx.h"
#include <iostream>
#include <iomanip>
using namespace std;
void main()
{
    int a[4][3]={1,2,3,4,5,6,7,8,9,10,11,12};
```

```
    int *p;
    p=a[0];
    for(int i=0;i<sizeof(a)/sizeof(int);i++)
    {
        cout << "address:";
        cout << a[i] ;
        cout << " is " ;
        cout << *p++ << endl;
    }
}
```

程序运行结果如图 6.19 所示。

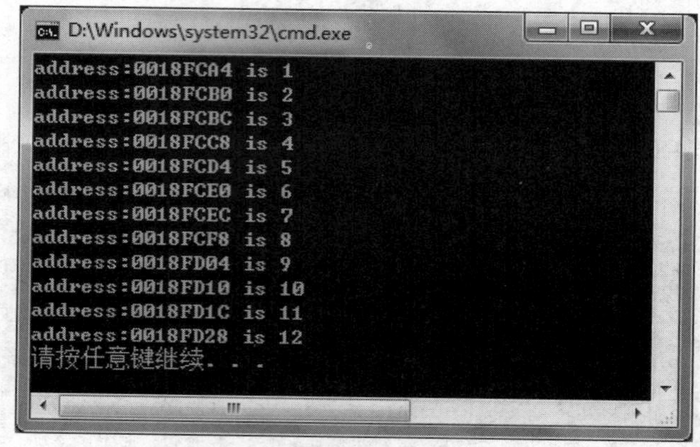

图 6.19　使用指针变量遍历二维数组

程序中通过*p 对二维数组中的所有元素都进行了引用，如果想对二维数组中某一行中的某一列元素进行引用，就需要将二维数组不同行的首元素地址赋给指针变量。如图 6.20 所示，可以将 4 个行首元素地址赋给变量 p。其中 a 代表二维数组的地址，通过指针运算符可以获取数组中的元素。

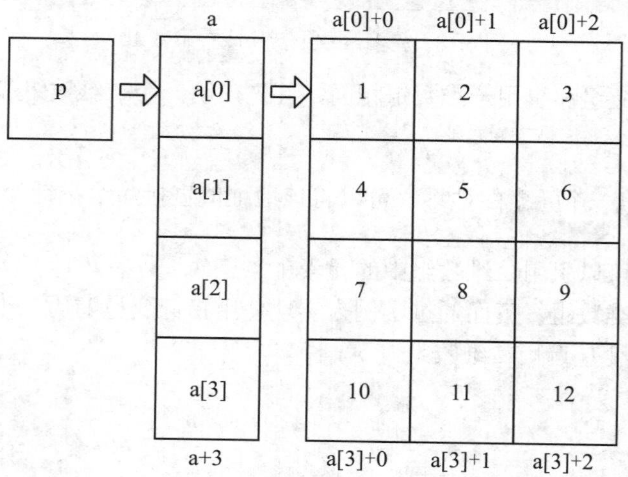

图 6.20　指针指向二维数组

（1）a+n 表示第 n 行的首地址。

（2）&a[0][0]既可以看作数组 0 行 0 列的首地址，也可以看作二维数组的首地址。&a[m][n]就是第 m 行 n 列元素的地址。

（3）&a[0]是第 0 行的首地址，当然&a[n]就是第 n 行的首地址。

（4）a[0]+n，表示第 0 行第 n 个元素的地址。

（5）* (* (a+n)+m)表示第 n 行第 m 列元素。

（6）* (a[n]+m)表示第 n 行第 m 列元素。

例 6.12　使用数组地址将二维数组输出。

```
#include "stdafx.h"
#include<iostream>
using namespace std;
void main()
{
    int i,j;
    int a[4][3]={{1,2,3},{4,5,6},{7,8,9},{10,11,12}};
    cout << "the array is: " << endl;
    for(i=0;i<4;i++)                //行
    {
        for(j=0;j<3;j++)            //列
            cout <<*(*(a+i)+j) << endl;
    }
}
```

程序运行结果如图 6.21 所示。

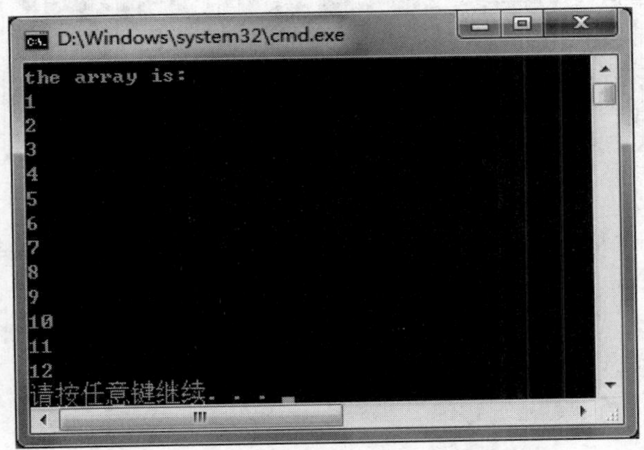

图 6.21　使用数组地址将二维数组输出

6.4.4　指针与字符数组

字符数组是一个一维数组，使用指针同样可以引用字符数组。引用字符数组的指针为字符指针，字符指针就是指向字符型内存空间的指针变量，其一般的定义语句如下：

```
char *p;
char *string="www.mingri.book";
```

例 6.13　通过指针连接两个字符数组。

```
#include "stdafx.h"
```

```
#include<iostream>
using namespace std;
void main()
{
        char str1[50],str2[30],*p1,*p2;
        p1=str1;
        p2=str2;
        cout << "please input string1:"<< endl;
        gets(str1);
        cout << "please input string2:"<< endl;
        gets(str2);
        while(*p1!='\0')
        p1++;
        while(*p2!='\0')
        *p1++=*p2++;
        *p1='\0';
        cout << "the new string is:"<< endl;
        puts(str1);
}
```

程序运行结果如图 6.22 所示。

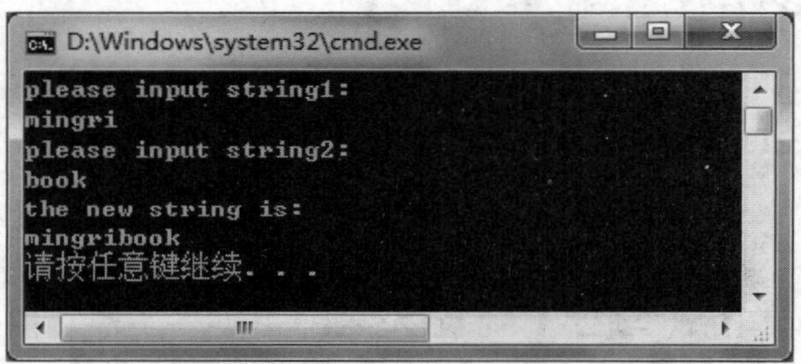

图 6.22　连接两个字符数组

同样的还可以用处理字符串函数 strcat 来实现：

例 6.14　通过字符串函数连接两个字符数组。

```
#include "stdafx.h"
#include <iostream>
using namespace std;
void main()
{
        char str1[50],str2[30],*p1,*p2;
        p1=str1;
        p2=str2;
        cout << "please input string1:"<< endl;
        gets(str1);
        cout << "please input string2:"<< endl;
        gets(str2);
        strcat(str1,str2);
        cout << "the new string is:"<< endl;
        puts(str1);
}
```

程序运行结果如图 6.23 所示。

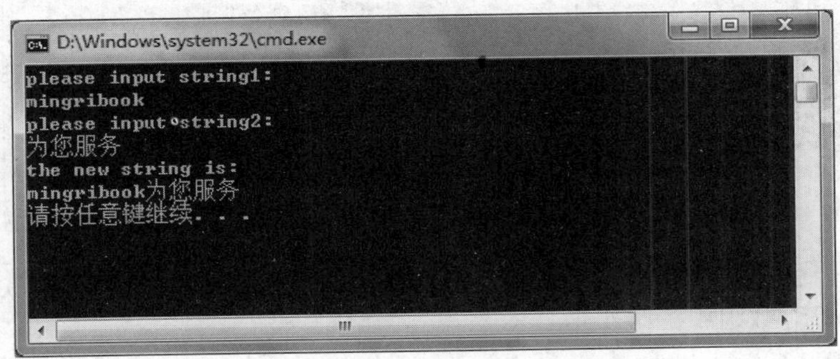

图 6.23　使用 strcat 连接两个字符串

6.4.5　数组做函数参数

在函数的调用过程中，有时需要传递多个参数，如果传递的参数都是同一类型则可以通过数组的方式来传递参数，作为参数的数组可以是一维数组，也可以是多维数组。使用数组做函数参数最典型的就是 main 函数。带参数的 main 函数形式如下：

```
main(int argc,char *argv[])
```

main 函数中的参数可以获取程序运行的命令参数，命令参数就是执行应用程序时后面带的参数。如在 CMD 控制台执行 dir 命令，可以带上/w 参数，“dir /w”命令是以多列的形式显示出文件夹内的文件名。main 函数中参数 argc 是获取命令参数的个数，argv 是字符指针数组，可以获取具体的命令参数。

例 6.15　获取命令参数。

```
#include "stdafx.h"
#include<iostream>
using namespace std;
void main(int argc,char *argv[])
{
        cout << "the list of parameter:" << endl;
        while(argc>1)
        {
            ++argv;
            cout << *argv << endl;
            --argc;
        }
}
```

上面代码会在项目文件夹中生成.exe 文件。通过本书附带资源包的路径可以找到该程序的文件夹，打开其中的 DEBUG 文件夹就可以找到。将它复制到本地的文件夹中，使用控制台来运行它，如图 6.24 所示。

程序执行时输入命令参数“/a /b /c”，程序运行后将 3 个命令参数输出，每个参数都是以空格隔开，应用程序后有 3 个空格，代表程序有 3 个命令参数，argc 的值就为 3。

二维数组在作为函数参数时，可以将二维数组转换成一个一维的指针数组。main 函数中的 argv 数组就可以是一个二维的字符数组。

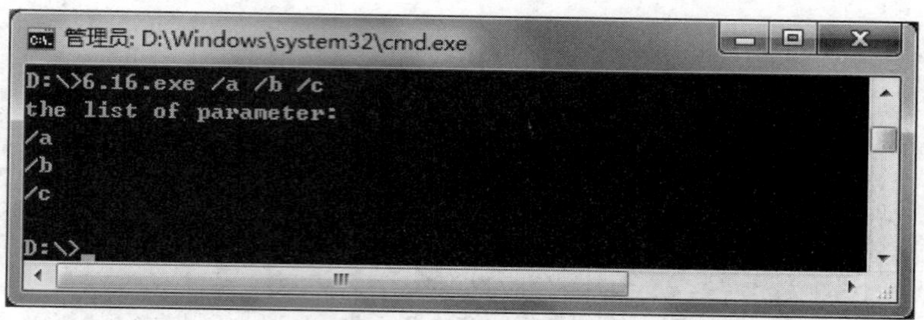

图 6.24　获取命令参数

例 6.16　输出每行数组中的最小值。

```
#include "stdafx.h"
#include<iostream>
using namespace std;
void mix(int (*a)[4],int m)                                  //进行比较和交换的函数
{
        int value,i,j;
        for(i=0;i<m;i++)
        {
            value=*(*(a+i));
            for(j=0;j<4;j++)
            if(*(*(a+i)+j)<value)
            value=*(*(a+i)+j);
            cout <<"第" << i+1<<"行" ;
            cout <<":最小值 " << value << endl;              //输出最小值
        }
}
void main()
{
        int a[3][4],i,j;
        int (*p)[4];
        p=&a[0];
        for(i=0;i<3;i++)
        {
            cout << "请输入第:"<<i+1<<"行"<< endl;
            for(j=0;j<4;j++)
            {
                cin >> a[i][j];
            }
        }
        mix(p,3);
}
```

程序运行结果如图 6.25 所示。

程序需要用户输入 12 个数值来作为一个 3 行 4 列数组的元素，然后按行进行比较，输出每行最小元素。*(a+i)代表数组每行第一个元素，*(*(a+i)+j)代表数组指定行中的某个列元素。函数 mix 对数组每行元素逐一进行比较，将最小值赋给变量 value，然后输出变量 value 的值。

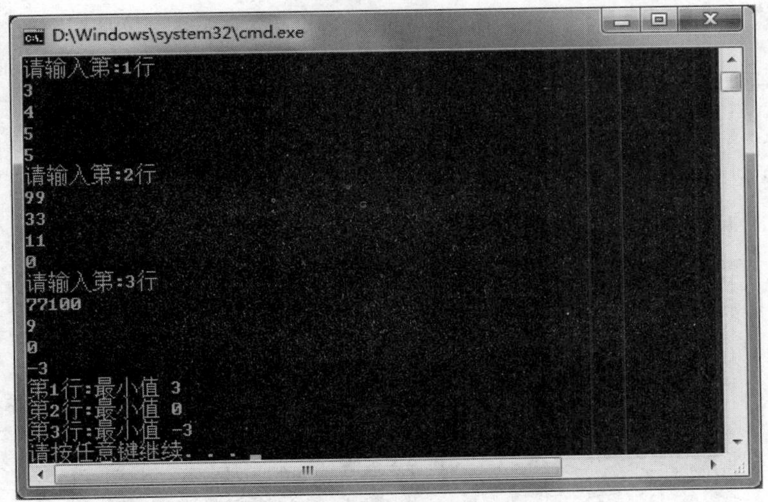

图 6.25　输出每行数组中的最小值

6.4.6　数组的动态分配

有时在获得一定的信息之前，并不确定数组的大小。例如：记录本日学生考试成绩，又如获得某旅社的当日旅客名单。动态分配数组则可以使用变量作为数组大小，使数组的大小符合要求。

例 6.17　动态获得斐波纳契数列。

```
#include "stdafx.h"
#include <iostream>
using namespace std;

int main()
{
        int k=1;
        cout<<"请输入斐波纳契数列最大阶数"<<endl;
        while(cin>>k,!(2<k))
        {
            cout<<"请输入大于 2 的数字"<<endl;
        }
        //  int a[k]; // 不能使用变量申请栈内存,注释掉。
        int *pArray = new int[k];  //动态数组创建,堆内存已经分配完毕
        *pArray = 1;  //斐波纳契数列第一项为、第二项为 1
        *(pArray+1) =1;  // 以上两个语句为指针形式的数组表示方法
        for(int i =2;i<k;i++)
        {
        pArray[i]=pArray[i-2]+pArray[i-1];   //数组正常的表示方法
    }
        cout<<"请输入您想要获得的斐波纳契数列项的阶数"<<endl;
        int i = 0;//循环体外的 i
        while(cin>>i,!(0<i&i<k+1))
        {
            cout<<"请输入介于 1 到"<<k<<"之间的数字"<<endl;
```

```
        }
        cout<<"斐波纳契第"<<i<<"项为:"<<pArray[i-1]<<endl;
        delete []pArray;
        return 0;
}
```

程序运行结果如图 6.26 所示。

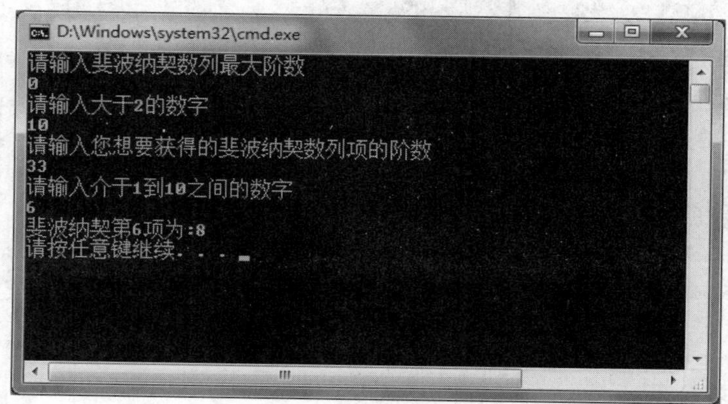

图 6.26　动态获得斐波纳契数列

根据输入数字动态创建了一个数组，使它包含了斐波纳契数列的前 k 项。

说明：

斐波纳契数列是遵循这样规律的一组数。第 1 项与第 2 项为 1，以后各项都等于前边两项的和。

6.5　字符串类型

标准模板库 STL 提供一种自定义类型数据 string，能更好地操作字符串。

6.5.1　使用本地字符串类型 string

与标准输入输出流一样，引用 string 类型数据需要添加相应的头文件和使用相应的名字空间标识。string 类型所在的头文件是 string.h，可以通过执行#include <string>命令让 vs2010 编译器链接它。

声明一个 string 变量，形式如下：

```
std::string s;
```

初始化 string 类型的变量有多种形式：

```
std::string s1("字符串");
std::string s2= "字符串";
std::string s3 = (3,'A');    //s3 的内容为 AAA
```

通过“[ ]”号可以对 string 字符串相应位置的字符进行访问和修改。

例 6.18　修改 string 字符串的单个字符。

```
#include "stdafx.h"
```

```
#include <string>
#include <iostream>
using namespace std;

int main()
{
        string s = "Good Morning!";
        cout<<s<<endl;
        cout<<"访问并修改第 5 个字符"<<endl;
        s[4] = '!';
        cout<<s<<endl;
        return 0;
}
```

程序运行结果如图 6.27 所示。

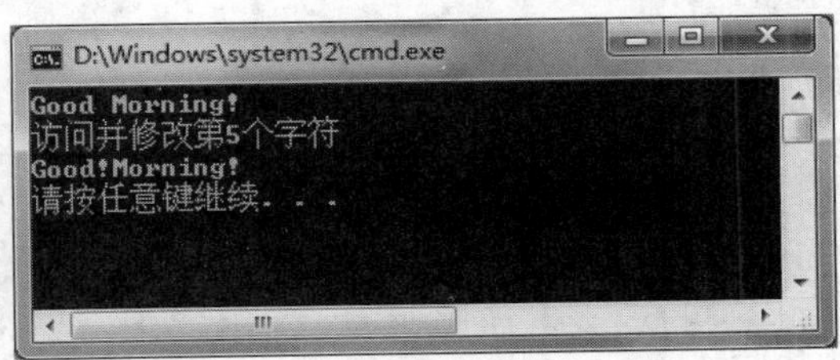

图 6.27　修改单个字符

6.5.2　连接 string 字符串

使用“+”号可以将两个 string 字符串连接起来。同时，string 还支持标准输入输出函数。

例 6.19　修改 string 字符串的单个字符。

```
#include "stdafx.h"
#include <iostream>
#include <string>
using namespace std;
int main()
{
        string str1 = "您好,";
        string str2;
        cout<<"请输入您的姓名:"<<endl;
        cin>>str2;
        str1 = str1+str2;
        string str3 = "!明日科技为您服务。";
        str1 += str3;
        cout<<str1<<endl;
        return 0;
}
```

程序运行结果如图 6.28 所示。

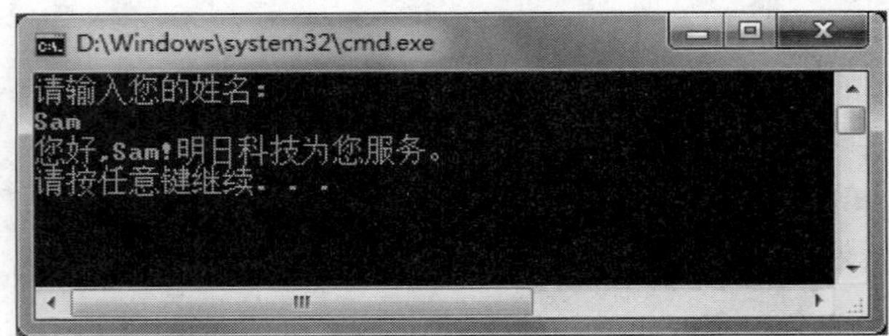

图 6.28　string 类型的连接

6.5.3　比较 string 字符串

使用“>”“!=”“>=”等比较运算符可以比较两个字符串的内容。比较的方法是将两个 string 字符串从头开始比较每一个字符，直到出现两者不一致。比较这两个不相同的字符的字面值，得出相应的结果。

例 6.20　比较 string 字符串。

```
int main(int argc, _TCHAR* argv[])
{
        string s1;
        string s2;
        cout<<"请输入两个字符串"<<endl;
        cin>>s1;
        cin>>s2;
        if(s1 == s2)
        {
            cout<<"两个字符串相等"<<endl;
        }
        else if(s1>s2)
        {
            cout<<"第一个字符大于第二个字符串 "<<endl;
        }
        else
        {
            cout<<"第二个字符大于第二个字符串 "<<endl;
        }
        return 0;
}
```

程序运行结果如图 6.29 所示。

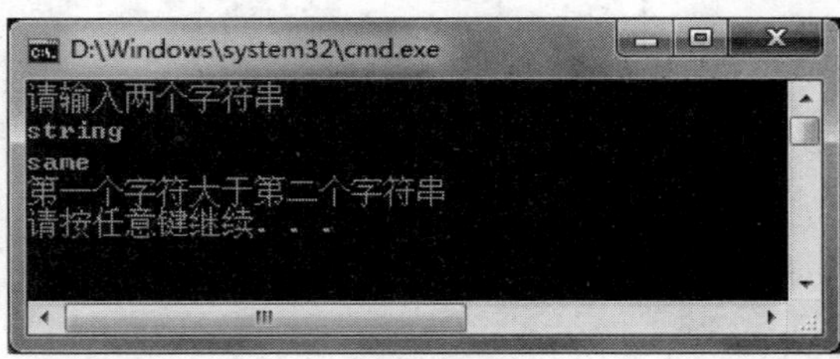

图 6.29　比较两个字符串

输入两个字符串 string 和 same。它们从第二个开始出现不一致，“t”的 ASCII 码要大于“a”，所以“string”大于“same”。

6.5.4　string 字符串和数组

数组中存储的数据也可以是 string 类型的，例如：

例 6.21　string 类型的数组。

```
#include "stdafx.h"
#include <iostream>
#include <string>
using namespace std;

int main(int argc, _TCHAR* argv[])
{
        string sArrary[5] = {"明日","科技","为","您","服务！！"};
        string s="";   //空的 string
        for(int i = 0;i<5;i++)
        {
            s+=sArrary[i];
        }
        cout<<s<<endl;
        return 0;
}
```

数组中储存了 5 个 string 对象，将它们拼接起来，如图 6.30 所示。

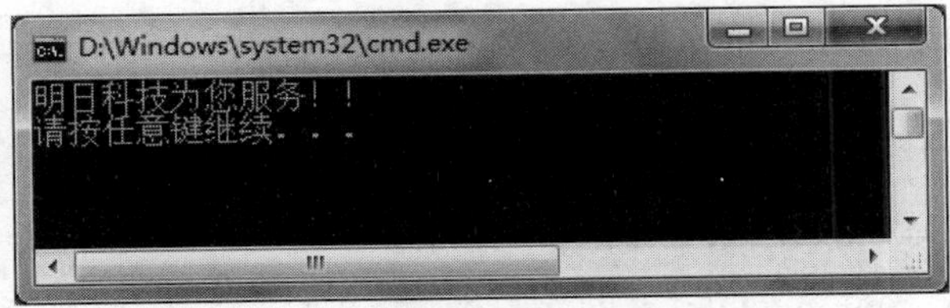

图 6.30　string 类型数组的拼接

string 与字符串数组都可以表示一段字符串。但它们有着很大的区别：

（1）类别不同。

（2）字符串数组需要防范越界、结束符等问题，而 string 不需要。

（3）字符串可以通过地址的形式通过“=”赋值给 string，但 string 不能直接赋值给字符串数组。

例 6.22　字符串数组赋值给 string。

```
#include "stdafx.h"
#include "stdafx.h"
#include <iostream>
#include <string>
using namespace std;
int main(int argc, _TCHAR* argv[])
{
        char aArray[8] ="Welcome";
```

```
        string s = aArray;
        cout<<s<<endl;
        s = &aArray[2];
        cout<<s<<endl;
        return 0;
}
```

string 对象 s 通过 aArray 的数组名初始化为“welcome”，之后将 aArray 第 3 个元素的地址通过赋值符号“=”传递给 s，输出结果如图 6.31 所示。

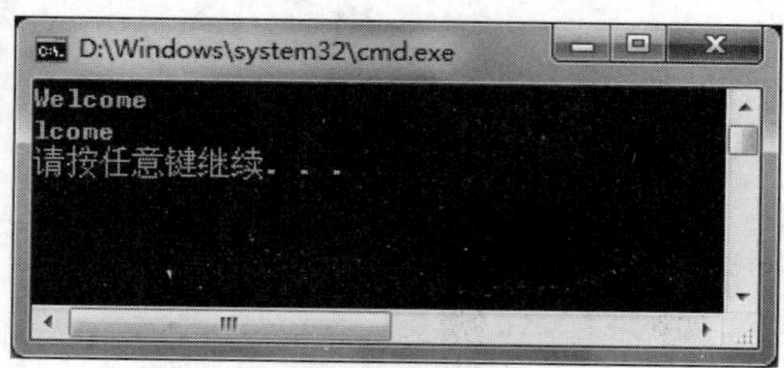

图 6.31　字符串数组地址赋值给 string

6.6　上 机 实 践

6.6.1　名字排序

➤➤➤题目描述

将一组英文名字按照字母顺序依次储存到一个数组中，然后输出它们。

➤➤➤技术指导

程序应当设计比较字符串相应位置字母、存放字符串和输出功能。如果字符串的首字母相同，则应当继续比较下一位字母。关键代码如下：

```
string sArray[5] ={"Mike","Andy","Tom","Jack","Mary"};
string temp;
for(int i = 0;i<4;i++)
{
    for(int j = i+1;j<5;j++)
    {
        if(sArray[i]>sArray[j])
        {
            temp = sArray[i];
            sArray[i] =sArray[j];
            sArray[j] = temp;
        }
    }
}
for(int i = 0;i<5;i++)
{
    cout<<sArray[i]<<endl;
}
```

6.6.2　查找数字

>>>题目描述

随机输入 20 个正整数，记录这些数当中能被 7 整除的数字。在输入全部结束后输出它们的值和输入顺序。

>>>技术指导

要求在输入完成后，才能输出。这时需要一个数组来记录输入的数字，并且记录它输入的顺序。关键代码如下：

```
cout<<"请输入 20 个正整数:"<<endl;
    int dArray[20];
    int temp = 0;
    for(int i = 0;i<20;i++)
    {
        cin>>temp;
        if(temp%7 ==0)
        {
            dArray[i] = temp;
        }
        else
        {
            dArray[i] = 0;
        }
    }
    for(int i = 0;i<20;i++)
    {
        if(dArray[i]!=0)
        {
            cout<<"第"<<i+1<<"个数是 7 的整数倍，它的值为:"<<dArray[i]<<endl;
        }
    }
```

6.7　本 章 总 结

本章详细讲解了数组、指针的概念和使用方法。数组是以连续的方式储存，能与指针很好地配合使用。二维数组可以看做数据类型是数组的一组数组，它的储存方式也是连续的，善用这个特性可以很好地解决需要遍历数组的问题。字符串是人机交互、数据传递中必不可少的数据类型。它的实质是字符型一维数组。最后介绍的 string 自定义类型数据，相比字符数组使用会方便一些，但占用空间相对较大，也被称为 string 类。关于类的知识将在下一章节详细说明。

第 7 章　面向对象——类的构造

面向对象编程可以有效解决代码复用问题，它不同于以往的面向过程编程，面向过程编程需要将功能细分，而面向对象需要将不同功能抽象到一起。类是对象的实现，面向对象中的类是抽象概念，而类是程序开始过程中定义的一个对象。用类定义对象可以是现实生活中的真实对象，也可以是从现实生活中抽象的对象。

通过学习本章，读者可以达到以下学习目的：

- 了解面向对象模式
- 了解面向对象编程与过程编程的区别
- 了解面向对象编程开发过程
- 掌握简单建模
- 了解对象的声明
- 了解构造函数和析构函数
- 了解类成员的使用
- 掌握友元

扫一扫，看视频

7.1　学会面向对象的编程思想

面向对象（Object Oriented）的英文缩写是 OO，它是一种设计思想，现在这种思想已经不单应用在软件设计上，数据库设计、计算机辅助设计（CAD）、网络结构设计、人工智能算法设计等领域都开始应用这种思想。

面向对象中的对象（Object），指的是客观世界中存在的对象，这个对象具有唯一性，对象之间各不相同，各有各的特点，每一个对象都有自动的运动规律和内部状态。对象与对象之间又可以相互联系、相互作用。概括地讲，面向对象技术是一种从组织结构上模拟客观世界的方法。

针对面向对象思想应用的不同领域，面向对象又可以分为面向对象分析（object oriented analysis，OOA），面向对象设计（object oriented design，OOD），面向对象编程（object oriented programming，OOP），面向对象测试（object oriented test，OOT）和面向对象维护（object oriented soft maintenance，OOSM）。

客观世界中任何一个事物都可以看成一个对象，每个对象有属性和行为两个要素。属性就是对象的内部状态及自身的特点，行为就是改变自身状态的动作。

面向对象中的对象也可以是一个抽象的事物，可以从类似的事物中抽象出一个对象，如圆形、正方形、三角形，可以抽象得出的对象是简单图形，简单图形就是一个对象，它有自己的属性和行为，图形中边的个数是它的属性，图形的面积也是它的属性，输出图形的面积就是它的行为。

面向对象有 3 大特点，即封装、继承和多态。

1．封装

封装有两个作用，一个是将不同的小对象封装成一个大对象；另一个是把一部分内部属性和功能对外界屏蔽。例如，一辆汽车，它是一个大对象，它由发动机、底盘、车身和轮子等这些小对象组成。在设计时可以先对这些小对象进行设计，然后小对象之间通过相互联系确定各自大小等方面的属性，最后就可以安装成一辆汽车。

2．继承

继承是和类密切相关的概念。继承性是子类自动共享父类数据结构和方法的机制，这是类之间的一种关系。在定义和实现一个类的时候，可以在一个已经存在的类的基础之上进行，把这个已经存在的类所定义的内容作为自己的内容，并加入若干新的内容。

在类层次中，子类只继承一个父类的数据结构和方法，称为单重继承，子类继承了多个父类的数据结构和方法，则称为多重继承。

在软件开发中，类的继承性使所建立的软件具有开放性、可扩充性，这是信息组织与分类的行之有效的方法，它简化了对象、类的创建工作量，增加了代码的可重性。

继承性是面向对象程序设计语言不同于其他语言的最重要的特点，是其他语言所没有的。采用继承性，使公共的特性能够共享，提高了软件的重用性。

3．多态

多态性是指相同的行为可作用于多种类型的对象上并获得不同的结果。不同的对象，收到同一消息可以产生不同的结果，这种现象称为多态性。多态性允许每个对象以适合自身的方式去响应共同的消息。

7.1.1 面向对象与面向过程编程

扫一扫，看视频

面向过程编程的主要思想是先做什么后做什么，在一个过程中实现特定功能。一个大的实现过程还可以分成各个模块，各个模块可以按功能进行划分，然后组合在一起实现特定功能。在面向过程编程中，程序模块可以是一个函数，也可以是整个源文件。

面向过程编程主要以数据为中心，传统的面向过程的功能分解法属于结构化分析方法。分析者将对象系统的现实世界看做一个大的处理系统，然后将其分解为若干个子处理过程，解决系统的总体控制问题。在分析过程中，用数据描述各子处理过程之间的联系，整理各子处理过程的执行顺序。

面向过程编程的一般流程如下：

现实世界→面向过程建模（流程图、变量、函数）→面向过程语言→执行求解

面向过程编程的稳定性、可修改性和可重用性都比较差。

1．软件重用性差

重用性是指同一事物不经修改或稍加修改就可多次重复使用的性质。软件重用性是软件工程追求的目标之一。处理不同的过程都有不同的结构，当过程改变时，结构也需要改变，前期开发的代码无法得到充分的再利用。

2．软件可维护性差

软件工程强调软件的可维护性，强调文档资料的重要性，规定最终的软件产品应该由完整、一致的配置成分组成。在软件开发过程中，始终强调软件的可读性、可修改性和可测试性是软件的重要质量指标。面向过程编程由于软件的重用性差，造成维护时费用和成本也很高，而且大量修改的代码存在着许多未知的漏洞。

3．开发出的软件不能满足用户需要

大型软件系统一般涉及各种不同领域的知识，面向过程编程往往描述软件的各个最低层的、针对不同领域设计不同的结构及处理机制，当用户需求发生变化时，就要修改最低层的结构。当处理用户需求变化较大时，面向过程编程将无法修改，可能导致软件的重新开发。

7.1.2 面向对象编程

面向过程编程有费解的数据结构、复杂的组合逻辑、详细的过程和数据之间的关系、高深的算法，面向过程开发的程序可以描述成算法加数据结构。面向过程开发是分析过程与数据之间的边界在哪里，进而解决问题。面向对象则是从另一种角度思考，将编程思维设计成符合人的思维逻辑。

面向对象程序设计者的任务包括两个方面：一是设计所需的各种类和对象，即决定把哪些数据和操作封装在一起；二是考虑怎样向有关对象发送消息，以完成所需的任务。这时它如同一个总调度，不断地向各个对象发出消息，让这些对象活动起来（或者说激活这些对象），完成自己职责范围内的工作。

各个对象的操作完成了，整体任务也就完成了。显然，对一个大型任务来说，面向对象程序设计方法是十分有效的，它能大大降低程序设计人员的工作难度，减少出错几率。

面向对象开发的程序可以描述成“对象+消息”。面向对象编程一般流程如下：

现实世界→面向对象建模（类图、对象、方法）→面向对象语言→执行求解

7.1.3 面向对象的特点

面向对象技术充分体现了分解、抽象、模块化、信息隐藏等思想，有效提高软件生产率、缩短软件开发时间、提高软件质量，是控制复杂度的有效途径。

面向对象不仅适合普通人员，也适合经理人员。降低维护开销的技术可以释放管理者的资源，将其投入到待处理的应用中。在经理们看来，面向对象不是纯技术的，它既能给企业的组织也能给经理的工作带来变化。

当一个企业采纳了面向对象，其组织将发生变化。类的重用需要类库和类库管理人员，每个程序员都要加入到两个组中的一个：一个是设计和编写新类组；另一个是应用类创建新应用程序组。面向对象不太强调编程，需求分析相对地将变得更加重要。

面向对象编程主要有代码容易修改、代码复用性高、满足用户需求 3 个特点。

1．代码容易修改

面向对象编程的代码都是封装在类里面，如果类的某个属性发生变化，只需要修改类中成员函数的实现即可，其他的程序函数不发生改变。如果类中属性变化较大，则使用继承的方法重新派生

新类。

2．代码复用性高

面向对象编程的类都是具有特定功能的封装，需要使用类中特定的功能，只需要声明该类并调用其成员函数即可。如果需要的功能在不同类，还可以进行多重继承，将不同类的成员封装到一个类中。功能的实现可以像积木一样随意组合，大大提高了代码的复用性。

3．满足用户需求

由于面向对象编程的代码复用性高，用户的要求发生变化时，只需要修改发生变化的类。如果用户的要求变化较大时，就对类进行重新组装，将变化大的类重新开发，功能没有发生变化的类可以直接拿来使用。面向对象编程可以及时地响应用户需求的变化。

7.2 类与对象

面向对象中的对象需要通过定义类来声明，对象一词是一种形象的说法，在编写代码过程中则是通过定义一个类来实现。

C++类不同于汉语中的类、分类、类型，它是一个特殊的概念，可以是对统一类型事物进行抽象处理，也可以是一个层次结构中的不同层次节点。例如，将客观世界看成一个 Object 类，动物是客观世界中的一小部分，定义为 Animal 类，狗是一种哺乳动物，是动物的一类，定义为 Dog 类，鱼也是一种动物，定义为 Fish 类，则类的层次关系如图 7.1 所示。

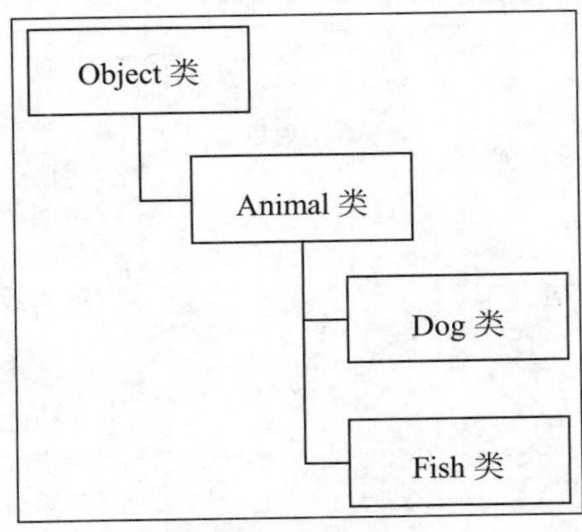

图 7.1　类的层次关系

类是一个新的数据类型，它和结构体有些相似，是由不同数据类型组成的集合体，但类要比结构体增加了操作数据的行为，这个行为就是函数。

7.2.1 类的声明与定义

前面已经对类的概念进行说明，可以看出类是用户自己指定的类型。如果程序中要用到类这种类型，就必须自己根据需要进行声明，或者使用别人设计好的类。下面来看一下如何设计一个类。

类的声明格式如下：

```
class 类名标识符
{
[public:]
[数据成员的声明]
[成员函数的声明]
[private:]
[数据成员的声明]
[成员函数的声明]
[protected:]
[数据成员的声明]
[成员函数的声明]
};        //注意这里需要加分号 “;”
```

类的声明格式的说明如下：

- class 是定义类结构体的关键字，大括号内被称为类体或类空间。
- 类名标识符指定的就是类名，类名就是一个新的数据类型，通过类名可以声明对象。
- 类的成员有函数和数据两种类型。
- 大括号内是定义和声明类成员的地方，关键字 public、private、protected 是类成员访问的修饰符。

类中的数据成员的类型可以是任意的，包含整型、浮点型、字符型、数组、指针和引用等，也可以是对象。另一个类的对象可以作为该类的成员，但是自身类的对象不可以作为该类的成员，而自身类的指针或引用则可以作为该类的成员。

例如，给出一个员工信息类声明：

```
class CPerson
{
        /*数据成员*/
        int m_iIndex;                               //声明数据成员
        char m_cName[25];                           //声明数据成员
        short m_shAge;                              //声明数据成员
        double m_dSalary;                           //声明数据成员
        /*成员函数*/
        short getAge();                             //声明成员函数
        int setAge(short sAge)                      //声明成员函数
        int getIndex();                             //声明成员函数
        int setIndex(int iIndex);                   //声明成员函数
        char* getName();                            //声明成员函数
        int setName(char cName[25]);                //声明成员函数
        double getSalary();                         //声明成员函数
        int setSalary(double dSalary);              //声明成员函数
};
```

在代码中，class 关键字是用来定义类这种类型的，CPerson 是定义的员工信息类名称，在大括号中包含了 4 个数据成员分别表示 CPerson 类的属性，包含了 8 个成员函数表示 CPerson 类的行为。

7.2.2 头文件与源文件

在前面的章节中经常用到输入输出流、字符串的头文件(.h)，其中包含了数据和函数声明。而这些内容的实现部分一般会放到与头文件同名的实现源文件中(.cpp)。

在一个源文件中使用#include 指令，可以将头文件的全部内容包含进来，也就是将另外的文件包含到本文件之中。#include 指令使编译程序将另一源文件嵌入带有#include 的源文件，被读入的源文件必须用双引号或尖括号括起来。例如：

```
#include "stdio.h"
#include <stdio.h>
```

上面给出了双引号和尖括号的形式，这里介绍这两者之间的区别。用尖括号时，系统到存放 C++库函数头文件所在的目录中寻找要包含的文件，称为标准方式；用双引号时，系统先在用户当前目录中寻找要包含的文件，若找不到，再到存放 C++库函数头文件所在的目录中寻找要包含的文件。通常情况下，如果为了调用库函数用#include 命令来包含相关的头文件，则用尖括号，可以节省查找的时间。如果要包含的是用户自己编写的文件，一般用双引号，用户自己编写的文件通常是在当前目录中。如果文件不在当前目录中，双引号可给出文件路径。

7.2.3 类的实现

7.2.1 节只是在 CPerson 类中声明了类的成员。然而要使用这个类中的方法，即成员函数，还要对其进行定义具体的操作。下面来看一下是如何定义类中的方法。

第一种方法是将类的成员函数都定义在类体内。

以下代码都在 person.h 头文件内，类的成员函数都定义在类体内。

```
#include <stdio.h>
#include <stdlib.h>
#include <string.h>
class CPerson
{
public:
        //数据成员
        int m_iIndex;
        char m_cName[25];
        short m_shAge;
        double m_dSalary;
        //成员函数
        short getAge() { return m_shAge; }
        int setAge(short sAge)
        {
            m_shAge=sAge;
            return 0;                                   //执行成功返回 0
        }
        int getIndex() { return m_iIndex; }
        int setIndex(int iIndex)
        {
            m_iIndex=iIndex;
```

```
            return 0;                               //执行成功返回 0
        }
        char* getName()
        { return m_cName; }
        int setName(char cName[25])
        {
            strcpy(m_cName,cName);
            return 0;                               //执行成功返回 0
        }
        double getSalary() { return m_dSalary; }
        int setSalary(double dSalary)
        {
            m_dSalary=dSalary;
            return 0;                               //执行成功返回 0
        }
};
```

第二种方法，也可以将类体内的成员函数的实现放在类体外，但如果类成员定义在类体外，需要用到域运算符“::”，放在类体内和类体外的效果是一样的。

```
#include <stdio.h>
#include <stdlib.h>
#include <string.h>
class CPerson
{
public:
        //数据成员
        int m_iIndex;
        char m_cName[25];
        short m_shAge;
        double m_dSalary;
        //成员函数
        short getAge();
        int setAge(short sAge);
        int getIndex() ;
        int setIndex(int iIndex);
        char* getName() ;
        int setName(char cName[25]);
        double getSalary() ;
        int setSalary(double dSalary);
};
//类成员函数的实现部分
short CPerson::getAge()
{
        return m_shAge;
}
int CPerson::setAge(short sAge)
{
        m_shAge=sAge;
        return 0;                                   //执行成功返回 0
}
```

```
int CPerson::getIndex()
{
        return m_iIndex;
}
int CPerson::setIndex(int iIndex)
{
        m_iIndex=iIndex;
        return 0;                                   //执行成功返回 0
}
char CPerson::getName()
{
        return m_cName;
}
int CPerson::setName(char cName[25])
{
        strcpy(m_cName,cName);
        return 0;                                   //执行成功返回 0
}
double CPerson::getSalary()
{
        return m_dSalary;
}
int CPerson::setSalary(double dSalary)
{
        m_dSalary=dSalary;
        return 0;                                   //执行成功返回 0
}
```

前面两种方式都是将代码存储在同一个文件内。C++语言可以实现将函数的声明和函数的定义放在不同的文件内，一般在头文件放入函数的声明，在实现文件放入函数的实现。同样可以将类的定义放在头文件中，将类成员函数的实现放在实现文件内。存放类的头文件和实现文件最好和类名相同或相似。例如，将 CPerson 类的声明部分放在 person.h 文件内，代码如下：

```
#include <stdio.h>
#include <stdlib.h>
#include <string.h>
class CPerson
{
public:
        //数据成员
        int m_iIndex;
        char m_cName[25];
        short m_shAge;
        double m_dSalary;
        //成员函数
        short getAge();
        int setAge(short sAge);
        int getIndex() ;
        int setIndex(int iIndex);
        char getName() ;
```

```
        int setName(char cName[25]);
        double getSalary() ;
        int setSalary(double dSalary);
};
```

说明：

代码中出现的关键字 public 表示成员变量可以被类外部调用，关于 public 等关键字所表示的访问权限将在下一章详细讲解。

将 CPerson 类的实现部分放在 person.cpp 文件内，代码如下：

```
#include "stdafx.h"
#include <iostream>
#include "person.h"
//类成员函数的实现部分
short CPerson::getAge()
{
        return m_shAge;
}
int CPerson::setAge(short sAge)
{
        m_shAge=sAge;
        return 0;                                    //执行成功返回 0
}
int CPerson::getIndex()
{
        return m_iIndex;
}
int CPerson::setIndex(int iIndex)
{
        m_iIndex=iIndex;
        return 0;                                    //执行成功返回 0
}
char CPerson::getName()
{
        return m_cName;
}
int CPerson::setName(char cName[25])
{
        strcpy(m_cName,cName);
        return 0;                                    //执行成功返回 0
}
double CPerson::getSalary()
{
        return m_dSalary;
}
int CPerson::setSalary(double dSalary)
{
        m_dSalary=dSalary;
        return 0;                                    //执行成功返回 0
```

```
}
```

此时整个工程所有文件如图 7.2 所示。

图 7.2　所有工程文件

关于类的实现有两点说明：

（1）类的数据成员需要初始化，成员函数还要添加实现代码。类的数据成员不可以在类的声明中初始化。例如：

```
class CPerson
{
        //数据成员
        int m_iIndex=1;                     //错误写法，不应该初始化的
        char m_cName[25]="Mary";            //错误写法，不应该初始化的
        short m_shAge=22;                   //错误写法，不应该初始化的
        double m_dSalary=1700.00;           //错误写法，不应该初始化的
        //成员函数
        short getAge();
        int setAge(short sAge)
        int getIndex();
        int setIndex(int iIndex);
        char getName();
        int setName(char cName[25]);
        double getSalary();
        int setSalary(double dSalary);
};
```

上面代码是不能通过编译的。

（2）空类是 C++中最简单的类，其声明方式如下：

```
class CPerson{ };
```

空类只是起到占位的作用，在需要时再定义类成员及实现。

7.2.4　对象

对象也称为类的事例化。以上边的 person 类为例，他定义了人所具有的属性、特征等，类内部的数据都是为描述每一个具体的人而准备的。这个具体的人指的就是类的实例化——对象。

定义一个新类后，就可以通过类名来声明一个对象。声明的形式如下：

```
类名 对象名表
Cperson jack;
```

声明多个对象如下：

```
CPerson LiMing,Tony;
```

从程序的角度来说，对象 j 与其他数据一样，具有类型 Cperson 这个自定义类型。从抽象上理解，jack 是定义的 Cperson 人类中的一个例子，一个典范。

扫一扫，看视频

7.2.5 访问类的成员

访问类中的成员，形式如下：

```
Cperson jack;
jack.age = 25;                    //jack 的年龄为 25
jack.setName("jack");             //通过成员函数设定 jack 对象的 name 为 jack
```

例 7.1 访问类成员。

在本实例中，利用前文声明的类定义对象，然后使用该对象访问其中成员。

```
#include"stdafx.h"
#include <iostream >
#include "Person.h"
using namespace std;
void main()
{
        int iResult=-1;
        CPerson p;
        iResult=p.setAge(25);
        if(iResult>=0)
            cout << "m_shAge is:" << p.getAge() << endl;
        iResult=p.setIndex(0);
        if(iResult>=0)
        cout << "m_iIndex is:" << p.getIndex() << endl;
        char bufTemp[]="Mary";
        iResult=p.setName(bufTemp);
        if(iResult>=0)
        cout << "m_cName is:" << p.getName() << endl;
        iResult=p.setSalary(1700.25);
        if(iResult>=0)
        cout << "m_dSalary is:" << p.getSalary() << endl;
}
```

p.setAge(25)引用类中的 setAge 成员函数，将参数中的数据赋值给数据成员，设置对象的属性。函数的返回值赋给 iResult 变量，通过 iResult 变量值判断函数 setAge 为数据成员赋值是否成功。如果成功再使用 p.getAge 函数得到赋值的数据，然后将其输出显示，如图 7.3 所示。

之后使用对象 p 依次引用成员函数 setIndex、setName 和 setSalary，然后通过对 iResult 变量的判断，决定是否引用成员函数 getIndex、getName 和 getSalary。

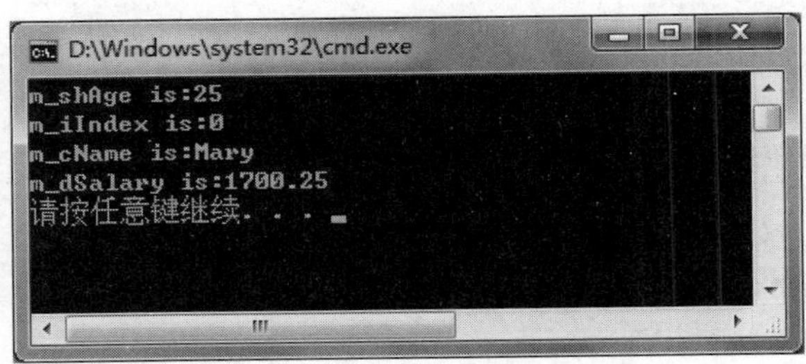

图 7.3　访问 CPerson 类成员

7.3　类的构造函数

7.3.1　构造函数的概念

在类的实例进入其作用域时，也就是建立一个对象，构造函数就会被调用，那么构造函数的作用是什么呢？当建立一个对象时，常常需要做某些初始化的工作，如对数据成员进行赋值设置类的属性，而这些操作刚好放在构造函数中完成。在 7.2.5 中使用了各种成员函数来初始化对象的属性，从代码的整洁度和效率来讲都是不令人满意的。在构造函数中，可以完成初始化工作。

7.3.2　构造函数的定义和使用

在类中声明一个和类同样名字的函数，以 CPerson 类为例：

```
class CPerson
{
        CPerson();
};
```

可以注意到的是，此函数的功能是在类构造时完成初始化任务，此函数无定义返回值类型。实现此函数可以通过内部实现方法也可以通过外部实现，例如：

```
CPerson::CPerson()
{
        int m_iIndex=1;
        string m_sName="Mary";
        short m_shAge=22;
        double m_dSalary=1700.00;
}
```

构造函数中也可以有参数，通过外部数据完成对象内部的初始化。例如：

```
CPerson::CPerson(int index,string name,short age,double salary)
{
        int m_iIndex = index;
        string m_sName = name;
        short m_shAge = age;
        double m_dSalary =salary;
}
```

当对象创建时，程序自动调用构造函数。同一个类中可以具备多个构造函数，通过这样的形式创建一个 CPerson 对象：

```
CPerson p1(0,"jack",22,7000); //调用带参数的构造函数
CPerson p2 = CPerson(1,"tony",25,8000);//调用带参数的构造函数
CPerson p; //调用不带参数的构造函数
```

依照重载函数的特性，C++将找到对象创建时所调用的构造函数。

例 7.2 构造函数初始化成员变量。

Person.h 文件代码如下：

```
#include <string>
using std::string;
class CPerson
{
public:
        //构造函数
         CPerson(int index,string name,short age,double salary);
         CPerson();
        //数据成员
         int m_iIndex;
         string m_sName;
         short m_shAge;
         double m_dSalary;
        //成员函数
         short getAge();
         int setAge(short sAge);
         int getIndex() ;
         int setIndex(int iIndex);
         string getName() ;
         int setName(string sName);
         double getSalary() ;
         int setSalary(double dSalary);
};
short CPerson::getAge()
{
        return m_shAge;
}
int CPerson::getIndex()
{
        return m_iIndex;
}
```

main.cpp 文件代码如下：

```
#include "stdafx.h"
#include <iostream>
#include "Person.h"
using std::cout;
using std::endl;
void main()
{
        string str("tony");
        CPerson p1;
```

```
        CPerson p2 = CPerson(1, str,25,8000);
        cout<<"p1 的信息:"<<endl;
        cout << "m_shAge is:" << p1.getAge() << endl;
        cout << "m_iIndex is:" << p1.getIndex() << endl;
        cout << "m_cName is:" << p1.getName() << endl;
        cout << "m_dSalary is:" << p1.getSalary() << endl;
        cout<<"p2 的信息:"<<endl;
        cout << "m_shAge is:" << p2.getAge() << endl;
        cout << "m_iIndex is:" << p2.getIndex() << endl;
        cout << "m_cName is:" << p2.getName() << endl;
        cout << "m_dSalary is:" << p2.getSalary() << endl;
}
```

程序运行结果如图 7.4 所示。

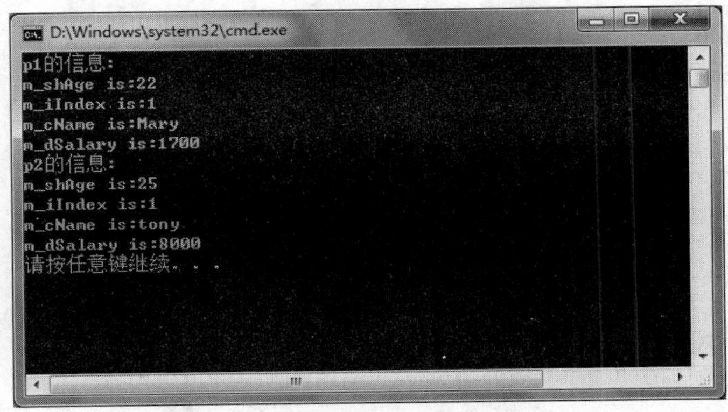

图 7.4 使用构造函数对象的初始化

在实例 7.2 中定义了两个构造函数，它们完成了各自的功能。实例 7.1 的代码中并没有定义构造函数，为什么不会出现问题？编译器执行过程中若发现类的代码中没有声明构造函数，则会分配给它一个没有内容的默认构造函数，如：

```
CPerson ()
{
}
```

默认构造函数也称为无参构造函数。如同实例中的一样，默认构造函数可以被改写。若类中没有声明无参构造函数，只声明了带参数的构造函数，此时类没有默认构造函数。

使用构造函数初始化类成员的代码还允许以如下方式实现：

```
CPerson(int index,string name):m_index(intdex),m_name(name)
{
}
```

它的作用是使用参数初始化自身的两个成员变量。

说明：

在实例 7.2 中，cpp 文件没有包含 string 的头文件也可使用 string 对象。这是因为 person.h 中已经包含了 string .h，使用了 using 关键字。

扫一扫，看视频

7.4 类的析构函数

当类的对象销毁时，编译器会调用类的析构函数。构造函数主要是用来在创建对象时，给对象中的一些数据成员赋值，主要目的就是来初始化对象。析构函数的功能是用来释放一个对象的，在对象删除前，用它来做一些清理工作，它与构造函数的功能正好相反。构造函数名标识符和类名标识符相同，析构函数名标识符就是在类名标识符前面加“~”符号。

```
~CPerson();
```

下面将用一个实例来看看析构函数何时产生。

例 7.3 析构函数的调用。

title.h 文件中，声明了一个 title 类，代码如下：

```
#include <string>
#include <iostream>
using std::string;
class title{
public:
        title(string str);
        title();
        ~title();
        string m_str;
};
```

title.cpp 文件中，实现了 title 类，代码如下：

```
#include "stdafx.h"
#include <iostream>
#include "title.h"
using std::cout;
using std::endl;
title::title(string str)
{
        m_str = str;
        cout<<str<<endl;
}
title::title()
{
        m_str = "无名标题";
        cout<<"这只是一个无名标题标题..."<<endl;
}
title::~title()
{
        cout<<"标题"<<m_str<<"要被销毁了"<<endl;
}
```

含有 main 函数的 cpp，程序的入口：

```
#include "stdafx.h"
#include "title.h"
#include <iostream>
using std::cout;
using std::endl;
```

```
int main()
{
        string str("Hello World!!!!");
        title out(str);
        if(true)
        {
            title t;
        }
        cout<<"if 执行完成"<<endl;
        return 0;
}
```

程序运行结果如图 7.5 所示。

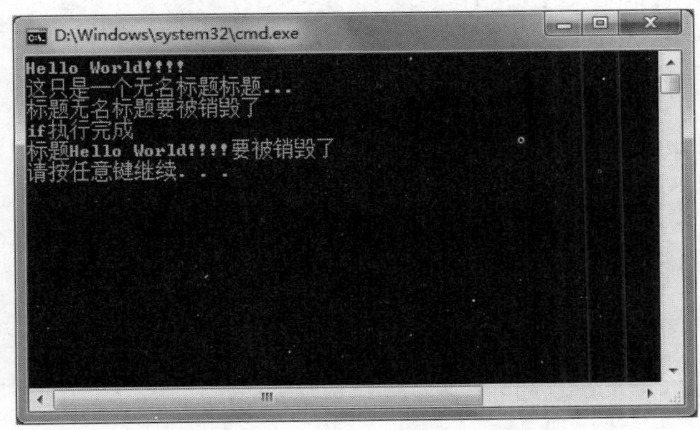

图 7.5 析构函数执行顺序

从执行结果来看，首先产生了 Hello world 标题，之后产生了 if 语句块中的无名标题。If 语句块执行完毕后，对象 t 销毁。之后用输出语句标识了分语句块的完成。程序执行完毕时，回收所有内存。out 标题销毁，自身析构函数被调用。

7.5 类的静态成员

首先回顾一下静态数据的概念。静态数据在程序开始时即获得空间，直到程序结束后才会被回收。静态数据可以声明在函数体内，也可以声明在函数体外。那么，类可否有静态成员呢？答案是肯定的。

类中的静态成员与非静态成员有很大区别。从使用上来讲，调用静态成员不需要实例化对象，而是以如下形式调用：

```
类名::静态成员
```

从设计类的思想来说，静态成员应该是类共用的。以人类作为例子，人有很多的属性：姓名，年龄，身高等。显然这些不是共用，一个具体人的名字，年龄不能交给所有人使用。在人类中添加一个属性:生存环境。具体以何种数据类型来表示它视情况而定：好坏（bool），又或质量等级（int），但重要的是它一定是一个静态变量。因为对人类来讲，生存环境是共用的。类中的静态函数无法调非静态成员变量，非静态成员变量在类未实例化时无法在内存中一直存在。若想在静态函数中使用某些成员变量，可以在形参列表中实例化本类的对象，这样在函数中可以使用该对象的成员。

例 7.4 我们共有一个地球。

human.h 声明了 human 类：

```
#include <string>
using std::string;
class human{
public:
        string m_name;
        human();
        human(string name);
        static int nTheEarth;
        static void GetFeel(human h);
        void Protect();
        void Destroy();
};
```

Human.cpp 实现了 human 类：

```
#include "stdafx.h"
#include "human.h"
#include <iostream>
using std::endl;
using std::cout;

int human::nTheEarth = 101;   //静态变量初始化!!!
human::human()
{
        m_name = "佚名";
}
human::human(string name)
{
         m_name = name;
}
void human::Destroy()
{
        human::nTheEarth-=20;
        cout<<m_name<<"破坏了环境"<<endl;
}
void human::Protect()
{
        human::nTheEarth+=6;
        cout<<m_name<<"劲微薄之力保护了环境"<<endl;
}

void human::GetFeel(human h)
{
    cout<<"环境现在的情况:";
       if(nTheEarth>100)
            cout<<"世界真美好"<<endl;
        else if(nTheEarth>80)
```

```
            cout<<"空气还算新鲜，但总觉得还是差了一些"<<endl;
        else if (nTheEarth>60)
            cout<<"天不蓝，水不清，勉强可以忍受"<<endl;
        else if(nTheEarth>40)
            cout<<"树木稀少，黄沙漫天"<<endl;
        else if (nTheEarth>20)
            cout<<"呼吸困难，水源稀缺"<<endl;
        else if (nTheEarth>0)
            cout<<"难道世界末日到了么?"<<endl;
    if(nTheEarth<50)
        {
            cout<<"感到环境变的很糟糕,";
            h.Protect();
        }
}
```

程序入口：

```
#include "stdafx.h"
#include <iostream>
#include "human.h"
using std::cout;
using std::endl;
int main()
{
    human h1("雷锋");
    human h2("某工厂老板");
    human h3("小明");
    human::GetFeel(h3);
    for(int day = 0;day<4;day++)
    {
        h1.Protect();
        h2.Destroy();
        if(day%2 == 0)
        h3.Destroy();
        else
        h3.Protect();
    }
    cout<<"现在的环境指数:"<<human::nTheEarth<<"，看来人类需要行动起来了..."<<endl;
        for(int day = 0;day<3;day++)
    {
        h1.Protect();
        human::GetFeel(h2);
        h3.Protect();
    }
        cout<<"现在的环境指数:"<<human::nTheEarth<<endl;
        return 0;
}
```

程序运行结果如图 7.6 所示。

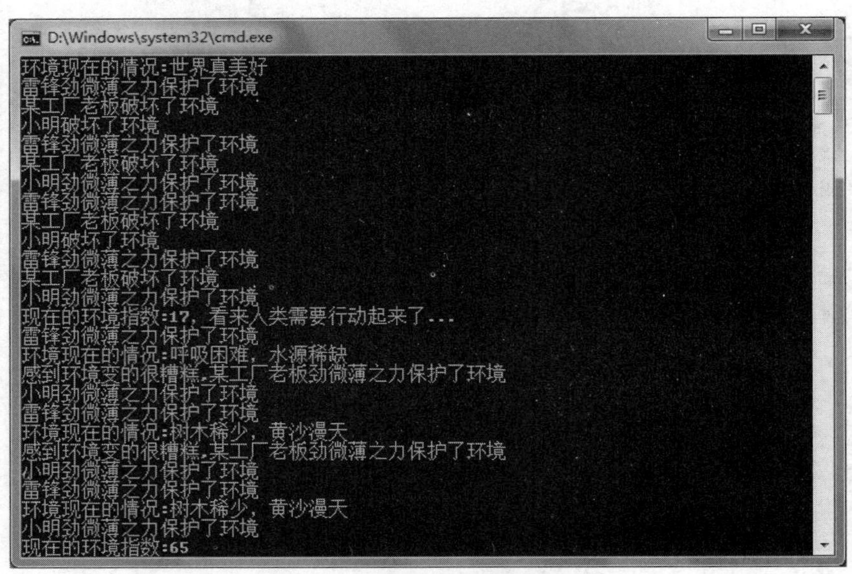

图 7.6　保护环境人人有则

human 实现的 Protect 和 Destroy 方法都对静态成员 nTheEarth 进行了操作。可以看到的是每个 human 实例执行这两个函数后，静态成员 nTheEarth 都会变化，这个值是所有对象共用的。主函数使用区域符调用了 human 类的静态方法 GetFeel()。环境的变化，每个人看到的都是一样的，所以没有必要申请非静态成员函数来表示这一过程。

注意：

和其他静态变量一样，类的静态成员变量也需要初始化。初始化时必须在外部定义，而且要标明静态变量的类型。

7.6　对象的指针

指向相应类对象的指针，就是对象的指针。它的声明方法与其他类型一样：

```
类名* p;
```

类的指针可以调用它所指向对象的成员。形式如下：

```
p->类成员
```

下面来看一个例子：

例 7.5　函数指针调用类成员。

定义一个猫类，猫有名字，会发出叫声。

cat.h 文件代码如下：

```
#include <string>
using std::string;
class cat
{
public :
        string m_name;
```

```
        void sound();
        cat();
        cat(string name);
};
```

cat.cpp 文件代码如下：

```
#include "stdafx.h"
#include "cat.h"
#include <iostream>
using std::cout;
using std::endl;
cat::cat()
{
        m_name = "小猫";
}
    cat::cat(string name)
{
        m_name = name;
}
void cat::sound()
{
        cout<<"喵呜"<<endl;
}
```

程序入口 main.cpp 代码如下：

```
#include "stdafx.h"
#include <string>
#include <iostream>
#include "cat.h"
using std::cout;
using std::endl;
int main()
{
        cat c1 = cat("花花");
        cat* pC1 =&c1;
        cout<<"用手抚摸了"<<pC1->m_name<<endl;
        cout<<pC1->m_name<<"发出了叫声:"<<endl;
        pC1->sound();
}
```

程序运行结果如图 7.7 所示。

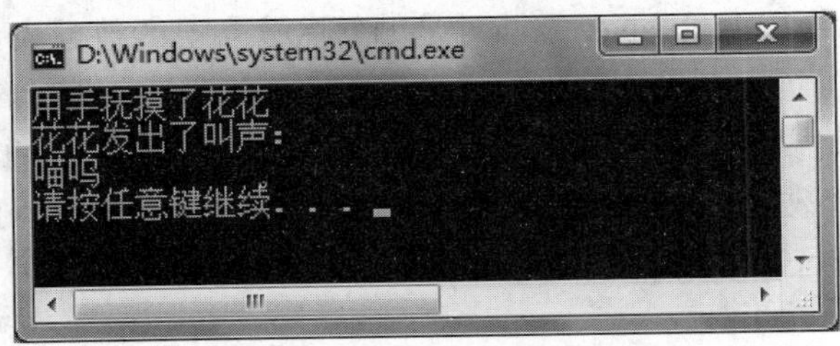

图 7.7　用指针调用成员

7.7 this 指针

对于类的非静态成员，每一个对象都有自己的一份拷贝，即每个对象都有自己的数据成员，不过成员函数却是每个对象共享的。那么调用共享的成员函数是如何找到自己的数据成员的呢？答案就是通过类中隐藏的 this 指针。下面通过对实例的讲解来说明 this 指针的作用。

例 7.6 同一个类的不同对象数据。

```
class CBook                            //定义一个 CBook 类
{
public:
    int m_Pages;                       //定义一个数据成员
    void OutputPages()                 //定义一个成员函数
    {
        cout<<m_Pages<<endl;           //输出信息
    }
};
int main(int argc, char* argv[])
{
        CBook vbBook,vcBook;           //定义两个 CBook 类对象
        vbBook.m_Pages = 512;          //设置 vbBook 对象的成员数据
        vcBook.m_Pages = 570;          //设置 vcBook 对象的成员数据
        vbBook.OutputPages();          //调用 OutputPages 方法输出 vbBook 对象的数据成员
        vcBook.OutputPages();          //调用 OutputPages 方法输出 vcBook 对象的数据成员
        return 0;
}
```

程序运行结果如图 7.8 所示。

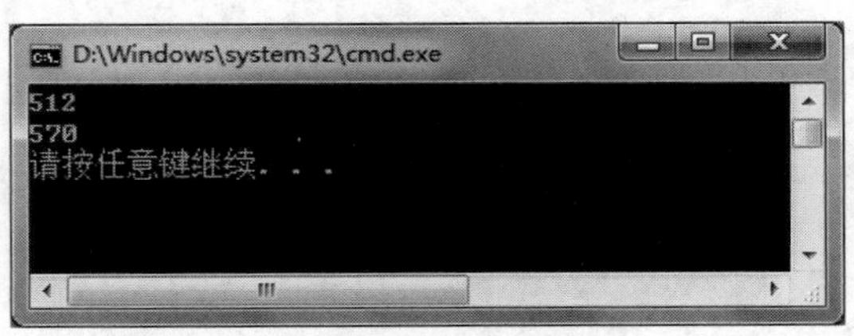

图 7.8 同一个类的不同对象数据

从图 7.8 中可以发现，vbBook 和 vcBook 两个对象均有自己的数据成员 m_Pages，在调用 OutputPages 成员函数时输出的均是自己的数据成员。在 OutputPages 成员函数中只是访问了 m_Pages 数据成员，每个对象在调用 OutputPages 方法时是如何区分自己的数据成员呢？答案是通过 this 指针。在每个类的成员函数（非静态成员函数）中都隐含包含一个 this 指针，指向被调用对象的指针，其类型为当前类类型的指针类型，在 const 方法中，为当前类类型的 const 指针类型。当 vbBook 对象调用 OutputPages 成员函数时，this 指针指向 vbBook 对象，当 vcBook 对象调用 OutputPages 成员函数时，this 指针指向 vcBook 对象。在 OutputPages 成员函数中，用户可以显式地使用 this 指针访问数据成员。例如：

```
void OutputPages()
{
        cout <<this->m_Pages<<endl;              //使用 this 指针访问数据成员
```

```
}
```

实际上，编译器为了实现 this 指针，在成员函数中自动添加了 this 指针对数据成员的方法，类似于上面的 OutputPages 方法。此外，为了将 this 指针指向当前调用对象，并在成员函数中能够使用，在每个成员函数中都隐含包含一个 this 指针作为函数参数，并在函数调用时将对象自身的地址隐含作为实际参数传递。例如，以 OutputPages 成员函数为例，编译器将其定义为：

```
void OutputPages(CBook* this)                    //隐含添加 this 指针
{
        cout <<this->m_Pages<<endl;
}
```

在对象调用成员函数时，传递对象的地址到成员函数中。以“vc.OutputPages();”语句为例，编译器将其解释为“vbBook.OutputPages(&vbBook);”，这就使得 this 指针合法，并能够在成员函数中使用。

7.8　对象与复制

当函数以相应的类作为形参列表时，对象可以作为函数的参数传入。在学习函数时，曾提到过，值传递先复制实参产生副本。那么，对象的副本又会是什么样子的呢?

复制构造函数是指类的对象被复制时，所调用的函数。下面两种情况对象都会调用复制构造函数：

1．将一个对象赋值给另外一个对象时

```
对象 1 = 对象 2;  //对象 1 与对象 2 所属类相同
对象 1(对象 2);
```

对象 2 的复制构造函数会被调用。

2．作为值传递的实参

```
funciton (对象 1);
```

在 function 函数体内，使用的是对象 1 的副本。所以之前会调用对象 1 复制构造函数。

和构造函数一样，C++在未发现自定义的复制构造函数之前会创建一个默认的构造函数，其作用如上所示。

自定义的复制构造函数的声明格式为：

```
类名(类名& 形参)
```

值得注意的是，赋值构造函数是引用传递的函数。既然默认赋值构造函数已经完成拷贝工作，何时需要重新定义它呢？例如，一个类具指针类型的数据，默认赋值构造函数执行之后，原对象和副本的指针成员指向的是同一片内存空间。通过指针改变该内存，就会改变两个对象实际应用的数据（也就是这块内存的内容）。这时可以自定义赋值构造函数，将两个指针的内存分离开。

例 7.7　菌类的繁殖。

germ.h，声明了一个菌类：

```
#include <string>
using std::string;
class germ{
```

```
public:
        int m_age;
        string m_name;
        germ(germ& g);
        germ(string s);
        ~germ();
};
```

germ.cpp，实现了菌类：

```
#include "stdafx.h"
#include "germ.h"
#include <iostream>
using std::cout;
using std::endl;
germ::germ(string s)
{
        m_name = s;
        m_age = 1;
        cout<<"发现了"<<m_name<<endl;
}
germ::germ(germ& g)
{
        g.m_age +=1;
        this->m_age = 1;
        this->m_name =g.m_name + "的复制体";
        cout<<"产生了"<<g.m_name<<"的复制体"<<endl;
}
    germ::~germ(){
        cout<<this->m_name<<"被消灭了"<<endl;
}
```

main.cpp 程序执行的入口：

```
#include "stdafx.h"
#include <iostream>
#include "germ.h"
using std::cout;
using std::endl;
germ copyGerm(germ gc)
{
        return gc;
}
int main()
{
        germ g1("有氧菌");
        germ g2(g1);
        germ g3("无氧菌");
        germ g4 = g3;
        germ g5 = copyGerm(g4);
        return 0;
}
```

程序运行结果如图 7.9 所示。

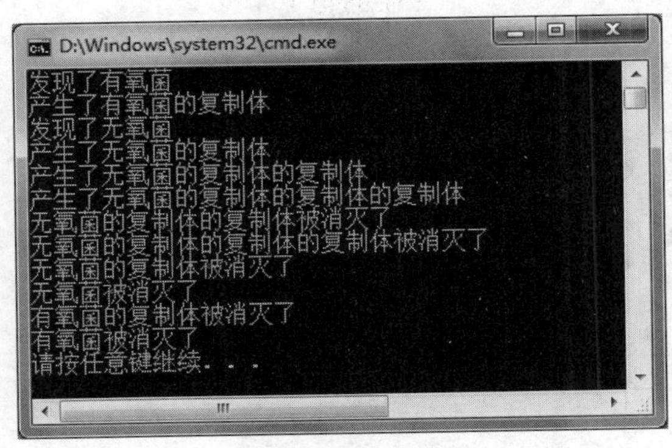

图 7.9　复制过程

从执行结果来分析代码。首先在主函数中产生了 g1 对象，由复制构造函数产生了 g1 的赋值体 g2—有氧菌复制体，之后定义了 g3—无养菌。通过复制构造函数产生了 g3 的复制体 g4。前 4 行输出即是上边所述的过程。g5 产生前，g5 所在的赋值语句等号右边的 copyGerm 函数调用，传递的实参为 g4—无氧菌的复制体。像本节开始提到的那样，值传递实参对象产生副本，副本就是形参 gc—无氧菌复制品的复制体。函数执行完毕后，传递回临时变量，内容是 gc。g5 的值经过了赋值语句所以它是 gc（临时变量使用的内存）的复制品。

说明：

通过本例读者可以知道何时 C++会调用类的复制构造函数。临时变量的应用在右值的概念章节中曾提到过。在这个事例中可以清楚的看到，临时变量是 C++提供的一个暂时的内存存储，用途只是赋值给其他数据。

7.9　const 对象

当一个对象创建之后，若不希望它的任何数据发生改变，则可以将其直接声明为 const 对象：

```
const 类名 对象名
```

值得注意的是，const 对象必须初始化。依照之前的一贯说法，这是一个只读对象。可以调用他的数据和函数，但是不可以对他们进行修改。除此之外，const 对象的 this 指针也是常量。在上一节曾经提到过，成员函数在自己的函数体内自动为成员变量加上了 this 指针。如何使这些内存指针转化为 const 呢？仍然需要 const 关键字，函数声明形式如下：

```
返回类型 函数名(参数列表)  const;
```

即在函数头结尾加上 const。只能对类中的函数做如此声明，对外部的函数无效。

下面用一个实例进一步说明 const 对象的使用方法。

例 7.8　标准尺寸。

box.h 代码如下：

```
class box{
public:
        int m_lenth;     //长
        int m_width;     //宽
        int m_hight;     //高
        box(int lenth,int width,int hight);
```

```
        bool Compare(box b) const;
};
```

box.cpp 代码如下：

```
#include "stdafx.h"
#include <iostream>
#include "box.h"
using std::cout;
using std::endl;
box::box(int lenth,int width,int hight)
{
    m_lenth = lenth;
    m_width = width;
    m_hight = hight;
    cout<<"刚刚制作的盒子长:"<<lenth<<"宽:"<<width<<"高:"<<hight<<endl;
}
bool box::Compare(box b) const
{

    return (m_lenth == b.m_lenth)&(m_width == b.m_width)&(m_hight == b.m_hight);
}
```

main.cpp 程序入口：

```
#include "stdafx.h"
#include "box.h"
#include <iostream>
using std::cout;
using std::endl;
using std::cin;
int main()
{
        const box styleBox(4,2,3);
        cout<<"标准盒子创建完成"<<endl;
        box temp(1,1,1);
        while(styleBox.Compare(temp) != true)
        {
            cout<<"刚才的盒子不合适"<<endl;
            int lenth;
            int width;
            int hight;
            cout<<"请输入新盒子的数据，使它符合标准盒子的大小"<<endl;
            cin>>lenth;
            cin>>width;
            cin>>hight;
            temp = box(lenth,width,hight);
        }
        cout<<"盒子刚好合适，恭喜你"<<endl;
        return 0;
}
```

程序运行结果如图 7.10 所示。

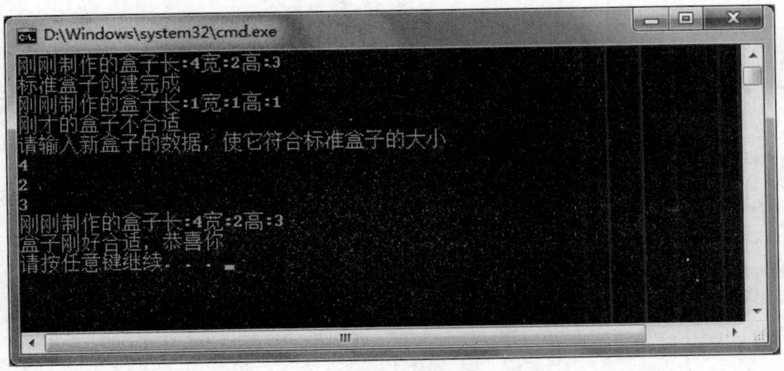

```
D:\Windows\system32\cmd.exe
刚刚制作的盒子长:4宽:2高:3
标准盒子创建完成
刚刚制作的盒子长:1宽:1高:1
刚才的盒子不合适
请输入新盒子的数据，使它符合标准盒子的大小
4
2
3
刚刚制作的盒子长:4宽:2高:3
盒子刚好合适，恭喜你
请按任意键继续. . .
```

图 7.10　标准尺寸

假如试图改变 sytleBox 的长、宽、高，编译器就会报错，如图 7.11 所示。

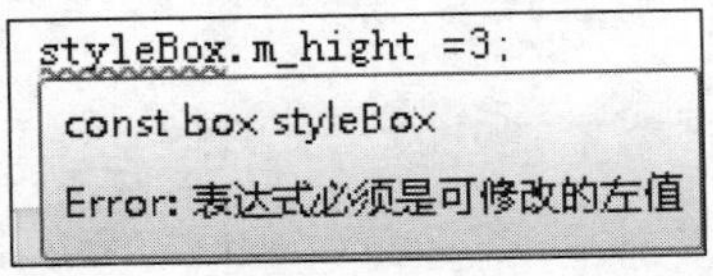

```
styleBox.m_hight =3;
const box styleBox
Error: 表达式必须是可修改的左值
```

图 7.11　const 对象的成员变量不可修改

7.10　对 象 数 组

在数组一章中曾了解到，数组是通过指针分配到的一段额定大小的内存空间。同样的，数组也可以包含对象。声明对象数组的形式如下：

```
box boxArray[5];
box boxArray2[2] = {box(1,1,1),box(2,2,2)};
box boxArray3[3] = (3,styleBox);
```

值得注意的是，第一种申请对象数组的方法必须保证类中含有默认的构造函数，否则编译器将会报错。同样的，可以通过对象指针申请动态对象数组。

```
box* pbox;
pbox =new box[n]; //n 为整数
```

同时需要确认 box 中含有默认(无参)构造函数。

例 7.9　批量化生产。

box.h 代码如下：

```
class box{
public:
//类成员变量
        float m_lenth;        //长
        float m_width;        //宽
        float m_hight;        //高
        int Number;           //流水线编号
//类成员函数
        box(float lenth,float width,float hight);
        box();
```

```
        bool Compare(const box b) const;
        void ToCheck();  //显示当前盒子的规格
        void Rebuild(float lenth,float width,float hight); //重新定义长 宽 高
};
```

box.cpp 代码如下：

```
#include "stdafx.h"
#include <iostream>
#include "box.h"
using std::cout;
using std::endl;
box::box()
{
        m_lenth =1.000f;
        m_width = 1.000f;
        m_hight = 1.000f;
        cout<<"制作的盒子长:"<<m_lenth<<"宽:"<<m_width<<"高:"<<m_hight<<endl;
}
box::box(float lenth,float width,float hight)
{
        m_lenth = lenth;
        m_width = width;
        m_hight = hight;
        cout<<"定制作的盒子长:"<<lenth<<"宽:"<<width<<"高:"<<hight<<endl;
}
bool box::Compare(const box b) const
{
        return (m_lenth == b.m_lenth)&(m_width == b.m_width)&(m_hight == b.m_hight);
}
void box::ToCheck()
{
        cout<<"本盒子现在长:"<<m_lenth<<"宽:"<<m_width<<"高:"<<m_hight<<endl;
}
void box::Rebuild(float lenth,float width,float hight)
{
        m_lenth = lenth;
        m_width = width;
        m_hight = hight;
}
```

程序入口 main.cpp：

```
#include "stdafx.h"
#include "box.h"
#include <iostream>
using std::cout;
using std::endl;
using std::cin;
bool check(float a,float b,float c)
{
```

```
        return  (a>0)&(b>0)&(c>0)&(a<100)&(b<100)&(c<100);
}
int main()
{
        float lenth;
        float hight;
        float width;
        cout<<"请输入您所需要盒子，长、宽、高"<<endl;
        while(cin>>lenth,cin>>hight,cin>>width,!check(lenth,width,hight))
        {
            cout<<"抱歉，你所输入的规格超出我们的制作水平，请重新输入"<<endl;
        }
        const box styleBox(lenth,width,hight);
        cout<<"请输入您的订单个数:"<<endl;
        int count;
        while(cin>>count,!((count>0)&(count<6)))//数字检查
        {
            if(count>5)
        {
            cout<<"抱歉，订单数额超出生产水平，请重新输入"<<endl;
        }
        else{
            cout<<"请确认输入的数值为正数，请重新输入"<<endl;
        }
    }
    box* boxArray ;
    boxArray = new box[count];  //动态对象数组
    bool bOk = false;

        for(int i=0;i<count;i++)
        {
            boxArray[i].Rebuild(lenth,width,hight);
            boxArray[i].ToCheck();
            if(styleBox.Compare(boxArray[i]))
            {
                cout<<"此产品符合规格"<<endl;
            }
        }
        delete []boxArray;
        return 0;
}
```

程序中将长、宽、高定义为浮点数据类型，如果输入超过精度，则会将超过精度的最后一位按照四舍五入的方式进位。程序运行结果如图 7.12 所示。

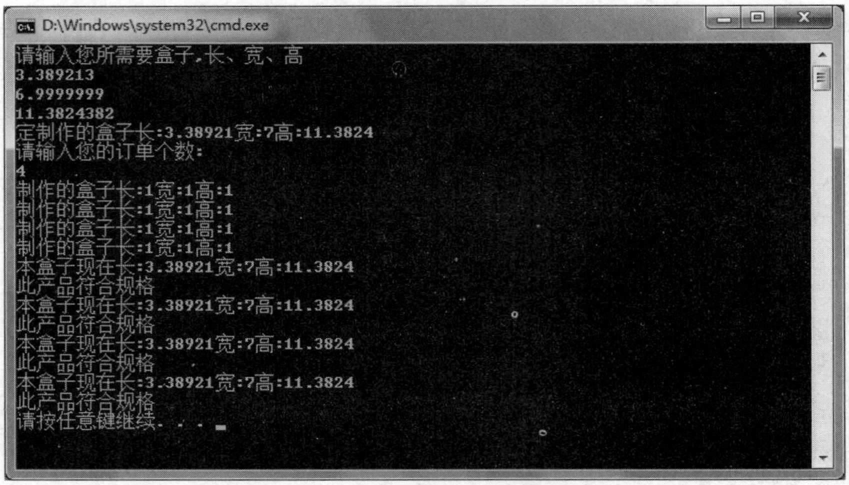

```
D:\Windows\system32\cmd.exe
请输入您所需要盒子,长、宽、高
3.389213
6.9999999
11.3824382
定制作的盒子长:3.38921宽:7高:11.3824
请输入您的订单个数:
4
制作的盒子长:1宽:1高:1
制作的盒子长:1宽:1高:1
制作的盒子长:1宽:1高:1
制作的盒子长:1宽:1高:1
本盒子现在长:3.38921宽:7高:11.3824
此产品符合规格
本盒子现在长:3.38921宽:7高:11.3824
此产品符合规格
本盒子现在长:3.38921宽:7高:11.3824
此产品符合规格
本盒子现在长:3.38921宽:7高:11.3824
此产品符合规格
请按任意键继续. . .
```

图 7.12　运行结果

7.11　重载运算符

7.11.1　算术运算符的重载

在字符串的章节中曾介绍过 string 类型的数据，它是 C++标准模板库提供给编程者的一个类。string 类支持使用加号“+”连接两个 string 对象。但是使两个 string 对象相减却是非法的，其中的原理就是 C++所提供类中重载运算符的功能。在 string 类中定义了运算符“+”和“+=”两个符号的使用方法，这种使用方法实质上是一种成员函数。

关键字 operator 是专门实现类运算符重载的关键字。在类成员中，定义一个这样形式的函数：

```
返回值类型 operator 重载的运算符 (参数列表)
```

以 box 类为例，可以将加号“+”重载，之后获得一个更大的盒子。

例 7.10　重载加号运算符。

box.h 代码如下：

```
class box{
public:
    //类成员变量
    float m_lenth;        //长
    float m_width;        //宽
    float m_hight;        //高
    int Number;           //流水线编号
    //类成员函数
    box(float lenth,float width,float hight);
    box();
    box(const box& b); //复制构造函数
    bool Compare(const box b) const;
    void ToCheck(); //显示当前盒子的规格
    void Rebuild(float lenth,float width,float hight); //重新定义长 宽 高
```

```
    box operator +();    //重载加号运算
};
```

在 box.cpp 中添加实现部分：

```
box::operator + (const box b) const
{
        box box1(
                this->m_lenth + b.m_lenth,
            this->m_width  + b.m_width,
            this->m_hight + b.m_hight
        );
       return box1;
}
box::box(const box& b)
{
       this->Rebuild(b.m_lenth,b.m_width,b.m_hight);
       cout<<"盒子的复制品创建"<<endl;
}
```

main.cpp 程序入口：

```
#include "stdafx.h"
#include "box.h"
#include <iostream>
using std::cout;
using std::endl;
using std::cin;

int main()
{
       const box boxA(3.2f,3.3f,3.4f);
       const box boxB(4.1f,7.132f,6.094f);
       box boxC = boxA+ boxB;
       boxC.ToCheck();
}
```

程序运行结果如图 7.13 所示。

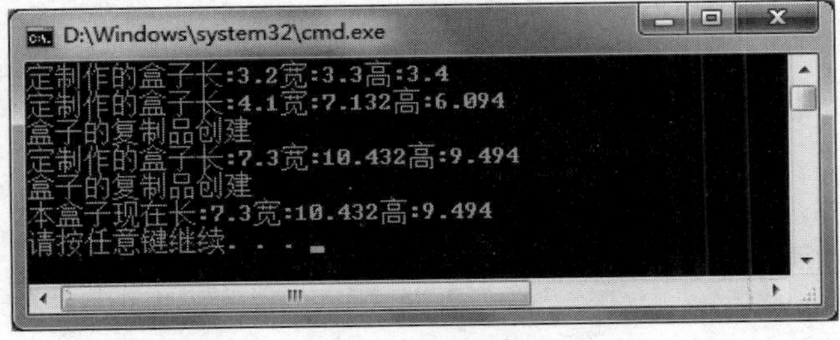

图 7.13　两个盒子“相加”

首先创建两个 box 对象，使用 box 类定义的重载运算符“+”将 boxB 做为参数传到函数里。这时产生复制对象。函数返回了一个 box 对象，它的长、宽、高是 boxA 和 boxB 的和。boxC 以这个返回值初始化，调用复制构造函数。最后输出的是 boxC 的长、宽、高。

7.11.2 比较运算符重载

除了加减乘除外，比较运算符也可以被用做重载。根据比较运算符的运算规则，在重载时最好贴近它们的定义。

例 7.11 重载比较运算符。

box.h 代码如下：

```
class box{
public:
//类成员变量
        float m_lenth;    //长
        float m_width;    //宽
        float m_hight;    //高
        int Number;      //流水线编号
//类成员函数
        box(float lenth,float width,float hight);
        box();
        box(const box& b);  //复制构造函数
        bool Compare(const box b) const;
        void ToCheck();  //显示当前盒子的规格
        void Rebuild(float lenth,float width,float hight); //重新定义长、宽、高
        box operator +();   //重载加号运算
        bool operator >(const box b) const;  //重载>
        bool operator <(const box b) const;  //重载<
};
```

在 box.cpp 中添加实现部分：

```
bool box::operator> (const box b) const{
        return (m_lenth > b.m_lenth)&(m_width > b.m_width)&(m_hight > b.m_hight);
}
bool box::operator<(const box b) const{
        return (m_lenth < b.m_lenth)&(m_width < b.m_width)&(m_hight < b.m_hight);
}
```

程序入口 main.cpp 代码如下：

```
#include "stdafx.h"
#include "box.h"
#include <iostream>
using std::cout;
using std::endl;
using std::cin;

int main()
{
        box boxA(4.44f,3.33f,5.55f);
        box boxB(14.44f,13.33f,15.55f);
        box boxC(24.44f,3.33f,1.55f);
        if(boxA>boxB)
        {
            cout<<"盒子 A 能完全容纳下盒子 B"<<endl; //这里容纳指的是按常规摆放时的容纳
        }
```

```
        else if(boxA<boxB)
        {
            cout<<"盒子 B 能完全容纳下盒子 A"<<endl;
        }
        else
        {
            cout<<"这两个盒子不能相互容纳"<<endl;
        }
        if(boxC>boxB)
        {
            cout<<"盒子 C 能完全容纳下盒子 B"<<endl; //这里容纳指的是按常规摆放时的容纳
        }
        else if(boxC<boxB)
        {
            cout<<"盒子 B 能完全容纳下盒子 C"<<endl;
        }
        else
        {
            cout<<"这两个盒子不能相互容纳"<<endl;
        }
        return 0;
}
```

程序运行结果如图 7.14 所示。

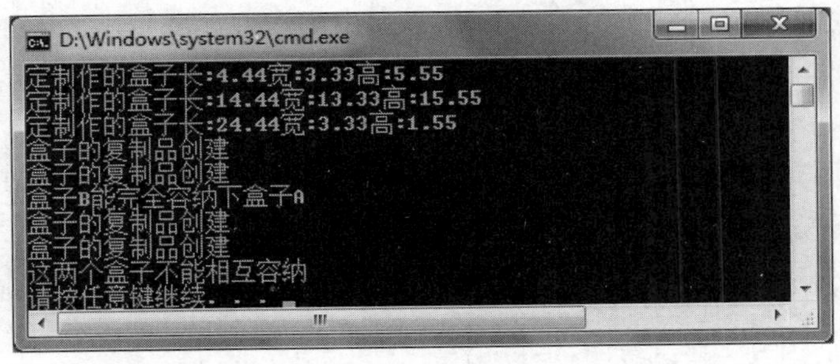

图 7.14　执行结果

依据比较运算符的重载定义，程序共执行了 4 次比较。

除此之外，逻辑运算符、位运算符、赋值运算符（=，+=）、调用运算符(即( ))等都可以被重载。赋值运算符被重载后失去原来的定义，转为重载运算符函数。在重载运算符时，最好贴近将运算符应用于参数、成员变量等，使运算符的意义与重载的意义相近。

7.12　上 机 实 践

7.12.1　用户与留言

➤➤➤题目描述

编写一个程序，使用一个具有用户名、密码、年龄、性别等 4 项的用户类。它能够在控制台中以记名的形式留言。

➤➤➤技术指导

在设计这个用户类时，首先应声明它的成员变量与成员函数。它的成员变量就是名字、密码、年龄和性别 4 个属性。实例化用户类时，自身的属性应该被初始化。在类中添加一个留言的函数，在函数中输出名字成员变量与留言内容。关键代码如下：

```
user::user(string name,string password,int age,string sex)
{
        this->m_age = age;
        this->m_name = name;
        this->m_password = password;
        this->m_sex = sex;
}
void user::LeaveMessage(string s)
{
        std::cout<<m_name<<"：:"<<s<<endl;
}
```

7.12.2 挑选硬盘

➤➤➤题目描述

硬盘中比较重要的性能指标是容量和转速，当然性能越强的硬盘价格也较高。现在先挑选容量大、性价比较高的硬盘，其次挑选转速较高的。编写程序，设计硬盘类，在类中使用比较运算符重载作为挑选硬盘的标准（作为示例过程，实质上买东西的情况会更复杂）。

➤➤➤技术指导

在类中使用比较运算符>的运算符重载，比较两个硬盘类对象的标准写在这个运算符重载函数内。关键代码如下：

```
class hardDisk
{
public:
        int m_speed;    //速度
        int m_cap;      //容量
        int m_cost;     //价格
        hardDisk(int speed,int cap,int cost)
        {
            m_speed = speed;
            m_cap = cap;
            m_cost = cost;
        }
        bool operator>(const hardDisk& disk)
        {
            if((m_cap*disk.m_cap)>(m_cost*disk.m_cost))   //性价比判断条件
            {
                return true;
            }
        else if((m_cap/m_cost)==(disk.m_cap/disk.m_cost)||(m_speed>disk.m_speed))
          {
```

```
            return true;
        }
    return false;
    }
};
```

7.13　本 章 总 结

通过本章的学习，读者进入了有关面向对象的程序设计。在面向对象的程序设计中，其设计思路和人们日常生活中处理问题的方法相同，类是实现面向对象程序设计的基础。在本章中介绍了有关 C++中类的基础概念，讲解如何声明类并且如何实现一个类以及构造函数和析构函数的作用，还有类成员的相关内容。最后讲解了运算符重载的应用。

第 8 章　类的继承和派生

继承与派生是面向对象程序设计的两个重要特性：继承是从已有的类那里得到已有的特性，已有的类为基类或父类；新类被称为派生类或子类。继承与派生是从不同角度说明类之间的关系，这种关系包含了访问机制、多态和重载等。

通过学习本章，读者可以达到以下学习目的：

- 了解访问控制
- 掌握重载操作符
- 掌握虚函数
- 掌握多态
- 掌握抽象类

扫一扫，看视频

8.1　继　　承

继承（inheritance）是面向对象的主要特征（此外还有封装和多态）之一，它使得一个类可以从现有类中派生，而不必重新定义一个新类。继承的实质就是用已有的数据类型创建新的数据类型，并保留已有数据类型的特点，以旧类为基础创建新类，新类包含了旧类的数据成员和成员函数，并且可以在新类中添加新的数据成员和成员函数。旧类被称为基类或父类，新类被称为派生类或子类。

8.1.1　类的继承

类继承的形式如下：

```
class 派生类名标识符: [继承方式] 基类名标识符
{
        [访问控制修饰符:]
        [成员声明列表]
};
```

继承方式有 3 种派生类型，分别为共有型（public）、保护型（protected）和私有型（private）；访问控制修饰符也是 public、protected、private 3 种类型；成员声明列表中包含类的成员变量及成员函数，是派生类新增的成员。“:”是一个运算符，表示基类和派生类之间的继承关系，如图 8.1 所示。

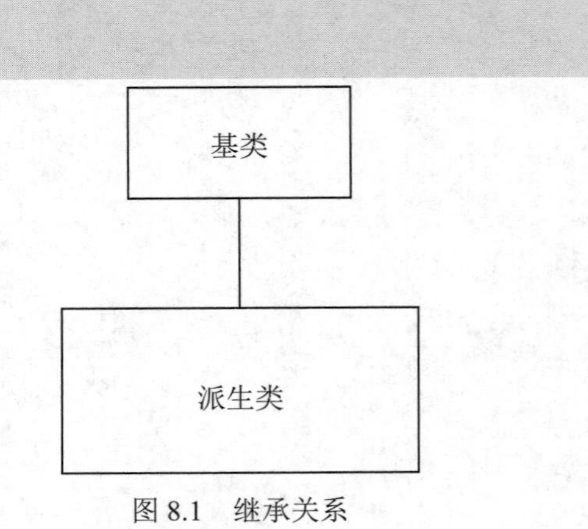

图 8.1　继承关系

例如，定义一个继承员工类的操作员类。首先定义一个员工类，它包含员工 ID、员工姓名、所属部门等信息。

```
class CEmployee                                 //定义员工类
{
public:
        int m_ID;                               //定义员工 ID
        char m_Name[128];                       //定义员工姓名
        char m_Depart[128];                     //定义所属部门
};
```

然后定义一个操作员类，通常操作员属于公司的员工，它包含员工 ID、员工姓名、所属部门等信息，此外还包含密码信息、登录方法等。

```
class COperator :public CEmployee               //定义一个操作员类，从 CEmployee 类派生而来
{
public:
        char m_Password[128];                   //定义密码
        bool Login();
};
```

操作员类是从员工类派生的一个新类，新类中增加密码信息、登录方法等信息，员工 ID、员工姓名等信息直接从员工类中继承得到。

例 8.1　类的继承。

```
#include <iostream>
using namespace std;
class CEmployee                                 //定义员工类
{
public:
        int m_ID;                               //定义员工 ID
        char m_Name[128];                       //定义员工姓名
        char m_Depart[128];                     //定义所属部门
        CEmployee()                             //定义默认构造函数
    {
        memset(m_Name,0,128);                   //初始化 m_Name
        memset(m_Depart,0,128);                 //初始化 m_Depart
    }
void OutputName()                               //定义共有成员函数
{
        cout <<"员工姓名"<<m_Name<<endl;        //输出员工姓名
}
};
class COperator :public CEmployee               //定义一个操作员类，从 CEmployee 类派生而来
{
public:
        char m_Password[128];                   //定义密码
        bool Login()                            //定义登录成员函数
        {
        if (strcmp(m_Name,"MR")==0 &&           //比较用户名
            strcmp(m_Password,"KJ")==0)         //比较密码
        {
            cout<<"登录成功!"<<endl;            //输出信息
            return true;                        //设置返回值
        }
        else
```

```
            {
                cout<<"登录失败!"<<endl;        //输出信息
                return false;                   //设置返回值
            }
        }
    };
int main(int argc, char* argv[])
{
        COperator optr;                         //定义一个 COperator 类对象
        strcpy(optr.m_Name,"MR");               //访问基类的 m_Name 成员
        strcpy(optr.m_Password,"KJ");           //访问 m_Password 成员
        optr.Login();                           //调用 COperator 类的 Login 成员函数
        optr.OutputName();                      //调用基类 CEmployee 的 OutputName 成员函数
        return 0;
}
```

程序中 CEmployee 类是 COperator 类的基类，也就是父类。COperator 类将继承 CEmployee 类的所有非私有成员（private 类型成员不能被继承）。optr 对象初始化 m_Name 和 m_Password 成员后，调用了 Login 成员函数，程序运行结果如图 8.2 所示。

图 8.2　访问父类成员函数

用户在父类中派生子类时，可能存在一种情况，即在子类中定义了一个与父类同名的成员函数，此时称为子类隐藏了父类的成员函数。例如，重新定义 COperator 类，添加一个 OutputName 成员函数。

8.1.2　类成员的可访问性

类的特点之一就是具有封装性，封装在类里面的数据可以设置成对外可见或不可见。通过关键字 public、private、protected 可以设置类中数据成员对外是否可见，也就是其他类是否可以访问该数据成员。

关键字 public、private、protected 说明类成员是共有的、私有的，还是保护的。这 3 个关键字将类划分为 3 个区域，在 public 区域的类成员可以在类作用域外被访问，而 private 区域和 protected 区域只能在类作用域内被访问，如图 8.3 所示。

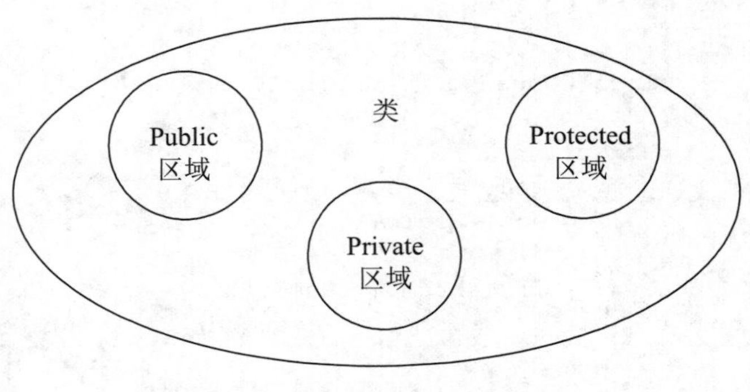

图 8.3　类成员属性

这 3 种类成员的属性如下：

- public 属性的成员对外可见，对内可见。
- private 属性的成员对外不可见，对内可见。
- protected 属性的成员对外不可见，对内可见，且对派生类是可见的。

如果在类定义的时候没有加任何关键字，默认状态类成员都在 private 区域。

例如，在头文件 Person.h 中：

```
class CPerson
{
    int m_iIndex;
    int getIndex() { return m_iIndex; }
    int setIndex(int iIndex)
    {
        m_iIndex=iIndex;
        return 0;                                //执行成功返回 0
    }
};
```

实现文件 Person.cpp 中：

```
#include <iostream.h>
#include "Person.h"
void main()
{
        CPerson p;
        p.m_iIndex=100;                                         //错误
        cout << "m_iIndex is:" << p.getIndex() << endl;         //错误
}
```

在编译上面的代码时，会发现编译不能通过，这是什么原因呢？

因为在默认状态下，类成员的属性为 private，类成员只能被类中的其他成员访问，而不能被外部访问。例如，CPerson 类中的 m_iIndex 数据成员，只能在类体的作用域内被访问和赋值，数据类型为 CPerson 类的对象 p，就无法对 m_iIndex 数据成员进行赋值。

有了不同区域，开发人员可以根据需求来进行封装。将不想让其他类访问和调用的类成员定义在 private 区域和 protected 区域，这就保证了类成员的隐蔽性。需要注意的是，如果将成员的属性设置为 protected，那么继承类也可以访问父类的保护成员，但是不能访问类中的私有成员。

关键字的作用范围是，直到下一次出现另一个关键字为止，例如：

```
class CPerson
{
private:
        int m_iIndex;                            //私有属性成员
public:
        int getIndex() { return m_iIndex; }      //公有属性成员
        int setIndex(int iIndex)                 //公有属性成员
        {
            m_iIndex=iIndex;
            return 0;                            //执行成功返回 0
        }
};
```

在上面的代码中，private 访问权限控制符设置 m_iIndex 成员变量为私有。public 关键字下面的成员函数设置为公有，从中可以看出 private 的作用域到 public 出现时为止。

8.1.3 继承后可访问性

继承方式有 public、private、protected 3 种，其说明如下：

1. 共有型派生

共有型派生表示对于基类中的 public 数据成员和成员函数，在派生类中仍然是 public，对于基类中的 private 数据成员和成员函数，在派生类中仍然是 private。例如：

```
class CEmployee
{
    public:
    void Output()
    {
        cout << m_ID << endl;
        cout << m_Name << endl;
        cout << m_Depart << endl;
    }
private :
        int m_ID;
        char m_Name[128];
        char m_Depart[128];
};
class COperator :public CEmployee
{
        void Output()
        {
            cout << m_ID << endl;              //引用基类的私有成员，错误
            cout << m_Name << endl;            //引用基类的私有成员，错误
            cout << m_Depart << endl;          //引用基类的私有成员，错误
            cout << m_Password << endl;        //正确
        }
private:
    char m_Password[128];
    bool Login();
};
```

COperator 类无法访问 CEmployee 类中的 private 数据成员 m_ID、m_Name 和 m_Depart，如果将 CEmployee 类中的所有程序都设置为 public 后，COperator 类才能访问 CEmployee 类中的所有成员。例如：

```
class CEmployee
{
        public:
        void Output()
        {
            cout << m_ID << endl;
            cout << m_Name << endl;
```

```
            cout << m_Depart << endl;
        }
private :
        int m_ID;
        char m_Name[128];
        char m_Depart[128];
};
class COperator :public CEmployee
{
        void Output()
        {
            cout << m_ID << endl;              //正确
            cout << m_Name << endl;            //正确
            cout << m_Depart << endl;          //正确
            cout << m_Password << endl;        //正确
        }
private:
        char m_Password[128];
        bool Login();
};
```

2. 私有型派生

私有型派生表示对于基类中的 public、protected 数据成员和成员函数，在派生类中可以访问。基类中的 private 数据成员，在派生类中不可以访问。例如：

```
class CEmployee
{
    public:
        void Output()
        {
            cout << m_ID << endl;
            cout << m_Name << endl;
            cout << m_Depart << endl;
        }
        int m_ID;
protected:
        char m_Name[128];
private :
        char m_Depart[128];
};
class COperator :private CEmployee
{
        void Output()
    {
        cout << m_ID << endl;              //正确
        cout << m_Name << endl;            //正确
        cout << m_Depart << endl;          //错误
        cout << m_Password << endl;        //正确
    }
private:
```

```
        char m_Password[128];
        bool Login();
};
```

3. 保护型派生

保护型派生表示对于基类中的public、protected数据成员和成员函数，在派生类中均为protected。protected类型在派生类定义时可以访问，用派生类声明的对象不可以访问，也就是说在类体外不可以访问。protected成员可以被基类的所有派生类使用。这一性质可以沿继承树无限向下传播。

因为保护类的内部数据不能被随意更改，实例类本身负责维护，这就起到很好的封装性作用。把一个类分作两部分，一部分是公共的，另一部分是保护，保护成员对于使用者来说是不可见的，也是不需了解的，这就减少了类与其他代码的关联程度。类的功能是独立的，它不依赖于应用程序的运行环境，既可以放到这个程序中使用，也可以放到那个程序中使用。这就能够非常容易地用一个类替换另一个类。类访问限制的保护机制使人们编制的应用程序更加可靠和易维护。

8.1.4 构造函数访问顺序

由于父类和子类中都有构造函数和析构函数，那么子类对象在创建时是父类先进行构造，还是子类先进行构造呢？同样在子类对象释放时，是父类先进行释放，还是子类先进行释放呢？这都有个先后顺序问题。答案是当从父类派生一个子类并声明一个子类的对象时，它将先调用父类的构造函数，然后调用当前类的构造函数来创建对象；在释放子类对象时，先调用的是当前类的析构函数，然后是父类的析构函数。

例 8.2 构造函数访问顺序。

```
#include "stdafx.h"
#include <iostream>
using namespace std;
class CEmployee                                          //定义CEmployee类
{
public:
        int m_ID;                                        //定义数据成员
        char m_Name[128];                                //定义数据成员
        char m_Depart[128];                              //定义数据成员
        CEmployee()                                      //定义构造函数
        {
            cout << "CEmployee类构造函数被调用"<< endl;  //输出信息
        }
        ~CEmployee()                                     //析构函数
        {
            cout << "CEmployee类析构函数被调用"<< endl;  //输出信息
        }
};
class COperator :public CEmployee                        //从CEmployee类派生一个子类
{
public:
        char m_Password[128];                            //定义数据成员
        COperator()                                      //定义构造函数
```

```
        {
            strcpy(m_Name,"MR");                          //设置数据成员
            cout << "COperator 类构造函数被调用"<< endl;  //输出信息
        }
        ~COperator()                                      //析构函数
        {
            cout << "COperator 类析构函数被调用"<< endl;  //输出信息
        }
};
int main(int argc, char* argv[])                          //主函数
{
        COperator optr;                                   //定义一个 COperator 对象
        return 0;
}
```

程序运行结果如图 8.4 所示。

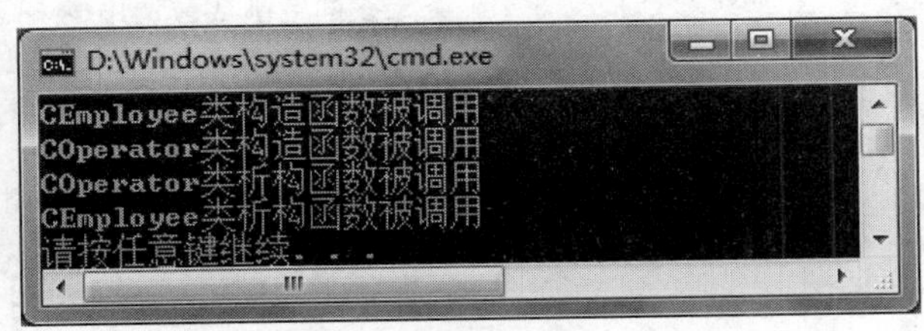

图 8.4　构造函数调用顺序

从图 8.4 中可以发现，在定义 COperator 类对象时，首先调用的是父类 CEmployee 的构造函数，然后是 COperator 类的构造函数。子类对象的释放过程则与其构造过程恰恰相反，先调用自身的析构函数，然后再调用父类的析构函数。

在分析完对象的构建、释放过程后，会考虑这样一种情况：定义一个基类类型的指针，调用子类的构造函数为其构建对象，当对象释放时，是直接调用父类的析构函数，还是先调用子类的析构函数，再调用父类的析构函数呢？答案是：如果析构函数是虚函数，则先调用子类的析构函数，然后再调用父类的析构函数；如果析构函数不是虚函数，则只调用父类的析构函数。可以想象，如果在子类中为某个数据成员在堆中分配了空间，父类中的析构函数不是虚成员函数，将使子类的析构函数不被调用，其结果是对象不能被正确地释放，导致内存泄漏的产生。因此，在编写类的析构函数时，析构函数通常是虚函数。构造函数调用顺序不受基类在成员初始化表中是否存在以及被列出的顺序的影响。

8.1.5　子类显式调用父类构造函数

当父类含有带参数的构造函数时，子类创建的时候会调用它么？答案是通过显示方式才可以调用。

无论创建子类对象时调用的是哪种子类构造函数，都会自动调用父类默认构造函数。若想使用父类带参数的构造函数，则需要通过显示的方式。

例 8.3　显示调用父类构造函数。

```
#include "stdafx.h"
#include <iostream>
using namespace std;
```

```
class CEmployee                                         //定义 CEmployee 类
{
public:
        int m_ID;                                       //定义数据成员
        char m_Name[128];                               //定义数据成员
        char m_Depart[128];                             //定义数据成员
        CEmployee(char name[])                          //带参数的构造函数
        {
            strcpy(m_Name,name);
            cout << m_Name<<"调用了 CEmployee 类带参数的构造函数"<< endl;   //输出信息
        }
        CEmployee()                                     //无参构造函数
        {
            strcpy(m_Name,"MR");
            cout << m_Name<<"CEmployee 类无参构造函数被调用"<< endl;   //输出信息
        }
        ~CEmployee()                                    //析构函数
        {
            cout << "CEmployee 类析构函数被调用"<< endl;   //输出信息
        }
};

class COperator :public CEmployee                   //从 CEmployee 类派生一个子类
{
public:
        char m_Password[128];//定义数据成员
        COperator(char name[ ]):CEmployee(name)     //显示调用父类带参数的构造函数
        {       //设置数据成员
            cout << "COperator 类构造函数被调用"<< endl;       //输出信息
        }
        COperator():CEmployee("JACK")               //显示调用父类带参数的构造函数
        {       //设置数据成员
            cout << "COperator 类构造函数被调用"<< endl;   //输出信息
        }
        ~COperator()                                    //析构函数
        {
            cout << "COperator 类析构函数被调用"<< endl;   //输出信息
        }
};
int main(int argc, char* argv[])                        //主函数
{
        COperator optr1;            //定义一个 COperator 对象，调用自身无参构造函数
        COperator optr2("LaoZhang");//定义一个 COperator 对象，调用自身带参数构造函数
        return 0;
}
```

程序运行结果如图 8.5 所示。

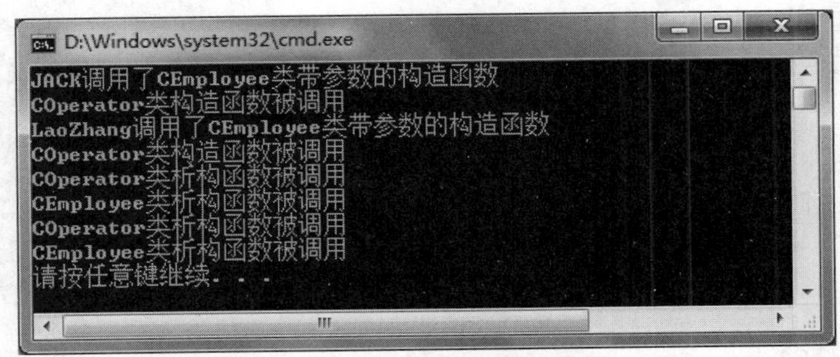

图 8.5　显示调用父类带参数构造函数

在父类无参构造函数中初始化成员字符串数组 m_Name 为“MR”。从执行结果上看，子类对象创建时没有调用父类无参构造函数，调用的是带参数的构造函数。

注意：

当父类只有带参数的构造函数时，子类必须以显示的方法调用父类带参数的构造函数，否则编译会出现错误。

8.1.6　子类隐藏父类的成员函数

如果子类中定义了一个和父类一样的成员函数，那么子类对象是调用父类中的成员函数，还是调用子类中的成员函数呢？答案是调用子类中的成员函数。

例 8.4　子类隐藏父类的成员函数。

```
#include "stdafx.h"
#include <iostream>
using namespace std;
class CEmployee                                        //定义 CEmployee 类
{
public:
        int m_ID;                                      //定义数据成员
        char m_Name[128];                              //定义数据成员
        char m_Depart[128];                            //定义数据成员
        CEmployee()                                    //定义构造函数
        {
            cout << "CEmployee 类构造函数被调用"<< endl;   //输出信息
        }
        ~CEmployee()                                   //析构函数
        {
            cout << "CEmployee 类析构函数被调用"<< endl;   //输出信息
        }
};
class COperator :public CEmployee                      //定义 COperator 类
{
public:
        char m_Password[128];                          //定义数据成员
        void OutputName()                              //定义 OutputName 成员函数
        {
            cout << "操作员姓名: "<< m_Name<< endl;       //输出操作员姓名
```

```
        }
        bool Login()                                    //添加成员函数
        {
            if (strcmp(m_Name,"MR")==0 &&               //比较用户名
                strcmp(m_Password,"KJ")==0)             //比较密码
            {
                cout << "登录成功"<< endl;               //输出信息
                return true;                            //返回结果
            }
            else
            {
                cout << "登录失败"<< endl;               //输出信息
                return false;                           //返回结果
            }
        }
};
int main(int argc, char* argv[])                        //主成员函数
{
        COperator optr;                                 //定义 COperator 对象
        strcpy(optr.m_Name,"MR");                       //设置 m_Name 数据成员
        optr.OutputName();                  //调用 COperator 类的 OutputName 成员函数
        return 0;
}
```

程序运行结果如图 8.6 所示。

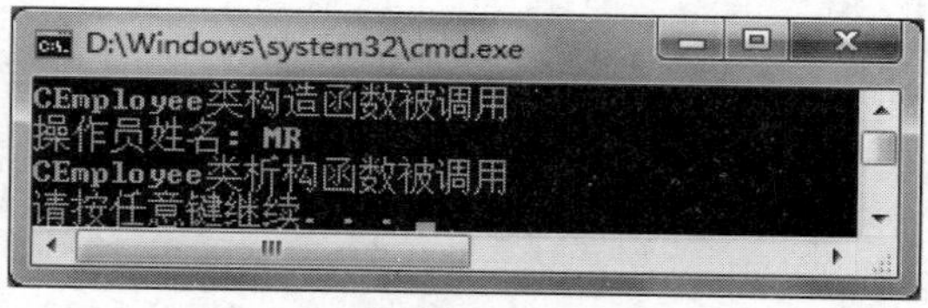

图 8.6　隐藏父类成员函数

从图 8.6 中可以发现，语句“optr.OutputName();”调用的是 COperator 类的 OutputName 成员函数，而不是 CEmployee 类的 OutputName 成员函数。如果用户想要访问父类的 OutputName 成员函数，需要显示使用父类名。例如：

```
COperator optr;                             //定义一个 COperator 类
strcpy(optr.m_Name,"MR");                   //赋值字符串
optr.OutputName();                          //调用 COperator 类的 OutputName 成员函数
optr.CEmployee::OutputName();               //调用 CEmployee 类的 OutputName 成员函数
```

如果子类中隐藏了父类的成员函数，则父类中所有同名的成员函数（重载的函数）均被隐藏，因此下面黑体部分代码是错误的。例如：

```
class CEmployee                                     //定义 CEmployee 类
{
public:
        int m_ID;                                   //定义数据成员
        char m_Name[128];                           //定义数据成员
        char m_Depart[128];                         //定义数据成员
        CEmployee()
```

```
        {
            memset(m_Name,0, 128);                        //初始化数据成员
            memset(m_Depart,0, 128);                      //初始化数据成员
            cout << "员工类构造函数被调用"<< endl;        //输出信息
        }
        void OutputName()                                 //定义重载成员函数
        {
            cout << "员工姓名: "<<m_Name<< endl;          //输出信息
        }
        void OutputName(const char* pchData)              //定义重载成员函数
        {
            if (pchData != NULL)                          //判断参数是否为空
            {
                strcpy(m_Name,pchData);                   //复制字符串
                cout << "设置并输出员工姓名:"<<pchData<< endl;    //输出信息
            }
        }
};
class COperator :public CEmployee                         //定义 COperator 类
{
public:
        char m_Password[128];                             //定义数据成员
        void OutputName()                       //定义 OutputName 成员函数，隐藏基类的成员函数
        {
            cout << "操作员姓名: "<<m_Name<< endl;    //输出信息
        }
        bool Login()                                  //定义 Login 成员函数
        {
            if (strcmp(m_Name,"MR")==0 &&             //比较用户名称
            strcmp(m_Password,"KJ")==0)               //比较用户密码
            {
                cout << "登录成功"<< endl;            //输出信息
                return true;                          //设置返回值
            }
            else
            {
                cout << "登录失败"<< endl;            //输出信息
                return false;                         //设置返回值
            }
        }
};
int main(int argc, char* argv[])
{
        COperator optr;                               //定义 COperator 类对象
        optr.OutputName("MR");                        //错误的代码，不能访问基类的重载成员函数
        return 0;
}
```

程序中，在 CEmployee 类中定义了重载的 OutputName 成员函数，而在 COperator 类中又定义了一个 OutputName 成员函数，导致父类中的所有同名成员函数被隐藏。语句“optr.OutputName

("MR");”是错误的。如果用户想要访问被隐藏的父类成员函数，依然需要指定父类名称。例如：

```
COperator optr;                                   //定义一个 COperator 对象
optr.CEmployee::OutputName("MR");                 //调用基类中被隐藏的成员函数
```

在派生完一个子类后，可以定义一个父类的类型指针，通过子类的构造函数为其创建对象。例如：

```
CEmployee *pWorker = new COperator ();       //定义 CEmployee 类型指针，调用子类构造函数
```

如果使用 pWorker 对象调用 OutputName 成员函数，例如，执行“pWorker->OutputName();”语句，调用的是 CEmployee 类的 OutputName 成员函数还是 COperator 类的 OutputName 成员函数呢？答案是调用 CEmployee 类的 OutputName 成员函数。编译器对 OutputName 成员函数进行的是静态绑定，即根据对象定义时的类型来确定调用哪个类的成员函数。由于 pWorker 属于 CEmployee 类型，因此调用的是 CEmployee 类的 OutputName 成员函数。那么是否有成员函数执行“pWorker->OutputName();”语句调用 COperator 类的 OutputName 成员函数呢？答案是通过定义虚函数可以实现。虚函数会在后面章节讲到。

8.1.7 嵌套类

C++语言允许在一个类中定义另一个类，这被称之为嵌套类。例如，下面的代码在定义 CList 类时，在内部又定义了一个嵌套类 CNode。

```
#define MAXLEN 128                              //定义一个宏
class CList                                     //定义 CList 类
{
public:                                         //嵌套类为公有的
    class CNode                                 //定义嵌套类 CNode
    {
        friend class CList;                     //将 CList 类作为自己的友元类
    private:
        int m_Tag;                              //定义私有成员
    public:
        char m_Name[MAXLEN];                    //定义共有数据成员
    };                                          //CNode 类定义结束
public:
    CNode m_Node;                               //定义一个 CNode 类型数据成员
    void SetNodeName(const char *pchData)       //定义成员函数
    {
        if (pchData != NULL)                    //判断指针是否为空
        {
            strcpy(m_Node.m_Name,pchData);      //访问 CNode 类的共有数据
        }
    }
    void SetNodeTag(int tag)                    //定义成员函数
    {
        m_Node.m_Tag = tag;                     //访问 CNode 类的私有数据
    }
};
```

上述的代码在嵌套类 CNode 中定义了一个私有成员 m_Tag，定义了一个共有成员 m_Name，对

于外围类 CList 来说，通常它不能够访问嵌套类的私有成员，虽然嵌套类是在其内部定义的。但是，上述代码在定义 CNode 类时将 CList 类作为自己的友元类，这使得 CList 类能够访问 CNode 类的私有成员。

对于内部的嵌套类来说，只允许其在外围的类域中使用，在其他类域或者作用域中是不可见的。例如，下面的定义是非法的。

```
int main(int argc, char* argv[])
{
        CNode node;                                    //错误的定义，不能访问 CNode 类
        return 0;
}
```

上述代码在 main 函数的作用域中定义了一个 CNode 对象，导致 CNode 没有被声明的错误。对于 main 函数来说，嵌套类 CNode 是不可见的，但是可以通过使用外围的类域作为限定符来定义 CNode 对象。下面的定义将是合法的。

```
int main(int argc, char* argv[])
{
        CList::CNode node;                             //合法的定义
        return 0;
}
```

上述代码通过使用外围类域作为限定符访问到了 CNode 类，但是这样做通常是不合理的，也是有限制条件的。因为既然定义了嵌套类，通常都不允许在外界访问，这违背了使用嵌套类的原则。在定义嵌套类时，如果将其定义为私有的或受保护的，即使使用外围类域作为限定符，外界也无法访问嵌套类。

扫一扫，看视频

8.2　多重继承

前文介绍的继承方式属于单继承，即子类只从一个父类继承共有的和受保护的成员。与其他面向对象语句不同，C++语言允许子类从多个父类继承共有的和受保护的成员，这被称为多重继承。

8.2.1　多重继承的定义

多重继承是指有多个基类名标识符，其声明形式如下：

```
class 派生类名标识符: [继承方式] 基类名标识符 1,...,访问控制修饰符 基类名标识符 n
{
        [访问控制修饰符:]
        [成员声明列表]
};
```

声明形式中有“:”运算符，基类名标识符之间用“,”运算符分开。

例如，鸟能够在天空飞翔，鱼能够在水里游，而水鸟既能够在天空飞翔，又能够在水里游。那么在定义水鸟类时，可以将鸟和鱼同时作为其基类。

例 8.5　多重继承。

```
#include "stdafx.h"
#include <iostream>
```

```
using namespace std;
class CBird                                       //定义鸟类
{
public:
    void FlyInSky()                               //定义成员函数
    {
        cout << "鸟能够在天空飞翔"<< endl;        //输出信息
    }
    void Breath()                                 //定义成员函数
    {
        cout << "鸟能够呼吸"<< endl;              //输出信息
    }
};
class CFish                                       //定义鱼类
{
public:
    void SwimInWater()                            //定义成员函数
    {
        cout << "鱼能够在水里游"<< endl;          //输出信息
    }
    void Breath()                                 //定义成员函数
    {
        cout << "鱼能够呼吸"<< endl;              //输出信息
    }
};
class CWaterBird: public CBird, public CFish  //定义水鸟，从鸟和鱼类派生
{
public:
    void Action()                             //定义成员函数
    {
        cout << "水鸟既能飞又能游"<< endl;    //输出信息
    }
};
int main(int argc, char* argv[])              //主函数
{
        CWaterBird waterbird;                 //定义水鸟对象
        waterbird.FlyInSky();                 //调用从鸟类继承而来的FlyInSky成员函数
        waterbird.SwimInWater();              //调用从鱼类继承而来的SwimInWater成员函数
        return 0;
}
```

程序运行结果如图 8.7 所示。

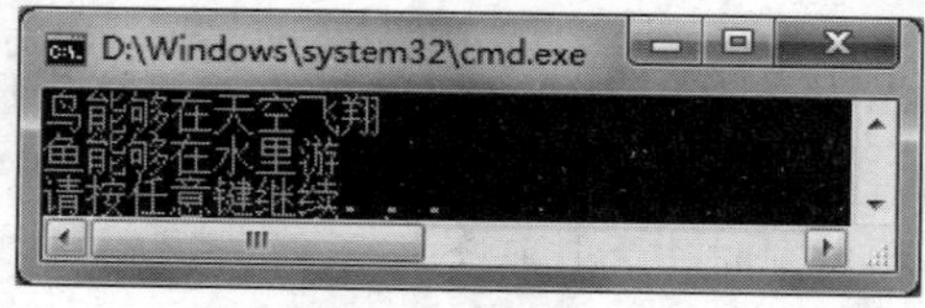

图 8.7　多重继承

程序中定义了鸟类 CBird，定义了鱼类 CFish，然后从鸟类和鱼类派生了一个子类水鸟类

CWaterBird。水鸟类自然继承了鸟类和鱼类的所有共有和受保护的成员，因此 CWaterBird 类对象能够调用 FlyInSky 和 SwimInWater 成员函数。在 CBird 类中提供了一个 Breath 成员函数，在 CFish 类中同样提供了 Breath 成员函数，如果 CWaterBird 类对象调用 Breath 成员函数，将会执行哪个类的 Breath 成员函数呢？答案是将会出现编译错误，编译器将产生歧义，不知道具体调用哪个类的 Breath 成员函数。为了让 CWaterBird 类对象能够访问 Breath 成员函数，需要在 Breath 成员函数前具体指定类名。例如：

```
waterbird.CFish::Breath();                    //调用 CFish 类的 Breath 成员函数
waterbird.CBird::Breath();                    //调用 CBird 类的 Breath 成员函数
```

在多重继承中存在这样一种情况，假如 CBird 类和 CFish 类均派生于同一个父类，如 CAnimal 类，那么当从 CBird 类和 CFish 类派生子类 CWaterBird 时，在 CWaterBird 类中将存在两个 CAnimal 类的复制。能否在派生 CWaterBird 类时，使其只存在一个 CAnimal 基类呢？为了解决该问题，C++ 语言提供了虚继承的机制，虚继承会在后面章节讲到。

8.2.2　二义性

派生类在调用成员函数时，先在自身的作用域内寻找，如果找不到，会到基类中寻找。但当派生类继承的基类中有同名成员时，派生类中就会出现来自不同基类的同名成员。例如：

```
class CBaseA
{
public:
        void function();
};
class CBaseB
{
public:
        void function();
};
class CDeriveC:public CBaseA,public CBaseB
{
public:
        void function();
};
```

CBaseA 和 CBaseB 都是 CDeriveC 的父类，并且两个父类中都含有 function 成员函数，CDeriveC 将不知道调用哪个基类的 function 成员函数，这就产生了二义性。

8.2.3　多重继承的构造顺序

8.1.4 节讲过，单一继承是先调用基类的构造函数，然后调用派生类的构造函数，但多重继承将如何调用构造函数呢？多重继承中的基类构造函数被调用的顺序以类派生表中声明的顺序为准。派生表就是多重继承定义中继承方式后面的内容，调用顺序就是按照基类名标识符的前后顺序进行的。

例 8.6　多重继承的构造顺序。

```
#include "stdafx.h"
```

```
#include <iostream>
using namespace std;
class CBicycle
{
public:
    CBicycle()
    {
        cout << "Bicycle Construct" << endl;
    }
    CBicycle(int iWeight)
    {
        m_iWeight=iWeight;
    }
    void Run()
    {
        cout << "Bicycle Run" << endl;
    }

protected:
    int m_iWeight;
};

class CAirplane
{
public:
    CAirplane()
    {
        cout << "Airplane Construct " << endl;
    };
    CAirplane(int iWeight)
    {
        m_iWeight=iWeight;
    }
    void Fly()
    {
        cout << "Airplane Fly " << endl;
    }

protected:
    int m_iWeight;
};

class CAirBicycle : public CBicycle, public CAirplane
{
public:
    CAirBicycle()
    {
        cout << "CAirBicycle Construct" << endl;
    }
    void RunFly()
```

```
    {
        cout << "Run and Fly" << endl;
    }
};
void main()
{
        CAirBicycle ab;
        ab.RunFly();
}
```

程序运行结果如图 8.8 所示。

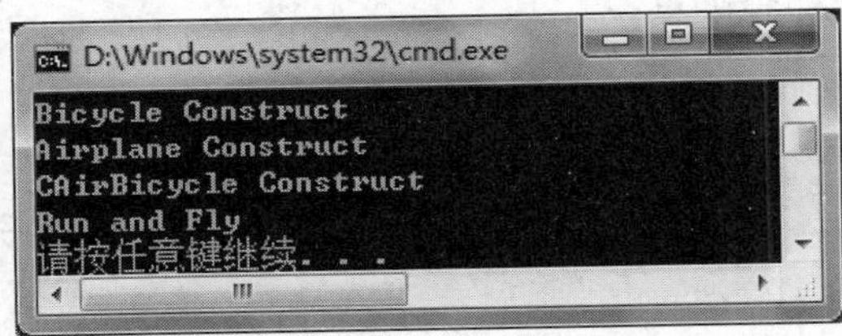

图 8.8 多重继承的构造顺序

程序中基类的声明顺序是先 CBicycle 类后 CAirplane 类，所以对象的构造顺序就是先 CBicycle 类后 CAirplane 类，最后是 CAirBicycle 类。

8.3 多　态

多态性（polymorphism）是面向对象程序设计的一个重要特征，利用多态性可以设计和实现一个易于扩展的系统。在 C++语言中，多态性是指具有不同功能的函数可以用同一个函数名，这样就可以用一个函数名调用不同内容的函数，发出同样的消息被不同类型的对象接收时，导致完全不同的行为。这里所说的消息主要指类的成员函数的调用，而不同的行为是指不同的实现。

多态性通过联编实现。联编是指一个计算机程序自身彼此关联的过程。按照联编所进行的阶段不同，可分为两种不同的联编方法：静态联编和动态联编。在 C++语言中，根据联编的时刻不同，存在两种类型多态性，即函数重载和虚函数。

8.3.1 虚函数概述

在类的继承层次结构中，在不同的层次中可以出现名字、参数个数和类型都相同而功能不同的函数。编译器按照先自己后父类的顺序进行查找覆盖，如果子类有与父类相同原型的成员函数时，要想调用父类的成员函数，需要对父类重新引用调用。虚函数则可以解决子类和父类相同原型成员函数的函数调用问题。虚函数允许在派生类中重新定义与基类同名的函数，并且可以通过基类指针或引用来访问基类和派生类中的同名函数。

在基类中用 virtual 声明成员函数为虚函数，在派生类中重新定义此函数，改变该函数的功能。在 C++语言中虚函数可以继承，当一个成员函数被声明为虚函数后，其派生类中的同名函数都自动成为虚函数，但如果派生类没有覆盖基类的虚函数，则调用时调用基类的函数定义。

覆盖和重载的区别是，重载是同一层次函数名相同，覆盖是在继承层次中成员函数的函数原型完全相同。

8.3.2 利用虚函数实现动态绑定

多态主要体现在虚函数上，只要有虚函数存在，对象类型就会在程序运行时动态绑定。动态绑定的实现方法是定义一个指向基类对象的指针变量，并使它指向同一类族中需要调用该函数的对象，通过该指针变量调用此虚函数。

例 8.7 利用虚函数实现动态绑定。

```
#include "stdafx.h"
#include <iostream>
using namespace std;
class CEmployee                                    //定义 CEmployee 类
{
public:
        int m_ID;                                  //定义数据成员
        char m_Name[128];                          //定义数据成员
        char m_Depart[128];                        //定义数据成员
    CEmployee()                                    //定义构造函数
    {
        memset(m_Name,0,128);                      //初始化数据成员
        memset(m_Depart,0,128);                    //初始化数据成员
    }
    virtual void OutputName()                      //定义一个虚成员函数
    {
        cout << "员工姓名: "<<m_Name << endl;        //输出信息
    }
};
class COperator :public CEmployee                  //从 CEmployee 类派生一个子类
{
public:
        char m_Password[128];                      //定义数据成员
        void OutputName()                          //定义 OutputName 虚函数
        {
            cout << "操作员姓名: "<<m_Name<< endl;   //输出信息
        }
};
int main(int argc, char* argv[])
{
        CEmployee *pWorker = new COperator();      //定义 CEmployee 类型指针，调用
                                                     COperator 类构造函数
        strcpy(pWorker->m_Name,"MR");              //设置 m_Name 数据成员信息
        pWorker->OutputName();                     //调用 COperator 类的 OutputName 成员函数
        delete pWorker;                            //释放对象
        return 0;
}
```

上述代码中，在 CEmployee 类中定义了一个虚函数 OutputName，在子类 COperator 中改写了

OutputName 成员函数，其中 COperator 类中的 OutputName 成员函数，即使没有使用 virtual 关键字仍为虚函数。下面定义一个 CEmployee 类型的指针，调用 COperator 类的构造函数构造对象。

程序运行结果如图 8.9 所示。

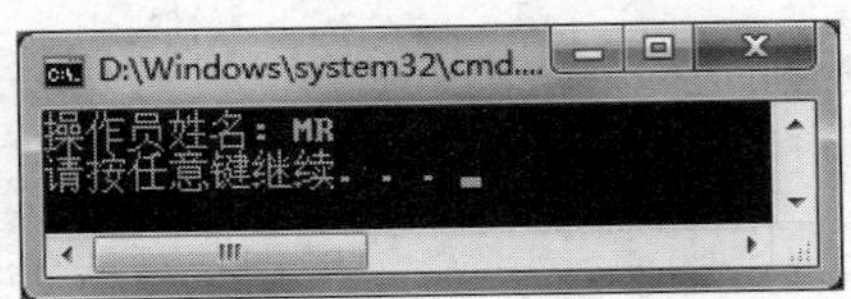

图 8.9　虚函数

从图 8.9 中可以发现，“pWorker->OutputName();”语句调用的是 COperator 类的 OutputName 成员函数。虚函数有以下几方面限制：

（1）只有类的成员函数才能为虚函数。

（2）静态成员函数不能是虚函数，因为静态成员函数不受限于某个对象。

（3）内联函数不能是虚函数，因为内联函数是不能在运行中动态确定其位置的。

（4）构造函数不能是虚函数，析构函数通常是虚函数。

8.3.3　虚继承

8.3.1 节讲到从 CBird 类和 CFish 类派生子类 CWaterBird 时，在 CWaterBird 类中将存在两个 CAnimal 类的复制。那么如何在派生 CWaterBird 类时使其只存在一个 CAnimal 基类呢？C++语言提供的虚继承机制，解决了这个问题。

例 8.8　虚继承。

```
#include "stdafx.h"
#include <iostream>
using namespace std;
class CAnimal                                        //定义一个动物类
{
public:
CAnimal()                                            //定义构造函数
{
        cout << "动物类被构造"<< endl;               //输出信息
}
    void Move()                                      //定义成员函数
    {
        cout << "动物能够移动"<< endl;               //输出信息
    }
};
class CBird : virtual public CAnimal                 //从 CAnimal 类虚继承 CBird 类
{
public:
        CBird()                                      //定义构造函数
        {
            cout << "鸟类被构造"<< endl;             //输出信息
        }
        void FlyInSky()                              //定义成员函数
```

```
        {
            cout << "鸟能够在天空飞翔"<< endl;        //输出信息
        }
        void Breath()                                 //定义成员函数
        {
            cout << "鸟能够呼吸"<< endl;              //输出信息
        }
};
class CFish: virtual public CAnimal                   //从CAnimal类虚继承CFish
{
public:
        CFish()                                       //定义构造函数
        {
            cout << "鱼类被构造"<< endl;              //输出信息
        }
        void SwimInWater()                            //定义成员函数
        {
            cout << "鱼能够在水里游"<< endl;          //输出信息
        }
        void Breath()                                 //定义成员函数
        {
            cout << "鱼能够呼吸"<< endl;              //输出信息
        }
};
class CWaterBird: public CBird, public CFish          //从CBird和CFish类派生子类
                                                        CWaterBird
{
public:
        CWaterBird()                                  //定义构造函数
        {
            cout << "水鸟类被构造"<< endl;            //输出信息
        }
        void Action()                                 //定义成员函数
        {
            cout << "水鸟既能飞又能游"<< endl;        //输出信息
        }
};
int main(int argc, char* argv[])                      //主函数
{
        CWaterBird waterbird;                         //定义水鸟对象
        return 0;
}
```

程序运行结果如图8.10所示。

图8.10　虚继承

上述代码在定义 CBird 类和 CFish 类时使用了关键字 virtual，从基类 CAnimal 派生而来。实际上，虚继承对于 CBird 类和 CFish 类没有多少影响，却对 CWaterBird 类产生了很大影响。CWaterBird 类中不再有两个 CAnimal 类的复制，而只存在一个 CAnimal 的复制。

通常，在定义一个对象时，先依次调用基类的构造函数，最后才调用自身的构造函数。但是对于虚继承来说，情况有些不同。在定义 CWaterBird 类对象时，先调用基类 CAnimal 的构造函数，然后调用 CBird 类的构造函数。这里 CBird 类虽然为 CAnimal 的子类，但是在调用 CBird 类的构造函数时，将不再调用 CAnimal 类的构造函数。对于 CFish 类也是同样的道理。

在程序开发过程中，多继承虽然带来了很多方便，但是很少有人愿意使用它。因为多继承会带来很多复杂的问题，并且它能够完成的功能通过单继承同样可以实现。如今流行的 C#、Delphi、Java 等面向对象语言没有提供多继承的功能，而是只采用单继承，是经过设计者充分考虑的。因此，在开发应用程序时，如果能够使用单继承实现，尽量不要使用多继承。

8.4 抽　象　类

扫一扫，看视频

包含有纯虚函数的类称为抽象类，一个抽象类至少具有一个纯虚函数。抽象类只能作为基类派生出的新的子类，而不能在程序中被实例化（即不能说明抽象类的对象），但是可以使用指向抽象类的指针。在开发程序过程中，并不是所有代码都是由软件构造师自己写的，有时候需要调用库函数，有时候分给别人写。一名软件构造师可以通过纯虚函数建立接口，然后让程序员填写代码实现接口，而自己主要负责建立抽象类。

8.4.1　纯虚函数

纯虚函数（Pure Virtual Function）是指被标明为不具体实现的虚成员函数，它不具备函数的功能。许多情况下，在基类中不能给虚函数一个有意义的定义，这时可以在基类中将它说明为纯虚函数，而其实现留给派生类去做。纯虚函数不能被直接调用，仅起到提供一个与派生类相一致的接口的作用。声明纯虚函数的形式为：

```
virtual  类型 函数名（参数表列）=0;
```

纯虚函数不可以被继承。当基类是抽象类时，在派生类中必须给出基类中纯虚函数的定义，或在该类中再声明其为纯虚函数。只有在派生类中给出了基类中所有纯虚函数的实现时，该派生类才不再成为抽象类。

例 8.9　创建纯虚函数。

```
#include "stdafx.h"
#include <iostream>
using namespace std;
class CFigure
{
public:
        virtual double getArea() =0;
};
const double PI=3.14;
```

```
class CCircle : public CFigure
{
private:
        double m_dRadius;
public:
        CCircle(double dR){m_dRadius=dR;}
        double getArea()
        {
            return m_dRadius*m_dRadius*PI;
        }
};
class CRectangle : public CFigure
{
protected:
        double m_dHeight,m_dWidth;
public:
        CRectangle(double dHeight,double dWidth)
        {
            m_dHeight=dHeight;
            m_dWidth=dWidth;
        }
        double getArea()
        {
            return m_dHeight*m_dWidth;
        }
};
void main()
{
        CFigure *fg1;
        fg1= new CRectangle(4.0,5.0);
        cout << fg1->getArea() << endl;
        delete fg1;
        CFigure *fg2;
        fg2= new CCircle(4.0);
        cout << fg2->getArea() << endl;
        delete fg2;
}
```

程序运行结果如图 8.11 所示。

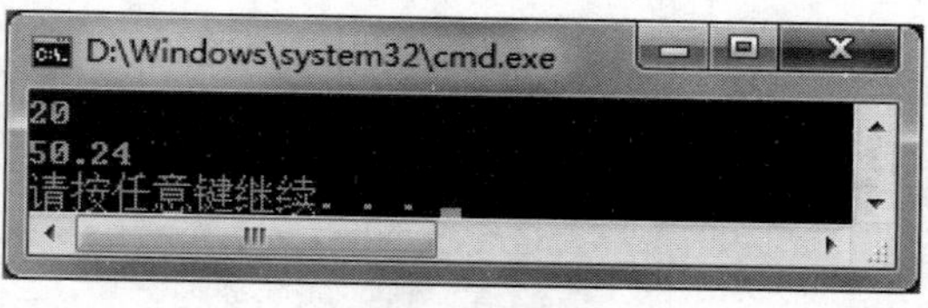

图 8.11　创建纯虚函数

程序中定义了矩形类 CRectangle 和圆形类 CCircle，两个类都派生于图形类 CFigure。图形类是一个在现实生活中不存在的对象，抽象类面积的计算方法不确定。所以，将图形类 CFigure 的面积计算方法设置为纯虚函数，这样圆形有圆形面积的计算方法，矩形有矩形面积的计算方法，每个继承自 CFigure 的对象都有自己的面积，通过 getArea 成员函数就可以获取面积值。

注意：

对于包含纯虚函数的类来说，是不能够实例化的，“CFigure figure;”是错误的。

8.4.2 实现抽象类中的成员函数

抽象类通常用于作为其他类的父类，从抽象类派生的子类如果是抽象类，则子类必须实现父类中的所有纯虚函数。

例 8.10 实现抽象类中的成员函数。

```
#include "stdafx.h"
#include <iostream>
using namespace std;

class CEmployee                              //定义 CEmployee 类
{
public:
        int m_ID;                            //定义数据成员
        char m_Name[128];                    //定义数据成员
        char m_Depart[128];                  //定义数据成员
        virtual void OutputName() = 0;       //定义抽象成员函数
};
class COperator :public CEmployee            //定义 COperator 类，派生于 CEmployee 类
{
public:
        char m_Password[128];                //定义数据成员
        void OutputName()                    //实现父类中的纯虚成员函数
        {
            cout << "操作员姓名: "<<m_Name<< endl;   //输出信息
        }
        COperator()                          //定义 COperator 类的默认构造函数
        {
            strcpy(m_Name,"MR");             //设置数据成员 m_Name 信息
        }
};
class CSystemManager :public CEmployee       //定义 CSystemManager 类
{
public:
        char m_Password[128];                //定义数据成员
        void OutputName()                    //实现父类中的纯虚成员函数
        {
            cout << "系统管理员姓名: "<<m_Name<< endl;   //输出信息
        }
        CSystemManager()                     //定义 CSystemManager 类的默认构造函数
        {
            strcpy(m_Name,"SK");             //设置数据成员 m_Name 信息
        }
};
```

```
int main(int argc, char* argv[])            //主函数
{
        CEmployee *pWorker;                 //定义 CEmployee 类型指针对象
        pWorker = new COperator();          //调用 COperator 类的构造函数为 pWorker 赋值
        pWorker->OutputName();              //调用 COperator 类的 OutputName 成员函数
        delete pWorker;                     //释放 pWorker 对象
        pWorker = NULL;                     //将 pWorker 对象设置为空
        pWorker = new CSystemManager();             //调用 CSystemManager 类的构造函数为
                                                      pWorker 赋值
        pWorker->OutputName();                      //调用 CSystemManager 类的
                                                      OutputName 成员函数
        delete pWorker;                             //释放 pWorker 对象
        pWorker = NULL;                             //将 pWorker 对象设置为空
        return 0;
}
```

程序中从 CEmployee 类派生了两个子类，分别为 COperator 和 CSystemManager。这两个类分别实现了父类的纯虚成员函数 OutputName。同样的一条语句"pWorker->OutputName();"，由于 pWorker 指向的对象不同，其行为也不同。程序运行结果如图 8.12 所示。

图 8.12　实现抽象类中的成员函数

8.5　友　元

8.5.1　友元概述

在讲述类的内容时说明了隐藏数据成员的好处，但是有些时候，类会允许一些特殊的函数直接读写其私有数据成员。

使用 friend 关键字可以让特定的函数或者别的类的所有成员函数对私有数据成员进行读写。这既可以保持数据的私有性，又能够使特定的类或函数直接访问私有数据。

有时候，普通函数需要直接访问一个类的保护或私有数据成员。如果没有友元机制，则只能将类的数据成员声明为公共的，从而任何函数都可以无约束地访问它。

普通函数需要直接访问类的保护或私有数据成员的原因主要是为提高效率。

例如，未使用友元函数的情况如下：

```
#include <iostream.h>
class CRectangle
{
public:
    CRectangle()
    {
        m_iHeight=0;
```

```
        m_iWidth=0;
    }
    CRectangle(int iLeftTop_x,int iLeftTop_y,int iRightBottom_x,int iRightBottom_y)
    {
        m_iHeight=iRightBottom_y-iLeftTop_y;
        m_iWidth=iRightBottom_x-iLeftTop_x;
    }

    int getHeight()
    {
        return m_iHeight;
    }
    int getWidth()
    {
        return m_iWidth;
    }
protected:
        int m_iHeight;
        int m_iWidth;
};
int ComputerRectArea(CRectangle & myRect)          //不是友元函数的定义
{
        return myRect.getHeight()*myRect.getWidth();
}
void main()
{
        CRectangle rg(0,0,100,100);
        cout << "Result of ComputerRectArea is :"<< ComputerRectArea(rg) << endl;
}
```

在代码中可以看到，ComputerRectArea 函数的定义时只能对类中的函数进行引用。因为类中的函数属性都为公有属性，对外是可见的，但是数据成员的属性为受保护属性，对外是不可见的，所以只能使用公有成员函数得到想要的值。

下面来介绍使用友元函数的情况。例如：

```
#include <iostream.h>
class CRectangle
{
public:
        CRectangle()
        {
            m_iHeight=0;
            m_iWidth=0;
        }
        CRectangle(int iLeftTop_x,int iLeftTop_y,int iRightBottom_x,int iRight-
Bottom_y)
        {
            m_iHeight=iRightBottom_y-iLeftTop_y;
            m_iWidth=iRightBottom_x-iLeftTop_x;
        }
```

```
        int getHeight()
        {
            return m_iHeight;
        }
        int getWidth()
        {
            return m_iWidth;
        }
    friend int ComputerRectArea(CRectangle & myRect);  //声明为友元函数
protected:
        int m_iHeight;
        int m_iWidth;
};
int ComputerRectArea(CRectangle & myRect)               //友元函数的定义
{
        return myRect.m_iHeight*myRect.m_iWidth;
}
void main()
{
    CRectangle rg(0,0,100,100);
    cout << "Result of ComputerRectArea is :"<< ComputerRectArea(rg) << endl;
}
```

在 ComputerRectArea 函数的定义中可以看到，使用 CRectangle 的对象可以直接引用其中的数据成员，这是因为在 CRectangle 类中将 ComputerRectArea 函数声明为友元了。

从中可以看到，使用友元保持了 CRectangle 类中数据的私有性，起到了隐藏数据成员的作用，又使得特定的类或函数可以直接访问这些隐藏数据成员。

8.5.2 友元类

对于类的私有方法，只有在该类中允许访问，其他类是不能访问的。但在开发程序时，如果两个类的耦合度比较紧密，能够在一个类中访问另一个类的私有成员会带来很大的方便。C++语言提供了友元类和友元方法（或者称为友元函数）来实现访问其他类的私有成员。当用户希望另一个类能够访问当前类的私有成员时，可以在当前类中将另一个类作为自己的友元类，这样在另一个类中就可以访问当前类的私有成员了。例如，定义友元类：

```
class CItem                                 //定义一个 CItem 类
{
private:
        char m_Name[128];                   //定义私有的数据成员
        void OutputName()                   //定义私有的成员函数
    {
        printf("%s\n",m_Name);              //输出 m_Name
    }
public:
    friend class CList;                     //将 CList 类作为自己的友元类
        void SetItemName(const char* pchData)  //定义共有成员函数，设置 m_Name 成员
        {
            if (pchData != NULL)                //判断指针是否为空
```

```
            {
                strcpy(m_Name,pchData);           //赋值字符串
            }
        }
        CItem()                                   //构造函数
        {
            memset(m_Name,0,128);                 //初始化数据成员 m_Name
        }
};
class CList                               //定义类 CList
{
private:
        CItem m_Item;                     //定义私有的数据成员 m_Item
public:
        void OutputItem();                //定义共有成员函数
};
        void CList::OutputItem()          //OutputItem 函数的实现代码
{
        m_Item.SetItemName("BeiJing");    //调用 CItem 类的共有方法
        m_Item.OutputName();              //调用 CItem 类的私有方法
}
```

在定义 CItem 类时，使用 friend 关键字将 CList 类定义为 CItem 类的友元，这样 CList 类中的所有方法都可以访问 CItem 类中的私有成员了。在 CList 类的 OutputItem 方法中，语句“m_Item.OutputName();”演示了调用 CItem 类的私有方法 OutputName。

8.6　上 机 实 践

8.6.1　学生类的设计

➤➤➤题目描述

一年级学生类包含姓名、年龄、学号、班级等属性。学生通过自我介绍，将这些属性展现出来。设计一个二年级学生类，该类继承于一年级学生类。二年级会划分专业，介绍中也要加入这些信息。

➤➤➤技术指导

二年级学生类继承于一年级学生类，它们的共性有姓名、年龄、学号、班级，并且都可以做自我介绍。二年级拥有自己的专业属性，在自我介绍函数中可以先调用父类函数，再将专业信息加入。关键代码如下：

```
class grade1
{
protected:
        int m_class;
        string m_name;
        int m_dAge;
        string m_dID;
public:
    grade1(int c,string name,int age,string ID)
```

```
    {
        m_class = c;
        m_name = name;
        m_dAge =age ;
        m_dID = ID;
    }
    virtual void introduce()
    {
        cout<<"我是来自"<<m_class<<"班的"<<m_name<<","<<m_dAge<<"岁"<<","<<"学号是
"<<m_dID<<endl;
    }
};
class grade2:public grade1
{
private:
        string m_sp; //专业
public:
        grade2(int c,string name,int age,string ID,string sp):grade1(c,name,age,ID)
        {
            m_sp = sp;
        }
        virtual void introduce()
        {
            cout<<"我是来自"<<m_class<<"班的"<<m_sp<<"专业的"<<m_name<<","
                <<m_dAge<<"岁"<<","<<"学号是"<<m_dID<<endl;
        }
};
};
```

8.6.2 等边多边形

➤➤➤题目描述

等边三角形与正方形都是等边多边形。多边形具有边长、面积、周长等相同属性。设计三个类：多边形、正方形和三角形，添加相应的属性，并实现能够输出等边三角形和正方形的周长和面积（等边三角形的面积计算公式可以取 0.433 倍边长的平方）。

➤➤➤技术指导

多边形都具有边长这个属性。通过边长可以求出面积和周长，但不同种类的多边形计算公式不相同。可以将等边多边形定义为一个抽象类。等边三角形和正方形继承多边形类，实现求面积和周长的函数。关键代码如下：

```
class polygon  //等边多边形类
{
protected:
        float m_dSide; //边长
public:
        virtual void getArea() = 0;//计算周长
        virtual void getPerimeter() = 0;// 计算面积
};
```

```
class triangle :public polygon  //等边三角形
{
public:
        triangle(int k)
        {
            m_dSide = k;
        }
         void getArea()//计算等边三角形面积
        {
            cout<<"这个等边三角形的面积为:"<<0.433*m_dSide*m_dSide<<endl;
        }
        void getPerimeter()// 计算等边三角形周长
        {
            cout<<"这个等边三角形的周长为:"<<3.0f*m_dSide*m_dSide<<endl;
        }
};
class square :public polygon  //正方形
{
public:
        square(int k)
        {
            m_dSide = k;
        }
         void getArea()//计算正方形面积
        {
            cout<<"这个正方形的面积为:"<<m_dSide*m_dSide<<endl;
        }
        void getPerimeter()// 计算正方形周长
        {
            cout<<"这个正方形的周长为:"<<4.0f*m_dSide*m_dSide<<endl;
        }
};
```

8.7 本章总结

本章介绍了面向对象程序设计中的关键技术——继承与派生。继承和派生在使用上还涉及二义性、访问顺序等许多技术问题，正确理解和处理这些技术有利于掌握继承的使用方法。继承中还涉及多重继承，这增加了面向对象开发的灵活性。面向对象可以建立抽象类，由抽象类派生新类，可以形成对类的一定管理。最后介绍了友元类和友元函数的使用方法。

扫一扫，看视频

第 9 章　量身定做——模板

模板是 C++的高级特性，分为函数模板和类模板两大类。模板使程序员能够快速建立具有类型安全的类库集合和函数集合，它的实现大大方便了大规模软件开发。对于程序员来说，要完全掌握 C++模板的用法并不容易。本章将介绍 C++模板的基本概念、函数模板和类模板，使读者有效地掌握模板的用法，正确使用 C++系统日益庞大的标准模板库 STL。

通过学习本章，读者可以达到以下学习目的：

- 掌握函数模板
- 掌握类模板
- 了解链表
- 掌握链表模板

扫一扫，看视频

9.1　函 数 模 板

函数模板不是一个实在的函数，编译器不能为其生成可执行代码。定义函数模板后只是一个对函数功能框架的描述，当它具体执行时，将根据传递的实际参数决定其功能。

9.1.1　函数模板的定义

函数模板定义的一般形式如下：

```
template <类型形式参数表> 返回类型 函数名(形式参数表)
{
...   //函数体
}
```

template 为关键字，表示定义一个模板；尖括号“<>”表示模板参数。模板参数主要有两种：一种是模板类型参数；另一种是模板非类型参数。模板类型参数使用关键字 class 或 typedef 开始，其后是一个用户定义的合法标识符。模板非类型参数与普通参数定义相同，通常为一个常数。

可以将声明函数模板分成 template 部分和函数名部分。例如：

```
template<class T>
void fun(T t)
{
...   //函数实现
}
```

定义一个求和的函数模板，例如：

```
template <class type>                    //定义一个模板类型
type Sum(type xvar,type yvar)            //定义函数模板
{
    return xvar + yvar;
}
```

在定义完函数模板之后，需要在程序中调用函数模板。下面的代码演示了 Sum 函数模板的调用。

```
int iret = Sum(10,20);                  //实现两个整数的相加
double dret = Sum(10.5,20.5);           //实现两个实数的相加
```

如果采用如下的形式调用 Sum 函数模板，将会出现错误。

```
int iret = Sum(10.5,20);                //错误的调用
double dret = Sum(10,20.5);             //错误的调用
```

上述代码中，为函数模板传递了两个类型不同的参数，编译器产生了歧义。如果用户在调用函数模板时显式标识模板类型，就不会出现错误了。例如：

```
int iret = Sum<int>(10.5,20);                //正确地调用函数模板
double dret = Sum<double>(10,20.5);          //正确地调用函数模板
```

用函数模板生成实际可执行的函数又称为模板函数。函数模板与模板函数不是一个概念。从本质上讲，函数模板是一个“框架”，它不是真正可以编译生成代码的程序，而模板函数是把函数模板中的类型参数实例化后生成的函数，它和普通函数本质是相同的，可以生成可执行代码。

9.1.2　函数模板的作用

假设求两个函数之中最大者，如果想求整型数和实型数，需要定义以下两个函数：

```
int max(int a, int b)
{
   return a>b?a: b;           //返回最大值
}
float max(float a, float b)
{
   return a>b?a: b;           //返回最大值
}
```

能不能通过一个 max 函数来完成既求整型数之间最大者又求实型数之间最大者呢？答案是可以使用函数模板以及#define 宏定义实现。

#define 宏定义可以在预编译期对代码进行替换。例如：

```
#define max(a,b) ((a) > (b) ? (a) : (b))
```

上述代码可以求整型数最大值和实型数最大值。但宏定义#define 只是进行简单替换，它无法对类型进行检查，有时计算结果可能不是预计的。例如：

```
#include "stdafx.h"
#include <iostream>
#include <iomanip>
using namespace std;
#define max(a,b) ((a) > (b) ? (a) : (b))
void main()
{
        int m=0,n=0;
        cout << max(m,++n) << endl;
        cout << m << setw(2) << endl;
}
```

程序运行结果如图 9.1 所示。

程序运行的预期结果应该是 1 和 0，为什么输出这样的结果呢？原因在于宏替换之后“++n”被执行了两次，因此 n 的值是 2，不是 1。

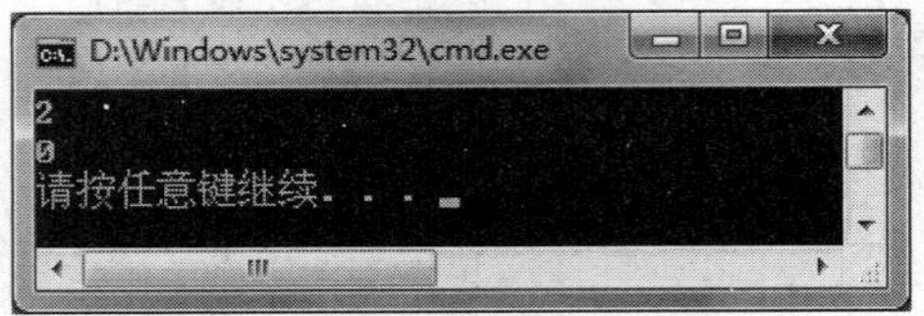

图 9.1　利用宏定义求最大值

宏是预编译指令，很难调试，无法单步进入宏的代码中。模板函数和#define 宏定义相似，但模板函数是用模板实例化得到的函数，它与普通函数没有本质区别，可以重载模板函数。

使用模板求最大值的代码如下：

```
template<class Type>
Type max(Type a,Type b)
{
    if(a > b)
        return a;
    else
        return b;
}
```

调用模板函数 max 可以正确计算整型数和实型数最大值。例如：

```
cout << "最大值: " << max(10,1) << endl;
cout << "最大值: " << max(200.05,100.4) << endl;
```

例 9.1　使用数组作为模板参数。

```
#include <iostream>
using namespace std;
template <class type,int len>                              //定义一个模板类型
type Max(type array[len])                                  //定义函数模板
{
        type ret = array[0];                               //定义一个变量
        for(int i=1; i<len; i++)                           //遍历数组元素
        {
            ret = (ret > array[i])? ret : array[i];        //比较数组元素大小
        }
        return ret;                                        //返回最大值
}
void main()
{
        int array[5] = {1,2,3,4,5};                        //定义一个整型数组
        int iret = Max<int,5>(array);                      //调用函数模板 Max
        double dset[3] = {10.5,11.2,9.8};                  //定义实数数组
        double dret = Max<double,3>(dset);                 //调用函数模板 Max
        cout << dret << endl;
}
```

程序运行结果如图 9.2 所示。

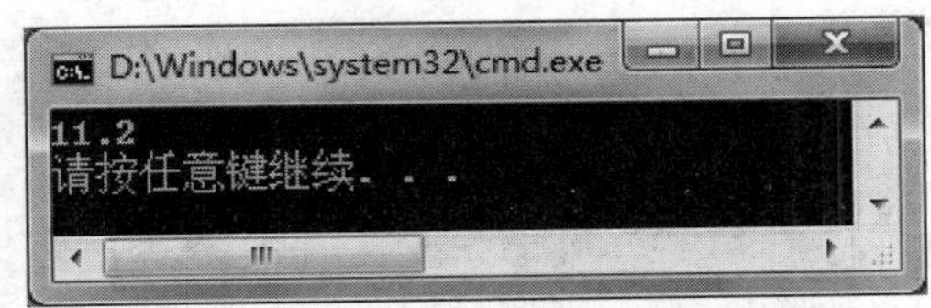

图 9.2　使用数组作为模板参数

程序中定义一个函数模板 Max，用来求数组中元素的最大值。其中模板参数使用模板类型参数 type 和模板非类型参数 len，参数 type 声明了数组中的元素类型，参数 len 声明了数组中的元素个数，给定数组元素后，程序将数组中的最大值输出。

9.1.3　重载函数模板

整型数和实型数编译器可以直接进行比较，所以使用函数模板后也可以直接进行比较，但如果是字符指针指向的字符串该如何比较呢？答案是通过重载函数模板来实现。通常字符串需要使用库函数来进行比较，下面介绍通过重载函数模板实现字符串的比较。

例 9.2　求出字符串的最小值。

```
#include "stdafx.h"
#include <iostream >
#include <string >
using namespace std;
template<class Type>
Type min(Type& a,Type& b)               //定义函数模板
{
        if(a < b)
            return a;
        else
            return b;
}
char  min(char  a,char b)               //重载函数模板
{
        if(strcmp(&a,&b))
            return b;
        else
            return a;
}
void main ()
{
        cout << "最小值: " << min(10,1) << endl;
        cout << "最小值: " << min('a','b') << endl;
        string s1 = "hi";
        string s2 = "mr";
        cout << "最小值: " << min(s1,s2) << endl;
}
```

程序运行结果如图 9.3 所示。

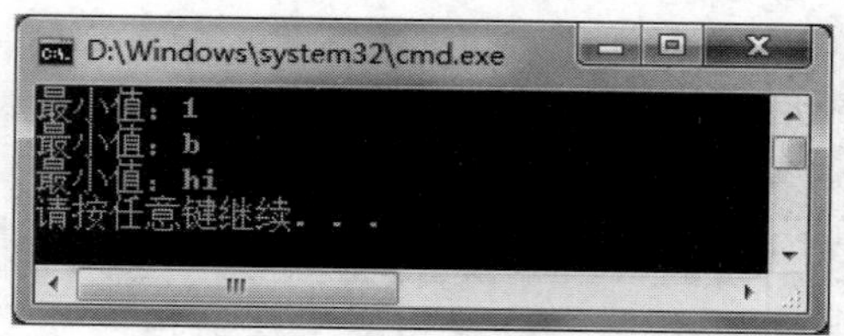

图 9.3　求出字符串的最小值

程序在重载的函数模板 min 的实现中，使用 strcmp 库函数来完成字符串的比较，此时使用 min 函数可以比较整型数据、实型数据、字符数据和字符串数据。

扫一扫，看视频

9.2　类　模　板

使用 template 关键字不但可以定义函数模板，也可以定义类模板。类模板代表一族类，是用来描述通用数据类型或处理方法的机制，它使类中的一些数据成员和成员函数的参数或返回值可以取任意数据类型。类模板可以说是用类生成类，减少了类的定义数量。

9.2.1　类模板的定义与声明

类模板的一般定义形式如下：

```
template <类型形式参数表> class 类模板名
{
...    //类模板体
};
```

类模板成员函数的定义形式如下：

```
template <类型形式参数表>
返回类型 类模板名 <类型名表>:::成员函数名(形式参数列表)
{
...    //函数体
}
```

template 是关键字，类型形式参数表与函数模板定义相同。类模板的成员函数定义时的类模板名与类模板定义时要一致，类模板不是一个真实的类，需要重新生成类。生成类的形式如下：

```
类模板名<类型实在参数表>
```

用新生成的类定义对象的形式如下：

```
类模板名<类型实在参数表> 对象名
```

其中类型实在参数表应与该类模板中的类型形式参数表匹配。用类模板生成的类称为模板类。类模板和模板类不是同一个概念：类模板是模板的定义，不是真实的类，定义中要用到类型参数；模板类本质上与普通类相同，它是类模板的类型参数实例化之后得到的类。

定义一个容器的类模板，代码如下：

```
template<class Type>
class Container
{
        Type tItem;
        public:
```

```
        Container(){};
        void begin(const Type& tNew);
        void end(const Type& tNew);
        void insert(const Type& tNew);
        void empty(const Type& tNew);
};
```

和普通类一样，需要对类模板成员函数进行定义，代码如下：

```
void Container<type>:: begin (const Type& tNew)     //容器的第一个元素
{
        tItem=tNew;
}
void Container<type>:: end (const Type& tNew)       //容器的最后一个元素
{
        tItem=tNew;
}
void Container<type>::insert(const Type& tNew)      //向容器中插入元素
{
        tItem=tNew;
}
void Container<type>:: empty (const Type& tNew)     //清空容器
{
        tItem=tNew;
}
```

将模板类的参数设置为整型，然后用模板类声明对象。代码如下：

```
Container<int> myContainer;     //声明 Container<int>类对象
```

声明对象后，就可以调用类成员函数，代码如下：

```
int i=10;
myContainer.insert(i);
```

在类模板定义中，类型形式参数表中的参数也可以是其他类模板，例如：

```
template < template<class A> class B>
class CBase
{
private:
        B<int> m_n;
}
```

类模板也可以进行继承，例如：

```
template <class T>
class CDerived public T
{
public :
        CDrived();
};
template <class T>
CDerived<T>::CDerived() : T()
{
        cout << "" <<endl;
}
void main()
```

```
{
        CDerived<CBase1> D1;
        CDerived<CBase1> D1;
}
```

T 是一个类，CDerived 继承自该类，CDerived 可以对类 T 进行扩展。

9.2.2 简单类模板

类模板中的类型形式参数表可以在执行时指定，也可以在定义类模板时指定。下面看类型参数如何在执行时指定。

例 9.3 简单类模板。

```
#include "stdafx.h"
#include <iostream>
using namespace std;
template<class T1,class T2>
class MyTemplate
{
    T1 t1;
    T2 t2;
    public:
        MyTemplate(T1 tt1,T2 tt2)
        {t1 =tt1, t2=tt2;}
        void display()
        { cout << t1 << ' ' << t2 << endl;}
};
void main()
{
        int a=123;
        double b=3.1415;
        MyTemplate<int ,double> mt(a,b);
        mt.display();
}
```

程序运行结果如图 9.4 所示。

图 9.4 简单类模板

程序中的 MyTemplate 是一个模板类，它使用整型类型和双精度型作为参数。

9.2.3 默认模板参数

默认模板参数就是在类模板定义时设置类型形式参数表中一个类型参数的默认值，该默认值是一个数据类型。有默认的数据类型参数后，在定义模板新类时就可以不进行指定。

例 9.4　默认模板参数。

```
#include "stdafx.h"
#include <iostream>
using namespace std;
template <class T1,class T2 = int>
class MyTemplate
{
        T1 t1;
        T2 t2;
public:
        MyTemplate(T1 tt1,T2 tt2)
        {t1=tt1;t2=tt2;}
        void display()
        {
            cout<< t1 << ' ' << t2 << endl;
    }
};
void main()
{
        int a=123;
        double b=3.1415;
        MyTemplate<int ,double> mt1(a,b);
        MyTemplate<int> mt2(a,b);
        mt1.display();
        mt2.display();
}
```

程序运行结果如图 9.5 所示。

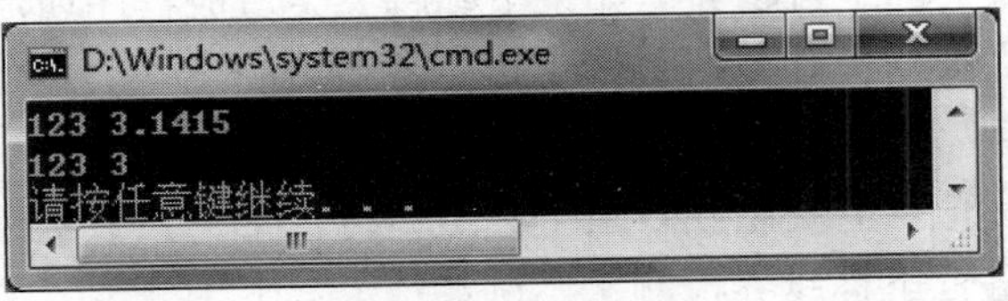

图 9.5　默认模板参数

9.2.4　为具体类型的参数提供默认值

默认模板参数是类模板中由默认的数据类型作参数，在模板定义时还可以为默认的数据类型声明变量，并且为变量赋值。

例 9.5　为具体类型的参数提供默认值。

```
#include "stdafx.h"
#include <iostream>
using namespace std;
template<class T1,class T2,int num= 10 >
class MyTemplate
{
        T1 t1;
        T2 t2;
```

```
    public:
        MyTemplate(T1 tt1,T2 tt2)
        {t1 =tt1+num, t2=tt2+num;}
        void display()
        { cout << t1 << ' ' << t2 <<endl;}
};
void main()
{
        int a=123;
        double b=3.1415;
        MyTemplate<int ,double> mt1(a,b);
        MyTemplate<int ,double ,100> mt2(a,b);
        mt1.display();
        mt2.display();
}
```

程序运行结果如图 9.6 所示。

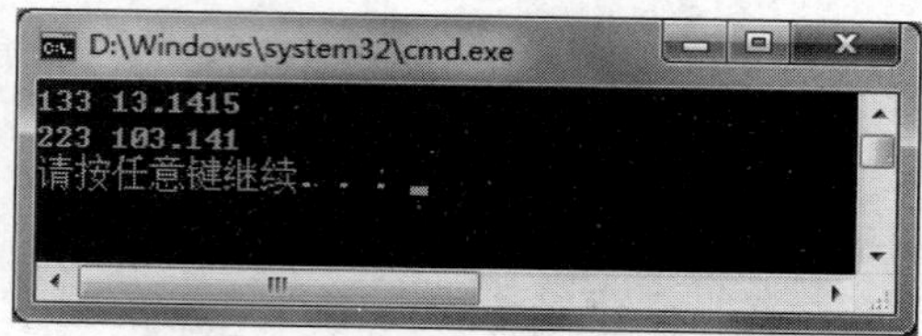

图 9.6　为具体类型的参数提供默认值

9.2.5　有界数组模板

C++语言不能检查数组下标是否越界，如果下标越界会造成程序崩溃，程序员在编辑代码时很难找到下标越界错误。那么如何能让数组进行下标越界检测呢？答案是建立数组模板，在模板定义时对数组的下标进行检查。

在模板中想要获取下标值，需要重载数组下标运算符“[]”。重载数组下标运算符后，使用模板类实例化的数组，就可以进行下标越界检测了。例如：

```
#include <cassert>
template <class T,int b>
class Array
{
    T& operator[] (int sub)
    {
        assert(sub>=0&& sub<b);
    }
};
```

程序中使用了 assert 来进行警告处理，当有下标越界情况发生时，就弹出对话框警告，然后输出出现错误代码的位置。assert 函数需要使用 cassert 头文件。

数组模板的应用示例如下：

例 9.6　越界警告。

```
#include "stdafx.h"
#include <iostream>
```

```
#include <iomanip>
#include <cassert>
using namespace std;
class Date
{
        int iMonth,iDay,iYear;
        char Format[128];
public:
    Date(int m=0,int d=0,int y=0)
    {
        iMonth=m;
        iDay=d;
        iYear=y;
    }
    friend ostream& operator<<(ostream& os,const Date t)
    {
        cout << "Month: " << t.iMonth << ' ' ;
        cout << "Day: " << t.iDay<< ' ';
        cout << "Year: " << t.iYear<< ' ' ;
        return os;

    }
    void Display()
    {
        cout << "Month: " << iMonth;
        cout << "Day: " << iDay;
        cout << "Year: " << iYear;
        cout << endl;
    }
};
template <class T,int b>
class Array
{
    T elem[b];
    public:
        Array(){}
        T& operator[] (int sub)
        {
            assert(sub>=0&& sub<b);
            return elem[sub];
        }

};
void main()
{
        Array<Date,3> dateArray;
        Date dt1(1,2,3);
        Date dt2(4,5,6);
        Date dt3(7,8,9);
        dateArray[0]=dt1;
```

```
        dateArray[1]=dt2;
        dateArray[2]=dt3;
        for(int i=0;i<3;i++)
        cout << dateArray[i] << endl;
        Date dt4(10,11,13);
        dateArray[3] = dt4;                //弹出警告
        cout << dateArray[3] << endl;
}
```

程序运行结果如图 9.7 所示。

图 9.7　越界警告

程序能够及时发现 dateArray 已经越界，因为定义数组时指定数组的长度为 3。当数组下标为 3 时，说明数组中有 4 个元素，所以程序执行到 dateArray[3]时，弹出错误警告，如图 9.8 所示。

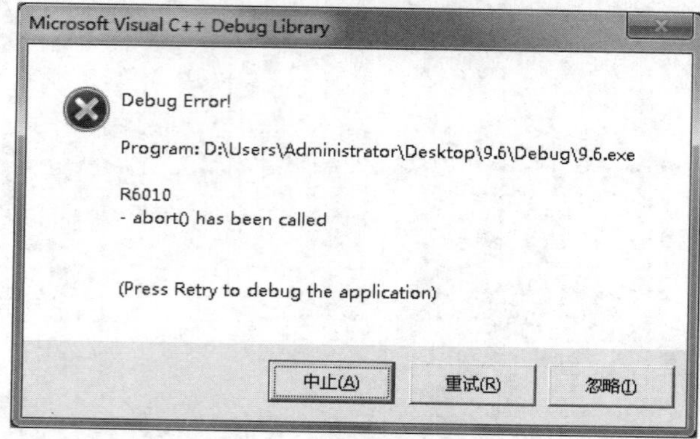

图 9.8　编译器的阻止警告

扫一扫，看视频

9.3　模板的使用

定义完模板类后，如果想扩展模板新类的功能，需要对类模板进行覆盖，使模板类能够完成特殊功能。覆盖操作可以针对整个类模板、部分类模板以及类模板的成员函数。这种覆盖操作称为定制。

9.3.1　定制类模板

定制一个类模板，然后覆盖类模板中所定义的所有成员。

例 9.7　定制类模板。

```
#include "stdafx.h"
#include <iostream>
using namespace std;
```

```
class Date
{
        int iMonth,iDay,iYear;
        char Format[128];
public:
        Date(int m=0,int d=0,int y=0)
        {
            iMonth=m;
            iDay=d;
            iYear=y;
        }
    friend ostream& operator<<(ostream& os,const Date t)
    {
        cout << "Month: " << t.iMonth << ' ' ;
        cout << "Day: " << t.iDay<< ' ';
        cout << "Year: " << t.iYear<< ' ' ;
        return os;

    }
    void Display()
    {
        cout << "Month: " << iMonth;
        cout << "Day: " << iDay;
        cout << "Year: " << iYear;
        cout << endl;
    }
};

template <class T>
class Set
{
    T t;
    public:
        Set(T st) : t(st) {}
        void Display()
        {
            cout << t << endl;
        }
};
template<>    //显示专用化
class Set<Date>
{
        Date t;
public:
        Set(Date st): t(st){}
        void Display()
        {
            cout << "Date :" << t << endl;
        }
};
```

```
void main()
{
        Set<int> intset(123);
        Set<Date> dt =Date(1,2,3);
        intset.Display();
        dt.Display();
}
```

程序运行结果如图 9.9 所示。

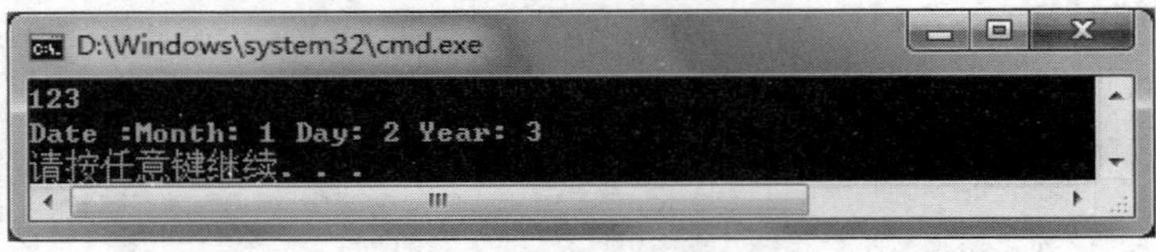

图 9.9　定制类模板

程序中定义了 Set 类模板，该模板中有一个构造函数和一个 Display 成员函数。Display 成员函数负责输出成员的值。使用类 Date 定制了整个类模板，也就是说模板类中构造函数中的参数是 Date 对象，Display 成员函数输出的也是 Date 对象。定制类模板相当于实例化一个模板类。

9.3.2　定制类模板成员函数

定制一个类模板，然后覆盖类模板中指定的成员。

例 9.8　定制类模板成员函数。

```
#include "stdafx.h"
#include <iostream>
using namespace std;
class Date
{
        int iMonth,iDay,iYear;
        char Format[128];
public:
        Date(int m=0,int d=0,int y=0)
        {
            iMonth=m;
            iDay=d;
            iYear=y;
        }
    friend ostream& operator<<(ostream& os,const Date t)
    {
        cout << "Month: " << t.iMonth << ' ' ;
        cout << "Day: " << t.iDay<< ' ';
        cout << "Year: " << t.iYear<< ' ' ;
        return os;

    }
    void Display()
    {
```

```
        cout << "Month: " << iMonth;
        cout << "Day: " << iDay;
        cout << "Year: " << iYear;
        cout << std::endl;
    }
};
template <class T>
class Set
{
        T t;
    public:
        Set(T st) : t(st) { }
        void Display();
};
template <class T>
void Set<T>::Display()
{
        cout << t << endl;
}
void Set<Date>::Display()
{
        cout << "Date: " << t << endl;
}
void main()
{
        Set<int> intset(123);
        Set<Date> dt =Date(1,2,3);
        intset.Display();
        dt.Display();
}
```

程序运行结果如图 9.10 所示。

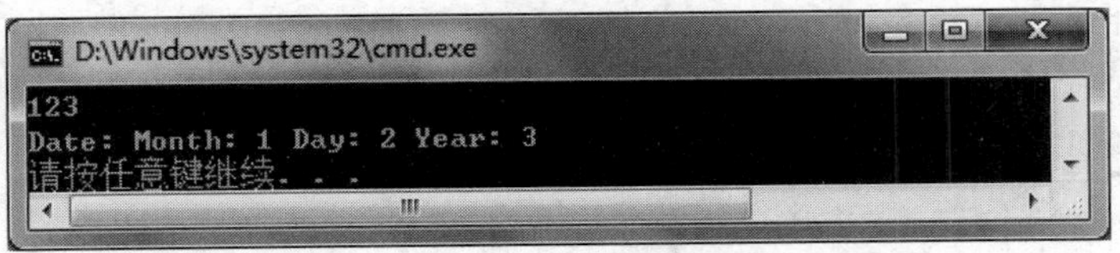

图 9.10　定制类模板成员函数

程序中定义了 Set 类模板，该模板中有一个构造函数和一个 Display 成员函数。程序对模板类中的 Display 函数进行覆盖，使其参数类型设置为 Date 类，这样在使用 Display 函数输出时就会调用 Date 类中的 Display 函数进行输出。

9.3.3　模板部分定制

定制一个类模板，然后覆盖类模板类型参数表中的一个参数。

例 9.9　模板部分定制。

```
#include "stdafx.h"
```

```
#include <iostream>
using namespace std;
template <class T1,class T2>
class MyTemplate
{
        T1 obj1;
        T2 obj2;
public:
    MyTemplate(T1 o1,T2 o2) : obj1(o1) ,obj2(o2){}
    void display()
    {
        cout << "Object Display" << endl;
        cout << "Object 1:" << obj1 << endl;
        cout << "Object 2:" << obj2 <<endl;
        cout << endl;
    }
};
template <class T>
class MyTemplate<T, char>
{
    T obj1,obj2;
public:
        MyTemplate(T o1,char c) : obj1(o1) ,obj2(o1)
        {obj2+=(int)c;}
        void display()
        {
            cout << "Object Display" << endl;
            cout << "Object 1:" << obj1 << endl;
            cout << "Object 2:" << obj2 <<endl;
            cout << endl;
        }
};
int main()
{
    MyTemplate<int,int>mt1(10,20);
    MyTemplate<int,int>mt2(10,'b');
    mt1.display();
    mt2.display();
    return 1;
}
```

程序运行结果如图 9.11 所示。

程序中的 MyTemplate 类模板的一个参数被覆盖为 char。在模板类 MyTemplate 的构造函数中，用第一个参数的对象和 char 值相加。如果第一个参数被设置为 int 类型，那么 char 可以转换为 int 类型，完成和第一个参数的实例值的相加。

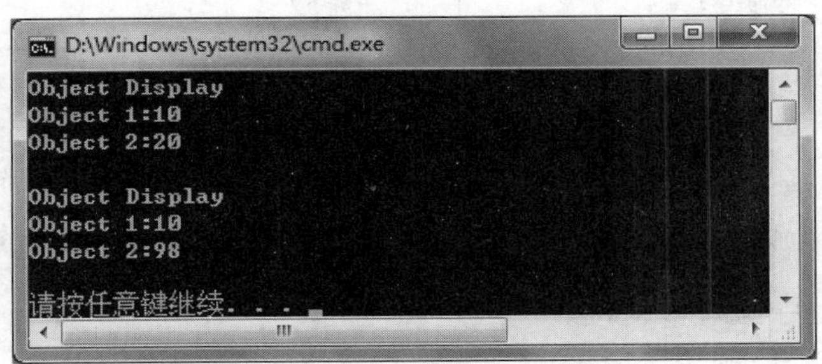

图 9.11 模板部分定制

9.4 链表类模板

链表是一种常用的数据结构。创建链表类模板就是创建一个对象的容器，在容器内可以对不同类型的对象进行插入、删除和排序等操作。C++标准模板中有链表类模板，本节将主要实现简单的链表类模板。

9.4.1 链表

在介绍类模板之前，先设计一个简单的单向链表。链表的功能包括向尾节点添加数据、遍历链表中的节点和在链表结束时释放所有节点。例如，定义一个链表类，代码如下：

例 9.10 简单链表的实现。

```
#include "stdafx.h"
class CNode                                 //定义一个节点类
{
public:
    CNode *m_pNext;                         //定义一个节点指针，指向下一个节点
    int   m_Data;                           //定义节点的数据
    CNode()                                 //定义节点类的构造函数
    {
        m_pNext = NULL;                     //将 m_pNext 设置为空
    }
};
class CList                                 //定义链表类 CList 类
{
private:
    CNode *m_pHeader;                       //定义头节点
    int   m_NodeSum;                        //节点数量
public:
    CList()                                 //定义链表的构造函数
    {
        m_pHeader = NULL;                   //初始化 m_pHeader
        m_NodeSum = 0;                      //初始化 m_NodeSum
    }
    CNode* MoveTrail()                      //移动到尾节点
    {
```

```
    CNode* pTmp = m_pHeader;                        //定义一个临时节点，将其指向头节点
    for (int i=1;i<m_NodeSum;i++)                   //遍历节点
    {
        pTmp = pTmp->m_pNext;                       //获取下一个节点
    }
    return pTmp;                                    //返回尾节点
}
void AddNode(CNode *pNode)                          //添加节点
{
    if (m_NodeSum == 0)                             //判断链表是否为空
    {
        m_pHeader = pNode;                          //将节点添加到头节点中
    }
    else                                            //链表不为空
    {
        CNode* pTrail = MoveTrail();                //搜索尾节点
        pTrail->m_pNext = pNode;                    //在尾节点处添加节点
    }
    m_NodeSum++;                                    //使链表节点数量加 1
}
void PassList()                                     //遍历链表
{
    if (m_NodeSum > 0)                              //判断链表是否为空
    {
        CNode* pTmp = m_pHeader;                    //定义一个临时节点，将其指向头节点
        printf("%4d",pTmp->m_Data);                 //输出节点数据
        for (int i=1;i<m_NodeSum;i++)               //遍历其他节点
        {
            pTmp = pTmp->m_pNext;                   //获取下一个节点
            printf("%4d",pTmp->m_Data);             //输出节点数据
        }
    }
}
~CList()                                            //定义链表析构函数
{
    if (m_NodeSum > 0)                              //链表不为空
    {
        CNode *pDelete = m_pHeader;                 //定义一个临时节点，指向头节点
        CNode *pTmp = NULL;                         //定义一个临时节点
        for(int i=0; i< m_NodeSum; i++)             //遍历节点
        {
            pTmp = pDelete->m_pNext;                //获取下一个节点
            delete pDelete;                         //释放当前节点
            pDelete = pTmp;                         //将下一个节点设置为当前节点
        }
        m_NodeSum = 0;                              //将 m_NodeSum 设置为 0
        pDelete = NULL;                             //将 pDelete 设置为空
        pTmp = NULL;                                //将 pTmp 设置为空
    }
    m_pHeader = NULL;                               //将 m_pHeader 设置为空
```

```
    }
};
```

链表类 CList 以 CNode 作为元素，通过 MoveTrail 成员函数将链表指针移动到末尾，通过 AddNode 成员函数添加一个节点。

下面声明一个链表对象，向其中添加节点，并遍历链表节点。代码如下：

```
int main(int argc, char* argv[])
{
    CList list;                              //定义链表对象
    for(int i=0; i<5; i++)                   //利用循环向链表中添加 5 个节点
    {
        CNode *pNode = new CNode();          //构造节点对象
        pNode->m_Data = i;                   //设置节点数据
        list.AddNode(pNode);                 //添加节点到链表
    }
    list.PassList();                         //遍历节点
    cout << endl;                            //输出换行
    return 0;
}
```

程序运行结果如图 9.12 所示。

图 9.12 简单链表

程序向链表中添加了 5 个元素，然后调用 PassList 成员函数完成对链表元素的遍历。

9.4.2 链表类模板说明

链表类 Clist 的最大缺陷就是链表不够灵活，其节点只能是 CNode 类型。让 CList 能够适应各种类型的节点的最简单方法就是使用类模板。类模板的定义与函数模板类似，以关键字 template 开始，其后是由尖括号“<>”构成的模板参数。下面重新修改链表类 CList，以类模板的形式进行改写，代码如下：

例 9.11 使用 CList 类模板。

```
template <class Type>                        //定义类模板
class CList                                  //定义 CList 类
{
private:
        Type *m_pHeader;                     //定义头节点
        int   m_NodeSum;                     //节点数量
public:
        CList()                              //定义构造函数
        {
            m_pHeader = NULL;                //将 m_pHeader 置为空
            m_NodeSum = 0;                   //将 m_NodeSum 置为 0
```

```
    }
    Type* MoveTrail()                           //获取尾节点
    {
        Type *pTmp = m_pHeader;                 //定义一个临时节点，将其指向头节点
    for (int i=1;i<m_NodeSum;i++)               //遍历链表
    {
        pTmp = pTmp->m_pNext;                   //将下一个节点指向当前节点
    }
    return pTmp;                                //返回尾节点
}
    void AddNode(Type *pNode)                   //添加节点
    {
        if (m_NodeSum == 0)                     //判断链表是否为空
        {
            m_pHeader = pNode;                  //在头节点处添加节点
        }
        else                                    //链表不为空
        {
            Type* pTrail = MoveTrail();         //获取尾节点
            pTrail->m_pNext = pNode;            //在尾节点处添加节点
        }
    m_NodeSum++;                                //使节点数量加 1
}
void PassList()                                 //遍历链表
{
    if (m_NodeSum > 0)                          //判断链表是否为空
    {
        Type* pTmp = m_pHeader;                 //定义一个临时节点，将其指向头节点
        printf("%4d",pTmp->m_Data);             //输出头节点数据
        for (int i=1;i<m_NodeSum;i++)           //利用循环访问节点
        {
            pTmp = pTmp->m_pNext;               //获取下一个节点
            printf("%4d",pTmp->m_Data);         //输出节点数据
        }
    }
}
~CList()                                        //定义析构函数
{
    if (m_NodeSum > 0)                          //判断链表是否为空
    {
        Type *pDelete = m_pHeader;              //定义一个临时节点，将其指向头节点
        Type *pTmp = NULL;                      //定义一个临时节点
        for(int i=0; i< m_NodeSum; i++)         //利用循环遍历所有节点
        {
            pTmp = pDelete->m_pNext;            //将下一个节点指向当前节点
            delete pDelete;                     //释放当前节点
            pDelete = pTmp;                     //将当前节点指向下一个节点
        }
        m_NodeSum = 0;                          //设置节点数量为 0
        pDelete = NULL;                         //将 pDelete 置为空
```

```
            pTmp = NULL;                          //将 pTmp 置为空
        }
        m_pHeader = NULL;                         //将 m_pHeader 置为空
    }
};
```

上述代码利用类模板对链表类 CList 进行了修改，实际上是在原来链表的基础上将链表中出现 CNode 类型的地方替换为模板参数 Type。下面再定义一个节点类 CNet，演示模板类 CList 是如何适应不同的节点类型的代码如下：

```
class CNet                                        //定义一个节点类
{
public:
        CNet *m_pNext;                            //定义一个节点类指针
        char   m_Data;                            //定义节点类的数据成员
        CNet()                                    //定义构造函数
        {
            m_pNext = NULL;                       //将 m_pNext 置为空
        }
};
int main(int argc, char* argv[])
{
        CList<CNode> nodelist;                    //构造一个类模板实例
        for(int n=0; n<5; n++)                    //利用循环向链表中添加节点
        {
            CNode *pNode = new CNode();           //创建节点对象
            pNode->m_Data = n;                    //设置节点数据
            nodelist.AddNode(pNode);              //向链表中添加节点
        }
        nodelist.PassList();                      //遍历链表
        cout <<endl;                              //输出换行
        CList<CNet> netlist;                      //构造一个类模板实例
        for(int i=0; i<5; i++)                    //利用循环向链表中添加节点
        {
            CNet *pNode = new CNet();             //创建节点对象
            pNode->m_Data = 97+i;                 //设置节点数据
            netlist.AddNode(pNode);               //向链表中添加节点
        }
        netlist.PassList();                       //遍历链表
        cout << endl;                             //输出换行
        return 0;
}
```

程序运行结果如图 9.13 所示。

图 9.13　使用 CList 类模板

类模板 CList 虽然能够使用不同类型的节点，但是对节点的类型是有一定要求的。第一，节点类必须包含一个指向自身的指针类型成员 m_pNext，因为在 CList 中访问了 m_pNext 成员；第二，节点类中必须包含数据成员 m_Data，其类型被限制为数字类型或有序类型。

9.4.3 类模板的静态数据成员

在类模板中可以定义静态的数据成员，类模板中的每个实例都有自己的静态数据成员，而不是所有的类模板实例共享静态数据成员。

例 9.12　在类模板中使用静态数据成员。

```
#include "stdafx.h"
#include <iostream>
using namespace std;
template <class Type>
class CList                                     //定义 CList 类
{
private:
        Type *m_pHeader;
        int  m_NodeSum;
public:
        static int m_ListValue;                 //定义静态数据成员
    CList()
    {
        m_pHeader = NULL;
        m_NodeSum = 0;
    }
};
class CNode                                     //定义 CNode 类
{
public:
        CNode *m_pNext;
        int  m_Data;
        CNode()
        {
            m_pNext = NULL;
        }
};
class CNet                                      //定义 CNet 类
{
public:
        CNet *m_pNext;
        char  m_Data;
        CNet()
        {
            m_pNext = NULL;
        }
};
template <class Type>
int CList<Type>::m_ListValue = 10;      //初始化静态数据成员
```

```
int main(int argc, char* argv[])
{
        CList<CNode> nodelist;
        nodelist.m_ListValue = 2008;
        CList<CNet> netlist;
        netlist.m_ListValue = 88;
        cout<<nodelist.m_ListValue<< endl;
        cout<<netlist.m_ListValue<<endl;
        return 0;
}
```

程序运行结果如图 9.14 所示。

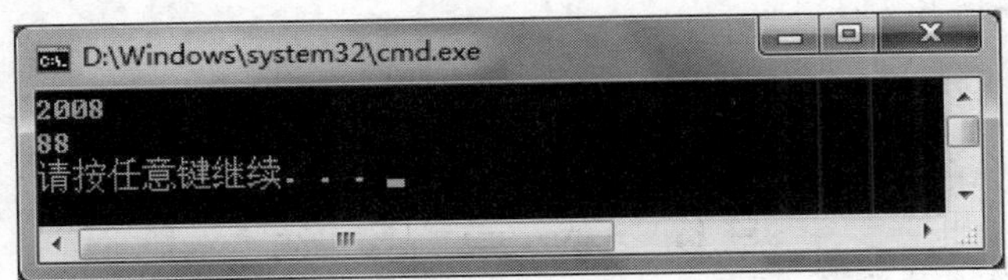

图 9.14　类模板的静态数据成员

由于模板例 nodelist 和 netlist 均有各自的静态数据成员，所以 m_ListValue 的值是不同的。但是对于同一类型的模板实例，其静态数据成员是共享的。

9.5　上机实践

9.5.1　除法函数模板

➤➤➤题目描述

要求设计一个函数模板，该函数模板功能是计算两个对象相加的结果，并将结果返回。

➤➤➤技术指导

将两个对象相加意味着所有基本类型数据和支持加法运算符重载类的对象都可以使用这个模板。关键代码如下：

```
{template<class T>
Plus(T t1,T,t2)
{
    return t1+t2;
}
```

9.5.2　取得数据间最大值

➤➤➤题目描述

设计一个类模板，在类模板中声明一个成员函数，用该函数得到两个同类型的数据；然后设计成员函数 max 得到两个数据间的最大值。

➤➤➤技术指导

定义一个类模板，将模板类型作为成员函数的返回值和参数列表类型就可以实现。关键代码如下：

```
template<class T>
class A
{
public:
    T getMax(T t1,T t2)
    {
        if(t1>t2)
        {
            return t1;
        }
        else
            return t2;
    }
};
```

9.6 本章总结

模板是 C++的高级特性。一个模板可以定义一组函数或类，它使用数据类型和类名作为参数，建立具有类型安全的类库集合和函数集合。模板可以对作为模板参数的数据类型进行相同的操作，大大减少了代码量，提高了代码效率，更方便了大规模软件的开发。标准 C++库（STL）在很大程度上依赖于模板。通过本章的学习，可以使读者对 C++语言有更深入的了解。

第 10 章　快刀斩乱麻——代码整理

我们在阅读或使用代码时，总是希望它的可读性良好。C++提供了类型别名和枚举用来约束种类的名称。类型推导的特性则可以使复杂的空间名、类型名的数据声明得到简化。使用异常处理，程序运行时对可能发生的错误进行控制，防止系统灾难性错误的发生。

通过学习本章，读者可以达到以下学习目的：

- 了解 C++的结构体
- 掌握定义类型的别名和使用
- 掌握枚举类型的原理和应用
- 掌握类型推导的使用方法
- 了解异常处理的概念

10.1　结　构　体

结构体是一种自定义数据类型。声明结构体时使用的关键字是 struct，定义一种结构体的一般形式如下：

```
struct 结构体名
{
    成员表列
};
```

结构体类型与基本类型一样是从 C 语言中继承下来的。C++中的结构体和类的使用方法几乎一样。它包含 this 指针，可以继承也可以被继承。创建、销毁和复制时均调用相应的构造、析构和复制构造函数。它包含虚表，可以被抽象化……。但有两点不同，其一，结构体的默认访问权限为 public，而类为 private。其二，结构体无法使用类模板。

一般情况下，C++中经常使用类来完成面向对象的任务。在兼容 C 语言编写的源文件的情况下，有时会使用结构体。

10.2　数据类型别名——typedef

C++语言提供了丰富的数据类型，对于一些由用户自己定义的构造数据类型，还允许用户自己定义类型说明符，也就是说由用户为定义的数据类型名另外再取一个别名，以便简化对类型名的引用，或增加程序的可读性。这个功能由类型定义符 typedef 完成。typedef 的使用形式如下：

```
typedef flag int;
```

这样，程序中 flag 就可以作为 int 的数据类型来使用。

```
flag a;
```

a 实质上是 int 类型的数据，此时 int 类型的别名就是 flag。

类或者结构在声明的时候使用 typedef。例如：

```
typedef class asdfghj{
    成员列表
}myClass,ClassA;
```

这样就令声明的类拥有 myClass,ClassA 两个别名。

typedef 主要的用途有：

（1）很复杂的基本类型名称，如函数指针 int (*)(int i)。

```
typedef pFun int (*)(int i)。
```

（2）使用其他人开发的类型时，使它的类型名符合自己的代码习惯（规范）。

typedef 关键字具有作用域,范围是别名声明所在的区域（包含名称空间）。

例 10.1　三只宠物犬。

```
#include "stdafx.h"
#include <iostream>
#include <string>
using namespace std;
namespace pet
{
    typedef string kind;
    typedef string petname;
    typedef string voice;
    typedef class dog
    {
        private:
            kind m_kindName;  //宠物狗种类
        protected: //假如有别名需要子类继承，则不需要使用种类这个属性。
            petname m_dogName;
            int m_age;
            voice m_voice;
            void setVoice(kind name);
        public:
        dog(kind name);
        void sound();
        void setName(petname name);
    }Dog,DOG;  //声明了别名
    void dog::setVoice(kind name)
    {
        if(name == "北京犬")
        {
            m_voice = "嗷嗷";
        }
        else if(name == "狼犬")
        {
            m_voice = "呜嗷";
        }
        else if(name == "黄丹犬")
        {
            m_voice = "喔嗷";
        }
```

```
    }
    dog::dog(kind name)
    {
        m_kindName = name;
        m_dogName = name;
        setVoice(name);
    }
    void dog::sound()
    {
        cout<<m_dogName<<"发出"<<m_voice<<"的叫声"<<endl;
    }
    void dog::setName(petname name)
    {
        m_dogName = name;
    }
}
using pet::dog;  //使用 pet 空间的宠物犬 dog 类
using pet::DOG;
int main()
{
        dog a = dog("北京犬");  //名称空间的类被包含进来后，可以直接使用
        pet::Dog b = pet::Dog("狼犬");  //别名仍需要使用名字空间
        pet::DOG c = pet::DOG("黄丹犬");
        a.setName("小白");
        c.setName("阿黄");
        a.sound();
        b.sound();
        c.sound();
        return 0;
}
```

程序运行结果如图 10.1 所示。

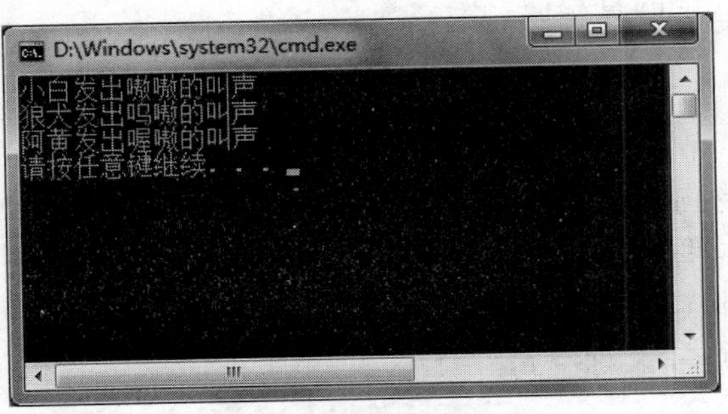

图 10.1　执行结果

在 pet 名称空间中定义了多种类型别名。这些别名的实际类型不发生改变，在主函数内演示了如何使用名称空间中的类别名。

宠物狗 dog 类中使用 string 类来区分小狗的种类，通过 setVoice 函数设定每种小狗的声音。那么，有没有比使用 string 对象更轻便的办法呢？除了建立 3 个子类之外有没有更简便一些的方法呢？在下一节将继续讨论。

10.3 枚举类型

在事物的概念中，有些数据只需要分出类别作为标识,使用整形数据 int 可以做到这一点。但对于编程者或者代码阅读者而言，很难将一群不直观的数字与概念相联系起来。以上一章的宠物犬 dog 类为例，建立一个 int 型成员变量，当值为 0 时代表北京犬，值为 1 时代表狼犬，值为 2 时代表黄丹犬。这样执行效率会更高一些，但是很难把 0、1、2 这些数字与犬的种类相关联起来。

C++提供了枚举类型 enum，它的一般形式如下：

```
enum 枚举的名称{枚举 1，枚举 2，枚举 3… 枚举 n…};
```

枚举代表了事物概念的分类。使用枚举类型数据的形式如下：

```
枚举类型 变量名 =枚举 n;
```

也就是说，枚举类型的名称作为数据类型来使用，它的值可以为定义的枚举之一。

在改进上一节的宠物犬类之前，有必要了解一下枚举类型的实质。在程序中定义一个星期的枚举类型，例如：

```
enum week{Monday,Tuesday,Wednesday,Thursday,Friday,Seturday,Sunday};
```

枚举的作用域和它的声明位置相对应，以如下方式使用它（假设程序包含标准输出流）：

```
week k =k3;
if(Monday == 0)
{
    cout<<Monday<<endl;
}
if(Wednesday == 2)
{
    cout<<k<<endl;
}
```

两个 cout 会被依次执行，输出的结果为 0 和 2。原来枚举类型定义的枚举实质上是从 0 开始，递增为 1 的常量整数数列，它将字面值包装到了标识符中。编写程序时，最好仍按枚举所定义的标识符使用，这样才能保持代码的直观性。

注意：

枚举中各项的名称不能和关键字、数据名、其他枚举的项等相冲突。

下面修改上例中的宠物狗 dog 类。

例 10.2 宠物狗的英文称呼。

本例将 dog 类的声明和实现分离。

pet.h: 声明了 dog 类和 pet 名称空间：

```
#include <string>
using  std::string;
enum Edog{PeiKingese,demi_wolf,Huangdan};  //英文名字枚举
enum Cdog{JingBa,LangGou,HuangDan};    //拼音名字枚举,HuangDan 的定义避免了命名冲突
namespace pet
{
    //typedef string kind;  //换为枚举类型
    typedef string petname;
    typedef string voice;
```

```
    typedef class dog
    {
        private:
            Cdog m_kindName;  //拼音宠物狗枚举种类
        protected: //假如有别名需要子类继承，则不需要使用种类这个属性。
            petname m_dogName;
            int m_age;
            voice m_voice;
            void setVoice(Cdog name);  //从传递 string 类型变成传递整型数据
            void setDefaultName(Cdog name);  //设置默认名字
        public:
            dog(Cdog name);     //从传递 string 类型变成传递整型数据
            void sound();
            void setName(petname name);
            string getName();
    }Dog,DOG;  //声明了别名
}
```

在本实例中定义了两个枚举类型。

dog.cpp: 完成了 dog 类的实现，switch 语句支持枚举类型：

```
#include "stdafx.h"
#include "pet.h"
#include <iostream>
using std::cout;
using std::endl;
using namespace pet;
void dog::setVoice(Cdog name)
    {
        switch(name){
        case JingBa:
            m_voice = "嗷嗷";
            break;
        case LangGou:
            m_voice = "呜嗷";
            break;
        case HuangDan:
            m_voice = "喔嗷";
            break;
        default:
            m_voice = "-----";
        }
    }
    void dog::setDefaultName(Cdog name)
    {
        switch(name){
        case JingBa:
            m_dogName = "京巴";
            break;
        case LangGou:
            m_dogName = "狼狗";
```

```
            break;
        case HuangDan:
            m_dogName = "黄丹";
            break;
        default:
            m_dogName = "迷之犬";
        }
    }
    dog::dog(Cdog name)
    {
        m_kindName = name;
        setDefaultName(name);
        setVoice(name);
    }
    void dog::sound()
    {
        cout<<m_dogName<<"发出"<<m_voice<<"的叫声"<<endl;
    }
    void dog::setName(petname name)
    {
        m_dogName = name;
    }
    string dog::getName()
    {
        return m_dogName;
    }
```

main.cpp 程序的入口：

```
#include "stdafx.h"
#include <iostream>
#include "pet.h"
using std::cout;
using std::endl;

using pet::dog;  //使用 pet 空间的宠物犬 dog 类
using pet::DOG;
int main()
{
        cout<<"我领养了 2 只小狗。"<<endl;
        dog myDog1 = dog(JingBa);  //名称空间的类被包含进来后，可以直接使用
        pet::Dog myDog2= pet::Dog(LangGou);  //别名仍需要使用名字空间
        myDog2.setName("小黑");
        cout<<"小狗们发出叫声："<<endl;
        myDog1.sound();
        myDog2.sound();
        cout<<"一个外国人领养了 4 只小狗"<<endl;
        //dog dog1 = dog(PeiKingese); //出现类型转化问题，虽然字面值相同，但无法隐式转化
        dog dog1 = dog((Cdog)PeiKingese);
        dog dog2 = dog((Cdog)demi_wolf);
        dog dog3 = dog((Cdog)HuangDan);    //中国人和外国人都把黄丹犬称为"huangdan"
```

```
    dog dog4 = dog((Cdog)43);  //43 明显超出枚举的范围，我们观察下执行结果
    cout<<"3 只小狗有了英文名字"<<endl;
    dog1.setName("LuckyBoy");
    dog2.setName("Andy");
    dog3.setName("BigBow");
    cout<<"小狗们发出叫声："<<endl;
    dog1.sound();
    cout<<"唔，原来"<<dog1.getName()<<"是一只京巴"<<endl;
    dog2.sound();
    cout<<"哦，原来"<<dog2.getName()<<"是一只狼狗"<<endl;
    dog3.sound();
    cout<<"啊，原来"<<dog3.getName()<<"是一只黄丹"<<endl;
    dog4.sound();
    cout<<"嗯?请问这是什么狗?"<<endl;
    return 0;
}
```

程序运行结果如图 10.2 所示。

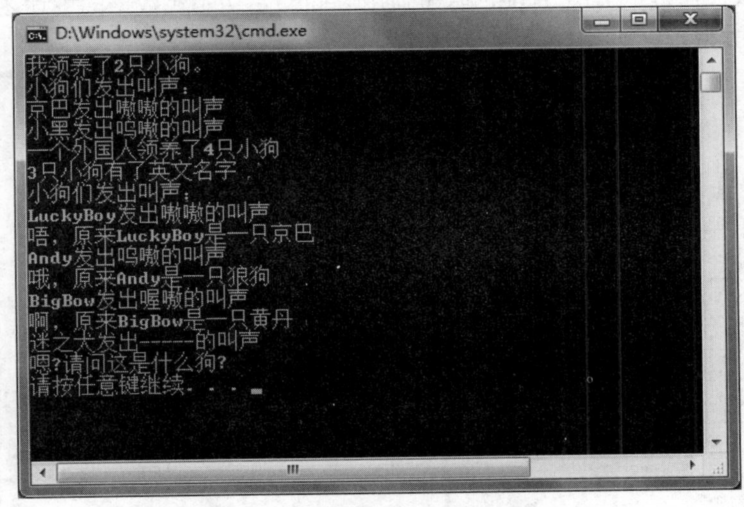

图 10.2　一样的小狗，不同的称呼

向宠物狗 dog1、dog2、dog3、dog4 的构造函数中传递了强制转换为 Cdog 枚举。由于 Edog 枚举和 Cdog 枚举一一对应，所以程序中的 dog1~dog3 仍然是“京巴”、“狼狗” 和 “黄丹”。dog4 的构造函数传递了一个超出枚举范围的整数，在类中的 switch 语句中仍然可以执行。

说明：

typedef 和 enum 的作用相比较，typedef 是将数据类型的名称直接包装成另外一个命名。枚举类型是能够隐形转化为 int 型的数据，enum 则将 int 常量的字面值包装成了字符代码。

10.4　类型推导

类型推导是 C++11 支持的一种新的特性，它对数据类型的声明具有很大的帮助。有时很难确认

某函数在一定条件下的返回值类型，因为它可能使用了函数模板，也可能是使用类模板的对象的成员函数。C++03 标准的 auto 是一个用来标识数据自动储存方式的关键字，C++11 赋予它了新的功能：

```
int k1 = 3;
auto k2 = k1;
```

变量 k2 的类型被推导为 int 类型。同样的使用 auto 关键字声明的数据可以被任何**非空类型**的数据、表达式和函数初始化。

```
auto i = func(参数列表);  //func 返回值为非空
```

函数的返回值可以使用 auto 作返回类型的声明。

这就是 C++11 提供的新特性——类型推导。

decltype 也是实现这一特性的关键字。它的作用是可以获得某一表达式、函数或者数据的数据类型。

它的使用方法如下：

```
Type k = somevalue; //k 的数据类型为 Type,somevalue 表示的是这一类型合法的值
decltype(k) p =somevalue; p 被初始化为 k 的类型 Type
```

decltype(k)可以视作数据类型 Type，除了使用 decltype 初始化数据的用途之外，还可以显示转换某些数据（如空类型指针），向模板中传递类型等。

注意：

使用 auto 关键字声明的数据必须初始化。auto 不能作为数组的类型声明，也不可以在形参列表中使用。

例 10.3 类型推导。

```
#include "stdafx.h"
#include <string>
#include <iostream>
using std::cout;
using std::endl;
using std::string;
using std::string;
class human
    {
    private:
    int m_nSpeed;
    string m_Name;
public:
    human(string name)
    {
        m_Name = name;
    }
    void sayHello()
    {
        cout<<"你好!我是"<<m_Name<<endl;
    }
};

int main()
{
```

```
        auto h1 = human("Mike");
        decltype(h1) h2 =human("老刘");
        h1.sayHello();
        h2.sayHello();
}
```

由 auto 声明的 h1 的类型就是初始化的 human 类。h2 的类型使用 decltype 关键字对 h1 的类型进行推导，所以也是 human 类型。程序运行结果如图 10.3 所示。

图 10.3　类型推导

10.5　异 常 处 理

扫一扫，看视频

异常处理是程序设计中除调试之外的另一种错误处理方法，它往往被大多数程序设计人员在实际设计中忽略。异常处理引起的代码膨胀将不可避免地增加程序阅读的困难，这对于程序设计人员来说是十分烦恼的。异常处理与真正的错误处理有一定区别，异常处理不但可以对系统错误做出反应，还可以对人为制造的错误做出反应并处理。本章将向读者介绍 C++语言异常处理的方法。

10.5.1　抛出异常

当程序执行到某一函数或方法内部时，程序本身出现了一些异常，但这些异常并不能由系统所捕获，这时就可以创建一个错误信息，再由系统捕获该错误信息并处理。创建错误信息并发送这一过程就是抛出异常。

最初异常信息的抛出只是定义一些常量，这些常量通常是整型值或是字符串信息。下面的代码是通过整型值创建的异常抛出。

```
#include "stdafx.h "
#include <iostream>

int main(int argc, char* argv[])
{
    try
    {
        throw 1;                    //抛出异常
    }
    catch(int error)
    {
        if (error == 1)             //异常信息
            cout << "产生异常" << endl;
    }
    return 0;
}
```

在 C++中，异常的抛出是使用 throw 关键字来实现的，在这个关键字的后面可以跟随任何类型的值。在上面的代码中将整型值 1 作为异常信息抛出，当异常捕获时就可以根据该信息进行异常的处理。

异常的抛出还可以使用字符串作为异常信息进行发送，代码如下：

```
#include "stdafx.h "
#include <iostream>
int main(int argc, char* argv[])
{
    try
    {
        throw "异常产生！";        //抛出异常
    }
    catch(char * error)
    {
            cout << error << endl;
    }
    return 0;
}
```

可以看到，字符串形式的异常信息适合于异常信息的显示，但并不适合于异常信息的处理。那么是否可以将整型信息与字符串信息结合起来作为异常信息进行抛出呢？之前说过，throw 关键字后面跟随的是类型值，所以不但可以跟随基本数据类型的值，还可以跟随类类型的值，这就可以通过类的构造函数将整型值与字符串结合在一起，并且还可以同时应用更加灵活的功能。

例如，将错误 ID 和错误信息以类对象的形式进行异常抛出。

例 10.4 使用自定义异常类。

```
#include "stdafx.h"
#include <iostream>
#include <string>
using namespace std;
class CCustomError                              //异常类
{
private:
    int m_ErrorID;                              //异常 ID
    char m_Error[255];                          //异常信息
public:
    CCustomError()                              //构造函数
    {
        m_ErrorID = 1;
        strcpy(m_Error,"出现异常！");
    }
    int GetErrorID(){ return m_ErrorID; }       //获取异常 ID
    char * GetError(){ return m_Error; }        //获取异常信息
};
int main(int argc, char* argv[])
{
    try
    {
        throw (new CCustomError());     //抛出异常
```

```
    }
    catch(CCustomError* error)
    {
        //输出异常信息
        cout << "异常 ID: " << error->GetErrorID() << endl;
        cout << "异常信息: " << error->GetError() << endl;
    }
    return 0;
}
```

程序运行结果如图 10.4 所示。

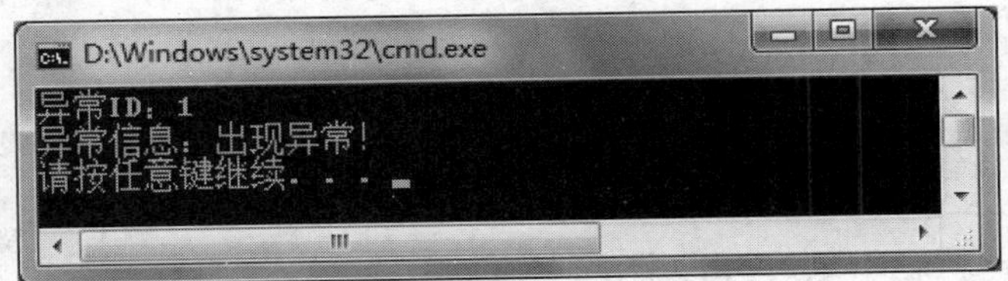

图 10.4　使用自定义异常类

代码中定义了一个异常类，这个类包含了两个内容，一个是异常 ID，也就是异常信息的编号；另一个是异常信息，也就是异常的说明文本。通过 throw 关键字抛出异常时，需要指定这两个参数。

10.5.2　异常捕获

异常捕获是指当一个异常被抛出时，不一定就在异常抛出的位置来处理这个异常，而是可以在别的地方通过捕获这个异常信息后再进行处理。这样不仅增加了程序结构的灵活性，也提高了异常处理的方便性。

如果在函数内抛出一个异常（或在函数调用时抛出一个异常），将在异常抛出时退出函数。如果不想在异常抛出时退出函数，可在函数内创建一个特殊块用于解决实际程序中的问题。这个特殊块由 try 关键字组成，例如：

```
try
{
        //抛出异常
}
```

异常抛出信号发出后，一旦被异常处理器接收到就被销毁。异常处理器应具备接收任何异常的能力。异常处理器紧随 try 块之后，处理的方法由关键字 catch 引导。例如：

```
Try
{
        …
}
catch(type obj)
{
        …
}
```

异常处理部分必须直接放在测试块之后。如果一个异常信号被抛出，异常处理器中第一个参数与异常抛出对象相匹配的函数将捕获该异常信号，然后进入相应的 catch 语句，执行异常处理程序。

catch 语句与 switch 语句不同，它不需要在每个 case 语句后加入 break 去中断后面程序的执行。

下面通过 try…catch 语句来捕获一个异常。代码如下：

```
#include "stdafx.h"
#include <iostream>
#include <string>
using namespace std;
class CcustomError                                  //异常类
{
private:
        int m_ErrorID;                              //异常 ID
        char m_Error[255];                          //异常信息
public:
        CCustomError()                              //构造函数
        {
            m_ErrorID = 1;
            strcpy(m_Error,"出现异常！");
        }
        int GetErrorID(){ return m_ErrorID; }       //获取异常 ID
        char * GetError(){ return m_Error; }        //获取异常信息
};
int main(int argc, char* argv[])
{
        try
        {
            throw (new CCustomError());     //抛出异常
        }
        catch(CCustomError* error)
        {
        //输出异常信息
            cout << "异常 ID：" << error->GetErrorID() << endl;
            cout << "异常信息：" << error->GetError() << endl;
        }
        return 0;
}
```

从上面的代码中可以看到 try 语句块中用于捕获 throw 所抛出的异常。对于 throw 异常的抛出，可以直接写在 try 语句块的内部，也可以写在函数或类方法的内部，但函数或方法必须写在 try 语句块的内部才可以捕获到异常。

异常处理器可以成组的出现，同时根据 try 语句块获取的异常信息处理不同的异常。代码如下：

例 10.5 获取不同异常的 try…catch 语句。

```
int main(int argc, char* argv[])
{
        try
        {
            throw "字符串异常！";
            //throw (new CCustomError());        //抛出异常
        }
        catch(CCustomError* error)
        {
```

```
        //输出异常信息
        cout << "异常 ID: " << error->GetErrorID() << endl;
        cout << "异常信息: " << error->GetError() << endl;
    }
    catch(char * error)
    {
        cout << "异常信息: " << error << endl;
    }
    return 0;
}
```

程序运行结果如图 10.5 和图 10.6 所示。

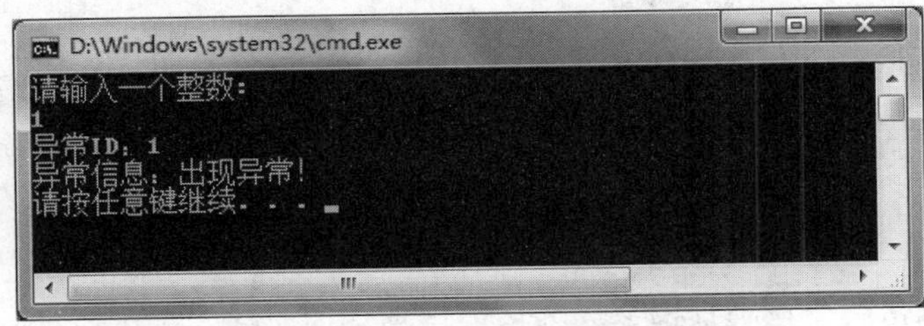

图 10.5　捕捉异常 1

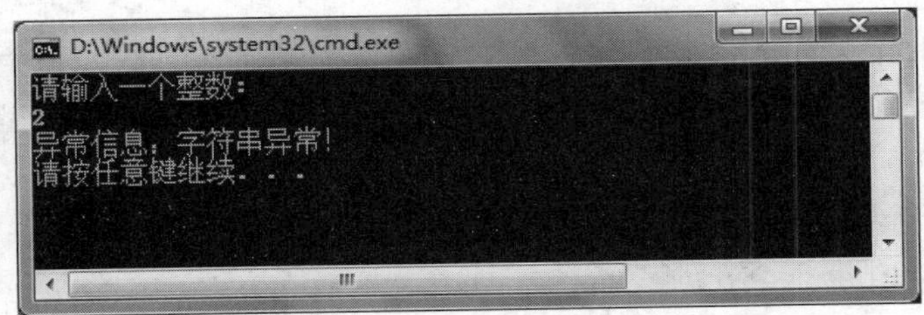

图 10.6　捕捉异常 2

有时并不一定在列出的异常处理中包含所有可能发生的异常类型，所以 C++提供了可以处理任何类型异常的方法，就是在 catch 后面的括号内添加“…”代码如下：

```
int main(int argc, char* argv[])
{
    try
    {
        throw "字符串异常！";
        //throw (new CCustomError());        //抛出异常
    }
    catch(CCustomError* error)
    {
        //输出异常信息
        cout << "异常 ID: " << error->GetErrorID() << endl;
        cout << "异常信息: " << error->GetError() << endl;
    }
    catch(char * error)
    {
        cout << "异常信息: " << error << endl;
    }
```

```
        catch(...)
        {
            cout << "未知异常信息！" << endl;
        }
        return 0;
}
```

有时需要重新抛出刚接收到的异常，尤其是在程序无法得到有关异常的信息而用省略号捕获任意的异常时。这些工作通过加入不带参数的 throw 就可完成，代码如下：

```
catch (...) {
cout << "未知异常！"<<endl;
throw ;
}
```

如果一个 catch 语句忽略了一个异常，那么这个异常将进入更高层的异常处理环境。由于每个异常抛出的对象都是被保留的，所以更高层的异常处理器可抛出来自这个对象的所有信息。

10.5.3 异常匹配

当程序中有异常抛出时，异常处理系统会根据异常处理器的顺序找到最近的异常处理块，并不会搜索更多的异常处理块。

异常匹配并不要求异常与异常处理器进行完美匹配，一个对象或一个派生类对象的引用将与基类处理器进行匹配。若抛出的是类对象的指针，则指针会匹配相应的对象类型，但不会自动转换成其他对象的类型。例如：

```
#include "stdafx.h"
class CExcept1{};
class CExcept2
{
public:
    CExcept2(CExcept1& e){}
};
int main(int argc, char* argv[])
{
        try
        {
            throw CExcept1();
        }
        catch (CExcept2)
        {
            printf("进入 CExcept2 异常处理器！\n");
        }
        catch(CExcept1)
        {
            printf("进入 CExcept1 异常处理器！\n");
        }
        return 0;
}
```

从上面代码可以认为第一个异常处理器会使用构造函数进行转换，将 CExcept1 转换为 CExcept2

对象，但实际上系统在异常处理期间并不会执行这样的转换，而是在 CExcept1 处终止。

通过下面的代码演示基类处理器如何捕获派生类的异常。

例 10.6　捕捉派生类异常。

```
#include "stdafx.h"
#include <iostream>
using namespace std;
class CExcept
{
public:
    virtual char *GetError(){ return "基类处理器"; }
};
class CDerive : public CExcept
{
public:
    char *GetError(){ return "派生类处理器"; }
};
int main(int argc, char* argv[])
{
        try
        {
            throw CDerive();
        }
        catch(CExcept)
        {
        cout << "进入基类处理器\n";
        }
        catch(CDerive)
        {
            cout << "进入派生类处理器\n";
        }
        return 0;
}
```

程序运行结果如图 10.7 所示。

图 10.7　捕捉派生类异常

从上面的结果可以看出，虽然抛出的异常是 CDerive 类，但由于异常处理器的第一个是 CExcept 类，该类是 CDerive 类的基类，所以将进入此异常处理器内部。为了正确地进入指定的异常处理器，在对异常处理器进行排列时应将派生类排在前面，而将基类排在后面。

10.5.4　标准异常

用于 C++标准库的一些异常可以直接应用到程序中，应用标准异常类会比应用自定义异常类简单容易得多。如果系统提供的标准异常类不能满足需要，就不可以在这些标准异常类基础上进行派生。下面给出了C++提供的一些标准异常：

```
namespace std
{
  //exception 派生
class logic_error;                    //逻辑错误,在程序运行前可以检测出来
  //logic_error 派生
class domain_error;                   //违反了前置条件
      class invalid_argument;         //指出函数的一个无效参数
      class length_error;             //指出有一个超过类型size_t的最大可表现值长度的对象的企图
      class out_of_range;             //参数越界
      class bad_cast;                 //在运行时类型识别中有一个无效的dynamic_cast 表达式
      class bad_typeid;               //报告在表达式typeid(*p)中有一个空指针p
      //exception 派生
      class runtime_error;            //运行时错误,仅在程序运行中检测到
      //runtime_error 派生
      class range_error;              //违反后置条件
      class overflow_error;           //报告一个算术溢出
      class bad_alloc;                //存储分配错误
}
```

注意观察上述类的层次结构可以看出，标准异常都派生自一个公共的基类exception。基类包含必要的多态性函数提供异常描述，可以被重载。下面是exception类的原型：

```
class exception
{
    public:
        exception() throw();
        exception(const exception& rhs) throw();
        exception& operator=(const exception& rhs) throw();
        virtual ~exception() throw();
        virtual const char *what() const throw();
};
```

10.6 宏 定 义

在前面的学习中，经常遇到用#define 命令定义符号常量的情况，其实使用#define 命令就是要定义一个可替换的宏，宏定义是预处理命令的一种。它提供了一种可以替换源代码中字符串的机制。根据宏定义中是否有参数，可以将其分为不带参数的宏定义和带参数的宏定义两种，下面分别进行介绍。

扫一扫，看视频

1．不带参数的宏定义

宏定义指令#define 用来定义一个标识符和一个字符串，以这个标识符来代表这个字符串，在程序中每次遇到该标识符时，就用所定义的字符串替换它。它的作用相当于给指定的字符串起一个别名。

不带参数的宏定义一般形式如下：

```
#define  宏名  字符串
```

- “#”表示这是一条预处理命令。

- 宏名是一个标识符，必须符合 C 语言标识符的规定。
- 字符串可以是常数、表达式、格式字符串等。

例如：

```
#define PI 3.14159
```

它的作用是在该程序中用 PI 替代 3.14159，在编译预处理时，每当在源程序中遇到 PI 就自动用 3.14159 代替。

使用#define 进行宏定义的好处是，需要改变一个常量的时候只需改变#define 命令行，整个程序的常量都会改变，大大提高了程序的灵活性。

宏名要简单且意义明确，一般习惯用大写字母表示，以便与变量名相区别。

注意：

宏定义不是 C 语句，不需要在行末加分号。

宏名定义后，即可成为其他宏名定义中的一部分。例如，下面代码定义了正方形的边长 SIDE、周长 PERIMETER 及面积 AREA 的值。

```
#define  SIDE  5
#define  PERIMETER  4*SIDE
#define  AREA  SIDE*SIDE
```

前面强调过宏替换是以字符串代替标识符。因此，如果希望定义一个标准的邀请语，可编写如下代码：

```
#define  STANDARD  "You are welcome to join us."
printf(STANDARD);
```

编译程序遇到标识符 STANDARD 时，就用“You are welcome to join us.”替换。

对于以上的编译程序，与 printf 语句的如下形式是等效的。

```
printf("You are welcome to join us.");
```

关于不带参数的宏定义有以下几点需要强调。

（1）如果在字符串中含有宏名，则不进行替换。

例如：

```
#include "stdafx.h"
#define TEST "this is an example"
void main()
{
        char exp[30]="This TEST is not that TEST"; /*定义字符数组并赋初值*/
        printf("%s\n",exp);
}
```

该段代码输入结果如图 10.8 所示。

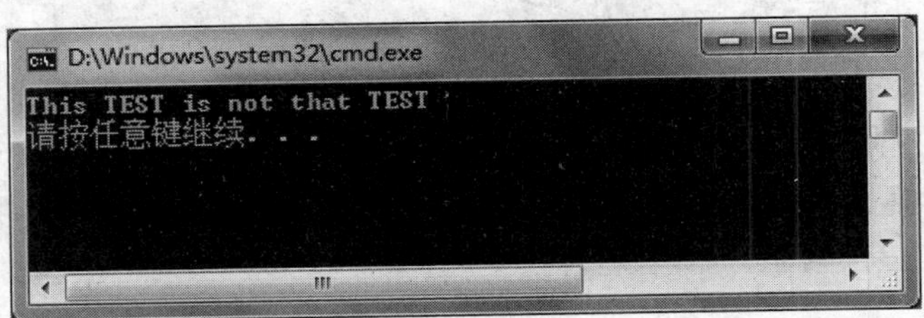

图 10.8　在字符串中含有宏名

注意：

上面程序字符串中的 TEST 并没有用“this is an example”来替换，所以说如果字符串中含有宏名，则不进行替换。

（2）如果字符串长于一行，可以在该行末尾用一反斜杠“\”续行。

（3）#define 命令出现在程序中函数的外面，宏名的有效范围为定义命令之后开始到此源文件结束。

注意：

在编写程序时通常将所有的#define 放到文件的开始处或独立的文件中，而不是将它们分散到整个程序中。

扫一扫，看视频

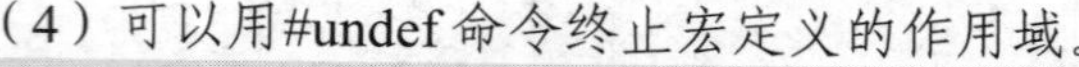

（4）可以用#undef 命令终止宏定义的作用域。

```
#include "stdafx.h"
#define TEST "this is an example"
main()
{
    printf(TEST);
    #undef TEST
}
```

扫一扫，看视频

（5）宏定义用于预处理命令，它不同于定义的变量，只作字符替换，不分配内存空间。

2．带参数的宏定义

带参数的宏定义不是简单的字符串替换，它还要进行参数替换。一般形式如下：

```
#define 宏名（参数表）字符串
```

例 10.7 使用带参数的宏实现求两个数乘积。

```
#include "stdafx.h"
#define MUL(x,y) ((x)*(y))                /*定义两个数乘积*/
int main()
{
        int a,b,c;
        printf("请输入两个整数：\n");
        scanf("%d%d",&a,&b);
        c=MUL(a,b);                         /*调用宏定义*/
        printf("两数乘积为：%d\n",c);
        return 0;
}
```

程序运行结果如图 10.9 所示。

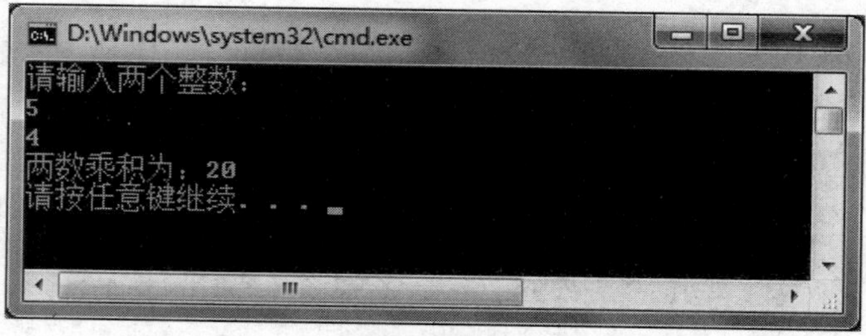

图 10.9 使用带参数的宏实现乘法运算

当编译该程序时，由 MUL(x,y)定义的表达式被替换，a 和 b 用作操作数，即 c=MUL(a,b);语句被代替后变为如下形式：

```
c=((a)*(b));
```

用宏替换代替实在的函数的一个好处是，宏替换增加了代码的速度，因为不存在函数调用。但增加速度也有代价，即由于重复编码而增加了程序长度。

对于带参数的宏定义有以下几点需要强调。

（1）宏定义时参数要加括号。如果不加括号，有时结果是正确的，有时结果便是错误的，那么什么时候是正确的，什么时候是错误的，下面具体说明。

例如，当参数 x=8，y=9 时，在参数不加括号的情况下调用 MUL(x,y)，可以正确地输出结果；当 x=8，y=5+4 时，若参数不加括号，即定义成#define MUL(x,y) x*y，这种情况下调用 MUL(x,y)，则输出的结果是错误的，因为此时调用的 MUL(x,y)执行情况如下：

```
c=8*5+4;
```

此时计算出的结果是 44，而实际上希望得出的结果是 72，为了避免出现上面这种情况，在进行宏定义时要在参数外面加上括号。

（2）宏扩展必须使用括号来保护表达式中低优先级的操作符，以确保调用时达到想要的效果。

如有如下宏定义：

```
#define SUB(x,y) (x)+(y)
```

若如下调用该宏定义时：

```
5*SUB (x,y) ;
```

则会被扩展为：

```
5*(x)+(y);
```

而本意是希望得到：

```
5*((x)+(y));
```

解决的办法就是宏扩展时加上括号，此时就能避免这种错误发生。

（3）对带参数的宏的展开，只是将语句中的宏名后面括号内的实参字符串代替#define 命令行中的形参。

（4）在宏定义时，宏名与带参数的括号之间不可以加空格，否则将空格以后的字符都作为替代字符串的一部分。

（5）在带参宏定义中，形式参数不分配内存单元，因此不必做类型定义。

10.7 上机实践

10.7.1 扑克牌的牌面

>>>题目描述

假设扑克牌 A~K 的牌面大小顺序为 3<4<5<…<Q<K<A<2。设计一个扑克牌类，按照它们的牌面值可以比较大小。

>>>技术指导

在扑克牌中 3 是最小的，可以将它作为枚举类型的第一个标识，其次是 4，最后是 2。在扑克牌内建立一个扑克牌牌面枚举类型的数据，并重载比较运算符达到比较的目的。

关键代码如下：

```
//定义牌面枚举
enum
Card_Value{card_3,card_4,card_5,card_6,card_7,card_8,card_9,card_10,card_,J,
card_Q,card_K,card_A,card_2};
class Card
{
private:
//牌面值
        Card_Value m_value;
public:
        Card(Card_Value c)
        {
            this->m_value =c;
        }
//比较牌面值
        bool operator >(Card another)
        {
            if(Card.m_value>another.m_value)
            {
                return true;
            }
            return false;
        }
        bool operator <(Card another)
        {
            if(Card.m_value<another.m_value)
            {
                return true;
            }
            return false;
        }
        bool operator ==(Card another)
        {
            if(Card.m_value==another.m_value)
            {
                return true;
            }
            return false;
        }
}
```

10.7.2 使用参数宏求圆面积

➤➤➤题目描述

在程序内定义一个带参数的宏，使它能够计算圆的面积。

➤➤➤技术指导

可以将带参数宏的形式设想为函数传递实参的写法。

关键代码：

```
//定义圆周率
#define PI 3.14
//定义带参数的宏求圆的面积
#define Area(r)  PI*(r)*(r)
```

10.8 本章总结

本章介绍了 C++中的结构体，讲述了类型别名和枚举类型的使用方法。在 C++11 中，类型推导是一个方便而实用的特性，它解决了对象创建时类名空间名称复杂所带来的麻烦。在程序中使用宏定义数据的值可以节省内存空间，还可以使改动代码变得更简单。程序中出现异常是不可避免的，异常处理则能够帮助程序开发人员尽快发现错误所在。为了减少错误的发生，应尽量掌握更多的异常处理方式。

第 11 章　STL 标准模板库

STL 的英文全称为 Standard Template Library，主要目的是为标准化组件提供类模板进行范型编程。STL 技术是对原有 C++技术的一种补充，具有通用性好、效率高、数据结构简单、安全机制完善等特点。STL 是一些容器的集合，这些容器在算法库的支持下使程序开发变得更加简单和高效。

通过学习本章，读者可以达到以下学习目的：

- 了解 STL
- 掌握容器
- 掌握算法
- 掌握迭代器
- 掌握 lambda 表达式

扫一扫，看视频

11.1　容　　器

扫一扫，看视频

11.1.1　容器与容器适配器

标准模板库的容器适配器与容器都是用来储存和组织对象的模板类。容器适配器与容器相比，限制的条件更多。容器适配器定义在相应的头文件中，见表 11.1。

表 11.1　容器适配器头文件内容

头　文　件	内　　容
queue	定义了一些具有队列结构特征的类模板。其中包含了 queue<T>，是一种单向队列。priority_queue 排列自身对象，最大的值会被放在队列前端
stack	包含了 statck<T>类模板，具有栈数据结构的特征

容器适配器还被定义在容器的头文件中，这通常与容器的内部实现有关，如表 11.2 所示。

表 11.2　容器头文件内容

头　文　件	内　　容
vector	vector<T>是一个在必要时能够自动增大容量的数组，在随即位置上插入元素会花费很大的系统开销。其中定义了对应的适配器 queue
dqueue	dqueue<T>是一个双向队列，与 vector 作用相似。但多出了从队列前加入元素的特性。其中也定义了对应的适配器 queue 和 stack
list	list<T>是一种双向的链表。定义了适配器 stack
map	map<K,T>是一种关联容器。K 表示关联的对象 T 所在 map 中位置的信息，值必须唯一
set	set<T>表示的是一一对应的关系。T 就是这种关系的象征，它在 set 中唯一并且不能够被直接修改。只能够删除它，然后加入新的对象来达到目的

在 C++中使用标准模板库提供的容器，需要加入相应的头文件并使用名称空间 std。容器适配器与容器在使用限制上的最大区别在于是否支持迭代器。迭代器的行为类似于指针，通过它能够遍历容器中的所有元素，但容器适配器不支持它。通常情况下，更倾向于使用容器而非容器适配器。

扫一扫，看视频

11.1.2 迭代器与容器

标准模板库中提供了 4 种迭代器，见表 11.3。

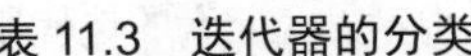

表 11.3 迭代器的分类

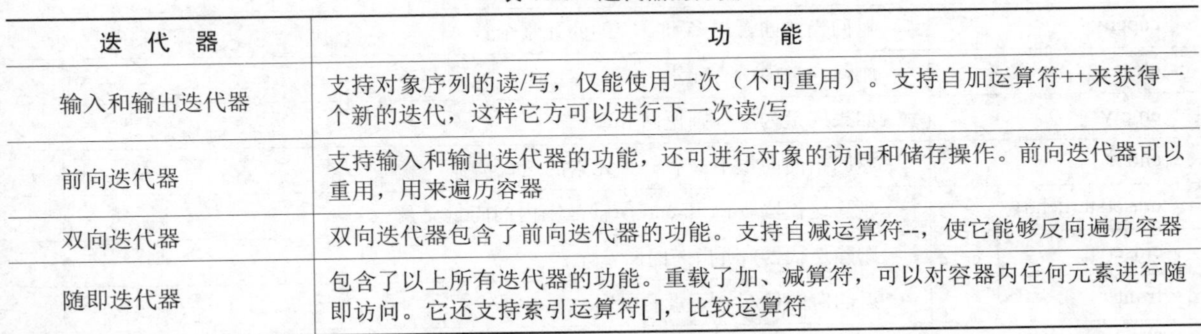

迭 代 器	功 能
输入和输出迭代器	支持对象序列的读/写，仅能使用一次（不可重用）。支持自加运算符++来获得一个新的迭代，这样它方可以进行下一次读/写
前向迭代器	支持输入和输出迭代器的功能，还可进行对象的访问和储存操作。前向迭代器可以重用，用来遍历容器
双向迭代器	双向迭代器包含了前向迭代器的功能。支持自减运算符--，使它能够反向遍历容器
随即迭代器	包含了以上所有迭代器的功能。重载了加、减算符，可以对容器内任何元素进行随即访问。它还支持索引运算符[ ]，比较运算符

这 4 种迭代器在功能上都是“向上兼容”的，越来越强大。容器自身的迭代器种类是依照容器的结构来决定的，vector 包含的迭代器是随即迭代器类，list 包含的是双向迭代器，在 queue 中的迭代器则是前向迭代器。

11.1.3 vector 容器

向量（vector）是一种随机访问的数组类型，提供了对数组元素的快速、随机访问，以及在序列尾部快速、随机的插入和删除操作。它是大小可变的向量，在需要时可以改变其大小。

使用向量类模板需要创建 vector 对象，创建 vector 对象有以下几种方法：

- std::vector<type> name;

该方法创建了一个名为 name 的空 vector 对象，该对象可容纳类型为 type 的数据。例如，为整型值创建一个空 std::vector 对象可以使用这样的语句：

```
std::vector<int> intvector;
```

- std::vector<type> name(size);

该方法用来初始化具有 size 个元素的 vector 对象。

- std::vector<type> name(size,value);

该方法用来初始化具有 size 个元素的 vector 对象，并将对象的初始值设为 value。

- std::vector<type> name(myvector);

该方法使用复制构造函数，用现有的向量 myvector 创建了一个 vector 对象。

- std::vector<type> name(first,last);

该方法创建了元素在指定范围内的向量，first 代表起始范围，last 代表结束范围。

vector 对象的主要成员继承于随机接入容器和反向插入序列，主要成员函数及说明见表 11.4。

表 11.4 vector 对象主要成员函数及说明

函 数	说 明
assign(first,last)	用迭代器 first 和 last 所辖范围内的元素替换向量元素
assign(num,val)	用 val 的 num 个副本替换向量元素
at(n)	返回向量中第 n 个位置元素的值
back	返回对向量末尾元素的引用
begin	返回指向向量中第一个元素的迭代器
capcity	返回当前向量最多可以容纳的元素个数
clear	删除向量中所有元素
empty	如果向量为空，则返回 true 值
end	返回指向向量中最后一个元素的迭代器
erase(start,end)	删除迭代器 start 和 end 所辖范围内的向量元素
erase(i)	删除迭代器 i 所指向的向量元素
front	返回对向量起始元素的引用
insert(i,x)	把值 x 插入向量中由迭代器 i 所指明的位置
insert(i,start,end)	把迭代器 start 和 end 所辖范围内的元素插入到向量中由迭代器 i 所指明的位置
insert(i,n,x)	把 x 的 n 个副本插入到向量中由迭代器 i 所指明的位置
max_size	返回向量的最大容量（最多可以容纳的元素个数）
pop_back	删除向量最后一个元素
push_back(x)	把值 x 放在向量末尾
rbegin	返回一个反向迭代器，指向向量末尾元素之后
rend	返回一个反向迭代器，指向向量起始元素
reverse	颠倒元素的顺序
resize(n,x)	重新设置向量大小 n，新元素的值初始化为 x
size	返回向量的大小（元素的个数）
swap(vector)	交换两个向量的内容

下面通过进一步学习 vecto 模板的应用。

例 11.1 vector 的操作方法。

```
#include "stdafx.h"
#include <iostream>
#include <vector>
using std::cout;
using std::endl;
using std::vector;
int main(int argc, _TCHAR* argv[])
    {
```

```
vector<int> v1,v2;
v1.reserve(10);//手动分配空间
v2.reserve(10);
v1 = vector<int>(8,7);
int array[8]= {1,2,3,4,5,6,7,8};
v2 = vector<int>(array,array+8);;
cout<<"v1 容量"<<v1.capacity()<<endl;
cout<<"v1 当前各项:"<<endl;
for(decltype(v2.size()) i = 0;i<v1.size();i++)
{
    cout<<" "<<v1[i];
}
cout<<endl;
cout<<"v2 容量"<<v2.capacity()<<endl;
cout<<"v2 当前各项:"<<endl;
for(vector<int>::size_type i = 0;i<v1.size();i++)
{
    cout<<" "<<v2[i];
}
cout<<endl;
v1.resize(0);
cout<<"v1 的容量通过 resize 函数变成 0"<<endl;
if(!v1.empty())
    cout<<"v1 容量"<<v1.capacity()<<endl;
else
    cout<<"v1 是空的"<<endl;
cout<<"将 v1 容量扩展为 8"<<endl;
v1.resize(8);
cout<<"v1 当前各项:"<<endl;
for(decltype(v1.size()) i = 0;i<v1.size();i++)
{
    cout<<" "<<v1[i];
}
cout<<endl;
v1.swap(v2);
cout<<"v1 与 v2  swap 了"<<endl;
cout<<"v1 当前各项:"<<endl;
cout<<"v1 容量"<<v1.capacity()<<endl;
for(decltype(v1.size()) i = 0;i<v1.size();i++)
{
    cout<<" "<<v1[i];
}
cout<<endl;
v1.push_back(3);
cout<<"从 v1 后边加入了元素 3"<<endl;
cout<<"v1 容量"<<v1.capacity()<<endl;
for(decltype(v1.size()) i = 0;i<v1.size();i++)
{
    cout<<" "<<v1[i];
}
```

```
        cout<<endl;
        v1.erase(v1.end()-2);
        cout<<"删除了倒数第二个元素"<<endl;
        cout<<"v1 容量"<<v1.capacity()<<endl;
        cout<<"v1 当前各项:"<<endl;
        for(vector<int>::size_type i = 0;i<v1.size();i++)
        {
            cout<<" "<<v1[i];
        }
        cout<<endl;
        v1.pop_back();
        cout<<"v1 通过栈操作 pop_back 放走了最后的元素"<<endl;
        cout<<"v1 当前各项:"<<endl;
        cout<<"v1 容量"<<v1.capacity()<<endl;
        for(vector<int>::size_type i = 0;i<v1.size();i++)
        {
            cout<<" "<<v1[i];
        }
        cout<<endl;
        return 0;
}
```

程序运行结果如图 11.1 所示。

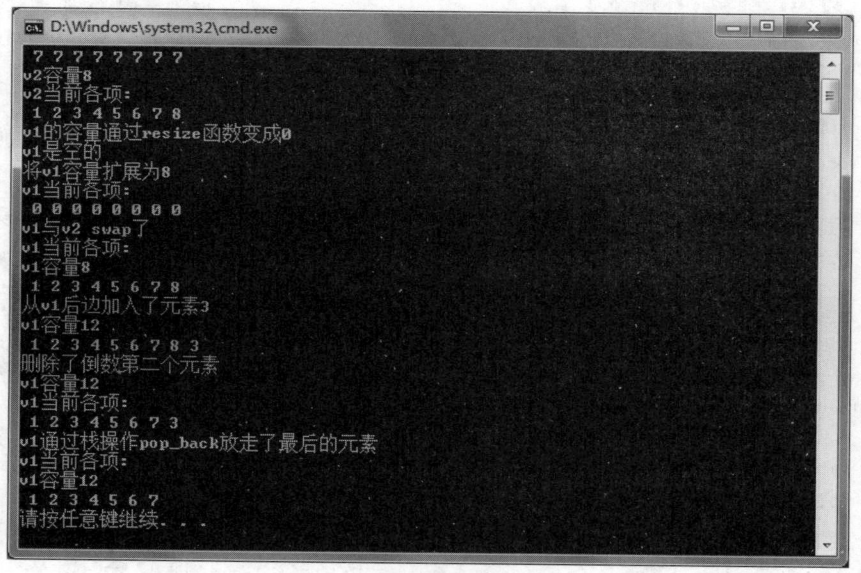

图 11.1　vector 的操作方法

实例演示了 vector<int>容器的初始化，以及插入、删除等操作。在本例中 v1 和 v2 均用 resize 分配了空间。当分配的空间小于自身原来的空间大小时，删除掉原来的末尾元素。当分配的空间大于自身的空间时，自动在末尾元素后边添加相应个数的 0 值。同理，若 vector 模板使用的是某一个类，则增加的会是以默认构造函数创建的对象。同时可以看到，向 v1 添加元素时，v1 的容量从 8 增加到了 12，这个就是 vector 提供的特性，在需要的时候可以扩大自身的容量。

注意：

虽然 vector 支持 insert 函数插入，但与链表数据结构的容器比较而言效率较差，不推荐经常使用。

11.1.4 list 容器

链表（list），即双向链表容器，它不支持随机访问，访问链表元素要指针从链表的某个端点开始，插入和删除操作所花费的时间是固定的，和该元素在链表中的位置无关。list 在任何位置插入和删除动作都很快，不像 vector 只在末尾进行操作。

使用链表类模板需要创建 list 对象，创建 list 对象有以下几种方法：

- std::list<type> name;

该方法创建了一个名为 name 的空 list 对象，该对象可容纳数据类型为 type 的数据。例如，为整型值创建一个空 std::vector 对象可以使用这样的语句：

```
std::list <int> intlist;
```

- std::list<type> name(size);

该方法初始化具有 size 个元素的 list 对象。

- std::list<type> name(size,value);

该方法初始化具有 size 个元素的 list 对象，并将对象的每个元素设为 value。

- std::list<type> name(mylist);

该方法使用复制构造函数，用现有的链表 mylist 创建了一个 list 对象。

- std::list<type> name(first,last);

该方法创建了元素在指定范围内的链表，first 代表起始范围，last 代表结束范围。

list 对象的主要成员函数及说明见表 11.5。

表 11.5　list 对象主要成员函数及说明

函　　数	说　　明
assign(first,last)	用迭代器 first 和 last 所辖范围内的元素替换链表元素
assign(num,val)	用 val 的 num 个副本替换链表元素
back	返回一个对链表最后一个元素的引用
begin	返回指向链表中第一个元素的迭代器
clear	删除双链表中所有元素
empty	如果链表为空，则返回 true 值
end	返回指向链表最后一个元素的迭代器
erase(start,end)	删除迭代器 start 和 end 所辖范围内的链表元素
erase(i)	删除迭代器 i 所指向的链表元素
front	返回一个对链表第一个元素的引用
insert(i,x)	把值 x 插入链表中由迭代器 i 所指明的位置
insert(i,start,end)	把迭代器 start 和 end 所辖范围内的元素插入到链表中由迭代器 i 所指明的位置

（续表）

函　　数	说　　明
insert(i,n,x)	把 x 的 n 个副本插入到链表中由迭代器 i 所指明的位置
max_size	返回链表的最大容量（最多可以容纳的元素个数）
pop_back	删除链表最后一个元素
pop_front	删除链表第一个元素
push_back(x)	把值 x 放在链表末尾
push_front(x)	把值 x 放在链表开始
rbegin	返回一个反向迭代器，指向链表最后一个元素之后
rend	返回一个反向迭代器，指向链表第一个元素
resize(n,x)	重新设置链表大小 n，新元素的值初始化为 x
reverse	颠倒链表元素的顺序
size	返回链表的大小（元素的个数）
swap(listref)	交换两个链表的内容

可以发现，list<T>所支持的操作与 vector<T>很相近。但这些操作的实现原理不尽相同，执行效率也不一样。list(双向链表)的优点是插入元素的效率很高，缺点是不支持随即访问。也就是说，链表无法像数组一样通过索引来访问。例如：

```
list<int>  list1 (first,last);  //初始化。
list[i] = 3;     错误！！无法使用数组符号 []
```

对 list 各个元素的访问，通常使用的是迭代器。

迭代器的使用方法类似于指针，下面用一个实例演示使用迭代器访问 list 中元素。

例 11.2　list 和 vector 中的迭代器。

```
#include "stdafx.h"
#include <iostream>
#include <list>
#include <vector>
using std::vector;
using std::list;
using std::cout;
using std::endl;

int main()
{
        cout<<"使用未排序储存 0-9 的数组初始化 list1"<<endl;
        int array[10] = {1,3,5,7,8,9,2,4,6,0};
        list<int> list1(array,array+10);
        cout<<"list1 调用 sort 方法排序"<<endl;
        list1.sort();
        list<int>::iterator iter = list1.begin();
        // iter =iter+5   list 的 iter 不支持+运算符
```

```
        cout<<"通过迭代器访问 list 双向链表中从头开始向后的第 4 个元素"<<endl;
        for(int i = 0;i<3;i++)
        {
            iter++;
        }
        cout<<*iter<<endl;
        list1.insert(list1.end(),13);
        cout<<"在末尾插入数字 13"<<endl;
        for(auto it = list1.begin();it != list1.end();it++)
        {
            cout<<" "<<*it;
        }
}
```

程序运行结果如图 11.2 所示。

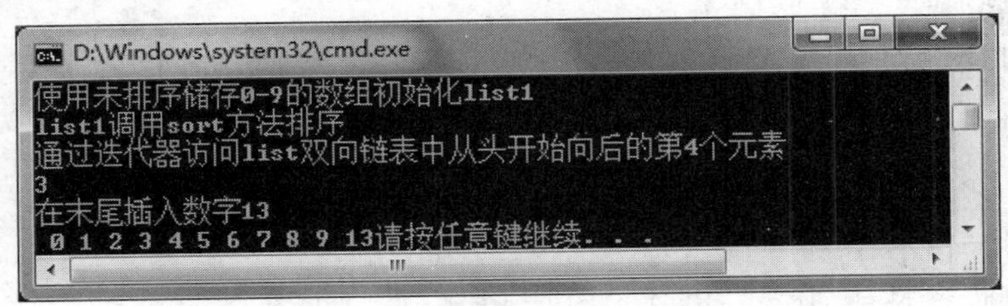

图 11.2　迭代器的应用

通过程序可以观察到，迭代器 iterator 类和指针用法很相似，支持自增操作符，并且通过“*”可以访问相应的对象内容。但 list 中的迭代器不支持“+”号运算符，而指针与 vector 中的迭代器都支持。

11.1.5　关联容器

关联容器也称为结合容器，是图结构的实现。它的每个对象都带代表一组关系映射<K,T>。其中 K 代表 key，即键值。通过键值可以迅速的找到它的关联条目 T。前边所介绍的 list 和 vector 容器都是序列容器，它们经常表示的是有序的对象列表，而关联容器则代表着对象关系的集合。下面介绍两种关联容器 pair 和 map。

pair<K,T>模板表示的是 K 类对象与 T 类对象的关联。举例来说，pair<int,string>可以代表的是数字类 ID 和员工名字的一组关系，通过 ID 即可查找到员工对象。

pair 容器可以通过以下方式初始化：

```
// t1、t2 分别是 T1、T2 类的对象
pair<T1,T2> pair1(t1,t2);
```

在 pair 模板中包含两个 public 成员变量 first 和 second。first 是 pair 中的键值，second 是 pair 中的关联条目。

map<K,T>模板包含的对象全部是与它的模板对应类型的 pair<K,T>模板对象，即 map 是包含映射关系 pair 的容器。map 对象主要成员函数及说明见表 11.6。

通过 insert 方法可以在 map 容器中插入一个 pair 对象，还可以通过 erase 删除一个 pair 对象。

表 11.6　map 对象主要成员函数及说明

函　数	说　明
begin	返回指向集合中第一个元素的迭代器
clear	删除集合中所有元素
empty	如果集合为空，则返回 true 值
end	返回指向集合中最后一个元素的迭代器
equal_range(x)	返回表示 x 下界和上界的两个迭代器，下界表示集合中第一个值等于 x 的元素，上界表示第一个值大于 x 的元素
erase(x)	删除由迭代器所指向的集合元素，或通过键值删除所集合元素
erase(start,end)	删除由迭代器 start 和 end 所指范围内的集合元素
erase()	删除集合中值为 x 的元素
find(x)	返回一个指向的迭代器。如果 x 不存在，返回的迭代器等于 end
lower_bound(x)	返回一个迭代器，指向位于 x 之前且紧邻 x 的元素
max_size	返回集合的最大容量
rbegin	返回一个反向迭代器，指向集合最后一个元素
rend	返回一个反向迭代器，指向集合的第一个元素
size	返回集合的大小
swap()	交换两个集合的内容
upper_bound()	返回一个指向 x 的迭代器
value_comp	返回 value_compare 类型的对象，该对象用于判断集合中元素的先后次序

下面用实例说明：

例 11.3　关联容器的操作。

```
#include "stdafx.h"
#include <map>
#include <iostream>
#include <string>
#include <algorithm>
using namespace std;
int main()
{
        int i = 1;
        string name("jack");
        pair<int,string> pair1(1,name);
        pair<int,string> pair2(2,"老张");
        map<int,string> map1;
        map1.insert(pair1);
        map1.insert(pair2);
        cout<<"通过 find 函数返回的迭代器访问键值为 1 的关联条目"<<endl;
        auto it = map1.find(1);
        if(it!=map1.end())
```

```
        {
            string name = it->second;
            cout<<name<<endl;
        }
        cout<<"访问键值为 2 的关联条目"<<endl;
        cout<<"名字:"<<map1[2]<<endl;
        cout<<"删除键值为 2 的 pair"<<endl;
        map1.erase(2);
        cout<<"访问键值为 2 的关联条目"<<endl;
        cout<<"名字:"<<map1[2]<<endl;
        return 0;
}
```

程序运行结果如图 11.3 所示。

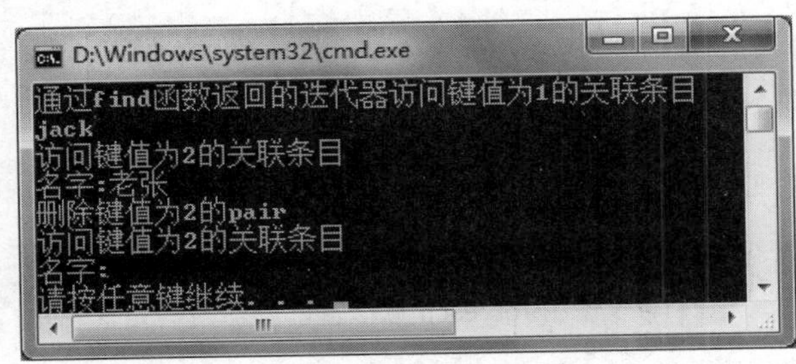

图 11.3 关联容器的操作

11.2 算　　法

算法与程序设计以及数据结构密切相关，是解决问题的策略、规则、方法，是求解特定问题的一组有限的操作序列。STL 提供了算法库，算法库中都是模板函数。迭代器主要负责从容器中获取一个对象，算法与具体对象在容器中的什么位置等细节无关。每个算法都是参数化一个或多个迭代器类型的函数模板。

使用 STL 提供的算法需要在程序中包含相应的头文件 algorithm 和 numeric。algorithm 中主要用于容器的操作，numeric 头文件中的算法用来处理数组中的值。下面介绍 STL 几种常用的算法函数。

11.2.1 for_each 函数

```
for_each(first,last,func)
```

对 first 到 last 范围内的各个元素执行函数 func 定义的操作。

例 11.4 使用 for_each 算法输出容器内的元素。

```
#include "stdafx.h"
#include <iostream>
#include <set>
#include <algorithm>
using namespace std;
void Output(int val)
{
```

```
        cout << val << ' ';
}
void main()
{
        multiset<int ,less<int> > intSet;
        intSet.insert(7);
        intSet.insert(5);
        intSet.insert(3);
        cout << "Set:";
        for_each(intSet.begin(),intSet.end(),Output);
        cout << endl;
}
```

程序运行结果如图 11.4 所示。

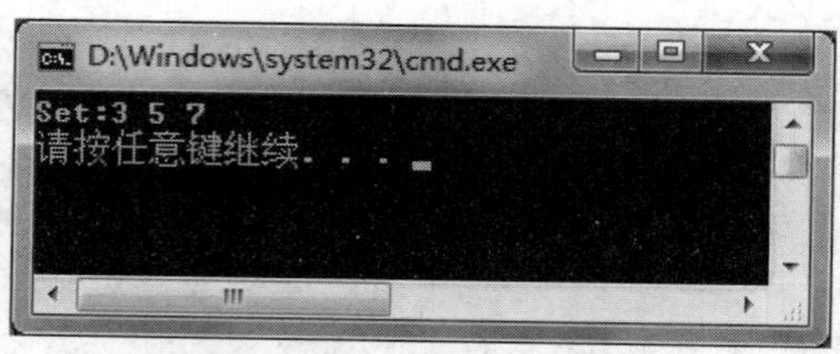

图 11.4　使用 for_each 算法输出容器内的元素

程序中定义 Output 函数用来输出变量值，调用 for_each 算法将 multiset 容器中的值不断地传输给 Output 函数，执行 for_each 算法相当于执行了一个循环语句。

11.2.2　fill 函数

```
fill(first,last,val)
```

把值 val 复制到迭代器 first 和 last 指明范围内的各个元素中。

例 11.5　应用 fill 算法对容器元素赋值。

```
#include "stdafx.h"
#include <iostream>
#include <vector>
#include <algorithm>
using namespace std;
void Output(int val)
{
        cout << val << ' ';
}
void main()
{
        vector<int > intVect;
        for(int i=0;i<10;++i)
        intVect.push_back(i);
        cout << "Vect :";
        for_each(intVect.begin(),intVect.end(),Output);
        fill(intVect.begin(),intVect.begin()+5,0);
        cout << endl;
```

```
        cout << "Vect :";
        for_each(intVect.begin(),intVect.end(),Output);
        cout << endl;
}
```

程序运行结果如图 11.5 所示。

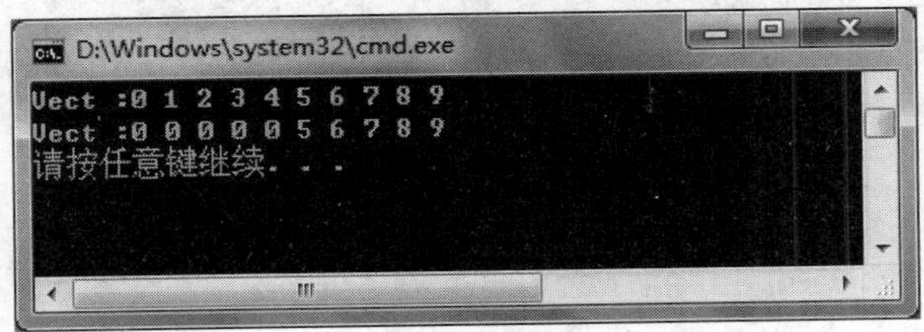

图 11.5 应用 fill 算法对容器元素赋值

程序中向 vector 容器中添加 0~9 共 10 个元素，然后使用 fill 算法将前 5 个元素的值全改为 0，通过在修改前输出全部元素和在修改后输出全部元素，可以观察到 fill 算法的执行效果。

11.2.3 sort 函数

```
sort(first,last)
```

对迭代器 first 和 last 指明范围内的元素排序。

例 11.6 应用 sort 算法。

```
#include "stdafx.h"
#include <iostream>
#include <vector>
#include <algorithm>
using namespace std;
void Output(int val)
{
    cout << val << ' ';
}
void main()
{
        vector<char > charVect;
        charVect.push_back('M');
        charVect.push_back('R');
        charVect.push_back('K');
        charVect.push_back('J');
        charVect.push_back('H');
        charVect.push_back('I');
        cout << "Vect :";
        for_each(charVect.begin(),charVect.end(),Output);
        sort(charVect.begin(),charVect.end());
        cout << endl;
        cout << "Vect :";
        for_each(charVect.begin(),charVect.end(),Output);
        cout << endl;
}
```

程序运行结果如图 11.6 所示。

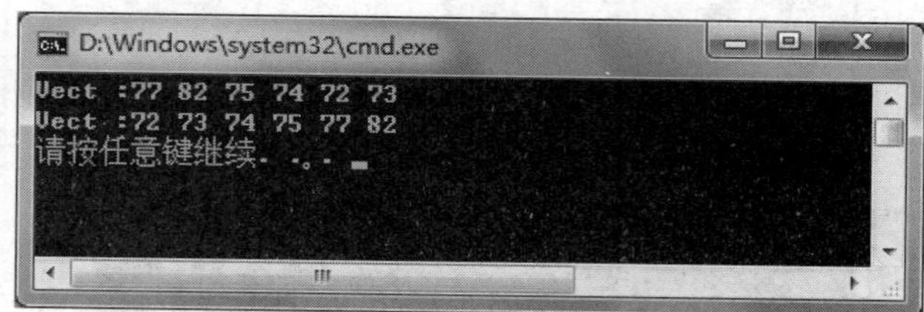

图 11.6　应用 sort 算法

程序中应用 sort 算法对 vector 容器内的字符元素的 ASCII 码进行递增排序。

11.2.4　transform 函数

```
transform(first,last,result,func)
```

将指定容器 first 到 last 范围中的元素执行 func 定义的操作，并将返回值依次应用到 result 迭代器所属的容器内。

例 11.7　应用 transform 算法。

```
#include "stdafx.h"
#include <vector>
#include <iostream>
#include <string>
#include <algorithm>
using namespace std;

class point
{
public:
        point(){
            x = 0;
            y = 0;
        };
        point(int x,int y){
            this->x = x;
            this->y = y;
        }
        void showPoint()
        {
        cout<<"坐标为("<<x<<","<<y<<")"<<endl;
        }
private:
        int x;
        int y;
};
point squareLine(int x)
{
    return point(x,x*x);
}
```

```
int main()
{
        int array[] =  {1,2,3,4,5,6};
        vector<int> vInt(array,array+6);
        vector<point> vPoint;
        vPoint.resize(6);   //防止越界
        transform(vInt.begin(),vInt.end(),vPoint.begin(),squareLine);
        for(auto it = vPoint.begin();it!=vPoint.end();it++)
        {
            it->showPoint();
        }
        return 0;
}
```

程序运行结果如图 11.7 所示。

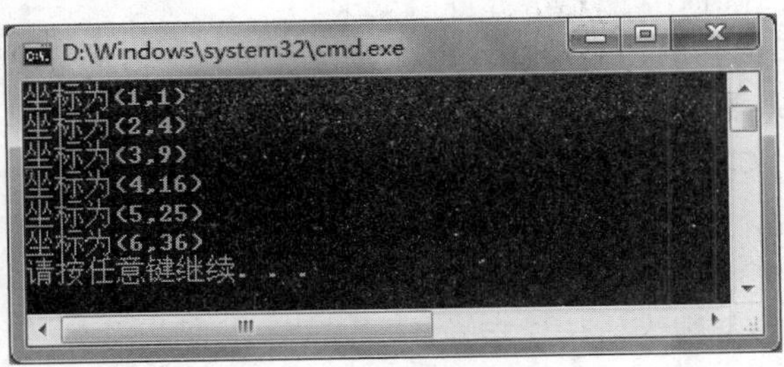

图 11.7　应用 tranform 算法

程序中使用 transform 算法对 vector<int>容器内的所有元素执行了函数 squareLine 函数的操作，使它的返回值添加到 vector<point>容器中。

11.3　lambda 表达式

lambda 表达式是 C++11 所提供的一种新的机制。它不是标准模板库特有的，但广泛应用于此。它实质上是一个匿名函数，下面用一个实例简单说明它的使用方法。

例 11.8　lambada 表达式的使用。

```
#include "stdafx.h"
#include <list>
#include <iostream>
#include <string>
#include <algorithm>
using namespace std;

int main()
{
        int array[3]={1,2,3};
        list<int> list1(array,array+3);
    transform(list1.begin(),list1.end(),list1.begin(),[](int x){return x*x*x;});
        for_each(list1.begin(),list1.end(),[](int x){cout<<x<<endl;});
```

```
        return 0;
}
```

程序运行结果如图 11.8 所示。

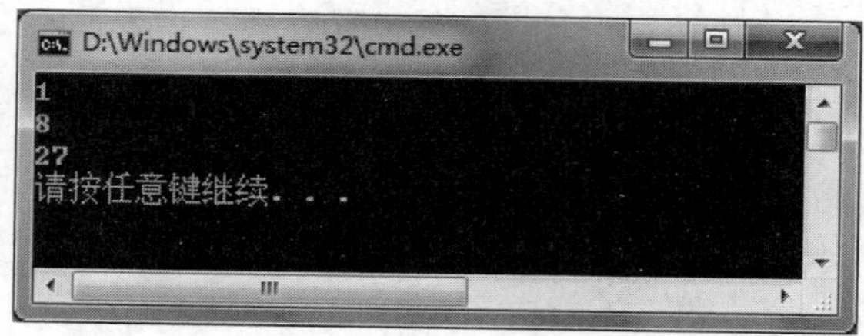

图 11.8　lambda 表达式的使用

代码中的 transform 算法和 for_each 算法分别应用了一个 lambda 表达式，这个表达式的实质即是一个匿名函数。

```
lambda 表达式两种类型:[](){}  或者 []()->type{}
```

（1）“[]” 代表从外部传参的约束形式，也称为捕获字句。传递进来的外部参数集合称为闭包。如果修改该外部值传参，需要加上关键字 mutable，如[]()->type{}。

- []：无约束，同时默认外部值传参。
- [x, &y]：x 为传递，y 为左值引用传递。
- [&]：任何外部传参都视为左值引用传递参数。
- [=]：任何外部传参都视为值传递参数。
- [&, x]：x 显式的按值传递参数，其他外部参数的是左值引用传递参数。
- [=, &x]：x 显示的按左值引用传递参数，其他外部参数的是值传递参数。

（2）() 填写声明的形参。

（3）type 为返回值。

（4）{} 中填写处理数据语句，若需要返回值则填写 return。若使用第一种表达式，语句一定要是单句。否则，按第二种方式填写返回值类型。

下面用一个实例来演示闭包的应用。

例 11.9　闭包的应用。

```
#include "stdafx.h"
#include <vector>
#include <map>
#include <iostream>
#include <string>
#include <algorithm>
using namespace std;
int main()
{
        cout<<"检查小于 60 的数，记录下它们的值，之后将它们替换成 60"<<endl;
        int array[10]={70,89,77,30,61,47,55,21,67,31};
        map<int,int> record1;
        map<int,int> record2;
        vector<int> vInt1(array,array+10);
        vector<int> vInt2(array,array+10);
```

```
        int index1 = 0;
        int index2 = 0;
        transform(vInt1.begin(),vInt1.end(),vInt1.begin(),
        [&](int x)->int{
            if(x<60)
            {
                pair<int,int>temp(index1,x);
                record1.insert(temp);
                x=60;
                index1++;
            }
            return x;});
        transform(vInt2.begin(),vInt2.end(),vInt2.begin(),
        [&,record2](int x)mutable->int{
        if(x<60)
        {
            pair<int,int> temp(index2,x);
            record2.insert(temp);
            index2++;
            x=60;
        }
        return x;});
        if(record1.empty())
        {
            cout<<"record1 是空的"<<endl;
        }
        else
        {
            cout<<"record1 不是空的,它的各项值:"<<endl;
            for_each(record1.begin(),record1.end(),[](pair<int,int>p){cout<<p.
second<<" ";});
        }
        cout<<endl;
        if(record2.empty())
        {
            cout<<"record2 是空的"<<endl;
        }
        cout<<"输出 vInt1 中的值"<<endl;
        for_each(vInt1.begin(),vInt1.end(),[](int x){cout<<x<<" ";});
        cout<<endl;
        cout<<"输出 vInt2 中的值"<<endl;
        for_each(vInt2.begin(),vInt2.end(),[](int x){cout<<x<<" ";});
        cout<<endl;
        return 0;
}
```

程序运行结果如图 11.9 所示。

程序中对两个 map 模板对象使用了两种外部传参约束，结果为 record1 记录了数据，record2 没有改变。这与函数传递参数的规律完全符合。

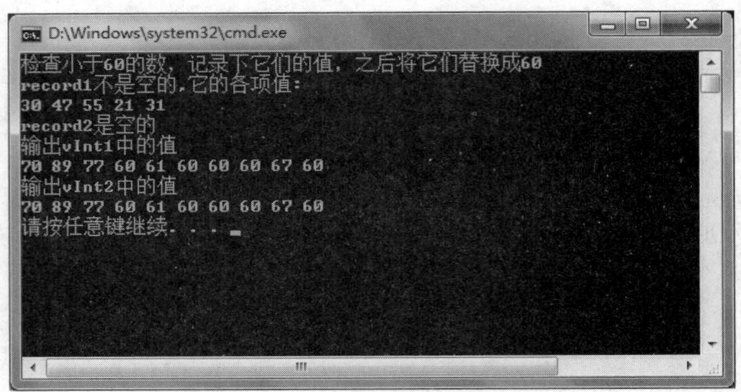

图 11.9　闭包的应用

lambda 表达式是一个匿名表达式，通过函数名调用它是不可能的。但是 C++11 提供了包装它的方法。

例 11.10　匿名函数 lambda 表达式的包装。

```
#include "stdafx.h"
#include <iostream>
#include <list>
#include <algorithm>
#include <functional> //提供了包装 lambda 的函数模板
using namespace std;

int main()
{
        function<int(int)>hcf = [&](int x)->int{;return x*x*x;};
        int p=5;
        int a = hcf(p);//hcf 变成了犹如 int(x){k2=123;return k1=x*x*x}这样一个临时函数，
                        很方便的调用 main 块中的变量。在其他的情况下，例如成员函数，全局函数
                        中都可很便利的应用。
    cout<<"输出 p 的三次方  "<<a<<endl;

    return 0;
}
```

程序运行结果如图 11.10 所示。

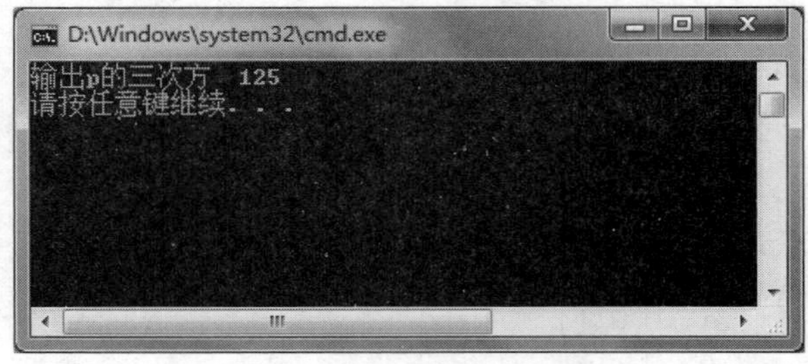

图 11.10　lambda 表达式的包装

程序中首先包含了头文件 functional.h，它提供了包装 lambda 表达式的模板。之后使用 function<T(T1)>模板 hcf 对 lambda 表达式进行了包装。模板中的类型 T 代表返回值，T1 代表形参列表类型。当形参为多个时，function 模板的形参列表也可以做相应的扩展。

11.4　上 机 实 践

11.4.1　迭代输出信息

➤➤➤题目描述

在程序中建立一个整数的 vector 标准容器，装入一些 int 类型元素，使用 sort 方法排序，按顺序输出它们。

➤➤➤技术指导

sort 算法根据选用迭代器的起始位置，将其间所有元素按升序排列。关键代码如下：

```
vector<int> l;
    l.push_back(2231);
    l.push_back(1456);
    l.push_back(789);
    l.push_back(11);
    sort(l.begin(),l.end());
```

11.4.2　计算平均值

➤➤➤题目描述

使用一个 vector 标准容器储存浮点数的值，使用 transform 算法和 lambda 表达式计算每一元素位置之前的所有元素的平均值，将这些值保存到另外一个 vector 容器中。

➤➤➤技术指导

建立两个 vector 容器，一个用来接收浮点数，另外一个接收这些浮点数的平均值。在 transform 算法中使用 lambda 表达式，计算平均值。关键代码如下：

```
int a[5]={1.11f,3.33f,2.22f,6.66f,13.78f};
    vector<float> init(a,a+5);
    vector<float> result;
    result.resize(5);
    float tmpAdv = 0.0f;
    float index = 1.0f;
    transform(init.begin(),init.end(),result.begin(),[&](float f)->float{tmpAdv+
=f;tmpAdv = tmpAdv/index;index++;return tmpAdv;});
```

11.5　本 章 总 结

本章主要介绍了标准模板库中的容器、算法和迭代器。这三者是标准模板库的核心内容，并且相互联系非常密切。迭代器是访问容器中的元素，算法是对容器中的元素进行操作。每种容器都有各自的特点，只有熟练掌握这些特点才能将标准模板库的作用充分发挥。lambda 表达式与标准模板库搭配使用方便了匿名函数的定义与外部传参。

第 12 章　内存与硬盘的交流——文件操作

文件操作是程序开发中不可缺少的一部分，任何需要存储数据的软件都需要进行文件操作。文件操作包括打开文件、读文件和写文件，掌握读文件和写文件的同时，还要理解文件指针的移动，这能够控制读文件和写文件的位置。

通过学习本章，读者可以达到以下学习目的：

- 了解文件流
- 掌握文件的打开方式
- 掌握文件的读写操作
- 掌握文件随机访问

12.1　文　件　流

12.1.1　C++中的流类库

C++语言中为不同类型数据的标准输入和输出定义了专门的类库，类库中主要有 ios、istream、ostream、iostream、ifstream、ofstream、fstream、istrstream、ostrstream 和 strstream 等类。ios 为根基类，它直接派生 4 个类，输入流类 istream、输出流类 ostream、文件流基类 fstreambase 和字符串流基类 strstreambase。输入文件流类 ifstream 同时继承了输入流类和文件流基类；输出文件流类 ofstream 同时继承了输出流类和文件流基类；输入字符串流类 istrstream 同时继承了输入流类和字符串流基类；输出字符串流类 ostrstream 同时继承了输出流类和字符串流基类；输入/输出流类 iostream 同时继承了输入流类和输出流类；输入/输出文件流类 fstream 同时继承了输入/输出流类和文件流基类；输入/输出字符串流类 strstream 同时继承了输入/输出流类和字符串流基类。类库关系如图 12.1 所示。

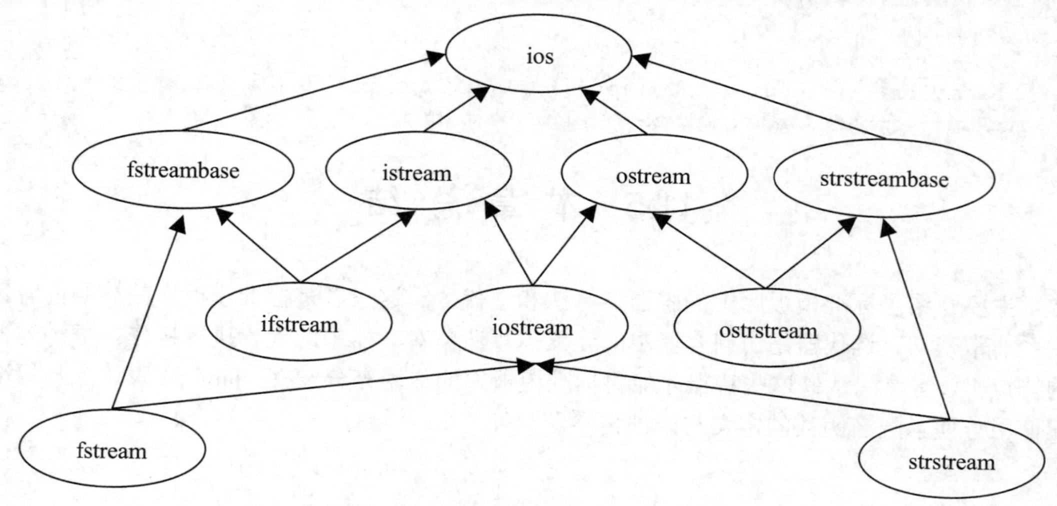

图 12.1　类库关系

12.1.2　类库的使用

C++系统中的 I/O 标准类，都定义在 iostream.h、fstream.h、strstream.h 这 3 个头文件中，各头文件包含的类如下。

（1）进行标准 I/O 操作时使用 iostream.h 头文件，它包含有 ios、iostream、istream 和 ostream 等类。

（2）进行文件 I/O 操作时使用 fstream.h 头文件，它包含有 fstream、ifstream、ofstream 和 fstreambase 等类。

（3）进行串 I/O 操作时使用 strstream.h 头文件，它包含有 strstream、istrstream、ostrstream、strstreambase 和 iostream 等类。

要进行什么样的操作，只要引入头文件就可以使用类进行操作了。

12.1.3　ios 类中的枚举常量

在根基类 ios 中定义了用户需要使用的枚举类型，由于它们是在公用成员部分定义的，所以其中的每个枚举类型常量在加上 ios::前缀后都可以被本类成员函数和所有外部函数访问。

在 3 个枚举类型中有一个无名枚举类型，其中定义的每个枚举常量都是用于设置控制输入/输出格式的标志的。该枚举类型定义如下：

```
enum{skipws,left,right,insternal,dec,oct,hex,showbase,showpoint,uppercase,showp
os,scientific,fixed,unitbuf,stdio};
```

主要枚举常量的含义如下。

- skipws：利用它设置对应标志后，从流中输入数据时跳过当前位置及后面的所有连续的空白字符，从第一个非空白字符起读数，否则不跳过空白字符。空格、制表符\t、回车符\r 和换行符\n 统称为空白符。默认为设置。
- left：靠左对齐输出数据。
- right：靠右对齐输出数据。
- insternal：显示占满整个域宽，用填充字符在符号和数值之间填充。
- dec：用十进制输出数据。
- hex：用十六进制输出数据。
- showbase：在数值前显示基数符，八进制基数符是 0，十六进制基数符是 0x。
- showpoint：强制输出的浮点数中带有小数点和小数尾部的无效数字 0。
- uppercase：用大写输出数据。
- showpos：在数值前显示符号。
- scientific：用科学记数法显示浮点数。
- fixed：用固定小数点位数显示浮点数。

12.1.4　流的输入/输出

通过前文的学习，相信读者已经对文件流有了一定的了解，现在就通过实例来介绍如何在程序中使用流进行输出。

例 12.1　字符相加。

```
#include "stdafx.h"
#include <iostream>
#include <strstream>
using namespace std;
int _tmain(int argc, _TCHAR* argv[])
{
    char buf[]="12345678";
    int i,j;
    istrstream s1(buf);
    s1 >> i;                    //将字符串转换为数字
    istrstream s2(buf,3);
    s2 >> j;                    //将字符串转换为数字
    cout << i+j <<endl;         //两个数字相加
}
```

程序运行结果如图 12.2 所示。

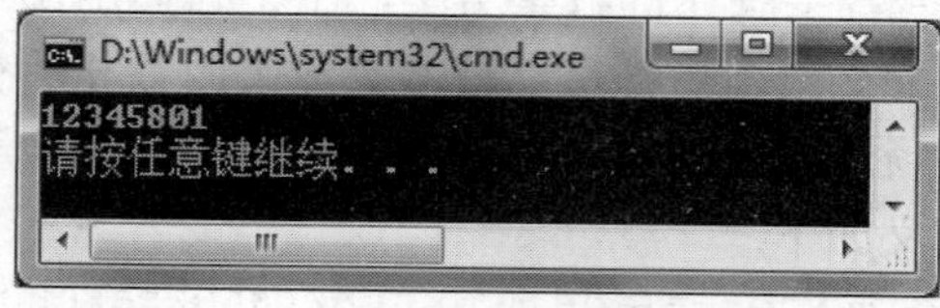

图 12.2　字符相加

12.2　文件的打开

12.2.1　打开方式

只有使用文件流与磁盘上的文件进行连接后才能对磁盘上的文件进行操作，这个连接过程称为打开文件。

打开文件的方式有以下两种。

（1）在创建文件流时利用构造函数打开文件，即在创建流时加入参数，语法结构如下：

```
<文件流类> <文件流对象名>(<文件名>,<打开方式>)
```

其中文件流类可以是 fstream、ifstream 和 ofstream 中的一种。文件名指的是磁盘文件的名称，包括磁盘文件的路径名。打开方式在 ios 类中定义，有输入方式、输出方式、追加方式等。

- ios::in：用输入方式打开文件，文件只能读取，不能改写。
- ios::out：以输出方式打开文件，文件只能改写，不能读取。
- ios::app：以追加方式打开文件，打开后文件指针在文件尾部，可改写。
- ios::ate：打开已存在的文件，文件指针指向文件尾部，可读可写。
- ios::binary：以二进制方式打开文件。
- ios::trunc：打开文件进行写操作，如果文件已经存在，清除文件中的数据。
- ios::nocreate：打开已经存在的文件，如果文件不存在，打开失败，不创建。

- ios::noreplace：创建新文件，如果文件已经存在，打开失败，不覆盖。参数可以结合运算符“|”使用，例如：
- ios::in|ios::out：以读写方式打开文件，对文件可读可写。
- ios::in|ios::binary：以二进制方式打开文件，进行读操作。

使用相对路径打开文件 test.txt 进行写操作：

```
ofstream outfile("test.txt",ios::out);
```

使用绝对路径打开文件 test.txt 进行写操作：

```
ofstream outfile("c::\\test.txt",ios::out);
```

注意：

字符“\”表示转义，如果使用“c:\”则必须写成“c:\\”。

（2）利用 open 函数打开磁盘文件，语法结构如下：

```
<文件流对象名>.open(<文件名>,<打开方式>);
```

文件流对象名是一个已经定义了的文件流对象。

```
ifstream infile;
infile.open("test.txt",ios::out);
```

使用两种方式中的任意一种打开文件后，如果打开成功，文件流对象为非 0 值；如果打开失败，则文件流对象为 0 值。检测一个文件是否打开成功可以用以下语句：

```
void open(const char * filename,int mode,int prot=filebuf::openprot)
```

prot 决定文件的访问方式，取值说明如下：

- 0 表示为普通文件。
- 1 表示为只读文件。
- 2 表示为隐含文件。
- 4 表示为系统文件。

12.2.2　默认打开模式

如果没有指定打开方式参数，编译器会使用默认值。

```
std::ofstream std::ios::out | std::ios::trunk
std::ifstream std::ios::in
std::fstream 无默认值
```

文件打开模式根据用户的需要有不同的组合，下面就对各种模式的效果进行介绍。文件打开模式见表 12.1。

表 12.1　文件打开模式

打开方式	效　果	文件存在	文件不存在
in	为读而打开	必须存在	错误
out	为写而打开	覆盖	创建
out | trunc	为写而打开	覆盖	创建
out | app	为在文件结尾处写而打开	不覆盖	创建
in | out	为输入/输出而打开	必须存在	错误

（续表）

打开方式	效果	文件存在	文件不存在
in | out | trunc	为输入/输出而打开	覆盖	创建
in | out | app	为输入/输出而打开	不覆盖	创建

12.2.3 打开文件的同时创建文件

通过前文的学习，相信读者已经对文件操作的知识有了一定的了解。为了使读者更好地掌握前面学习的知识，下面通过实例进一步介绍。

例 12.2 创建文件。

```
#include "stdafx.h"
#include <iostream>
#include <fstream>
using namespace std;
int _tmain(int argc, _TCHAR* argv[])

{
    ofstream ofile;
    cout << "Create file1" << endl;
    ofile.open("test.txt");
    if(!ofile.fail())
    {
        ofile << "name1" << " ";
        ofile << "sex1" << " ";
        ofile << "age1";
        ofile.close();
        cout << "Create file2" <<endl;
        ofile.open("test2.txt");
        if(!ofile.fail())
        {
            ofile << "name2" << " ";
            ofile << "sex2" << " ";
            ofile << "age2";
            ofile.close();
        }
    }
    return 0;
}
```

程序运行将会创建两个文件，如图 12.3、图 12.4 和图 12.5 所示。由于 ofstream 默认打开方式是 std::ios::out | std::ios::trunk，所以当文件夹内没有 test.txt 文件和 test2.txt 文件时，会创建这两个文件，并向文件写入字符串。向 test.txt 文件写入字符串“name1 sex1 age1”；向 test2.txt 文件写入字符串“name2 sex2 age2”。如果文件夹内有 test.txt 文件和 test2.txt 文件时，程序会覆盖原有文件而重新写入。

图 12.3　创建的文件

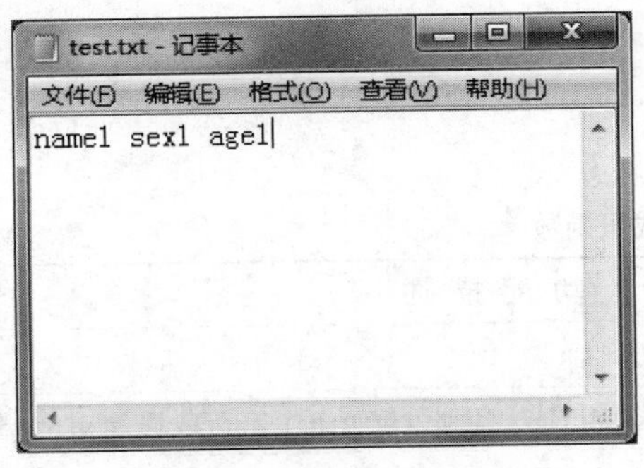

图 12.4　text 文件内容

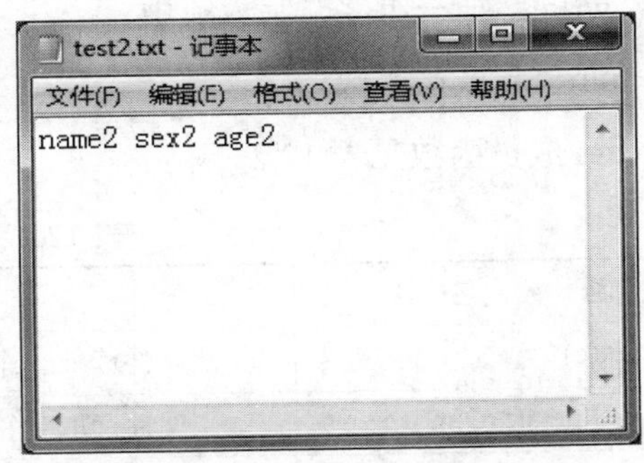

图 12.5　text2 文件内容

12.3　文件的读写

扫一扫，看视频

在对文件进行操作时，必然离不开读写文件。在使用程序查看文件内容时，首先要读取文件，而要修改文件内容时，则需要向文件中写入数据，本节主要介绍通过程序对文件进行读写操作。

12.3.1　文件流

1．流类型

流可以分为 3 类，即输入流、输出流和输入/输出流，相应地必须将流说明为 ifstream、ofstream 和 fstream 类的对象。

```
ifstream ifile;      //声明一个输入流
ofstream ofile;      //声明一个输出流
fstream iofile;      //声明一个输入/输出流
```

说明了流对象之后，可以使用函数 open()打开文件。文件的打开即是在流与文件之间建立一个连接。

2．文件流成员函数

ofstream 和 ifstream 类有很多用于磁盘文件管理的函数。

- attach：在一个打开的文件与流之间建立连接。
- close：刷新未保存的数据后关闭文件。
- flush：刷新流。
- open：打开一个文件并把它与流连接。
- put：把一个字节写入流中。
- rdbuf：返回与流连接的 filebuf 对象。
- seekp：设置流文件指针位置。
- setmode：设置流为二进制或文本模式。
- tellp：获取流文件指针位置。
- write：把一组字节写入流中。

3．fstream 成员函数

fstream 成员函数见表 12.2。

表 12.2　fstream 成员函数

函 数 名	功 能 描 述
get(c)	从文件读取一个字符
getline(str,n, '\n')	从文件读取字符存入字符串 str 中，直到读取 n-1 个字符或遇到'\n'时结束
peek()	查找下一个字符，但不从文件中取出
put(c)	将一个字符写入文件
putback(c)	对输入流放回一个字符，但不保存
eof	如果读取超过 eof，返回 True
ignore(n)	跳过 n 个字符，参数为空时，表示跳过下一个字符

注意：

表中参数 c、str 为 char 型，参数 n 为 int 型。

通过上面的介绍，读者已经对写入流有了一定的了解，下面就通过使用 ifstream 和 ofstream 对象实现读写文件的功能。

例 12.3　使用 ifstream 和 ofstream 对象实现读写文件的功能。

```
#include "stdafx.h"
#include <iostream>
#include <fstream>
using namespace std;
int _tmain(int argc, _TCHAR* argv[])
{
    char buf[128];
    ofstream ofile("test.txt");
    for(int i=0;i<5;i++)
```

```
    {
        memset(buf,0,128);
        cin >> buf;
        ofile << buf;
    }
    ofile.close();
    ifstream ifile("test.txt");
    while(!ifile.eof())
    {
        char ch;
        ifile.get(ch);
        if(!ifile.eof())
            cout << ch;
    }
    cout << endl;
    ifile.close();
    return 0;
}
```

程序运行结果如图 12.6 所示。

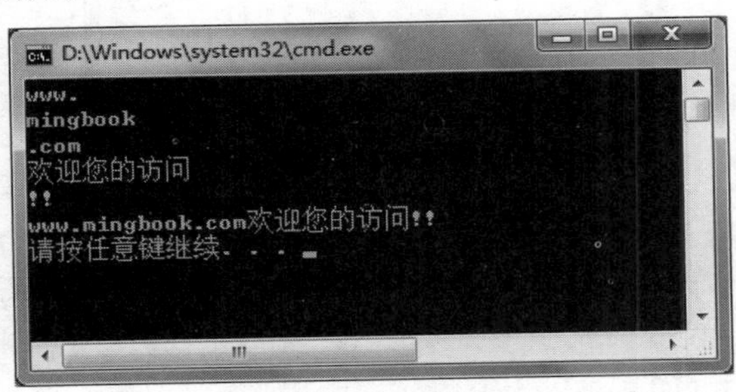

图 12.6　运行结果

程序首先使用 ofstream 类创建并打开 test.txt 文件，然后需要用户输入 5 次数据，程序把这 5 次输入的数据全部写入 test.txt 文件，接着关闭 ofstream 类打开的文件，用 ifstream 类打开文件，将文件中的内容输出。

12.3.2　写文本文件

文本文件是程序开发经常用到的文件，使用“记事本”程序就可以打开文本文件。文本文件以.txt 作为扩展名，7.3.1 节已经使用 ifstream 和 ofstream 类创建并写入了文本文件，本节主要应用 fstream 向文本文件写入数据。

例 12.4　向文本文件写入数据。

```
#include "stdafx.h"
#include <iostream>
#include <fstream>
using namespace std;
int _tmain(int argc, _TCHAR* argv[])
{
    fstream file("test.txt",ios::out);
```

```
    if(!file.fail())
    {
        cout << "start write " << endl;
        file << "name" << " ";
        file << "sex" << " ";
        file << "age" << endl;
    }
    else
        cout << "can not open" << endl;
    file.close();
    return 0;
}
```

程序运行结果如图 12.7 所示。

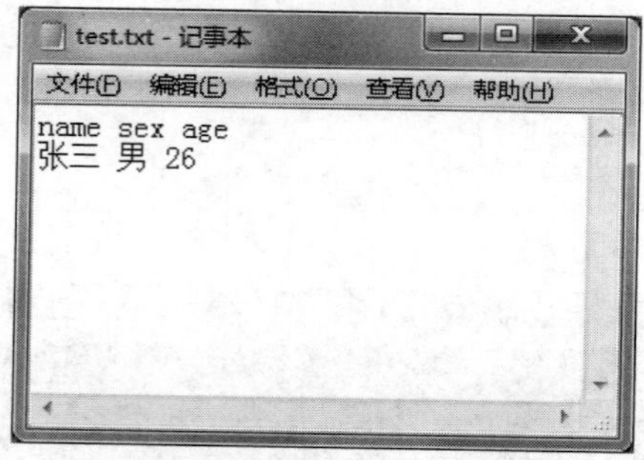

图 12.7　写入文件的内容

程序通过 fstream 类的构造函数打开文本文件 test.txt，然后向文本文件写入了“name sex age”，换行输入了“张三　男　26”。

12.3.3　读取文本文件

前面介绍了如何写入文件信息，下面通过实例来介绍如何读取文本文件的内容。

例 12.5　读取文本文件内容。

```
#include "stdafx.h"
#include <iostream>
#include <fstream>
using namespace std;
int _tmain(int argc, _TCHAR* argv[])
{
    fstream file("古诗.txt",ios::in);
    if(!file.fail())
    {
        while(!file.eof())
        {
            char buf[128];
            file.getline(buf,128);
            if(file.tellg()>0)
            {
                cout << buf;
```

```
            cout << endl;
        }
    }
  }
  else
    cout << "can not open" << endl;;
  file.close();
  return 0;
}
```

程序首先打开文本文件 test.txt，文件的内容如图 12.8 所示；然后读取文本文件 test.txt 中的内容，并将其输出，运行结果如图 12.9 所示。

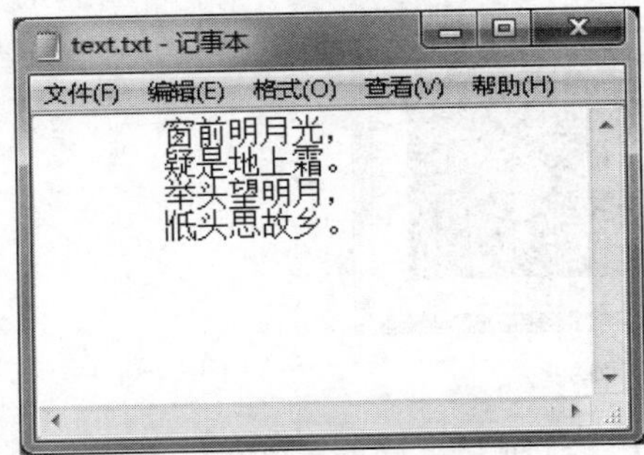

图 12.8　文本文件内容

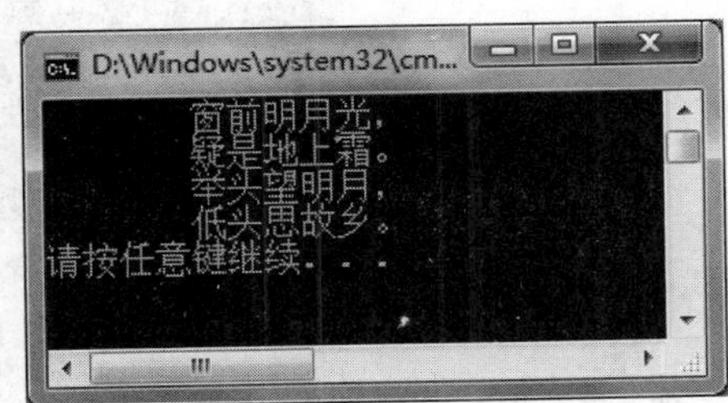

图 12.9　读取文本文件

12.3.4　二进制文件的读写

文本文件中的数据都是 ASCII 码，如果要读取图片的内容，就不能使用读取文本文件的方法了。以二进制方式读写文件，需要使用 ios::binary 模式，下面通过实例来实现这一功能。

例 12.6　使用 read 读取文件。

```
#include "stdafx.h"
#include <iostream>
#include <fstream>
using namespace std;
int _tmain(int argc, _TCHAR* argv[])
{
    char buf[50];
    fstream file;
    file.open("test.",ios::binary|ios::out);
    for(int i=0;i<2;i++)
    {
        memset(buf,0,50);
        cin >> buf;
        file.write(buf,50);
        file << endl;
    }
    file.close();
    file.open("test.dat",ios::binary|ios::in);
    while(!file.eof())
```

```
    {
        memset(buf,0,50);
        file.read(buf,50);
        if(file.tellg()>0)
            cout << buf;
    }
    cout << endl;
    file.close();
    return 0;
}
```

程序运行结果如图 12.10 所示。

图 12.10　读取文件

程序需要用户输入两次数据，然后通过 fstream 以二进制方式写入到文件，再通过 fstream 以二进制方式读取出来并输出。对二进制数据读取需要使用 read 方法，写入二进制数据需要使用 write 方法。

说明：

cout 遇到结束符“\0”就停止输出。在以二进制存储数据的文件中会有很多结束符“\0”，遇到结束符“\0”并不代表数据已经结束。

12.3.5　实现文件复制

用户在进行程序开发时，有时需要用到复制等操作，下面就来介绍复制文件的方法。

例 12.7　文件复制。

```
#include "stdafx.h"
#include <iostream>
#include <fstream>
#include <iomanip>
using namespace std;
int _tmain(int argc, _TCHAR* argv[])
{
    ifstream infile;
    ofstream outfile;
    char name1[20],name2[20];
    char c;
    cout<<"请输入文件："<<"\n";
    cin>>name1;
    infile.open(name1);
```

```
    if(!infile)
    {
        cout<<"文件打开失败！";
        exit(1);
    }
    strcpy(name2, "复本");
strcat(name2,name1);
    cout<< "start copy" << endl;
    outfile.open(name2);
    if(!outfile)
    {
        cout<<"无法复制";
        exit(1);
    }
    while(infile.get(c))
    {
        outfile << c;
    }
    cout<<"start end"<< endl;
    infile.close();
    outfile.close();
    return 0;
}
```

程序需要用户输入一个文件名，然后使用 infile 打开文件，接着在文件名后加上“复本”两个字，并用 outfile 创建该文件，然后通过一个循环将原文件中的内容复制到目标文件内，完成文件的复制。运行程序，执行结果如图 12.11 和图 12.12 所示。

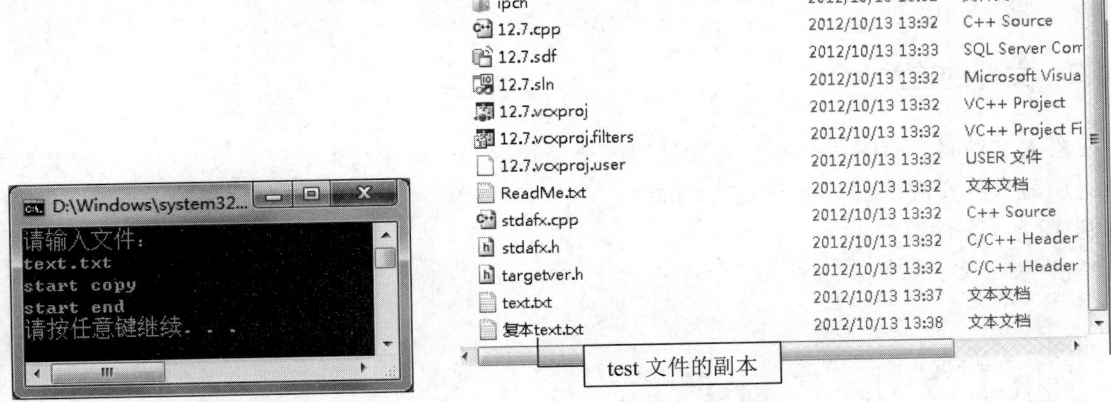

图 12.11　文件复制操作　　　　图 12.12　文件的副本

12.4　文件指针移动操作

在读写文件的过程中，有时用户不需要对整个文件进行读写，而是对指定位置的一段数据进行读写操作，这时就需要通过移动文件指针来完成。

12.4.1 文件错误与状态

在 I/O 流的操作过程中可能出现各种错误，每一个流都有一个状态标志字，以指示是否发生了错误及出现了哪种类型的错误，这种处理技术与格式控制标志字是相同的。ios 类定义了以下枚举类型：

```
enum io_state
{
    goodbit=0x00,    //不设置任何位，一切正常
    eofbit=0x01,     //输入流已经结束，无字符可读入
    failbit=0x02,    //上次读/写操作失败，但流仍可使用
    badbit=0x04,     //视图进行无效的读/写操作，流不再可用
    bardfail=0x80    //不可恢复的严重错误
};
```

对应于标志字各状态位，ios 类还提供了以下成员函数来检测或设置流的状态。

```
int rdstate();
int eof();
int fail();
int bad();
int good();
int clear(int flag=0);
```

为提高程序的可靠性，应在程序中检测 I/O 流的操作是否正常。例如，用 fstream 默认方式打开文件时，如果文件不存在，fail 函数就能检测到错误发生，然后通过 rdstate 方法获得文件状态。

```
fstream file("test.txt");
if(file.fail())
{
    cout << file.rdstate << endl;
}
```

12.4.2 文件的追加

在写入文件时，有时用户不会一次性写入全部数据，而是在写入一部分数据后再根据条件向文件中追加写入，实例 12.8 将实现这一功能。

例 12.8 文件追加。

```
#include "stdafx.h"
#include <iostream>
#include <fstream>
using namespace std;
int _tmain(int argc, _TCHAR* argv[])
{
    ofstream ofile("test.txt", ios::app);
    if(!ofile.fail())
    {
        cout << "start write " << endl;
        ofile << "Mary ";
        ofile << "girl ";
        ofile << "20 ";
```

```
    }
    else
        cout << "can not open";
    return 0;
}
```

程序将字符串“Mary girl 20”追加到文本文件 test.txt 中，文本文件 test.txt 中的内容没有被覆盖。如果 test.txt 文件不存在则创建该文件并写入字符串“Mary girl 20”。连续运行两次程序，结果如图 12.13 和图 12.14 所示。

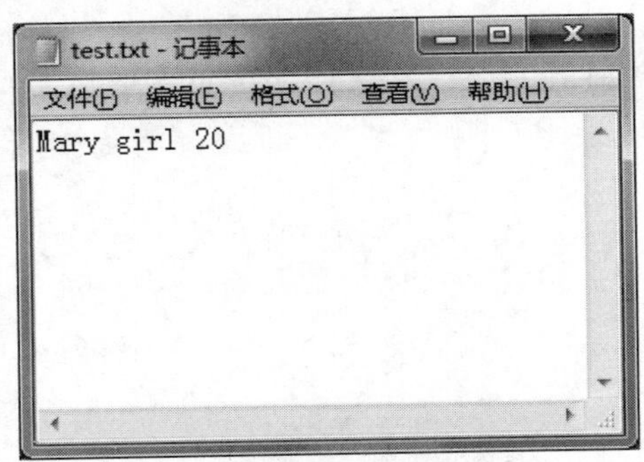

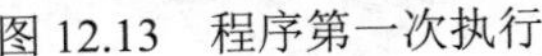
图 12.13　程序第一次执行

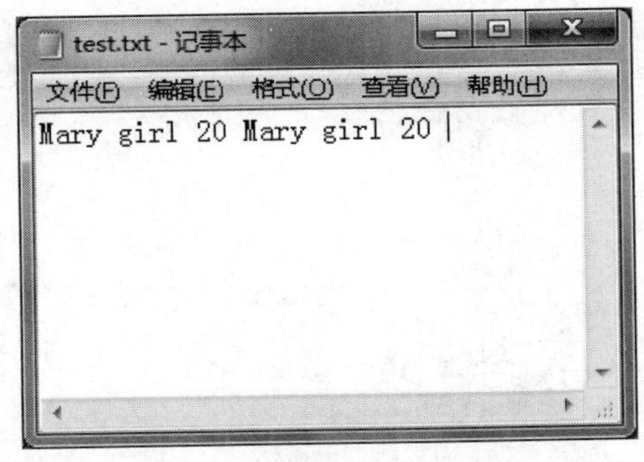

图 12.14　程序第二次执行

追加可以使用其他方法实现，例如，先打开文件然后通过 seekp 方法将文件指针移到末尾，再向文件中写入数据，整个过程和使用参数取值一样。使用 seekp 方法实现追加的代码如下：

```
fstream iofile("test.dat",ios::in| ios::out| ios::binary);
if(iofile)
{
    iofile.seekp(0,ios::end);        //为了写入移动
    iofile << endl;
    iofile << "我是新加入的"
    iofile.seekg(0);                 //为了读取移动
    int i=0;
    char data[100];
    while(!iofile.eof && i< sizeof(data))
        iofile.get(data[i++]);
    cout << data;
}
```

程序首先打开 test.dat 文件，查找文件的末尾，并在末尾加入字符串，然后再将文件指针移到文件开始处，输出文件的内容。

12.4.3　文件结尾的判断

在操作文件时，经常需要判断文件是否结束，使用 eof()方法可以实现。另外也可以通过其他方法来判断，例如，使用流的 get()方法，如果文件指针指向文件末尾，get()方法获取不到数据就返回-1，这也可以作为判断结束的方法。例如：

```
ifstream ifile("test.txt");
if(!ifile)
```

```
{
    cerr << "open fail" << endl;
}
char ch;
while(ifile.get(ch))
{
    cout << ch;
}
cout << endl;
ifile.close();
```

程序实现输出 test.txt 文件的内容，同样的功能使用 eof()方法也可以实现。例如：

```
ifstream ifile("test.txt");
if(!ifile.fail())
{
    while(!ifile.eof())
    {
        char ch;
        ifile.get(ch);
        if(!ifile.eof())            //差一个空格
            cout << ch;
    }
    ifile.close();
}
```

程序仍然是输出 test.txt 文件中的内容，但使用 eof()方法需要多判断一步。

很多地方需要使用 eof()方法来判断文件是否已经读取到末尾，下面通过实例来讲述如何使用 eof()方法判断文件是否结束。

例 12.9 记录并输出空格位置。

```
#include "stdafx.h"
#include <iostream>
#include <fstream>
using namespace std;
int _tmain(int argc, _TCHAR* argv[])
{
    ifstream ifile("test.txt");
    if(!ifile.fail())
    {
        while(!ifile.eof())
        {
            char ch;
            streampos sp = ifile.tellg();
            ifile.get(ch);
            if(ch == ' ' )
            {
                cout << "postion:" << sp ;
                cout <<"is blank "<< endl;
            }
        }
    }
```

```
    return 0;
}
```

程序打开文本文件 test.txt，文件的内容如图 12.15 所示。

程序运行结果如图 12.16 所示。

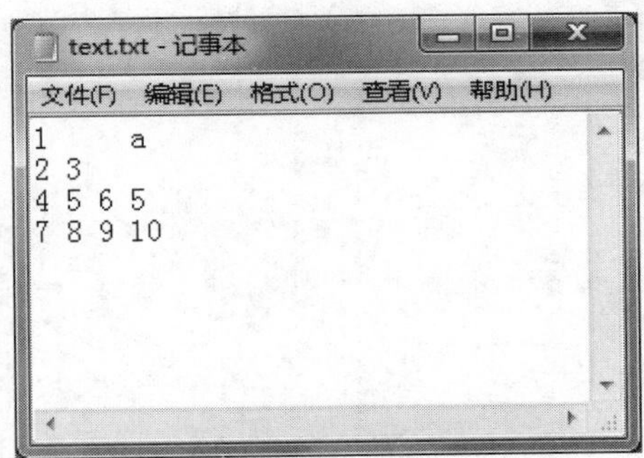

图 12.15　文本文件内容

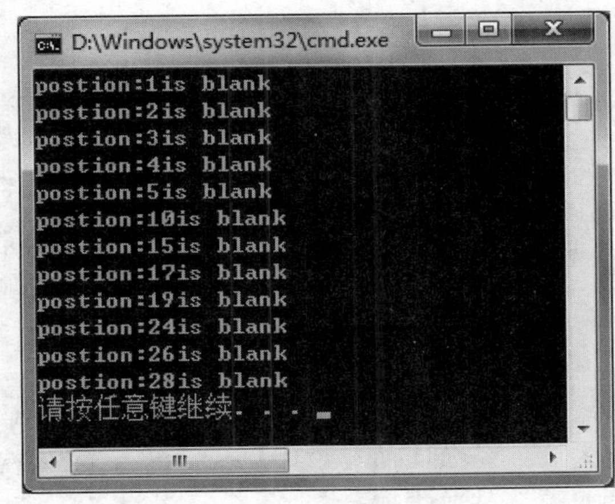

图 12.16　记录并输出空格位置

12.4.4　在指定位置读写文件

要实现在指定位置读写文件的功能，首先要了解文件指针是如何移动的，下面将介绍用于设置文件指针位置的函数。

- seekg：位移字节数，相对位置用于输入文件中指针的移动。
- seekp：位移字节数，相对位置用于输出文件中指针的移动。
- tellg：用于查找输入文件中的文件指针位置。
- tellp：用于查找输出文件中的文件指针位置。

位移字节数是移动指针的位移量，相对位置是参照位置。取值如下：

- ios::beg：文件头部。
- ios::end：文件尾部。
- ios::cur：文件指针的当前位置。

例如，seekg(0,ios::beg)是将文件指针移动到相对于文件头 0 个偏移量的位置，即指针在文件头。

例 12.10　输出文件指定位置的内容。

```
#include "stdafx.h"
#include <iostream>
#include <fstream>
using namespace std;
int _tmain(int argc, _TCHAR* argv[])
{
    ifstream ifile;
    char cFileSelect[20];
    cout << "input filename:";
    cin >> cFileSelect;
    ifile.open(cFileSelect);
```

```
    if(!ifile)
    {
        cout << cFileSelect << "can not open" << endl;
        return 0;
    }
    ifile.seekg(0,ios::end);
    int maxpos=ifile.tellg();
    int pos;
    cout << "Position:";
    cin >> pos;
    if(pos > maxpos)
    {
        cout << "is over file lenght" << endl;
    }
    else
    {
        char ch;
        ifile.seekg(pos);
        ifile.get(ch);
        cout << ch <<endl;
    }
    ifile.close();
    return 1;
}
```

如果用户输入的文件名是 test.txt，在 test.txt 文件中含有字符串“www.mingrisoft.com”，则程序运行结果如图 12.17 和图 12.18 所示。

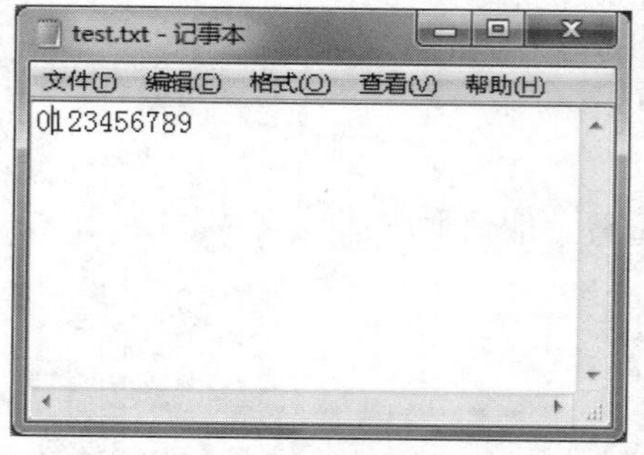

图 12.17　文件的内容

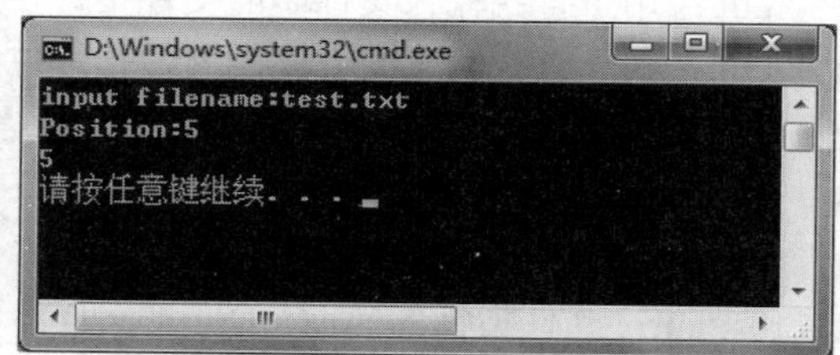

图 12.18　输出文件指定位置的内容

通过 maxpos 可以获得文件长度，实例 12.10 就通过 maxpos 获得了文件长度，并输出了文件指定位置后的内容。

扫一扫，看视频

12.5　文件和流的关联和分离

一个流对象可以在不同时间表示不同文件。在构造一个流对象时，不用将流和文件绑定。使用流对象的 open 成员函数动态与文件关联，如果要关联其他文件就调用 close 成员函数关闭当前文件与流的连接，再通过 open 成员函数建立与其他文件的连接。下面通过实例来实现文件和流的关联和分离功能。

例 12.11　文件和流的关联和分离。

```
#include "stdafx.h"
#include <iostream>
#include <fstream>
using namespace std;
int _tmain(int argc, _TCHAR* argv[])
{
    const char* filename="test.txt";
    fstream iofile;
    iofile.open(filename,ios::in);
    if(iofile.fail())
    {
        iofile.clear();
        iofile.open(filename, ios::in| ios::out| ios::trunc);
    }
    else
    {
        iofile.close();
        iofile.open(filename, ios::in| ios::out| ios::ate);
    }
    if(!iofile.fail())
    {
        iofile << "+我是新加入的";
        iofile.seekg(0);
        while(!iofile.eof())
        {
            char ch;
            iofile.get(ch);
            if(!iofile.eof())
                cout << ch;
        }
        cout << endl;
    }
    return 0;
}
```

程序打开文本文件 test.txt，文件的内容如图 12.19 所示。

程序运行结果如图 12.20 所示。

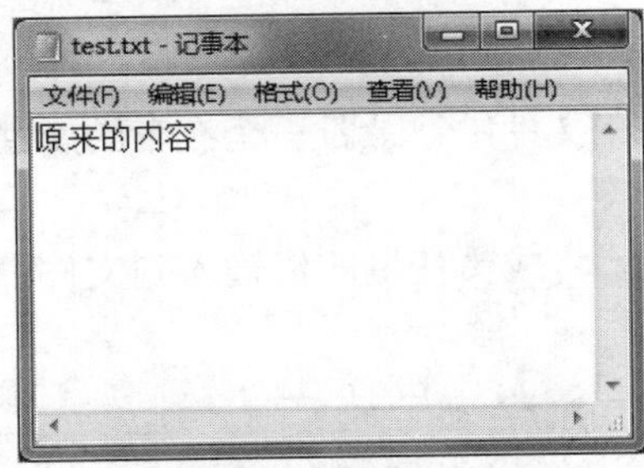

图 12.19　文件内容

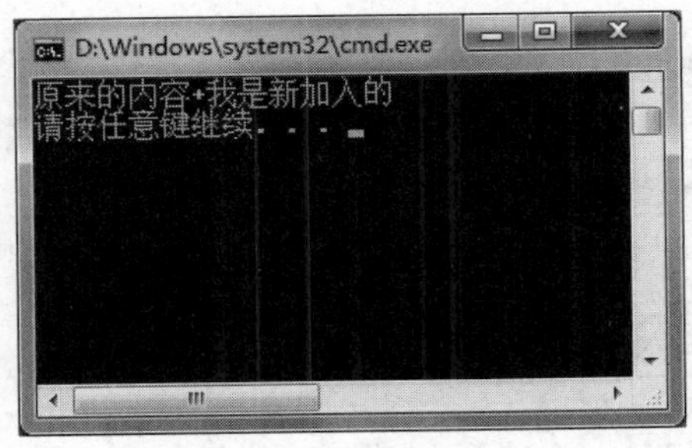

图 12.20　运行结果

程序需要用户输入文件名，然后使用 fstream 的 open 函数打开文件，如果文件不存在就通过在 open 函数中指定 ios::in| ios::out| ios::trunc 参数取值创建该文件，然后向文件中写入数据，接着将文件指针指向开始处，最后输出文件内容。程序在第一次调用 open 函数打开文件后，如果文件存在，则调用 close 函数将文件流与文件分离，接着再调用 open 函数建立文件流与文件的关联。

扫一扫，看视频

12.6 删除文件

前面介绍了文件的创建以及文件的读写，本节通过一个具体实例来讲述如何在程序中将一个文件删除。

```
#include "stdafx.h"
#include <iostream>
#include <iomanip>
using namespace std;
int _tmain(int argc, _TCHAR* argv[])
{
    char file[50];
    cout <<"Input file name: "<<"\n";
    cin >>file;
    if(!remove(file))
    {
        cout <<"The file:"<<file<<"已删除"<<"\n";
    }
    else
    {
        cout <<"The file:"<<file<<"删除失败"<<"\n";
    }
}
```

程序通过 remove 函数将用户输入的文件删除。remove 函数是系统提供的函数，可以删除指定的磁盘文件。

12.7 上机实践

12.7.1 记录类的信息

➤➤➤题目描述

设计一个轿车类，它具有颜色、牌照、品牌等属性。在文件中记录若干个汽车的属性。

➤➤➤技术指导

文件记录的是轿车类成员变量的值。使用文件输出流，将成员变量的值输入到文件中。

定义轿车类：

```
class car
{
public:
```

```
        string color;
        string type;
        string ID;
        car(string color,string type,string ID)
        {
            this->color = color;
            this->type = type;
            this->ID = ID;
    s   }
};
```

将轿车类信息储存到文件中：

```
list<car> carList;
    carList.push_back(car("红色","红旗","京 AXXXXXX"));
    carList.push_back(car("蓝色","奥迪","沪 cXXXXXX"));
    carList.push_back(car("绿色","宝马","吉 AXXXXXX"));
    fstream file;
    file.open("car.txt");
    for(auto i = carList.begin();i!= carList.end();i++)
    {
        file<<"颜色:"<<i->color
            <<"\t 车型:"<<i->type
            <<"\t 牌照:"<<i->ID
            <<"\n";
    }
```

12.7.2　读取文件信息

➤➤➤题目描述

在工程目录下建立一个.txt 文件，输入 5 个字符串，他们中间都有一个空格符来分离他们。在程序中使用文件流读取和输出它们。

➤➤➤技术指导

在工程目录下建立一个空的.txt 文件。按照中间都有一个空格的形式输入 5 个字符串。由于文件中字符串的格式已经确定，在程序中检查接受字符是否为空格。当接收字符为空格时，应当用另外一个字符串变量储存。关键代码如下：

```
string dArray[5]={};
    int index = 0;
    ifstream file("test.txt"); //此文件已经在文件夹下建立,可直接调用
    if(!file.fail())
    {
        while(!file.eof()&&index<5)
        {
            char tmp = ' ';
            file.get(tmp);
            if(tmp!=' ')
            {
                dArray[index]+=tmp;
            }
```

```
            else
            {
                cout<<dArray[index]<<endl;
                index++;
            }
        }
    }
    else
    {
        printf("文件创建失败");
    }
        return 0;
```

12.8 本章总结

本章主要介绍使用文件流进行文件操作，文件在打开时可以控制文件是为写打开还是为读打开，控制打开模式可以控制执行效率，掌握文件的随机读取就可以快速读取想要的数据，可以实现文件中数据的修改及插入。另外，本章还介绍了使用一个文件流打开多个文件的实现方法，使读者掌握文件流和文件的区别。

第 13 章　综合实战——商品销售系统

扫一扫，看视频

在建立一个客户端应用程序时，首先要分析需求并依据情况构思程序中的对象模型。本章建立了一个商品销售系统，它涉及到了类的设计、镶嵌类的使用、文件操作和标准模板库的应用。

通过学习本章，读者可以达到以下学习目的：

- 依据需求建立对象模型
- 依据输入和输出设计类的数据交换函数
- 使用文件操作保存和提取程序中的数据

13.1　商品类的设计

本章通过商品销售程序来体现类的设计与文件操作的应用。本程序用来记录和修改商品的销售情况，将交易的信息和商品的库存信息储存到磁盘文件中。

首先分析需求，实现一个能进货、能贩卖的销售系统。根据面向对象的理念，可以设计一个商品 commodity 类，它的成员变量如下：

```
private:
    int static kinds;//商品种类
    int ID; //货品编号
    int stock;//库存量
    float buyValue;//进货的价格
    float sellValue;//卖出的价格
    char name[30];//商品名称
```

以上各成员变量分别代表了一个商品所具有的基本属性。在销售系统中，需要获得商品中的各个属性的信息：价格、编号、名称和库存等，所以需要 public 权限的方法作为获得属性信息的接口。

```
    int getID();//获取 ID
    int getStock();//获取库存
    float getBuyValue();//获取进货价
    float getsellValue();//获取卖出价
    char* getName();//获取商品名称
```

这样，商品的信息就变成“只读”信息，在客户端中不能对数据进行随意篡改。在销售过程中销售商品和购进货物都会改变库存量，因此，需要提供一个改变库存的函数：

```
void UpdateStock(int n);;  //改变库存量
```

在商品类构造的时候需要外界的一些信息来创建对象实例，这样的外界信息有商品名称、进货价格和商家自定的卖出价格。商品的编号采取自增式的添加，库存量在引入新商品的时候应该设置为 0。商品类的构造函数如下：

```
commodity(char name[],float buyValue,float sellValue)
{
        kinds++;
        ID = kinds;
```

```
        this->stock = 0;
        this->buyValue = buyValue;
        this->sellValue = sellValue;
        strcpy(this->name,name);
}
```

通过静态成员变量的自增实现了编号的自增，同时也记录了商品的类别数量。

13.2 销售系统的设计

在销售系统中，用户通过操作可以购入和卖出已有的商品，并且还可以引入新品。系统还可以查看商品的信息，在程序结束时记录下商品的库存信息、购入和贩卖的细节，如图 13.1 所示。

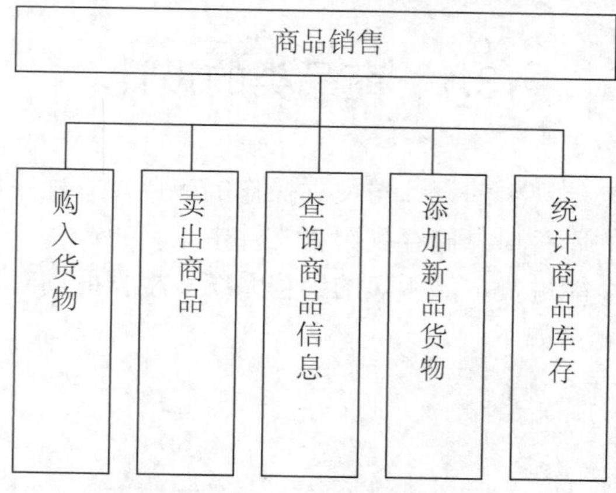

图 13.1　系统功能结构图

用户界面关系用户与操作系统的交互，在控制台应用程序中，设计一个主菜单界面，如图 13.2 所示。

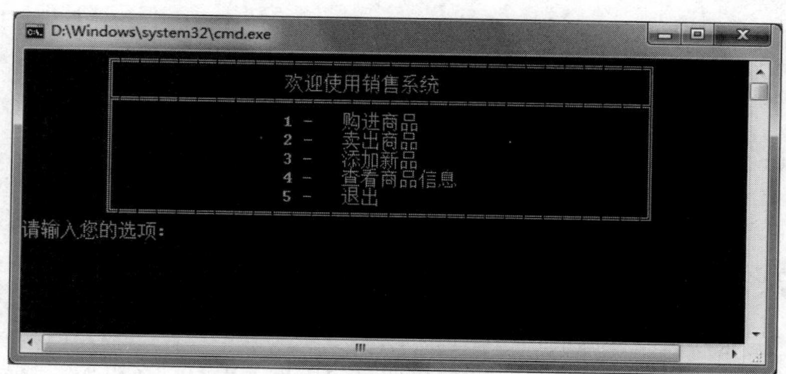

图 13.2　主菜单界面

菜单界面主要是起导航作用，用户输入相应的选项，实现菜单中字面意义中的功能。菜单中的每一项都会用到商品的数据。那么，直接通过在客户端（main 函数）中使用商品类如何呢？

客户端中直接使用商品的数据时则会面临以下 3 个问题：

- 客户端任务繁重，它除了完成界面的显示操作还要负责数据的获得和处理。
- 文件操作时，需要直接获得商品对象的信息，私有权限的数据不能达到这种要求，而公开数据权限或在客户端中使用商品类对象则会可能引起商品信息被篡改的风险。
- 视图与数据的模块应该达到一定程度的分离。

抽象出一个交易类 trade，它专门负责存储和提取商品的信息，并且将处理的数据提交给客户端。这样客户端只使用 trade 类对象获取数据、反馈数据。如此，在主函数中的功能简化为获取数据并生成相应界面，获取输入并返回数据。处理和保存数据的重任则交给了 trade 类。如果商家有新的需求，修改 trade 类之后，客户端则需要调整界面，并根据 trade 新接口做调整即可。

trade 类的设计如下：

```
#include "stdafx.h"
#include <list>
#include "commodity.h"
using std::list;
class trade{
//成员变量
private:
        list<commodity> dataList;//商品数据链表

//成员函数
public:
        bool GetInformathion(int index);//获取并输出商品信息
        void GetIndex();//获取并输出商品目录
        bool init();//从本地文件获取商品信息
        void save();//将商品信息保存到本地文件中
        bool Buy(int ID,int count);//购买商品的操作与数据检查
        bool Sell(int n,int ID);//购买商品的操作与数据检查
        void AddNew(char name[],float buyValue,float sellValue);//添加新的商品
};
```

在 trade 类中主要的设计思想是通过 list 链表进行数据交换，成员函数的 buy、sell 等函数则实现了数据的处理过程，init 函数和 save 函数用于储存信息到磁盘中。

依照上边的设计方法下面来实现这些类的函数，商品类如下：

```
#include "stdafx.h"
#include "commodity.h"
//初始化 ID
int commodity::kinds  = 0;
void commodity::UpdateStock(int n)
{
        stock+=n;
}
int commodity::getStock()
{
        return stock;
}
int commodity::getID()
{
        return ID;
```

```
}
float commodity::getBuyValue()
{
        return buyValue;
}
float commodity::getsellValue()
{
        return sellValue;
}
char* commodity::getName()
{
        return name;
}
```

从作用上来看，它负责自身数据的处理，提供了获取成员变量信息的函数。下面是 trade 类的部分函数实现：

```
#include "stdafx.h"
#include "trade.h"
#include <fstream>
#define CAP 5
#define TLEN 10
#define ALEN 30
using std::ofstream;
using std::ifstream;
bool trade::Buy(int ID,int count)
{
    for(auto iter = dataList.begin();iter!=dataList.end();iter++)
    {
        if(iter->getID() == ID)
        {
            iter->UpdateStock(count);
                return true;
        }
    }
    return false;
}
bool trade::Sell(int ID,int count)
{
        for(auto iter = dataList.begin();iter!=dataList.end();iter++)
        {
            if(iter->getID() == ID && !(iter->getStock()+count<0))
            {
                iter->UpdateStock(-count);
                return true;
            }
        }
    return false;
}
```

trade 类负责数据的处理、储存和提交，是整个程序的核心。依次从作用来看：

buy 函数依据传递进来的 ID 变量在商品链表查找相应商品，增加库存变量 stock 的值。那么在客户端中选择<1- 购进货物>可以完成这个功能，客户端处理它的代码如下：

```
drawIndex();
    myTrade.GetIndex();
    drawLine();;
    ToBuy(ID,count);
    if(myTrade.Buy(ID,count))
    {
        system("cls");
        printf("操作成功,");


    }
    else
    {
        system("cls");
        printf("您的输入有误,");

    }
    operate();
```

drawIndex、drawLine 和 operate 函数完成的是屏幕菜单绘制和显示功能，稍后将给出它们的代码。system(“cls”)是一个清屏的函数，它的文件头包含在 stdafx.h 中。Tobuy 函数负责使用变量接受用户的输入，之后将它们传递进 trade 类的对象 myTrade 的 buy 函数中。主程序的功能主要集中在与用户交互上，并且将用户的指令传递给了 trade 对象来处理。

同样，sell 函数的作用和它很相近。下面来演示购进和卖出菜单的执行效果，如图 13.3 所示。

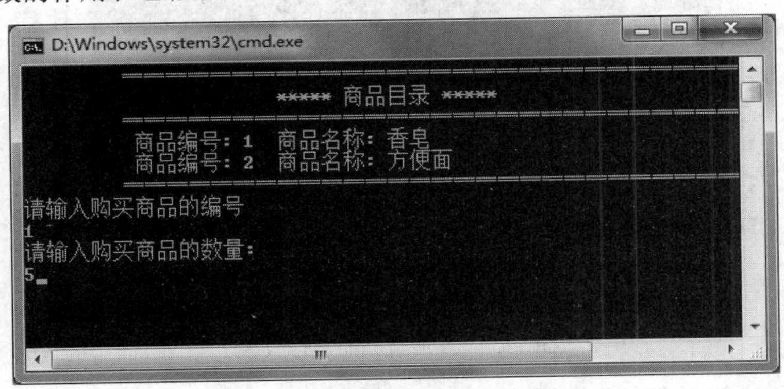

图 13.3 <购进商品>菜单的执行效果

在 trade 类中的 buy 函数和 sell 函数都进行了数据检查。buy 中检查的内容是链表中是否有此编号的商品。sell 中除了检查编号之外还通过商品类的库存检查来确保数据的正确性。

当用户向系统中添加新的商品操作时，也即是通过向链表中添加新的商品对象。这个工作同样由 trade 类完成。

```
void trade::AddNew(char name[],float buyValue,float sellValue)
{
        dataList.push_back(commodity(name,buyValue, sellValue));
}
```

向链表中添加这样一个新的商品对象需要 3 个参数，分别代表商品名称、商品构入价、商品卖出价。商品 ID 与库存量不需要外界对它们初始化，客户端中体现的是输入。

客户端处理添加新品的代码：

```
char name[30];
    float value;
    float cost;
system("cls")
    cout<<"请输入新品的名称"<<endl;
    cin>>name;
    getchar();
    cout<<"请输入购入价格"<<endl;
    cin>>cost;
    getchar();
    cout<<"请输入出售价格"<<endl;
    cin>>value;
    getchar();
    myTrade.AddNew(name,cost,value);
    system("cls");
    printf("操作成功,");
    operate();
```

用户输入 3 个变量，将它们传递进成员函数 AddNew 中，对象的链表就添加了一个商品对象，如图 13.4 所示。

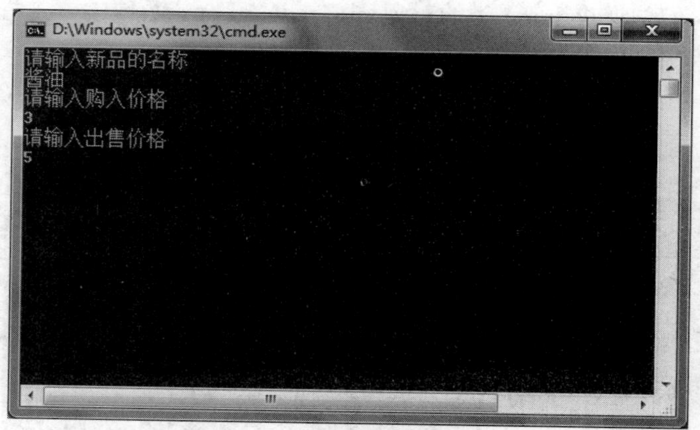

图 13.4　添加新品的实现效果

在主程序中，用户能看到商品的种类、价格等信息。trade 类提供了展示商品目录和信息的函数：

```
void trade::GetIndex()
{


        for(auto iter = dataList.begin();iter!=dataList.end();iter++)
        {
            printf("\t  商品编号: %i  商品名称: %s\n",iter->getID(),iter->getName());
        }


};
```

```
bool trade::GetInformathion(int index)
{

    for(auto iter = dataList.begin();iter!=dataList.end();iter++)
    {
        if(iter->getID() == index )
        {
            printf("商品编号:%d\n 商品名称:%s\n 购入价格: %f\n 出售价格: %f\n 剩余: %d\n",
                    index,
                    iter->getName(),
                    iter->getBuyValue(),
                    iter->getsellValue(),
                    iter->getStock());
            return true;
        }
    }
    return false;
}
```

它们的作用是输出商品列表和单个品种商品的信息。

在主程序中输入<查看商品信息的>的菜单，如图 13.5 和图 13.6 所示。

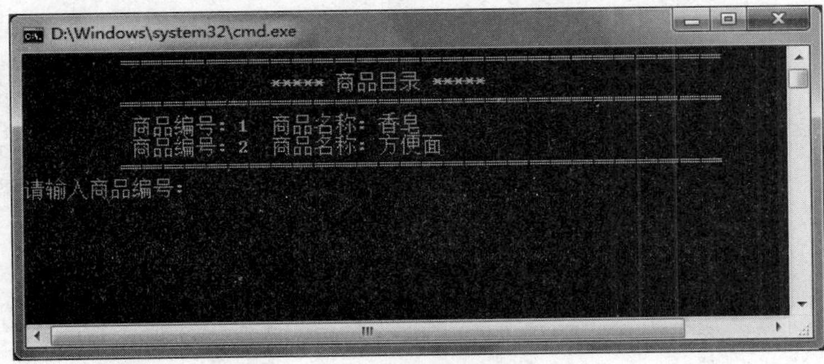

图 13.5 商品目录

图 13.6 商品信息

下面将所有主程序代码列出：

```
#include "stdafx.h"
#include "trade.h"
#include <iostream>
```

```
using std::cout;
using std::cin;
using std::endl;
void ToBuy(int& ID,int& count)
{
    cout<<"请输入购买商品的编号"<<endl;
       cin>>ID;
    getchar();
    cout<<"请输入购买商品的数量:"<<endl;
    cin>>count;
    getchar();
}
void ToSell(int& ID,int& count)
{
        cout<<"请输入卖出商品的编号"<<endl;
        cin>>ID;
        getchar();
        cout<<"请输入卖出商品的数量:"<<endl;
        cin>>count;
        getchar();
}
void operate()
{
        printf("按任意键继续");
        getchar();
        system("cls");

}
void drawIndex()
{
        system("cls");
            printf("\t ━━━━━━━━━━━━━━━━━━━━━━━━━━━━━━━━━━━━━━━━ \n");
            printf("\t              ***** 商品目录 *****         \n");
            printf("\t ━━━━━━━━━━━━━━━━━━━━━━━━━━━━━━━━━━━━━━━━ \n");

}
void drawLine()
{
            printf("\t ━━━━━━━━━━━━━━━━━━━━━━━━━━━━━━━━━━━━━━━━ \n");
}
void DrawMainMenu()
{
        printf("\t ┏━━━━━━━━━━━━━━━━━━━━━━━━━━━━━━━━━━━━━━┓ \n");
        printf("\t ┃           欢迎使用销售系统            ┃ \n");
        printf("\t ┣━━━━━━━━━━━━━━━━━━━━━━━━━━━━━━━━━━━━━━┫ \n");
        printf("\t ┃           1 -   购进商品              ┃ \n");
        printf("\t ┃           2 -   卖出商品              ┃ \n");
        printf("\t ┃           3 -   添加新品              ┃ \n");
        printf("\t ┃           4 -   查看商品信息          ┃ \n");
        printf("\t ┃           5 -   退出                  ┃ \n");
        printf("\t ┗━━━━━━━━━━━━━━━━━━━━━━━━━━━━━━━━━━━━━━┛ \n");
```

```
}

int main(int argc, _TCHAR* argv[])
{
        trade myTrade;
        if(!myTrade.init())
        {
            myTrade = trade();
        }
        bool quitFlag =false;
        while(!quitFlag)
        {
            DrawMainMenu();
            printf("请输入您的选项:");
            int selection;
            cin>>selection;
            getchar();
            int ID;
            int count;
            switch(selection)
        {
            case 1:
                drawIndex();
                myTrade.GetIndex();
                drawLine();;
                ToBuy(ID,count);
                if(myTrade.Buy(ID,count))
                {
                    system("cls");
                    printf("操作成功,");



                }
                else
                {
                    system("cls");
                    printf("您的输入有误,");

                }
                operate();
                break;
            case 2:
                drawIndex();
                myTrade.GetIndex();
                drawLine();
                ToSell(ID,count);
                if(myTrade.Sell(ID,count))
                {
                    system("cls");
                    printf("操作成功,");
```

```
        }
        else
        {
            system("cls");
            printf("您的输入有误,");

        }
        operate();
        break;
    case 3:
        char name[30];
        float value;
        float cost;
        system("cls");
        cout<<"请输入新品的名称"<<endl;
        cin>>name;
        getchar();
        cout<<"请输入购入价格"<<endl;
        cin>>cost;
        getchar();
        cout<<"请输入出售价格"<<endl;
        cin>>value;
        getchar();
        myTrade.AddNew(name,cost,value);
        system("cls");
        printf("操作成功,");
        operate();
        break;
    case 4:
        drawIndex();
        myTrade.GetIndex();
        drawLine();
        cout<<"请输入商品编号:";
        int index;
        cin>>index;
        getchar();
        system("cls");
        if(!myTrade.GetInformathion(index))
        {

            cout<<"无效的商品编号，";
            operate();
        }
        else{
            operate();

        }
        break;
    case 5:
        quitFlag = true;
```

```
                break;
            default:
                system("cls");
                printf("无效的选项，");
                operate();

        }
    }
    myTrade.save();
    return 0;
}
```

在程序中除了刚才介绍过的功能外，还存在两个函数 save 和 init 的调用。它们的功能是实现与本地文件实现数据交换。

save 函数的实现如下：

```
void trade::save()
{
        Ofstream
 file;
        file.open("stock.txt");
        if(!file.fail())
        {
            file<<" ——————————————————————————————————— \n";
            file<<"                ***** 商品信息 *****            \n";
            file<<" ——————————————————————————————————— \n";
            for(auto iter = dataList.begin();iter!=dataList.end();iter++)
            {
                file<<"ID:"<<iter->getID()
                    <<"\tNAME:"<<iter->getName()
                    <<"\tCOST:"<<iter->getBuyValue()
                    <<"\tVALUE:"<<iter->getsellValue()

                    <<"\tSTOCK:"<<iter->getStock()
                    <<"\n";
            }
        }
        else
        {
            printf("记录文件创建失败");
        }
}
```

这个函数将数据核心链表的信息输入到文件中，这样执行完程序就可以得到以下的内容，如图 13.7 所示。

main 函数结束之前执行了 save 函数，当程序以非正常方式关闭（任务管理器、右上角的叉号关闭按钮、停电），程序不会保留本次操作的任何信息。

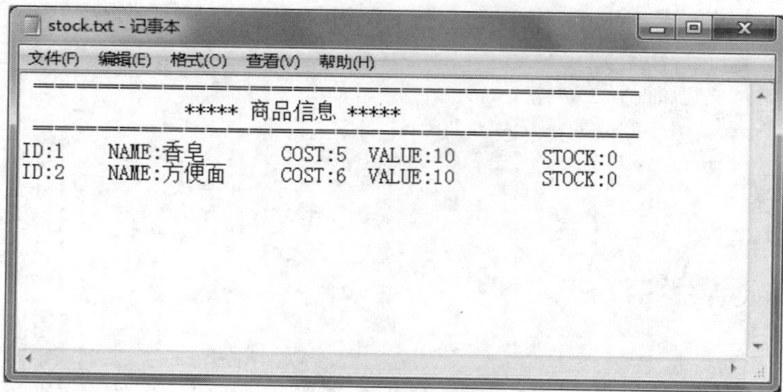

图 13.7　保存商品信息的文件

下面来看一下 init 函数：

```
bool trade::init()
{
        ifstream file("stock.txt");
        if(!file.fail())
        {
            char titles[CAP][TLEN]={"ID:","NAME:","COST:","VALUE:","STOCK:"};
            char saves [CAP][ALEN]={};
            int tIndex = 0;
            char buf[128];
            int kinds = 0;//商品种类计数
            for(int i=0;i<3;i++)  //忽略标题
            {
                file.getline(buf,128);
            }
            while(!file.eof())
            {
                char temp[TLEN]="";//读取文件内容的字符数组
                for (int i=0;i<TLEN&&!file.eof();i++)//for NO.1
                {
                    file.get(temp[i]);
                    if(strcmp(temp,titles[tIndex])==0)
                    {
                        for(int j=0;j<ALEN&&!file.eof();j++)//for NO.2
                        {
                            char c;
                            file.get(c);
                            if(c!='\t'&&c!='\n')
                            {
                                saves[tIndex][j] = c;
                            }
                            else if(c!='\n')
                            {
                                if(tIndex>4)
                                {
                                    return false;//行参数结尾后仍然有字符存在,失效
```

```
                            }
                            tIndex++;
                            break; //break NO.2
                        }
                        else
                        {
                        dataList.push_back(commodity(atoi(saves[0]) saves[1],
                            atof(saves[2]),atof(saves[3]),atoi(saves[4])));
                            tIndex=0;
                            kinds++;
                            break; //break NO.2
                        }
                        if(j==ALEN-1)
                        {
                            return false;//超过了参数长度,初始化失败
                        }
                    }//end NO.2
                    break;//break NO.1
                }
                if(i==TLEN-1)
                {
                    return false; //没有匹配到参数名称,初始化失败
                }
            }//end NO.1
        }//end While,读取结束
        commodity::kinds=kinds ;
        return true;
    }
    return false;//文件不存在,初始化失败
}
```

在讲解这个函数之前需要先了解两个函数 atoi 和 atof，它们是同样来自 stdio.h 和 stdlib.h 的两个函数。作用是将字符串数据分别转换成整型(int)数据和浮点数。在读取一个文件的数据时，需要注意的是：

- 文件的格式：本程序中是字符串未加密的。
- 文件的长度：读取文件时，文件流不会自动提示是否到达文件末尾。所以要在循环读取语句中加入判断条件约束。
- 自定义的数据排列格式：读取数据的复杂程度很大程度上取决于定制文件格式时的设计。本程序的设计格式并不算作简便，介于可观性和读取数据简易性两者之间的一个平衡点。

init 函数的过程是从文件中查找 ID、NAME 等字段，之后检查后边的数据正确性，将数据存放到商品链表中，从而完成了从文件读取数据的功能。

13.3 销售记录功能

销售系统具有统计商品数据的功能，但商品买卖的过程，即在什么时间、出售了什么商品等信

息，没有在系统中记录。现在把它作为一个新功能添加进系统。

与商品信息一样，选择链表保存进货和卖货等信息。这些信息的获得途径和商品信息一样，都是由客户端提供的。买卖货物的时间、类别和数量都应该在输入之后被链表记录。

从商品信息表中可以看到，商品信息表记录的就是商品类对象的信息。现在建立一个交易记录的结构体，使它的成员变量与文件记录的内容一致。文件记录的内容应该包括：商品名称、交易的数量、交易的类别（买或者是卖）、交易时间等。

从客户端可以通过输入得到的信息有交易的数量、交易的时间、商品的 ID。商品的名称信息包含在商品的 ID 中，判断交易类型的方法可以通过 trade 类执行的是哪种方法来判断。

记录信息应该在 trade 执行 buy 或者 sell 返回 true 的分支时创建，同时记录时间。

C 标准库中提供了处理时间的函数和结构体：

```
time_t t;//定义一个时间结构体。它包含着各种时间的信息。
localtime(&t);  将当前系统的时间信息装载到时间结构体 t 中。
strftime，这是一个将时间结构体格式化为字符串的函数
```

它们包含在 time.h 头文件中，使用时要加以引入。

交易记录的信息可以全部在 trade 类中交换，在 trade 类中建立交易记录结构体：

```
struct record
{
        char[30] name;//商品名称
        int count;//交易数量
        char[70] sTime;//交易时间
        recourd(char* name,int count,char* time);
        {
            strcpy(this->name,name);
               this->count = count;
               strcpy(sTime,time);
        }
};
```

在 trade 类内部建立的结构体和嵌套类一样无法被外界调用,但可以方便的使用所在类的数据。

在 trade 类中建立购入和销售链表：

```
list<record> sellRecordlList;
list<record> buyRecordList;
```

在 buy 与 sell 函数中实例化并把它加入链表：

```
bool trade::Buy(int ID,int count)
{
        for(auto iter = dataList.begin();iter!=dataList.end();iter++)
        {
            if(iter->getID() == ID)
            {
                iter->UpdateStock(count);
                 time_t t =time(0);
                char temp[50];
                strftime(temp,sizeof(temp),"%Y 年%m 月%d 日%X%A",localtime(&t));
                buyRecordList.push_back(record(iter->name,count,temp));
            return true;
            }
```

```
        }
        return false;
    }
}
bool trade::Sell(int ID,int count)
{
        for(auto iter = dataList.begin();iter!=dataList.end();iter++)
        {
            if(iter->getID() == ID && !(iter->getStock()+count<0))
            {
                iter->UpdateStock(-count);
                time_t t=time(0);
                char temp[50];
                strftime(temp,sizeof(temp),"%Y 年%m 月%d 日%X%A",localtime(&t));
                sellRecordList.push_back(record(iter->name,count,temp));
                return true;
            }
        }
        return false;
}
```

这样 trade 类就记录了交易记录的信息。在客户端中显示交易记录，则需要添加新的选项。可以注意到的是，每次添加新的菜单功能，选择语句就会增加一种情况，而退出菜单总是应该出现在最后。需要修改的是主菜单的显示样式，并添加交易记录的表头：

```
void DrawMainMenu()
{
        printf("\t ┌────────────────────────────────────────┐ \n");
        printf("\t │            欢迎使用销售系统            │ \n");
        printf("\t ├────────────────────────────────────────┤ \n");
        printf("\t │         1 -    购进商品                │ \n");
        printf("\t │         2 -    卖出商品                │ \n");
        printf("\t │         3 -    添加新品                │ \n");
        printf("\t │         4 -    查看商品信息            │ \n");
        printf("\t │         5 -    查看采购记录            │ \n");
        printf("\t │         6 -    查看销售记录            │ \n");
        printf("\t │         7 -    退出                    │ \n");
        printf("\t └────────────────────────────────────────┘ \n");
}
void drawBuyRecord()
{
    system("cls");
            printf("\t ──────────────────────────────────────── \n");
            printf("\t           ***** 采购记录 *****           \n");
            printf("\t ──────────────────────────────────────── \n");
}

void drawSellRecord()
{
        system("cls");
        printf("\t ──────────────────────────────────────── \n");
```

```
        printf("\t              ***** 销售记录 *****                    \n");
        printf("\t ─────────────────────────────────────────── \n");
}
```

在 trade 类中应当提供 record 链表的信息，添加成员函数 getSellRecord 和 getBuyRecord，代码如下：

```
void trade::getSellRecord()
{
    for(auto iter = sellRecordList.begin();iter!=sellRecordList.end();iter++)
    {
            printf("\t 出售商品名称:%s\n",iter->name);
            printf("\t 交易日期:%s\n",iter->sTime);
            printf("\t 出售数目:%d\n",iter->count);
            printf("\t ─────────────────────────────────────────── \n");
    }
}
void trade::getBuyRecord()
{
    for(auto iter = buyRecordList.begin();iter!=buyRecordList.end();iter++)
    {

            printf("\t 购入商品名称:%s\n",iter->name);
            printf("\t 交易日期:%s\n",iter->sTime);
            printf("\t 购入数目:%d\n",iter->count);
            printf("\t ─────────────────────────────────────────── \n");
    }
}
```

程序运行结果如图 13.8 所示。

图 13.8　采购记录

交易记录与库存信息一样，需要在程序完成时得到保存。修改 save 函数，使它同时能够保存交易记录。函数中添加以下代码：

```
    file.close();
    file.open("sellRecord.txt");
    if(!file.fail())
    {
        file<<" ─────────────────────────────────────────── \n";
```

```
        file<<"              ***** 销售信息 *****                 \n";
          file<<" ─────────────────────────────────────── \n";
        for(auto iter = sellRecordList.begin();iter!=sellRecordList.end();iter++)
        {
            file<<"NAME:"<<iter->name
                <<"\tTIME:"<<iter->sTime
                <<"\tCOUNT:"<<iter->count
                <<"\n";
        }
    }
    else
    {
        printf("销售记录文件创建失败");
    }
        file.close();
        file.open("buyRecord.txt");
    if(!file.fail())
    {
        file<<" ─────────────────────────────────────── \n";
        file<<"              ***** 购入信息 *****                 \n";
          file<<" ─────────────────────────────────────── \n";
    for(auto iter = buyRecordList.begin();iter!=buyRecordList.end();iter++)
        {
            file<<"NAME:"<<iter->name
                <<"\tTIME:"<<iter->sTime
                <<"\tCOUNT:"<<iter->count
                <<"\n";
        }
    }
    else
    {
        printf("购入记录文件创建失败");
    }
```

在程序正常退出后，会创建交易记录文件，如图 13.9 和图 13.10 所示。

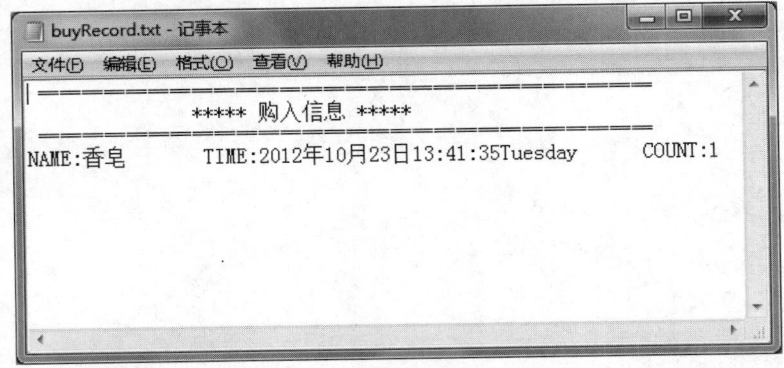

图 13.9　购入信息记录

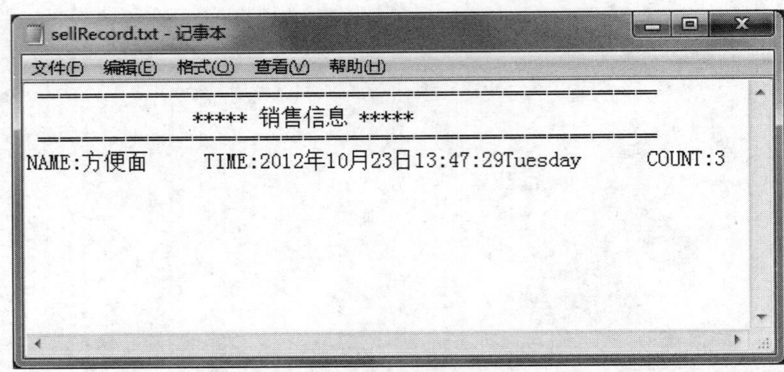

图 13.10 销售信息记录

13.4 本 章 总 结

本章通过对一个销售系统的开发，体现了 C++的面向对象、文件输入输出、标准模板的应用，并阐述了设计程序的思考方法。本章的最后一节对程序添加了新的功能，但这个程序仍然具有扩展性，读者可以思考和调查新的需求，可以将功能添加到程序中。

第 14 章　综合实战——吃豆子游戏

扫一扫，看视频

吃豆子，英文名称为 PacMan，在多种系统、平台上登陆，是一款非常出名的动作休闲游戏。本章将使用 windows API，依照面向对象的设计方法，逐步完成一个让人爱不释手的 MINIGAME。

通过学习本章，读者可以达到以下学习目的：

- 了解 windows 消息循环的工作原理
- 掌握如何建立一个 windows 窗口应用程序
- 掌握父类与子类设计
- 掌握少量的 GDI 函数
- 了解函数模板和动态分配的实际用途

14.1　Windows 窗口应用程序

在开始项目之前，读者需要对将要用到的技术和技巧有一定的掌握程度，以便更好地理解和学习本项目。

14.1.1　建立 Windows 窗口应用程序

在前边的章节中，建立的程序都是基于 Win32 控制台的。在 Visual Studio 中建立一个 Windows 窗体程序步骤如下，在文件菜单中选择新建，单击项目，建立一个 Win32 控制台应用程序，单击“下一步”按钮，进入“应用程序设置”界面，选中“Windows 应用程序”，如图 14.1 所示。

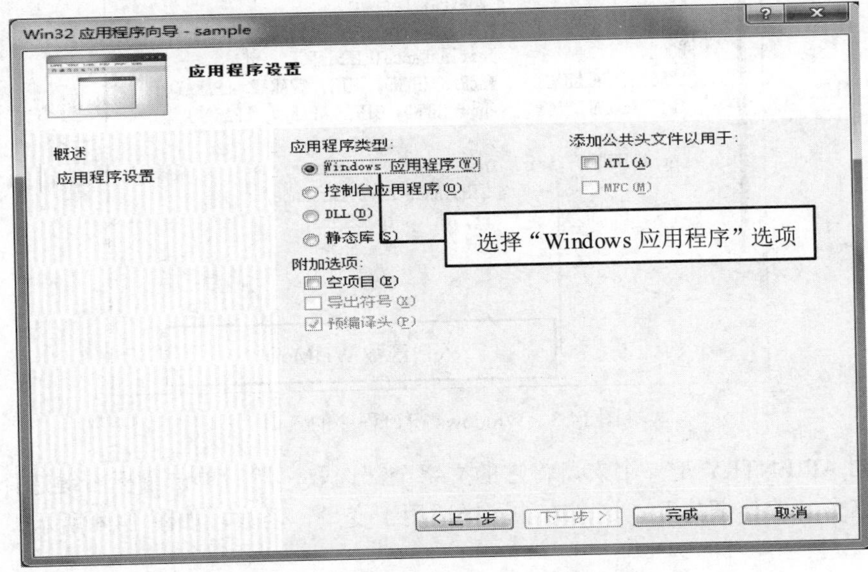

图 14.1　新建 Windows 应用程序

单击“完成”按钮，进入项目。Visual Studio 已经创建建立了一个 Windows 应用程序“骨架”所需的代码和资源，如图 14.2 所示。

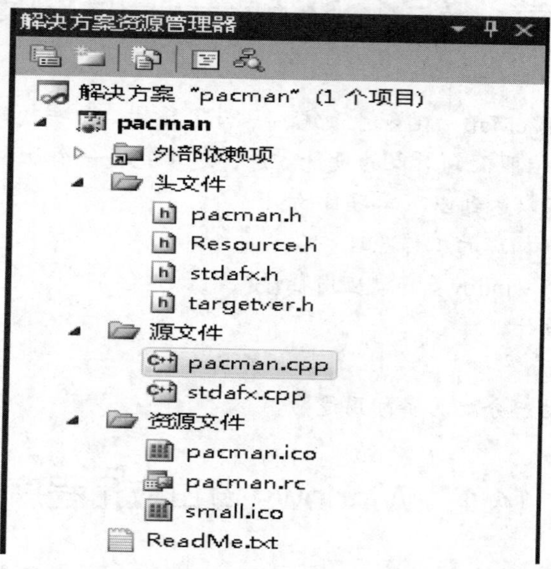

图 14.2　Visual Studio2010 创建的 Windows 应用程序代码和资源

图中和工程名字相同的.cpp 文件中包含着程序的入口函数。将它打开，可以查找一个名字为 _tWinMain 的函数，如图 14.3 所示。

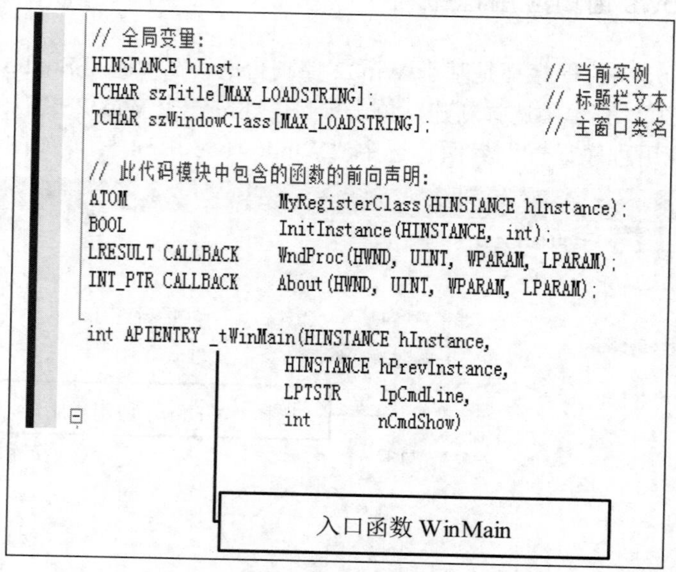

图 14.3　Windows 窗口程序的入口

函数前方的 APIENTRY 是一个宏，将它的文字全部选取，然后单击鼠标右键选择“转到定义”可以找到定义这个宏的详细情况，这个方法同样适用于变量、函数，如图 14.4 所示。

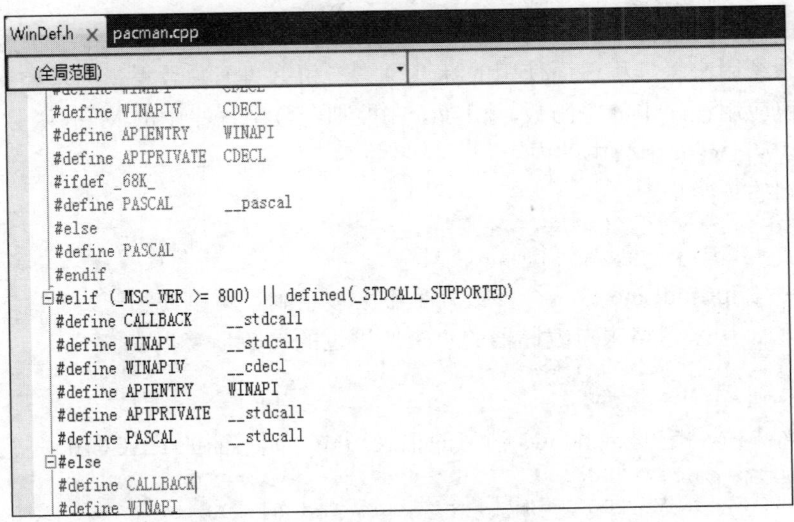

图 14.4　宏的定义

从图 14.4 中可以看到 APIENTRY 是 WINAPI 的宏，而 WINAPI 实质上又是__stdcall 的宏。__stdcall 代表的是一种函数参数的压缩方式，依次从右向左压入栈中。

现在执行这个程序，效果如图 14.5 所示。

图 14.5　窗口程序骨架

这个窗口程序可以最大、最小化，有菜单栏。单击“帮助”中的“关于”会弹出一个对话框。

14.1.2　WinMain 函数

这个程序是如何实现的？首先要从程序的入口函数来观察。_tWinMain 是封装了 WinMain 的函数，它的参数列表如下：

```
int APIENTRY _tWinMain(HINSTANCE hInstance,
                    HINSTANCE hPrevInstance,
                    LPTSTR    lpCmdLine,
                    int       nCmdShow)
```

HINSTANCE 代表的是程序的实例。第一个参数代表本程序的实例，第二个参数代表上一个程序的实例。它是系统用来管理程序而使用的标识。第三和第四个参数表示的是控制台参数的设置。这个函数就是窗口应用程序中的主函数，相当于在控制台应用程序中的 Main 函数。

下面将介绍_tWinMain 函数中的内容。

首先可以看到的是两个宏：

```
UNREFERENCED_PARAMETER(hPrevInstance);
UNREFERENCED_PARAMETER(lpCmdLine);
```

hPrevInstance 与 lpCmdLine 这两个参数几乎不会被用到，所以使用了一个 UNREFERENCED_PARAMETER 的宏，用来忽略来自编译器的"未使用过的参数"警报。

```
MSG msg;
HACCEL hAccelTable;
```

MSG 是一个结构体，它是 windows 消息的记录形式，而下面的 HACCEL 是窗口中的热键表。

```
LoadString(hInstance, IDS_APP_TITLE, szTitle, MAX_LOADSTRING);
LoadString(hInstance, IDC_PACMAN, szWindowClass, MAX_LOADSTRING);
```

在工程项目中选中左侧的<资源视图>选项，可以看到这个项目包含的资源内容，如图 14.6 所示。

从上往下依次是热键表、对话框、图标、菜单和字符表。字符表中储存着一些字符数据。LoadString 这个函数是将程序一开始定义的两个全局字符串变量 szTitle、szWindowClass 初始化为 String Table 中对应 ID 的字符串的值。需要重点讲解的是下面这个函数 MyRegisterClass(HINSTANCE hInstance)。

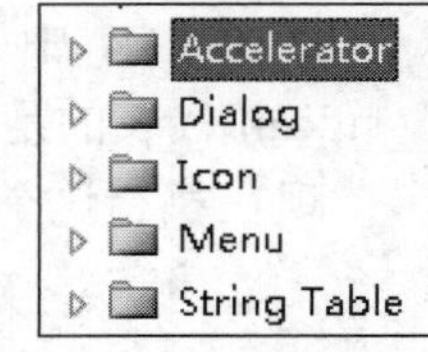

图 14.6 资源视图

在本程序中使用的窗体是已经定义好的一个窗口类，MyRegisterClass 函数完成了此项工作。在代码中可以找到这个函数，内容如下：

```
ATOM MyRegisterClass(HINSTANCE hInstance)
{
        WNDCLASSEX wcex;
        wcex.cbSize          = sizeof(WNDCLASSEX);
        wcex.style           = CS_HREDRAW | CS_VREDRAW;
        wcex.lpfnWndProc     = WndProc;
        wcex.cbClsExtra      = 0;
        wcex.cbWndExtra      = 0;
        wcex.hInstance       = hInstance;
        wcex.hIcon           = LoadIcon(hInstance, MAKEINTRESOURCE(IDI_PACMAN));
        wcex.hCursor         = LoadCursor(NULL, IDC_ARROW);
        wcex.hbrBackground   = (HBRUSH)(COLOR_WINDOW+1);
        wcex.lpszMenuName    = MAKEINTRESOURCE(IDC_PACMAN);
        wcex.lpszClassName   = szWindowClass;
        wcex.hIconSm         = LoadIcon(wcex.hInstance, MAKEINTRESOURCE(IDI_SMALL));
        return RegisterClassEx(&wcex);
}
```

这个函数在主函数内调用，所接受的实参就是本程序的 HiNSTANCE。WNDCLASSEX 是一个结构体，它就是我们使用的窗口类。它的参数在函数内初始化。

cbSize 代表窗口类结构体所占大小。

style 代表窗口的样式，CS_HREDRAW、CS_VREDRAW 代表窗口在水平和竖直方向运动时，窗口的画面重绘。

cbClsExtra 代表在窗口类后添加的字节数，经常置为 0。

cbWndExtra 代表窗口句柄后添加的字节数，同样经常置为 0。

hInstance 代表本应用程序的实例。在函数中，已经将它的值传递到 MyRegisterClass 中。

hIcon 代表程序图标。

hCursor 代表鼠标的图标。

hbrBackground 代表背景色。

MenuName 代表菜单的名称。

lpzsClassName 代表窗口类的名称。

hIcon 代表窗口的小图标。

说明：

在 Windows 窗口程序中，窗口、应用程序、菜单等，都有自己的“句柄”。它是操作系统识别它们的标识。

这个结构体设置了窗口的一般信息，最后使用函数 RegisterClassEx 注册了窗口类。这个函数是一个 Windows API(Applicaton Programming Interface)函数，是微软提供 Window 应用程序开发者的接口函数，具体实现则被封装起来。

可以观察到，在初始化窗口类参数的时候，使用了一些 API 函数：

LoadIcon　载入程序图标。

MAKEINTRESOURCE　将资源菜单中相应 ID 的项作为资源。

LoadIcon　载入鼠标图标。

注册完窗口类，主函数内又调用执行了这样一段代码。

```
if (!InitInstance (hInstance, nCmdShow))
    {
        return FALSE;
    }
```

在代码中查找到名为 InitInstace 函数，它的内容如下：

```
BOOL InitInstance(HINSTANCE hInstance, int nCmdShow)
{
    HWND hWnd;
    hInst = hInstance; // 将实例句柄存储在全局变量中
    hWnd = CreateWindow(szWindowClass, szTitle, WS_OVERLAPPEDWINDOW,
    CW_USEDEFAULT, 0, CW_USEDEFAULT, 0, NULL, NULL, hInstance, NULL);
    if (!hWnd)
    {
        return FALSE;
    }
    ShowWindow(hWnd, nCmdShow);
    UpdateWindow(hWnd);
    return TRUE;
}
```

HWND 是窗口句柄的缩写，是系统管理窗口的一个标识。之后使用了 Windows API 函数 CreateWindow 函数创建了一个窗口句柄，赋值给了 hWnd 变量。CreateWindow 函数传入的实数的意义如下：

szWindowClass，它是本文件定义的一个 TCHAR 类型的数组，它被用来储存类名。

szTitle，同样是全局变量，储存的是窗体的标题。

WS_OVERLAPPEDWINDOW，它所对应的型参代表的是窗口的风格。

第四、五个参数表示窗口的左上角在屏幕中的位置，使用 CW_USDEFAULT 是使 x 坐标用默认值，这种情况下 y 坐标无须设置，可以置为 0。

第六、七个参数表示窗口横向、纵向大小，同样设为默认。

第八个参数代表这个窗口所属的父类窗口句柄，本窗口不使用，设置为 NULL。

第九个参数代表使用的菜单句柄，本程序的菜单已在注册窗口类时同时将资源加入进来，没有使用相应的句柄，设置为空 NULL。

第十个参数 hInstance 是本程序的标识，代表着创建的窗口属于哪个应用程序。

最后一个参数代表 Windows 参数，本例不使用。

如果创建失败返回 false，则主函数会调用 return 结束程序。当创建成功后，主函数会调用 Windows API 函数 ShowWindow 函数来显示窗口，调用 UpdateWindow 来更新窗口的改动。

14.1.3 Windows 消息循环

执行程序之后，窗口一直显示的原因是在主函数中存在着一个消息循环。它不但维持着窗口程序的运行，并且起着消息中转站的作用。这里所使用到的函数都是 Windows API 函数。

```
while (GetMessage(&msg, NULL, 0, 0))
{
    if (!TranslateAccelerator(msg.hwnd, hAccelTable, &msg))
    {
        TranslateMessage(&msg);
        DispatchMessage(&msg);
    }
}
```

GetMessage 函数获取消息之后会通过 TranslateAccelerator 函数将消息与热键表对比。若它不是热键发出的菜单指令，则会将这些消息传递给 TranslateMessage 函数翻译出相应的形式之后，通过 DispatchMessag 函数传递给消息的处理者。

这些消息从何而来？大部分都是用户发出的，这些消息都放在一个叫做**消息队列**的地方。消息会进入到队列，在这里等候着被程序带走。

谁负责处理这些消息呢？

前边注册窗口类的窗口过程函数就是专门处理 Windows 消息的函数，每个窗口类都有自己的窗口过程函数，程序中主窗口的过程函数在代码中也可以被找到：

```
LRESULT CALLBACK WndProc(HWND hWnd, UINT message, WPARAM wParam, LPARAM lParam)
{
    int wmId, wmEvent;
    PAINTSTRUCT ps;
    HDC hdc;

    switch (message)
    {
```

```
        case WM_COMMAND:
            wmId    = LOWORD(wParam);
            wmEvent = HIWORD(wParam);
            // 分析菜单选择:
            switch (wmId)
            {
            case IDM_ABOUT:
                DialogBox(hInst, MAKEINTRESOURCE(IDD_ABOUTBOX), hWnd, About);
                break;
            case IDM_EXIT:
                DestroyWindow(hWnd);
                break;
            default:
                return DefWindowProc(hWnd, message, wParam, lParam);
            }
        break;
        case WM_PAINT:
            hdc = BeginPaint(hWnd, &ps);
            // TODO: 在此添加任意绘图代码...
            EndPaint(hWnd, &ps);
            break;
        case WM_DESTROY:
            PostQuitMessage(0);
            break;
        default:
            return DefWindowProc(hWnd, message, wParam, lParam);
        }
        return 0;
}
```

返回值类型 LRESULT 是 long 指针，CALLBACK 也__stdcall 的宏，表示过程函数参数的压栈方式。参数列表的意义分别为：

- hWnd 是主窗口的句柄，表示的是这个过程函数是处理主窗口消息的。
- message 是无符号整形数据，它的数字代表着消息的类型。
- wParam 和 lParam 是特定消息一起传递过来的参数高位和低位，代表消息的具体信息。

在函数体内存着一个 Switch 语句，它的作用是通过传递过来的消息类型作出反映。

以下是本程序中的各种情况代表的意义：

- WM_COMMAND 代表用户单击菜单项的时候所产生的信息，在其中使用参数的低位作为内容。

IDM_ABOUT 代表单击菜单项“关于”的消息，在本例中调用了 API 中的 DialogBox 函数创建了一个对话框。

IDM_EXIT 代表单击菜单项<退出>的消息，在本例调用了 API 的 Destroy 函数销毁了 hWnd 所属的窗口，即主窗口。

- WM_PAINT 代表在窗口中绘图所产生的信息，本例中虽然使用了两个 API 函数，但它们并不对程序的表现用任何影响。

- WM_DESTROY 代表销毁窗口产生的信息，本例中使用了 PostQuitMessage 函数向消息队列中传递了销毁程序的消息。

在 Default 中，直接返回了 DefWindowProc 函数的结果。它也是 Windows API 函数，不难发现它的形式和窗口过程函数一样，实质上它是默认的窗口过程函数。

消息队列、消息循环和回调函数之间的关系如图 14.7 所示。

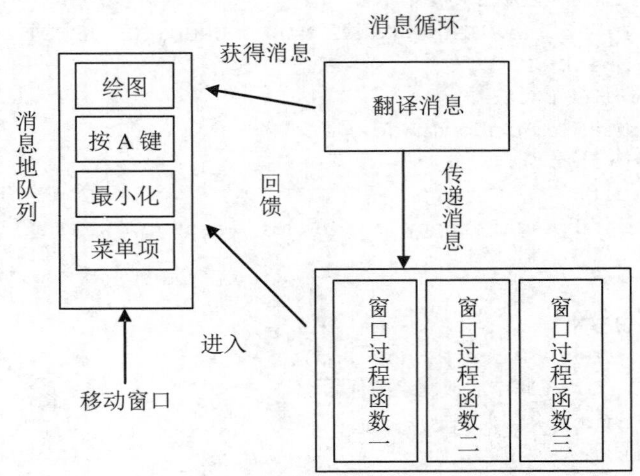

图 14.7　消息脉络

通过用户的操作产生的消息会进入队列，消息循环会从队列中拿走属于自己的消息。在消息循环完成翻译的消息会被传递到相应的窗口过程函数中去，窗口函数负责在各种消息中作出反映，有时也要发回消息到队列中。

在 Virtual Studio2010 编译器生成的 windows 应用程序中，还有另外一个窗口过程函数。

```
INT_PTR CALLBACK About(HWND hDlg, UINT message, WPARAM wParam, LPARAM lParam)
{
        UNREFERENCED_PARAMETER(lParam);
        switch (message)
        {
        case WM_INITDIALOG:
            return (INT_PTR)TRUE;

        case WM_COMMAND:
            if (LOWORD(wParam) == IDOK || LOWORD(wParam) == IDCANCEL)
            {
                EndDialog(hDlg, LOWORD(wParam));
                return (INT_PTR)TRUE;
            }
            break;
        }
        return (INT_PTR)FALSE;
}
```

它是 About 对话框的窗口过程函数。在主窗口的窗口过程函数中处理 WM_COMMAND 消息时，使用的 DialogBox 函数的参数列表如下。

```
DialogBox(HINSTANCE hInst,lpTemplate MAKEINTRESOURCE(IDD_ABOUTBOX),
        HWND hWnd,lpDialogFun pFunc)
```

HINSTANCE 应用程序的实例（句柄）。

lpTemplate 对话框的模板指针。这里仍然使用了 MAKEINTRESOURCE 宏，将 ID 为 IDD_ABOUT BOX 的对话框资源作为模板使用。

HWND 对话框所属父窗口的句柄。本程序的 About 对话框的父窗口即是已经创建完毕的主窗口框架。

lpDIalog 实质上是一个函数指针，它的参数列表和返回值形式与窗口过程函数相同，代表对话框中使用的窗口过程函数。

在本项目中主要使用的是主窗口的消息过程函数，读者对 About 对话框的窗口过程函数稍做理解即可。

14.1.4 常用绘图 GDI

GDI (Grarph Device Interface)图形设备接口，是 Windows API 中提供给开发者处理窗口程序的函数接口。

在使用 GDI 之前，需要让操作系统知道哪个窗口需要绘图。使用一个窗口句柄与设备联系起来，就可以完成这个任务。

HDC GetDC(HWND hWnd)是创建一个设备上下文的函数。它获得了绘图设备的句柄 HDC，可以在窗口上使用它开始绘图。例如：

```
HDC hdc = GetDC(HWND hWnd);
```

之后就可以使用变量 hdc 作为绘图函数中的标识，它的真正意义是图形设备分配出来的资源标识。

下面介绍几个常用的绘图函数和结构体。

（1）点结构体 POINT。

这个结构体包含两个属性，一个是横坐标 x，一个是纵坐标 y，用来储存横纵坐标的数据。

若需要绘制一条直线，首先需要使窗口的光标先移动到起点：MoveToEx(HDC hdc,int x,int y,LPPOINT preP)

前边 3 个参数分别代表设备上下文、挪动光标在窗口中的点的坐标。最后一个参数是前一个点指针的信息，一般置为空。

之后将线“拉伸”到目标地点。

LineTo(HDC hdc,int x,int y)

同样，参数依次代表设备上下文，目标地点的横、纵坐标。

（2）绘制矩形。

矩形的结构体 RECT。

```
struct RECT{
    int left;
    int top;
    int right;
```

```
    int bottom;
};
```

这个结构体由左上右下 4 个值构成。分别代表了这个矩形 4 个方向的极值坐标，也可以理解为这是以左上角和右下角坐标记录方式，如图 14.8 所示。

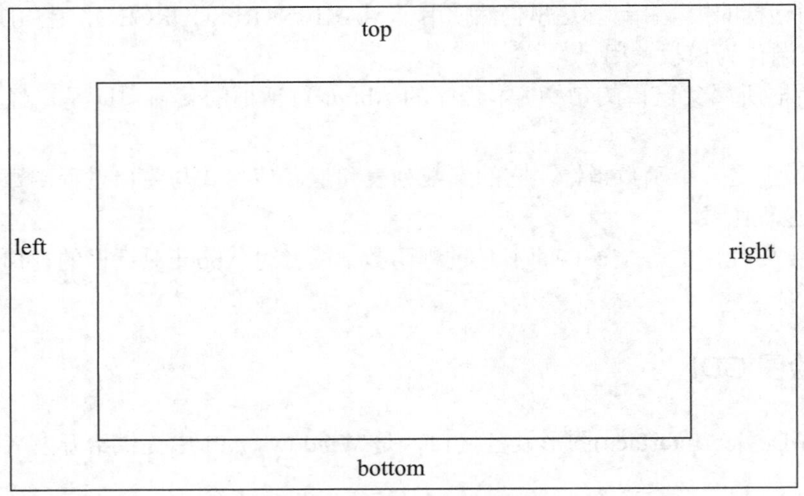

图 14.8　矩形结构体属性示意

绘制带颜色的实心矩形。

FillRect(Hdc hdc,&RECT pRect,HBRUSH brush);

第一和第二个参数代表图形设备上下文和轮廓矩形的指针。

HBRUSH 是一个画刷资源，作用可以理解为画画的刷子。

创建一个画刷的函数为 CreateSolidBrush(COLORREF c)

COLORREF 是 GDI 中的颜色类型，使用 RGB 宏的编码可以设定它的颜色值。使用 CreateSolidBrush 结合相应颜色可以创建一个实心的画刷。

绘制一个红色实心矩形：

```
RECT rect;
......  //设置 rect 的位置信息
FillRect(hdc,&rect,CreateSolidBrush(RGB(255,0,0));
```

说明：

RGB 分别代表红色、绿色、蓝色在颜色中所占的比例，在这个宏中，它们的值的范围为 0~255。

（3）绘制椭圆。

Ellipse(HDC hdc,int left,int top,int right,int bottom)绘制的圆形是一个以矩形为基准的内切圆。left、top、right、bottom 分别带表矩形的左上和右下点坐标，如图 14.9 所示。

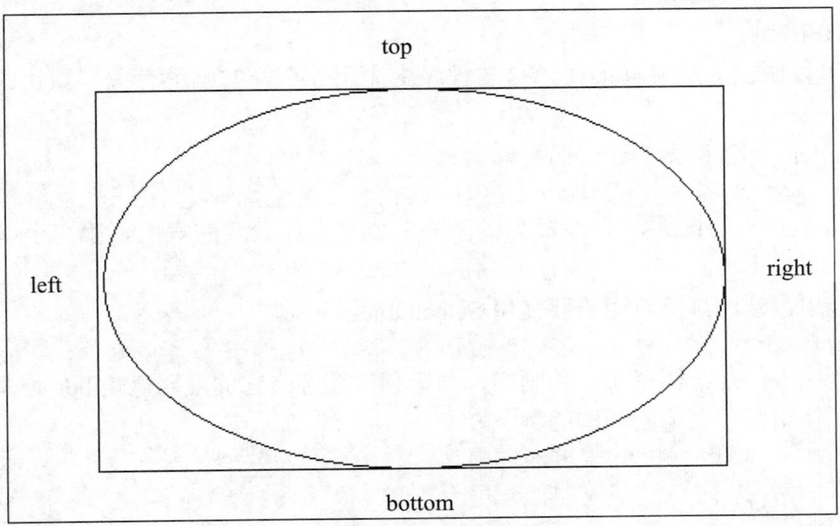

图 14.9 内切椭圆视图

（4）绘制圆弧。

```
Arc(HDC hdc,int x1,int y1,int x2,int y2,
   int x3,int y3,int x4,int y4)
```

参数的意义如图 14.10 所示。

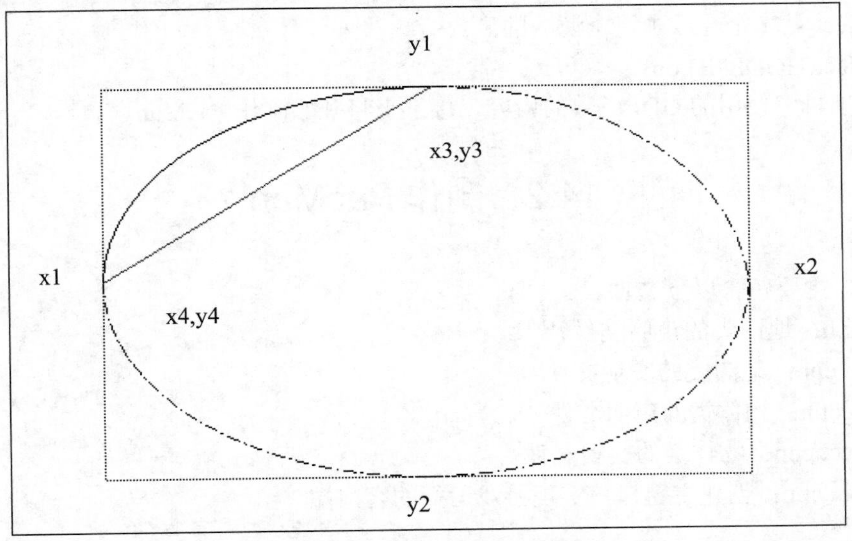

图 14.10 画弧函数参数示意

Arc 画弧函数中需要要填写的信息有 3：

设备上下文。

内切圆所在矩形的左上右下信息。

此端弧形对应的弦两端坐标，也可以理解为相应直接截取内切圆的交点。弧形依照逆时针方向绘制。

画笔资源 HPEN。

GDI 绘图可以画出各种各样的线，这与程序中需用什么样的画笔有关。默认的画笔是黑色实线的。

使用 CreatePen 函数可以创建一个画笔。

```
CreatePen (int Style,int width, COLORREF c)
```

第一个参数是画笔的样式，0 带表实线，第二个参数代表线的宽度，第三个参数代表画笔的颜色。

在程序中应用创建的画笔资源需要使用 SelectObject 函数。

```
HPEN SelectObject(HDC hdc,HGDIOBJ ob)
```

第二个参数代表的是绘图资源，如画刷、画笔和位图等。它的返回值是 hdc 原本应用的资源。

以下是一个使用蓝色画笔绘制圆的例子。

```
HPEN bluePen = CreatePen(0,1,RGB(0,0,255));
HPEN oldPen = (HPEN)SelectObject(hdc,bluePen);
RECT rect;
int x1 =5,x2=10,y1=5,y2=5;
Ellipse(hdc,x1,y1,x2,y2);
```

代码中的 oldPen 是绘图中应用过的画笔。当使用完新画笔绘制完图形后，应当将画笔资源还原，并且释放创建的画笔资源：

```
SelectObject(hdc,oldPen);
DeleteOBject(bluePen);//释放画笔资源
```

DeleteOBject 是一个释放画笔资源的的函数：

DeleteOBject(HGDIOBJ ob)

以上是本项目中使用的 GDI 函数的内容，接下来将开始制作 PacMan。

14.2 制作 PacMan

在项目中，主要包含以下文件。

- GMap.h：地图类的声明文件
- GMap.cpp：地图类的实现文件
- GObject.h：物体类的声明文件
- GObject.cpp：物体类的实现文件
- pacman.cpp：创建主窗口，实现游戏运行的客户端

14.2.1 PacMan 程序框架初步分析

制作软件之前，都需要对需求做较为全面的分析。

在吃豆子（PacMan）游戏中，玩家可以操作的角色是一张“大嘴”。游戏的目的是操作“大嘴”躲避敌人并吃掉所有的豆子。游戏中物体所在的场地是二维的平面，并且存在墙与障碍物，游戏的效果如图 14.11 所示。

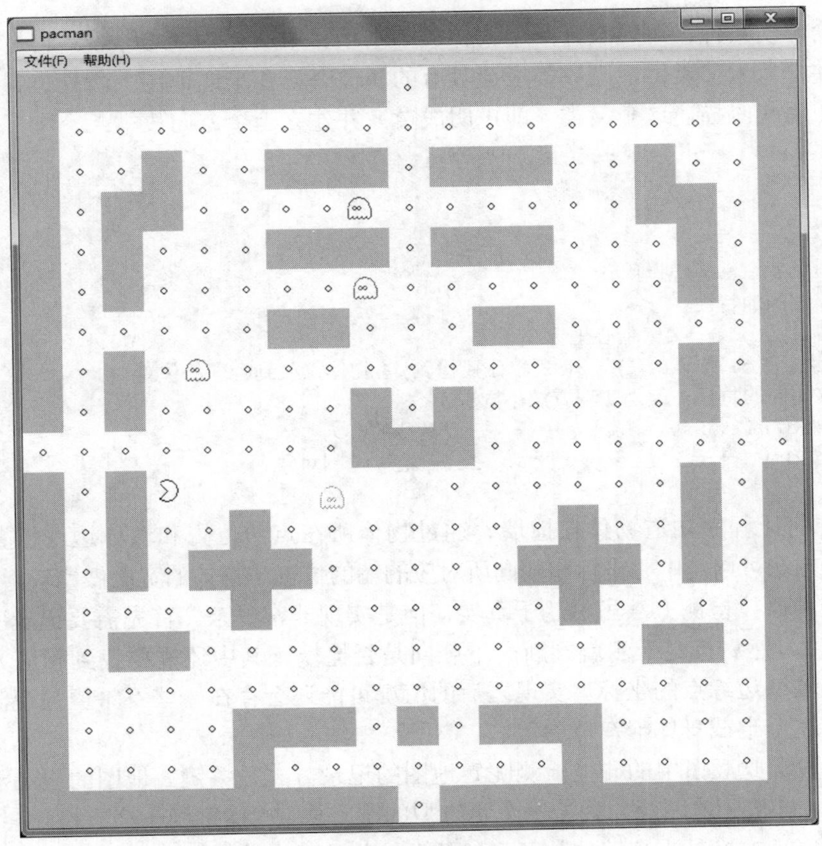

图 14.11　吃豆子效果图

图中弧形的物体形象地体现了大嘴的角色，其他彩色轮廓类似“章鱼”的物体则是敌人。在过道中充斥着的小圆圈是豆子。使用键盘方向键对游戏进行操作，“大嘴”路过并可以“吃掉”豆子，但触碰到敌人则会失败。

以面向对象的设计方法来思考，吃豆子中的所有会移动的物体具有很多共同的特性，将它们列举出来：

（1）会移动。

（2）移动分为上下左右 4 个方向。

（3）碰到墙和障碍物会停止。

（4）物体拥有自已的坐标。

在某些方面，它们不同，但所处的层面是相同的：

（1）拥有绘图效果，但各部相同。

（2）各个物体都有自己的移动准则。例如，“大嘴”是玩家控制的，而敌人则是通过依照设定好的人工智能行动。

这些物体完全不同的方面有：

（1）大嘴能吃豆子，敌人不能。

（2）敌人能够“抓住”大嘴，大嘴不能够“抓住”任何物体。

依照以上列出的条件，可以设计一个物体类，本项目中取名为 GObject。它是游戏中可移动物体的父类。将共性放入父类中，则该类应该具有的属性有：在平面地图上所处位置、自身的朝向、碰撞检测。现在用代码描述这个父类（即声明成员）并建立一个方向枚举：

```
enum TWARDS{UP,DOWN,LEFT,RIGHT,OVER};//方向枚举
class Gobject
{
    protected:
        TWARDS tw//朝向
        //相同的特性:
        POINT point;//中心坐标
        bool Collision() ;//逻辑碰撞检测,将物体摆放到合理的位置
        //相同的特性，但是实现方法不同:
        void virtual action() = 0;//具体的行为
        void virtual Draw( HDC& hdc)=0;//绘制对象
};
```

在游戏中如何让程序知道物体在撞墙？通过物体所在点的位置和墙体边缘位置的检测似乎是个好主意。计算方法可以是中心坐标和朝向所对应的墙的位置与物体的宽度做比较，若是大于宽度，则没有碰上。这种碰撞检测方法虽然趋于真实，但是实现非常复杂。首先需要记录所有墙体边缘点的坐标（像素点），然后行走一步就判断一下朝向是否撞墙。其中还需要找到相应方向的墙壁，否则需要遍历所有墙壁边缘点的坐标。实现之后的情况可能还会存在一些不希望被观测到的结果，例如转弯之后没有完全半截身体卡在墙中等。

那么，如何设计吃豆子中的碰撞检测呢？地图的记录方式是关键。地图的记录数据量越少，计算的方法越简单。将整个地图等分为若干个正方型的小方格，物体每到一个方格才会去做碰撞检测。地图记录的是这些小方格是否有墙体与豆子的信息，物体通过地图来判断是否撞到了墙壁。

本项目所设计的地图为长、高各 19 个方格。使用一个二维矩阵来记录它，同时地图还应该记录方格的大小。设计一个地图类：

```
class Gmap
{
    protected:
        static int LD ;//障碍物尺寸
        bool mapData[MAPLENTH ][MAPLENTH ];//障碍物逻辑地图点阵
frined class GObject;//将自身数据提供给友元物体类
};
```

其中，MAPLENTH 是数字 19 的宏。LD 是墙的尺寸。因为地图类所有自身、自类对象的墙壁大小应该相同，所以应该将其设定为静态变量。

现在拥有了地图类。那么对于所有物体而言，它们使用的地图也应该是同一张。向 GObject 类添加地图类指针变量。

```
protected:
    static GMap* pStage; //指向地图类的指针,设置为静态,使所有自类对象都能够使用相同的地图
```

这样物体类就包含了地图的信息。在物体类中的碰撞检测依照地图类所记录的方格信息，进行判断。物体行进到一个方格中，判断它当前朝向的下一个格子是否有墙壁是当前碰撞的判断标准。在此之前需要判断的是物体是否在方格的中央，检测的标准如图 14.12 所示。

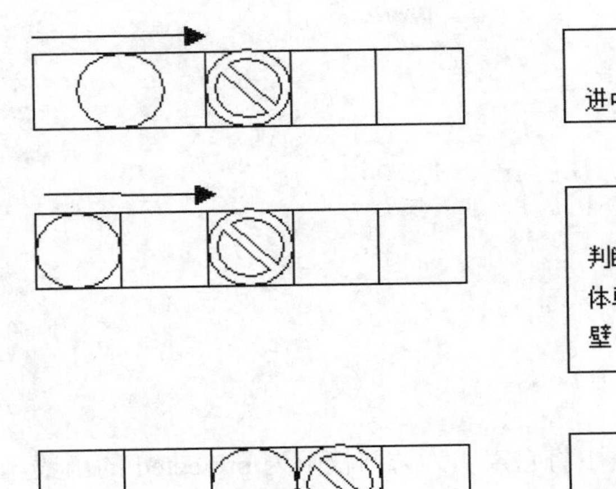
物体不在方格中央,正在行进中，此时不用判断。
物体在方格中央。此时应当判断物体行进方向，然后判断物体朝向的下一个格子是否有墙壁。
物体撞墙之后，在这个方向的行进应该停止。

图 14.12　碰撞检测标准

现在需要记录物体在地图矩阵中的当前位置，以及计算物体是否在方格中。在 Gobject 类中声明以下成员：

```
protected:
        bool Achive(); //判断物体是否到达逻辑坐标位置
        int dRow;//逻辑横坐标(即所在矩阵的行)
        int dArray;//逻辑纵坐标(即所在矩阵的列)
        int speed;//速度
        virtual void AchiveCtrl();//到达逻辑点后更新数据
```

将更新数据函数 AchiveCtrl 设定虚函数。这个函数的功能任务是在判断物体到达格子后，更新物体在矩阵中的行列坐标。玩家所操作的“大嘴”在到达方格后需要判断是否消除了豆子，这样等于在到达格子后添加了一种行为，这样很适合将此函数设置为虚函数供子类使用。

物体到达格子后除了向以前的方向前行，还可以转弯。在游戏中并不提倡随时都可以转弯，因为大多数情况一定是无效的指令（由于撞墙），所以在碰撞检测中也应该包含方向的更新和指令的有效性。“大嘴”和敌人都应该存在着方向指令，这样才能够在地图上转弯。在物体类里可以使用一个前面定义的方向枚举 TWARDS 类型来储存这个指令。

```
TWARDS twCommand;//指令缓存
```

14.2.2　碰撞检测的实现

在 GMap 类中，使用了 bool 型的二维矩阵储存地图上墙壁位置的信息。当值为 false 时，则表示该位置有墙壁；当值为 true 时，说明该位置没有墙壁。

依照碰撞检测的标准，首先应该更新物体所在的行、列数据。

```
bool GObject::Achive()
{
    int n =(point.x- pStage->LD/2)%pStage->LD;
    int k =(point.y- pStage->LD/2)%pStage->LD;
    bool l = (n==0&&k==0);
    return l;
}
```

```
void GObject::AchiveCtrl()
{
    if(Achive())
    {
        dArray = PtTransform(point.x);//更新列
        dRow = PtTransform(point.y);//更新行
    }
}
int GObject::PtTransform(int k)
{
    return (k -(pStage->LD)/2)/pStage->LD;
}
```

首先，讲解 PtTransform 函数，在类中将它声明为访问权限为 protected 的函数，它的作用是将物体在屏幕上的坐标转换为行\列坐标。

以左上角第一个格子为基准，如图 14.13 所示。

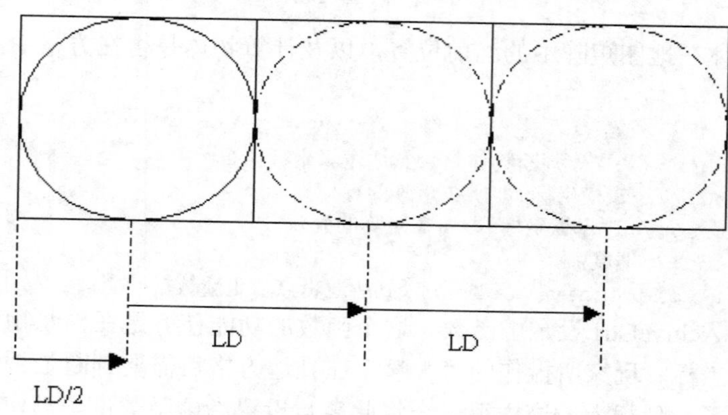

图 14.13　坐标偏移与转换

第一个格子的左上角坐标为 0。以列为例，当换算方格中心坐标与第一个方格的距离时，需要先减去第一个方格的左边界与中心坐标的距离，然后整除方格大小。

同样，在 Archive 函数中判断物体是否到达方格的判断条件是查看方格的中心是否和物体中心重合应用矩阵坐标与窗口坐标的转换。

函数 ArchiveCtrl 的内容是当物体到达方格中心时，更新物体的行列坐标。

完成了坐标更新之后，还要查看当前指令的有效性。这个指令的存在是在物体到达方格之前产生的，在物体到达方格时进行判断。在碰撞检测函数 Collision 中，应当先填写下列代码：

```
bool b = false;
    AchiveCtrl();//更新行、列的数据若是大嘴,则会执行 PacMan 重写的 AchiveCtrl 函数消除豆子
    //判断指令的有效性
    if(dArray<0||dRow<0||dArray>MAPLENTH||dRow>MAPLENTH)
    {
        b = true;
    }
else if(Achive())
    {
        switch(twCommand)//判断行进的方向
```

```
        {
            case LEFT:
                if(dArray>0&&!pStage->mapData[dRow][dArray-1])//判断下一个格子是否
                                                              能够通行
                {
                    b = true;//指令无效
                }
                break;
                //以下方向的判断原理相同
            case RIGHT:
                if(dArray<MAPLENTH-1&&!pStage->mapData[dRow][dArray+1])
                {
                    b = true;
                }
                break;
            case UP:
                if(dRow>0&&!pStage->mapData[dRow-1][dArray])
                {
                    b = true;
                }
                break;
            case DOWN:
                if(dRow<MAPLENTH-1&&!pStage->mapData[dRow+1][dArray])
                {
                    b = true;
                }
                break;
        }
        if(!b)
        {
            tw =twCommand;//没撞墙,指令成功
        }
    }
}
```

以上是碰撞检测代码中检测方向指令有效性的片断。首先更新行列，若物体在屏幕外，则不可以改变指令。之后判断到达方格的物体指令方向的下一个格子是否有墙存在。若有墙存在，则指令无效，若没有撞墙则指令成功，将方向替换成指令的方向。参数 b 的作用除了判断指令是否有效，还会在人工智能的设定用到。稍候加以说明。

之后物体应该朝着当前的方向继续前行。当下一个格子有墙壁出现，物体不随速度 speed 改变位置。

```
    switch(tw)//判断行进的方向
        {
            case LEFT:
                if(dArray>0&&!pStage->mapData[dRow][dArray-1])//判断下一个格子是否
                                                              能够通行
                {
                    b= true;
                    break;//"撞墙了"
```

```
        }
        if(point.x<MIN)
        {
            point.x = MAX;
        }
        point.x -= speed;
        break;
        //以下方向的判断原理相同
    case RIGHT:
        if(dArray<MAPLENTH-1&&!pStage->mapData[dRow][dArray+1])
        {
            b= true;
            break;//"撞墙了"
        }
        point.x += speed;
        if(point.x>MAX)
        {
            point.x = MIN;
        }
        break;
    case UP:
        if(dRow>0&&!pStage->mapData[dRow-1][dArray])
        {
            b= true;
            break;//"撞墙了"
        }
        if(point.y<MIN)
        {
            point.y = MAX;
        }
        point.y -=speed;
        break;
    case DOWN:
        if(dRow<MAPLENTH-1&&!pStage->mapData[dRow+1][dArray])
        {
            b= true;
            break;//"撞墙了"
        }
        point.y +=speed;
        if(point.y>MAX)
        {
            point.y = MIN;
        }
        break;
    }
return b;
```

无须担心物体会因此卡在两格子中间，不能行动。因为在此之前已经更新过行列数据——只有在物体到达格子中央才更新。MAX 和 MIN 分别代表超出地图边界一个方格的位置。当物体超过地图边界到达地图外则会从另一边出现。

至此物体在地图中的碰撞检测已经设定完毕。而当前需要一张地图来配合物体类使用。下面将讨论地图类的设计。

14.2.3 地图类的设计

若想进行一个多关卡的 PacMan 游戏，那么它的地图一定不止一张。有多种办法设计这项功能，可以创建一个存放地图矩阵的容器（数组、链表、STL 模板库容器）。它的好处是以简便的方式存放地图，更换地图也很简便，只需要将当前的地图数据更换到容器一个位置的地图数据。

创建地图不光是通过计算来实现的，最好可以通过可视化工具来使我们能看到做的地图是什么样子。而不是用编译器一遍又一遍地调试来查看地图。

二维数组的初始化可以用列表的方式来初始化，例如：

```
#define A true
#define B false
   bool Stage_1::initData[MAPLENTH][MAPLENTH]=
                                    {
                                     B,B,B,B,B,B,B,B,B,A,B,B,B,B,B,B,B,B,B,//0
                                     B,A,A,A,A,A,A,A,A,A,A,A,A,A,A,A,A,A,B,//1
                                     B,A,A,B,A,A,B,B,B,A,B,B,B,A,A,B,A,A,B,//2
                                     B,A,B,B,A,A,A,A,A,A,A,A,A,A,A,B,B,A,B,//3
                                     B,A,B,A,A,A,B,B,B,A,B,B,B,A,A,A,B,A,B,//4
                                     B,A,B,A,A,A,A,A,A,A,A,A,A,A,A,A,B,A,B,//5
                                     B,A,A,A,A,A,B,B,A,A,A,B,B,A,A,A,A,A,B,//6
                                     B,A,B,A,A,A,A,A,A,A,A,A,A,A,A,A,B,A,B,//7
                                     B,A,B,A,A,A,A,A,B,A,B,A,A,A,A,A,B,A,B,//8
                                     A,A,A,A,A,A,A,A,B,B,B,A,A,A,A,A,A,A,A,//9
                                     B,A,B,A,A,A,A,A,A,A,A,A,A,A,A,A,B,A,B,//10
                                     B,A,B,A,A,B,A,A,A,A,A,A,A,B,A,A,B,A,B,//11
                                     B,A,B,A,B,B,B,A,A,A,A,A,B,B,B,A,B,A,B,//12
                                     B,A,A,A,A,B,A,A,A,A,A,A,A,B,A,A,A,A,B,//13
                                     B,A,B,B,A,A,A,A,A,A,A,A,A,A,A,B,B,A,B,//14
                                     B,A,A,A,A,A,A,A,A,A,A,A,A,A,A,A,A,A,B,//15
                                     B,A,A,A,A,B,B,B,A,B,A,B,B,B,A,A,A,A,B,//16
                                     B,A,A,A,A,B,A,A,A,A,A,A,A,B,A,A,A,A,B,//17
                                     B,B,B,B,B,B,B,B,B,A,B,B,B,B,B,B,B,B,B,//18
                                     };
#undef A
#undef B
```

也许印刷体的格式会让列不太齐整，在编译器中矩阵列表各行和列是对齐的。可以通过这种初始化来达到观测各行各列的目的。这张地图的数据就是图 14.11 中的地图，相应的 bool 变量已经被设定成 A、B，分别代表 true 和 false。

设置多关卡的地图的另外一种方法是建立一个地图类，它本身不存放地图数据。自类地图分别使用静态的地图矩阵来初始化内部的地图矩阵成员 mapData，还可以采用不同的颜色类型成员变量来绘制地图。关于绘图，将会在以后的环节中讨论。

以下是基类 GMap 与一个关卡 Stage_1 在头文件中的全部声明。

```
#pragma once
#include "stdafx.h"
#include <list>
#define  MAPLENTH 19  //逻辑地图大小
#define P_ROW 10
#define P_ARRAY 9
#define E_ROW 8
#define E_ARRAY 9
using std::list;
//抽象类 GMap
class GMap{
protected:
        static int LD ;//障碍物尺寸
        static int PD;//豆子的半径
        void InitOP();//敌我双方出现位置没有豆子出现
        bool mapData[MAPLENTH ][MAPLENTH ];//障碍物逻辑地图点阵
        bool peaMapData[MAPLENTH ][MAPLENTH ];//豆子逻辑地图点阵
        COLORREF color;
public:
        void  DrawMap(HDC& hdc); //绘制地图
        void  DrawPeas(HDC& hdc);//绘制豆子
        virtual ~GMap();
        GMap(){

             }
friend class GObject;//允许物体类使用直线的起点和终点的信息做碰撞检测
friend class PacMan;//允许"大嘴"访问豆子地图
};
//"第一关"
class Stage_1:public GMap
{
private:
        bool static initData[MAPLENTH][MAPLENTH];
public:
       Stage_1();
};
```

豆子地图也是地图矩阵，豆子的位置在地图中和墙壁的位置是恰好互补的。

在 Gmap 类的实现文件中，初始化自身的静态变量，实现 InitOP 函数：

```
int GMap::LD =36;  //地图方格大小
int GMap::PD =3; //豆子的绘图半径
//敌我双方出现位置没有豆子出现
void GMap::InitOP()
{
       peaMapData[E_ARRAY][E_ROW] = false;
       peaMapData[P_ARRAY][P_ROW] = false;
}
```

InitOP 函数将敌人和“大嘴”最初位置的豆子去掉。

在 Stage_1 类中使用静态矩阵初始化自身的成员矩阵。

```
Stage_1::Stage_1()
{
        color =RGB(140,240,240);
        for(int i= 0;i<MAPLENTH;i++)
        {
            for(int j =0;j<MAPLENTH;j++)
            {
                this->mapData[i][j] = this->initData[i][j];
                this->peaMapData[i][j] =initData[i][j];
            }
        }
    //敌我双方出现位置没有豆子出现
        peaMapData[10][10] = true;
        this->InitOP();
}
```

14.2.4　数据更新

在 Virtual Studio 2010 的类视图中分别选中 BlueOne、Enermy、Gobject、PacMan、RedOne 和 YellowOne，单击按钮就可以查看到程序中 GObject 和子类的继承关系，如图 14.14 所示。

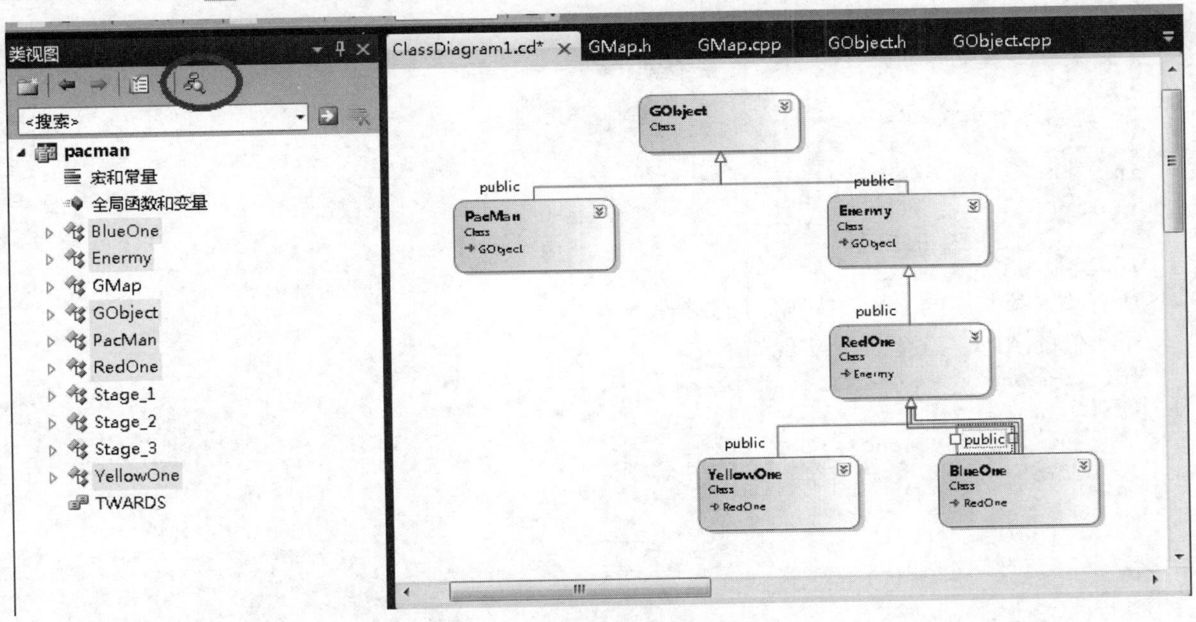

图 14.14　Virtual Studio 类图

PacMan 类是“大嘴”的实现类，它直接继承于 Gobject 类。Enermy 是所有敌人类的父类，同样也直接继承于父类 GObject。

在窗口应用程序中，希望使用一个函数就可以代表这个类所有的数据变化。在父类中定义 Action 函数，它的实现就是数据的变化。

```
public:
        void virtual action() = 0;//数据变更的表现
```

它是一个纯虚函数。它阻止了物体类的实例化，因为物体类是敌我双方的“模板”，不可能被实例化。子类的数据变化方式不会一样，而父类并不需要具体去规定自类的行为方式，所以将它设定成纯虚函数。

在 PanMan 中的行为方式只有碰撞检测 Collison：

```
void PacMan::action()
{
        Collision();
}
```

在 Enermy 类中，应该具备一个函数来实现人工智能的方法，将它声明为：

```
void virtual MakeDecision(bool b) = 0;//AI 实现
```

在吃豆子游戏中，人工智能唯一能改变的只有方向指令。在 Enermy 的 3 个子类中，MakeDecision 只能更改方向指令，而不能更改和地图位置有关的数据。敌人需要知晓“大嘴”的位置信息，才能够做出相应的动作。在 Enermy 类内部声明一个 PacMan 类的指针。

```
public:
        static PacMan* player;
```

静态变量必须初始化，需要在类的外部将它初始化为空。

```
PacMan* Enermy::player  = NULL;
```

大嘴所在的行和列的数据应该是“公开”的，在 Gobject 提供访问权限为 public 的 GetRow 和 GetArray 函数，用来获得行、列的信息。

```
int GObject::GetRow()
{
        return dRow;
}
int GObject::GetArray()
{
        return dArray;
}
```

所有敌人都共用同一个“大嘴”的数据。

子类们的 AI（人工智能）实现如下：

```
void RedOne::MakeDecision(bool b)
{
        int i = rand();
    if(b)//撞到墙壁,改变方向
    {
        //逆时针转向
        if(i%4==0)
        {
            tw == UP?twCommand = LEFT:twCommand=UP;
        }
        else if(i%3==0)
        {
            tw == DOWN?twCommand =RIGHT:twCommand=DOWN;
        }
        else if(i%2==0)
        {
            tw == RIGHT?twCommand = UP:twCommand=RIGHT;
```

```
        }
        else
        {
            tw == LEFT?twCommand = DOWN:twCommand=LEFT;
        }
        return;
    }

        if(i%4==0)
        {
            twCommand!=UP?tw==DOWN:twCommand ==UP;
        }
        else if(i%3==0)
        {
                tw != DOWN?twCommand = UP:twCommand=DOWN;
        }
        else if(i%2==0)
        {
            tw != RIGHT?twCommand = LEFT:twCommand=RIGHT;
        }
        else
        {
            tw != LEFT?twCommand = RIGHT:twCommand=LEFT;
        }
}
void BlueOne::MakeDecision(bool b)
{
        const int DR = this->dRow-player->GetRow();
        const int DA = this->dArray-player->GetArray();
        if(!b&&DR==0)
        {
            if(DA<=BLUE_ALERT&&DA>0)//玩家在左侧边警戒范围 s
            {
                twCommand = LEFT;   //向左移动
                return;
            }
            if(DA<0&&DA>=-BLUE_ALERT)//右侧警戒范围
            {
                twCommand = RIGHT;//向右移动
                return;
            }
        }
        if(!b&&DA==0)
        {
            if(DR<=BLUE_ALERT&&DR>0)//下方警戒范围
            {
                twCommand = UP;
                return;
            }
            if(DR<0&&DR>=-BLUE_ALERT)//上方警戒范围
```

```
            {
                twCommand = DOWN;
                return;
            }
        }

        RedOne::MakeDecision(b);//不在追踪模式时 RED 行为相同
}
    void YellowOne::MakeDecision(bool b)
    {
        const int DR = this->dRow-player->GetRow();
        const int DA = this->dArray-player->GetArray();
        if(!b)
        {
            if(DR*DR>DA*DA)
            {
                if(DA>0)//玩家在左侧边警戒范围
                {
                    twCommand = LEFT;   //向左移动
                    return;
                }
                else if(DA<0)//右侧警戒范围
                {
                    twCommand = RIGHT;//向右移动
                    return;
                }
            }
            else
            {
                if(DR>0)//下方警戒范围
                {
                    twCommand = UP;
                    return;
                }
                if(DR<0)//上方警戒范围
                {
                    twCommand = DOWN;
                    return;
                }
            }
        }
        RedOne::MakeDecision(b);
    }
```

以上 3 种敌人从上往下的行动模式分别为松散型、守卫型和扰乱型。b 代表的是执行碰撞检测后的返回结果，true 代表撞墙，false 代表没有撞墙。

松散型：使用了 rand 函数产生了一个随即数，根据随即数来判定方向指令。但是它在撞到墙壁之前不会突然回头，在撞墙之后返回的概率很大，程序中会把撞墙方向修改为反方向。

守卫型：只有当“大嘴”与它处于同一行或列的警戒范围时才能“察觉”并追踪。BLUE_ALERT

是一个整型常数宏，稍候会列出它。不在警戒状态时，它的行动模式和松散型相同。

扰乱型：不断地接近“大嘴”，但不会在空旷的区域上主动抓捕。在撞到墙壁后变为松散型行动模式。

物体类中碰撞检测只约束了物体移动与墙壁的关系。“大嘴”需要吃豆子，敌人则需要有抓捕大嘴的具体实现。

“大嘴”需要将豆子地图中的相应格子的数据变为 false，发生的时机在到达各自中心处。在 PacMan 类中重写 AchiveCtrl 函数。

```
void PacMan::AchiveCtrl()
{
        GObject::AchiveCtrl();//实现物体类更新行列的功能
        if(Achive())
        {
            if(dRow>=0&&dRow<MAPLENTH&&dArray>=0&&dArray< MAPLENTH)//防止数组越界
            {
                if(pStage->peaMapData[dRow][dArray])
                {
                    pStage->peaMapData[dRow][dArray] = false;
                }
            }
        }
}
```

定义一个访问权限为 public 的成员函数。当地图中没有豆子时，玩家获得此关的胜利。

```
bool PacMan::Win()
{
        for(int i=0;i<=MAPLENTH;i++)
        {
            for(int j=0;j<=MAPLENTH;j++)
            {
                if(pStage->peaMapData[i][j]==true)
                {
                    return false; //存在任意一个豆子,没取得胜利
                }
            }
        }
        return true;//没有豆子,胜利
}
```

敌人 Enermy 类中增加一个函数 Catch 用来抓捕“大嘴”。PacMan 类提供一个 OVER 方法，将自身的方向变为 OVER，表示失败。

```
void PacMan::Over()
{
        tw = OVER;
}
```

在 PacMan 中实现一个提供自身位置的函数，访问权限为 public。

```
POINT PacMan::GetPos()
{
        return point;
}
```

这样在 Enermy 中就可依照“大嘴”位置实施抓捕。实现访问权限为 protected 的 Catch 函数。

```
void Enermy::Catch()
{
        int DX =point.x -player->GetPos().x;
        int DY =point.y -player->GetPos().y;
        if((-RD<DX&&DX<RD)&&(-RD<DY&&DY<RD))
        {
            player->Over();
        }
}
```

RD 代表的是物体类的绘图范围，是一个整形常数宏。当敌我双方中心点的距离小于绘图范围，那么大嘴就被抓到了。

那么敌人类的行动模式就可以分为 3 步，实现如下。

```
void Enermy::action()
{
        bool b = Collision();
        MakeDecision(b);
        Catch();
}
```

这样就完成了敌我数据的更新步骤。下面将完整的 Gobject 头文件列出。

```
#include "stdafx.h"
#include "GMap.h"
#define PLAYERSPEED 6//玩家速度
#define ENERMYSPEED 4//敌人速度
#define LEGCOUNTS 5//敌人腿的数量
#define DISTANCE 10//图型范围
#define BLUE_ALERT 8//蓝色警戒范围
#define D_OFFSET   2//绘图误差
#define RD (DISTANCE + D_OFFSET)//绘图范围 12
#include <time.h>
//方向枚举
enum TWARDS{UP,DOWN,LEFT,RIGHT,OVER};
//物体类
class GObject{
protected:
    int mX;
    int mY;
    TWARDS twCommand;//指令缓存
    POINT point;//中心坐标
    int dRow;//逻辑横坐标
    int dArray;//逻辑纵坐标
    int speed;//速度
    TWARDS tw;//朝向
    int frame;//帧数
    //子程序
    bool Achive(); //判断物体是否到达逻辑坐标位置
    bool Collision() ;//逻辑碰撞检测,将物体摆放到合理的位置
    int PtTransform(int k);//将实际坐标转换为逻辑坐标
```

```
    virtual void AchiveCtrl();//到达逻辑点后更新数据
public:
        void SetPosition(int Row,int Array);
        void DrawBlank( HDC& hdc);
        void virtual Draw( HDC& hdc)=0;//绘制对象
        static GMap* pStage;//指向地图类的指针,设置为静态,使所有自类对象都能够使用相同的地图
        GObject(int Row,int Array)
        {
            frame = 1;
            pStage = NULL;
            this->dRow = Row;
            this->dArray  = Array;
            this->point.y = dRow*pStage->LD+pStage->LD/2;
            this->point.x = dArray*pStage->LD+pStage->LD/2;
            this->mX =point.x;
            this->mY =point.y;
        }
        void virtual action() = 0;//数据变更的表现
        int GetRow();
        int GetArray();
};
//大嘴,玩家控制的对象
class PacMan:public Gobject
{
protected:
        virtual void AchiveCtrl();//重写虚函数

public:
        POINT GetPos();
        TWARDS GetTw();
        bool Win();
        void Draw(HDC& hdc);
        void SetTwCommand(TWARDS command);
        void Over();
        PacMan(int x,int y):GObject(x,y)
        {
            this->speed = PLAYERSPEED;
            twCommand=tw = LEFT;
        }
        void action();
};
//追捕大嘴的敌人
class Enermy:public Gobject
{
protected:
        void Catch();//是否抓住大嘴
        void virtual MakeDecision(bool b) = 0;//AI 实现
        COLORREF color;
public:
        static PacMan* player;
```

```
        void virtual  Draw(HDC& hdc);
        Enermy(int x,int y):GObject(x,y)
        {
            this->speed = ENERMYSPEED;
            tw = LEFT;
            twCommand = UP;
        }
        void virtual action();
};

class RedOne:public Enermy  //随即移动 S
{
    protected:
        void virtual MakeDecision(bool b);
public:
        void Draw(HDC& hdc);
        RedOne(int x,int y):Enermy(x,y)
        {
            color = RGB(255,0,0);
        }
};

class BlueOne:public RedOne//守卫者
{
protected:
        void virtual MakeDecision(bool b);
public:
        void Draw(HDC& hdc);
        BlueOne(int x,int y):RedOne(x,y)
        {
            color = RGB(0,0,255);
        }
};
class YellowOne:public RedOne //扰乱者
{
protected:
        void virtual MakeDecision(bool b);
public:
        void Draw(HDC& hdc);
        YellowOne(int x,int y):RedOne(x,y)
        {
            color = RGB(200,200,100);
        }
};
```

剩下的工作是绘制地图和物体，这需要用到本章介绍的 GDI 函数。

14.2.5 绘图

首先完成绘制地图的工作。地图元素主要有两种：空地和墙。空地的颜色使用窗口背景的白色，墙体可以使用 FillRect 函数将墙壁位置的方格着色。

实现 GMap 的 DrawMap 函数。

```
void GMap::DrawMap(HDC& memDC)
{
        for(int i = 0;i<MAPLENTH;i++)
        {
            for(int j = 0;j<MAPLENTH;j++)
            {
                //绘制墙壁
                if(!mapData[i][j])
                {
                    RECT rect;
                    rect.left = j*LD;
                    rect.top = i*LD;
                    rect.right = (j+1)*LD;
                    rect.bottom = (i+1)*LD;
                    FillRect(memDC,&rect,CreateSolidBrush(color));
                }
            }
        }
    }
```

这样就完成了绘制墙壁的工作。地图类中还包含豆子位置的信息，DrawPeas 函数使用豆子地图的信息将豆子绘制到屏幕上。

```
void GMap::DrawPeas(HDC& hdc)
{

        for(int i = 0;i<MAPLENTH;i++)
        {
            for(int j = 0;j<MAPLENTH;j++)
            {
                if(peaMapData[i][j])
                {
                    Ellipse(hdc,(LD/2-PD)+j*LD,(LD/2-PD)+i*LD,(LD/2+PD)+j*LD,
(LD/2+PD)+i*LD);
                }
            }
        }
    }
```

在 PacMan 类中的 AchiveCtrl 函数中会改变豆子地图信息，相应位置的元素会设置为 false。在绘制豆子时，绘制函数会通过依照更改后的 peaMapData 数据绘制豆子。

物体类 Goject 的绘图函数 Draw 是一个纯虚函数。Gobject 中声明的 frame 变量代表帧数，它的概念有些像翻页动画中的页数。将书页连续翻动，就形成了动画。敌人的头部是半圆型，身体由两条直线构成，敌人具有若干个半圆型的腿部，依照方向会挪动的眼睛，需要随着帧数改变的是腿部，眼睛的方向会随着它行进的方向而发生改变，看起来像是在关注前方，如图 14.15 所示。

图 14.15　敌人注视的方向

绘制敌人的代码如下：

```
void Enermy::Draw(HDC& hdc)
{
        HPEN pen =::CreatePen(0,0,color);
        HPEN oldPen = (HPEN)SelectObject(hdc,pen);
        Arc(hdc,point.x-DISTANCE,point.y-DISTANCE,
            point.x+DISTANCE,point.y+DISTANCE,
            point.x+DISTANCE,point.y,
            point.x-DISTANCE,point.y);//半圆型的头
         int const LEGLENTH = (DISTANCE)/(LEGCOUNTS);
        //根据帧数来绘制身体和“腿部”
        if(frame%2 == 0)
        {
            MoveToEx(hdc,point.x-DISTANCE,point.y,NULL);//矩形的身子
            LineTo(hdc,point.x-DISTANCE,point.y +DISTANCE - LEGLENTH);
            MoveToEx(hdc,point.x+DISTANCE,point.y,NULL);
            LineTo(hdc,point.x+DISTANCE,point.y +DISTANCE - LEGLENTH);
            for(int i = 0;i<LEGCOUNTS;i++)//从左往右绘制“腿部”
            {
                Arc(hdc,point.x-DISTANCE+i*2*LEGLENTH,point.y+DISTANCE-2*LEGLENTH,
                    point.x-DISTANCE+(i+1)*2*LEGLENTH,point.y+DISTANCE,
                    point.x-DISTANCE+i*2*LEGLENTH,point.y+DISTANCE-LEGLENTH,
                    point.x-DISTANCE+(i+1)*2*LEGLENTH,point.y+DISTANCE-LEGLENTH
                );
            }
        }
        else{
            MoveToEx(hdc,point.x-DISTANCE,point.y,NULL);//绘制身体
            LineTo(hdc,point.x-DISTANCE,point.y +DISTANCE);
            MoveToEx(hdc,point.x+DISTANCE,point.y,NULL);
            LineTo(hdc,point.x+DISTANCE,point.y +DISTANCE);
            //从左往右绘制“腿部”
            MoveToEx(hdc,point.x-DISTANCE,point.y+DISTANCE,NULL);
            LineTo(hdc,point.x-DISTANCE+LEGLENTH,point.y+DISTANCE-LEGLENTH);
            for(int i = 0;i<LEGCOUNTS-1;i++)
            {
                Arc(hdc,point.x-DISTANCE+(1+i*2)*LEGLENTH,point.y+DISTANCE-2*
LEGLENTH,
                    point.x-DISTANCE+(3+i*2)*LEGLENTH,point.y+DISTANCE,
                    point.x-DISTANCE+(1+i*2)*LEGLENTH,point.y+DISTANCE-LEGLENTH,
                    point.x-DISTANCE+(3+i*2)*LEGLENTH,point.y+DISTANCE-LEGLENTH
                    );
            }
            MoveToEx(hdc,point.x+DISTANCE,point.y+DISTANCE,NULL);
            LineTo(hdc,point.x+DISTANCE-LEGLENTH,point.y+DISTANCE-LEGLENTH);
        }
        //根据方向绘制眼睛
        int R = DISTANCE/5; //眼睛的半径
        switch(tw)
```

```
        {
            case UP:
            Ellipse(hdc,point.x-2*R,point.y-2*R,
                point.x,point.y);
            Ellipse(hdc,point.x,point.y-2*R,
                point.x+2*R,point.y);
            break;
        case DOWN:
            Ellipse(hdc,point.x-2*R,point.y,point.x,point.y+2*R);
            Ellipse(hdc,point.x,point.y,point.x+2*R,point.y+2*R);
            break;
        case LEFT:
            Ellipse(hdc,point.x-3*R,point.y-R,
                point.x-R,point.y +R);
            Ellipse(hdc,point.x-R,point.y-R,
                point.x+R,point.y +R);
            break;
        case RIGHT:
            Ellipse(hdc,point.x-R,point.y-R,
                point.x+R,point.y +R);
            Ellipse(hdc,point.x+R,point.y-R,
                point.x+3*R,point.y+R);
            break;
        }
        frame++; //准备绘制下一帧
        SelectObject(hdc,oldPen);
        DeleteObject(pen);
    return;
}
```

PacMan 与敌人都有各自的画法。PacMan 的绘制是一个由 v 字小开口的圆弧、圆、半圆构成的动画，看起来是一个每时每刻都在活动的“大嘴”。它为 4 个方向和一个被抓住的状态，当它被抓住时，不绘制动画，每个方向都是由 3 种画面构成的 4 帧循环动画，如图 14.16 所示。

图 14.16 “大嘴” 4 帧动画

PacMan 的绘制函数如下：

```
void PacMan::Draw( HDC& memDC)
{
        if(tw == OVER)
        {

        }
        else if(frame%2 ==0)//第 4 帧动画与第 2 帧动画
        {
            int x1=0,x2=0,y1=0,y2=0;
            int offsetX =  DISTANCE/2+D_OFFSET;//弧弦交点
            int offsetY =  DISTANCE/2+D_OFFSET;//弧弦交点
        switch(tw)
        {
            case UP:
```

```
            x1 = point.x - offsetX;
            x2 = point.x + offsetX;
            y2 = y1 = point.y-offsetY;
            break;
        case DOWN:
            x1 = point.x + offsetX;
            x2 = point.x - offsetX;
            y2 = y1 = point.y+offsetY;
            break;
        case LEFT:
            x2 = x1 = point.x-offsetX;
            y1 = point.y + offsetY;
            y2 = point.y - offsetY;
            break;
        case RIGHT:
            x2 = x1 =point.x + offsetX;
            y1 = point.y - offsetY;
            y2 = point.y + offsetY;
            break;
    }
        Arc(memDC,point.x-DISTANCE,point.y-DISTANCE,
        point.x+DISTANCE,point.y+DISTANCE,
        x1,y1,
        x2,y2);
        MoveToEx(memDC,x1,y1,NULL);
        LineTo(memDC,point.x,point.y);
        LineTo(memDC,x2,y2);
        }
    else if(frame%3 ==0)
    {
        Ellipse(memDC,point.x-DISTANCE,point.y-DISTANCE,
        point.x+DISTANCE,point.y+DISTANCE);
    }
    else {
        int x1=0,x2=0,y1=0,y2=0;
        switch(tw)
        {
        case UP:
            x1 = point.x - DISTANCE;
            x2 = point.x + DISTANCE;
            y2 = y1 = point.y;
            break;
        case DOWN:
            x1 = point.x + DISTANCE;
            x2 = point.x - DISTANCE;
            y2 = y1 = point.y;
            break;
        case LEFT:
            x2 = x1 = point.x;
            y1 = point.y + DISTANCE;
```

```
                y2 = point.y - DISTANCE;
                break;
            case RIGHT:
                x2 = x1 =point.x ;
                y1 = point.y - DISTANCE;
                y2 = point.y + DISTANCE;
                break;
            }
            Arc(memDC,point.x-DISTANCE,point.y-DISTANCE,
            point.x+DISTANCE,point.y+DISTANCE,
            x1,y1,
            x2,y2);
            MoveToEx(memDC,x1,y1,NULL);
            LineTo(memDC,point.x,point.y);
            LineTo(memDC,x2,y2);
        }
        frame++;//绘制下一帧
}
```

在 Enermy 的子类中用不同颜色的画笔绘制轮廓，在它们的构造函数中将颜色成员变量初始化。

```
RedOne(int x,int y):Enermy(x,y)
    {
        color = RGB(255,0,0);
    }
BlueOne(int x,int y):RedOne(x,y)
    {

        color = RGB(0,0,255);
    }
YellowOne(int x,int y):RedOne(x,y)
    {
        color = RGB(200,200,100);
    }
```

14.2.6 客户端设计

在 Virtrual Studio 中创建一个 Windows 窗口应用程序，在这个窗口框架中使用游戏中的各种类。在 pacman.cpp 中添加类所在的头文件和一些宏。

```
#include "pacman.h"
#include "GObject.h"
#define WLENTH 700
#define WHIGHT 740
#define STAGE_COUNT 3 //关卡数
```

在全局变量中声明物体子类的指针。

```
PacMan* p ;
GObject* e1;
GObject* e2 ;
GObject* e3 ;
GObject* e4 ;
```

在入口_tWinMain 函数代码最开始的地方，将它们初始化。

```
int APIENTRY _tWinMain(HINSTANCE hInstance,
                    HINSTANCE hPrevInstance,
                    LPTSTR    lpCmdLine,
                    int       nCmdShow)
{
        UNREFERENCED_PARAMETER(hPrevInstance);
        UNREFERENCED_PARAMETER(lpCmdLine);
        // TODO: 在此放置代码。
        int s_n = 0;//进行到的关卡数
        p = new PacMan(P_ROW,P_ARRAY);
        e1 =new RedOne(E_ROW,E_ARRAY);
        e2 =new RedOne(E_ROW,E_ARRAY);
        e3 = new BlueOne(E_ROW,E_ARRAY);
        e4 = new YellowOne(E_ROW,E_ARRAY);
        GMap* MapArray[STAGE_COUNT] = {new Stage_1(),new Stage_2(),new Stage_3()};
        GObject::pStage =MapArray[s_n];//初始化为第一关地图
        Enermy::player = p;
```

上述代码还将地图中 3 个关卡的指针放入到一个数组中，物体类的地图指针指向了第一关。敌人追踪的玩家设定为 p。

在程序中使用了动态分配，需要使用堆内存回收。定义一个函数模板：

```
template<class T>
void Realese(T t)
{
    if(t!=NULL)
        delete t;
}
```

在这个函数模板中传入指针变量，即可对它所指向的堆内存回收。

绘图时会使用到当前窗口的设备上下文，那么首先应该获得这个窗口的句柄。这个窗口的句柄在 InitInstance 函数的代码中出现过。

```
BOOL InitInstance(HINSTANCE hInstance, int nCmdShow)
{
     HWND hwnd;
     hInst = hInstance; // 将实例句柄存储在全局变量中
     hWnd = CreateWindow(szWindowClass, szTitle, WS_OVERLAPPEDWINDOW,
        0, 0, WLENTH, WHIGHT, NULL, NULL, hInstance, NULL);
       if (!hWnd)
  {
       return FALSE;
  }
…
}
```

但是函数并没有反馈给_tWinMain 窗口句柄。现在改动这个函数：

```
BOOL InitInstance(HINSTANCE hInstance, int nCmdShow,HWND& hWnd)
{
     hInst = hInstance; // 将实例句柄存储在全局变量中
     hWnd = CreateWindow(szWindowClass, szTitle, WS_OVERLAPPEDWINDOW,
```

```
            0, 0, WLENTH, WHIGHT, NULL, NULL, hInstance, NULL);
        if (!hWnd)
        {
            return FALSE;
        }
…
}
```

在_tWinMain 使用这个函数之前创建一个窗口句柄传递进来。

```
HWND hWnd;
if (!InitInstance (hInstance, nCmdShow,hWnd))
{
    return FALSE;
}
```

这样在主函数中就获得了窗口句柄。为何要在主函数中绘图，而不在窗口过程函数中处理WM_PAINT 时绘制它呢？

在程序中使用的消息循环为如下形式：

```
while (GetMessage(&msg, NULL, 0, 0))
{
    if (!TranslateAccelerator(msg.hwnd, hAccelTable, &msg))
    {
        TranslateMessage(&msg);
        DispatchMessage(&msg);
    }
}
```

GetMessge 可以获得消息队列中的消息。当没有消息传递时，将会“冻结”窗口。而 WM_PAIT 消息是在水平移动或者窗口大小发生改变时重新绘制窗口的图像。

本书要进行的是一个实时游戏，这两种情况都不符合需求。API 中还有另外一种获得消息队列的函数 PeekMeesage，它接受参数比 GetMessge 多出一项。

```
PeekMessage(&msg, NULL, 0, 0,PM_REMOVE)
```

最后一个参数代表它处理消息的形式，设置为 PM_REMOVE 表示处理消息后将在队列中消去它。

PeekMessage 不会在队列无消息时冻结窗口程序。在新的消息循环中应该考虑程序在何种情况下结束：游戏失败、闯过所有关卡或者关闭窗口。

在销毁窗口时，对应着窗口过程函数的 WM_DESTROY 的消息处理。将它更改为：

```
case WM_DESTROY:
    PostQuitMessage(0);
    ::exit(0);
    break;
```

使用 exit 可以退出应用程序，这样就不会出现窗口销毁而当前的应用程序仍在运行的情况。

在主函数的消息循环中循环的条件应该为游戏失败或者闯过所有关卡。这时需要获得大嘴的方向状态。在大嘴中定义获得方向的函数。

```
TWARDS PacMan::GetTw()
{
    return tw;
}
```

当前的循环更改为：

```
while(p->GetTw()!=OVER&&s_n<3)
{
    if(PeekMessage(&msg, NULL, 0, 0,PM_REMOVE))
        {
            TranslateMessage(&msg);
            DispatchMessage(&msg);
        }
}
```

在游戏中，使用键盘控制“大嘴”。这样就需要能够改变大嘴当前方向指令，定义以下成员函数。

```
void PacMan::SetTwCommand(TWARDS command)
{
    twCommand = command;
}
```

获得键盘状态的 API。

```
GetAsyncKeyState(int key)
```

key 代表的是键盘各个键位的数字码，windows 定义了宏来代替使用数字代码的形式传入此函数。

UP、DOWN、LEFT、RIGHT 分别代表上下左右四个方向键。

在循环中添加游戏内容。

```
while(p->GetTw()!=OVER&&s_n<3)
    {
        if(p->Win())
        {
            HDC hdc = GetDC(hWnd);
            s_n++;
            ResetGObjects();
            if(s_n <3)
            {
                MessageBoxA(hWnd,"恭喜您过关","吃豆子提示",MB_OK);
                GObject::pStage = MapArray[s_n];
                RECT screenRect;
                screenRect.top = 0;
                screenRect.left = 0;
                screenRect.right = WLENTH;
                screenRect.bottom = WHIGHT;
                ::FillRect(hdc,&screenRect,CreateSolidBrush(RGB(255,255,255)));
                GObject::pStage->DrawMap(hdc);
            }
            continue;
        }
        if(PeekMessage(&msg, NULL, 0, 0,PM_REMOVE))
        {
            TranslateMessage(&msg);
            DispatchMessage(&msg);
        }
        if(GetAsyncKeyState(VK_DOWN)&0x8000)
```

```
        {
            p->SetTwCommand(DOWN);
        }
        if(GetAsyncKeyState(VK_LEFT)&0x8000)
        {
            p->SetTwCommand(LEFT);
        }
        if(GetAsyncKeyState(VK_RIGHT)&0x8000)
        {
            p->SetTwCommand(RIGHT);
        }
        if(GetAsyncKeyState(VK_UP)&0x8000)
        {
            p->SetTwCommand(UP);
        }
        else
        {
            if(GetTickCount()-t>58)
            {
                HDC hdc = GetDC(hWnd);
                e1->action();
                e2->action();
                e3->action();
                e4->action();
                p->action();
                GObject::pStage->DrawPeas(hdc);
                e1->DrawBlank(hdc);
                e2->DrawBlank(hdc);
                e3->DrawBlank(hdc);
                e4->DrawBlank(hdc);
                p->DrawBlank(hdc);
                e1->Draw(hdc);
                e2->Draw(hdc);
                e3->Draw(hdc);
                e4->Draw(hdc);
                p->Draw(hdc);
                DeleteDC(hdc);
                t = GetTickCount();
            }
        }
    }
```

在代码中出现了 DrawBlank 这个 GObject 的成员函数。现在来讲解它的实现与作用。

```
void GObject::DrawBlank(HDC& hdc)
{
        RECT rect;
        rect.top = mY-RD;
        rect.left = mX-RD;
        rect.right = mX+RD;
        rect.bottom = mY+RD;
        FillRect(hdc,&rect,::CreateSolidBrush(RGB(255,255,255)));
}
```

程序绘制图像时，不会将上一帧绘制的图形自动擦去。每次绘图之前，将上一次绘图区域所在的矩形用背景底色覆盖掉，然后再绘制新图形使物体对象看上去真如同移动一样。

成员变量 mY,mX 记录的就是一次物体中心所在的位置。在碰撞检测中，移动物体坐标前更新他们的数据。

```
……
mX = point.x;
mY = point.y;
int MAX =pStage-> LD*MAPLENTH+pStage->LD/2;
int MIN = pStage->LD/2;
switch(tw)//判断行进的方向
……
```

消息循环中还存在着这样一个段代码：

```
if(GetTickCount()-t>58)
```

GetTickCount 函数获得的是从开机到当前时刻机器运行的毫秒数。在消息循环外使用一个无符号长整型变量 t 储存游戏计时。

```
DWORD t =0;
```

在循环返回前更新它。

```
t = GetTickCount();
```

每 58 毫秒游戏的数据和画面会更新一次。物体的速度相当于 speed 成员变量除以 58 毫秒 ，以“闪烁”的方式平移到相应的 speed 数目的像素。

在玩家获得某一关的胜利时，所有物体位置会“还原”，地图使用背景色刷新之后再绘制新关卡的地图。

```
if(p->Win())
        {
            HDC hdc = GetDC(hWnd);
            s_n++;
            ResetGObjects();
            if(s_n <3)
            {
                MessageBoxA(hWnd,"恭喜您过关","吃豆子提示",MB_OK);
                GObject::pStage = MapArray[s_n];
                RECT screenRect;
                screenRect.top = 0;
                screenRect.left = 0;
                screenRect.right = WLENTH;
                screenRect.bottom = WHIGHT;
                ::FillRect(hdc,&screenRect,CreateSolidBrush(RGB(255,255,255)));
                GObject::pStage->DrawMap(hdc);
            }
            continue;
        }
```

玩家获得某张地图的胜利后，分为两种情况：进入下一关或者游戏结束。

程序中声明并实现 ResetGObjects 函数。

```
void ResetGObjects()
{
```

```
        p->SetPosition(P_ROW,P_ARRAY);
        e1->SetPosition(E_ROW,E_ARRAY);
        e2->SetPosition(E_ROW,E_ARRAY);
        e3->SetPosition(E_ROW,E_ARRAY);
        e4->SetPosition(E_ROW,E_ARRAY);
}
```

SetPosition 函数是 Gobject 类声明的设置自身中心位置的函数。

```
void GObject::SetPosition(int Row,int Array)
{
        dRow = Row;
        dArray = Array;
        this->point.y = dRow*pStage->LD+pStage->LD/2;
        this->point.x = dArray*pStage->LD+pStage->LD/2;
}
```

MessageBox 函数是 WINDOWS API 中弹出对话框的函数，通过参数设定可以设置它的类型和文字表达。在这里它的作用是提示玩家顺利闯过关卡。

循环执行之后，程序即将结束。在此之前再次使用 MessageBox 提示玩家胜利或者失败。

```
Realese(e1);
        Realese(e2);
        Realese(e3);
        Realese(e4);
        for(int i = 0;i<STAGE_COUNT;i++)
        {
            Realese(MapArray[i]);
        }
        if(p->GetTw()==OVER)
        {
            MessageBoxA(hWnd,"出师未捷","吃豆子提示",MB_OK);
        }
        else
        {
            MessageBoxA(hWnd,"恭喜您赢得了胜利","吃豆子提示",MB_OK);
        }
        Realese(p);
        return (int) msg.wParam;
```

14.3　本章总结

本章设计了一个吃豆子游戏，目的是让读者理解类的多态与继承的使用方法。Windows API 很繁重，学习它需要大量时间和实践，如何驾驭它并不是本章的重点。地图类与物体类使用了 C++类继承的特性，子类的共性应该放入父类中，性质相似而实现不同的函数则应该由虚函数定义。

第 15 章　坦克动荡游戏

坦克动荡是一款简约而有趣的坦克对战游戏，游戏场景设定在一个随机生成的小迷宫中，对战双方控制己方坦克攻击对方，直至一方坦克爆炸为止。本游戏中坦克可以连续发射多颗子弹，需要小心的是子弹打到墙上会反弹，并且反弹的子弹还能打爆自己的坦克，所以千万要选好角度再发射子弹，否则无异于自杀。此款游戏包含动态游戏菜单、人机对战、双人对战、自动寻路、寻找最短路径和子弹反弹等功能。

通过本章学习，你将学到：

- Win32 窗体关键属性、方法和事件的应用
- 鼠标事件的处理方法
- 同时处理多个键盘按键的方法
- GDIPlus(GDI+)绘图方法
- 最短路径算法
- 随机方法的应用技巧
- 碰撞检测算法
- 自动寻路算法

15.1　开 发 背 景

相信大家都玩过一种非常有趣的益智游戏，叫做“坦克大战”。游戏进行时，敌方坦克攻击，玩家控制自己的坦克保卫家园。坦克可以发射子弹互相对打。但是传统的“坦克大战”游戏中，坦克的移动规则限于上下左右四个方向，而不能任意方向自由移动；同时子弹也只能从四个方向进行攻击。为增加游戏乐趣，本章将使用 Windows 下的 C++语言，配合 Windows API 开发一个坦克动荡游戏，并详细介绍开发游戏时需要了解和掌握的相关开发细节。本游戏开发细节设计如图 15.1 所示。

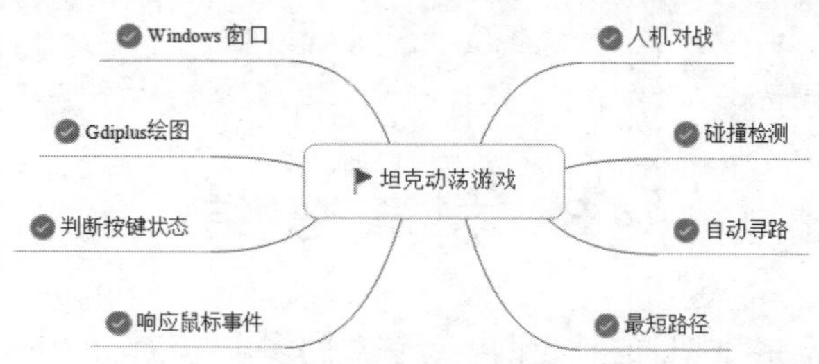

图 15.1　坦克动荡游戏相关开发细节

15.2　系统功能设计

15.2.1　系统功能结构

坦克动荡游戏的主要功能分为两个部分：人机对战和双人对战，如图 15.2 所示。

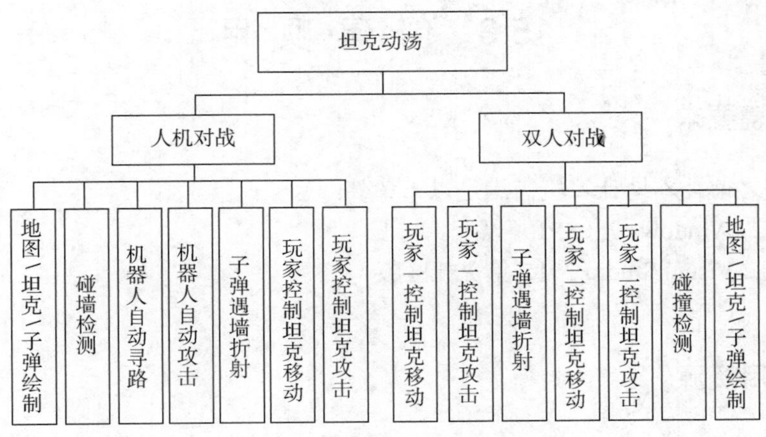

图 15.2　系统功能结构

15.2.2　系统业务流程

坦克动荡游戏的业务流程如图 15.3 所示。

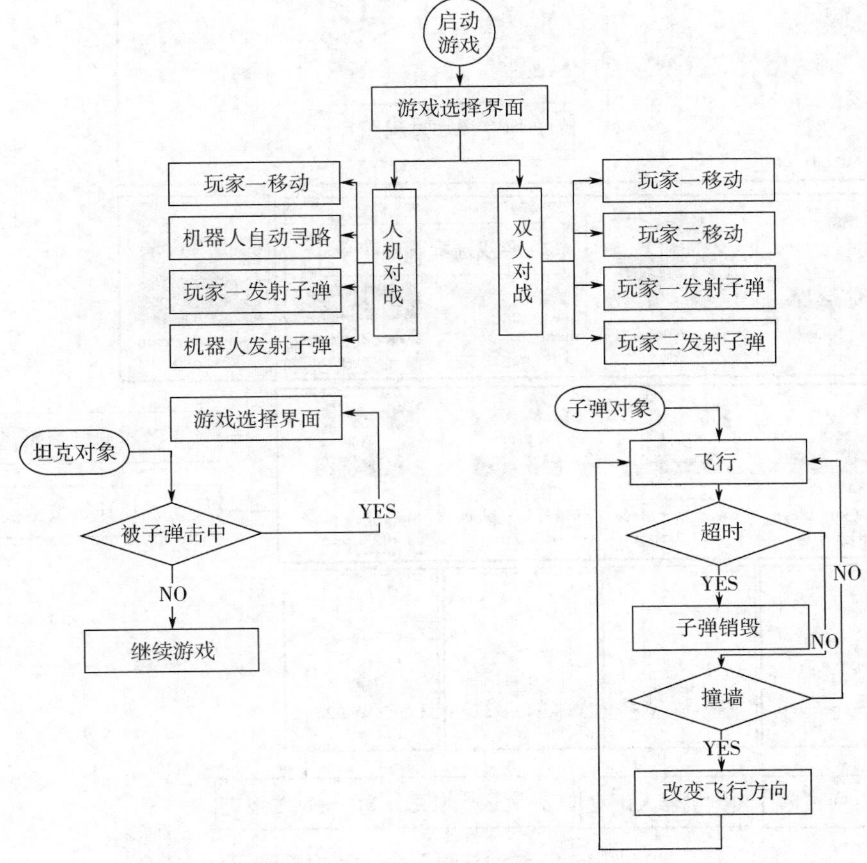

图 15.3　业务流程图

扫一扫，看视频

15.3 创 建 项 目

15.3.1 开发环境要求

开发坦克动荡之前，本地计算机需满足以下条件：

- 操作系统：Windows 7（SP1）以上。
- 开发环境：Visual Studio 2015 免费社区版。
- 开发语言：C++。

15.3.2 游戏所用资源

本游戏使用到大量图片资源，其作用是通过绘制图片模拟游戏中的坦克、子弹和爆炸效果等对象，如图 15.4 所示。

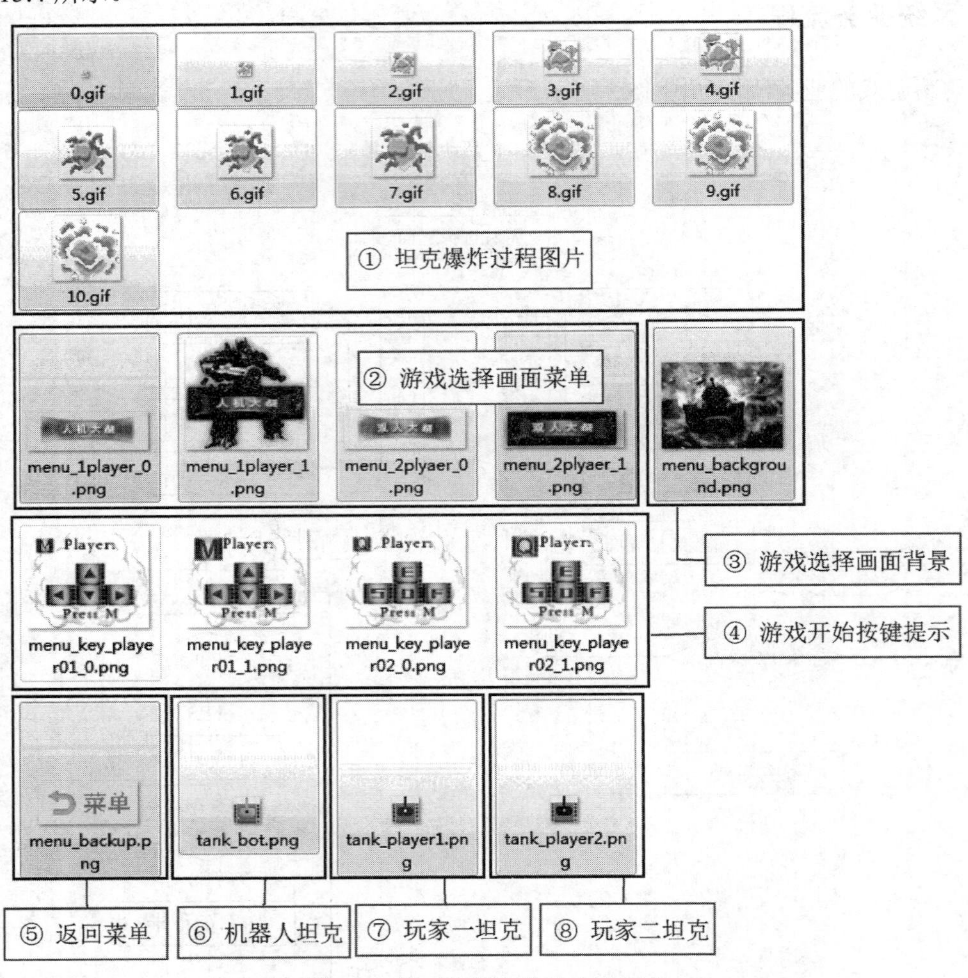

图 15.4 游戏资源文件及功能描述

注意：

在游戏运行时，会用到这些图片。所以最后发布程序时，图片要放在 Tank.exe（即游戏主程序）所在的目录。

15.3.3　创建新项目

先用 Visual Studio 2015 创建一个项目，然后逐渐修改，使之成为心中所期望的程序。使用 Visual Studio 2015 建立项目的具体步骤如下。

（1）打开 Visual Stuido 2015，选择菜单项“文件(F)”→“新建(N)”→“项目(P)”，弹出新建项目窗口，如图 15.5 所示。

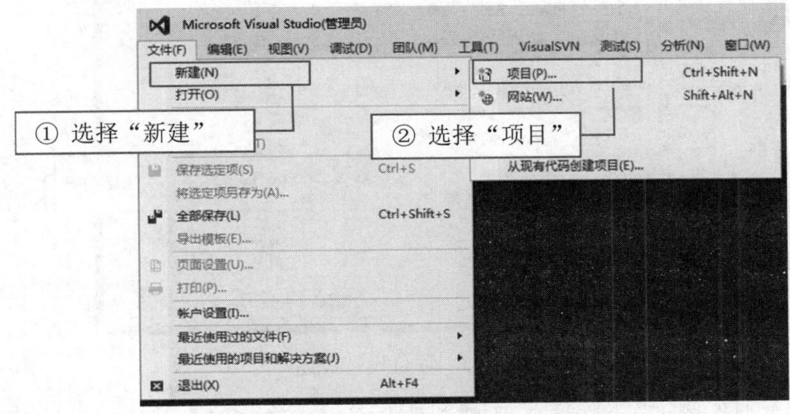

图 15.5　打开新建项目对话框

（2）在弹出的窗口中依次选择“Visual C++”→“MFC”→“MFC 应用程序”，在“名称文本框”中输入项目名称“Tank”，最后单击“确定”按钮，如图 15.6 所示。

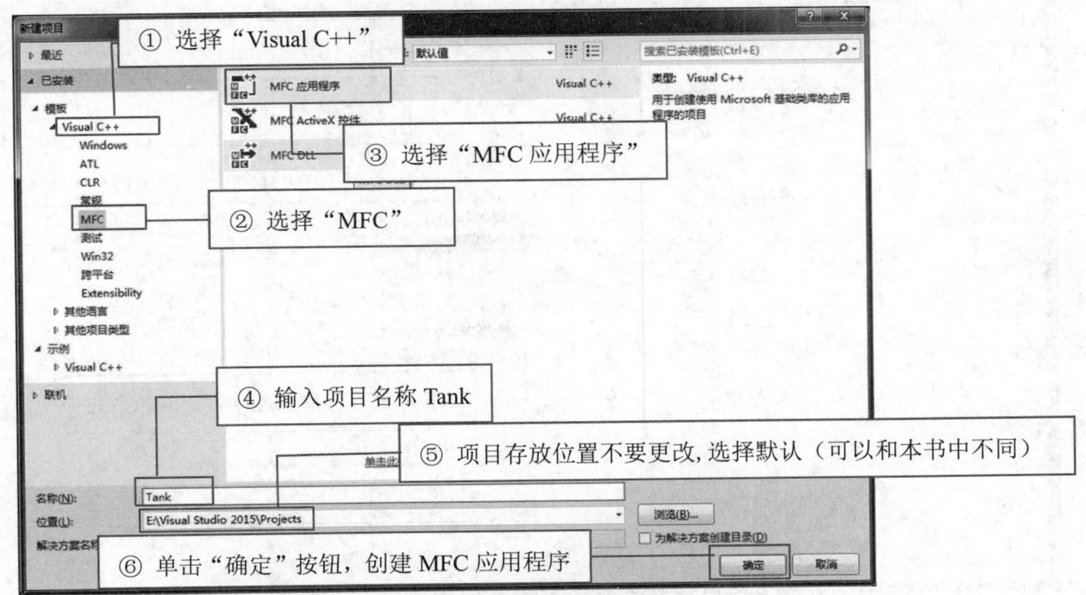

图 15.6　输入项目名称

（3）进入 MFC 应用程序向导，单击“下一步”按钮，如图 15.7 所示。

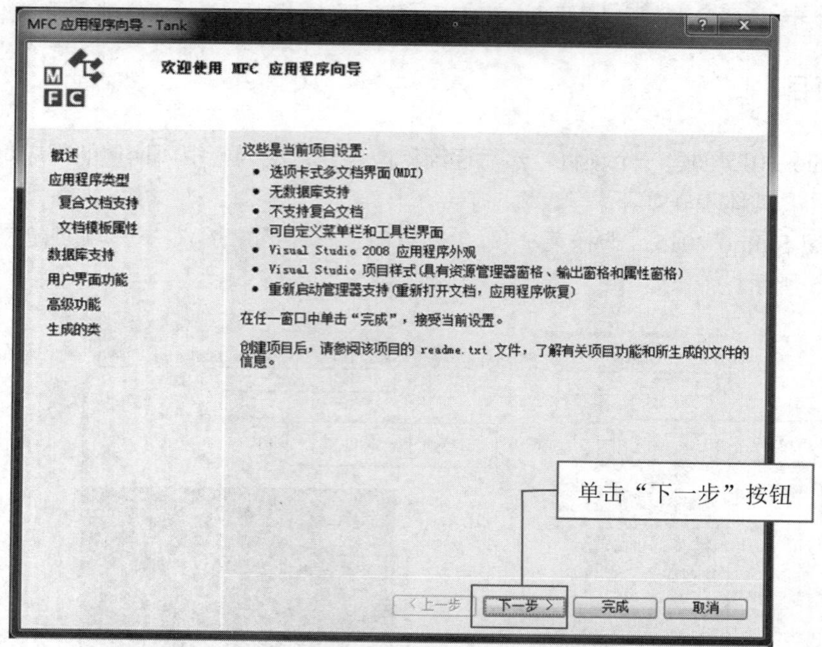

图 15.7　项目设置概述

（4）应用程序类型选择“单个文档”，项目类型选择“MFC 标准”，视觉样式和颜色选择“Windows 本机/默认”，MFC 的使用选择“在静态库中使用 MFC”，单击“下一步”按钮，如图 15.8 所示。

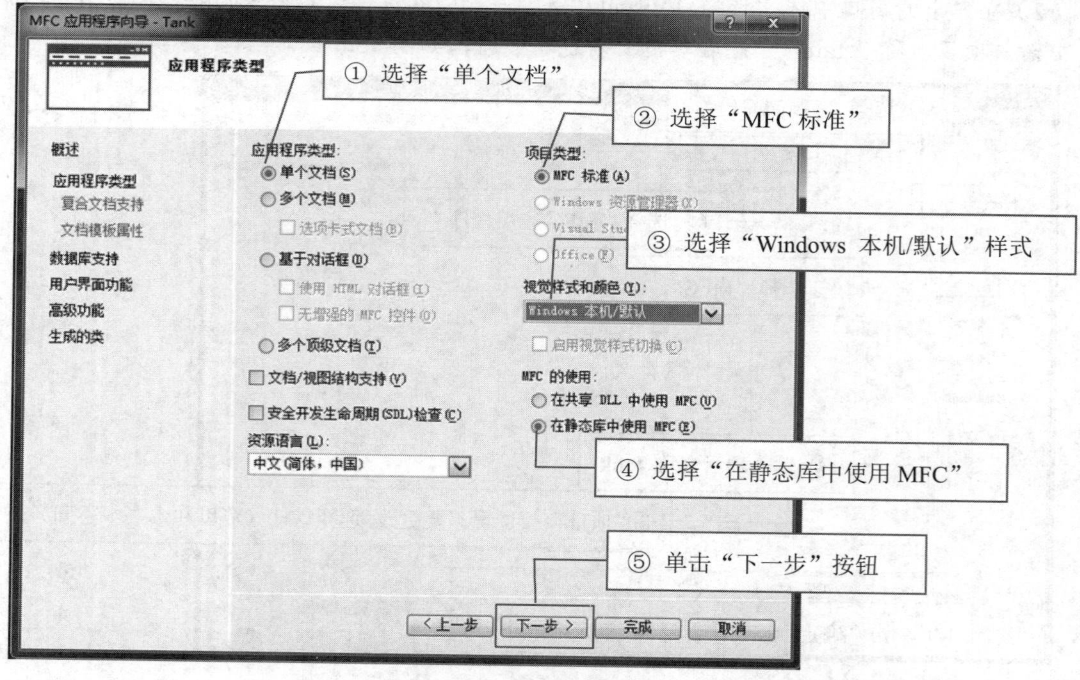

图 15.8　项目详细设置

说明：

本程序中使用到了 MFC 库，在开发机器上可以直接运行。但是在其他的机器上面，若没有相关的 DLL，程序复制过去提示“缺少 XX.dll”，导致程序无法运行。所以此处选择“在静态库中使用 MFC”，可以保证程序复制到其他机器上，不会因缺少 DLL 而无法运行。

（5）本程序中没有使用到数据库，所以“数据库支持”选择“无”，并单击“下一步”按钮，如图 15.9 所示。

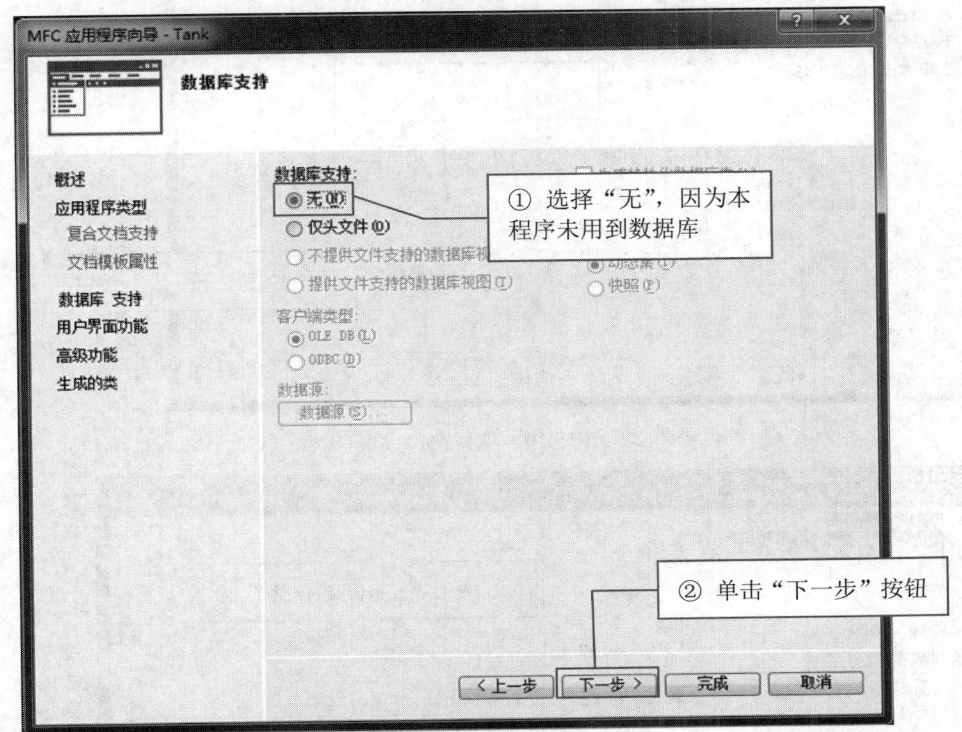

图 15.9　项目数据库设置

（6）在用户界面功能中，选中“最小化框”，该选项可以使游戏窗口右上角出现最小化按钮，并使窗口可以被最小化；选中“系统菜单”，该选项使游戏窗口可以被关闭；选择“使用经典菜单”，并取消其下两项的选中状态，因为本程序不需要工具栏和菜单栏（游戏中的“菜单”是通过自绘模拟出来的）。然后单击“下一步”按钮，如图 15.10 所示。

（7）在高级功能中选中“ActiveX 控件”“公共控件清单”“支持重新启动管理器”；其他选项保持未选中状态。单击“下一步”按钮，如图 15.11 所示。

（8）图 15.12 展示了自动生成的类，此处没有需要修改的地方，直接单击“完成”按钮，完成项目的创建。

（9）创建好的项目及文件如图 15.13 所示。

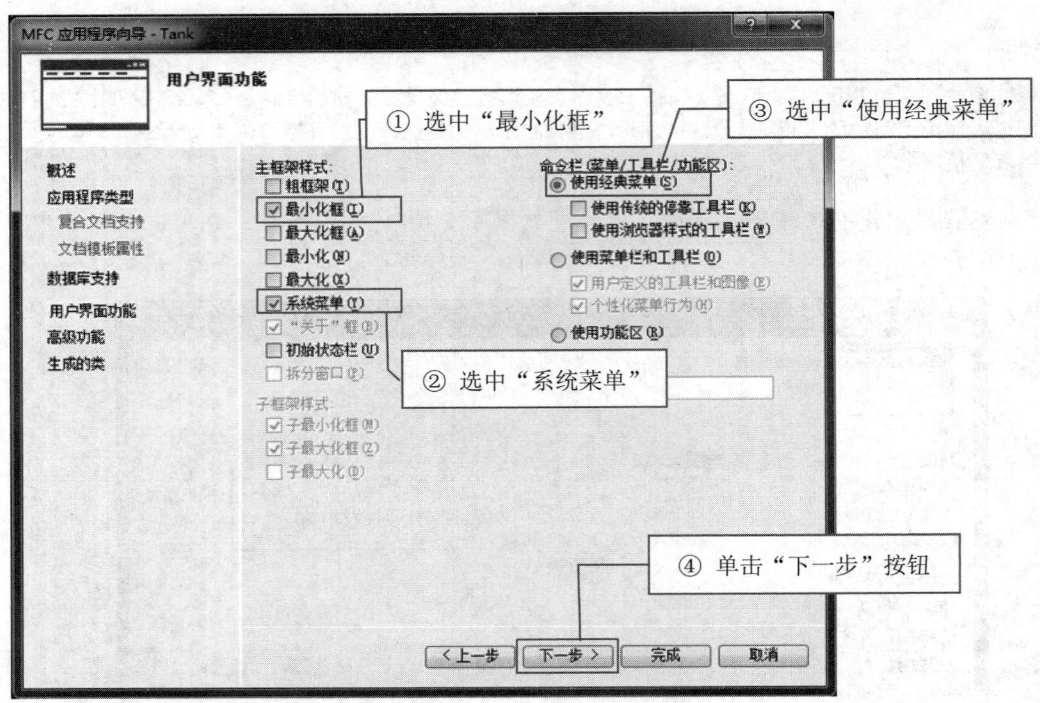

图 15.10　项目窗口设置

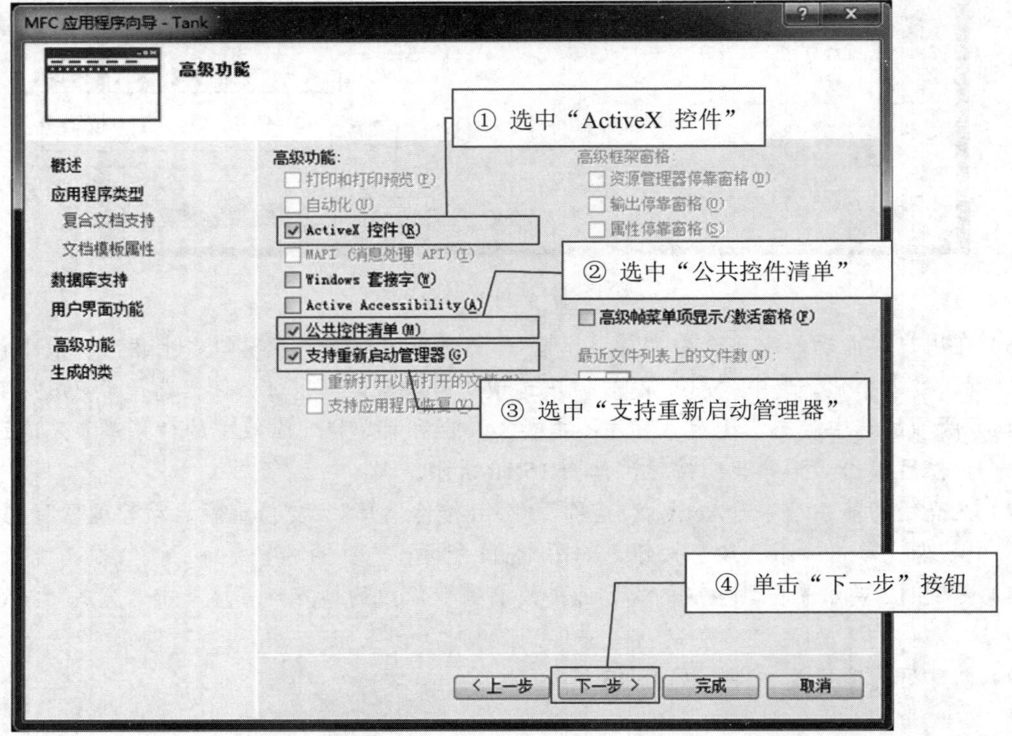

图 15.11　项目高级功能设置

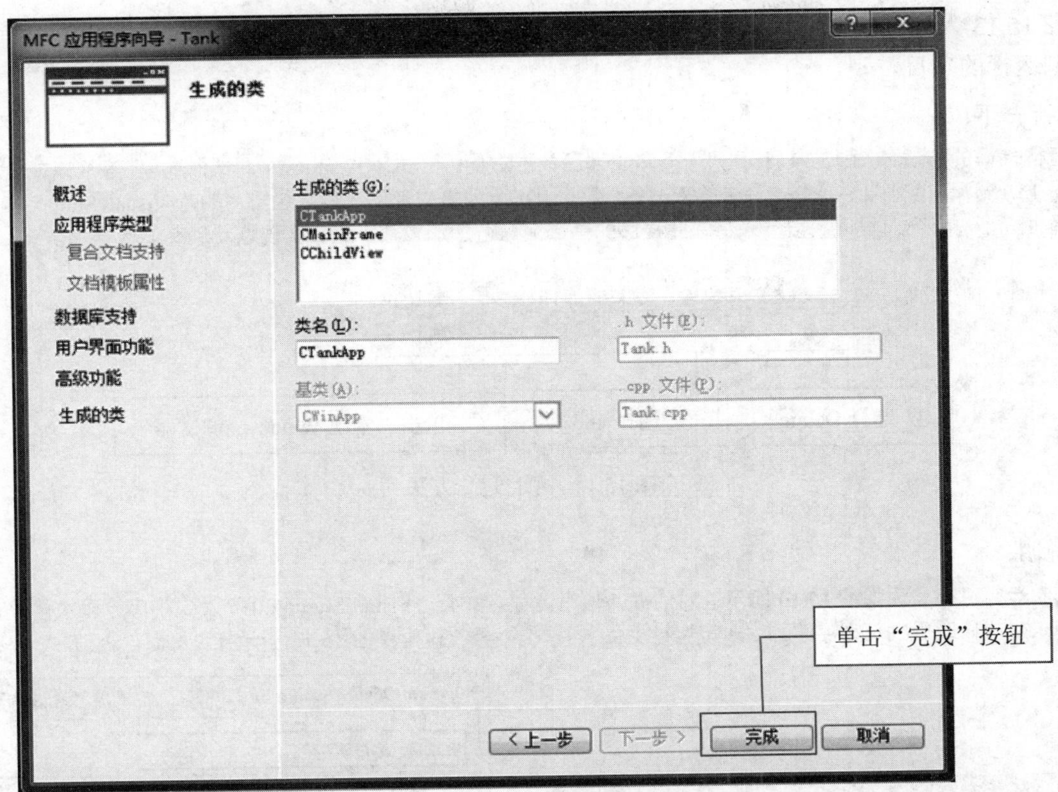

图 15.12　项目生成类预览

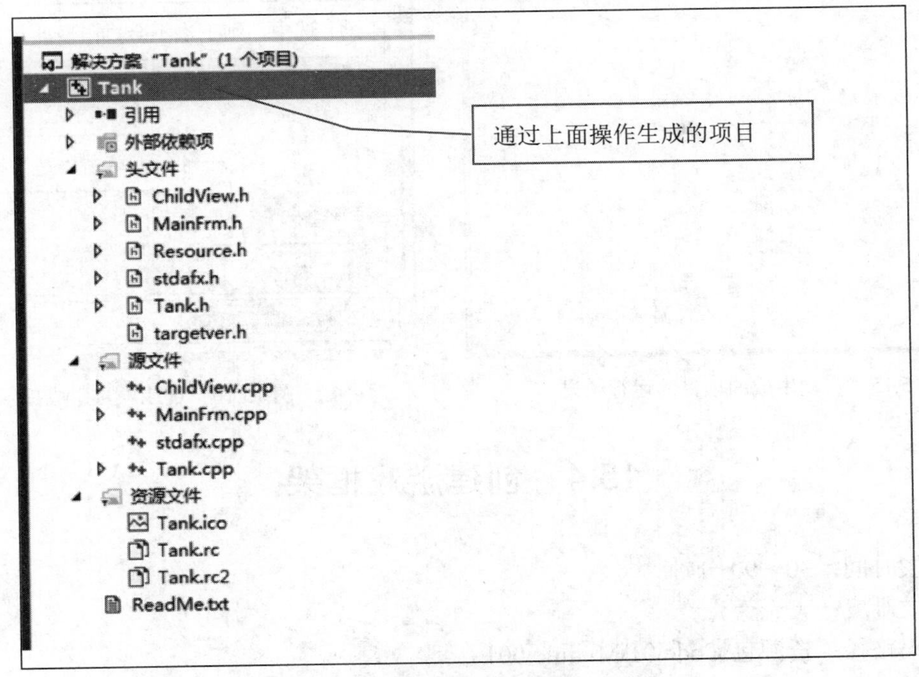

图 15.13　自动生成的项目

图 15.13 为进行以上操作之后，Visual Studio 2015 生成的项目。这是一个具有完整窗口功能，可立刻运行的项目。

运行一下：

运行代码的方法如图 15.14 所示。选择完成之后单击右侧的“本地 Windows 调试器”，稍等片刻，会呈现如图 15.15 所示的窗口。至此，尚未输入一行代码，IDE（即集成开发工具，这里用的是 Visual Studio 2015）已经生成了一个窗口程序。接下来将在此程序的基础上进行加加减减，逐步实现坦克动荡游戏程序。

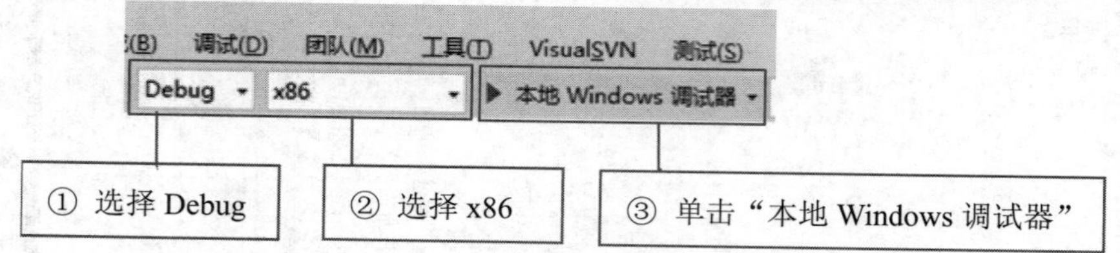

图 15.14　项目运行方法

说明：

初次运行可能出现如图 15.16 所示的对话框，该对话框意味着：Visual Studio 2015 发现程序源码被修改，但是尚未生成修改后的新程序（即 exe 可执行文件），是否生成？这里按图 15.16 所示操作即可。

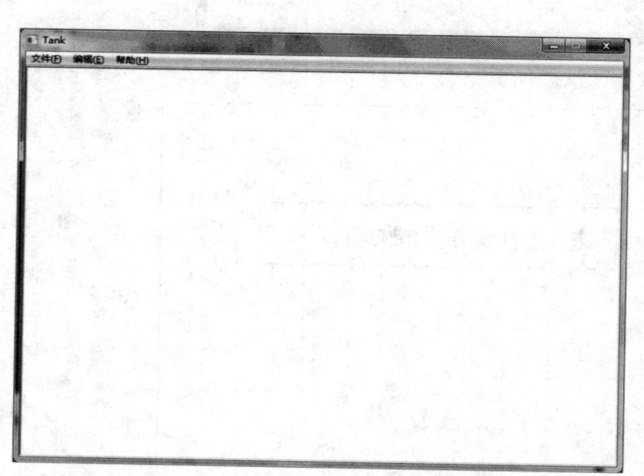

图 15.15　自动生成的项目的运行结果

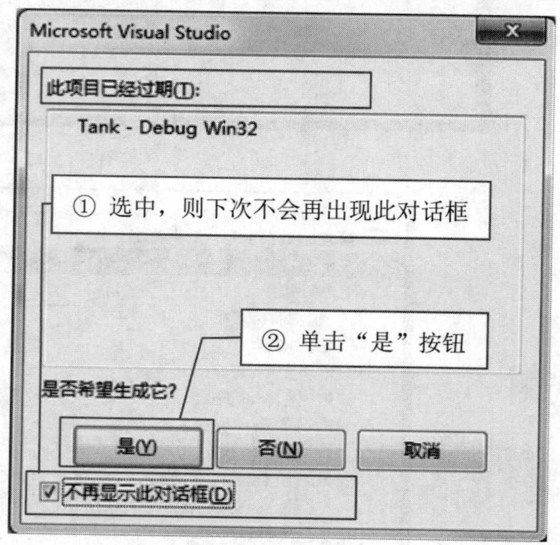

图 15.16　过期项目生成提示

15.4　创建游戏框架

- 开发时间：30～90 分钟
- 开发难度：★☆☆☆☆
- 源码路径：资源包\Code\01\Module\001
- 关键词：创建项目　系统 API 函数　单文档　游戏窗口

15.4.1 建立游戏主窗口

在上一节的课程中，未写一行代码就实现了一个窗口程序，而且还自带菜单等功能。但是有些东西对于本章要完成的游戏程序是没有用处的，如菜单功能。本节改造这个程序，使之成为一个游戏程序的框架，便于后续增加其他功能。

（1）项目目前的状态。上一小节中生成的项目文件如图 15.17 所示。

（2）删除多余文件。Visual Studio 2015 自动生成的文件中有些是不需要的，可将其删除。删除方法如下：

在“ChildView.h”上方单击鼠标右键，在弹出的菜单中单击“移除(V)”，在弹出的窗口中单击“删除(D)”按钮，如图 15.18 所示。

使用同样的方法，删除“ChildView.cpp”文件。

说明：

修改过程中如需要打开目标文件，可在资源管理器（图 15.17 所示）中双击该文件。

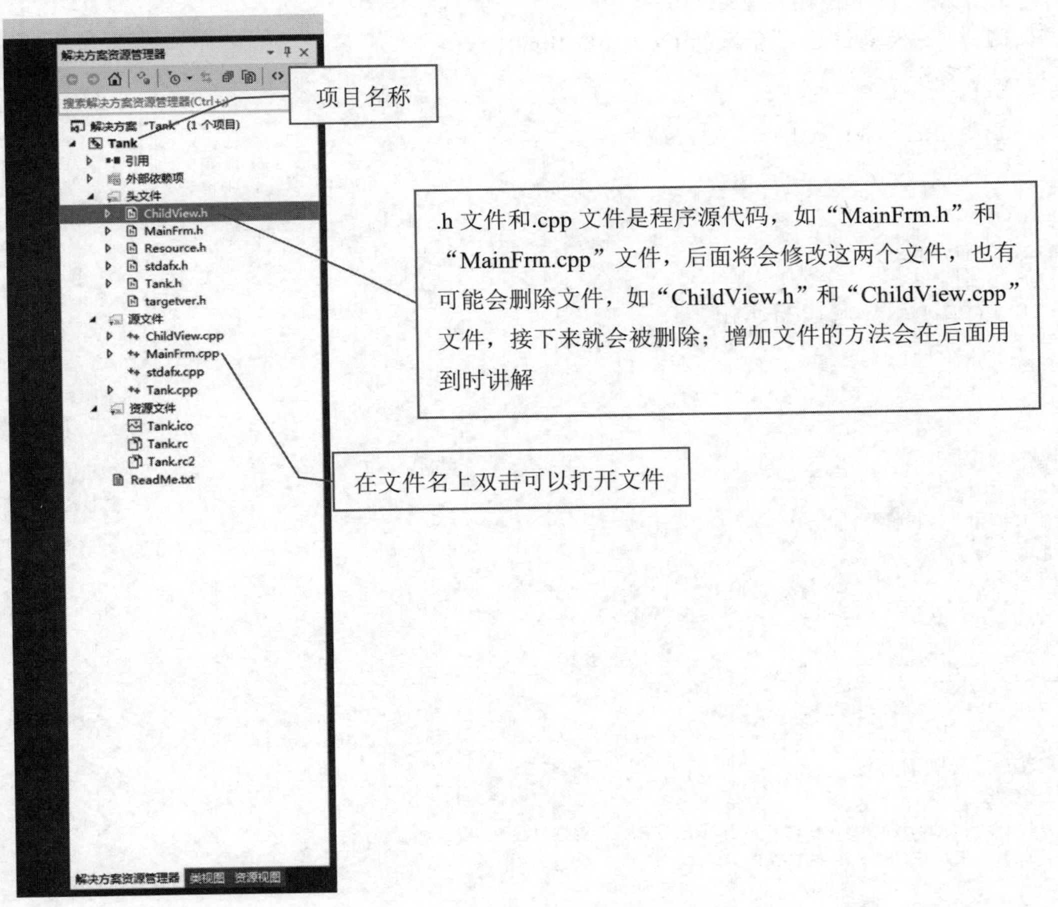

图 15.17 解决方案资源管理器

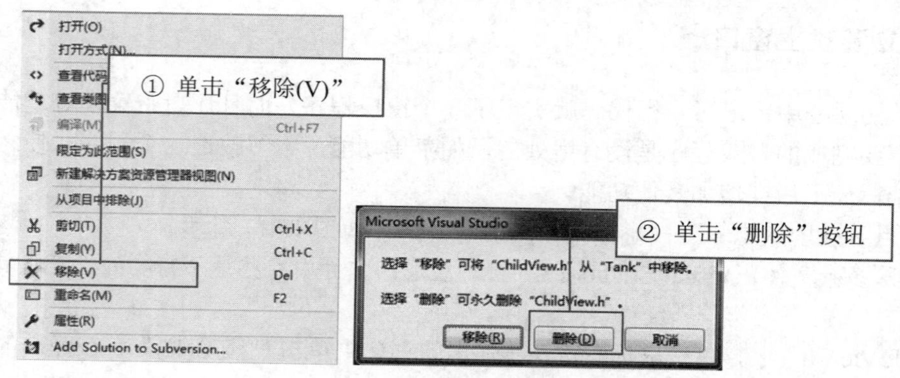

图 15.18　删除文件确认

（3）修改文件。删除不需要的文件之后，原来生成的窗口相关代码已经删除。此时需要开始编写代码，产生符合游戏要求的窗口。第一步：修改 CMainFrame 类的头文件代码。该文件中保存的是类的声明部分，其中规定了游戏窗口的大小为 800*600。打开“MainFrm.h”文件，删除文件中原来的内容，并输入以下代码：

<代码 01　　代码位置：资源包\Code\01\Bits\01.txt>

```
#pragma once

class CMainFrame : public CFrameWnd
{

public:
    CMainFrame();
protected:
    DECLARE_DYNAMIC(CMainFrame)

// 特性
public:

// 操作
public:

// 重写
public:

// 实现
public:
    virtual ~CMainFrame();

// 生成的消息映射方法
protected:
    afx_msg int OnCreate(LPCREATESTRUCT lpCreateStruct);
    DECLARE_MESSAGE_MAP()


    int m_iWidth{ 800 };   // 客户区的宽
    int m_iHeight{ 600 };  // 客户区的高
```

```
}; /*这里是类定义的结尾,注意:最后有一个分号，并且是英文半角分号*/
```

注意:

编写好代码以后，记得及时保存。保存方法为按<CTRL+S>组合键，或者单击工具栏中“文件(F)/全部保存(L)”。养成及时保存的习惯，以避免编写过程中出现意外情况导致代码丢失。

（4）修改该类的实现代码。在实现代码中创建一个大小为 800*600 的窗口；设置窗口标题为“明日科技坦克大战”；移动窗口到电脑屏幕的左上角。具体方法为：打开 MainFrm.cpp 文件，删除文件中原有代码，并输入以下代码：

<代码 02　　代码位置：资源包\Code\01\Bits\02.txt>

```
#include "stdafx.h"
#include "Tank.h"

#include "MainFrm.h"

#ifdef _DEBUG
#define new DEBUG_NEW
#endif
/***********************************************************************/
#define GAME_WIN_W (800)                         // 全局变量:窗口宽
#define GAME_WIN_H (600)                         // 全局变量:窗口高


// CMainFrame

IMPLEMENT_DYNAMIC(CMainFrame, CFrameWnd)    // VISUAL STUDIO 2015 自动生成代码

BEGIN_MESSAGE_MAP(CMainFrame, CFrameWnd)    // VISUAL STUDIO 2015 自动生成代码
   ON_WM_CREATE()
END_MESSAGE_MAP()

// CMainFrame 构造/析构

CMainFrame::CMainFrame()
{
#define MY_STYLE (WS_OVERLAPPED | WS_CAPTION | WS_SYSMENU | \
      WS_MINIMIZEBOX | FWS_ADDTOTITLE)
   // 创建窗口
   Create(NULL, _T("明日科技.坦克大战"), MY_STYLE, CRect(0, 0, GAME_WIN_W,
GAME_WIN_H));
   // 设置客户区大小
   {
      CRect rcCli;
      GetClientRect(rcCli);          // 获得客户区的大小

      RECT rcFrame = { 0, 0,         // 计算边框的大小，并设置
                  m_iWidth + m_iWidth - rcCli.right,
                  m_iHeight + m_iHeight - rcCli.bottom
                 };
      MoveWindow(&rcFrame, TRUE);  // 调用 WindowsAPI 设置窗口位置和大小
   }
```

```
}

CMainFrame::~CMainFrame()          // 析构函数
{
}

int CMainFrame::OnCreate(LPCREATESTRUCT lpCreateStruct)
{
    if(CFrameWnd::OnCreate(lpCreateStruct) == -1) {
        return -1;
    }

    return 0;
}
```

CMainFrame 代表游戏的主窗口，也是程序启动时就建立的窗口，后面所有的画面都是在此窗口上绘制的。

接下来在主程序中使用此类，建立游戏窗口。

（5）打开 Tank.cpp 文件，找到“BOOL CTankApp::InitInstance()”，将此位置下方的大括号包围的内容全部删除（大括号不要删），并输入以下内容：

<代码 03　　代码位置：资源包\Code\01\Bits\03.txt>

```
CWinApp::InitInstance();

// 若要创建主窗口，此代码将创建新的框架窗口
// 对象，然后将其设置为应用程序的主窗口对象
CMainFrame *pFrame = new CMainFrame;
if (!pFrame) {
    return FALSE;
}
m_pMainWnd = pFrame;

pFrame->ShowWindow(SW_SHOW); // 显示窗口
pFrame->UpdateWindow();       // 更新窗口
return TRUE;
```

说明：

在运行时，如果出现图 15.19 所示的对话框，说明编写代码过程中有错误，此时要选择“否”并寻找错误。

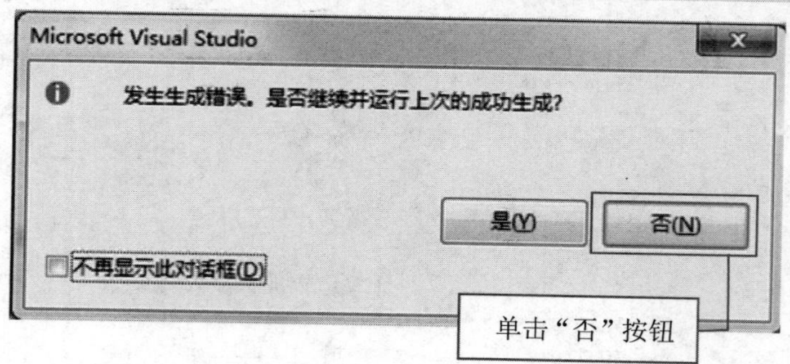

图 15.19　运行项目错误提示对话框

运行一下：

到此为止，游戏的主窗口已经改造好了，读者可以尝试运行。运行的结果如图 15.20 所示：一个宽度为 800 像素，高度为 600 像素，没有菜单项、状态栏等内容的 Windows 窗口。接下来要做的事情是在这个窗口上画出游戏画面，并让画面上的东西接受控制，或者让电脑自动控制。

图 15.20　修改后的游戏窗口

说明：

本部分代码在“资源包\Code\01\Model\001\Tank\Tank.sln”目录下，读者可以双击文件打开项目，并按照图 15.15 所示的运行方法查看本阶段的成果。

扫一扫，看视频

15.4.2　游戏核心框架类的建立

后续的开发会增加很多代码，实现游戏相关的各种功能。如果都写在同一个文件中，会显得非常拥挤。所以这里设计一个 CGame 类，把游戏相关功能拆分开来。本章还将设计很多类，每个类实现不同的功能，并通过 CGame 类“串联”起这些类，以实现完整的游戏程序。这样的好处是结构清晰，易于扩展，方便理解。在 Visual Studio 2015 的项目中建立新类的方法如图 15.21～图 15.23 所示。

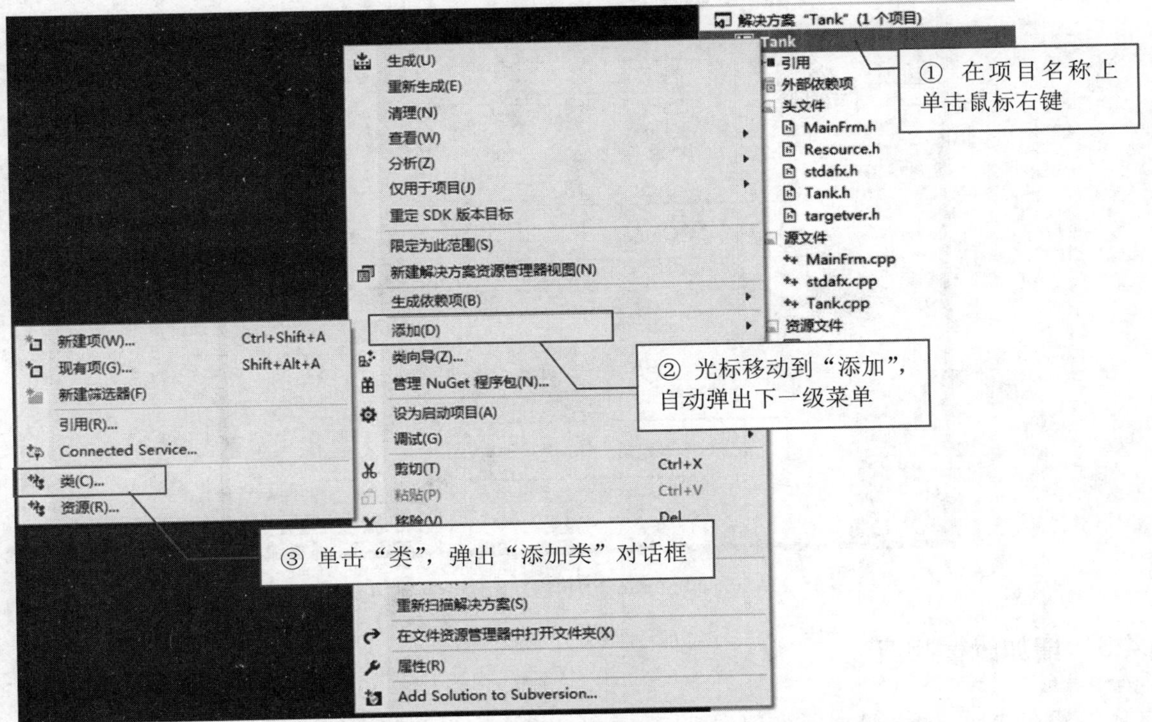

图 15.21　Visual Studio 2015 建立新类——打开添加类对话框

单击“完成”按钮之后，项目中生成 Game.h、Game.cpp 两个文件。

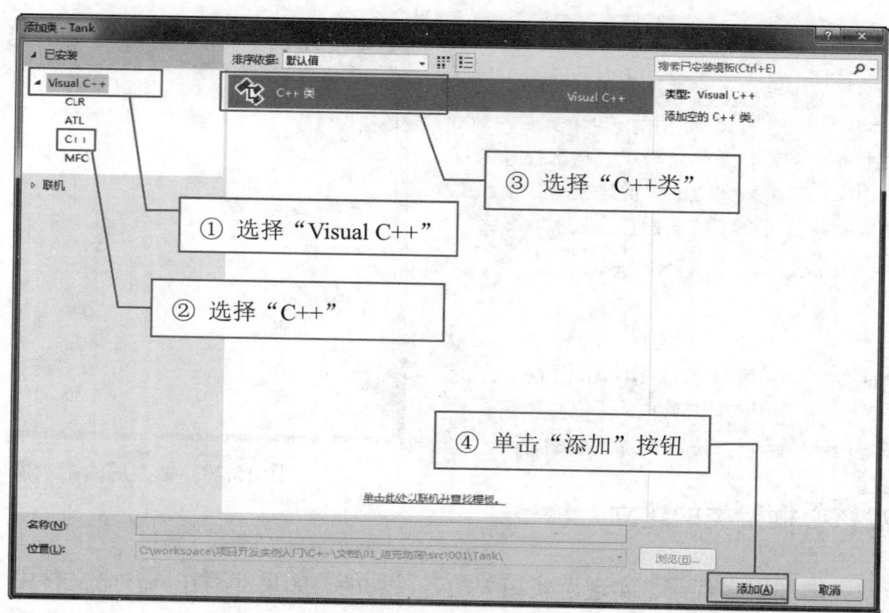

图 15.22　Visual Studio 2015 建立新类——选择 C++类

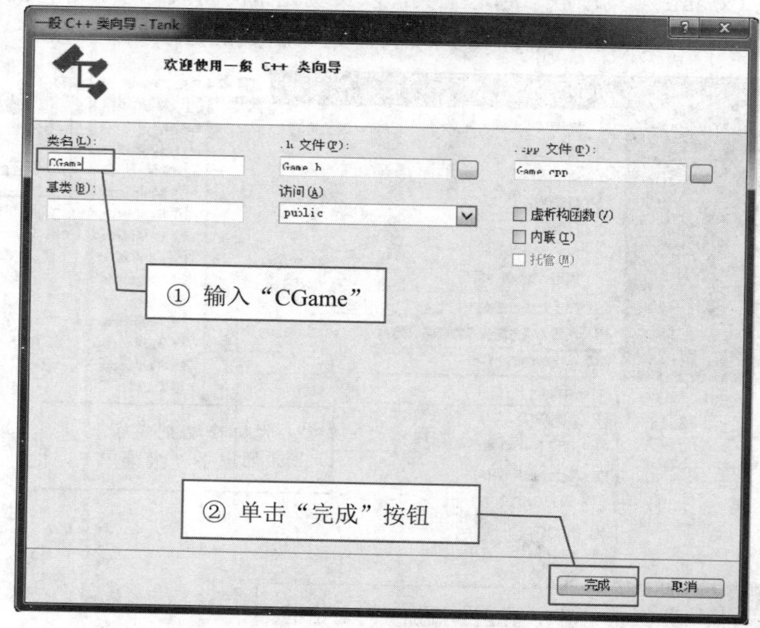

图 15.23　Visual Studio 2015 建立新类——输入类名

15.4.3　增加鼠标响应

本游戏在选择游戏模式时需要用到鼠标：在单击菜单时游戏画面转移到相应的游戏场景；鼠标滑过菜单项时，菜单项也会产生变化。因此程序本身必须有对鼠标消息进行响应的功能。增加鼠标响应的方法如下：

（1）先增加相关声明函数。打开 Game.h 文件，在“~CGame();”下方增加如下代码：

<代码 04　　代码位置：资源包\Code\01\Bits\04.txt>

```
    void SetHandle(HWND hWnd);      // 设置输出窗口的句柄

    bool EnterFrame(DWORD dwTime); // 进入游戏帧

    void OnMouseMove(UINT nFlags, CPoint point); // 处理鼠标移动事件

    void OnLButtonUp(UINT nFlags, CPoint point); // 处理左键抬起事件

private:
    HWND m_hWnd; // 窗口
```

（2）增加实现函数。实现函数保存了游戏主窗口的句柄；为窗口的定时器消息提供了可供调用的“进入游戏帧”函数；定义了处理鼠标移动消息和处理鼠标左键抬起消息的函数。打开 Game.cpp 文件，在文件最下方增加如下代码：

<代码 05　　代码位置：资源包\Code\01\Bits\05.txt>

```
void CGame::SetHandle(HWND hWnd)                          // 设置输出窗口的句柄
{
    m_hWnd = hWnd;
}

bool CGame::EnterFrame(DWORD dwTime)                      // 进入游戏帧
{
    return false;
}

void CGame::OnMouseMove(UINT nFlags, CPoint point)  // 处理鼠标移动事件
{
}

void CGame::OnLButtonUp(UINT nFlags, CPoint point)  // 处理左键抬起事件
{
}
```

15.4.4　在游戏窗口中使用游戏核心功能

扫一扫，看视频

在 15.4.3 小节中增加了 CGame 类，本节将使用该类使程序框架更加清晰、可扩展，方便日后增加新功能。CGame 类在这里代表“整个游戏”对象，以后游戏中所有的其他功能模块皆由本类进行管理。具体步骤如下：

（1）打开 MainFrm.h 文件，在文件最上方的“#pragma once”行下增加如下代码：

```
#include "Game.h"
```

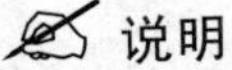
说明：

这一句的意思是引用头文件，因为要在这 MainFrm.h 和 MainFrm.cpp 文件中使用 CGame 类，所以要引入 CGame 类的声明文件。后面的编码过程中，会多次引用不同的头文件。

（2）下面代码中的 m_game 代表新建立的类 CGame 的一个实例，接下来游戏的所有操作都会用到 m_game 实例。定时器 ID 和 OnTimer()方法则是提供给定时器使用的。有些程序可能会使用多个定时器，每个定时器都是由 OnTimer()函数进行处理的。为了区分不同的定时器，需要给定时器设定一个 ID。ID 是一个整型值，各个定时器的 ID 不能重复，否则无法区别定时器。可能直接用 1、2、3 这样的数字作为 ID，但这样的代码对人来说不够友好，无法直观地看清楚数字代表的意义，因此使用 C++中的枚举来代替 ID 值。这段代码中的 ID 即 ETimerIdGameLoop。

在“int m_iHeight{ 600 };”这一行下方增加以下代码：

<代码 06　　代码位置：资源包\Code\01\Bits\06.txt>

```
    enum ETimerId { ETimerIdGameLoop = 1 };     // 定时器 ID

    CGame m_game;                               // 游戏对象
public:
    afx_msg void OnTimer(UINT_PTR nIDEvent);
```

（3）Windows 系统提供了许多消息，该如何指定要响应哪个消息呢？如：为使窗口可以响应定时器消息，该怎么做呢？具体作法如下：继续在 MainFrm.cpp 文件中找到“ON_WM_CREATE()”这一行，在下方增加代码：

```
ON_WM_TIMER()
```

（4）ID 准备好了，现在需要指示程序启动定时器。在 OnCreate()方法中找到“return 0;”，在此行上面增加如下代码：

<代码 07　　代码位置：资源包\Code\01\Bits\07.txt>

```
SetTimer(ETimerIdGameLoop, 0, NULL);            // 启动定时器每次都会进入游戏帧
m_game.SetHandle(GetSafeHwnd());                // 设置游戏主窗口句柄
```

说明：

定时器消息是一种传统消息，当想让窗口“每隔一段时间做一件事”的时候，就可以使用该消息，启动定时器的方法是调用 SetTimer 函数。

（5）上面的代码虽然启动了定时器，还需要增加一个具体的“做事”的函数，来响应定时器消息。当消息到来时，该函数被自动调用，在此函数中判断“上次调用此函数时”距离“本次调用”的时间。如果该时间间隔大于或等于 20 毫秒，则进入游戏帧处理，否则不处理。之所以这样处理，是为了防止游戏的速度过快。在此文件的最下方增加如下代码：

<代码 08　　代码位置：资源包\Code\01\Bits\08.txt>

```
void CMainFrame::OnTimer(UINT_PTR nIDEvent)
{
    switch(nIDEvent) {
        case ETimerIdGameLoop: {                                // 游戏循环 ID
            static DWORD dwLastUpdate = GetTickCount();         // 记录本次时刻
            if(GetTickCount() - dwLastUpdate >= 20) {           // 判断时间隔
                m_game.EnterFrame(GetTickCount());              // 进入游戏帧处理
                dwLastUpdate = GetTickCount();                  // 记录时间间隔
            }
                // 否则什么都不做
        }
        default:
```

```
            break;
        }

        CFrameWnd::OnTimer(nIDEvent);
}
```

注意：

“文件最下方”指的是本文件最下方最后一个字符的下方一行，如此文件最后面的文字可能是一个右大括号“}”，则“文件最下方”指的是这个大括号下方的一行。此时代码一定要增加到大括号下方的这行。

运行一下：

此次运行的效果如图 15.24 所示；如果没有错误发生，并能正确运行起来，则证明程序没有出现语法错误，可以继续向下进行了。如果没有出现与上一次同样的运行结果，说明代码出现了错误，需要返回修改。

图 15.24　使用 CGame 类之后的空白窗口

说明：

本部分代码在“资源包\Code\01\Module\001 目录下，读者可以双击“Tank2/Tank.sln”文件打开项目，并按照图 15.15 所示的运行方法查看本阶段的成果。

15.5　绘图库 GDIPlus 的使用

- 开发时间：45～90 分钟
- 开发难度：★★☆☆☆
- 源码路径：资源包\Code\01\Module\002
- 关键词：画图　GDIPlus　FPS　游戏菜单

游戏运行过程中需要大量的绘图和文字输出工作，本程序中使用 GDIPlus 库来实现。C++语言在调用其他库提供的函数时，需要包含头文件、指定链接库(.lib)文件。这一步工作放在“stdafx.h”头文件中。同时 GDIPlus 库使用时还需要初始化，在程序启动时立即进行初始化，在整个程序结束之前，都可以使用该库的功能。

扫一扫，看视频

15.5.1 绘图库的引入

“stdafx.h”文件会被本工程中所有其他.cpp 文件包含，因此在此文件中包含的头文件相当于被引入了所有其他文件。由于 GDIPlus 库需要在多处使用，因此把引入工作放在“stdafx.h”文件中。具体做法如下：

打开文件 stdafx.h，在文件最下方增加如下代码：

<代码 09　　代码位置：资源包\Code\01\Bits\09.txt>

```
#include <gdiplus.h>
#pragma comment(lib, "Gdiplus.lib")
using namespace Gdiplus; // 使用 Gdiplus 命名空间
```

这里引入了 GDIPlus 库的头文件，并链接了 GDIPlus 库。由于后面各个文件中都要使用 GDIPlus 库，所以在文件“stdafx.h”中引入头文件。本工程中大部分文件都会包含“stdafx.h”文件。在此文件中引入的库，相当于已经包含在项目中所有的文件中，在任何地方都可以使用。

15.5.2 绘图库的初始化

GDIPlus 库在使用之前需要进行初始化，这一操作是在“整个程序”初始化时做的。在本工程中，“CTank”类即代表“整个程序”，该类中的 InitInstance()函数会在程序启动之后、窗口显示之前运行，把对 GDIPlus 库的初始化动作放在这里最合适。具体步骤如下：

（1）打开 Tank.h 文件，在“DECLARE_MESSAGE_MAP()”行下方增加初始化所需的声明变量：

<代码 10　　代码位置：资源包\Code\01\Bits\10.txt>

```
private:
    // 引入 GDIPlus 所需要的变量
    ULONG_PTR m_tokenGdiplus;
    Gdiplus::GdiplusStartupInput input;
    Gdiplus::GdiplusStartupOutput output;
```

（2）打开 Tank.cpp 文件，在“CWinApp::InitInstance();”行下方增加如下代码：

```
// GDI+初始化
Status s = GdiplusStartup(&m_tokenGdiplus, &input, &output);
```

此时可尝试运行一下，看程序的窗口有没有什么变化。因为前面一直在做准备工作，如果程序可以运行起来，说明前面的工作做得还不错；如果没有运行起来，要返回去寻找并修正错误。

扫一扫，看视频

15.5.3 在屏幕上“画”游戏帧数

游戏帧数可以实时显示当前游戏的运行速度。本节将在屏幕右上角绘出游戏帧数。本程序中 CGame 类负责协调游戏中各部分处理代码的运行。所以接下来的时间需要频繁修改这个类，以实现各种功能。首先尝试使用 Gdiplus 绘制游戏帧数：

（1）打开 Game.h 文件，在“HWND m_hWnd; ”一行的下方增加函数和变量的声明：

<代码 11　　代码位置：资源包\Code\01\Bits\11.txt>

```
//游戏绘图处理
//负责绘画游戏中的对象
```

```
void GameRunDraw();

// 输出 fps
void DrawFps(Graphics &gh);

// 记录游戏每秒多少帧
int m_fps{ 0 };
```

（2）打开 Game.cpp 文件，找到 “bool CGame::EnterFrame(DWORD dwTime)” 方法，在 “return false;” 上方插入函数调用代码：

```
GameRunDraw();
```

目的是在每次进入游戏帧时，都调用一次 GameRunDraw()方法。在 GameRunDraw()方法内，调用具体的输出图像和文字等功能。

（3）在此文件的最下方增加 GameRunDraw 函数的实现代码。在 GameRunDraw()函数的实现代码中，先在内存中创建一幅图片，再调用 DrawFps()函数，把游戏帧数画到图片，最后把该内存中的图片一次性复制到游戏窗口中。具体实现代码如下：

<代码 12　　代码位置：资源包\Code\01\Bits\12.txt>

```
// 游戏绘图
void CGame::GameRunDraw()
{
    HDC hdc = ::GetDC(m_hWnd);
    CRect rc;                                       // 客户区的大小
    GetClientRect(m_hWnd, &rc);

    CDC *dc = CClientDC::FromHandle(hdc);

    CDC m_dcMemory;                                 // 双缓冲绘图用
    CBitmap bmp;
    bmp.CreateCompatibleBitmap(dc, rc.Width(), rc.Height());
    m_dcMemory.CreateCompatibleDC(dc);
    CBitmap *pOldBitmap = m_dcMemory.SelectObject(&bmp);

    Graphics gh(m_dcMemory.GetSafeHdc());           // 构造对象
    gh.Clear(Color::White);                         // 清除背景
    gh.ResetClip();

    DrawFps(gh);                                    // 画入内存

    ::BitBlt(hdc, 0, 0, rc.Width(), rc.Height(),    // 复制到屏幕
             m_dcMemory.GetSafeHdc(), 0, 0, SRCCOPY);
    dc->DeleteDC();                                 // 释放
    return;
}

// 画 fps
void CGame::DrawFps(Graphics &gh)
```

```
{
    static int fps = 0;                          // 定义静态变量，每次进入函数时保存上次的值
    m_fps++;                                     // 记录已经画了多少帧
    static DWORD dwLast = GetTickCount();        // 记录上次输出 fps 的时间
    if(GetTickCount() - dwLast >= 1000) {        // 判数时间是否超过 1 秒，如果超过，输出 fps
        fps = m_fps;
        m_fps = 0;                               // 清零，方便对帧进行重新记数
        dwLast = GetTickCount();                 // 记录本次输出的时间
    }

    // 输出 fps
    {
        CString s;
        s.Format(_T("FPS:%d"), fps);             // 将 fps 格式化到字符串
        SolidBrush brush(Color(0x00, 0x00, 0xFF)); // 创建红色的画刷
        Gdiplus::Font font(_T("宋体"), 10.0);      // 创建输出的字体
        CRect rc;
        ::GetClientRect(m_hWnd, &rc);            // 获得输出窗口的大小，用来定位文字的输出位置
        PointF origin(static_cast<float>(rc.right - 50),          // 在右上角显示
                      static_cast<float>(rc.top + 2));
        gh.DrawString(s.GetString(), -1, &font, origin, &brush);  // 正式出文字
    }
}
```

上面的代码获取游戏帧数，设定了文字的字体和颜色，使用 Gdiplus 的文字输出功能，将 FPS 输出到窗口的右上角。

运行一下：

运行程序，可以看到屏幕右上角的“FPS:数字”，如图 15.25 所示。

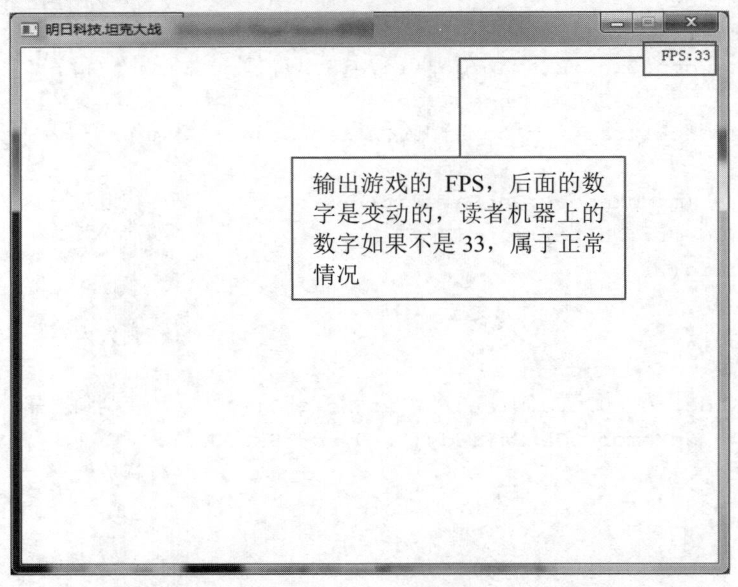

图 15.25　输出 FPS

✍ 说明：

本部分代码在“资源包\Code\01\Module\002”目录下，读者可以双击“Tank/Tank.sln”文件打开项目，并按照图 15.15 的运行方法查看本阶段的成果。

15.5.4　引入图片资源

游戏中需要输出图片到游戏窗口中，因此需要引入图片资源到项目中。

实际开发时，读者需要自己处理图片。由于图片处理增加目标目录并不是本书内容，为了节省时间，读者可以直接把本书提供的图片复制到项目目录下备用，注意存放的目录位置（放在 Tank.vcxprog 同级目录下），否则程序运行时找不到图片，如图 15.26 所示。

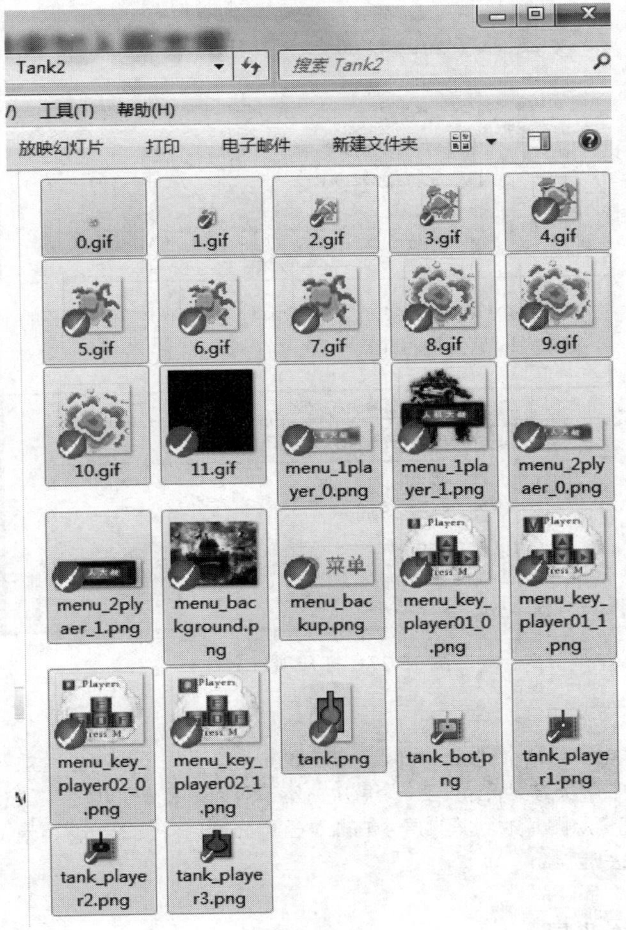

图 15.26　项目目录

✍ 说明：

图片全部都在“资源包\Code\01\Module\002\Tank2”目录下，读者可以直接复制到自己的项目中使用。图片一定要复制到项目目录下，如何打开项目目录呢？如图 15.27 所示。

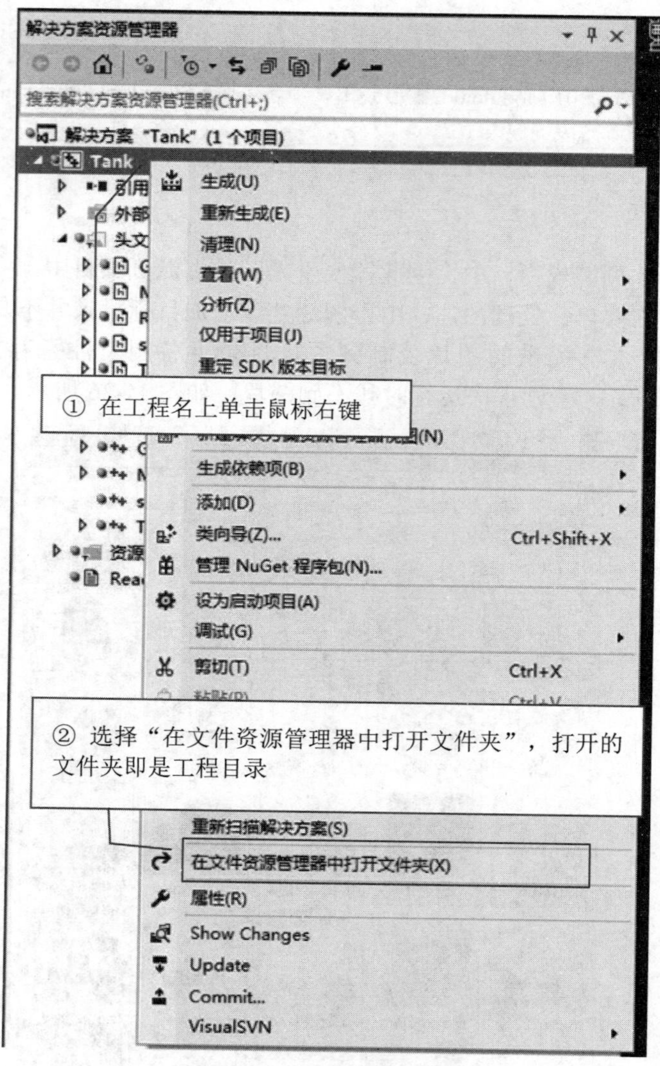

图 15.27　打开项目文件夹

注意：

读者自己建立的项目可能会有两个目录，类似"...Tank\Tank"，此时不要把图片放到第一个 Tank 目录下。这里的第一个 Tank 目录是"解决方案目录"，一个解决方案下可以有多个"项目"；在新建项目时，同时也建立了一个解决方案。必须把资源图片放到第二层"Tank"目录即项目目录下，该目录下有一个"Tank.vcxproj"文件，这个目录才是正确的目录。

15.5.5　画出游戏菜单背景

为达到美观的效果，游戏中需要画出的对象大多会使用到多张图片。如背景菜单是一张图片，菜单项的移动即变换这张图片的输出位置，菜单的变化则是变换成其他的图片。下面进行一个简单的尝试：输出该游戏的菜单背景图片，即项目目录下的"menu_background.png"文件。

先载入这张图片，保存为一个 Image 类型的指针；之后调用 Gdiplus 库的 DrawImage()函数进行图片输出。打开 Game.cpp 文件，先找到“void CGame::GameRunDraw()”方法，之后在方法中找到“DrawFps(gh);”，在此行下方插入的代码如下：

<代码 13　　代码位置：资源包\Code\01\Bits\13.txt>

```
/*下一行的注释一定要写,否则后面插入代码时,找不到位置*/
// 画出一幅图片
{
    // 获得游戏窗口大小
    CRect rc;
    GetClientRect(m_hWnd, rc);

    // 载入要绘制的图片
    Gdiplus::Image * img = Image::FromFile(_T("menu_background.png"));

    //画出图片
    gh.DrawImage(img, rc.left, rc.top, rc.Width(), rc.Height());
}
```

运行一下：

运行项目，发现游戏窗口中呈现了“menu_background.png”这张图片，如图 15.28 所示。

图 15.28　呈现菜单背景图片

✍ 说明：

本部分源码在“资源包\Code\01\Module\002\Tank2”目录下。

15.6　游戏功能的详细设计及使用举例

为了使后面的开发更加顺利，本节做一些程序结构上的设计。主要包括游戏菜单、游戏地图、游戏中的机器人（即电脑控制的坦克）、玩家一、玩家二以及寻路算法和碰撞检测算法的设计和实现。在本节中设计好这些功能，后面的代码只需要把它们组合起来即可实现完整的游戏。

✍ 说明：

前面章节中只向屏幕上绘制了 FPS 和一幅背景图片，这是为了演示输出文字和图片，以便让读者快速看到成果。因为这部分破坏了最终程序的整体结构，因此把这一部分代码删掉。接下来的开发，以删掉之后的代码为基础。代码见“src/006/Tank_删减代码之后”，读者可以把这个目录复制一份到本机硬盘上，并打开里面的 Tank.sln 继续进行下面的部分。

扫一扫，看视频

15.6.1　游戏对象概述

在 15.5.5 节中，程序只输出了一幅背景图片到游戏窗口中，功能比较简单。在真实的游戏开发中，需要输出大量图片和文字，图片和文字又处于不停的变化之中，功能较为复杂。这些复杂功能在程序中表现为多种、多个对象。对象很多且每种对象都可能拥有不同状态和行为，如果在一个方法中绘制全部对象，则程序流程过于复杂，难以理解。正确的方法是建立各种不同的对象类，让每种对象自己为自己负责。如每种需要绘制的对象自己都有绘制方法，调用绘制方法时，让对象自己绘制自己，调用方只需在合适的时机调用即可。至于如何绘制调用方则并不关心。同样的，每种对象的其他行为，也由对象自己实现，状态由对象自己记录，这样就将大量的工作分解到了不同的模块中。下面就来设计游戏中的各种对象。

15.6.2　游戏中可移动对象设计

CGameEntry 是所有其他可绘制对象的父类，它是一个抽象类。其他类继承了此类之后，必须实现自己的 Draw()方法，用于绘制自身。

CGameEntryMoveable 是 CGameEntry 子类，扩展了父类的功能，除了可以绘制自己以外，还提供了移动、旋转等相关方法。

下面开始设计 CGameEntry 类。在项目中新增加一个文件，名为 GameEntry.h。增加方法如图 15.29 和图 15.30 所示。

打开 GameEntry.h 文件，输入以下代码。代码主要是对 CGameEntry 类的声明，包括构造函数、析构函数和一个纯虚函数 Draw()。CGameEntry 类不能直接使用，它的作用是给继承自它的子类规定接口，即规定子类应该做什么。如这里通过纯虚函数 Draw()规定子类必须实现该函数，用以绘制子类自身。通过这种方法，可以让不同的子类各自负责自己的绘制工作，具体代码如下：

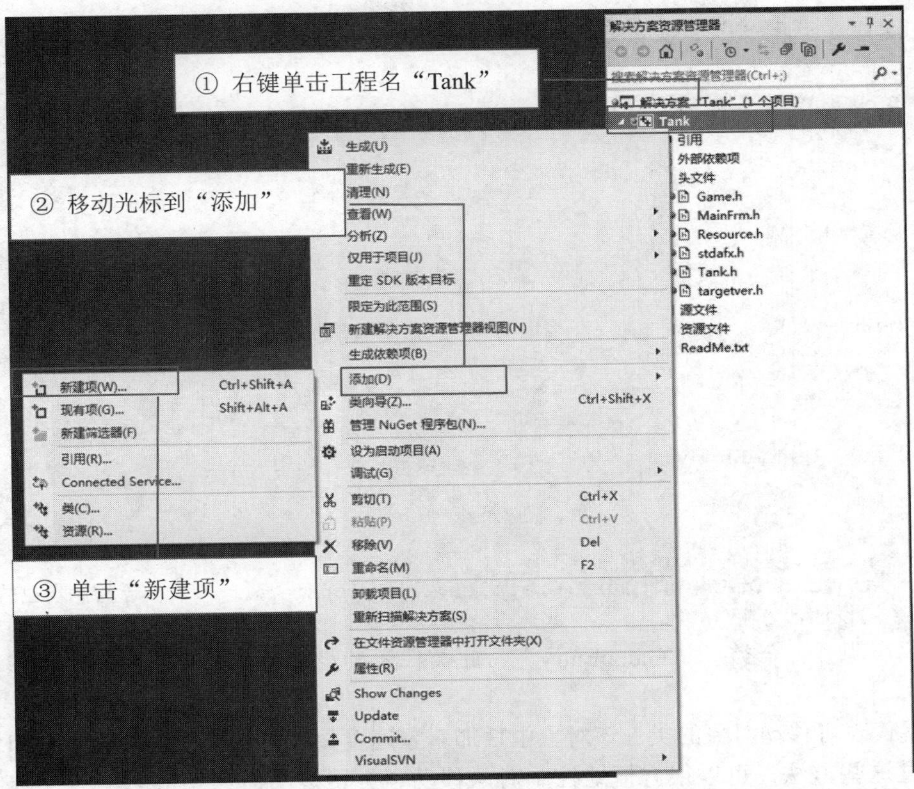

图 15.29 新建文件之打开“添加新项”对话框

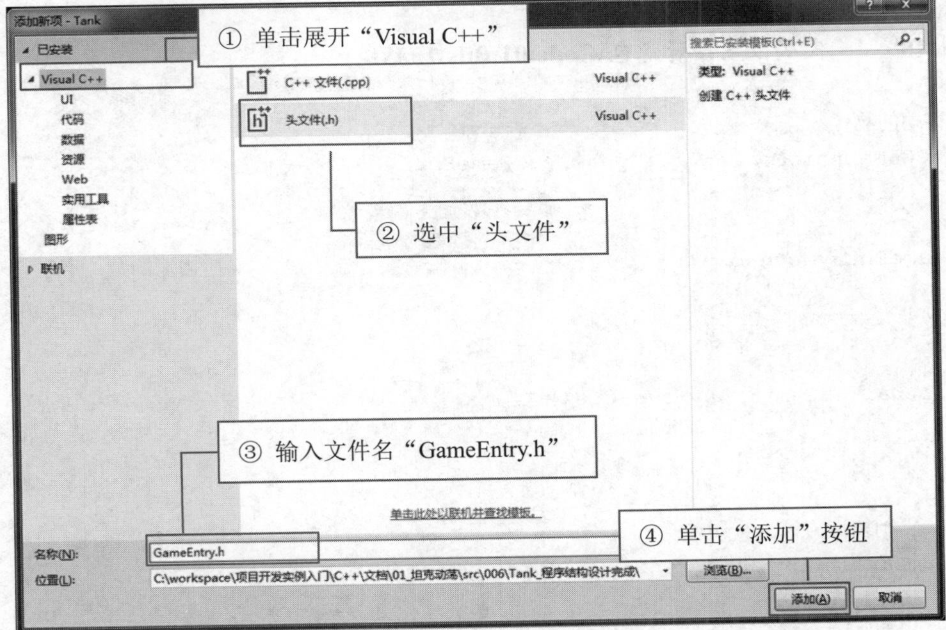

图 15.30 新建文件之输入头文件名

<代码 14　　代码位置：资源包\Code\01\Bits\14.txt>

```
#pragma once
#include <gdiplus.h>
#include <math.h>
#include <cmath>

class CGameEntry
{
public:
    CGameEntry()              // 构造函数：产生新对象时调用
    {
    }

    virtual ~CGameEntry()    // 构造函数：销毁对象时调用
    {
    }
public:
    virtual void Draw(Gdiplus::Graphics &gh) const = 0; // 用于绘制自己的纯虚函数
};// 注意，此处有“;”
```

上面代码声明了一个类 “CGameEntry”，此类代表游戏中所有的对象，包括可移动对象和不可移动对象。

接着实现代表可移动对象的类。该对象中增加对象速度相关方法、位置相关方法和角度方向相关法等。通过这些方法，可以很方便地控制对象移动、旋转等，但该类依然不能直接使用。因为Draw()方法没有实现，还是纯虚方法。该类的子类可以自动获取上述“可移动”的特性。在文件“GameEntry.h”中接着输入以下代码：

<代码 15　　代码位置：资源包\Code\01\Bits\15.txt>

```
// 可移动的物体
class CGameEntryMoveable : public CGameEntry
{
public:
    CGameEntryMoveable()                                    // 构造函数：产生新对象时调用
    {
    }

    virtual ~CGameEntryMoveable()                           // 构造函数：销毁对象时调用
    {
    }

    // 复制构造方法
    CGameEntryMoveable(const CGameEntryMoveable &rhs)
    {
        if(this != &rhs) {
            this->m_bActive = rhs.m_bActive;                // 是否有效
            this->m_rect = rhs.m_rect;                      // 占用的区域
```

```
            this->m_fSpeed = rhs.m_fSpeed;                  // 移动速度
            this->m_direction = rhs.m_direction;            // 当前的角度
            this->m_directionTurn = rhs.m_directionTurn;    // 每次旋转的角度
        }
    }

    // 重载赋值运算
    CGameEntryMoveable &operator=(const CGameEntryMoveable &rhs)
    {
        if(this != &rhs) {
            this->m_bActive = rhs.m_bActive;                // 是否有效
            this->m_rect = rhs.m_rect;                      // 占用的区域
            this->m_fSpeed = rhs.m_fSpeed;                  // 移动速度
            this->m_direction = rhs.m_direction;            // 当前的角度
            this->m_directionTurn = rhs.m_directionTurn;    // 每次旋转的角度
        }
        return *this;
    }
public:
    virtual void Draw(Gdiplus::Graphics &gh) const = 0;

    /********************可移动物体的共同属性********************/
    // 右转
    virtual void RotateRight()
    {

        m_direction += m_directionTurn; // 当前角度增加
        if(m_direction >= 360) {      // 增加满一周之后，减去 360 度，使其始终保持在小角度
            m_direction -= 360;
        }
    }

    // 左转
    virtual void RotateLeft()
    {
        m_direction -= m_directionTurn;  // 当前角度减少
        if(m_direction < 0) {            // 使其始终保持在大于 0 的角度
            m_direction = static_cast<float>(360 - m_directionTurn);
        }
    }

    // 前移动
    virtual void Forward()
    {
        // 根据当前角度，在 x,y 方向上分别进行增减
        m_rect.X += static_cast<Gdiplus::REAL>((m_fSpeed) * sin(GetDirectionArc()));
```

```
        m_rect.Y -= static_cast<Gdiplus::REAL>((m_fSpeed) * cos(GetDirectionArc()));
    }

    // 后移动
    virtual void Backward()
    {
      // 根据当前角度，在x,y方向上分别进行增减
        m_rect.X -= static_cast<Gdiplus::REAL>((m_fSpeed) * sin(GetDirectionArc()));
        m_rect.Y += static_cast<Gdiplus::REAL>((m_fSpeed) * cos(GetDirectionArc()));
    }

    // 获得水平方向的速度分量
    virtual float GetXSpeed() const
    {
        return static_cast<Gdiplus::REAL>((m_fSpeed) * sin(GetDirectionArc()));
    }

    // 获得竖直方向的速度分量
    virtual float GetYSpeed() const
    {
        return -static_cast<Gdiplus::REAL>((m_fSpeed) * cos(GetDirectionArc()));
    }

    // 下一步(前进的)位置
    virtual RectF ForwardNextRect() const
    {
        RectF rc = m_rect;
        rc.X += static_cast<Gdiplus::REAL>((m_fSpeed) * sin(GetDirectionArc()));
        rc.Y -= static_cast<Gdiplus::REAL>((m_fSpeed) * cos(GetDirectionArc()));
        return rc;
    }

    // 下一步(后退的)位置
    virtual RectF BackwardNextRect() const
    {
        RectF rc = m_rect;
        rc.X -= static_cast<Gdiplus::REAL>((m_fSpeed) * sin(GetDirectionArc()));
        rc.Y += static_cast<Gdiplus::REAL>((m_fSpeed) * cos(GetDirectionArc()));
        return rc;
    }

    // 获取头部位置:图片为矩型：头部位置就是角度为 0 时
    // 距离中心点为半径（对角线/2）长度，重值于自己的 X 轴的位置
    virtual PointF GetHeadPos() const
    {
        PointF ptCenter = GetCenterPoint();
```

```
        PointF ptHead = ptCenter;
        float fRadius = std::sqrt(std::pow(m_rect.Width / 2, 2) +   // 计算半径
                                  std::pow(m_rect.Height / 2, 2));

        ptHead.X += fRadius * sin(GetDirectionArc());              // 计算头部坐标x
        ptHead.Y -= fRadius * cos(GetDirectionArc());              // 计算头部坐标y
        return ptHead;                                             // 返回头部坐标
    }

    // 获取中心点
    virtual PointF GetCenterPoint()const
    {
        PointF center = PointF(m_rect.X + m_rect.Width / 2,
                               m_rect.Y + m_rect.Height / 2);
        return center;
    }

    // 设置中心点
    virtual void SetCenterPoint(const PointF &ptCenter)
    {
        PointF cen = GetCenterPoint();
        cen.X = ptCenter.X - cen.X;
        cen.Y = ptCenter.Y - cen.Y;
        m_rect.Offset(cen);
    }

    // 属性存取器
#ifndef PI
#define PI (3.1415926f)
#endif
    // 设置角度:单位为"a*PI"
    virtual void SetDirectionArc(float dir)
    {
        m_direction = dir * 180.0f / PI;
    };

    // 设置角度(单位是"度")
    virtual void SetDirection(float dir)
    {
        m_direction = dir;
    }

    // 获得当前的角度(单位是"a*PI")
    virtual float GetDirectionArc() const
    {
        return PI * m_direction / 180.0f;
```

```
}

// 获得当前的角度(单位是“度”)
virtual float GetDirection() const
{
    return m_direction;
}

// 设置每次旋转的角度
virtual void SetDirectionTurnArc(float dir)
{
    m_directionTurn = PI * dir / 180.0f;
};

// 设置每次旋转的角度
virtual void SetDirectionTurn(float dir)
{
    m_directionTurn = dir;
}

// 获得当前的角度(单位是“PI”)
virtual float GetDirectionTurnArc() const
{
    return PI * m_directionTurn / 180.0f;
}

// 获得当前的弧度(单位是“度”)
virtual float GetDirectionTurn() const
{
    return m_direction;
}

// 是否是有效的
virtual  bool IsActive() const
{
    return m_bActive;
};

// 是否是有效的
virtual void SetActive(bool bActive)
{
    m_bActive = bActive;
}

// 占用范围
virtual void SetRect(const RectF rect)
```

```
    {
        m_rect = rect;
    }

    // 占用范围
    virtual RectF GetRect() const
    {
        return m_rect;
    }

    // 移动速度
    virtual void SetSpeed(float speed)
    {
        m_fSpeed = speed;
    }

    // 移动速度
    virtual float GetSpeed() const
    {
        return m_fSpeed;
    }

private:
    bool m_bActive{false};              // 是否有效
    RectF m_rect{0, 0, 100, 100};       // 占用的区域
    float m_fSpeed{10};                 // 移动速度
    float m_direction{0};               // 当前的角度
    float m_directionTurn{5};           // 每次旋转的角度
};
```

以上代码声明了 CGameEntryMoveable 类，该类是 CGameEntry 类的子类，该类代表游戏中的可移动物体。本部分代码较多，但是提供了更多的功能，后面再设计该类的子类时，可以用更少的代码实现其功能，因为大部分功能已在本类中实现了。

说明：

GameEntry.h 文件没有对应的 GameEntry.cpp 文件。

15.6.3　设计游戏菜单

游戏菜单是游戏启动之后的第一个画面。游戏启动显示的画面如图 15.31 所示。

当鼠标移动到菜单上面时，图片会改变，以响应菜单功能，并增加游戏乐趣。

这一部分相关的类主要包括：

CGameMenuBackground：显示背景图片；

CGameMenuPanel：选择菜单的显示与响应。

在项目中增加这两个类，添加方法可以参考 15.4.3 小节中增加 CGame 类的过程。

图 15.31　显示游戏菜单

GameMenuPanel.h 文件是 CGameMenuPanel 类的声明，其中增加了对鼠标消息的响应函数、背景图片指针和存放两个菜单子项的数组。打开 GameMenuPanel.h 文件，删除该文件中原来的内容，输入以下代码：

<代码 16　　代码位置：资源包\Code\01\Bits\16.txt>

```
#pragma once

#include <tuple>
#include <vector>
#include "GameEntry.h"

using namespace std;

class CGame;

class CGameMenuPanel : public CGameEntryMoveable
{
public:
    CGameMenuPanel();
    ~CGameMenuPanel();

    // 存放一个 CGame 类的指针在文本中
    void SetParent(CGame *g)
    {
        m_pParent = g;
    };
```

```
    CGame *m_pParent{ nullptr };                          // 存放一个 CGame 类的指针在文本中

    virtual void Draw(Graphics &gh) const;                // 画自己

    RectF m_rect{0, 0, 800, 600};                         // 自己的范围

    void OnMouseMove(UINT nFlags, CPoint point);  // 处理鼠标移动事件

    void OnLButtonUp(UINT nFlags, CPoint point);  // 处理鼠标左键抬起事件

    Image *m_imgBackground;                               // 背景图

    struct {                                              // 菜单项
        vector<tuple<Image *, RectF>> vImgInfoPtr;
        int index;
    } m_menuItems[2];
};
```

下面代码是菜单类的实现代码。在构造函数中载入 5 张图片：背景图片、人机对战菜单项的两张图片和双人对战菜单项的两张图片。该类实现了 Draw()方法，负责绘制整个菜单。为了使菜单项可以在鼠标滑过时展开。本类实现了鼠标移动消息，在该消息的处理函数中，依据当前的鼠标位置，决定菜单项该显示哪张图片。菜单的主要功能是获得用户的输入，即根据用户的点击项，进入不同的游戏场景。因此该类实现了鼠标左键抬起消息。打开 GameMenuPanel.cpp 文件，该文件为 CGameMenuPanel 类的具体实现代码。删除原内容，输入以下代码：

<代码 17　　代码位置：资源包\Code\01\Bits\17.txt>

```
#include "stdafx.h"
#include "GameMenuPanel.h"
#include "Game.h"
 // 构造函数
CGameMenuPanel::CGameMenuPanel()
{
    // 背景图
    m_imgBackground = Image::FromFile(_T("menu_background.png"));

    // 菜单项一:人机对战
    m_menuItems[0].index = 0;
    for(int i = 0; i < 2; ++i) {
        TCHAR path[MAX_PATH];
        _stprintf_s(path, _T("menu_1player_%d.png"), i);        // 格式化文件名
        auto imgPtr = Image::FromFile(path);                    // 载入图片
        RectF rc(0, 300, static_cast<float>(imgPtr->GetWidth()),
                 static_cast<float>(imgPtr->GetHeight()));
        m_menuItems[0].vImgInfoPtr.push_back(make_tuple(imgPtr, rc)); // 图片存在
                                                                        数组中

    }
```

```
    // 菜单项一:双人对战
    m_menuItems[1].index = 0;
    for(int i = 0; i < 2; ++i) {
        TCHAR path[MAX_PATH];
        _stprintf_s(path, _T("menu_2plyaer_%d.png"), i);        // 格式化文件名
        auto imgPtr = Image::FromFile(path);                     // 载入图片
        RectF rc(400, 300, static_cast<float>(imgPtr->GetWidth())
                , static_cast<float>(imgPtr->GetHeight()));
        m_menuItems[1].vImgInfoPtr.push_back(make_tuple(imgPtr, rc)); // 图片存在
                                                                      数组中
    }
}

CGameMenuPanel::~CGameMenuPanel()                                // 析构函数
{

}

// 绘制自己
void CGameMenuPanel::Draw(Graphics &gh) const
{
    gh.DrawImage(m_imgBackground, m_rect);                       // 画出背景图片

    // 画子菜单
    for(auto menuItem : m_menuItems) {
        auto img = get<0>(menuItem.vImgInfoPtr[menuItem.index]); // 获取菜单项的图片
        auto rect = get<1>(menuItem.vImgInfoPtr[menuItem.index]);// 获取菜单项的大小
        gh.DrawImage(img, rect);
    }
}

// 处理鼠标移动事件
void CGameMenuPanel::OnMouseMove(UINT nFlags, CPoint point)
{
    PointF pt(static_cast<float>(point.x), static_cast<float>(point.y));
    // 画子菜单
    for(auto &menuItem : m_menuItems) {
        auto img = get<0>(menuItem.vImgInfoPtr[menuItem.index]); // 获取菜单项的图片
        auto rect = get<1>(menuItem.vImgInfoPtr[menuItem.index]);// 获取菜单项的大小
        if(rect.Contains(pt)) {                          // 判断是否包含当前鼠标位置
            menuItem.index = 1;                          // 包含：显示第 1 张图片
        }
        else {
            menuItem.index = 0;                          // 不包含：显示第 0 张图片
        }
    }
```

```
}

// 处理鼠标左键抬起事件
void CGameMenuPanel::OnLButtonUp(UINT nFlags, CPoint point)
{
    PointF pt(static_cast<float>(point.x), static_cast<float>(point.y));
    {
        auto &menuItem = m_menuItems[0];                        // 获取第 0 张图片
        auto img = get<0>(menuItem.vImgInfoPtr[menuItem.index]);   // 获取图片指针
        auto rect = get<1>(menuItem.vImgInfoPtr[menuItem.index]); // 获取图片大小
        if(rect.Contains(pt)) {                                 // 判断是否点中图片
            // 人机对战：暂时不设置
            // m_pParent->SetStep(CGame::EGameTypeOne2BotMenu);
            return;
        }
    }
    {
        auto &menuItem = m_menuItems[1];                        // 获取第 1 张图片
        auto img = get<0>(menuItem.vImgInfoPtr[menuItem.index]);   // 获取图片指针
        auto rect = get<1>(menuItem.vImgInfoPtr[menuItem.index]); // 获取图片大小
        if(rect.Contains(pt)) {                                 // 判断是否点中图片
            // 双人对战：暂时不设置
            // m_pParent->SetStep(CGame::EGameTypeOne2OneMenu);
            return;
        }
    }
}
```

类“CGameMenuBackground”为游戏菜单的背景。该类比较简单，只是在每次调用 Draw()函数时，输出一张图片。本类没有关于键盘鼠标的消息处理。打开 CGameMenuBackground.h 文件，删除原内容，输入以下代码：

<代码 18　　代码位置：资源包\Code\01\Bits\18.txt>

```
#pragma once

#include "GameEntry.h"

class CGame;

class CGameMenuBackground : public CGameEntryMoveable
{
public:
    CGameMenuBackground();
    ~CGameMenuBackground();

    void SetParent(CGame *g)
    {
```

```
        m_pParent = g;
    };

    CGame *m_pParent{ nullptr };

    virtual void Draw(Graphics &gh) const;                          // 画自己的函数

    RectF m_rect{0, 0, 800, 600};                                   // 自己的范围

    Image *m_imgBackground;                                         // 背景图
};
```

下面是该类的实现代码。打开 CGameMenuBackground.cpp 文件，删除原内容，输入以下代码：

<代码 19　　代码位置：资源包\Code\01\Bits\19.txt>

```
#include "stdafx.h"
#include "GameMenuBackground.h"
#include "Game.h"


CGameMenuBackground::CGameMenuBackground()
{
    m_imgBackground = Image::FromFile(_T("menu_background.png")); // 载入背景图
}

CGameMenuBackground::~CGameMenuBackground()
{

}

void CGameMenuBackground::Draw(Graphics &gh) const
{
    gh.DrawImage(m_imgBackground, m_rect);                          // 绘制背景图片
}
```

现在只是“写完”了这几个类，并没有在程序中使用到，只有使用到，才能看效果。下一节中就来使用菜单类。

扫一扫，看视频

15.6.4　单人游戏与双人对战

本程序中支持两种场景：单人游戏与双人对战。这两种场景，需要在每次游戏开始之前确定。确定方法是：把前面设计的游戏菜单提供给玩家，选择不同的菜单项，进入不同的游戏场景。这里正好用到 15.6.3 中编写的“游戏菜单”相关类。具体使用步骤如下：

（1）包含头文件。打开 Game.h 文件，在文件顶部“#pragma once”下方插入以下代码：

```
#include "GameMenuPanel.h"
#include "GameMenuBackground.h"
```

☞ 想一想：

这两句的作用是什么?

（2）声明菜单类变量。在“HWND m_hWnd;”下方一行加入代码，声明菜单相关类的成员变量：

<代码 20　　代码位置：资源包\Code\01\Bits\20.txt>

```
/* 游戏绘图处理
   负责绘画游戏中的对象
*/
void GameRunDraw();

CGameMenuPanel m_menuSelect; // 开始菜单

CGameMenuBackground m_menu;  // 开始菜单背景图
```

（3）编写绘图方法的实现。该方法中调用菜单类自身的绘画方法，把菜单背景和菜单子项绘制到内存中，再把内存中的数据一次输出到游戏窗口中。打开 Game.cpp 文件，在文件最下方加入如下代码：

<代码 21　　代码位置：资源包\Code\01\Bits\21.txt>

```
// 游戏绘图
void CGame::GameRunDraw()
{
    HDC hdc = ::GetDC(m_hWnd);
    CRect rc;                                       // 客户区的大小
    GetClientRect(m_hWnd, &rc);

    CDC *dc = CClientDC::FromHandle(hdc);

    CDC m_dcMemory;                                 // 双缓冲绘图用
    CBitmap bmp;
    bmp.CreateCompatibleBitmap(dc, rc.Width(), rc.Height());
    m_dcMemory.CreateCompatibleDC(dc);
    CBitmap *pOldBitmap = m_dcMemory.SelectObject(&bmp);

    Graphics gh(m_dcMemory.GetSafeHdc());   // 构造对象
    gh.Clear(Color::White);                 // 清除背景
    gh.ResetClip();

    // 画入内存
    {
        m_menu.Draw(gh);                    // 画背景

        m_menuSelect.Draw(gh);              // 画菜单
    }
```

```
    // 复制到屏幕
    ::BitBlt(hdc, 0, 0, rc.Width(), rc.Height(), m_dcMemory.GetSafeHdc(), 0, 0,
SRCCOPY);
    dc->DeleteDC();                                    // 释放
    return;
}
```

（4）调用绘图方法。打开 Game.cpp 文件，找到 “bool CGame::EnterFrame(DWORD dwTime)” 方法，在 “return false;” 上面插入代码：

```
GameRunDraw();
```

上述代码调用了游戏的绘制方法。调用菜单项和背景项自身的绘制方法，把这两个对象绘制到游戏窗口上。

运行一下：

运行程序，显示画面如图 15.32 所示。

图 15.32　显示静止的游戏菜单

此时把鼠标移动到菜单上面，菜单并没有变化，是因为程序还没有响应鼠标消息。这就要麻烦好久都未出场的 CMainFrm 类了，因为只有这里才可以响应鼠标消息。接下来要做的是把鼠标消息“传递”给后续代码，让后面需要响应鼠标消息的地方可以“感知”到消息。

（5）鼠标和定时器消息声明。打开 MainFrm.h 文件，在 “afx_msg void OnTimer(UINT_PTR nIDEvent);” 下面一行加入代码：

```
afx_msg void OnMouseMove(UINT nFlags, CPoint point);
afx_msg void OnLButtonUp(UINT nFlags, CPoint point);
```

这两行代码是鼠标消息处理方法的声明，其中 OnMouseMove()对应“鼠标移动消息”；

OnLButtonUp()对应“鼠标左键抬起消息”。光有声明还不够，还需要在 CMainFrm 类的消息映射表中添加代码，以绑定处理方法。

打开 MainFrm.cpp 文件，找到“ON_WM_TIMER()”，在下方增加两行代码：

```
ON_WM_MOUSEMOVE()
ON_WM_LBUTTONUP()
```

（6）消息处理函数的实现。实现方法中直接调用了 CGame 类对应的鼠标消息处理方法，使 CGame 类有机会处理鼠标消息。在文件的最后增加如下代码：

<代码 22　　代码位置：资源包\Code\01\Bits\22.txt>

```
void CMainFrame::OnMouseMove(UINT nFlags, CPoint point)
{
    m_game.OnMouseMove(nFlags, point); // 直接把鼠标消息转给 CGame 对象
    CFrameWnd::OnMouseMove(nFlags, point);
}

void CMainFrame::OnLButtonUp(UINT nFlags, CPoint point)
{
    m_game.OnLButtonUp(nFlags, point); // 直接把鼠标消息转给 CGame 对象
    CFrameWnd::OnLButtonUp(nFlags, point);
}
```

（7）在 CGame 类转发鼠标消息。打开 Game.cpp 文件，找到“OnMouseMove”所在行，在下方的大括号内增加一行代码：

```
m_menuSelect.OnMouseMove(nFlags, point);     // 选择游戏类型
```

找到“OnLButtonUp”所在行，在下方大括号内增加：

```
m_menuSelect.OnLButtonUp(nFlags, point);     // 选择游戏类型
```

这两行代码又把鼠标消息转给了菜单对象进行相关的处理。菜单对象会根据不同的消息，做出不同的动作，如当发现鼠标移动到“自己”的范围内时，变换显示的图片；当移出时再恢复之前的图片。

运行一下：

再次运行，把鼠标移动到菜单上面，发现菜单已经可以变化了。

说明：

本小节代码在“资源包\Code\01\Module\003\Tank_设计菜单”目录下。

15.6.5 设计坦克及子弹（要求复制源文件）

扫一扫，看视频

本程序中一共有三种坦克对象：机器人（即电脑控制的坦克）、玩家一、玩家二。这三种都是坦克对象的子类。可以把相同的部分放在 CTankEntry 中，不同的部分放在子类中。这一部分主要用到的类有 4 个，分别是：

- CTankEntry：基类，负责坦克共有的功能，如前后移动，发射子弹等；
- CPlayer：玩家类，一个该类的对象，可能代表一个玩家；
- CBot：机器人（即电脑控制的坦克）类，在人机对战中，代表电脑一方；

- CBullet：子弹类，坦克发出的子弹。

说明：

本部分代码在“资源包\Code\01\Module\003\Tank_坦克对象”目录下，代码较多，读者可以直接复制代码文件放到自己的项目中使用。

（1）将目录下的文件“TankEntry.h”“TankEntry.cpp”“Bot.h”“Bot.cpp”“Bullet.h”“Bollet.cpp”“Player.h”“Player.cpp”“KeyMenuPlayer01.h”“KeyMenuPlayer01.cpp”“KeyMenuPlayer02.h”和“KeyMenuPlayer02.cpp”复制到自己项目的目录下。项目目录的打开方法如图 15.33 所示。

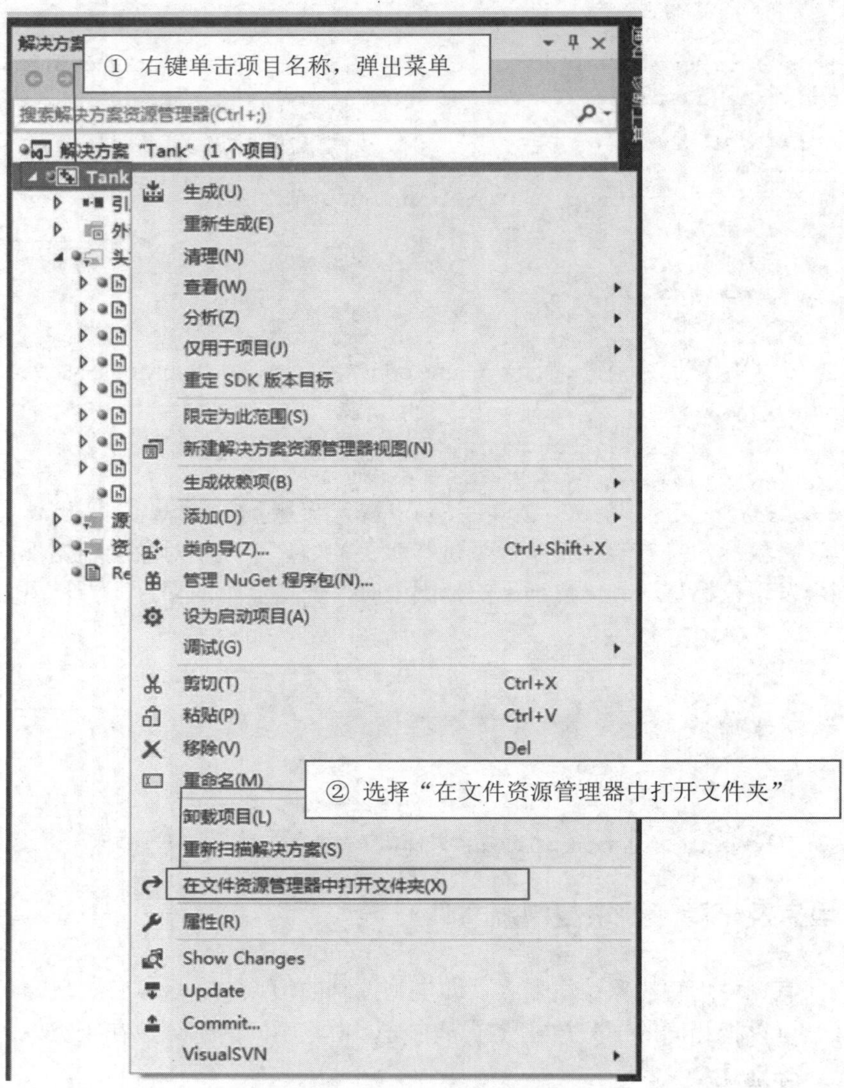

图 15.33　打开工程目录

（2）复制好文件之后，把文件添加到项目中，如图 15.34 和图 15.35 所示。

（3）在图 15.35 所示的对话框中同时选中复制过来的文件，并单击“添加”按钮，文件就引入到项目中了。依照同样的方法，把“GameTimer.h”“GameHit.h”“GameHit.cpp”文件也添加到项目中备用。

说明：

此时项目是可以正常编译运行的，但引入的类还没有被使用到。

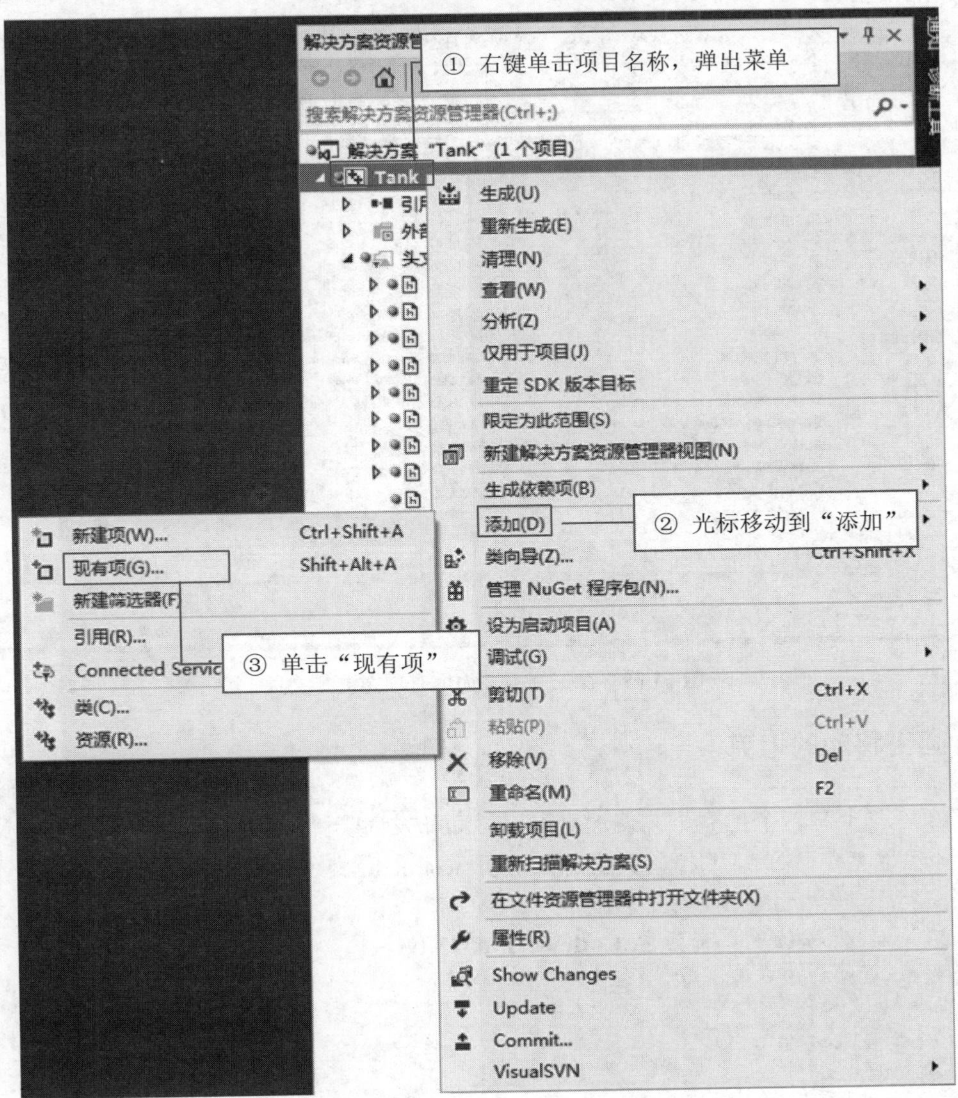

图 15.34　在工程中添加现有项

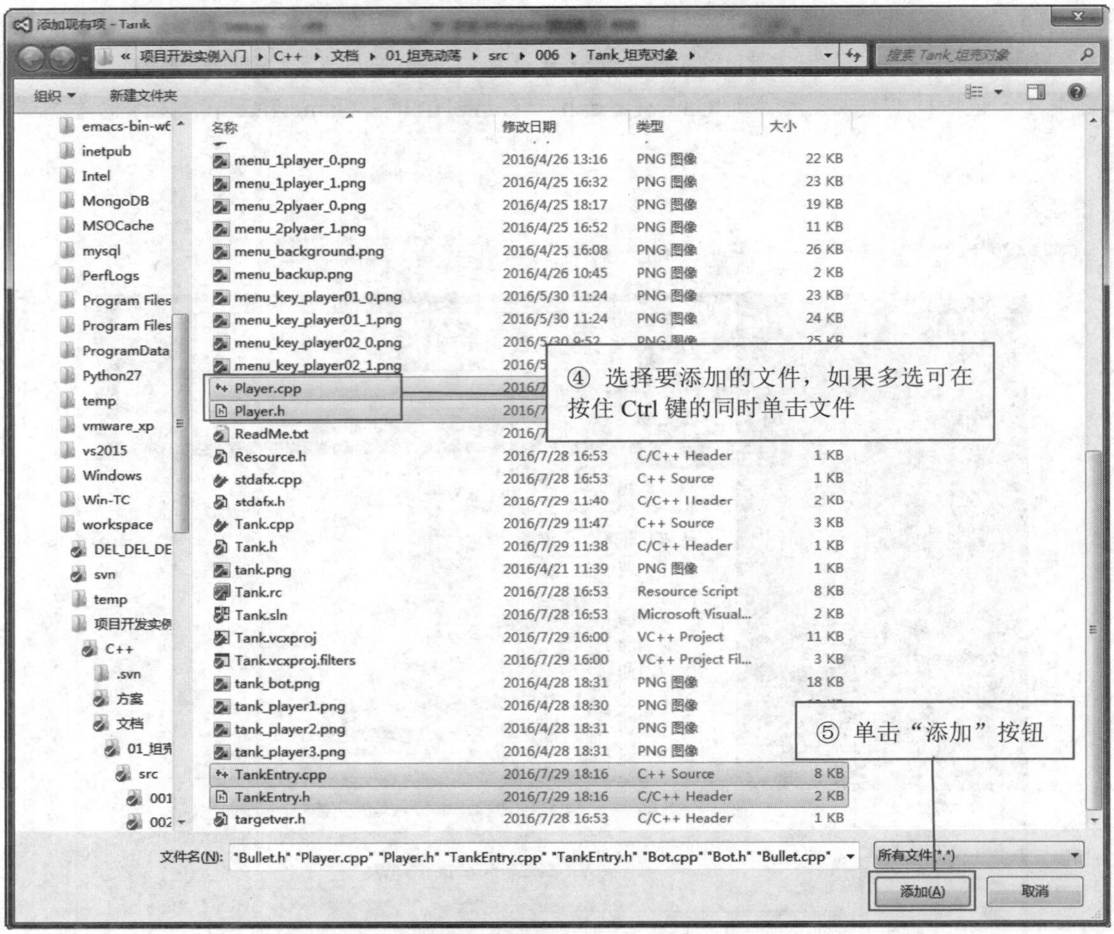

④ 选择要添加的文件，如果多选可在按住 Ctrl 键的同时单击文件

⑤ 单击“添加”按钮

图 15.35　在工程中添加现有项之选择文件

扫一扫，看视频

15.6.6　画出移动的坦克

接下来在屏幕上画一个坦克，并使坦克可以移动和发射子弹，实现步骤如下。

（1）引入坦克类和子弹类相关头文件。打开 Game.h 文件，在“#include "GameMenuBackground.h"”一行下方增加以下代码：

<代码 23　　代码位置：资源包\Code\01\Bits\23.txt>

```
#include "TankEntry.h"
#include "Player.h"
#include "Bullet.h"
#include "Bot.h"
```

（2）声明坦克类的变量，并设定坦克的初始位置和坦克的图片；声明子弹变量的数组，用于存储从坦克中发射的子弹。在类的最后增加以下代码：

<代码 24　　代码位置：资源包\Code\01\Bits\24.txt>

```
CPlayer m_player01{100, 100, _T("tank_player1.png")}; // 两个玩家对象
```

```
CPlayer m_player02{200, 100, _T("tank_player2.png")}; // 玩家对象 2:双人对战时才会用到
CBot m_bot{300, 200, _T("tank_bot.png")};             // 一个电脑:人机对战时用到
std::list<CBullet> m_lstBullets;                      // 存在于地图场景中的子弹对象数组
```

（3）上面代码的作用是在 CGame 类中声明成员变量，接下来就可以在后面的代码中使用这几个成员变量了。首先尝试使用“玩家一”对象，即“m_player01”。

控制坦克需要使用键盘，因此在这个类中需要增加键盘处理方法：

在 Game.h 文件中找到“void GameRunDraw();”，在下面增加函数的声明代码：

```
/* 游戏逻辑处理：
 * 1. 维护子弹状态
 * 2. 维护机器人（即电脑控制的坦克）AI 的自动移动,自动发射子弹
 * 3. 维护玩家坦克的状态
 * 碰撞检测包括：撞墙，子弹命中坦克...
**/
void GameRunLogic();
```

（4）声明后，需要实现该代码的方法。这部分代码功能如下：

① 使用 GetAsynKeyState 函数获取当前的按键状态，如发现当下按下了键盘上的“上”方向键，则调用玩家一的 Forward()函数，使坦克前进；

② 遍历子弹对象数组，依次调用每个子弹对象的前进方法，使子弹向前移动一段距离；

③ 查找超时的子弹，把它从数组中删除，这样下次绘画时就不绘画该子弹了，达到子弹超时消失的效果。

打开 Game.cpp 文件，并在最后增加该方法的定义代码：

<代码 25　　代码位置：资源包\Code\01\Bits\25.txt>

```
void CGame::GameRunLogic()
{
#define KEYDOWN(vk) (GetAsyncKeyState(vk) & 0x8000)
    //按键处理
    {
        if(KEYDOWN(VK_LEFT))                        // 左方向键按下
        {
            m_player01.RotateLeft();                // 玩家一向左转
        }
        if(KEYDOWN(VK_RIGHT))                       // 右方向键按下
        {
            m_player01.RotateRight();               // 玩家一向右转
        }
        if(KEYDOWN(VK_UP))                          // 上方向键按下
        {
            m_player01.Forward();                   // 玩家一向前走
        }
        if(KEYDOWN(VK_DOWN))                        // 下方向键按下
        {
            {
                m_player01.Backward();              // 玩家一向后退
            }
```

```
        }
        if(KEYDOWN('M'))                        // 按下M键
        {
            CBullet blt;
            if(m_player01.Fire(blt)) {          // 开火
                m_lstBullets.push_back(blt);    // 加入到地图列表中
            }
        }
    }

    for(auto &blt : m_lstBullets) {             // 处理子弹对象的移动
        blt.Move();                             // 子弹向前移动
    }

    // 移除超时的子弹
    {
        // 查找超时的子弹
        auto itRemove = std::remove_if(m_lstBullets.begin(),
                                       m_lstBullets.end(),
            [] (CBullet & blt)->bool {
                return blt.IsTimeout();
            });
        for(auto it = itRemove; it != m_lstBullets.end(); ++it) {
            it->SetActive(false);               // 设置为无效
            it->GetOwner()->AddBullet(*it);     // 给对应的坦克增加子弹
        }
        // 从本地删除子弹
        m_lstBullets.erase(itRemove, m_lstBullets.end());
    }
}
```

（5）找到 Game.cpp 文件中的“void CGame::GameRunDraw()”，把这个方法里面的“// 画出一幅图片”及下方的大括号替换为下面的代码：

<代码 26　　代码位置：资源包\Code\01\Bits\26.txt>

```
// 画入内存
{
    m_player01.Draw(gh);                        // 画坦克(玩家一)
    for(auto &blt : m_lstBullets) {             // 遍历所有存在于地图上的子弹
        blt.Draw(gh);                           // 调用子弹自身绘制函数，绘制子弹
    }
}
```

（6）找到 Game.cpp 文件中的“bool CGame::EnterFrame(DWORD dwTime)”，在此方法内的“GameRunDraw();”下方增加对游戏逻辑处理函数的调用：

```
GameRunLogic();                                 // 游戏逻辑处理
```

（7）在 Game.cpp 文件头部“#include "Game.h"”一行下方增加头文件的包含代码：

```
#include <algorithm>
```

此行代码是 C++标准库中的算法库，包含之后，可以在本文件中使用标准库提供的各种算法。

💻 运行一下：

到此为止，程序实现的功能为：在游戏窗口上画一个坦克，可以用键盘上的左右键控制方向，用上下键控制前后移动，按 M 键发射子弹，最多五颗，子弹会因为超时而消失。此时再按 M 键，还可以继续发射子弹。运行结果如图 15.36 所示。

✍ 说明：

本部分代码在“资源包\Code\01\Module\003\Tank_坦克对象”目录下。

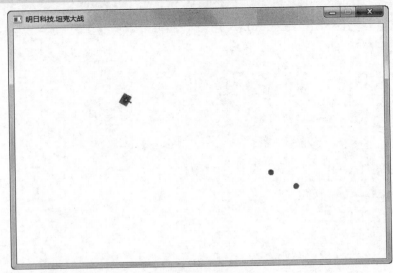

图 15.36　画出玩家一

扫一扫，看视频

15.6.7　自动寻路与碰撞检测

上面已经实现了一个坦克类，并使用了第一个玩家对象，第二个玩家和第一个玩家是一样的，只是用来控制的键不相同。在游戏中，第二个玩家是通过 Q/A/S/W/D 来控制的，读者也可以自由增加多个玩家。机器人（即电脑控制的坦克）类不必用人来控制，而是用电脑来控制的。但是这些坦克目前的移动太过于自由，需要增加地图、寻路、碰撞检测相关功能，控制坦克及子弹的行为：哪里可以走、哪里不可以走、子弹撞墙的反弹和机器人（即电脑控制的坦克）自动寻路等功能。

✍ 说明：

①本游戏中地图相关的类为 CGameMap：代理整个地图；CGameMapElement：地图中的小方格；CWall：地图中的墙。②碰撞检测相关文件 GameHit.h/GameHit.cpp：定义了所有碰撞检测相关的类及方法。③自动寻路相关类 CGamePathFinder：采用深度优先搜索算法的最短路径查找。

为了方便使用前面编写的各种对象代码和系统提供的标准库，这里要处理一下“Stdafx.h”文件。此文件会被所有其他.cpp 文件包含，在该文件中包含的头文件，相当于把这些头文件包含进了所有的.cpp 文件。

打开 stdafx.h 文件，在“#include <gdiplus.h>”上方插入如下代码：

<代码 27　　代码位置：资源包\Code\01\Bits\27.txt>

```
#include <cassert>
#include <cmath>
#include <algorithm>
#include <deque>
#include <exception>
#include <fstream>
#include <functional>
#include <ios>
#include <iostream>
#include <istream>
#include <iterator>
#include <limits>
#include <list>
#include <locale>
#include <map>
#include <memory>
#include <numeric>
#include <ostream>
#include <queue>
#include <random>
#include <regex>
#include <set>
#include <stack>
#include <string>
#include <strstream>
#include <tuple>
#include <vector>

using namespace st
```

☞ **想一想：**

这部分代码的作用是什么？

本程序中由于要计算坦克的角度等，频繁用到圆周率，因此定义一个宏“PI”；在自动寻路时，需要用到一个表示坐标点的结构体，因此定义一个 PathNode 结构体，并声明代表路径的 VPath 类型。在“using namespace Gdiplus;”下方增加如下代码：

<代码 28　　代码位置：资源包\Code\01\Bits\28.txt>

```
#define PI 3.14159265357f

typedef struct PathNode {
    int x;
    int y;
} PathNode;
```

```
typedef std::vector<PathNode> VPath;

// 删除内存的宏
#define SAFE_DEL_PTR(ptr) if((ptr) != nullptr){delete ptr;ptr= nullptr;}
```

SAFE_DEL_PTR 的作用是删除内存并把指针赋值为空，以防后续代码误用已经删除的内存。

将源码文件夹中的以下文件复制到自己的项目目录下，并加入项目。这些文件为已经实现的碰撞检测、游戏地图、自动寻路模块。具体功能如下：

GameHit.h/GameHit.cpp：碰撞检测；

GameMap.h/GameMap.cpp：游戏地图；

GamePathFinder.h：自动寻路；

Wall.h/Wall.cpp：地图上的“墙”。

说明：

本部分代码在“资源包\Code\01\Module\003\Tank_增加地图”目录下。

扫一扫，看视频

15.6.8 画出游戏地图，控制运行轨迹

本节将实现地图的绘制，并使用地图控制对象的运行轨迹。

1. 画出地图对象

前文已经编写好了地图对象的相关代码，画出地图需要在 CGame 的绘制函数中调用地图类 CGameMap 自身的方法“Draw()”。调用方法如下：

在 Game.h 文件顶部“#include "Bot.h"”下方增加一行：

```
#include "GameMap.h"
```

在“std::list<CBullet> m_lstBullets;”下方增加一行：

```
CGameMap m_map{ 10, 10, 780, 580 };          // 地图对象
```

这一句增加并初始化了一个地图对象。接下来只要在游戏帧方法中调用地图对象自己的 Draw 方法，画出地图对象即可。

打开 Game.cpp 文件，找到游戏绘图方法：void CGame::GameRunDraw()；找到方法内的“// 画入内存”一行，将下方括号内的内容修改为如下代码：

<代码 29　　代码位置：资源包\Code\01\Bits\29.txt>

```
m_map.Draw(gh);                           // 画出地图
m_player01.Draw(gh);                      // 画坦克(玩家一)
for(auto &blt : m_lstBullets) {           // 画子弹(所有存在于地图上的子弹)
    blt.Draw(gh);
}
```

map.Draw(gh)既调用了地图对象自身绘制方法，绘制地图自身，同时也调用了玩家的绘制方法和子弹的绘制方法。

运行一下：

运行程序，结果如图 15.37 所示。

2．逻辑处理

上面的代码只是画出了地图，但是坦克还是可以“肆无忌惮”地在地图的各个位置移动，甚至移出地图，移到游戏窗口之外。要想处理这种情况，就要用到逻辑判断了，在判断中发现坦克撞上墙，就不让坦克移动。由于初始化时，坦克就在地图中，四周是围墙，所以坦克也不可能再跑到地图外面，下面就来实现它。

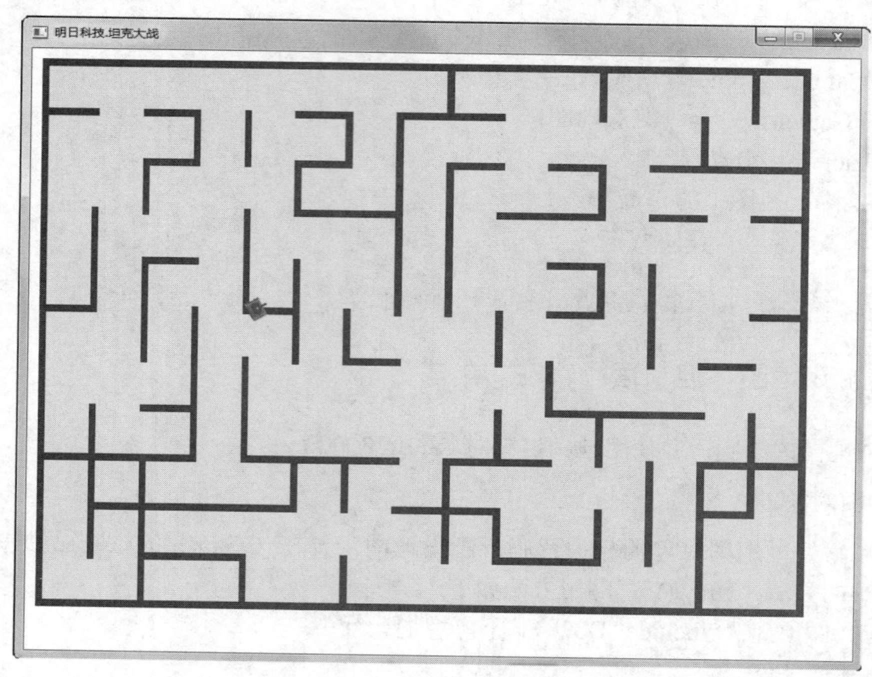

图 15.37　绘制地图及玩家一

找到 Game.cpp 文件中的“void CGame::GameRunLogic()”方法，进一步找到“if(KEYDOWN(VK_UP))”这一行，并修改此行及下方大括号的内容为如下代码：

<代码 30　　代码位置：资源包\Code\01\Bits\30.txt>

```
if(KEYDOWN(VK_UP)) {
    // 坦克撞墙检测
    {
        if(m_map.IsHitTheWall(m_player01, true)) {
            m_player01.ChangeDirection(true);    // 撞墙了，改变方向
        }
        else {
            m_player01.Forward();                // 没有撞墙，继续前进
        }
    }
}
```

同样方式修改“if(KEYDOWN(VK_DOWN))”及后面大括号的内容为以下代码：

<代码 31　　代码位置：资源包\Code\01\Bits\31.txt>

```
if(KEYDOWN(VK_DOWN)) {
    {
```

```
            // 坦克撞墙检测
            {
                if(m_map.IsHitTheWall(m_player01, false)) {
                    m_player01.ChangeDirection(true);    // 撞墙了，改变方向
                }
                else {
                    m_player01.Backward();                // 没有撞墙，继续后退
                }
            }
        }
    }
```

接下来调整坦克的初始位置，如果坦克一出现就在墙的位置上，相当于坦克一开始就是嵌在墙里面的，这样坦克就寸步难行了。所以在坦克初始化时，要把坦克随机放到“空地”上。

增加一个初始化方法，负责载入地图以及初始化坦克等工作。

打开 Game.h 文件，在“CGameMap m_map{ 10, 10, 780, 580 };”下方增加如下代码：

```
bool CGame::GameInitOne2Bot();              // 游戏初始化:单人对电脑
```

下面实现这个方法，该方法通过 LoadMap()方法载入地图数据；设置玩家一的图片；调用地图类的 FindRandomPosition()函数，在地图中寻找一个空白点，把玩家一“放入”空地中；最后清空子弹数组。在 Game.cpp 文件最下方增加如下代码：

<代码 32　　代码位置：资源包\Code\01\Bits\32.txt>

```
// 游戏初始化:单人对电脑
bool CGame::GameInitOne2Bot()
{
    {
        m_map.LoadMap();// 载入地图
        // 玩家一
        {
            m_player01 = CPlayer(0, 0, _T("tank_player1.png"));
            PointF ptCenter;
            if(!m_map.FindRandomPosition(ptCenter)) {
                AfxMessageBox(_T("调整 Player01 位置失败"));
            }
            else {
              // 设置玩家一的中心点，让玩家一处于地图格子的正中间位置
                m_player01.SetCenterPoint(ptCenter);
            }
        }

        // 子弹
        m_lstBullets.clear();
    }
    return true;
}
```

在构造方法“CGame::CGame()”中增加初始化函数的调用代码，使 CGame 的对象一产生即进行初始化动作。修改后的代码如下：

<代码 33　　代码位置：资源包\Code\01\Bits\33.txt>

```
CGame::CGame()
```

```
{
    GameInitOne2Bot(); // 初始化人机对战游戏
}
```

运行一下：

运行程序，发现坦克现在只能在空地处移动，再也不能穿墙乱跑了，如图 15.38 所示。

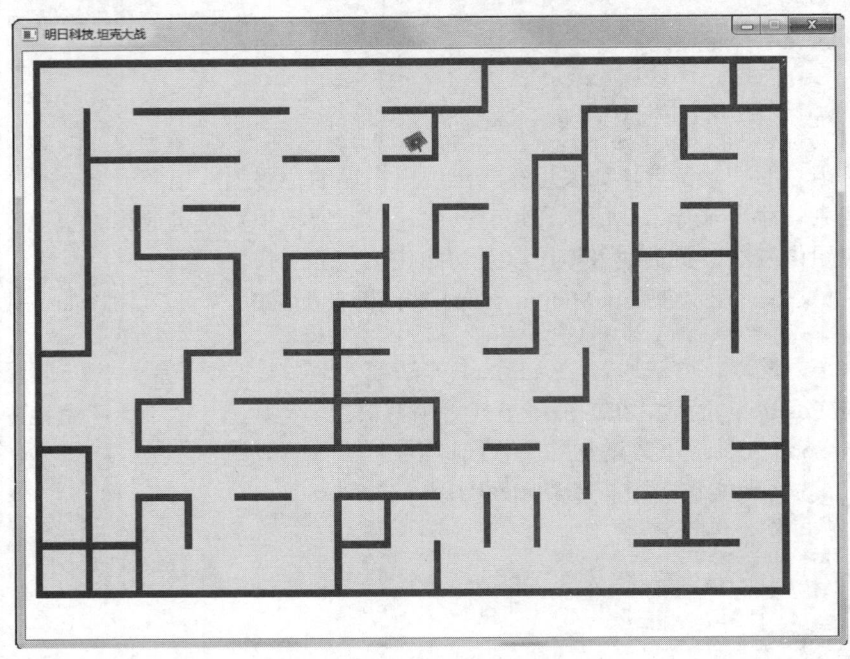

图 15.38　被地图限制的玩家一

3．子弹的折射处理

上面的修改限制了坦克的移动，但是子弹还是不能折射。需要遍历所有的子弹依次进行判断，如果撞墙，则变换子弹的方向，然后继续前进。

在 Game.cpp 文件中找到“void CGame::GameRunLogic()”方法，所有逻辑处理都是在这里完成的。在这个方法最下方（右大括号“}”之前一行）增加如下代码：

<代码 34　　代码位置：资源包\Code\01\Bits\34.txt>

```
// 子弹撞墙处理
{
    for(auto &blt : m_lstBullets) {          // 子弹是否撞上墙:如果撞上了，改变方向等等
        m_map.HitWallProcess(blt);           //  进行撞墙处理
        blt.Move();                          // 子弹移动
    }
}
```

再次运行，子弹就可撞墙折射了。

4．击中坦克爆炸的实现

坦克类本身具有对被击中的判断函数“IsHitted()”，这里调用即可。如果被击中，则让坦克

“自爆”。

在上面代码下方继续增加如下代码：

<代码 35　　代码位置：资源包\Code\01\Bits\35.txt>

```
// 检查子弹是否击中坦克:击中要使坦克爆炸(子弹可不用移除了，因为游戏都结束了)
for (auto &blt : m_lstBullets) {
    if (m_player01.IsHitted(blt)) {  // 如果玩家一被击中
        m_player01.Bomb();           // 使玩家一“自爆”
    }
    break;
}
```

运行一下：

让自己的坦克垂直对着一面墙发射子弹，子弹反射回来击中自己，坦克爆炸，如图 15.39 所示。

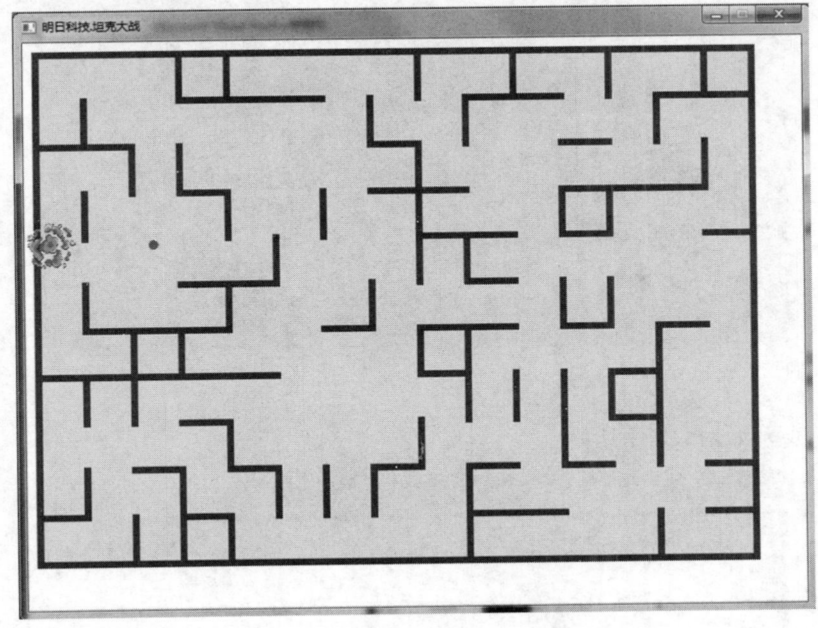

图 15.39　子弹的反射

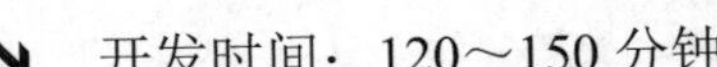

说明：

本部分代码在“资源包\Code\01\Module\003\Tank_增加地图”目录下。

15.7　实现完整的游戏

- 开发时间：120～150 分钟
- 开发难度：★★★★☆
- 源码路径：资源包\Code\01\Module\004
- 关键词：坦克　寻路　碰撞检测　人机大战　双人对战

前面各章节实现了游戏的基本功能。到目前为止，还没有把各部分功能有效地组织起来，形成一个完整的游戏程序。CGame 类相当于游戏的总调度师，负责控制整个游戏的流程。下面就来修改这个类，最终实现完整的游戏功能。

本游戏可以分成三个大的部分：

（1）游戏菜单，如图 15.40 所示。

图 15.40　完整游戏之游戏菜单

（2）人机对战，如图 15.41 所示。

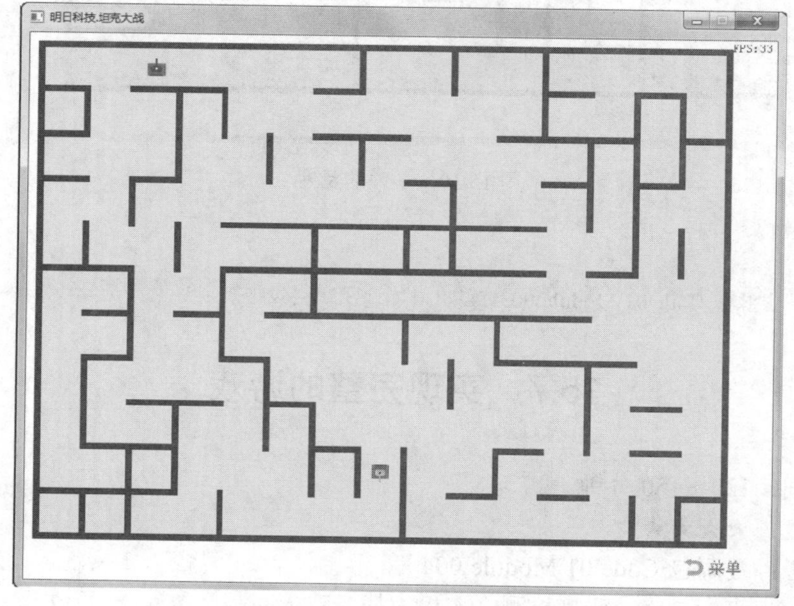

图 15.41　完整游戏之人机大战

（3）双人对战，如图 15.42 所示。

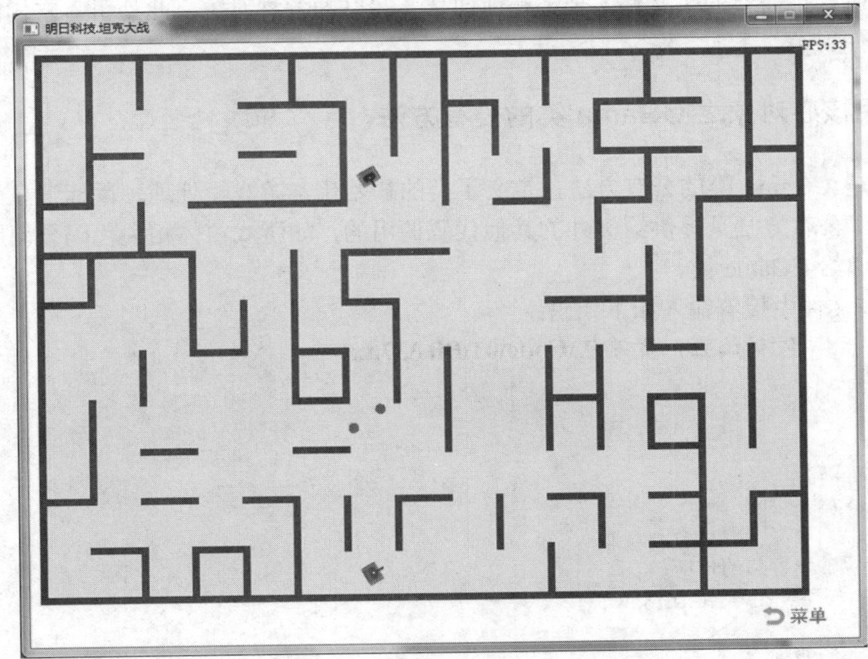

图 15.42 完整游戏之双人对战

在前面的章节中设计了游戏中用到的所有对象，主要是菜单、坦克、子弹及地图对象。下面的任务是有效地组织起这些对象，使它们“和谐”工作。

组织这些对象的工作，主要在 CGame 类中，其中有部分功能前面已经用过。只需修改 CGame 类的代码，其他类完全不用改动。

CGame 类的代码在 Game.h 和 Game.cpp 文件中，下面几节将详细讲解 CGame 类的全部内容。

15.7.1 引进所有游戏对象声明

所有游戏对象的设计都是服务于 CGame 类的，因此需要在 Game.h 文件中引入所有的头文件。打开 Game.h 文件，删除原内容，输入以下代码：

<代码 36　　代码位置：资源包\Code\01\Bits\36.txt>

```
#pragma once

#include "wall.h"
#include "Bullet.h"
#include "Player.h"
#include "Bot.h"
#include "GameMap.h"
#include "GameMenuPanel.h"
#include "GameMenuPanel2.h"
#include "KeyMenuPlayer02.h"
#include "KeyMenuPlayer01.h"
```

```
#include "GameMenuBackground.h"
```

上面代码引入了需要的头文件，全都是前面章节写好的各种对象，此处引入它们的头文件，后续代码就可以使用了。

15.7.2 声明核心对象之 CGame 类的公有方法

本节代码是 CGame 类的公有方法，定义了类的初始化，游戏帧处理，鼠标消息处理，和游戏步骤相关成员。公有方法是提供给类外的其他代码调用的，如游戏窗体相关代码会调用下面的方法把鼠标消息传递给 CGame 类。

在 Game.h 文件中接着输入如下代码：

<代码 37　　代码位置：资源包\Code\01\Bits\37.txt>

```
class CGame
{
public:
    CGame();
    ~CGame();

    // 设置输出窗口的句柄
    void SetHandle(HWND hWnd);

    // 进入游戏帧
    bool EnterFrame(DWORD dwTime);

    // 处理鼠标移动事件
    void OnMouseMove(UINT nFlags, CPoint point);

    // 处理左键抬起事件
    void OnLButtonUp(UINT nFlags, CPoint point);

    // 当前游戏所处的阶段
    enum EGameType {
        EGameTypeMenu = 0,       // 选择阶段
        EGameTypeOne2BotMenu,    // 单人对电脑菜单阶段
        EGameTypeOne2Bot,        // 单人对电脑
        EGameTypeOne2BotEnd,     // 单人对电脑结束
        EGameTypeOne2OneMenu,    // 双人对战菜单阶段
        EGameTypeOne2One,        // 双人对战
        EGameTypeOne2OneEnd,     // 双人对战结束
        EGameTypeCount,          // =7
    };

    // 设置当前游戏所处的阶段,并根据步聚初始化
    void SetStep(CGame::EGameType step);
```

扫一扫，看视频

15.7.3 声明私有方法

私有方法是本类内部需要调用的方法，这些方法不提供给类外部的代码调用，类外面的代码不

能随意修改本类功能，达到了实现隐藏的目的。

（1）声明初始化方法。该方法包含游戏各个阶段的初始化，如选择阶段初始化和人机大战阶段初始化等。程序运行时，根据玩家的选择和游戏当前的阶段，分别调用下面对应的方法。同时为了方便调用，把初始化方法放入一个方法指针数组中，这样后面就可以根据游戏所处的阶段直接调用这些方法了。具体代码如下：

<代码 38　　代码位置：资源包\Code\01\Bits\38.txt>

```
private:
    // 窗口
    HWND m_hWnd;

    /* 游戏初始化
    生成 游戏对象，初始化地图，对象位置等
    */
    bool GameInit();

    bool GameInitMenu();                    // 游戏初始化:选择阶段

    bool GameInitOne2BotMenu();             // 游戏初始化:单人对电脑菜单阶段

    bool GameInitOne2Bot();                 // 游戏初始化:单人对电脑

    bool GameInitOne2BotEnd();              // 游戏初始化:单人对电脑结束

    bool GameInitOne2OneMenu();             // 游戏初始化:双人对战菜单阶段

    bool GameInitOne2One();                 // 游戏初始化:双人对战

    bool GameInitOne2OneEnd();              // 游戏初始化:双人对战结束

    // 把上述方法放入数组，方便调用
    bool (CGame::*m_initFunc[EGameTypeCount])() = {
        &CGame::GameInitMenu,               // 选择阶段
        &CGame::GameInitOne2BotMenu,        // 单人对电脑键盘提示
        &CGame::GameInitOne2Bot,            // 单人对电脑
        &CGame::GameInitOne2BotEnd,         // 单人对电脑结束
        &CGame::GameInitOne2OneMenu,        // 双人对战键盘提示
        &CGame::GameInitOne2One,            // 双人对战
        &CGame::GameInitOne2OneEnd          // 双人对战结束
    };
```

（2）声明游戏逻辑处理方法。该方法包含游戏各个阶段的逻辑处理。程序运行时，根据游戏当前的阶段，分别调用下面对应的方法，以实现对各个阶段的不同的逻辑处理，如双人对战时需要同时处理两个玩家的键盘消息，而人机大战则需要自动寻路功能，具体代码如下：

<代码 39　　代码位置：资源包\Code\01\Bits\39.txt>

```
/* 游戏逻辑处理:
    1. 维护子弹状态
    2. 维护机器人（即电脑控制的坦克）AI 的自动移动,自动发射子弹
    3. 维护玩家坦克的状态
```

```
    碰撞检测包括：撞墙，子弹命中坦克...*/
void GameRunLogic();

void GameRunLogicOnMenu();                          // 游戏逻辑处理:选择阶段

void GameRunLogicOnOne2BotMenu();                   // 游戏逻辑处理:单人对电脑菜单阶段

void GameRunLogicOnOne2Bot();                       // 游戏逻辑处理:单人对电脑

void GameRunLogicOnOne2BotEnd();                    // 游戏逻辑处理:单人对电脑结束

void GameRunLogicOnOne2OneMenu();                   // 游戏逻辑处理:双人对战菜单阶段

void GameRunLogicOnOne2One();                       // 游戏逻辑处理:双人对战

void GameRunLogicOnOne2OneEnd();                    // 游戏逻辑处理:双人对战结束

// 把上述方法放入数组，方便调用
void(CGame::*m_logicFunc[EGameTypeCount])() = {
    &CGame::GameRunLogicOnMenu,                 // 选择阶段
    &CGame::GameRunLogicOnOne2BotMenu,          // 人机对战按键提示
    &CGame::GameRunLogicOnOne2Bot,              // 单人对电脑
    &CGame::GameRunLogicOnOne2BotEnd,           // 单人对电脑结束
    &CGame::GameRunLogicOnOne2OneMenu,          // 双人对战按键提示
    &CGame::GameRunLogicOnOne2One,              // 双人对战
    &CGame::GameRunLogicOnOne2OneEnd            // 双人对战结束
};
```

（3）声明游戏绘图方法。本段代码是游戏各个阶段的绘图方法声明，各个阶段的绘图是不同的。如菜单阶段只需要绘制菜单，而人机对战阶段不需要绘制菜单，却需要绘制机器人（即电脑控制的坦克）、玩家坦克、地图和子弹等多个对象。具体代码如下：

<代码 40　　代码位置：资源包\Code\01\Bits\40.txt>

```
/* 游戏绘图处理
    负责 绘画 游戏中的对象
    */
void GameRunDraw();

void GameRunDrawOnMenu(Graphics &gh);               // 游戏绘图处理:选择阶段

void GameRunDrawOnOne2BotMenu(Graphics &gh);        // 游戏绘图处理:单人对电脑菜单阶段

void GameRunDrawOnOne2Bot(Graphics &gh);            // 游戏绘图处理:单人对电脑

void GameRunDrawOnOne2BotEnd(Graphics &gh);         // 游戏绘图处理:单人对电脑结束

void GameRunDrawOnOne2OneMenu(Graphics &gh);        // 游戏绘图处理:双人对战菜单阶段

void GameRunDrawOnOne2One(Graphics &gh);            // 游戏绘图处理:双人对战
```

```
void GameRunDrawOnOne2OneEnd(Graphics &gh);    // 游戏绘图处理:双人对战结束

// 把上述方法放入数组，方便调用
void(CGame::*m_drawFunc[EGameTypeCount])(Graphics &) = {
    &CGame::GameRunDrawOnMenu,                  // 选择阶段
    &CGame::GameRunDrawOnOne2BotMenu,           // 人机对战阶段
    &CGame::GameRunDrawOnOne2Bot,               // 单人对电脑
    &CGame::GameRunDrawOnOne2BotEnd,            // 单人对电脑结束
    &CGame::GameRunDrawOnOne2OneMenu,           // 双人对战阶段
    &CGame::GameRunDrawOnOne2One,               // 双人对战
    &CGame::GameRunDrawOnOne2OneEnd             // 双人对战结束
};
```

（4）声明辅助方法，包括移动子弹、维护子弹运行轨迹、电脑自动寻路和攻击及输出游戏帧数。具体代码如下：

<代码 41　　代码位置：资源包\Code\01\Bits\41.txt>

```
private:

    void RemoveTimeoutBullets();                // 移除超时子弹,并给对应的坦克装弹

    void ProcessHitBullets();                   // 维护子弹的运行,及撞墙处理

    void AI();                                  // 维护电脑的自动寻路攻击

    void DrawFps(Graphics &gh);                 // 输出 fps
```

（5）声明私有成员并初始化部分成员，包括游戏帧数、当前游戏阶段、两个玩家对象、机器人（即电脑控制的坦克）对象，发射出来的子弹的数组、地图对象、开始菜单，返回菜单及游戏准备阶段的按键提示菜单等。这些对象为整个游戏中需要用到的全部对象。具体代码如下：

<代码 42　　代码位置：资源包\Code\01\Bits\42.txt>

```
private:
    int m_fps{ 0 };                             // 记录游戏每秒多少帧

    EGameType m_eStep{ EGameTypeMenu };         // 当前阶段:菜单选择阶段

    CPlayer m_player01;                         // 两个玩家对象

    CPlayer m_player02;                         // 玩家对象 2:双人对战时才会用到

    CBot m_bot;                                 // 一个电脑:人机对战时用到

    std::list<CBullet> m_lstBullets;            // 存在于地图场景中的子弹对象数组

    CGameMap m_map{ 10, 10, 780, 580 };         // 地图对象

    CGameMenuPanel m_menuSelect;                // 开始菜单

    CGameMenuBackground m_menu;                 // 开始菜单背景图

    CGameMenuPanel2 m_menuBackup;               // 返回菜单
```

```
    CKeyMenuPlayer01 m_keymenu01;          // 提示按键的菜单
    CKeyMenuPlayer02 m_keymenu02;
}; // 注意：此处有分号
```

说明：

上面代码的最后有一个分号，这个分号代表整个类声明的结束。

扫一扫，看视频

15.7.4 实现公有方法

Game.h 文件中声明了各种方法，其意义是通知该类的使用者，该类有哪些方法可用。这些方法的实现，即真正决定“怎么做”的部分在“Game.cpp”文件中。

（1）引入头文件。“stdafx.h”文件为预编译头文件，其中又引入了其他头文件，具体可参考该文件的代码。“Game.h”文件包含 CGame 类的声明部分。具体代码如下：

```
#include "stdafx.h"
#include "Game.h"
```

（2）定义宏。下面代码定义一个宏，用于判断键是否按下，方便后面使用。具体代码如下：

```
#define KEYDOWN(vk) (GetAsyncKeyState(vk) & 0x8000)
```

（3）类的初始化及析构。在初始化中，设置了菜单成员的父成员指针，这样在菜单成员中就可以访问 CGame 对象的一些属性和方法了。具体代码如下：

<代码 43　　代码位置：资源包\Code\01\Bits\43.txt>

```
CGame::CGame()
{
    m_menuSelect.m_pParent = this;               // 设置菜单选择项指向当前对象
    m_menuBackup.m_pParent = this;               // 设置菜单背景项指向当前对象
}

CGame::~CGame()
{
}
```

（4）实现为外界提供的方法。下面的方法是为了方便调用方控制 CGame 对象的行为，包括设置窗口句柄、进入游戏帧、处理鼠标移动消息和鼠标左键抬起消息及设置游戏阶段，具体代码如下：

<代码 44　　代码位置：资源包\Code\01\Bits\44.txt>

```
// 设置输出窗口的句柄
void CGame::SetHandle(HWND hWnd)
{
    m_hWnd = hWnd;
}

// 进入游戏帧
bool CGame::EnterFrame(DWORD dwTime)
{
    GameRunLogic();                              // 调用逻辑处理函数
    GameRunDraw();                               // 调用绘图函数
    return false;
}
```

```
// 处理鼠标移动事件
void CGame::OnMouseMove(UINT nFlags, CPoint point)
{
    // 选择阶段
    if (m_eStep == EGameTypeMenu) {
        m_menuSelect.OnMouseMove(nFlags, point);        // 选择游戏类型
    }
    else {
        m_menuBackup.OnMouseMove(nFlags, point);        // 返回主菜单
    }
}

// 处理左键抬起事件
void CGame::OnLButtonUp(UINT nFlags, CPoint point)
{
    // 选择阶段
    if (m_eStep == EGameTypeMenu) {
        m_menuSelect.OnLButtonUp(nFlags, point);        // 选择游戏类型
    }
    else {
        m_menuBackup.OnLButtonUp(nFlags, point);        // 返回主菜单
    }
}

// 设置当前游戏所处的阶段
// 并根据步聚初始化
void CGame::SetStep(CGame::EGameType step)
{
    m_eStep = step;
    GameInit();                                         // 调用初始化函数
}
```

15.7.5 实现初始化方法

扫一扫，看视频

游戏的每一阶段都需要准备一些资源，以方便后续代码使用，同时也会设置各对象的初始状态。如在人机对战阶段，需要随机生成地图，随机设置机器人（即电脑控制的坦克）和玩家在地图中的初始位置等。这些准备工作的相关代码位于初始化方法中。

下面是初始化方法的具体实现。

<代码 45　　代码位置：资源包\Code\01\Bits\45.txt>

```
/* 游戏初始化
   生成游戏对象，初始化地图，对象位置等
*/
bool CGame::GameInit()
{
    srand(GetTickCount());                   // 初始化随机数生成器
    return (this->*m_initFunc[m_eStep])();   // 根据不同阶段调用不同的处理方法
}
```

```
// 游戏初始化:选择阶段
bool CGame::GameInitMenu()
{
    return true;
}

// 游戏初始化:单人对电脑菜单阶段
bool CGame::GameInitOne2BotMenu()
{


    RECT rc;
    GetWindowRect(m_hWnd, &rc);
    PointF pt;
    pt.X = rc.left + (rc.right - rc.left) / 2.0f;
    pt.Y = rc.top + (rc.bottom - rc.top) / 2.0f;
    m_keymenu01.SetCenterPoint(pt);          // 设置单人对战 keyMenu 位置为屏幕正中间
    m_keymenu01.SetStop(false);              // 设置不停止播放动画
    return true;
}

// 游戏初始化:单人对电脑
bool CGame::GameInitOne2Bot()
{
    for (; ;) {                              // 死循环的一种写法
        m_map.LoadMap();                     // 载入地图
        // 玩家一
        {
            m_player01 = CPlayer(0, 0, _T("tank_player1.png"));  // 制造玩家一对象
            PointF ptCenter;
            if (!m_map.FindRandomPosition(ptCenter)) {      // 随机查找地图中的空地
                AfxMessageBox(_T("调整 Player01 位置失败"));  // 提示调整位置失败
            }
            else {
                m_player01.SetCenterPoint(ptCenter);   // 放置玩家一到空地正中
            }
        }

        // 机器人(即电脑控制的坦克)
        {
            m_bot = CBot(0, 0, _T("tank_bot.png"));    // 制造机器人(即电脑控制的坦
                                                        克)对象
            PointF ptCenter;
            if (!m_map.FindRandomPosition(ptCenter)) {      // 随机查找地图中的空地
                AfxMessageBox(_T("调整 Bot 位置失败"));      // 提示调整位置失败
            }
            else {
                m_bot.SetCenterPoint(ptCenter);     // 放置机器人(即电脑控制的坦克)到
                                                    空地正中
            }
```

```
        }
        m_lstBullets.clear();                                    // 清空子弹数组

        // 判断是否合法
        {
            // 获取机器人（即电脑控制的坦克），玩家所在的位置
            int startX, startY, targetX, targetY;
            if (!m_map.FindObjPosition(m_bot, startX, startY) ||
                !m_map.FindObjPosition(m_player01, targetX, targetY)) {
                AfxMessageBox(_T("获取坦克位置发生错误"));
                goto __Init_End;
            }
    // 判断玩家和机器人（即电脑控制的坦克）是否连通，如果无法连通，则无法进入游戏，所以需要重新
       设置
            VPath path;
            m_map.FindPath(startX, startY, targetX, targetY, path);
            if (!path.empty()) {
                goto __Init_End; // 可以连通，跳出循环，直接跳到函数尾部，初始化结束
            }
        }
    }
__Init_End:
    return true;
}

// 游戏初始化:单人对电脑结束
bool CGame::GameInitOne2BotEnd()
{
    return true;
}

// 游戏初始化:双人对战菜单阶段
bool CGame::GameInitOne2OneMenu()
{
    // 设置两个玩家的 keyMenu 位置:屏幕正中间
    RECT rc;
    GetWindowRect(m_hWnd, &rc);
    PointF pt;
    pt.X = rc.left + m_keymenu01.GetRect().Width / 2.0f + 100;
    pt.Y = rc.top + (rc.bottom - rc.top) / 2.0f;
    m_keymenu01.SetCenterPoint(pt);                          // 设置该菜单项的位置
    m_keymenu01.SetStop(false);                              // 设置不停止播放动画


    pt.X = rc.right - m_keymenu02.GetRect().Width / 2.0f - 100;
    pt.Y = rc.top + (rc.bottom - rc.top) / 2.0f;
    m_keymenu02.SetCenterPoint(pt);                          // 设置该菜单项的位置
    m_keymenu02.SetStop(false);                              // 设置不停止播放动画

    return true;
```

```
}

// 游戏初始化:双人对战
bool CGame::GameInitOne2One()
{
    for (;;) {
        m_map.LoadMap();                                              // 载入地图
        //中间放置坦克
        {
            m_player01 = CPlayer(0, 0, _T("tank_player1.png")); // 构造玩家一对象
            PointF ptCenter;
            if (!m_map.FindRandomPosition(ptCenter)) {        // 查找随机的空地位置
                AfxMessageBox(_T("调整 Player01 位置失败")); // 提示查找失败
            }
            else {
                m_player01.SetCenterPoint(ptCenter); // 设置玩家一位置到这块空地中心
            }
        }
        {
            m_player02 = CPlayer(0, 0, _T("tank_player2.png"));    // 构造玩家二
            PointF ptCenter;
            if (!m_map.FindRandomPosition(ptCenter)) {       // 随机查找地图中的空地
                AfxMessageBox(_T("调整 Player02 位置失败")); // 提示查找失败
            }
            else {
                m_player02.SetCenterPoint(ptCenter); // 设置玩家二的位置到这块空地中心
            }
        }

        m_lstBullets.clear();                                // 清空子弹数组
        // 判断是否合法
        {
            // 查找机器人（即电脑控制的坦克），玩家所在的位置
            int startX, startY, targetX, targetY;
            if (!m_map.FindObjPosition(m_player02, startX, startY) ||
                !m_map.FindObjPosition(m_player01, targetX, targetY)) {
                AfxMessageBox(_T("获取坦克位置发生错误"));     // 提示查找失败
                break;
            }
           // 判断两个玩家是否可以连通
            VPath path;
            m_map.FindPath(startX, startY, targetX, targetY, path);
            if (!path.empty()) {
                break;                                  // 可以连通跳出循环,初始化完成
            }
           // 不可以连通，说明本次初始化失败，不跳出循环，继续尝试一下初始化
        }
    }
    return true;
}
```

```
// 游戏初始化:双人对战结束
bool CGame::GameInitOne2OneEnd()
{
    return true;    // 不需要初始化动作，直接返回 true 表示初始化成功
}

////////////////////////////////////////////////////////////////////////////
```

15.7.6　实现游戏逻辑处理方法

扫一扫，看视频

游戏的每一帧中都要更新游戏中各个对象的状态，如子弹当前的位置和前进方向等。这些功能是在游戏逻辑处理方法中实现的。

下面是游戏逻辑处理的具体实现：包括子弹反射、坦克撞墙、子弹打爆坦克、按键处理、机器人（即电脑控制的坦克）的自动寻路及主动攻击玩家等。具体代码如下：

<代码 46　　代码位置：资源包\Code\01\Bits\46.txt>

```
/* 游戏逻辑处理:
1. 维护子弹状态
2. 维护机器人（即电脑控制的坦克）AI 的自动移动,自动发射子弹
3. 维护玩家坦克的状态
碰撞检测包括：撞墙，子弹命中坦克…*/
void CGame::GameRunLogic()
{
    // 根据不同阶段调用不同的处理方法
    (this->*m_logicFunc[m_eStep])();
}

// 游戏逻辑处理:选择阶段
void CGame::GameRunLogicOnMenu()
{
    // 什么也不做，还没开始游戏
}

// 游戏逻辑处理:单人对电脑菜单阶段
void CGame::GameRunLogicOnOne2BotMenu()
{
    if (KEYDOWN('M')) {                  // 如果按下了 M 键，停止动画状态
        m_keymenu01.SetStop();
    }

    if (m_keymenu01.GetStop()) {         // 如果都按下了，正式开始游戏
        SetStep(EGameTypeOne2Bot);
    }
}

// 游戏逻辑处理:单人对电脑
void CGame::GameRunLogicOnOne2Bot()
{
```

```
// 状态维护
// 移除列表中无效的子弹,并给相应的坦克增加子弹
RemoveTimeoutBullets();

// 检查子弹是否击中坦克:击中要使坦克爆炸(子弹可不用移除了,
// 因为游戏都结束了)
for (auto &blt : m_lstBullets) {
    if (m_bot.IsHitted(blt)) {                  // 击中机器人（即电脑控制的坦克）
        m_bot.Bomb();                           // 机器人（即电脑控制的坦克）爆炸
        m_eStep = EGameTypeOne2BotEnd;          // 游戏结束
        blt.SetActive(false);                   // 使子弹不再有效
    }
    if (m_player01.IsHitted(blt)) {             // 击中玩家一
        m_player01.Bomb();                      // 玩家一爆炸
        m_eStep = EGameTypeOne2BotEnd;          // 游戏结束
        blt.SetActive(false);                   // 使子弹不再有效
    }
    break;
}

ProcessHitBullets();                            // 子弹运动维护

AI();                                           // 使机器人（即电脑控制的坦克）自动攻击玩家

//按键处理
{
    if (KEYDOWN(VK_LEFT)) {                     // 左方向键按下
        m_player01.RotateLeft();                // 玩家一向左旋转
    }
    if (KEYDOWN(VK_RIGHT)) {                    // 右方向键按下
        m_player01.RotateRight();               // 玩家一向右旋转
    }
    if (KEYDOWN(VK_UP)) {                       // 上方向键按下
        // 坦克撞墙检测
        {
            if (m_map.IsHitTheWall(m_player01, true)) {    // 如果撞墙
                m_player01.ChangeDirection(true);          // 改变坦克方向
            }
            else {
                m_player01.Forward();                      // 没撞墙继续向前进
            }
        }
    }
    if (KEYDOWN(VK_DOWN)) {                                // 下方向键按下
        // 坦克撞墙检测
        {
        if (m_map.IsHitTheWall(m_player01, false)) {       // 如果撞墙了
            m_player01.ChangeDirection(true);              // 改变坦克方向
        }
        else {
```

```
                m_player01.Backward();                    // 没撞墙继续向前进
            }
            }
        }
        if (KEYDOWN('M')) {                               // M键按下
            CBullet blt;
            if (m_player01.Fire(blt)) {                   // 发射子弹
                m_lstBullets.push_back(blt);              // 加入到地图列表中
            }
        }
        if (KEYDOWN('I')) {// 按下键盘上面的I键，机器人（即电脑控制的坦克）步进(测试功能)
            // 机器人（即电脑控制的坦克），玩家所在的位置
            int startX, startY, targetX, targetY;
            if (!m_map.FindObjPosition(m_bot, startX, startY) ||
                !m_map.FindObjPosition(m_player01, targetX, targetY)) {
                return;
            }
            float fDirNext = 0; //机器人（即电脑控制的坦克）下一步的方向
            if (!m_map.FindNextDirection(&fDirNext, startX, startY,
                targetX, targetY)) {
                return;
            }
           //获取机器人（即电脑控制的坦克）坦克的中心点
            PointF ptTankCenter = m_bot.GetCenterPoint();
            PointF ptAreaCenter = m_map.GetElementAreaCenter(startX, startY);
            RectF rc(ptAreaCenter.X - 5, ptAreaCenter.Y - 5, 10, 10);


            if (!rc.Contains(ptTankCenter)) {  // 判断坦克是否已经走到了中心点位置了
                m_bot.Forward();               // 没有到达中心点，继续前进
                return;
            }
            else {
                m_bot.SetDirection(fDirNext);  // 设置机器人（即电脑控制的坦克）的方向
                m_bot.Forward();               // 机器人（即电脑控制的坦克）前进
            }
        }
    }

}

// 游戏逻辑处理:单人对电脑结束
void CGame::GameRunLogicOnOne2BotEnd()
{
    //按键处理
    // 不再接受按键



    // 状态维护
    // 移动除列表中无效的子弹,并给相应的坦克增加子弹
```

```
    RemoveTimeoutBullets();


    // 子弹是否撞上墙:如果撞上了，改变方向等等
    ProcessHitBullets();
}

// 游戏逻辑处理:双人对战菜单阶段
void CGame::GameRunLogicOnOne2OneMenu()
{
    if (KEYDOWN('M')) {                                 // 如果按下了 M 键，停止动画状态
        m_keymenu01.SetStop();
    }
    if (KEYDOWN('Q')) {                                 // 如果按下了 Q 键，停止动画状态
        m_keymenu02.SetStop();
    }

    if (m_keymenu01.GetStop() && m_keymenu02.GetStop()) { // 如果都按下了，正式开始游戏
        SetStep(EGameTypeOne2One);
    }
}

// 游戏逻辑处理:双人对战
void CGame::GameRunLogicOnOne2One()
{
    //按键处理
    {
        if (KEYDOWN(VK_LEFT)) {                         // 左方向键按下
            m_player01.RotateLeft();                    // 玩家向左旋转
        }
        if (KEYDOWN(VK_RIGHT)) {                        // 右方向键按下
            m_player01.RotateRight();                   // 玩家一向右旋转
        }
        if (KEYDOWN(VK_UP)) {                           // 上方向键按下
            // 坦克撞墙检测
            {
                if (m_map.IsHitTheWall(m_player01, true)) { // 判断玩家一是否撞墙
                    m_player01.ChangeDirection(true);      // 撞墙，玩家一改变方向
                }
                else {
                    m_player01.Forward();               // 玩家一没撞墙，继续前进
                }
            }
        }
        if (KEYDOWN(VK_DOWN)) {                         // 下方向键按下
            {
                // 坦克撞墙检测
                {
                    if (m_map.IsHitTheWall(m_player01, false)) {//判断是否撞墙
                        m_player01.ChangeDirection(false);
```

```
                }
                else {
                    m_player01.Backward();
                }
            }
        }
    }
    if (KEYDOWN('M')) {                                    // 开火键 M 按下
        CBullet blt;
        if (m_player01.Fire(blt)) {                         // 调用玩家一开火函数
            m_lstBullets.push_back(blt);                    // 把发射的子弹存入子弹数组
        }
    }
    // 玩家二
    if (KEYDOWN('A')) {                                    // A 键按下
        m_player02.RotateLeft();                           // 玩家二向左旋转
    }
    if (KEYDOWN('D')) {                                    // D 键按下
        m_player02.RotateRight();                          // 玩家二向右旋转
    }
    if (KEYDOWN('W')) {                                    // W 键按下
        // 坦克撞墙检测
        {
            if (m_map.IsHitTheWall(m_player02, true)) {// 判断玩家二是否撞墙
                m_player02.ChangeDirection(true);      // 玩家二改变方向
            }
            else {
                m_player02.Forward();                      // 玩家二继续向前进
            }
        }
    }
    if (KEYDOWN('S')) {                                    // S 键按下
        {
            // 坦克撞墙检测
            {
                if (m_map.IsHitTheWall(m_player02, false)) {// 判断玩家二是否
                                                               撞墙
                    m_player02.ChangeDirection(false);// 玩家二改变方向
                }
                else {
                    m_player02.Backward();                 // 玩家二继续向前
                }
            }
        }
    }
    if (KEYDOWN('Q')) {                                    // Q 键按下，开火
        CBullet blt;
        if (m_player02.Fire(blt)) {                         // 调用玩家二开火函数
            m_lstBullets.push_back(blt);                    // 把发射的子弹存入子弹数组
        }
```

```
        }
        if (KEYDOWN('Z')) {                                    // 调试用的代码，正式工程无效
            if (m_map.IsCanKillTarget(m_player01, m_player02)) {
                AfxMessageBox(_T("可以打到"));
            }
        }
    }

    // 先判断状态
    // 移动除列表中无效的子弹,并给相应的坦克增加子弹
    RemoveTimeoutBullets();

    // 检查子弹是否击中坦克:击中要使坦克爆炸(子弹可不用移除了，因为游戏都结束了)
    for (auto &blt : m_lstBullets) {
        if (!blt.IsActive()) {
            continue;
        }
        if (m_player01.IsHitted(blt)) {     // 击中玩家一
            m_player01.Bomb();              // 玩家一爆炸
            m_eStep = EGameTypeOne2OneEnd;// 游戏结束
            blt.SetActive(false);
        }
        if (m_player02.IsHitted(blt)) {     // 击中玩家二
            m_player02.Bomb();              // 玩家二爆炸
            m_eStep = EGameTypeOne2OneEnd;// 游戏结束
            blt.SetActive(false);
        }
    }

    ProcessHitBullets();                    // 子弹撞墙处理
}

// 游戏逻辑处理:双人对战结束
void CGame::GameRunLogicOnOne2OneEnd()
{
    // 按键处理
    // 不需要按键处理

    RemoveTimeoutBullets();                 // 移动除列表中无效的子弹,并给相应的坦克增加子弹

    ProcessHitBullets();                    // 子弹撞墙处理
}

////////////////////////////////////////////////////////////////////////////////
```

扫一扫，看视频

15.7.7 实现游戏绘图处理方法

游戏绘图方法调用各个对象自己的绘图方法，在合适的时机绘制对象，最后共同呈现一帧完整的画面给玩家。在下面的代码中，GameRunDraw()方法是各个绘图方法的调用入口。在此方法中，

首先准备好了一幅“内存图片”；之后根据游戏所处的阶段调用该阶段的绘图方法，把应该输出的图片绘制到“内存图片”上；最后再一次性把整个“内存图片”复制到游戏窗口。具体代码如下：

<代码 47　　代码位置：资源包\Code\01\Bits\47.txt>

```
// 游戏绘图
void CGame::GameRunDraw()
{
    HDC hdc = ::GetDC(m_hWnd);                          // 设备:图片要画到这上面
    CRect rc;                                           // 客户区的大小
    GetClientRect(m_hWnd, &rc);

    CDC *dc = CClientDC::FromHandle(hdc);

    CDC m_dcMemory;                                     // 双缓冲绘图用
    CBitmap bmp;
    bmp.CreateCompatibleBitmap(dc, rc.Width(), rc.Height());
    m_dcMemory.CreateCompatibleDC(dc);
    CBitmap *pOldBitmap = m_dcMemory.SelectObject(&bmp);

    Graphics gh(m_dcMemory.GetSafeHdc());               // 构造对象
    gh.Clear(Color::White);                             // 清除背景
    gh.ResetClip();

    (this->*m_drawFunc[m_eStep])(gh);                   // 画入内存

    ::BitBlt(hdc, 0, 0, rc.Width(), rc.Height(),        // 复制到屏幕
        m_dcMemory.GetSafeHdc(), 0, 0, SRCCOPY);
    ::ReleaseDC(m_hWnd, hdc);                           // 释放
    return;
}

// 选择阶段
void CGame::GameRunDrawOnMenu(Graphics &gh)
{
    m_menuSelect.Draw(gh);
}

//单人对电脑 : 菜单阶段
void CGame::GameRunDrawOnOne2BotMenu(Graphics &gh)
{
    m_menu.Draw(gh);                                    // 画背景

    m_keymenu01.Draw(gh);                               // 画菜单
}

//单人对电脑
void CGame::GameRunDrawOnOne2Bot(Graphics &gh)
{
    m_menuBackup.Draw(gh);                              // 画菜单
    m_map.Draw(gh);                                     // 画墙
```

```
    m_player01.Draw(gh);                                    // 画玩家一

    m_bot.Draw(gh);                                         // 画机器人（即电脑控制的坦克）

    for (auto b : m_lstBullets) {                           // 画子弹:已经发射的
        b.Draw(gh);
    }

    DrawFps(gh);                                            // 输出: FPS
}

//单人对电脑 结束
void CGame::GameRunDrawOnOne2BotEnd(Graphics &gh)
{
    m_menuBackup.Draw(gh);                                  // 菜单
    m_map.Draw(gh);                                         // 墙
    m_player01.Draw(gh);                                    // 玩家
    m_bot.Draw(gh);                                         // 机器人（即电脑控制的坦克）

    DrawFps(gh);                                            // 输出: FPS

    if (m_player01.IsBombEnd() || m_bot.IsBombEnd()) {        // 判断游戏整体结束
        m_eStep = EGameTypeMenu;                              // 设置为菜单状态
    }
}

// 双人对战 : 菜单阶段
void CGame::GameRunDrawOnOne2OneMenu(Graphics &gh)
{
    m_menu.Draw(gh);                                        // 画菜单背景
    m_keymenu01.Draw(gh);                                   // 画菜单项一
    m_keymenu02.Draw(gh);                                   // 画菜单项二
}

// 双人对战
void CGame::GameRunDrawOnOne2One(Graphics &gh)
{
    m_menuBackup.Draw(gh);                                  // 画菜单

    m_map.Draw(gh);                                         // 画墙

    m_player01.Draw(gh);                                    // 画玩家一
    m_player02.Draw(gh);                                    // 画玩家二

    for (auto b : m_lstBullets) {                           // 画子弹:已经发射的
        b.Draw(gh);
    }

    DrawFps(gh);                                            // 输出:FPS
```

```
}

// 双人对战 结束
void CGame::GameRunDrawOnOne2OneEnd(Graphics &gh)
{
    m_menuBackup.Draw(gh);                                    // 菜单
    m_map.Draw(gh);                                           // 墙
    m_player01.Draw(gh);                                      // 玩家一
    m_player02.Draw(gh);                                      // 玩家二
    for (auto b : m_lstBullets) {                             // 画子弹：已经发射的
        b.Draw(gh);
    }
    DrawFps(gh);                                              // 输出：FPS

    if (m_player01.IsBombEnd() || m_player02.IsBombEnd()) { // 判断游戏整体结束
        m_eStep = EGameTypeMenu;                              // 设置游戏状态为菜单状态
    }
}
```

15.7.8 实现辅助方法

扫一扫，看视频

CGame 类中有一些步骤的处理代码较长，可以提炼出来成为一个单独的方法，这样的代码结构更清晰，提炼出来的方法也可以被复用。如 DrawFps()方法，在几个地方都会被调用，形成单独的方法只需实现一次，多次调用即可。下面是几个单独的方法，包括绘制游戏帧数的 DrawFps()方法、处理子弹超时问题的 RemoveTimeoutBullets()方法、维护子弹运行轨迹的 ProcessHitBullets()方法及机器人（即电脑控制的坦克）自动寻路和攻击的 AI()方法：

<代码 48　　代码位置：资源包\Code\01\Bits\48.txt>

```
// 画 FPS
void CGame::DrawFps(Graphics &gh)
{
    static int fps = 0;                          // 定义局部静态变量
    m_fps++;                                     // 进入一次该函数值自增一，静态变量可以保持值
    static DWORD dwLast = GetTickCount();        // 记录上次运行的时间
    if (GetTickCount() - dwLast >= 1000) {       // 如果时间到达一秒
        fps = m_fps;                             // 记录累积的 FPS 值
        m_fps = 0;                               // 清空静态量的值，以防污染下次的记录
        dwLast = GetTickCount();                 // 记录本次时间
    }

    // 输出 FPS
    {
        CString s;
        s.Format(_T("FPS:%d"), fps);             // 将整型值格式化为字符串，后面输出时用到
        SolidBrush brush(Color(0x00, 0x00, 0xFF));        // 定义画刷，主要是颜色属性
        Gdiplus::Font font(_T("宋体"), 10.0);              // 定义输出的字体、大小
        CRect rc;
        ::GetClientRect(m_hWnd, &rc);                      // 获取游戏窗口的大小
        PointF origin(static_cast<float>(rc.right - 50),  // 在右上角显示
```

```
            static_cast<float>(rc.top + 2));
        gh.DrawString(s.GetString(), -1, &font, origin, &brush); // 输出文字
    }
}

// 移除超时子弹,并给对应的坦克装弹
void CGame::RemoveTimeoutBullets()
{
    // 定义查找方法
    auto itRemove = std::remove_if(m_lstBullets.begin(),
        m_lstBullets.end(),
        [](CBullet & blt)->bool {return blt.IsTimeout(); });

    // 把子弹移除,并给对应的坦克增加子弹,
    for (auto it = itRemove; it != m_lstBullets.end(); ++it) {
        // 设置为无效
        it->SetActive(false);
        // 给对应的坦克增加子弹
        it->GetOwner()->AddBullet(*it);
    }
    // 从本地删除子弹
    m_lstBullets.erase(itRemove, m_lstBullets.end());
}

// 子弹运动的维护:撞墙拐弯
void CGame::ProcessHitBullets()
{
    // 子弹是否撞上墙:如果撞上了，改变方向等等
    for (auto &blt : m_lstBullets) {
        m_map.HitWallProcess(blt); // 进行撞墙处理,如果撞墙，该函数中会改变子弹方向
        blt.Move();                // 子弹继续前进
    }
}

// 维护电脑的自动寻路攻击
void CGame::AI()
{
    // 电脑运行状态维护
    static CGameTimer acTimer(-1, 150);
    if (acTimer.IsTimeval()) {
        // 获得机器人（即电脑控制的坦克），玩家所在的位置
        int startX, startY, targetX, targetY;
        if (!m_map.FindObjPosition(m_bot, startX, startY) ||
            !m_map.FindObjPosition(m_player01, targetX, targetY)) {
            return;
        }
        float fDirNext = 0; // 机器人（即电脑控制的坦克）下一步的方向
        if (!m_map.FindNextDirection(&fDirNext,
            startX, startY,
            targetX, targetY)) {
```

```
            return;
        }
        // 获得机器人（即电脑控制的坦克）、地图中空格的中心点
        PointF ptTankCenter = m_bot.GetCenterPoint();
        PointF ptAreaCenter = m_map.GetElementAreaCenter(startX, startY);
        RectF rc(ptAreaCenter.X - 5, ptAreaCenter.Y - 5, 10, 10);


        // 判断坦克是否已经走到了中心点位置了
        if (!rc.Contains(ptTankCenter)) {
            m_bot.Forward(); // 没有到达中心点，继续前进
            return;
        }
        else {
            m_bot.SetDirection(fDirNext);  // 设置机器人（即电脑控制的坦克）下一步的
                                              运行方向
            float dir;
           // 判断是否可以打开玩家一
            if (m_map.IsCanKillTarget(m_bot, m_player01, &dir)) {
                CBullet blt;
                if (m_bot.Fire(blt)) { // 机器人（即电脑控制的坦克）开火，进行主动攻击
                    m_lstBullets.push_back(blt);
                }
                return;
            }
            m_bot.Forward();              // 机器人（即电脑控制的坦克）前进
        }
    }
}
```

扫一扫，看视频

15.7.9　在主窗口中完成全部游戏功能

前面两节实现了 CGame 类，此类是联系游戏窗口和其他各种游戏对象的纽带。CGame 类中使用了各种游戏对象，游戏窗口则通过 CGame 类间接使用各游戏对象。下面是对该类的使用步骤。

（1）在 MainFrm.h 文件中的 CMainFrm 类中声明成员变量，类型为 CGame。该文件中的完整代码如下：

<代码 49　　代码位置：资源包\Code\01\Bits\49.txt>

```
// MainFrm.h: CMainFrame 类的接口
//

#pragma once

#include "Game.h"

class CMainFrame : public CFrameWnd
{

public:
```

```
    CMainFrame();
protected:
    DECLARE_DYNAMIC(CMainFrame)

// 特性 : 类的公共成员
public:

// 操作 : 类的公共成员
public:

// 重写 : 类的公共成员
public:

// 实现 : 类的公共成员
public:
    virtual ~CMainFrame();

// 生成的消息映射方法
protected:
    afx_msg int OnCreate(LPCREATESTRUCT lpCreateStruct);
    DECLARE_MESSAGE_MAP()

    int m_iWidth{ 800 };                              // 客户区的大小
    int m_iHeight{ 600 };

    enum ETimerId { ETimerIdGameLoop = 1 };    // 定时器 ID

    CGame m_game;                              // 游戏对象:注意,此处使用了 CGame 类
public:
    afx_msg void OnTimer(UINT_PTR nIDEvent);   // 定时器消息处理函数
    afx_msg void OnMouseMove(UINT nFlags, CPoint point); // 鼠标移动消息处理函数
    afx_msg void OnLButtonUp(UINT nFlags, CPoint point); // 鼠标左键抬起函数
};
```

（2）在窗口创建时初始化 m_game 对象，把当前窗口的句柄传给 m_game 对象；并启动定时器，形成消息循环，定时器的时间间隔（即第 2 个参数）设置为 0，表示让系统以尽可能快的速度发送定时器消息给游戏窗口。具体代码如下：

<代码 50　　代码位置：资源包\Code\01\Bits\50.txt>

```
/*内容来自 MainFrm.cpp 文件*/

int CMainFrame::OnCreate(LPCREATESTRUCT lpCreateStruct)
{
    if(CFrameWnd::OnCreate(lpCreateStruct) == -1) {
        return -1;
    }
    SetTimer(ETimerIdGameLoop, 0, NULL);            // 启动定时器每次都会进入游戏帧
    m_game.SetHandle(GetSafeHwnd());                // 设置游戏主窗口句柄

    return 0;
}
```

（3）定时器处理方法。每当有定时器消息到来，则自动调用此方法。在该方法中判断两次进入该方法的时间间隔，如果该值大于等于 20 毫秒，则调用进入游戏帧的方法。具体代码如下：

<代码 51　　代码位置：资源包\Code\01\Bits\51.txt>

```
/*内容来自 MainFrm.cpp 文件*/

void CMainFrame::OnTimer(UINT_PTR nIDEvent)
{
    switch(nIDEvent) {
        case ETimerIdGameLoop: {                              // 游戏循环 ID
            static DWORD dwLastUpdate = GetTickCount();       // 记录本次时刻
            if(GetTickCount() - dwLastUpdate >= 20) {         // 判断时间间隔
                m_game.EnterFrame(GetTickCount());            // 进入游戏帧处理
                dwLastUpdate = GetTickCount();                // 记录时间间隔
            }
            // 否则什么都不做
        }
        default:
            break;
    }

    CFrameWnd::OnTimer(nIDEvent);
}
```

（4）CMainFrame 类为窗口类，键盘鼠标消息会发送给本类，被本类中的消息处理方法处理。在这里转发鼠标消息给 m_game 对象，使 m_game 也有机会感知消息，如菜单的动画效果，需要感知鼠标移动消息。具体代码如下：

<代码 52　　代码位置：资源包\Code\01\Bits\52.txt>

```
/*内容来自 MainFrm.cpp 文件*/

void CMainFrame::OnMouseMove(UINT nFlags, CPoint point)
{
    m_game.OnMouseMove(nFlags, point);                  // 直接把鼠标消息转给 CGame 对象
    CFrameWnd::OnMouseMove(nFlags, point);
}


void CMainFrame::OnLButtonUp(UINT nFlags, CPoint point)
{
    m_game.OnLButtonUp(nFlags, point);                  // 直接把鼠标消息转给 CGame 对象
    CFrameWnd::OnLButtonUp(nFlags, point);
}
```

（5）打开“GameMenuPanel.cpp”文件，找到 OnLButtonUp 函数。函数有两处注释：“//mpParent→SetStep……”，把这两行开头的“//”去掉。

通过以上代码，完整的游戏结构就组织起来了。由于代码相对较多，如果读者没有完全写下来，可以复制随书资源包中的代码到自己的项目中，并尝试运行。

✍ **说明：**

完整的项目的源码在“资源包\Code\01\Module\004\Tank”目录下，这是项目的最终成果。

15.8 本章总结

本章通过开发一个完整的游戏程序，帮助用户逐步了解了事件驱动程序的编程机制，熟悉了MFC应用程序的开发方法，掌握了开发应用程序的基本思路和技巧。对读者来说，这是一次全方位的学习体验。通过本章的学习，读者能在以下4个方面获得巨大提升：

（1）掌握严谨的项目命名规范和代码书写规范；

（2）学会开发项目程序必须掌握的基础语法和相关方法；

（3）掌握GDIPlus绘图技巧；

（4）获得解决编程中出现的常见错误的能力。

俗话说："良好的开端是成功的一半"。完成这个游戏，对于读者来说，是一个良好的开端，希望广大读者能够坚持不懈，更加努力地完成后面的开发项目。

下面通过一个思维导图对本章所讲模块及主要知识点进行总结，如图15.43所示。

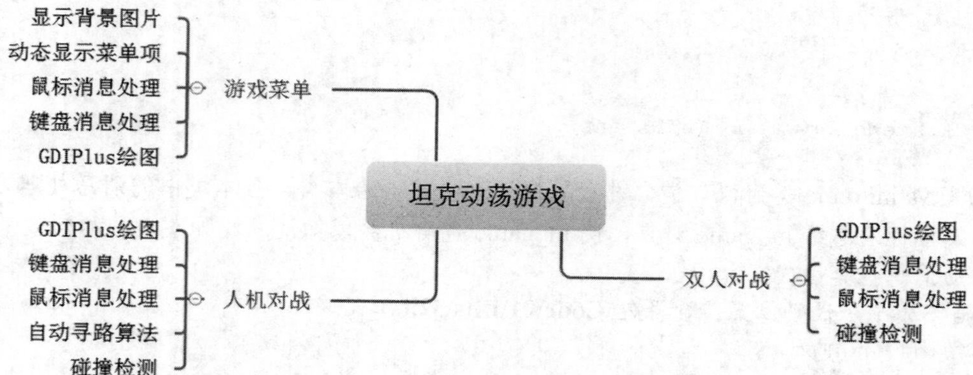

图15.43　本章总结

第 16 章　快乐吃豆子游戏

快乐吃豆子游戏是一款老少皆宜的经典敏捷类游戏，该游戏的趣味性是很多游戏都无法比拟的。游戏的规则很简单，使用键盘控制自己的小人，吃掉所有豆子就过关，如果被敌军碰到，则结束游戏。本游戏共有 3 关，按难易程度递进的方式排列，不断挑战更难的关卡，趣味性更强。本游戏包含按键检测、方向控制、自动行走和碰壁检测等功能。

通过本章学习，你将学到：

- Win32 窗体关键属性、方法和事件的应用
- 键盘事件的处理
- 同时处理多个键盘按键的方法
- GDI 绘图方法
- 随机函数的应用技巧
- Win32 SDK 编程知识

16.1　开 发 背 景

本章将使用 Windows 下的 C++语言，配合 Windows API 开发一个快乐吃豆子游戏，详细介绍开发游戏时需要了解和掌握的相关开发细节，本游戏开发细节设计如图 16.1 所示。

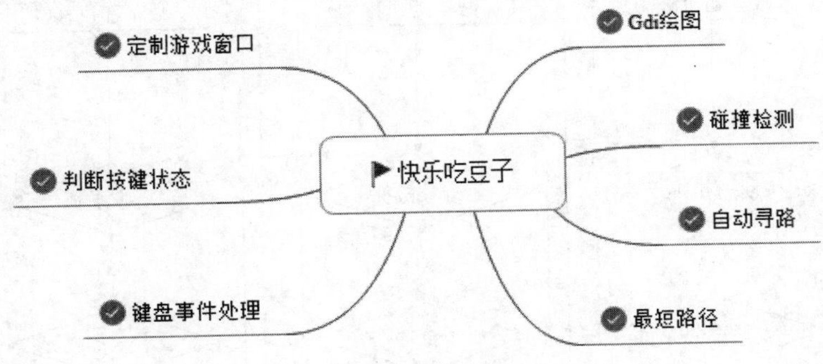

图 16.1　快乐吃豆子游戏相关开发细节

16.2　系统功能设计

16.2.1　系统功能结构

快乐吃豆子游戏共分为 3 个部分，具体功能如图 16.2 所示。

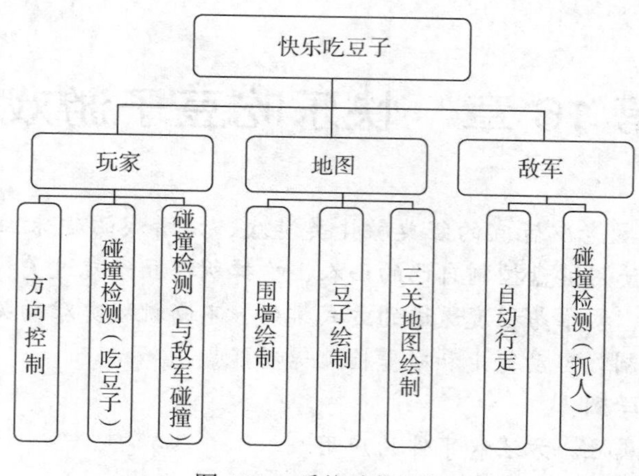

图 16.2　系统功能结构

16.2.2　业务流程图

快乐吃豆子游戏的业务流程如图 16.3 所示。

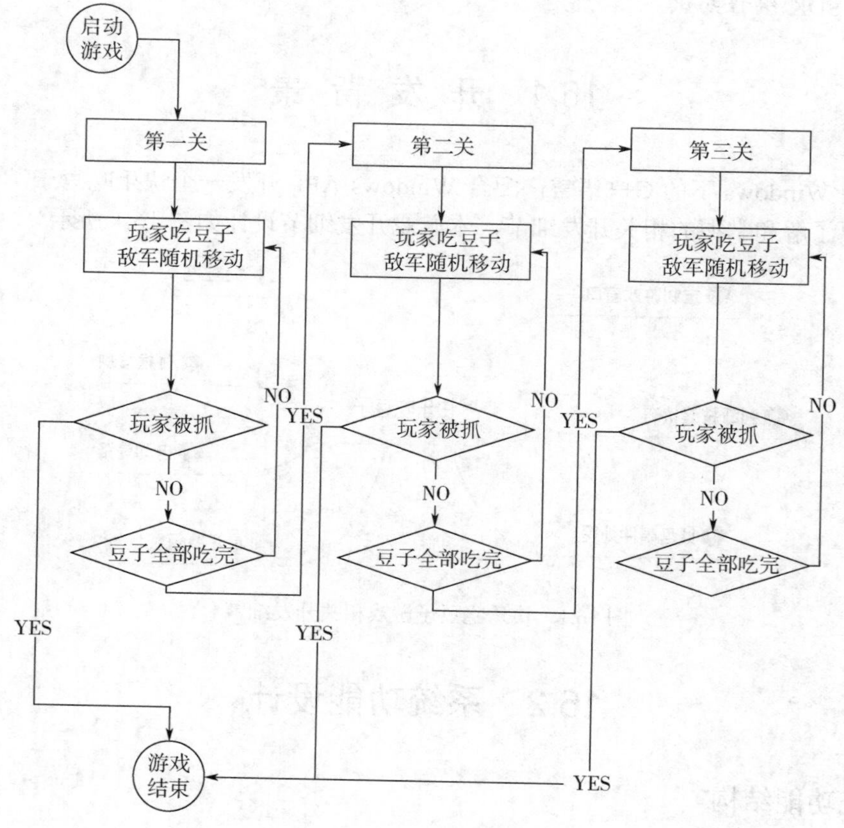

图 16.3　业务流程图

16.3　创 建 项 目

- 开发时间：30～90 分钟
- 开发难度：★☆☆☆☆
- 源码路径：资源包\Code\03\Module\001
- 关键词：创建项目　系统 API 函数　窗口　消息循环

16.3.1　开发环境要求

开发快乐吃豆子之前，本地计算机需满足以下条件：

- 操作系统：Windows 7（SP1）以上。
- 开发环境：Visual Studio 2015 免费社区版。
- 开发语言：C++。

16.3.2　使用 Visual Studio 2015 创建 Win32 窗口程序

使用 Visual Studio 2015 创建 Win32 窗口程序的步骤如下：

（1）打开 Visual Stuido 2015，选择菜单项“文件(F)”→“新建(N)”→“项目(P)”，弹出新建窗口，如图 16.4 所示。

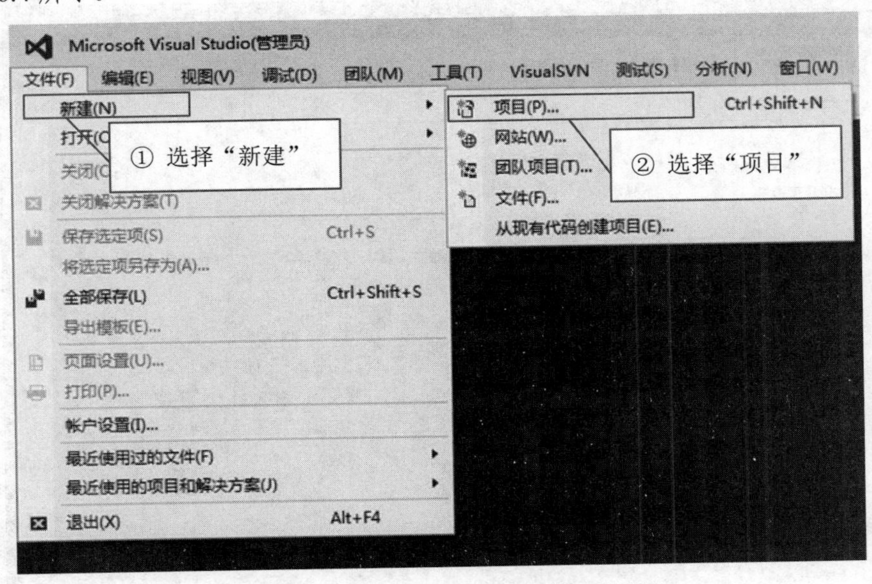

图 16.4　新建项目之打开新建项目对话框

（2）在弹出的窗口中依次选择“Visual C++ / Win32 / Win32 项目”，在“名称”文本框中输入项目名称“Pacman”，最后单击“确定”按钮，如图 16.5 所示。

（3）在弹出的“欢迎使用 Win32 应用程序向导”界面中直接单击“下一步”按钮，如图 16.6 所示。

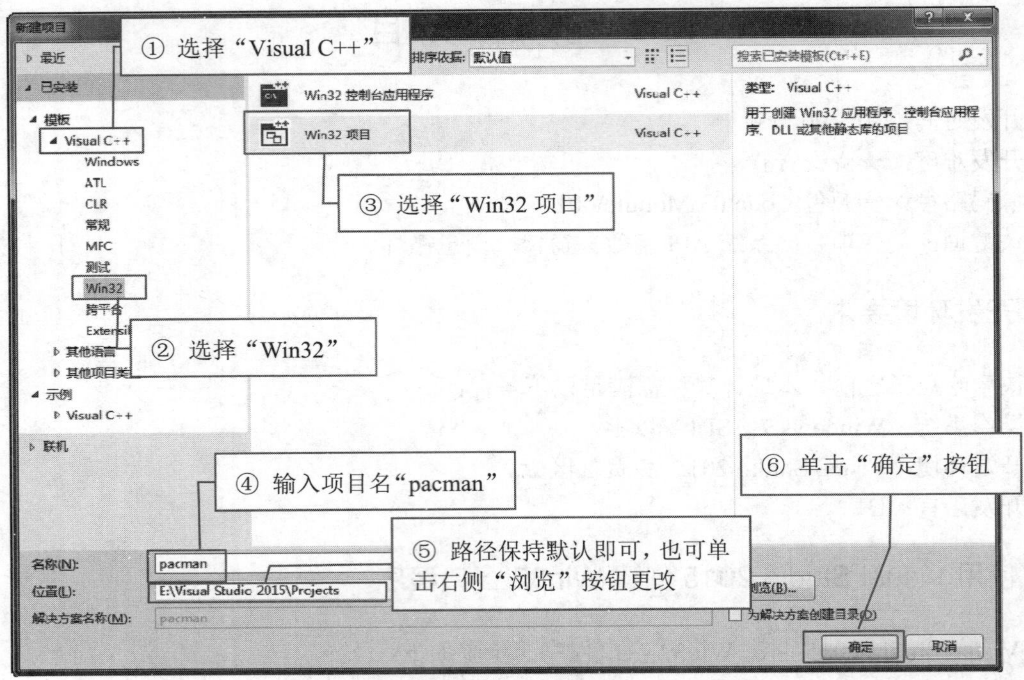

图 16.5　新建项目之输入项目名称

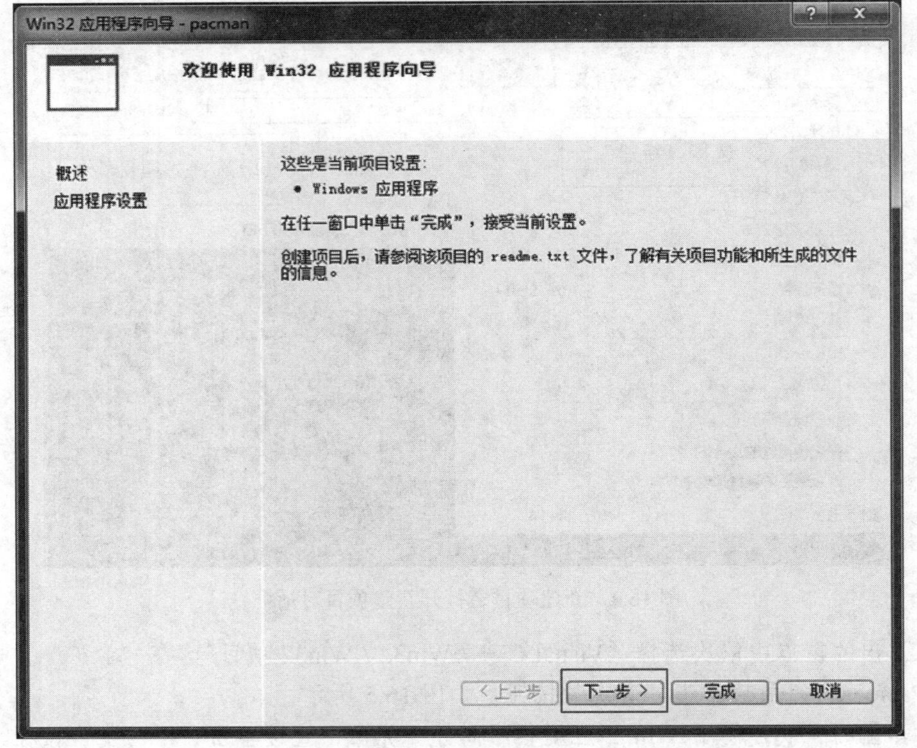

图 16.6　新建项目之概述

（4）在弹出的“应用程序设置”界面中选中“Windows 应用程序”，如图 16.7 所示。

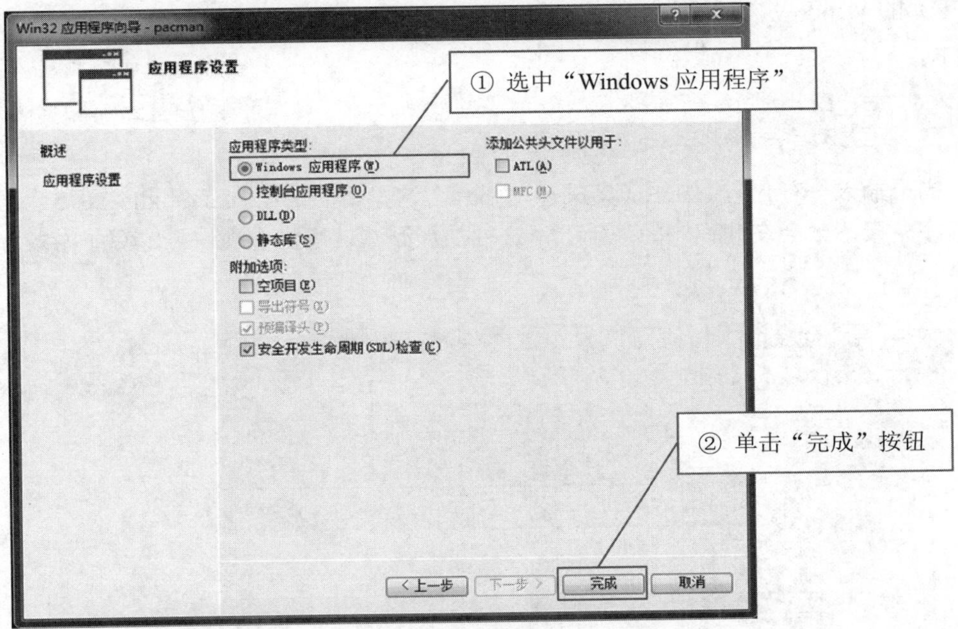

图 16.7　新建项目之应用程序设置

（5）生成的项目如图 16.8 所示。

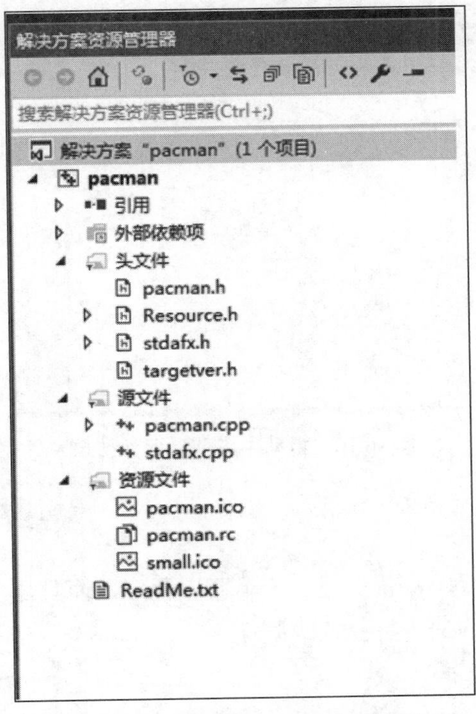

图 16.8　新建项目之生成项目文件

如图 16.8 所示是进行以上操作后生成的程序文件。这是一个只使用 Win32API，没使用其他框架（如 MFC）的 Windows 窗口程序。

运行一下：

运行代码的方法如图 16.9 所示。注意左侧的两个选项：Debug/x86；选择完成之后单击右侧的“本地 Windows 调试器”，稍等片刻，会呈现如图 16.10 所示的窗口。

至此，尚未输入一行代码，IDE（集成开发工具，这里用的是 Visual Studio 2015）已经产生了一个窗口程序。接下来会在此程序的基础上，进行加加减减，逐步实现快乐吃豆子游戏程序。

说明：

本部分代码在“Module\001\001\pacman”目录下，读者可以双击该目录下的 pacman.sln 文件打开工程，并按照图 16.9 所示的运行方法，查看本阶段的成果。

图 16.9　运行程序

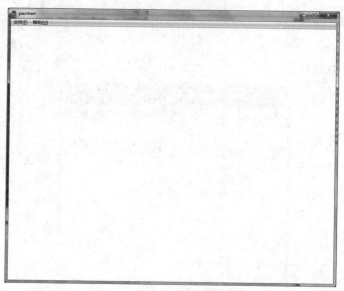

图 16.10　自动生成项目运行结果

16.3.3　制作游戏窗口

在 16.3.2 节中，未写一行代码，就实现了一个窗口程序，而且还自带菜单等功能。本节要修改这个窗口的大小，以符合游戏的要求。具体步骤如下：

1．项目目前的状态

在 16.3.2 节中生成的项目目前的工程结构如图 16.11 所示。

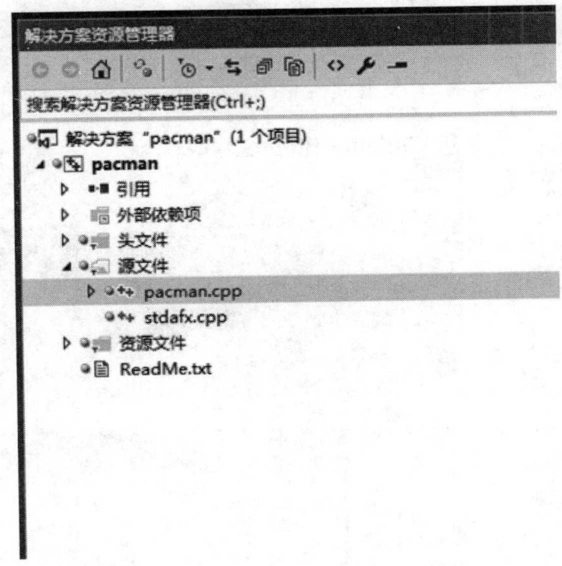

图 16.11　自动生成的项目

2．包含必要头文件

为了方便以后使用，先在 stdafx.h 文件中包含以后用到的标准库头文件。打开 stdafx.h 文件，在文件最下方，增加：

<代码 01　　代码位置：资源包\Code\03\Bits\01.txt>

```
#include <memory>
#include <vector>
#include <algorithm>
#include <functional>
```

后续程序中的其他文件的第一行代码都是"#include "stdafx.h""，因此在 stdafx.h 文件中包含的文件相当于包含于每一个程序文件中。

3．修改窗口大小

打开 pacman.cpp 文件，该文件默认创建了一个窗口，该窗口不符合游戏窗口的条件。现在来改造一下，把窗口设定为指定的大小，并设置其位置为电脑屏幕的左上角，具体步骤如下：

（1）在 pacman.cpp 文件中找到"#include "pacman.h""一行，在下面插入：

<代码 02　　代码位置：资源包\Code\03\Bits\02.txt>

```
using namespace std;

#define WLENTH 700                          // 高
#define WHIGHT 740                          // 宽
#define STAGE_COUNT 3                       // 一共三关
static HWND g_hwnd;                         // 游戏窗口句柄
```

（2）在 pacman.cpp 文件中找到下面的语句：

```
HWND hWnd = CreateWindowW(szWindowClass, szTitle, WS_OVERLAPPEDWINDOW,
                          CW_USEDEFAULT, 0, CW_USEDEFAULT, 0, nullptr, nullptr,
```

```
hInstance, nullptr);
```

这是创建窗口的语句，指定了窗口的标题、风格、初始大小和位置。将上面的语句替换成下面的语句：

<代码 03　　代码位置：资源包\Code\03\Bits\03.txt>

```
// 创建窗口
HWND hWnd = CreateWindowW(szWindowClass, szTitle, WS_OVERLAPPEDWINDOW
                         , 0          // 在屏幕中的位置 x
                         , 0          // 在屏幕中的位置 y
                         , WLENTH     // 宽
                         , WHIGHT     // 高
                         , nullptr, nullptr, hInstance, nullptr);
```

上述代码限制了窗口的大小，并指定窗口的初始位置在屏幕的左上角。

（3）在这几句的下面找到：

```
if(!hWnd) {
    return FALSE;
}
```

在下面追加：

```
// 保存游戏窗口,后面会用到
g_hwnd = hWnd;
```

运行一下：

到此为止，游戏的主窗口已经改造好了，读者可以尝试运行。运行结果如图 16.12 所示：一个宽度为 700 像素，高度为 740 像素的游戏主窗口。

经过上述操作，已完成游戏主窗口代码的编写。

图 16.12　改造后的游戏窗口

16.3.4　建立游戏循环

游戏中需要快速地显示画面和更新游戏状态，因此需要一个一直运行的循环来驱动画面和状态的更新。在创建 Win32 程序时，已经自动生成了一个消息循环，主要用来处理 Windows 系统消息。修改这个消息循环，使它既可以处理 Windows 消息，又可以作为游戏循环使用。

打开 pacman.cpp 文件，找到：

```
// 主消息循环:
while(GetMessage(&msg, nullptr, 0, 0)) {
    if(!TranslateAccelerator(msg.hwnd, hAccelTable, &msg)) {
        TranslateMessage(&msg);
        DispatchMessage(&msg);
    }
}
```

上面的代码是 Visual Studio 2015 自动生成的窗口消息循环。这个循环中使用的 GetMessage 函数只有在有消息时才会返回，无消息时阻塞。把上述代码替换成如下代码：

<代码 04　　代码位置：资源包\Code\03\Bits\04.txt>

```
// 主消息循环：
bool bRunning = true;
while(bRunning) {
    // 获取消息
    if(PeekMessage(&msg, NULL, 0, 0, PM_REMOVE)) {
        if(msg.message == WM_QUIT) {
            break;
        }
        TranslateMessage(&msg);
        DispatchMessage(&msg);
    }
}
```

✍ **说明：**

本部分代码在“Module\001\002\pacman”目录下。

16.4　使用 GDI 绘图

- 开发时间：60～120 分钟
- 开发难度：★★☆☆☆
- 源码路径：资源包\Code\03\Module\002
- 关键词：GDI　设备上下文　PeekMessage　点　线　弧　圆

后面的开发过程，需要绘制各种图形，这些复杂的图形都是由简单的图形组合而成。因此先实践“简单”的图形绘制函数。本程序中使用 Windows 系统提供的 GDI 库完成绘图工作。GDI 库包含一组函数，可以完成简单的绘制工作。这些函数可以在工程中直接使用。

16.4.1　画点

扫一扫，看视频

点是最简单的图形，理论上，可以使用点组合成任意图形。画点的函数是 SetPixel，该函数可以在指定坐标的位置画一个指定颜色的点。该函数的使用方法如下。

在 pacman.cpp 文件中找到：

```
// 获取消息
if(PeekMessage(&msg, NULL, 0, 0, PM_REMOVE)) {
    if(msg.message == WM_QUIT) {
        break;
    }
    TranslateMessage(&msg);
    DispatchMessage(&msg);
}
```

这一段是消息循环代码，在此段代码下面增加如下代码：

<代码 05　　代码位置：资源包\Code\03\Bits\05.txt>

```
// 画点测试
{
```

```
    HDC hdc = ::GetDC(g_hwnd);                                  // 获得设备句柄
    SetPixel(hdc, rand() % WLENTH , rand() % WHIGHT,// 在随机的位置画一个随机颜色的点
            RGB(rand() % 256, rand() % 256, rand() % 256));
    ::ReleaseDC(g_hwnd, hdc);                                  // 释放设备
}
```

上述代码实现生成随机坐标位置和随机颜色值，并向窗口输出点的功能。

运行一下：

运行效果如图 16.13 所示。随着时间的推移，整个屏幕上的点越来越密集，最后完全变成黑色。

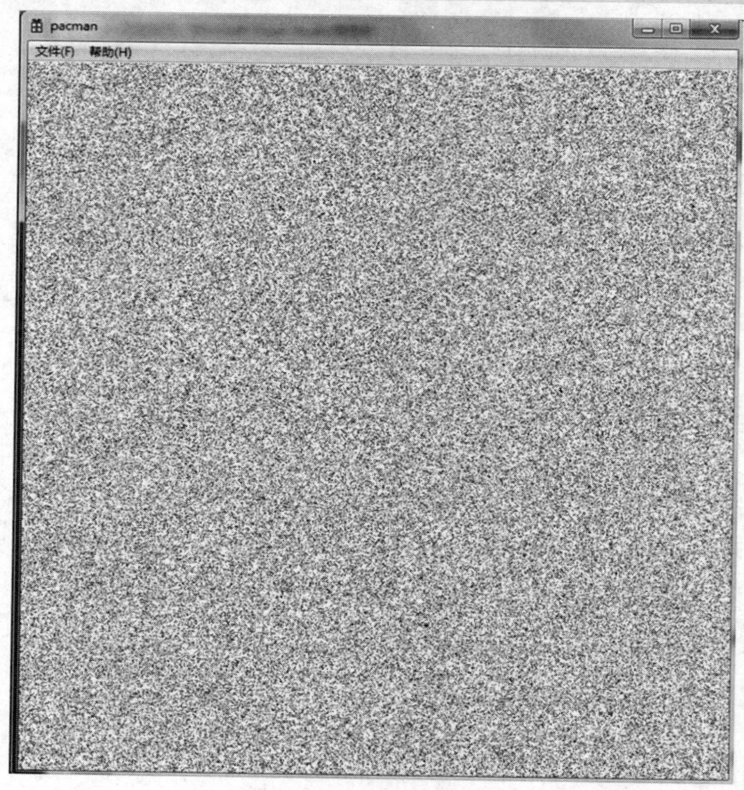

图 16.13　布满点的窗口

扫一扫，看视频

16.4.2　画线段

如果想画出一条线段，可以用画点函数多次调用，“组合”出一条线段，但是这样的多次调用效率很低。系统提供了画线段的函数，主要函数是 MoveToEx()和 LineTo()。先用 MoveToEx()函数移动到点①，再用 LineTo()函数一直画到点②，两点之间即是一条线段。打开 pacman.cpp 文件，找到“//画点测试”，将这一行及其下面大括号包围的内容替换成以下代码：

<代码 06　　代码位置：资源包\Code\03\Bits\06.txt>

```
// 画线测试
{
    HDC hdc = ::GetDC(g_hwnd);
    // 创建画笔
```

```
    HPEN pen = CreatePen(PS_SOLID, 2, RGB(rand() % 256, rand() % 256, rand() %
256));
    // 选择画笔
    HPEN oldPen = (HPEN)SelectObject(hdc, pen);
    MoveToEx(hdc, rand() % WLENTH, rand() % WHIGHT, NULL);
    LineTo(hdc, rand() % WLENTH, rand() % WHIGHT);

    // 恢复画笔
    SelectObject(hdc, oldPen);
    ::ReleaseDC(g_hwnd, hdc);
    // 暂停1毫秒,不然画得太快,看不清
    Sleep(1);
}
```

上述代码先创建了一个颜色随机的画笔，接下来调用两个函数画线。第一个函数 MoveToEx()把画笔移动到一个随机的位置，再调用 LineTo()函数移动到另一个随机位置，并在两点之间画线。其中最下面的一句“Sleep(1)”与画线无关，之所以加这一句是为了防止计算运行速度过快而导致刚刚启动窗口就布满了线，并在一瞬间各种线叠加在一起，变成一片黑色。

运行一下：

由于计算机速度很快，所以几秒钟后窗口上布满了各种颜色的线段，运行效果如图 16.14 所示。

图 16.14 布满线的窗口

扫一扫，看视频

16.4.3 画矩形

画矩形可以画 4 条直线，首尾相接即可，读者感兴趣可以自己实验。这里使用另外两个 API：

Rectangle：画的是一个矩形框；

FillRect：填充矩形。

下面尝试画一个空心的矩形，一个填充的矩形。将上面画线测试部分的代码换成：

<代码 07　　代码位置：资源包\Code\03\Bits\07.txt>

```
// 画矩形测试
{
    HDC hdc = ::GetDC(g_hwnd);
    {
        // 创建画笔
        HPEN pen = CreatePen(PS_SOLID, 2, RGB(255, 0, 0));
        // 选择画笔
        HPEN oldPen = (HPEN)SelectObject(hdc, pen);
        // 画矩形(空心)
        Rectangle(hdc, 100, 200, 300, 500);
        // 恢复画笔
        SelectObject(hdc, oldPen);
        DeleteObject(pen);
    }

    {
        // 创建画笔
        HBRUSH bBrush = CreateSolidBrush(RGB(0, 0, 255));
        // 填充矩形
        RECT rect;
        rect.left = 50;
        rect.top = 270;
        rect.right = 150;
        rect.bottom = 370;
        FillRect(hdc, &rect, bBrush);
        DeleteObject(bBrush);
    }

    ::ReleaseDC(g_hwnd, hdc);
    // 暂停 1 毫秒,不然画得太快,看不清
    Sleep(1);
}
```

运行一下：

程序画了一个空心矩形框和一个实心的矩形，效果如图 16.15 所示。

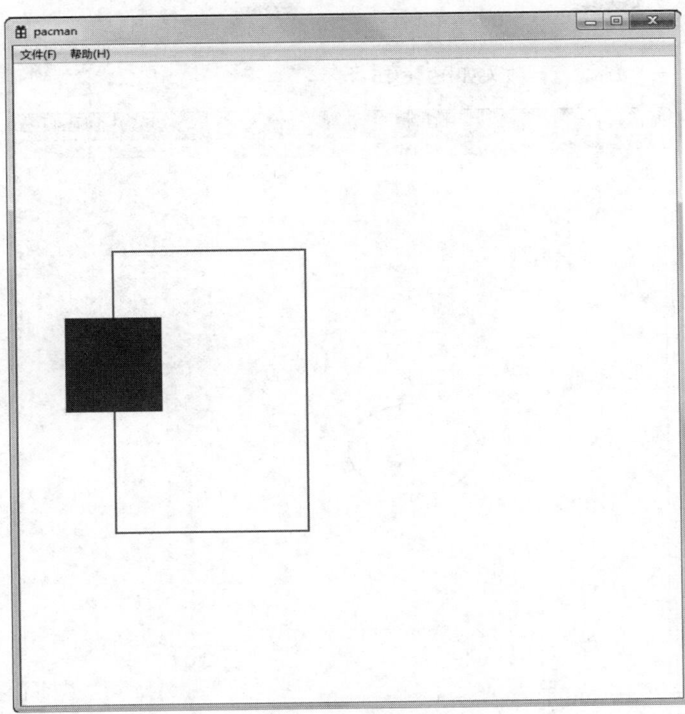

图 16.15　绘制矩形

16.4.4　画圆

程序中的“豆子”和“敌军”对象的眼睛部分用到了画圆函数，画圆函数的原型如下：

```
BOOL Ellipse(
  _In_ HDC hdc,
  _In_ int nLeftRect,
  _In_ int nTopRect,
  _In_ int nRightRect,
  _In_ int nBottomRect
);
```

其中后 4 个参数的意思为左上、右下两点的坐标。如果这两个点组成一个正方形，则画出来的就是圆，如果是长方形，则画出来的是椭圆。下面进行测试，将上面画矩形测试部分换成：

<代码 08　　代码位置：资源包\Code\03\Bits\08.txt>

```
// 画圆测试
{
    HDC hdc = ::GetDC(g_hwnd);
    //画圆:后面四个数字，构成一个正方形
    Ellipse(hdc, 200, 150, 300, 250);
    //画椭圆
    Ellipse(hdc, 200, 270, 340, 370);
    //画椭圆
    Ellipse(hdc, 100, 100, 200, 150);
    ::ReleaseDC(g_hwnd, hdc);
}
```

💻 运行一下：

程序画了两个椭圆，一个圆，运行效果如图 16.16 所示。

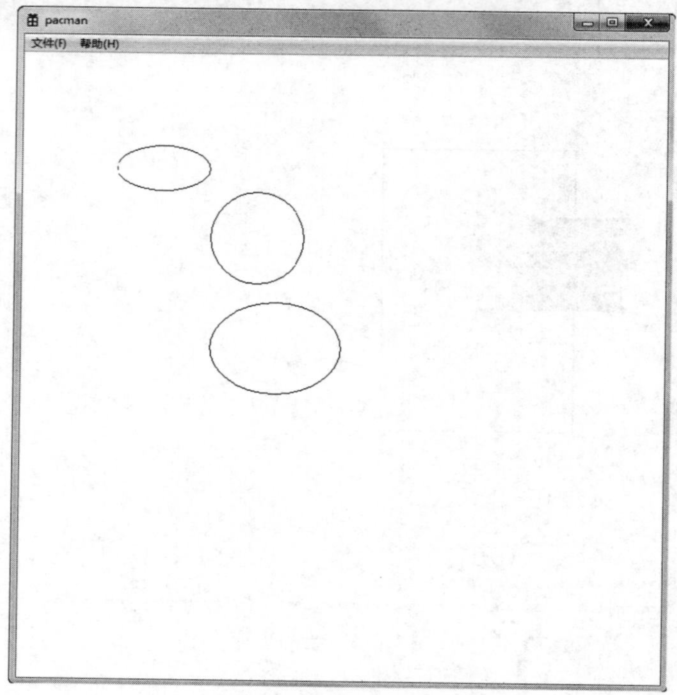

图 16.16 绘制椭圆

16.4.5 画弧形

本程序中的玩家对象是一个不断吞咬的“大嘴”形象，某些时刻，“大嘴”上面是一段弧线，而不是整个圆。可以认为弧形是椭圆形上面的一小段，画弧形的函数原型如下：

```
BOOL Arc(
    _In_ HDC hdc,
    _In_ int nLeftRect,                     // 左上点坐标 x
    _In_ int nTopRect,                      // 左上点坐标 y
    _In_ int nRightRect,                    // 右下点坐标 x
    _In_ int nBottomRect,                   // 右下点坐标 y
    _In_ int nXStartArc,                    // 起始点坐标 x
    _In_ int nYStartArc,                    // 起始点坐标 y
    _In_ int nXEndArc,                      // 结束点坐标 x
    _In_ int nYEndArc                       // 结束点坐标 y
);
```

该函数的 nLeftRect、nTopRect、nRightRect 和 nBottomRect 参数确定了一个矩形，进而确定一个椭圆，弧形为该椭圆上面截取的一段。后面 4 个参数确定了该“段”的起始点和结束点。

📢 注意：

程序的绘画方向为逆时针，从起点开始画到终点。

下面用该函数输出两个弧形。将上面画圆形测试部分换成：

<代码 09　　代码位置：资源包\Code\03\Bits\09.txt>

```
// 画弧形测试
{
    HDC hdc = ::GetDC(g_hwnd);
    Arc(hdc, 100, 100, 200, 300      // 矩形左上点,右下点
        , 150, 200                   // 起点
        , 100, 200                   // 终点 (与起点逆时针连接)
      );

    Arc(hdc, 0, 0, 100, 100
        , 50, 100
        , 50, 0
      );
    ::ReleaseDC(g_hwnd, hdc);
}
```

运行一下：

程序画了段弧线，运行效果如图 16.17 所示。

图 16.17　绘制弧形

说明：

本部代码在“Module\002\pacman”目录下。

扫一扫，看视频

16.4.6 综合应用一：画玩家

尝试使用上面的知识，在游戏窗口中画出自己控制的玩家对象。玩家对象的形象是一个大嘴机器人，如图 16.18 所示。要想画出这个对象，只需要在窗口上交替画出三个形状就可以了。这三个形状，是由前面讲述的圆、直线和弧形组合而成的。

图 16.18 游戏中的形状

下面画出一个放大版的玩家对象。绘画过程共分 5 帧，模拟闭嘴的形状、张嘴形状、完全张开嘴的形状。将上面画弧型测试部分换成：

<代码 10　　代码位置：资源包\Code\03\Bits\10.txt>

```
// 综合应用，画一个大嘴对象
{
    static DWORD dwTime = GetTickCount();
    // 当距离上绘图的时间大于 50 毫秒时,才进行本次绘制
    if(GetTickCount() - dwTime >= 50) {
        dwTime = GetTickCount();
    }
    else {
        continue;
    }
    /* 模拟当前的帧
        本对象一共 5 帧,每一帧画不同的图形
    */
    static int iFrame = 0;
    ++iFrame;
    if(iFrame >= 5) {
        iFrame = 0;
    }

    // 代表对象的中心位置
    int x = 300, y = 300;

    // 对象的半径
    int r = 100;

    // dc 对象句柄
    HDC hdc = ::GetDC(g_hwnd);
    std::shared_ptr<HDC__> dc(::GetDC(g_hwnd), [](HDC hdc) {
        ::ReleaseDC(g_hwnd, hdc);
    });
    // 获取窗口客户区大小
    RECT rc;
    GetClientRect(g_hwnd, &rc);

    // 创建画刷
    std::shared_ptr<HBRUSH__> br(
        ::CreateSolidBrush(RGB(255, 255, 255)),
```

```
        [](HBRUSH hbr) {
            ::DeleteObject(hbr);
        });

        // 画背景(清除上一帧所画内容
        FillRect(dc.get(), &rc, br.get());

#define PI (3.1415926f)                                          // 定义圆周率的值
        switch(iFrame) {
            case 0: {
                Ellipse(dc.get(), x - r, y - r, x + r, y + r); // 画一个圆
                MoveToEx(dc.get(), x - r, y, NULL);    // 画一个横线
                LineTo(dc.get(), x, y);
                break;
            }
            case 1: {
                // 画嘴(两条线与纵轴偏离 PI/4)
                int x0, y0;                                      // 左上角的点
                int x1, y1;                                      // 左下角的点
                x0 = x - static_cast<int>(r * sin(PI * 0.75f));
                y0 = y + static_cast<int>(r * cos(PI * 0.75f));

                x1 = x + static_cast<int>(r * sin(PI * 1.25f));
                y1 = y - static_cast<int>(r * cos(PI * 1.25f));

                SetPixel(dc.get(), x0, y0, RGB(255, 0, 0));
                SetPixel(dc.get(), x1, y1, RGB(0, 255, 0));
                SetPixel(dc.get(), x, y, RGB(0, 0, 0));
                Arc(dc.get(), x - r, y - r, x + r, y + r // 画一个半圆+一条竖线
                    , x1, y1
                    , x0, y0);

                MoveToEx(dc.get(), x0, y0, NULL);          // 画竖线
                LineTo(dc.get(), x, y);

                MoveToEx(dc.get(), x1, y1, NULL);
                LineTo(dc.get(), x, y);
                break;

            }
            case 2: {
                Arc(dc.get(), x - r, y - r, x + r, y + r // 画一个半圆+一条竖线
                    , x, y + r
                    , x, y - r
                   );
                // 画竖线
                MoveToEx(dc.get(), x, y - r, NULL);      // 从圆弧上面的点开始
                LineTo(dc.get(), x, y + r);                // 到圆弧下面的点结束
```

```
            break;
        }
        case 3: {
            // 画嘴(两条线与纵轴偏离 PI/4)
            int x0, y0;                                    // 左上角的点
            int x1, y1;                                    // 左下角的点
            x0 = x - static_cast<int>(r * sin(PI * 0.75f));
            y0 = y + static_cast<int>(r * cos(PI * 0.75f));

            x1 = x + static_cast<int>(r * sin(PI * 1.25f));
            y1 = y - static_cast<int>(r * cos(PI * 1.25f));

            SetPixel(dc.get(), x0, y0, RGB(255, 0, 0));
            SetPixel(dc.get(), x1, y1, RGB(0, 255, 0));
            SetPixel(dc.get(), x, y, RGB(0, 0, 0));
            // 画一个半圆 + 一条竖线
            Arc(dc.get(), x - r, y - r, x + r, y + r
                , x1, y1
                , x0, y0);

            // 画竖线
            MoveToEx(dc.get(), x0, y0, NULL);
            LineTo(dc.get(), x, y);

            MoveToEx(dc.get(), x1, y1, NULL);
            LineTo(dc.get(), x, y);
            break;

        }
        case 4: {
            // 画一个圆
            Ellipse(dc.get(), x - r, y - r, x + r, y + r);
            // 画一个横线
            MoveToEx(dc.get(), x - r, y, NULL);
            LineTo(dc.get(), x, y);
            break;
        }
        default:
            break;
    }
}
```

把整个过程分成 5 部分，然后反复绘制这一过程，最后看起来的动画效果就是玩家控制的大嘴对象。

💻 运行一下：

运行程序，展示出来的是动画效果，如图 16.19、图 16.20、图 16.21 所示。

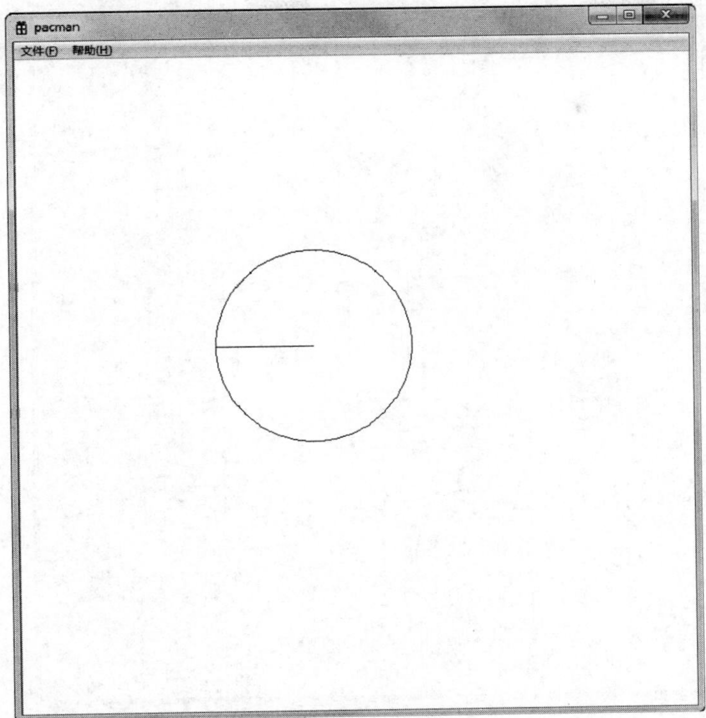

图 16.19　绘制玩家形象一

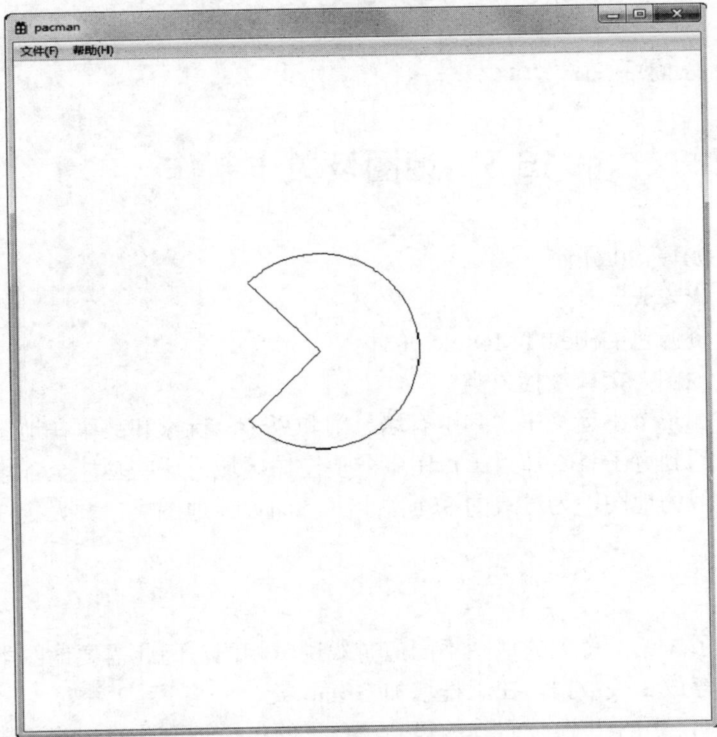

图 16.20　绘制玩家形象二

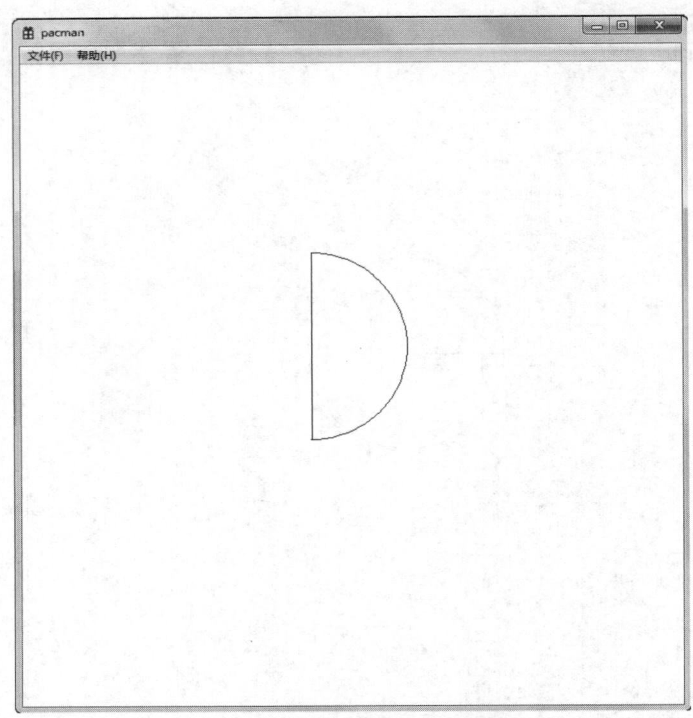

图 16.21 绘制玩家形象三

✍ **说明：**

本部代码在“Module\002\pacman_GDI 综合运用”目录下。

扫一扫，看视频

16.5 地图及关卡制作

- 开发时间：90～120 分钟
- 开发难度：★★★☆☆
- 源码路径：资源包\Code\03\Module\003

关键词：关卡 地图 接口 抽象类

本游戏场景设定在一个小迷宫中，其中有墙、门和豆子。玩家和敌军在地图中移动，遇到墙则需要变换方向，玩家遇到豆子就吃掉豆子，留下一块空白区域。这些功能全都集中地图类中。游戏中一共设定了三个类似的地图，为游戏的 3 个关卡。下面设计地图类，并设定 3 关的数据。

16.5.1 地图类设计

本程序中共设计了 3 关。每关的地图不同但游戏逻辑相同，因此需要地图类中增加一个父类，并扩展出 3 个子类，存放 3 关数据。在工程增加 GMap 类。

增加地图类的声明。用于声明障碍物的尺寸、豆子的半径、地图的初始函数、地图中障碍物的数组和地图中豆子的数组等。打开 GMap.h 文件，输入：

<代码 11　　代码位置：资源包\Code\03\Bits\11.txt>

```
#pragma once

#include <list>

#define MAPLENTH 19                          // 逻辑地图大小
#define P_ROW 10                             // 我方的位置坐标
#define P_ARRAY 9                            // 我方的位置坐标
#define E_ROW 8                              // 敌方的位置坐标
#define E_ARRAY 9                            // 敌方的位置坐标

using std::list;

//抽象类 GMap
class GMap
{

protected:
    static int LD;                               // 障碍物尺寸
    static int PD;                               // 豆子的半径
    void InitOP();                               // 敌我双方出现位置没有豆子出现
    bool mapData[MAPLENTH][MAPLENTH];            // 障碍物逻辑地图点阵
    bool peaMapData[MAPLENTH][MAPLENTH];         // 豆子逻辑地图点阵
    COLORREF color;                              // 地图中墙的颜色
public:
    void  DrawMap(HDC &hdc);                     // 绘制地图
    void  DrawPeas(HDC &hdc);                    // 绘制豆子
    virtual ~GMap();
    GMap()
    {

    }
    friend class GObject;                    // 允许物体类使用直线的起点和终点的信息做碰撞检测
    friend class PacMan;                     // 允许"大嘴"访问豆子地图
};
```

16.5.2　第一关地图的设计

在 GMap.h 文件中接着输入第一关地图的声明。第一关地图的类名是“Stage_1”，该类为地图类 GMap 的子类，类中声明了静态数组，该数组中包含地图的初始数据。具体代码如下：

<代码 12　　代码位置：资源包\Code\03\Bits\12.txt>

```
//"第一关"
class Stage_1 : public GMap
{
private:
    bool static initData[MAPLENTH][MAPLENTH];  // 地图数据
public:
    Stage_1();
};
```

16.5.3 第二关地图的设计

在 GMap.h 文件中接着输入第二关地图的声明。第二关地图的类名是“Stage_2”，该类为地图类 GMap 的子类，类中声明了静态数组，该数组中包含地图的初始数据。

<代码 13　　代码位置：资源包\Code\03\Bits\13.txt>

```
//第二关
class Stage_2 : public GMap
{
private:
    bool static initData[MAPLENTH][MAPLENTH];  // 地图数据
public:
    Stage_2();
};
```

16.5.4 第三关地图的设计

在 GMap.h 文件中接着输入第三关地图的声明。第三关地图的类名是“Stage_3”，该类为地图类 GMap 的子类，类中声明了静态数组，该数组中包含地图的初始数据。

<代码 14　　代码位置：资源包\Code\03\Bits\14.txt>

```
// 第三关
class Stage_3 : public GMap
{
private:
    bool static initData[MAPLENTH][MAPLENTH];  // 地图数据
public:
    Stage_3();
};
```

扫一扫，看视频

16.5.5 地图类的实现

（1）下面是地图及关卡类的具体实现，打开 GMap.cpp 文件，输入以下代码。其中 LD 为墙的宽度，PD 为豆子的直径，这两个是静态成员，需要在这里进行初始化。

<代码 15　　代码位置：资源包\Code\03\Bits\15.txt>

```
#include "stdafx.h"
#include "GMap.h"

int GMap::LD = 36;                                          // 墙的宽度
int GMap::PD = 3;                                           // 豆子的直径
```

（2）地图中的 peaMapData 数组为豆子的数据，玩家刚出现的位置，不需要有豆子，因此需要把数组中这个位置的元素设为 false，代表此处没有豆子。在 GMap.cpp 文件最下方输入以下代码：

<代码 16　　代码位置：资源包\Code\03\Bits\16.txt>

```
//敌我双方出现位置没有豆子出现
void GMap::InitOP()
{
    peaMapData[E_ROW][E_ARRAY] = false;                 // 敌方位置没有豆子
    peaMapData[P_ROW][P_ARRAY] = false;                 // 玩家位置没有豆子
}
```

（3）类的成员变量 mapData 存储了墙体的数据。遍历这个数组，当发现该处是墙壁时，在此位置绘制一个矩形模拟墙体。在 GMap.cpp 文件最下方接着输入绘制地图函数：

<代码 17　　代码位置：资源包\Code\03\Bits\17.txt>

```
void GMap::DrawMap(HDC &memDC)
{
    HBRUSH hBrush = CreateSolidBrush(color);
    for(int i = 0; i < MAPLENTH; i++) {
        for(int j = 0; j < MAPLENTH; j++) {
            //绘制墙壁
            if(!mapData[i][j]) {
                RECT rect;
                rect.left = j * LD;
                rect.top = i * LD;
                rect.right = (j + 1) * LD;
                rect.bottom = (i + 1) * LD;
                FillRect(memDC, &rect, hBrush);     // 填充矩形区域，模拟墙体
            }
        }
    }
    DeleteObject(hBrush);                           // 删除画刷对象
}
```

（4）成员变量 peaMapData 存储的是豆子数据。遍历该数组，如果发现该处元素为真，则调用画圆的函数画豆子。在 GMap.cpp 文件最下方接着输入绘制“豆子”的函数代码：

<代码 18　　代码位置：资源包\Code\03\Bits\18.txt>

```
void GMap::DrawPeas(HDC &hdc)                          // 画豆子函数
{
    for(int i = 0; i < MAPLENTH; i++) {                // 遍历整个数组
        for(int j = 0; j < MAPLENTH; j++) {
            if(peaMapData[i][j]) {                     // 如果该处有豆子

                Ellipse(hdc, (LD / 2 - PD) + j * LD,   // 画圆：模拟豆子
                        (LD / 2 - PD) + i * LD,
                        (LD / 2 + PD) + j * LD,
                        (LD / 2 + PD) + i * LD);
            }
        }
    }
```

16.5.6　游戏隐藏后门的实现

该游戏虽然看起来简单，实际上由于豆子很多，敌军速度很快，要想轻松过关还是有一定难度的。为了帮助玩家快速通关，设计一个游戏的后门：在按下“B”键时，直接通过当前关。在 GMap.cpp 文件最下方输入后门代码如下：

<代码 19　　代码位置：资源包\Code\03\Bits\19.txt>

```
    // 如果按下 B，直接过关
    if(GetAsyncKeyState('B') & 0x8000) {
        MessageBoxA(NULL, "无意中您发现了秘笈", "", MB_OK);
        for(int i = 0; i < MAPLENTH; i++) {
            for(int j = 0; j < MAPLENTH; j++) {
                peaMapData[i][j] = false;
            }
```

```
            }
        }
}
```

接着输入析构函数：

<代码 20　　代码位置：资源包\Code\03\Bits\20.txt>

```
GMap::~GMap()
{

}
```

游戏隐藏后门的运行效果如图 16.22 所示。

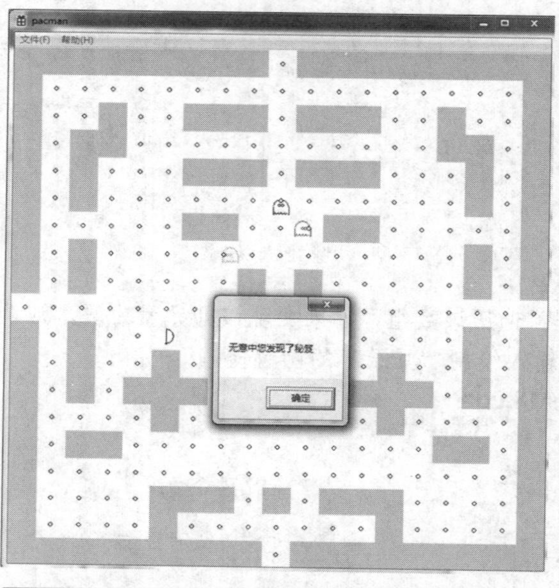

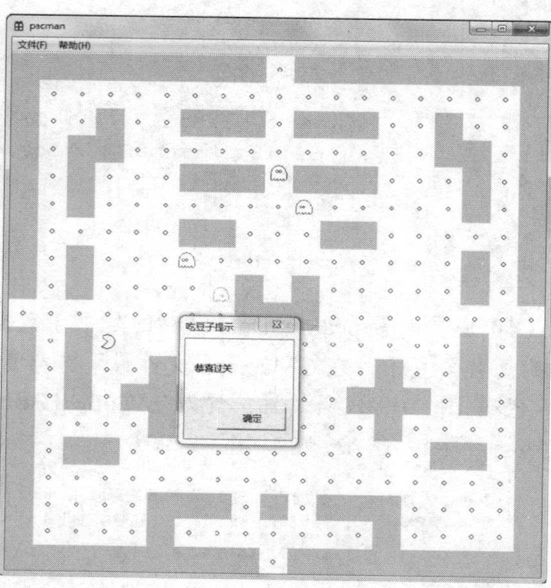

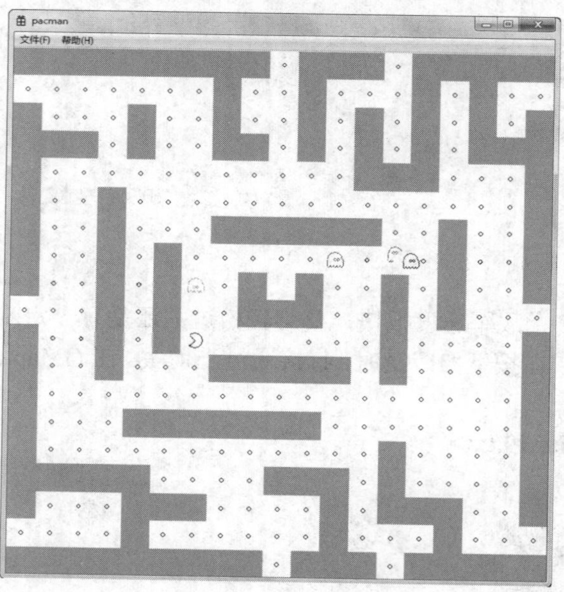

图 16.22　游戏隐藏后门的运行效果

16.5.7　第一关地图的实现

在 GMap.cpp 文件最下方输入第一关地图相关函数及数据，代码中定义了 A 为真，B 为假，其中真的位置代表该处有豆子，假的位置代表该处是墙。

<代码 21　　代码位置：资源包\Code\03\Bits\21.txt>

```
//Stage_1 成员定义:
#define A true                                          // true:表示豆子
#define B false                                         // false:表示墙壁
bool Stage_1::initData[MAPLENTH][MAPLENTH] = {
    B, B, B, B, B, B, B, B, B, A, B, B, B, B, B, B, B, B, B,  //0
    B, A, A, A, A, A, A, A, A, A, A, A, A, A, A, A, A, A, B,  //1
    B, A, A, B, A, A, B, B, B, A, B, B, B, A, A, B, A, A, B,  //2
    B, A, B, B, A, A, A, A, A, A, A, A, A, A, A, B, B, A, B,  //3
    B, A, B, A, A, A, B, B, B, A, B, B, B, A, A, A, B, A, B,  //4
    B, A, B, A, A, A, A, A, A, A, A, A, A, A, A, A, B, A, B,  //5
    B, A, A, A, A, B, B, A, A, A, B, B, A, A, A, A, A, A, B,  //6
    B, A, B, A, A, A, A, A, A, A, A, A, A, A, A, A, B, A, B,  //7
    B, A, B, A, A, A, A, A, B, A, B, A, A, A, A, A, B, A, B,  //8
    A, A, A, A, A, A, A, B, B, B, A, A, A, A, A, A, A, A, A,  //9
    B, A, B, A, A, A, A, A, A, A, A, A, A, A, A, A, B, A, B,  //10
    B, A, B, A, A, B, A, A, A, A, A, A, A, B, A, A, B, A, B,  //11
    B, A, B, A, B, B, B, A, A, A, A, A, B, B, B, A, B, A, B,  //12
    B, A, A, A, A, B, A, A, A, A, A, A, B, A, A, A, A, A, B,  //13
    B, A, B, B, A, A, A, A, A, A, A, A, A, A, A, B, B, A, B,  //14
    B, A, A, A, A, A, A, A, A, A, A, A, A, A, A, A, A, A, B,  //15
    B, A, A, A, A, B, B, B, A, B, A, B, B, B, A, A, A, A, B,  //16
    B, A, A, A, A, B, A, A, A, A, A, A, A, B, A, A, A, A, B,  //17
    B, B, B, B, B, B, B, B, B, A, B, B, B, B, B, B, B, B, B,  //18
};
#undef A
#undef B
Stage_1::Stage_1()
{
    color = RGB(140, 240, 240);                         // 墙的颜色
    for(int i = 0; i < MAPLENTH; i++) {
        for(int j = 0; j < MAPLENTH; j++) {
            this->mapData[i][j] = this->initData[i][j];
            this->peaMapData[i][j] = this->initData[i][j];
        }
    }
    //敌我双方出现位置没有豆子出现
    this->InitOP();
}
```

说明：

其中使用 A 代表豆子，B 代表墙体。数组“initData”的内容，读者可以自由修改，不一定非要按照书中的数据编写。

第一关地图效果如图 16.23 所示。

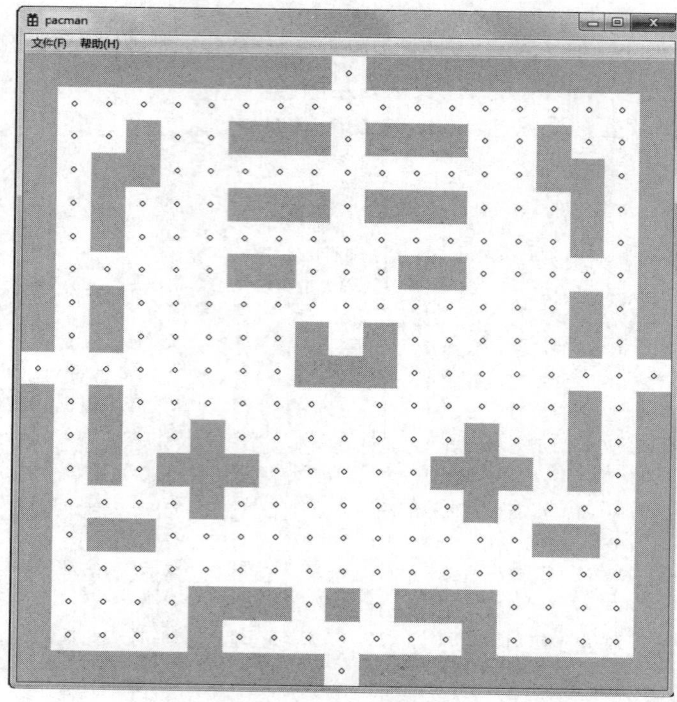

图 16.23 第一关地图

16.5.8 第二关地图的实现

在 GMap.cpp 文件最下方接着输入第二关地图相关函数及数据，代码中定义了 A 为真，B 为假，其中真的位置代表该处有豆子，假的位置代表该处是墙。

<代码 22　　代码位置：资源包\Code\03\Bits\22.txt>

```
//Stage_2 成员定义
#define A true
#define B false
bool Stage_2::initData[MAPLENTH][MAPLENTH] = {
    B, B, B, B, B, B, B, B, B, A, B, B, B, A, B, B, B, B, B, //0
    A, A, A, A, A, A, A, B, A, A, B, A, A, A, B, A, B, A, A, //1
    B, A, A, A, B, A, A, B, A, A, B, A, B, A, B, A, B, A, B, //2
    B, B, B, A, B, A, A, B, B, A, B, A, B, A, B, A, B, B, B, //3
    B, A, A, A, A, A, A, A, A, A, A, A, B, B, B, A, A, A, B, //4
    B, A, A, B, A, A, A, A, A, A, A, A, A, A, A, A, A, A, B, //5
    B, A, A, B, A, A, A, B, B, B, B, B, B, A, A, B, A, A, B, //6
    B, A, A, B, A, B, A, A, A, A, A, A, A, A, A, B, A, A, B, //7
    B, A, A, B, A, B, A, A, B, A, B, A, A, B, A, B, A, A, B, //8
    A, A, A, B, A, B, A, A, B, B, B, A, A, B, A, B, A, A, A, //9
    B, A, A, B, A, B, A, A, A, A, A, A, A, B, A, A, A, A, B, //10
    B, A, A, B, A, A, A, B, B, B, B, B, A, B, A, A, A, A, B, //11
    B, A, A, A, A, A, A, A, A, A, A, A, A, A, A, A, A, A, B, //12
    B, A, A, A, B, B, B, B, B, B, B, A, A, A, A, A, A, A, B, //13
```

```
    B, A, A, A, A, A, A, A, A, A, A, A, A, B, A, A, A, A, B, //14
    B, B, B, B, B, A, A, A, A, B, B, B, A, B, A, A, A, A, B, //15
    B, A, A, A, B, B, B, A, A, A, A, B, A, B, B, B, A, A, B, //16
    A, A, A, A, B, A, A, A, A, A, A, B, A, A, A, B, A, A, A, //17
    B, B, B, B, B, B, B, B, B, A, B, B, B, A, B, B, B, B, B, //18
};
#undef A
#undef B
Stage_2::Stage_2()
{
    color = RGB(240, 140, 140);                                    // 墙的颜色
    for(int i = 0; i < MAPLENTH; i++) {
        for(int j = 0; j < MAPLENTH; j++) {
            this->mapData[i][j] = this->initData[i][j];
            this->peaMapData[i][j] = this->initData[i][j];
        }
    }
    //敌我双方出现位置没有豆子出现
    this->InitOP();
}
```

说明：

其中使用 A 代表豆子，B 代表墙体。数组“initData”的内容，读者可以自由修改，不一定非要按照书中的数据编写。

第二关地图效果如图 16.24 所示。

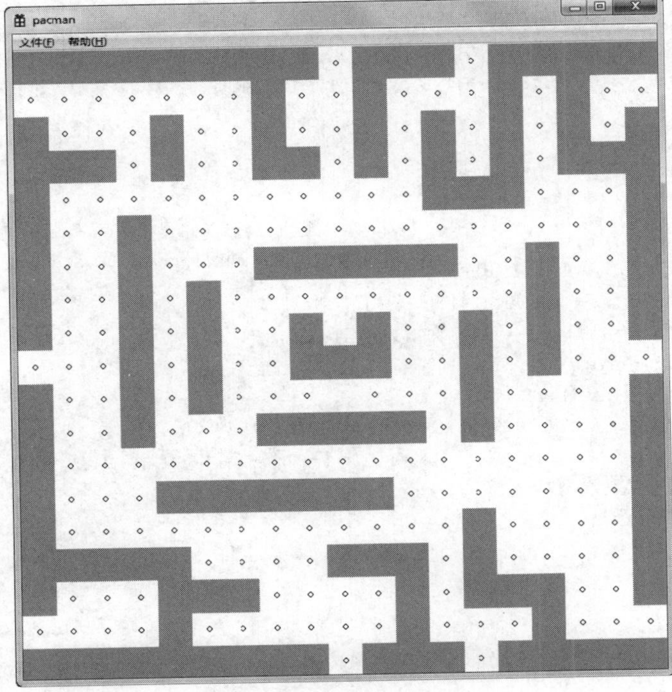

图 16.24　第二关地图

16.5.9 第三关地图的实现

在 GMap.cpp 文件最下方接着输入第三关地图相关函数及数据，代码中定义了 A 为真，B 为假，其中真的位置代表该处有豆子，假的位置代表该处是墙。

<代码 23　　代码位置：资源包\Code\03\Bits\23.txt>

```
//Stage_3 成员定义
#define A true
#define B false
bool Stage_3::initData[MAPLENTH][MAPLENTH] = {
    B, B, B, B, B, B, B, B, B, A, B, B, B, B, B, B, B, B, B, //0
    A, A, A, A, A, A, A, A, A, A, A, A, A, A, A, A, A, A, A, //1
    B, A, A, B, A, A, B, B, B, B, B, B, B, A, A, A, B, A, B, //2
    B, A, B, B, A, A, A, A, A, A, A, A, B, A, A, A, B, A, B, //3
    B, A, B, A, A, A, B, B, B, B, B, B, B, A, A, A, B, A, B, //4
    B, A, B, A, B, B, B, A, A, A, A, A, B, B, B, A, B, A, B, //5
    B, A, A, A, B, A, B, A, A, A, A, A, A, A, A, A, B, A, B, //6
    B, A, B, A, B, A, A, A, A, A, A, A, A, B, A, A, B, A, B, //7
    B, A, B, A, B, B, A, A, B, A, B, A, A, B, A, A, B, A, B, //8
    B, A, A, A, A, B, A, A, B, B, B, A, A, B, A, A, B, A, B, //9
    B, A, B, A, A, B, A, A, A, A, A, A, A, B, A, A, A, A, B, //10
    B, A, B, A, A, B, A, A, A, A, A, A, B, B, B, A, B, A, B, //11
    B, A, B, A, A, B, A, B, B, B, B, B, B, A, B, A, B, A, B, //12
    B, A, B, A, A, B, A, A, A, A, A, A, A, B, A, B, A, B, //13
    B, A, B, B, A, B, B, B, B, B, B, A, B, A, B, A, B, A, B, //14
    B, A, A, A, A, B, A, A, A, A, A, A, B, A, B, A, B, A, B, //15
    B, B, B, B, B, B, A, A, B, B, B, A, B, A, B, A, B, A, B, //16
    A, A, A, A, A, A, A, A, B, A, A, A, A, B, A, A, A, A, //17
    B, B, B, B, B, B, B, B, B, A, B, B, B, B, B, B, B, B, B, //18
};
#undef A
#undef B
Stage_3::Stage_3()
{
    color = RGB(100, 44, 100);                                  // 墙的颜色
    for(int i = 0; i < MAPLENTH; i++) {
        for(int j = 0; j < MAPLENTH; j++) {
            this->mapData[i][j] = this->initData[i][j];
            this->peaMapData[i][j] = this->initData[i][j];
        }
    }
    //敌我双方出现位置没有豆子出现
    this->InitOP();
}
```

✍ 说明：

其中使用 A 代表豆子，B 代表墙体。数组“initData”的内容，读者可以自由修改，不一定非要按照书中的数据编写。

第三关地图效果如图 16.25 所示。

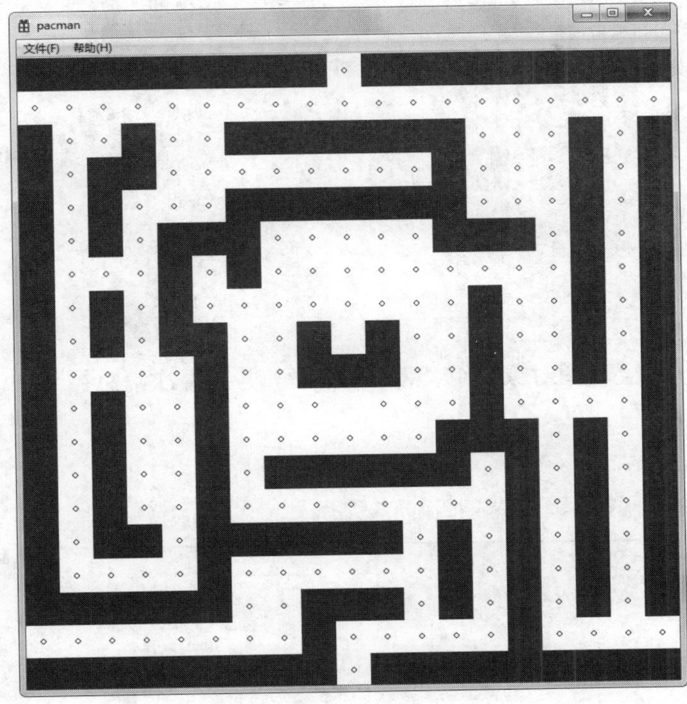

图 16.25 第三关地图

16.5.10 使用地图

扫一扫，看视频

打开 pacman.cpp 文件，增加包含头文件“GMap.h”的代码（在“#include "pacman.h"”一行下面插入“#include "GMap.h"”）。

找到“HACCEL hAccelTable = LoadAccelerators(hInstance, MAKEINTRESOURCE(IDC_PACMAN));”一行，把此行以下（不包括本行）的内容，直到函数尾部，全部删掉，增加以下代码：

<代码 24　　代码位置：资源包\Code\03\Bits\24.txt>

```
// 当前的关卡
int s_n = 0; // [0, 1, 2]
// 地图
GMap *MapArray[STAGE_COUNT] = { new Stage_1(), new Stage_2(), new Stage_3() };

MSG msg;

// 主消息循环:
bool bRunning = true;
while(bRunning && s_n < STAGE_COUNT) {
    // 获取消息
    if(PeekMessage(&msg, NULL, 0, 0, PM_REMOVE)) {
        if(msg.message == WM_QUIT) {                    // WM_QUIT 消息，退出循环
            break;
```

```
        }
        TranslateMessage(&msg);                    // 翻译消息
        DispatchMessage(&msg);                     // 分发消息
    }
    HDC hdc = ::GetDC(g_hwnd);
    {
        MapArray[s_n]->DrawPeas(hdc);              // 画豆子
        MapArray[s_n]->DrawMap(hdc);               // 画地图
    }
    ::ReleaseDC(g_hwnd, hdc);                      // 释放设备资源
}

return (int) msg.wParam;
```

上述代码，定义了一个地图对象数组“MapArray”，并在每次消息循环中调用地图的绘制方法，分别绘制地图。

运行一下：

运行代码，程序绘制第一关地图，效果如图 16.26 所示。

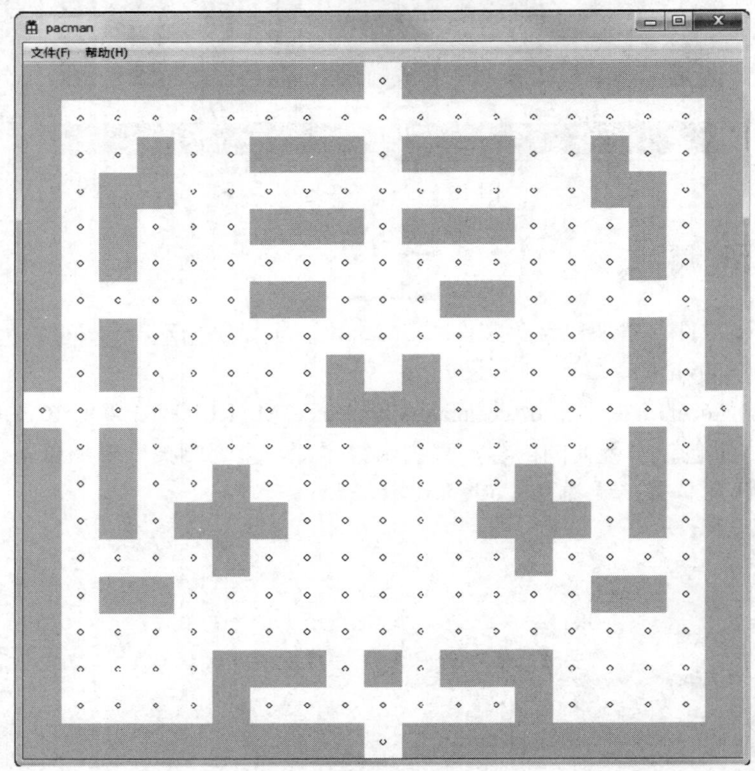

图 16.26　第一关地图

想一想：

如何显示第二关、第三关地图?

☞ 试一试：

将上面代码中的“int s_n = 0;”改为“ int s_n =1;”，运行一下看看效果。

✍ 说明：

本部代码在“Module\003\pacman”目录下。

16.6　游戏可移动对象设计与实现

- 开发时间：90～120 分钟
- 开发难度：★★★☆☆
- 源码路径：资源包\Code\03\Module\004

关键词：关卡　地图　接口　抽象类

扫一扫，看视频

16.6.1　可移动对象的设计

游戏中的可移动对象包括敌军和玩家对象，同属于游戏中可以移动、可绘制的对象，因此可以抽象出一个共同的父类“GObject”来存放两种对象的相同逻辑和数据。在工程中增加 GObject 类。

打开 GObject.h 文件，删除原来的内容，输入：

<代码 25　　代码位置：资源包\Code\03\Bits\25.txt>

```
#include "stdafx.h"
#include <time.h>

#include "GMap.h"
#define PLAYERSPEED 6                          //玩家速度
#define ENERMYSPEED 4                          //敌人速度
#define LEGCOUNTS 5                            //敌人腿的数量
#define DISTANCE 10                            //图形范围
#define BLUE_ALERT 8                           //蓝色警戒范围
#define D_OFFSET   2                           //绘图误差
#define RD (DISTANCE + D_OFFSET)               //绘图范围 12

enum TWARDS {                                  //方向枚举
    UP,                                        // 上
    DOWN,                                      // 下
    LEFT,                                      // 左
    RIGHT,                                     // 右
    OVER,                                      // 游戏结束
};

class GObject                                  // 物体类 : 大嘴和敌人的父类
{
public:
    GObject(int Row, int Array)
```

```
    {
        m_nFrame = 1;                                  // 帧数
        pStage = NULL;                                 // 当前关卡
        this->m_nRow = Row;                            // 行
        this->m_nArray = Array;                        // 数组
        // 中心位置
        this->m_ptCenter.y = m_nRow * pStage->LD + pStage->LD / 2;
        this->m_ptCenter.x = m_nArray * pStage->LD + pStage->LD / 2;

        this->m_nX = m_ptCenter.x;
        this->m_nY = m_ptCenter.y;
    }

    void SetPosition(int Row, int Array);      // 设置位置
    void DrawBlank(HDC &hdc);                  // 画空白
    void virtual Draw(HDC &hdc) = 0;           // 绘制对象
    void virtual action() = 0;                 // 数据变更的表现

    int GetRow();
    int GetArray();

    static GMap *pStage; //指向地图类的指针,设置为静态,使所有自类对象都能够使用相同的地图

protected:
    int m_nX;
    int m_nY;
    TWARDS m_cmd;                          // 指令缓存
    POINT m_ptCenter;                      // 中心坐标
    int m_nRow;                            // 逻辑横坐标
    int m_nArray;                          // 逻辑纵坐标
    int m_nSpeed;                          // 速度
    TWARDS m_dir;                          // 朝向
    int m_nFrame;                          // 祯数
    bool Achive();                         // 判断物体是否到达逻辑坐标位置
    bool Collision();                      // 逻辑碰撞检测,将物体摆放到合理的位置
    int PtTransform(int k);                // 将实际坐标转换为逻辑坐标
    virtual void AchiveCtrl();             // 到达逻辑点后更新数据
};
```

上面代码即声明 GObject 类的代码，其中定义了共同属性，如坐标、速度和指令等；还定义了共同函数，如画空白和设置位置等。注意其中的含有“virtual”关键字的函数声明，下面的子类将会根据各自不同的逻辑覆盖该函数。

16.6.2 玩家对象的设计

在 GObject.h 文件中接着输入玩家对象的声明。玩家对象“PacMan”为“GObject”的子类。该类扩展了父类的功能，实现了 Draw()函数和 action()函数，其中 Draw()函数负责绘制自己，action()函数负责本类的行为。本类的构造函数中，设置了本类的初始速度为“PLAYERSPEED”，设置了

朝向为“LEFT”。具体代码如下：

<代码 26　　代码位置：资源包\Code\03\Bits\26.txt>

```
class PacMan : public GObject                          // 玩家对象
{
protected:
    virtual void AchiveCtrl();                         // 重写虚函数

public:
    POINT GetPos();
    bool IsOver();                                     // 游戏是否结束
    bool IsWin();                                      // 玩家是否赢得游戏
    void Draw(HDC &hdc);                               // 负责绘制自己
    void SetTwCommand(TWARDS command);                 // 设置玩家下一步指令
    PacMan(int x, int y) : GObject(x, y)               // 构造函数，产生新对象时调用
    {
        this->m_nSpeed = PLAYERSPEED;                  // 设置玩家速度
        m_cmd = m_dir = LEFT;                          // 设置
    }
    void action();                                     // 玩家的动作函数
    void SetOver();                                    // 设置游戏结束函数
};
```

16.6.3 敌军对象的设计

下面是敌军对象的声明。声明增加了负责“抓住玩家”的 Catch()函数，增加了敌军的 AI 函数 MakeDecision()的声明。在构造函数 Enermy()中，设定本类的初始速度为 ENERMYSPEED，设定方向为 LEFT，设定命令为 UP。在 GObject.h 文件中继续输入以下代码：

<代码 27　　代码位置：资源包\Code\03\Bits\27.txt>

```
class Enermy : public GObject                          // 敌军对象
{
protected:
    void Catch();                                      // 是否抓住玩家

    void virtual MakeDecision(bool b) = 0;             // AI 实现，确定方向
    COLORREF color;
public:
    static std::shared_ptr<PacMan> player;
    void virtual  Draw(HDC &hdc);                      // 负责绘制自己
    Enermy(int x, int y) : GObject(x, y)               // 构造函数
    {
        this->m_nSpeed = ENERMYSPEED;                  // 设置速度
        m_dir = LEFT;                                  // 设置朝向
        m_cmd = UP;                                    // 设置移动方向
    }
    void virtual action();                             // 负责行为
};
```

下面是 3 种不同种类的敌军对象声明，包括：

（1）红色敌军声明：构造函数中设定颜色为 RGB(255,0,0);

（2）蓝色敌军声明：构造函数中设定颜色为 RGB(0,0,255);

（3）黄色敌军声明：构造函数中设定颜色为 RGB(200,200,100)。

3 个类同时声明 MakeDecision()函数，这个函数指明对象的行为，3 个类分别实现这个函数，表明每个对象的行为各不相同，在 GObject.h 文件中继续输入以下代码：

<代码 28　　代码位置：资源包\Code\03\Bits\28.txt>

```
// 三种敌人
class RedOne : public Enermy // 随即移动 S
{
protected:
    void virtual MakeDecision(bool b);
public:
    void Draw(HDC &hdc);
    RedOne(int x, int y) : Enermy(x, y)
    {
        color = RGB(255, 0, 0);
    }
};

class BlueOne : public RedOne //守卫者
{
protected:
    void virtual MakeDecision(bool b);
public:
    void Draw(HDC &hdc);
    BlueOne(int x, int y) : RedOne(x, y)
    {
        color = RGB(0, 0, 255);
    }

};

class YellowOne : public RedOne // 扰乱者
{
protected:
    void virtual MakeDecision(bool b);
public:
    void Draw(HDC &hdc);
    YellowOne(int x, int y) : RedOne(x, y)
    {
        color = RGB(200, 200, 100);
    }
};
```

扫一扫，看视频

16.6.4 可移动对象的实现

下面是 GObject 对象的实现代码。主要功能包括：

（1）位置调整函数 AchiveCtrl()：将物体摆放到合理的位置；

（2）DrawBlank()：绘制空白区域；

（3）Collision()：碰撞检测。

打开 GObject.cpp 文件，输入 GObject 对象实现代码如下：

<代码 29　　代码位置：资源包\Code\03\Bits\29.txt>

```
#include "stdafx.h"
#include "GObject.h"

// GOject 成员定义:
GMap *GObject::pStage = NULL;

int GObject::GetRow()                                       // 返回行
{
    return m_nRow;
}

int GObject::GetArray()                                     // 返回数组首地址
{
    return m_nArray;
}

int GObject::PtTransform(int k)                             // 坐标转换函数
{
    return (k - (pStage->LD) / 2) / pStage->LD;

}
// 判断物体是否到达逻辑坐标位置
bool GObject::Achive()
{
    int n = (m_ptCenter.x - pStage->LD / 2) % pStage->LD; // 计算 x 坐标的余数
    int k = (m_ptCenter.y - pStage->LD / 2) % pStage->LD; // 计算 y 坐标的余数
    bool l = (n == 0 && k == 0);          // 如果两个余数都为 0,说明到达中心位置
    return l;
}
// 到达逻辑点后更新数据
void GObject::AchiveCtrl()
{
    if(Achive()) {                                          // 如果达到逻辑坐标
        m_nArray = PtTransform(m_ptCenter.x);               // 更新列
        m_nRow = PtTransform(m_ptCenter.y);                 // 更新行
    }
}

void GObject::DrawBlank(HDC &hdc)
{
    // 申请资源,并交给智能指针处理
    HBRUSH hbr = ::CreateSolidBrush(RGB(255, 255, 255)); // 创建画刷,绘制矩形函数要
                                                          求使用
```

```
    std::shared_ptr<HBRUSH> phbr(&hbr, [](auto hbr) {    // 把资源交给智能指针处理，
                                                           自动释放
        DeleteObject(*hbr);          // 离开 DrawBlank 函数时,会自动调用释放资源
    });
    RECT rect;
    rect.top = m_nY - RD;
    rect.left = m_nX - RD;
    rect.right = m_nX + RD;
    rect.bottom = m_nY + RD;
    FillRect(hdc, &rect, *phbr); // 绘制矩形
}

// 设置中心位置
void GObject::SetPosition(int Row, int Array)
{
    m_nRow   = Row;
    m_nArray = Array;
    this->m_ptCenter.y = m_nRow * pStage->LD + pStage->LD / 2;
    this->m_ptCenter.x = m_nArray * pStage->LD + pStage->LD / 2;
}

// 碰撞检测
bool GObject::Collision()
{
    bool b = false;

    //更新行和列的数据，若是大嘴,则会执行 PacMan 重写的 AchiveCtrl 函数消除豆子
    AchiveCtrl();
    //判断指令的有效性
    if(m_nArray < 0 || m_nRow < 0 || m_nArray > MAPLENTH - 1
       || m_nRow > MAPLENTH - 1) {
        b = true;
    }
    else if(Achive()) {
        switch(m_cmd) {      //判断行进的方向
            case LEFT:       //如果朝向为左
                //判断下一个格子是否能够通行
                if(m_nArray > 0 &&
                   !pStage->mapData[m_nRow][m_nArray - 1]) {
                    b = true;                                       // "撞墙了"
                }
                break;
            //以下方向的判断原理相同
            case RIGHT: //如果朝向为右
                if(m_nArray < MAPLENTH - 1 &&
                   !pStage->mapData[m_nRow][m_nArray + 1]) {
                    b = true;                                       // "撞墙了"
                }
                break;
            case UP:         //如果朝向为上
```

```
            if(m_nRow > 0 &&
               !pStage->mapData[m_nRow - 1][m_nArray]) {
                b = true;                                   // "撞墙了"
            }
            break;
        case DOWN: //如果朝向为下
            if(m_nRow < MAPLENTH - 1 &&
               !pStage->mapData[m_nRow + 1][m_nArray]) {
                b = true;                                   // "撞墙了"
            }
            break;
    }
    if(!b) {
        m_dir = m_cmd; //没撞墙,指令成功
    }
}
//依照真实的方向位移
m_nX = m_ptCenter.x;
m_nY = m_ptCenter.y;
int MAX = pStage->LD * MAPLENTH + pStage->LD / 2;
int MIN = pStage->LD / 2;
switch(m_dir) {  //判断行进的方向
    case LEFT:
        //判断下一个格子是否能够通行
        if(m_nArray > 0 &&
           !pStage->mapData[m_nRow][m_nArray - 1]) {
            b = true;
            break;                                   // "撞墙了"
        }
        m_ptCenter.x -= m_nSpeed;
        if(m_ptCenter.x < MIN) {
            m_ptCenter.x = MAX;
        }

        break;
    //以下方向的判断原理相同
    case RIGHT:
        if(m_nArray < MAPLENTH - 1 &&
           !pStage->mapData[m_nRow][m_nArray + 1]) {
            b = true;
            break;                                   // "撞墙了"
        }
        m_ptCenter.x += m_nSpeed;
        if(m_ptCenter.x > MAX) {
            m_ptCenter.x = MIN;
        }

        break;
    case UP:
        if(m_nRow > 0 &&
```

```
            !pStage->mapData[m_nRow - 1][m_nArray]) {
             b = true;
             break;                                        // "撞墙了"
         }
         m_ptCenter.y -= m_nSpeed;
         if(m_ptCenter.y < MIN) {
             m_ptCenter.y = MAX;
         }
         break;
     case DOWN:
         if(m_nRow < MAPLENTH - 1 &&
            !pStage->mapData[m_nRow + 1][m_nArray]) {
             b = true;
             break;                                        // "撞墙了"
         }
         m_ptCenter.y += m_nSpeed;
         if(m_ptCenter.y > MAX) {
             m_ptCenter.y = MIN;
         }
         break;
    }
    return b;
}
```

16.6.5 玩家对象的实现

下面是玩家对象的实现代码，这里增加了判断游戏是否胜利的函数 IsWin()，判断逻辑是遍历当前地图的数据，查看豆子的数量，如果发现至少还有 1 个豆子，则没有胜利。同时也实现 Draw()方法，该方法负责绘制玩家对象自己，在 GObject.h 文件中继续输入以下代码：

<代码 30　　代码位置：资源包\Code\03\Bits\30.txt>

```
//PacMan 成员定义:
void PacMan::AchiveCtrl()
{
    GObject::AchiveCtrl();
    if(Achive()) {
        if(m_nRow >= 0 && m_nRow < MAPLENTH &&
           m_nArray >= 0 && m_nArray < MAPLENTH) {   // 防止数组越界
            if(pStage->peaMapData[m_nRow][m_nArray]) {
                pStage->peaMapData[m_nRow][m_nArray] = false;
            }
        }
    }
}

void PacMan::action()
{
    Collision();                                    // 进行碰撞检测
}
```

```
void PacMan::SetTwCommand(TWARDS command)
{
    m_cmd = command;                                    // 设置移动方向
}

bool PacMan::IsOver()
{
    return m_dir == OVER;                               // 判断游戏是否结束
}

bool PacMan::IsWin()
{
    for(int i = 0; i <= MAPLENTH; i++) {
        for(int j = 0; j <= MAPLENTH; j++) {
            if(pStage->peaMapData[i][j] == true) { // 是豆子
                return false;                      // 存在任意一个豆子,没取得胜利
            }
        }
    }
    return true;                                        // 没有豆子,胜利
}
POINT PacMan::GetPos()
{
    return m_ptCenter;                                  // 返回对象的中心位置
}

void PacMan::SetOver()
{
    m_dir = OVER;                                       // 设置游戏结束
}

void PacMan::Draw(HDC &memDC)
{
    if(m_dir == OVER) {
                                                    // 游戏结束，什么也不干
    }
    else if(m_nFrame % 2 == 0) {                    // 第 4 祯动画与第 2 祯动画：张嘴形状
        int x1 = 0, x2 = 0, y1 = 0, y2 = 0;
        int offsetX = DISTANCE / 2 + D_OFFSET;      // 弧弦交点 X
        int offsetY = DISTANCE / 2 + D_OFFSET;      // 弧弦交点 Y
        switch(m_dir) {
            case UP:                                // 向上移动
                x1 = m_ptCenter.x - offsetX;
                x2 = m_ptCenter.x + offsetX;
                y2 = y1 = m_ptCenter.y - offsetY;
                break;
            case DOWN:                              // 向下移动
                x1 = m_ptCenter.x + offsetX;
                x2 = m_ptCenter.x - offsetX;
                y2 = y1 = m_ptCenter.y + offsetY;
```

```
            break;
        case LEFT:                              // 向左移动
            x2 = x1 = m_ptCenter.x - offsetX;
            y1 = m_ptCenter.y + offsetY;
            y2 = m_ptCenter.y - offsetY;
            break;
        case RIGHT:                             // 向右移动
            x2 = x1 = m_ptCenter.x + offsetX;
            y1 = m_ptCenter.y - offsetY;
            y2 = m_ptCenter.y + offsetY;
            break;

    }
    // 画出 弧型部分
    Arc(memDC, m_ptCenter.x - DISTANCE, m_ptCenter.y - DISTANCE,
        m_ptCenter.x + DISTANCE, m_ptCenter.y + DISTANCE,
        x1, y1,
        x2, y2);
    // 画直线部分，最后组合成玩家对象：一个大嘴的形象
    MoveToEx(memDC, x1, y1, NULL);
    LineTo(memDC, m_ptCenter.x, m_ptCenter.y);
    LineTo(memDC, x2, y2);
}
else if(m_nFrame % 3 == 0) {                    // 第三帧动画:画出整个圆形
    Ellipse(memDC, m_ptCenter.x - DISTANCE, m_ptCenter.y - DISTANCE,
            m_ptCenter.x + DISTANCE, m_ptCenter.y + DISTANCE);
}
else {                                          // 嘴完全张开的形状
    int x1 = 0, x2 = 0, y1 = 0, y2 = 0;
    switch(m_dir) {
        case UP:                                // 向上移动
            x1 = m_ptCenter.x - DISTANCE;
            x2 = m_ptCenter.x + DISTANCE;
            y2 = y1 = m_ptCenter.y;
            break;
        case DOWN:                              // 向下移动
            x1 = m_ptCenter.x + DISTANCE;
            x2 = m_ptCenter.x - DISTANCE;
            y2 = y1 = m_ptCenter.y;
            break;
        case LEFT:                              // 向左移动
            x2 = x1 = m_ptCenter.x;
            y1 = m_ptCenter.y + DISTANCE;
            y2 = m_ptCenter.y - DISTANCE;
            break;
        case RIGHT:                             // 向右移动
            x2 = x1 = m_ptCenter.x;
            y1 = m_ptCenter.y - DISTANCE;
            y2 = m_ptCenter.y + DISTANCE;
            break;
```

```
        }
        // 画出弧形部分
        Arc(memDC, m_ptCenter.x - DISTANCE, m_ptCenter.y - DISTANCE,
            m_ptCenter.x + DISTANCE, m_ptCenter.y + DISTANCE,
            x1, y1,
            x2, y2);
        // 画直线部分，最后组合成玩家对象：一个大嘴的形象
        MoveToEx(memDC, x1, y1, NULL);
        LineTo(memDC, m_ptCenter.x, m_ptCenter.y);
        LineTo(memDC, x2, y2);
    }

    m_nFrame++;// 绘制下一帧
}
```

16.6.6 敌军对象的实现

1. 敌军对象成员定义代码

定义 Catch()函数，判断是否抓住了玩家，抓住玩家则游戏结束。定义 Draw()函数，该函数负责绘制自己。定义 action()函数，负责对象的行为，该函数中直接调用父类碰撞检测函数 Collision()实现功能。在 GObject.h 文件中继续输入以下代码：

<代码 31　　代码位置：资源包\Code\03\Bits\31.txt>

```
//Enermy成员定义：
std::shared_ptr<PacMan> Enermy::player = nullptr;

// 抓住，游戏结束
void Enermy::Catch()
{
    int DX = m_ptCenter.x - player->GetPos().x;
    int DY = m_ptCenter.y - player->GetPos().y;
    if((-RD < DX && DX < RD) && (-RD < DY && DY < RD)) {
        player->SetOver();
    }
}
void Enermy::Draw(HDC &hdc)
{
    HPEN pen = ::CreatePen(0, 0, color);
    HPEN oldPen = (HPEN)SelectObject(hdc, pen);
    Arc(hdc, m_ptCenter.x - DISTANCE, m_ptCenter.y - DISTANCE,
        m_ptCenter.x + DISTANCE, m_ptCenter.y + DISTANCE,
        m_ptCenter.x + DISTANCE, m_ptCenter.y,
        m_ptCenter.x - DISTANCE, m_ptCenter.y);                // 半圆形的头
    int const LEGLENTH = (DISTANCE) / (LEGCOUNTS);
    // 根据帧数来绘制身体和"腿部"
    if(m_nFrame % 2 == 0) {
        // 矩形的身子
```

```
        MoveToEx(hdc, m_ptCenter.x - DISTANCE, m_ptCenter.y, NULL);
        LineTo(hdc, m_ptCenter.x - DISTANCE,
               m_ptCenter.y + DISTANCE - LEGLENTH);
        MoveToEx(hdc, m_ptCenter.x + DISTANCE, m_ptCenter.y, NULL);
        LineTo(hdc, m_ptCenter.x + DISTANCE,
               m_ptCenter.y + DISTANCE - LEGLENTH);
        for(int i = 0; i < LEGCOUNTS; i++) {              // 从左往右绘制“腿部”
            Arc(hdc,
                m_ptCenter.x - DISTANCE + i * 2 * LEGLENTH,
                m_ptCenter.y + DISTANCE - 2 * LEGLENTH,
                m_ptCenter.x - DISTANCE + (i + 1) * 2 * LEGLENTH,
                m_ptCenter.y + DISTANCE,
                m_ptCenter.x - DISTANCE + i * 2 * LEGLENTH,
                m_ptCenter.y + DISTANCE - LEGLENTH,
                m_ptCenter.x - DISTANCE + (i + 1) * 2 * LEGLENTH,
                m_ptCenter.y + DISTANCE - LEGLENTH
               );
        }
    }
    else {
        MoveToEx(hdc, m_ptCenter.x - DISTANCE, m_ptCenter.y, NULL);   // 绘制身体
        LineTo(hdc, m_ptCenter.x - DISTANCE, m_ptCenter.y + DISTANCE);
        MoveToEx(hdc, m_ptCenter.x + DISTANCE, m_ptCenter.y, NULL);
        LineTo(hdc, m_ptCenter.x + DISTANCE, m_ptCenter.y + DISTANCE);

        MoveToEx(hdc, m_ptCenter.x - DISTANCE,
                 m_ptCenter.y + DISTANCE, NULL);
        LineTo(hdc, m_ptCenter.x - DISTANCE + LEGLENTH,
               m_ptCenter.y + DISTANCE - LEGLENTH);

        for(int i = 0; i < LEGCOUNTS - 1; i++) {          // 从左往右绘制“腿部”
            Arc(hdc,
                m_ptCenter.x - DISTANCE + (1 + i * 2)*LEGLENTH,
                m_ptCenter.y + DISTANCE - 2 * LEGLENTH,
                m_ptCenter.x - DISTANCE + (3 + i * 2)*LEGLENTH,
                m_ptCenter.y + DISTANCE,
                m_ptCenter.x - DISTANCE + (1 + i * 2)*LEGLENTH,
                m_ptCenter.y + DISTANCE - LEGLENTH,
                m_ptCenter.x - DISTANCE + (3 + i * 2)*LEGLENTH,
                m_ptCenter.y + DISTANCE - LEGLENTH
               );
        }

        MoveToEx(hdc, m_ptCenter.x + DISTANCE, m_ptCenter.y + DISTANCE, NULL);
        LineTo(hdc, m_ptCenter.x + DISTANCE - LEGLENTH,
               m_ptCenter.y + DISTANCE - LEGLENTH);
    }
    //根据方向绘制眼睛
    int R = DISTANCE / 5;                                     // 眼睛的半径
    switch(m_dir) {
```

```
        case UP:
            Ellipse(hdc, m_ptCenter.x - 2 * R, m_ptCenter.y - 2 * R,// 画左眼
                    m_ptCenter.x, m_ptCenter.y);
            Ellipse(hdc, m_ptCenter.x, m_ptCenter.y - 2 * R,        // 画右眼
                    m_ptCenter.x + 2 * R, m_ptCenter.y);
            break;
        case DOWN:
            Ellipse(hdc, m_ptCenter.x - 2 * R, m_ptCenter.y,        // 画左眼
                    m_ptCenter.x, m_ptCenter.y + 2 * R);
            Ellipse(hdc, m_ptCenter.x, m_ptCenter.y,                // 画右眼
                    m_ptCenter.x + 2 * R, m_ptCenter.y + 2 * R);
            break;
        case LEFT:
            Ellipse(hdc, m_ptCenter.x - 3 * R, m_ptCenter.y - R,    // 画左眼
                    m_ptCenter.x - R, m_ptCenter.y + R);
            Ellipse(hdc, m_ptCenter.x - R, m_ptCenter.y - R,        // 画右眼
                    m_ptCenter.x + R, m_ptCenter.y + R);
            break;
        case RIGHT:
            Ellipse(hdc, m_ptCenter.x - R, m_ptCenter.y - R,        // 画左眼
                    m_ptCenter.x + R, m_ptCenter.y + R);
            Ellipse(hdc, m_ptCenter.x + R, m_ptCenter.y - R,        // 画右眼
                    m_ptCenter.x + 3 * R, m_ptCenter.y + R);
            break;
    }

    m_nFrame++; //准备绘制下一帧
    SelectObject(hdc, oldPen);                                      // 还原画笔
    DeleteObject(pen);                                              // 删除画笔对象
    return;
}
void Enermy::action()
{
    bool b = Collision();                                           // 判断是否发生碰撞
    MakeDecision(b);                                                // 设定方向
    Catch();                                                        // 开始抓捕
}
```

2. “红色敌军对象”成员定义代码

主要定义了 MakeDecision()函数，随机产生该对象的方向。该函数先随机产生一个数字，根据该数字、是否撞墙、当前的朝向以及移动方向，来产生新的朝向和移动方向。在 GObject.h 文件中继续输入以下代码：

<代码 32　　代码位置：资源包\Code\03\Bits\32.txt>

```
//RedOne 成员

void RedOne::Draw(HDC &hdc)
{
    Enermy::Draw(hdc);
```

```
}
void RedOne::MakeDecision(bool b)
{
    //srand(time(0));
    int i = rand();
    if(b) {                                                 // 撞到墙壁,改变方向
        if(i % 4 == 0) {                                    // 逆时针转向
            m_dir == UP ? m_cmd = LEFT : m_cmd = UP;        // 面向上，向左拐
        }
        else if(i % 3 == 0) {
            m_dir == DOWN ? m_cmd = RIGHT : m_cmd = DOWN;   // 面向下，向右拐
        }
        else if(i % 2 == 0) {
            m_dir == RIGHT ? m_cmd = UP : m_cmd = RIGHT;    // 面向右，向上拐
        }
        else {
            m_dir == LEFT ? m_cmd = DOWN : m_cmd = LEFT;    // 面向左，向下拐
        }
        return;                                             // 提前结束函数，返回
    }

   // 程序运行到这里，说明没有撞墙，继续处理
    if(i % 4 == 0) {
        m_cmd != UP ? m_dir == DOWN : m_cmd == UP; // 非向上移动则使之面向下，否则面向上
    }
    else if(i % 3 == 0) {
        m_dir != DOWN ? m_cmd = UP : m_cmd = DOWN; // 非向下移动则使之面向上，否则面向下
    }
    else if(i % 2 == 0) {
        m_dir != RIGHT ? m_cmd = LEFT : m_cmd = RIGHT; // 非向右移动则使之面向左，否则面向右
    }
    else {
        m_dir != LEFT ? m_cmd = RIGHT : m_cmd = LEFT;  // 非向左移动则使之面向右，否则面向左
    }

}
```

3．“蓝色敌军对象”成员定义代码

主要定义了 MakeDecision()函数，该函数会判断玩家是否进入其警戒范围，如果在范围内，则设定移动方向并进行追击，其他处理同红色敌军对象相同。在 GObject.h 文件中继续输入以下代码：

<代码 33　　代码位置：资源包\Code\03\Bits\33.txt>

```
//BlueOne 成员定义

void BlueOne::Draw(HDC &hdc)
{
    Enermy::Draw(hdc);
}
```

```
void BlueOne::MakeDecision(bool b)
{

    const int DR = this->m_nRow - player->GetRow();
    const int DA = this->m_nArray - player->GetArray();
    if(!b && DR == 0) {
        if(DA <= BLUE_ALERT && DA > 0) {        // 玩家在左侧边警戒范围
            m_cmd = LEFT;                        // 向左移动
            return;
        }
        if(DA < 0 && DA >= -BLUE_ALERT) {       // 右侧警戒范围
            m_cmd = RIGHT;                       // 向右移动
            return;
        }
    }
    if(!b && DA == 0) {
        if(DR <= BLUE_ALERT && DR > 0) {        // 下方警戒范围
            m_cmd = UP;                          // 向上移动
            return;
        }
        if(DR < 0 && DR >= -BLUE_ALERT) {       // 上方警戒范围
            m_cmd = DOWN;                        // 向下移动
            return;
        }
    }

    RedOne::MakeDecision(b);                    //不在追踪模式时 RED 行为相同
}
```

4．“黄色敌军对象”成员定义代码

主要定义了 MakeDecision()函数，该函数会判断玩家是否进入其警戒范围，如果在范围内，则设定移动方向并进行追击，其他处理同红色敌军对象相同。在 GObject.h 文件中继续输入以下代码：

<代码 34　　代码位置：资源包\Code\03\Bits\34.txt>

```
//YellowOne 成员定义
void YellowOne::MakeDecision(bool b)
{
    const int DR = this->m_nRow - player->GetRow();
    const int DA = this->m_nArray - player->GetArray();
    if(!b) {
        if(DR * DR > DA * DA) {
            if(DA > 0) {              // 玩家在左侧边警戒范围
                m_cmd = LEFT;         // 向左移动
                return;
            }
            else if(DA < 0) {         // 右侧警戒范围
                m_cmd = RIGHT;        // 向右移动
                return;
            }
```

```
        }
        else {
            if(DR > 0) {                // 下方警戒范围
                m_cmd = UP;             // 向上移动
                return;
            }
            if(DR < 0) {                // 上方警戒范围
                m_cmd = DOWN;           // 向下移动
                return;
            }
        }
    }
    RedOne::MakeDecision(b);            // 调用红色对象的函数，实现随机移动功能
}
void YellowOne::Draw(HDC &hdc)
{
    Enermy::Draw(hdc);                  // 绘制自身
}
```

本节为玩家对象和敌军对象的实现。下一节介绍如何使用这些对象。

扫一扫，看视频

16.6.7　完成整个游戏

本节开始使用玩家对象、敌军对象及地图对象来完成整个游戏。

1．生成游戏窗口

打开 pacman.cpp 文件，找到 wWinMain 函数，将函数内容（大括号之内的东西）删除，输入：

<代码 35　　代码位置：资源包\Code\03\Bits\35.txt>

```
// 参数不再使用了
UNREFERENCED_PARAMETER(hPrevInstance);
UNREFERENCED_PARAMETER(lpCmdLine);

// 初始化全局字符串
LoadStringW(hInstance, IDS_APP_TITLE, szTitle, MAX_LOADSTRING);
LoadStringW(hInstance, IDC_PACMAN, szWindowClass, MAX_LOADSTRING);
// 注册窗口类
MyRegisterClass(hInstance);

// 执行应用程序初始化:
if(!InitInstance(hInstance, nCmdShow)) {
    return FALSE;
}

HACCEL hAccelTable = LoadAccelerators(hInstance, MAKEINTRESOURCE(IDC_PACMAN));
```

2．定义相关变量

下面代码定义了当前关卡、3 关地图数组、玩家对象及 4 个敌军对象，并设定当前关卡为第一关。在 pacman.cpp 文件中接着输入：

<代码 36　　代码位置：资源包\Code\03\Bits\36.txt>

```
// 当前的关卡
int s_n = 0; // [0, 1, 2]
// 地图
GMap *MapArray[STAGE_COUNT] = { new Stage_1(), new Stage_2(), new Stage_3() };

// 玩家对象
// 自己
auto g_me = std::make_shared<PacMan>(P_ROW, P_ARRAY);
// 设定四个敌人对象
auto e1 = std::make_shared<RedOne>(E_ROW, E_ARRAY);          // 红色敌军对象
auto e2 = std::make_shared<RedOne>(E_ROW, E_ARRAY);          // 红色敌军对象
auto e3 = std::make_shared<BlueOne>(E_ROW, E_ARRAY);         // 蓝色敌军对象
auto e4 = std::make_shared<YellowOne>(E_ROW, E_ARRAY);       // 黄色敌军对象


// 关卡
GObject::pStage = MapArray[s_n];                             // 初始化为第一关地图

// 设定玩家
Enermy::player = g_me;                                       // 用一个指针指向玩家对象

MSG msg;

DWORD dwLastTime = 0;
```

3. 游戏循环

在循环中首先判断是否赢得比赛，赢则提示玩家赢得游戏（弹出消息提示框）；在玩家点击确定之后，重设玩家和 4 个敌军的状态并进入下一关，如果没有下一关，则跳出循环。接着输入：

<代码 37　　代码位置：资源包\Code\03\Bits\37.txt>

```
// 主消息循环:
// 玩家没有被抓,并且关卡<3
while(!g_me->IsOver() && s_n < STAGE_COUNT) {
    // 判断是否赢得比赛
    if(g_me->IsWin()) {
        s_n++;                                               // 移动到下一关
        // 重设自己和敌人位置
        g_me->SetPosition(P_ROW, P_ARRAY);
        e1->SetPosition(E_ROW, E_ARRAY);                     // 设置敌军一的位置
        e2->SetPosition(E_ROW, E_ARRAY);                     // 设置敌军二的位置
        e3->SetPosition(E_ROW, E_ARRAY);                     // 设置敌军三的位置
        e4->SetPosition(E_ROW, E_ARRAY);                     // 设置敌军四的位置
        // 判断是否完成了 3 关,如果完成,退出游戏,否则进入下一关
        if(s_n < 3) {
            MessageBox(g_hwnd, _T("恭喜过关"), _T("吃豆子提示"), MB_OK);
            GObject::pStage = MapArray[s_n];
            RECT screenRect;
            screenRect.top = 0;
```

```
            screenRect.left = 0;
            screenRect.right = WLENTH;
            screenRect.bottom = WHIGHT;

            HDC hdc = GetDC(g_hwnd);                              // 获取设备
            std::shared_ptr<HDC__> dc(hdc, [](HDC hdc) {   // 智能指针，自动管理资源
                ::ReleaseDC(g_hwnd, hdc);
            });
            ::FillRect(dc.get(), &screenRect, CreateSolidBrush(RGB(255, 255,
255)));
            GObject::pStage->DrawMap(hdc);                        // 画地图
            continue;                                              // 继续进行循环
        }
        else {
            // 跳出循环
            break;
        }
    }
```

上述代码判断玩家是否通关，如果通关则进入一下关，但当通过的是第三关时，跳出循环并提示玩家胜利，如果玩家失败，则跳出循环并提示玩家失败。

4．消息处理

接着输入消息处理部分，此处获取消息的函数为"PeekMessage"，该函数不同于"GetMessage"函数，前者无论是否有消息都立即返回，如果有消息，则从队列中移取该消息，而后者则是无消息不返回，一直停在该函数调用处。因此如果使用"GetMessage"函数，无法形成消息循环，导致游戏停止不动，因此这里改用"PeekMessage"函数。

<代码 38　　代码位置：资源包\Code\03\Bits\38.txt>

```
// 获取消息
if(PeekMessage(&msg, NULL, 0, 0, PM_REMOVE)) {
    TranslateMessage(&msg);                          // 翻译消息
    DispatchMessage(&msg);                           // 分发消息
}
```

5．游戏速度调节

若不调节游戏速度，不同计算机的游戏速度会导致游戏运行速度差异较大。为防止这种情况，需要通过时间判断来调节速度。当两次循环的时间没有超过 40 毫秒时，不进行后续的操作，这样就控制了游戏的帧数约为 25 帧/秒。接着输入：

<代码 39　　代码位置：资源包\Code\03\Bits\39.txt>

```
// 判断时间,否则画得太快
if(GetTickCount() - dwLastTime >= 40) {
    dwLastTime = GetTickCount();                     // 记住本次的时间
}
else {
    continue;                                        // 时间不到,本次不进行绘画
}
```

6．游戏画面和状态更新

先获得窗口的设备句柄，后面的对象都要画到这个设备上，接着调用地图的方法绘制豆子和地图，再调用对象的成员方法更新状态，绘制玩家对象和敌军对象。最后调用 GetAsyncKeyState()函数，获取按键状态，并设定玩家状态的指令，代码如下：

<代码 40　　代码位置：资源包\Code\03\Bits\40.txt>

```
{
    HDC hdc = ::GetDC(g_hwnd);                              // 获得设备
    std::shared_ptr<HDC__> dc(hdc, [](auto hdc) {           // 不使用时自动释放
        ::ReleaseDC(g_hwnd, hdc);                           // 释放设备
    });
    MapArray[s_n]->DrawPeas(hdc);                           // 画豆子
    MapArray[s_n]->DrawMap(hdc);                            // 画地图

    // 画敌人及自动运动
    {
        e1->action();                                       // 敌军一的行为函数
        e1->DrawBlank(hdc);                                 // 画敌军一的空白
        e1->Draw(hdc);                                      // 画敌军一的主体部分

        e2->action();                                       // 敌军二的行为函数
        e2->DrawBlank(hdc);                                 // 画敌军二的空白
        e2->Draw(hdc);                                      // 画敌军二的主体部分

        e3->action();                                       // 敌军三的行为函数
        e3->DrawBlank(hdc);                                 // 画敌军三的空白
        e3->Draw(hdc);                                      // 画敌军三的主体部分

        e4->action();                                       // 敌军四的行为函数
        e4->DrawBlank(hdc);                                 // 画敌军四的空白
        e4->Draw(hdc);                                      // 画敌军四的主体部分
    }

    {
        // 画自己
        g_me->DrawBlank(hdc);
        g_me->Draw(hdc);
        // 自己向前移动
        g_me->action();

        // 获取按键 ：控制自己的方向
        if(GetAsyncKeyState(VK_DOWN) & 0x8000) {             // 检测到下方向键按下
            g_me->SetTwCommand(DOWN);                        // 设置下一步的移动方向为向下
        }
        if(GetAsyncKeyState(VK_LEFT) & 0x8000) {             // 检测到左方向键按下
            g_me->SetTwCommand(LEFT);                        // 设置下一步的移动方向为向左
        }
        if(GetAsyncKeyState(VK_RIGHT) & 0x8000) {            // 检测到右方向键按下
            g_me->SetTwCommand(RIGHT);                       // 设置下一步的移动方向为向右
```

```
            }
            if(GetAsyncKeyState(VK_UP) & 0x8000) {          // 检测到上方向键按下
                g_me->SetTwCommand(UP);                     // 设置下一步的移动方向为向上
            }
        }
    }
}
```

至此，整个消息循环结束，游戏也进入到结束阶段。下文是结束游戏的提醒代码，根据玩家的状态使用消息框“MessageBoxA”进行不同的提示。

<代码 41　　代码位置：资源包\Code\03\Bits\41.txt>

```
// 如果游戏结束
if(g_me->IsOver()) {
    MessageBoxA(NULL, "出师未捷", "吃豆子提示", MB_OK);
}
// 否则,提示赢得游戏
else {
    MessageBoxA(NULL, "恭喜您赢得了胜利\r\n确定后游戏退出", "吃豆子提示", MB_OK);
}

return (int) msg.wParam;
```

运行一下：

到此为止，本程序全部代码就完成了。运行程序，效果如图 16.27 所示。

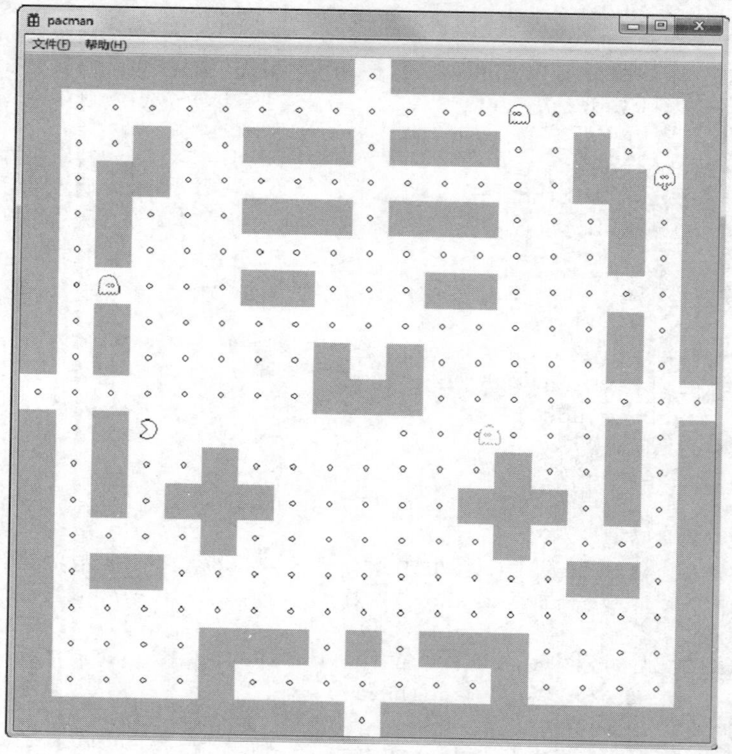

图 16.27　玩家与敌军

说明：

本部分代码在“Module\004\pacman”目录下

16.7 本章总结

本章通过开发一个完整的游戏程序，帮助用户逐步了解事件驱动程序的编程机制，熟悉了可视化设计工具及常用控件的应用方法，掌握了能开发应用程序的基本思路和技巧。对读者来说，这是一次全方位的学习体验。通过本章的学习，读者能在下面 4 个方面获得巨大提升：

（1）掌握严谨的工程命名规范和代码书写规范。

（2）学会开发项目程序必须掌握的基础语法和相关函数。

（3）掌握直接使用 GDI 绘图技巧。

（4）获得解决编程中出现的常见错误的能力。

下面通过一个思维导图对本章所讲模块及主要知识点进行总结，如图 16.28 所示。

图 16.28 本章总结

第 17 章　365 系统加速器

为了提高操作系统的性能，现在出现了很多优化和增强系统的软件，例如大家常用的 360 安全卫士和腾讯电脑管家等。使用这些软件可以让操作系统运行更加流畅，占用的空间更小，同时，还可以管理系统的一些常用功能。本章将使用 C++语言开发一个系统加速器。

通过本章学习，你将学到：

- 窗体标题栏重绘
- TabControl 面板控件的使用
- MFC 界面开发
- 遍历文件
- 垃圾清理
- 调用系统功能

17.1　开 发 背 景

本软件开发细节设计如图 17.1 所示。

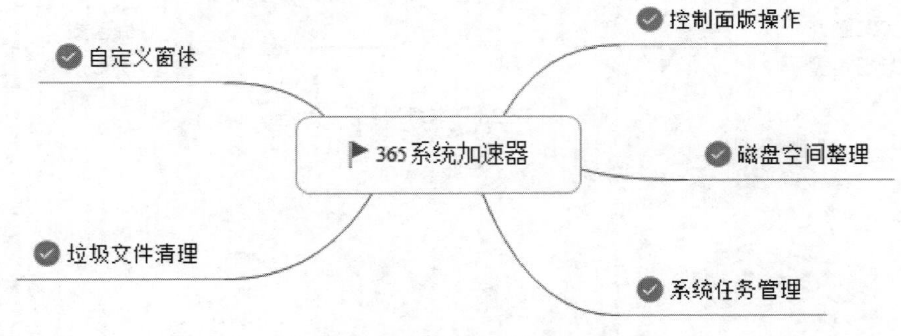

图 17.1　系统加速器相关开发细节

17.2　系统功能设计

17.2.1　系统功能结构

系统加速器功能结构如图 17.2 所示。

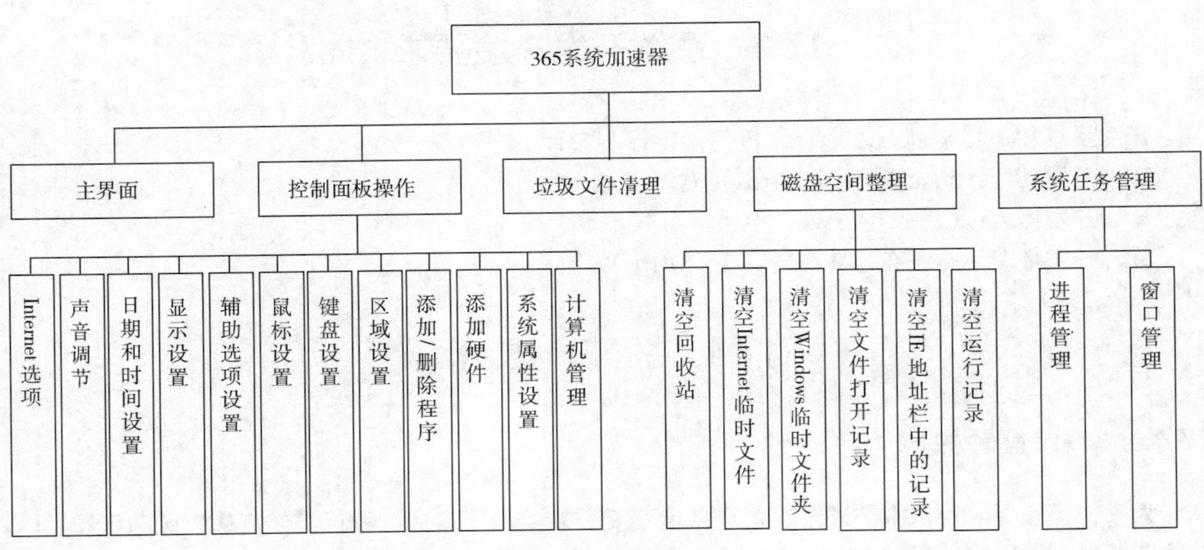

图 17.2　系统功能结构

17.2.2　业务流程图

系统加速器的业务流程如图 17.3 所示。

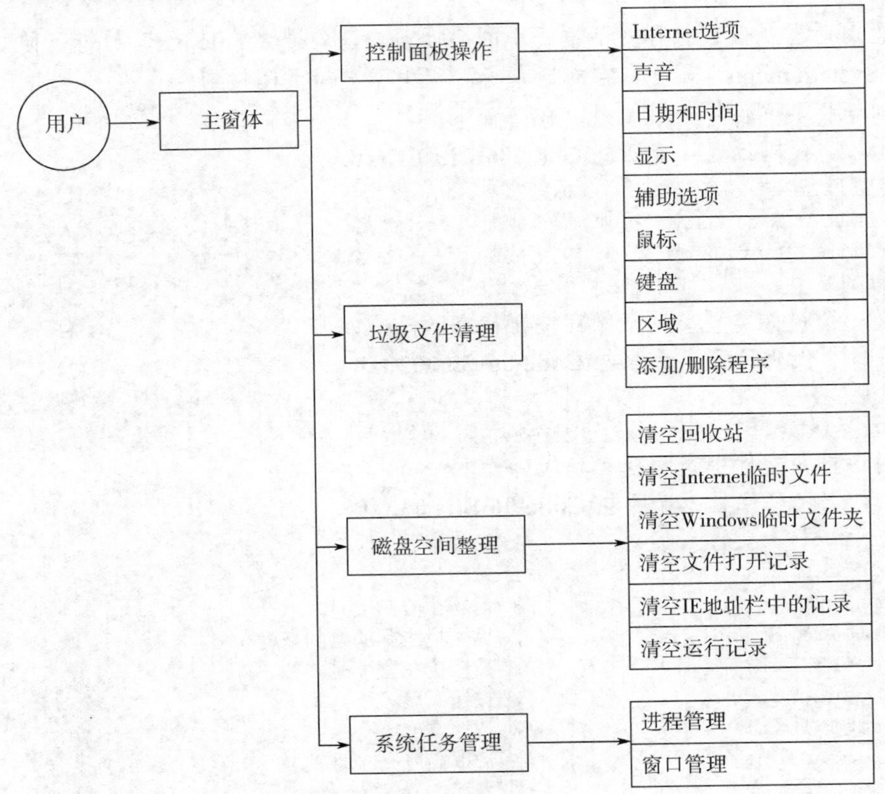

图 17.3　业务流程图

17.3　系统开发环境要求

开发系统加速器之前，本地计算机需满足以下条件：

- 开发环境：Visual Studio 2015 免费社区版。
- 开发语言：C++/MFC/Win32API。
- 开发环境运行平台：Windows 7（SP1）以上。

17.4　关 键 技 术

17.4.1　自绘标题栏

为了使模块更美观，本节通过窗口设备上下文重新绘制了窗体标题栏，使窗体的标题栏和重绘的位图背景可以很好地搭配在一起。自绘的窗体标题栏如图 17.4 所示。

图 17.4　自绘标题栏

重绘窗体标题栏的步骤如下：

（1）设置对话框属性，打开对话框资源的属性窗口，勾选“Title bar”属性，使对话框具有标题栏，去掉“System menu”属性，在对话框标题栏中不显示关闭按钮。

（2）在对话框头文件中声明常量，代码如下：

<代码 01　　代码位置：资源包\Code\06\Bits\01.txt>

```
#define fTitle          1  //标题
#define fMinButton      2  //最小化按钮
#define fCloseButton    4  //关闭按钮
#define fAll            7  //所有标识
```

（3）定义一个枚举类型，用来保存按钮状态，代码如下：

<代码 02　　代码位置：资源包\Code\06\Bits\02.txt>

```
//按钮状态
enum CButtonState {bsNone, bsMin, bsClose};
```

（4）在对话框头文件中声明变量，代码如下：

<代码 03　　代码位置：资源包\Code\06\Bits\03.txt>

```
CString m_Caption;                  // 窗体标题
CButtonState m_ButtonState;         // 按钮状态
int m_CaptionHeight;                // 标题栏的高度
int m_TitleDrawHeight;              // 标题栏实际的绘制高度
int m_ButtonWidth;                  // 按钮位图宽度
int m_ButtonHeight;                 // 按钮高度
int m_BorderWidth;                  // 边框宽度
int m_BorderHeight;                 // 边框高度
COLORREF m_CapitonColor;            // 标题字体颜色
CFont m_CaptionFont;                // 标题字体
```

```
BOOL  m_IsDrawForm;              // 是否重绘按钮
CRect m_TitleRc;                 // 标题栏区域
CRect m_MinRect;                 // 最小化按钮区域
CRect m_CloseRect;               // 关闭按钮区域
```

（5）在对话框的构造函数中初始化变量，具体代码如下：

<代码 04　　代码位置：资源包\Code\06\Bits\04.txt>

```
// 标题文本颜色
m_CapitonColor = RGB(0, 0, 255);
// 标题文本
m_Caption = "365 系统加速器";
//标题文本字体
m_CaptionFont.CreateFont(14, 10, 0, 3, 600, 0, 0, 0, ANSI_CHARSET,
                         OUT_DEFAULT_PRECIS, CLIP_DEFAULT_PRECIS,
                         DEFAULT_QUALITY, FF_ROMAN, "宋体");
```

（6）添加自定义函数 DrawCaption()，使用该函数绘制窗体标题文本，代码如下：

<代码 05　　代码位置：资源包\Code\06\Bits\05.txt>

```
// 绘制窗体标题文本
void CSysOptimizeDlg::DrawCaption()
{
    // 标题文本不为空
    if(!m_Caption.IsEmpty()) {
        CDC *pDC = GetWindowDC();                    // 获得窗口设备上下文
        pDC->SetBkMode(TRANSPARENT);                 // 设置背景透明
        pDC->SetTextColor(m_CapitonColor);           // 设置文本颜色
        pDC->SetTextAlign(TA_CENTER);                // 居中显示
        CRect rect;
        GetClientRect(rect);                         // 获得窗口客户区域
        pDC->SelectObject(&m_CaptionFont);           // 设置字体
        pDC->TextOut(rect.Width() / 2,               // 绘制文本
                     m_CaptionHeight / 3 + 2,
                     m_Caption);
        ReleaseDC(pDC);                              // 释放设备上下文
    }
}
```

（7）添加自定义函数 DrawDialog()，该函数用于绘制窗体标题栏以及标题栏按钮，代码如下：

<代码 06　　代码位置：资源包\Code\06\Bits\06.txt>

```
// 绘制标题栏及按钮
void CSysOptimizeDlg::DrawDialog(UINT Flags)
{
    CRect WinRC, FactRC;
    //获得窗口区域
    GetWindowRect(WinRC);
    //拷贝区域
    FactRC.CopyRect(CRect(0, 0, WinRC.Width(), WinRC.Height()));
    // 获得边框的高
    m_BorderHeight = GetSystemMetrics(SM_CYBORDER);
    // 获得边框的宽
    m_BorderWidth = GetSystemMetrics(SM_CXBORDER);
```

```
    // 获得标题栏的高度
    m_CaptionHeight = GetSystemMetrics(SM_CYCAPTION);
    //获取窗口设备上下文
    CWindowDC WindowDC(this);
    // 创建内存兼容 DC
    CDC memDC;
    memDC.CreateCompatibleDC(&WindowDC);

    //绘制标题
    if(Flags & fTitle) {
        CBitmap bmpTitle, *OldObj;
        BITMAPINFO bitmapInfo;
        DeleteObject(bmpTitle);
        // 载入标题栏文字
        bmpTitle.LoadBitmap(IDB_TITLE);

        //获取位图大小
        bmpTitle.GetObject(sizeof(bitmapInfo), &bitmapInfo);

        // 选中该位图
        OldObj = memDC.SelectObject(&bmpTitle);

        int width = bitmapInfo.bmiHeader.biWidth;
        int height = bitmapInfo.bmiHeader.biHeight;

        m_TitleDrawHeight  = (m_CaptionHeight + 4 > height) ?
                             m_CaptionHeight + 4 :
                             height;
        CRect rr(FactRC.left, 0, FactRC.right, m_TitleDrawHeight);
        m_TitleRc.CopyRect(rr);

        WindowDC.StretchBlt(m_TitleRc.left, m_TitleRc.top,
                            m_TitleRc.Width(), m_TitleRc.Height(),
                            &memDC, 0, 0, width, height, SRCCOPY);
        bmpTitle.Detach();
        memDC.SelectObject(OldObj);
    }

    // 最小化按钮的大小
    m_MinRect.CopyRect(CRect(m_TitleRc.right - 70, (m_TitleDrawHeight + 2
                            *m_BorderHeight - m_ButtonHeight) / 2,
                            m_ButtonWidth, m_ButtonHeight));
    // 关闭按钮的大小
    m_CloseRect.CopyRect(CRect(m_TitleRc.right - 40, (m_TitleDrawHeight + 2
                              *m_BorderHeight - m_ButtonHeight) / 2,
                              m_ButtonWidth, m_ButtonHeight));
    //绘制最小化按钮
    if(Flags & fMinButton) {
        CBitmap bitmapMinBtn, *OldObj;
        BITMAPINFO bitmapInfo;
```

```
        DeleteObject(bitmapMinBtn);
        bitmapMinBtn.LoadBitmap(IDB_MINBT);
        //获取位图大小
        bitmapMinBtn.GetObject(sizeof(bitmapInfo), &bitmapInfo);
        OldObj = memDC.SelectObject(&bitmapMinBtn);
        int width = bitmapInfo.bmiHeader.biWidth;
        int height = bitmapInfo.bmiHeader.biHeight;
        WindowDC.StretchBlt(m_MinRect.left, m_MinRect.top, m_MinRect.right,
                    m_MinRect.bottom, &memDC, 0, 0, width, height, SRCC
                    OPY);
        memDC.SelectObject(OldObj);
        bitmapMinBtn.Detach();
    }

    //绘制关闭按钮
    if(Flags & fCloseButton) {
        CBitmap bitmapCloseBtn, *OldObj;
        BITMAPINFO bitmapInfo;
        DeleteObject(bitmapCloseBtn);
        bitmapCloseBtn.LoadBitmap(IDB_CLOSEBT);
        //获取位图大小
        bitmapCloseBtn.GetObject(sizeof(bitmapInfo), &bitmapInfo);
        OldObj =  memDC.SelectObject(&bitmapCloseBtn);
        int width = bitmapInfo.bmiHeader.biWidth;
        int height = bitmapInfo.bmiHeader.biHeight;
        WindowDC.StretchBlt(m_CloseRect.left, m_CloseRect.top, m_CloseRect.right,
                    m_CloseRect.bottom, &memDC, 0, 0, width, height, SRC
                    COPY);
        memDC.SelectObject(OldObj);
        bitmapCloseBtn.Detach();
    }

    DrawCaption();
}
```

（8）处理对话框的 WM_NCMOUSEMOVE（非客户区鼠标移动）消息，在该消息的处理函数中绘制工具栏按钮，当鼠标移动到标题栏按钮上时，绘制标题栏按钮的热点效果，在鼠标离开标题栏按钮时，恢复标题栏按钮原来的效果，代码如下：

<代码 07　　代码位置：资源包\Code\06\Bits\07.txt>

```
void CSysOptimizeDlg::OnNcMouseMove(UINT nHitTest, CPoint point)
{
    CRect tempMin, tempMax, tempClose, ClientRect;
    CWindowDC WindowDC(this); // 获得窗口设备上下文
    CDC memDC;
    memDC.CreateCompatibleDC(&WindowDC);  // 创建内存兼容的设备上下文
    BITMAPINFO bInfo;
    CBitmap LeftLine;
    int x, y;
```

```
GetWindowRect(ClientRect); // 获得客户区域
// 设置最小化按钮区域
tempMin.CopyRect(CRect(m_MinRect.left + ClientRect.left,
                       ClientRect.top + m_MinRect.top,
                       m_MinRect.right + m_MinRect.left + ClientRect.left,
                       m_MinRect.bottom + m_MinRect.top + ClientRect.top));
// 设置关闭按钮区域
tempClose.CopyRect(CRect(m_CloseRect.left + ClientRect.left,
                         ClientRect.top + m_CloseRect.top,
                         m_CloseRect.right + m_CloseRect.left +
                         ClientRect.left,
                         m_CloseRect.bottom + m_CloseRect.top +
                         ClientRect.top));
// 鼠标在最小化按钮上移动时,更改按钮显示的位图
if(tempMin.PtInRect(point)) {
    // 如果按钮状态不是最小化
    if(m_ButtonState != bsMin) {
        // 加载最小化热点位图
        LeftLine.LoadBitmap(IDB_MINHOTBT);
        LeftLine.GetObject(sizeof(bInfo), &bInfo);

        x = bInfo.bmiHeader.biWidth; // 位图宽度
        y = bInfo.bmiHeader.biHeight;// 位图高度
        memDC.SelectObject(&LeftLine);
        // 绘制最小化按钮热点效果
        WindowDC.StretchBlt(m_MinRect.left, m_MinRect.top, m_MinRect.right,
                    m_MinRect.bottom, &memDC, 0, 0, x, y, SRCCOPY);
        m_IsDrawForm = FALSE;
        // 设置按钮状态
        m_ButtonState = bsMin;
        LeftLine.Detach();
    }
}
// 鼠标在关闭按钮上移动时,更改按钮显示的位图
else if(tempClose.PtInRect(point)) {
    if(m_ButtonState != bsClose) {
       // 加载关闭按钮热点位图
        LeftLine.LoadBitmap(IDB_CLOSEHOTBT);
        LeftLine.GetObject(sizeof(bInfo), &bInfo);
        x = bInfo.bmiHeader.biWidth; // 位图宽度
        y = bInfo.bmiHeader.biHeight;// 位图高度
        memDC.SelectObject(&LeftLine);
        // 绘制关闭按钮热点效果
        WindowDC.StretchBlt(m_CloseRect.left, m_CloseRect.top, m_CloseRect.
        right, m_CloseRect.bottom, &memDC, 0, 0, x, y, SRCCOPY);
        m_IsDrawForm = FALSE;
        m_ButtonState = bsClose;
        LeftLine.Detach();
    }
}
```

```
    // 鼠标不在标题栏按钮上
    else {
        // 按钮具有热点效果
        if(m_IsDrawForm == FALSE) {
            // 最小化按钮
            if(m_ButtonState == bsMin) {
                DrawDialog(fMinButton); // 重绘最小化按钮
            }
            // 关闭按钮
            else if(m_ButtonState == bsClose) {
                DrawDialog(fCloseButton);
            }
        }
        m_ButtonState = bsNone;
    }
    LeftLine.DeleteObject();
    ReleaseDC(&memDC);
    CDialog::OnNcMouseMove(nHitTest, point);
}
```

（9）处理对话框的 WM_MOUSEMOVE（鼠标移动）消息，在该消息的处理函数中重绘标题栏，代码如下：

<代码 08　　代码位置：资源包\Code\06\Bits\08.txt>

```
void CSysOptimizeDlg::OnMouseMove(UINT nFlags, CPoint point)
{
    if(m_IsDrawForm == FALSE) {                    // 按钮具有热点效果
        if(m_ButtonState == bsMin) {               // 最小化按钮
            DrawDialog(fMinButton);                // 重绘最小化按钮
        }
        else if(m_ButtonState == bsClose) {        // 关闭按钮
            DrawDialog(fCloseButton);              // 重绘关闭按钮
        }
    }
    m_ButtonState = bsNone;
    CDialog::OnMouseMove(nFlags, point);
}
```

（10）处理对话框的 WM_NCLBUTTONDOWN（非客户区左键按下）消息，该消息的处理函数用于响应标题栏按钮的鼠标单击事件，代码如下：

<代码 09　　代码位置：资源包\Code\06\Bits\09.txt>

```
void CSysOptimizeDlg::OnNcLButtonDown(UINT nHitTest, CPoint point)
{
    switch(m_ButtonState) {                      // 判断按钮状态
        case bsClose: {                          // 关闭按钮
            OnCancel();                          // 关闭窗口
        }
        break;
        case bsMin: {                            // 最小化按钮
            ShowWindow(SW_SHOWMINIMIZED);        // 最小化窗体
        }
```

```
        break;
    }
    CDialog::OnNcLButtonDown(nHitTest, point);
}
```

（11）处理对话框的 WM_NCACTIVATE（非客户区激活）消息，该消息表示“窗口的非客户区被激活”，在该消息的处理函数中重绘窗口，代码如下：

<代码 10　　代码位置：资源包\Code\06\Bits\010.txt>

```
BOOL CSysOptimizeDlg::OnNcActivate(BOOL bActive)
{
    OnPaint();
    return CDialog::OnNcActivate(bActive);
}
```

（12）在对话框的 OnPaint 方法中调用 DrawDialog 函数绘制标题栏，代码如下：

<代码 11　　代码位置：资源包\Code\06\Bits\011.txt>

```
void CSysOptimizeDlg::OnPaint()
{
    // 略

    DrawDialog(fAll); // 绘制标题栏
    m_IsDrawForm = TRUE;
}
```

17.4.2　获得任务列表

在系统任务管理模块中需要显示当前正在运行的任务列表，但是如何通过程序实现该功能呢？可以遍历当前所有的窗口，判断窗口是否是顶层窗口，如果是则表示为应用程序的主窗口，将其添加到列表框中。

可以通过 API 函数 GetWindow 获得窗口句柄。

语法如下：

```
CWnd* GetWindow( UINT nCmd ) const;
```

参数说明：

nCmd：说明指定窗口与要获得句柄的窗口之间的关系。可选值如下：

- GW_CHILD：获得指定窗口的第一个子窗口。
- GW_HWNDFIRST：获得指定窗口的第一个兄弟窗口。
- GW_HWNDLAST：获得指定窗口的最后一个兄弟窗口。
- GW_HWNDNEXT：获得指定窗口的下一个兄弟窗口。
- GW_HWNDPREV：获得指定窗口的上一个兄弟窗口。
- GW_OWNER：获得指定窗口的所有者。

获得任务列表的实现代码如下：

<代码 12　　代码位置：资源包\Code\06\Bits\012.txt>

```
CWnd *pWnd = AfxGetMainWnd()->GetWindow(GW_HWNDFIRST);
int i = 0;
CString cstrCap;
```

```
// 遍历窗口
while(pWnd) {
    // 窗口可见,并且是顶层窗口
    if(pWnd->IsWindowVisible() && !pWnd->GetOwner()) {
        pWnd->GetWindowText(cstrCap);
        if(! cstrCap.IsEmpty()) {
            m_Grid.InsertItem(i, cstrCap);
            if(IsHungAppWindow(pWnd->m_hWnd)) {
                m_Grid.SetItemText(i, 1, "不响应");
            }
            else {
                m_Grid.SetItemText(i, 1, "正在运行");
            }
            // 获取进程 ID
            DWORD dwProcessId;
            GetWindowThreadProcessId(pWnd->GetSafeHwnd(), &dwProcessId);
            CString str;
            str.Format(_T("%d"), dwProcessId);
            m_Grid.SetItemText(i, 2, str.GetString());
            i++;
        }
    }
    // 搜索下一个窗口
    pWnd = pWnd->GetWindow(GW_HWNDNEXT);
}
```

获得的任务列表如图 17.5 所示。

进程 窗口

窗口	状态	进程ID
365系统加速器	正在运行	9864
SysOptimize (正在运行) - Micr...	正在运行	8484
C:\workspace\项目开发实例入门...	正在运行	6680
06_365系统加速器.docx - Micro...	正在运行	6680
第20章 系统优化模块.doc [兼容...	正在运行	6680
[未命名] + - GVIM	正在运行	6088
源码	正在运行	5056
便笺	正在运行	3600
06_365系统加速器	正在运行	4432
C++	正在运行	5692
d:\ *.txt - Everything	正在运行	2200
今天上午，经理指出，打印出来...	正在运行	7720
项目开发实例入门	正在运行	7580
日历	正在运行	3592
Program Manager	正在运行	3796

图 17.5 获得任务列表

17.4.3 获得正在运行的进程

在系统任务管理模块中的进程选项卡中，需要显示当前正在运行的所有进程，可以通过CreateToolhelp32Snapshot()函数对当前系统中的进程生成快照。

语法如下：

```
HANDLE WINAPI CreateToolhelp32Snapshot(DWORD dwFlags,DWORD th32ProcessID);
```

参数说明：

dwFlags：快照的类型，可选值如下：

- TH32CS_INHERIT：快照句柄将被继承。
- TH32CS_SNAPALL：相当于 TH32CS_SNAPHEAPLIST、TH32CS_SNAPMODULE、TH32CS_SNAPPROCESS 和 TH32CS_SNAPTHREAD 一起调用。
- TH32CS_SNAPHEAPLIST：指定进程堆列表的快照。
- TH32CS_SNAPMODULE：指定进程模块列表的快照。
- TH32CS_SNAPPROCESS：进程的快照。
- TH32CS_SNAPTHREAD：线程快照。
- TH32ProcessID：进程的 ID 值。
- 通过 Process32First 函数获得第一个运行的进程。

语法如下：

```
BOOL WINAPI Process32First( HANDLE hSnapshot, LPPROCESSENTRY32 lppe );
```

参数说明：

- hSnapshot：CreateToolhelp32Snapshot 函数返回的句柄。
- lppe：PROCESSENTRY32 结构指针。

然后循环调用 Process32Next 函数获得下一个进程。

```
BOOL WINAPI Process32Next( HANDLE hSnapshot, LPPROCESSENTRY32 lppe );
```

参数说明：

- hSnapshot：CreateToolhelp32Snapshot 函数返回的句柄。
- lppe：PROCESSENTRY32 结构指针。

获得正在运行进程的实现代码如下：

<代码 13　　代码位置：资源包\Code\06\Bits\013.txt>

```
HANDLE toolhelp = CreateToolhelp32Snapshot(TH32CS_SNAPPROCESS, 0); // 创建快照
if(toolhelp == NULL) {
    return ;                                                   // 创建失败，直接返回
}
PROCESSENTRY32 processinfo;
int i = 0;
CString str;
BOOL start = Process32First(toolhelp, &processinfo);          // 获取第一个进程的信息
while(start) {
    m_Grid.InsertItem(i, "");
    m_Grid.SetItemText(i, 0, processinfo.szExeFile);          // 插入进程文件名
    str.Format("%d", processinfo.th32ProcessID);
    m_Grid.SetItemText(i, 1, str);                            // 插入进程 ID
    str.Format("%d", processinfo.cntThreads);
```

```
    m_Grid.SetItemText(i, 2, str);                               // 插入线程数
    str.Format("%d", processinfo.pcPriClassBase);
    m_Grid.SetItemText(i, 3, str);                               // 插入进程优先级
    start = Process32Next(toolhelp, &processinfo);               // 获取下一个进程信息
    i++;
}
```

17.4.4　为列表视图控件关联右键菜单

为列表视图控件关联右键菜单之前，先要创建一个菜单类 CCustomMenu，然后通过 CCustomMenu 类创建弹出菜单，具体代码如下：

<代码 14　　代码位置：资源包\Code\06\Bits\014.txt>

```
void CTaskDlg::OnRclickList1(NMHDR *pNMHDR, LRESULT *pResult)
{
    int pos = m_Grid.GetSelectionMark();                        // 获取选择的位置
    CPoint point;
    GetCursorPos(&point);                                       // 获取鼠标单击的位置
    CMenu *pPopup = m_Menu.GetSubMenu(0);
    CRect rc;
    rc.top = point.x;
    rc.left = point.y;
    pPopup->TrackPopupMenu(TPM_LEFTALIGN | TPM_LEFTBUTTON | TPM_VERTICAL,
                                                                      // 弹出右键菜单
                     rc.top, rc.left, this, &rc);
    *pResult = 0;
}
```

程序运行结果如图 17.6 所示。

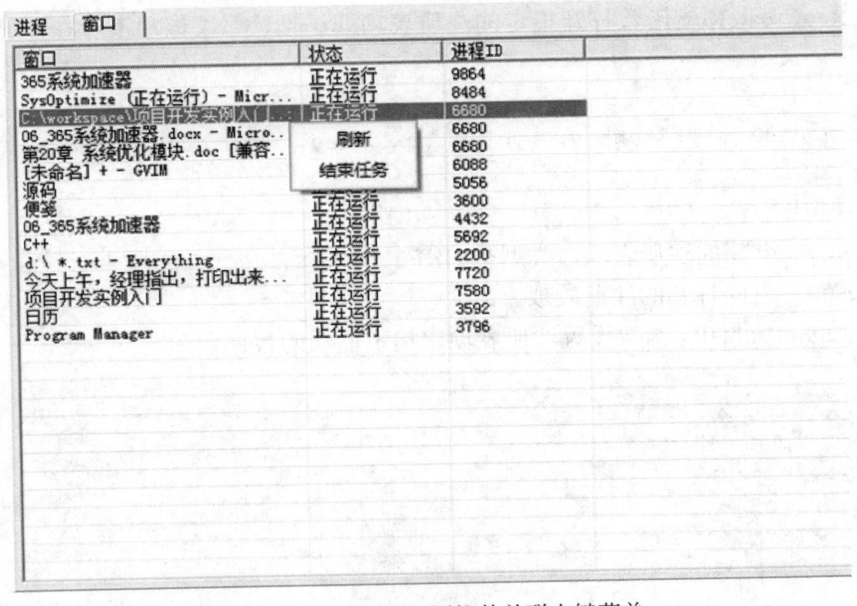

图 17.6　为列表视图控件关联右键菜单

17.4.5 清空回收站

在磁盘控件整理模块中，用户可以选择清空系统回收站以释放磁盘控件，可以通过SHEmptyRecycleBin 函数来实现清空回收站的功能。

语法如下：

```
SHSTDAPI SHEmptyRecycleBin( HWND hwnd, LPCTSTR pszRootPath, DWORD dwFlags );
```

参数说明：

- hwnd：父窗口句柄。
- pszRootPath：设置删除哪个磁盘的回收站，如果设置字符串为空则清空所有的回收站。
- dwFlags：用于清空回收站的功能参数。

清空回收站的实现代码如下：

<代码 15　　代码位置：资源包\Code\06\Bits\015.txt>

```
GetWindowLong(m_hWnd, 0);
SHEmptyRecycleBin(m_hWnd, NULL, SHERB_NOCONFIRMATION
                    || SHERB_NOPROGRESSUI
                    || SHERB_NOSOUND);
```

17.4.6 清空“运行”中的历史记录

在“开始”菜单中的“运行”菜单项中保存着最近执行过的运行命令的历史记录，可以通过修改注册表实现在退出 Windows 系统时清除“运行”菜单项中的历史记录。需要修改的注册表项是HKEY_CURRENT_USER\Software\Microsoft\Windows\CurrentVersion\Policies\Explorer，在该注册表项下新建一个二进制键值 ClearRecentDocsonExit，设置该键值为“01 00 00 00”。

可以通过 RegCreateKey 函数打开指定的注册表项或子项，如果该项不存在，则新建一个项或子项。

语法如下：

```
LONG RegCreateKey( HKEY hKey, LPCTSTR lpSubKey, PHKEY phkResult );
```

参数说明：

- hKey：根键。
- lpSubKey：欲建的注册表项，类型是 HKEY 的指针。
- phkResult：返回打开的注册表项。

然后通过 RegSetValueEx 函数设置注册表项中指定值项的数据。

语法如下：

```
LONG RegSetValueEx( HKEY hKey,
    LPCTSTR lpValueName,
    DWORD Reserved,
    DWORD dwType,
    CONST BYTE *lpData,
    DWORD cbData );
```

参数说明：

- hKey：已打开注册表项。

- lpValueName：值项的名称。
- Reserved：保留。
- dwType：值项的类型。
- lpData：欲写入的值项的数据。
- cdData：值项空间的大小。

清空“运行”中的历史记录实现代码如下：

<代码 16　　代码位置：资源包\Code\06\Bits\016.txt>

```
skey = "Software\\Microsoft\\Windows\\CurrentVersion\\Policies\\Explorer";
::RegCreateKey(HKEY_CURRENT_USER, skey, &sub);
RegSetValueEx(sub, "ClearRecentDocsonExit", NULL, REG_BINARY, (BYTE *)&val, 4);
::RegCloseKey(sub);
```

17.4.7　清空 IE 历史记录

在磁盘空间整理模块中，包含清空 IE 历史记录选项，用户可以选择清空 IE 历史记录。注册表项 HKEY_CURRENT_USER\Software\Microsoft\Internet Explorer\TypedURLs 存储着 10 条浏览过的网址信息，可以通过 RegDeleteKey 函数删除该注册表项来清空上网历史记录。该函数语法如下：

```
LONG RegDeleteKey( HKEY hKey,LPCTSTR lpSubKey );
```

参数说明：

- hKey：欲操作的注册表项。
- lpSubKey：欲删除的子项。

清空 IE 历史记录的实现代码如下：

<代码 17　　代码位置：资源包\Code\06\Bits\017.txt>

```
skey = "Software\\Microsoft\\Internet Explorer\\TypedURLs";
::RegDeleteKey(HKEY_CURRENT_USER, skey);
```

17.4.8　调用控制面板工具

在控制面板操作模块中，用户可以调用常用的控制面板工具，要实现这个功能，可以使用 ShellExecute 函数实现。

语法如下：

```
HINSTANCE ShellExecute(HWND hwnd, LPCTSTR lpOperation, LPCTSTR lpFile, LPCTSTR
lpParameters, LPCTSTR lpDirectory,INT nShowCmd);
```

参数说明：

- hwnd：应用程序窗体句柄。
- lpOperation：具体操作命令，如 open、print 及 explore。
- lpFile：其他应用程序文件名。
- lpParameters：应用程序调用的参数。
- lpDirectory：默认的目录地址。
- nShowCmd：窗体显示参数，如 SW_SHOW。

实现调用控制面板工具的代码如下：

<代码 18　　代码位置：资源包\Code\06\Bits\018.txt>

```
void CContralDlg::OnButinternet()
{
    // 打开 IE 的设置窗口
    ::ShellExecute(NULL, "OPEN", "rundll32.exe",
                "shell32.dll Control_RunDLL inetcpl.cpl", NULL, SW_SHOW);
}
```

说明：

调用控制面板相关的设置对话框主要是执行 rundll32.exe 程序。例如，打开 IE 设置窗口，可以选择开始/运行菜单命令，在“打开”文本框中输入 rundll32.exe shell32.dll Control_RunDLL inetcpl.cpl 语句。

17.5　主窗体设计

17.5.1　主窗体界面预览

在系统优化模块的主窗体中，包含调用各子模块的导航按钮，用户可以方便地使用模块进行操作，系统优化模块主窗体如图 17.7 所示。

图 17.7　系统优化模块主窗体

17.5.2　主窗体界面布局

系统优化模块主窗体的界面设计过程如下：

（1）创建一个基于对话框的应用程序。

（2）向工程中导入位图资源，修改位图 ID。

（3）向对话框中添加控件，包括两个图片控件和 4 个静态文本控件。控件的属性设置见表 17.1。

表 17.1　控件属性设置

控件 ID	控件属性	关联变量
IDC_STATICSELECT	Type：Bitmap Image：IDB_BITSELECT	CStatic m_Select
IDC_FRAME	无	CStatic m_Frame
IDC_STACONTRAL	Simple：True，Notify：True	无
IDC_STADISK	Simple：True，Notify：True	无
IDC_STALITTER	Simple：True，Notify：True	无
IDC_STATASK	Simple：True，Notify：True	无

17.5.3　实现子窗口切换功能

本程序的主要功能集中在四个子窗口中，主窗口下面左方有 4 个图片按钮，点击不同的图片出现相应的子窗口，再通过子窗口选择相关功能。子窗口切换的实现步聚如下：

（1）在主窗体的头文件中声明调用的各个模块对象，具体代码如下：

<代码 19　　代码位置：资源包\Code\06\Bits\019.txt>

```
// 四个 TabCtrl 的子对话框
CContralDlg      *m_pContralDlg;                    // 控制面板操作模块
CDiskDlg         *m_pDiskDlg;                       // 磁盘空间整理模块
CLitterDlg       *m_pLitterDlg;                     // 垃圾文件清理模块
CTaskDlg         *m_pTaskDlg;                       // 系统任务管理模块
```

说明：

主窗口头文件中声明的都是各个模块的指针对象，是创建了相应的模块以后才在头文件中添加的。

（2）在主窗体的 OnInitDialog()方法中创建系统任务管理模块，并获取工具栏按钮位图的大小，代码如下：

<代码 20　　代码位置：资源包\Code\06\Bits\020.txt>

```
// 片段来自 CSysOptimizeDlg::OnInitDialog()函数
// 初始化
m_Num = 0;
m_pTaskDlg = new CTaskDlg;
m_pTaskDlg->Create(IDD_TASK_DIALOG, this);        // 创建系统任务管理模块
m_Select.ShowWindow(SW_HIDE);                     // 隐藏选中效果图片
SetWindowText("365 系统加速器");                  // 设置主窗体标题
CBitmap bitmap;
bitmap.LoadBitmap(IDB_MINBT);                     // 加载最小化按钮位图
BITMAPINFO bInfo;
bitmap.GetObject(sizeof(bInfo), &bInfo);          // 获得图片信息
m_ButtonWidth = bInfo.bmiHeader.biWidth;          // 位图宽度
m_ButtonHeight = bInfo.bmiHeader.biHeight;        // 位图高度
bitmap.DeleteObject();
```

（3）添加自定义函数 CreateDialogBox()，该函数用于显示相应的模块，代码如下：

<代码 21　　代码位置：资源包\Code\06\Bits\021.txt>

```
void CSysOptimizeDlg::CreateDialogBox(int num)
{
    CRect fRect;
    m_Frame.GetClientRect(&fRect);                    // 获得图片控件的客户区域
    m_Frame.MapWindowPoints(this, fRect);             // 设置模块的显示位置
    switch(num) {                                     // 判断显示的模块
        case 1:                                       // 控制面板操作模块
            m_pContralDlg = new CContralDlg;          // 创建对话框
            m_pContralDlg->Create(IDD_CONTRAL_DIALOG, this);
            m_pContralDlg->MoveWindow(fRect);         // 移动位置
            m_pContralDlg->ShowWindow(SW_SHOW);       // 显示对话框
            break;
        case 2:                                       // 磁盘空间整理模块
            m_pDiskDlg = new CDiskDlg;                // 创建对话框
            m_pDiskDlg->Create(IDD_DISK_DIALOG, this);
            m_pDiskDlg->MoveWindow(fRect);            // 移动位置
            m_pDiskDlg->ShowWindow(SW_SHOW);          // 显示对话框
            break;
        case 3:                                       // 垃圾文件整理模块
            m_pLitterDlg = new CLitterDlg;            // 创建对话框
            m_pLitterDlg->Create(IDD_LITTER_DIALOG, this);
            m_pLitterDlg->MoveWindow(fRect);          // 移动位置
            m_pLitterDlg->ShowWindow(SW_SHOW);        // 显示对话框
            break;
        case 4:                                       // 系统任务管理模块
            m_pTaskDlg->MoveWindow(fRect);            // 移动位置
            m_pTaskDlg->ShowWindow(SW_SHOW);          // 显示对话框
            break;
    }
    m_Num = num;
}
```

（4）添加自定义函数 DestroyWindowBox()，该函数用于销毁各个模块，代码如下：

<代码 22　　代码位置：资源包\Code\06\Bits\022.txt>

```
void CSysOptimizeDlg::DestroyWindowBox(int num)
{
    switch(num) {                                 // 判断销毁的模块
        case 1:                                   // 控制面板操作模块
            m_pContralDlg->DestroyWindow();       // 销毁对话框
            break;
        case 2:                                   // 磁盘空间整理模块
            m_pDiskDlg->DestroyWindow();          // 销毁对话框
            break;
        case 3:                                   // 垃圾文件整理模块
            m_pLitterDlg->DestroyWindow();        // 销毁对话框
            break;
        case 4:                                   // 系统任务管理模块
            m_pTaskDlg->ShowWindow(FALSE);        // 隐藏对话框
```

```
            break;
    }
}
```

（5）处理“控制面板操作”静态文本控件的单击事件，在该事件的处理函数中调用控制面板操作模块，并设置选中效果，代码如下：

<代码 23　　代码位置：资源包\Code\06\Bits\023.txt>

```
// 控制面板操作
void CSysOptimizeDlg::OnStacontral()
{
    if(m_Num != 0) {
        DestroyWindowBox(m_Num);                            // 销毁当前打开的模块
    }
    CreateDialogBox(1);                                     // 显示控制面板操作模块
    CRect rect, rc;
    GetDlgItem(IDC_STACONTRAL)->GetClientRect(&rect);       // 获得控件的客户区域
    GetDlgItem(IDC_STACONTRAL)->MapWindowPoints(this,       // 设置窗体中的位置
            rect);
    m_Select.GetClientRect(&rc);
    m_Select.MoveWindow(rect.left - 20,                     // 移动选中效果图片控件
                        rect.top - 6,
                        rc.Width(),
                        rc.Height(), TRUE);
    m_Select.ShowWindow(SW_SHOW);                           // 显示选中效果图片控件
    Invalidate();                                           // 使窗体无效(重绘窗体)
}
```

（6）添加主窗体的 WM_CLOSE 消息的处理函数，在该消息的处理函数中关闭当前显示的模块，退出程序，代码如下：

<代码 24　　代码位置：资源包\Code\06\Bits\024.txt>

```
void CSysOptimizeDlg::OnClose()
{
    if(m_Num != 0) {
        DestroyWindowBox(m_Num);                            // 销毁当前显示的模块
    }
    m_pTaskDlg->DestroyWindow();                            // 销毁系统任务管理模块
    CDialog::OnClose();                                     // 退出程序
}
```

17.5.4 绘制主窗口背景图片

原生的对话框窗口背景为灰色的，其实现原理是系统自动提供一个默认画刷，每次绘画时使用这个灰色的画刷。如果想改变这个背景，只需替换这个画刷。具体实现步骤如下：添加 WM_CTLCOLOR 消息的处理函数，在该消息的处理函数中绘制主窗体的背景位图，并设置静态文本控件透明显示，代码如下：

<代码 25　　代码位置：资源包\Code\06\Bits\025.txt>

```
HBRUSH CSysOptimizeDlg::OnCtlColor(CDC *pDC, CWnd *pWnd, UINT nCtlColor)
{
    HBRUSH hbr = CDialog::OnCtlColor(pDC, pWnd, nCtlColor);
```

```
    if(nCtlColor == CTLCOLOR_DLG) {                      // 如果是对话框
        CBrush m_Brush(&m_BKGround);                     // 定义一个位图画刷
        CRect rect;
        GetClientRect(rect);                             // 获取客户区大小
        pDC->SelectObject(&m_Brush);                     // 选中画刷
        pDC->FillRect(rect, &m_Brush);                   // 填充客户区域
        return m_Brush;                                  // 返回新的画刷
    }
    else {
        hbr = CDialog::OnCtlColor(pDC, pWnd, nCtlColor);
    }
    if(nCtlColor == CTLCOLOR_STATIC) {                   // 如果是静态文本控件
        pDC->SetBkMode(TRANSPARENT);                     // 设置背景透明
    }
    return hbr;
}
```

17.6 控制面板操作模块

17.6.1 控制面板界面预览

用户在控制面板操作模块中可以调用控制面板中常用的工具，如“Internet 选项”“添加/删除程序”和“计算机管理”等，控制面板操作模块如图 17.8 所示。

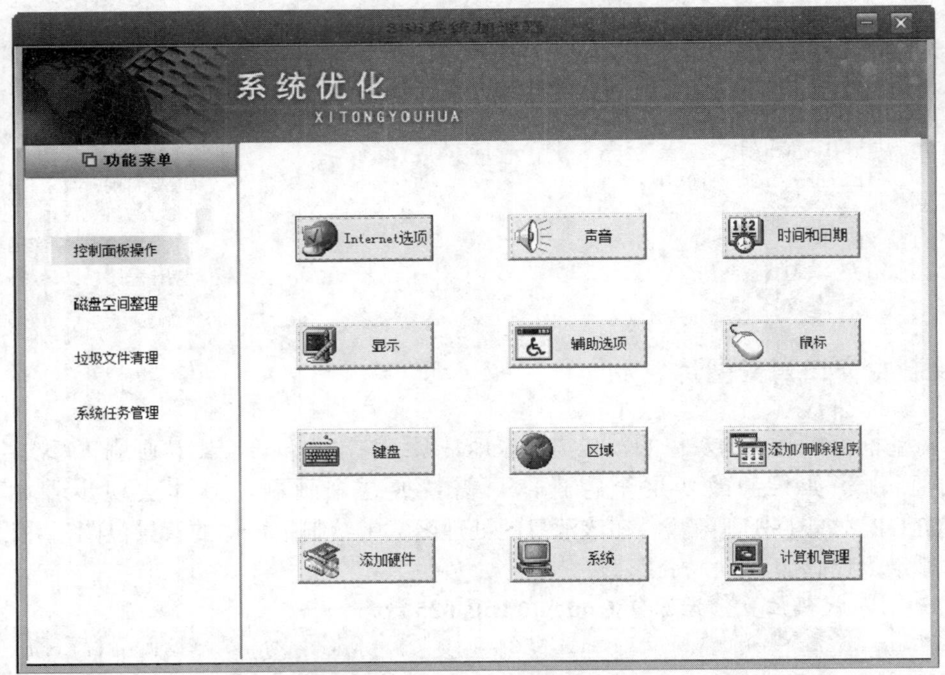

图 17.8 控制面板操作模块

17.6.2　控制面板界面布局

控制面板操作模块的界面设计过程如下：

（1）新建一个对话框资源。

（2）向工程中导入图标资源，修改图标 ID。

（3）向对话框中添加 12 个按钮控件，控件的属性设置见表 17.2。

表 17.2　控件属性设置

控 件 ID	控 件 属 性	关 联 变 量
IDC_BUTINTERNET	勾选 Owner draw	CIconBtn　m_Internet
IDC_BUTMMSYS	勾选 Owner draw	CIconBtn　m_Mmsys
IDC_BUTTIMEDATE	勾选 Owner draw	CIconBtn　m_Timedate
IDC_BUTDESK	勾选 Owner draw	CIconBtn　m_Desk
IDC_BUTACCESS	勾选 Owner draw	CIconBtn　m_Access
IDC_BUTMOUSE	勾选 Owner draw	CIconBtn　m_Mouse
IDC_BUTKEYBOARD	勾选 Owner draw	CIconBtn　m_Keyboard
IDC_BUTINTL	勾选 Owner draw	CIconBtn　m_Intl
IDC_BUTAPPWIZ	勾选 Owner draw	CIconBtn　m_Appwiz
IDC_BUTHDWWIZ	勾选 Owner draw	CIconBtn　m_Hdwwiz
IDC_BUTSYSDM	勾选 Owner draw	CIconBtn　m_Sysdm
IDC_BUTCOMPUTER	勾选 Owner draw	CIconBtn　m_Computer

17.6.3　实现控制面板各部分功能

控制面板的功能主要包括：Internet 选项、声明、日期和时间、显示、辅助选项、鼠标、键盘、区域、添加 / 删除程序、添加硬件、系统及计算机管理。这些功能都是通过调用系统的功能实现的。主要通过使用“Rundll32.exe”调用“shell32.dll”中的函数实现。具体实现步骤如下：

（1）在控制面板操作模块的 OnInitDialog 方法中设置按钮的显示图标，代码如下：

<代码 26　　代码位置：资源包\Code\06\Bits\026.txt>

```
BOOL CContralDlg::OnInitDialog()
{
    CDialog::OnInitDialog();
    m_Internet.SetImageIndex(0);            // Internet 选项按钮显示图标
    m_Mmsys.SetImageIndex(1);               // 声音按钮显示图标
    m_Timedate.SetImageIndex(2);            // 时间和日期按钮显示图标
    m_Desk.SetImageIndex(3);                // 显示按钮显示图标
    m_Access.SetImageIndex(4);              // 辅助选项按钮显示图标
    m_Mouse.SetImageIndex(5);               // 鼠标按钮显示图标
    m_Keyboard.SetImageIndex(6);            // 键盘按钮显示图标
    m_Intl.SetImageIndex(7);                // 区域按钮显示图标
```

```
    m_Appwiz.SetImageIndex(8);                  // 添加/删除程序按钮显示图标
    m_Hdwwiz.SetImageIndex(9);                  // 添加硬件按钮显示图标
    m_Sysdm.SetImageIndex(10);                  // 系统按钮显示图标
    m_Computer.SetImageIndex(11);               // 计算机管理按钮显示图标

    return TRUE;
}
```

（2）处理各按钮的单击事件，通过按钮调用指定的控制面板工具，具体代码如下：

<代码 27　　代码位置：资源包\Code\06\Bits\027.txt>

```
//Internet 选项按钮
void CContralDlg::OnButinternet()
{
    //打开 IE 的设置窗口
    ::ShellExecute(NULL, "OPEN", "rundll32.exe",
                   "shell32.dll Control_RunDLL inetcpl.cpl", NULL, SW_SHOW);
}
//声音按钮
void CContralDlg::OnButmmsys()
{
    //打开 声音的设置窗口
    ::ShellExecute(NULL, "OPEN", "rundll32.exe",
                   "shell32.dll Control_RunDLL mmsys.cpl @1", NULL, SW_SHOW);
}
//时间和日期按钮
void CContralDlg::OnButtimedate()
{
    //启动日期和时间设置
    ::ShellExecute(NULL, "OPEN", "rundll32.exe",
                   "shell32.dll Control_RunDLL timedate.cpl", NULL, SW_SHOW);
}
//显示按钮
void CContralDlg::OnButdesk()
{
    //启动显示设置面板
    ::ShellExecute(NULL, "OPEN", "rundll32.exe",
                   "shell32.dll Control_RunDLL desk.cpl", NULL, SW_SHOW);
}
//辅助选项按钮
void CContralDlg::OnButaccess()
{
    //启动辅助选项
    ::ShellExecute(NULL, "OPEN", "rundll32.exe",
                   "shell32.dll Control_RunDLL access.cpl", NULL, SW_SHOW);
}
//鼠标按钮
void CContralDlg::OnButmouse()
{
```

```
    //打开鼠标设置
    ::ShellExecute(NULL, "OPEN", "rundll32.exe",
                "shell32.dll Control_RunDLL main.cpl @0", NULL, SW_SHOW);
}
//键盘按钮
void CContralDlg::OnButkeyboard()
{
    //启动键盘设置
    ::ShellExecute(NULL, "OPEN", "rundll32.exe",
                "shell32.dll Control_RunDLL main.cpl @1", NULL, SW_SHOW);
}
//区域按钮
void CContralDlg::OnButintl()
{
    //打开区域设置
    ::ShellExecute(NULL, "OPEN", "rundll32.exe",
                "shell32.dll Control_RunDLL intl.cpl", NULL, SW_SHOW);
}
//添加/删除程序按钮
void CContralDlg::OnButappwiz()
{
    //启动添加软件设置
    ::ShellExecute(NULL, "OPEN", "rundll32.exe",
                "shell32.dll Control_RunDLL appwiz.cpl", NULL, SW_SHOW);
}
//添加硬件按钮
void CContralDlg::OnButhdwwiz()
{
    //启动添加硬件设置
    ::ShellExecute(NULL, "OPEN", "rundll32.exe",
                "shell32.dll Control_RunDLL hdwwiz.cpl", NULL, SW_SHOW);
}
//系统按钮
void CContralDlg::OnButsysdm()
{
    //打开系统设置
    ::ShellExecute(NULL, "OPEN", "rundll32.exe",
                "shell32.dll Control_RunDLL sysdm.cpl", NULL, SW_SHOW);
}
//计算机管理按钮
void CContralDlg::OnButmodem()
{
    //启动计算机管理设置
    ::ShellExecute(NULL, "OPEN", "compmgmt.msc",
                "shell32.dll Control_RunDLL compmgmt.cpl", NULL, SW_SHOW);
}
```

17.7 磁盘空间整理模块

17.7.1 磁盘空间整理模块概述

在磁盘空间整理模块中，用户可以选择要清除的项目，包括“清空回收站”“清空 Internet 临时文件”等项目，然后单击“清理”按钮进行清除，磁盘空间整理模块如图 17.9 所示。

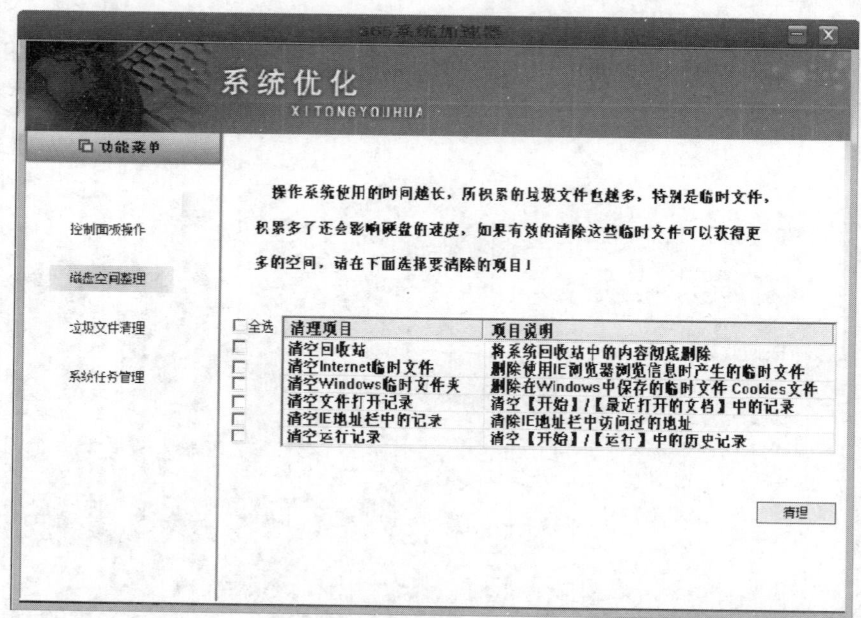

图 17.9 磁盘空间整理模块

17.7.2 磁盘空间整理界面布局

磁盘空间整理模块的界面设计过程如下：

（1）新建一个对话框资源。

（2）向工程中导入图标资源，修改图标 ID。

（3）向对话框中添加控件，包括 4 个静态文本控件、一个列表视图控件、7 个复选框控件和一个按钮控件。控件的属性设置见表 17.3。

表 17.3 控件属性设置

控 件 ID	控 件 属 性	关 联 变 量
IDC_STATEXT	Simple：True	CStatic m_Text
IDC_STATEXT1	Simple：True	CStatic m_Text1
IDC_STATEXT2	Simple：True	CStatic m_Text2
IDC_STATIC	Simple：True	无
IDC_CHECKLL	无	CButton m_CheckAll

（续表）

控 件 ID	控 件 属 性	关 联 变 量
IDC_LIST1	Sort：None，View：Report，Single selection：True	CListCtrl m_Grid
IDC_BUTCLEAR	Flat：True	无

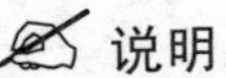 说明：

静态文本控件的 Simple 属性被设置为“True”以后，控件将不能多行显示文本。

17.7.3 功能实现

磁盘空间整理模块的功能实现过程如下：

（1）在磁盘空间整理模块的 OnInitDialog()方法中设置列表视图控件的风格和列标题，并向列表中插入数据，设置控件字体，代码如下：

<代码 28　　代码位置：资源包\Code\06\Bits\028.txt>

```
BOOL CDiskDlg::OnInitDialog()
{
    CDialog::OnInitDialog();

    m_Grid.SetExtendedStyle(
        LVS_EX_FLATSB                // 扁平风格滚动条
        | LVS_EX_FULLROWSELECT       // 允许整行选中
        | LVS_EX_HEADERDRAGDROP      // 允许标题拖拽
        | LVS_EX_ONECLICKACTIVATE    // 高亮显示
        | LVS_EX_GRIDLINES           // 画出网格线
    );
    // 插入列表框的列。设置各列文字
    m_Grid.InsertColumn(0, "清理项目", LVCFMT_LEFT, 190, 0);
    m_Grid.InsertColumn(1, "项目说明", LVCFMT_LEFT, 332, 1);
    m_Grid.InsertItem(0, "清空回收站");
    m_Grid.SetItemText(0, 1, "将系统回收站中的内容彻底删除");
    m_Grid.InsertItem(1, "清空 Internet 临时文件");
    m_Grid.SetItemText(1, 1, "删除使用 IE 浏览器浏览信息时产生的临时文件");
    m_Grid.InsertItem(2, "清空 Windows 临时文件夹");
    m_Grid.SetItemText(2, 1, "删除在 Windows 中保存的临时文件 Cookies 文件");
    m_Grid.InsertItem(3, "清空文件打开记录");
    m_Grid.SetItemText(3, 1, "清空【开始】/【最近打开的文档】中的记录");
    m_Grid.InsertItem(4, "清空 IE 地址栏中的记录");
    m_Grid.SetItemText(4, 1, "清除 IE 地址栏中访问过的地址");
    m_Grid.InsertItem(5, "清空运行记录");
    m_Grid.SetItemText(5, 1, "清空【开始】/【运行】中的历史记录");
    CFont font;
    font.CreatePointFont(120, "宋体");                       // 创建字体
    m_Grid.SetFont(&font);                                   // 设置列表字体
    m_Text.SetFont(&font);                                   // 设置静态文本控件字体
    m_Text1.SetFont(&font);                                  // 设置静态文本控件字体
```

```
    m_Text2.SetFont(&font);                                    // 设置静态文本控件字体
    return TRUE;
}
```

（2）处理“全选”复选框的单击事件，在该事件的处理函数中设置复选框全选或全不选，代码如下：

<代码 29　　代码位置：资源包\Code\06\Bits\029.txt>

```
void CDiskDlg::OnCheckll()
{
    int allcheck = m_CheckAll.GetCheck();                        // 获得全选复选框的状态
    for(int i = 0; i < m_Grid.GetItemCount(); i++) {             // 根据列表数据个数循环
        auto *check = (CButton *)GetDlgItem(IDC_CHECK2 + i); // 获得复选框指针
        check->SetCheck(allcheck);                               // 设置复选框状态
    }
}
```

（3）添加自定义函数 ClearDisk，该函数用于清理用户选中的项目，代码如下：

<代码 30　　代码位置：资源包\Code\06\Bits\030.txt>

```
void CDiskDlg::ClearDisk(int num)
{
    LPINTERNET_CACHE_ENTRY_INFO pEntry = NULL;
    HANDLE hDir = NULL;
    HANDLE hTemp = NULL;
    unsigned long size = 4096;
    int i = 0;
    BOOL isEnd = FALSE;                                  // 记录是否结束
    BOOL ret = TRUE;                                     // 记录是否成功
    HKEY sub;
    DWORD val = 0x00000001;                              // 注册表键值
    CString skey;
    char buffer[128];                                    // 保存系统目录路径
    CString syspath;                                     // 保存临时文件夹路径
    switch(num) {                                        // 判断清除的项目
        case 0:                                          // 清空回收站
            GetWindowLong(m_hWnd, 0);
            SHEmptyRecycleBin(m_hWnd, NULL, SHERB_NOCONFIRMATION
                              || SHERB_NOPROGRESSUI
                              || SHERB_NOSOUND);
            break;
        case 1:                                          // 清空 Internet 临时文件
            do {
                pEntry = (LPINTERNET_CACHE_ENTRY_INFO) new char[4096];
                pEntry->dwStructSize = 4096;
                if(hDir == NULL) {
                    hDir =  FindFirstUrlCacheEntry(NULL, pEntry, &size);
                    if(hDir) {
                        DeleteUrlCacheEntry(pEntry->lpszSourceUrlName);
                    }
                }
```

```
            else {
                ret = FindNextUrlCacheEntry(hDir, pEntry, &size);
                if(ret) {
                    DeleteUrlCacheEntry(pEntry->lpszSourceUrlName);
                }
            }
            if(ret) {
                while(ret) {
                    ret = FindNextUrlCacheEntry(hDir, pEntry, &size);
                    if(ret) {
                        DeleteUrlCacheEntry(pEntry->lpszSourceUrlName);
                    }
                }
            }
            else {
                isEnd = TRUE;
            }
            delete []pEntry;
        }
        while(!isEnd);
        FindCloseUrlCache(hDir);
        break;
    case 2:                                          // 清空 Windows 临时文件夹
        ::GetSystemDirectory(buffer, 128);           // 获取系统文件夹
        syspath = buffer;
        syspath.Replace("system32", "temp");         // 替换为临时文件夹
        DelFolder(syspath);                          // 删除文件夹
        RemoveDirectory(syspath);                    // 目录为空时删除目录
        break;
    case 3:                                          // 清空文件打开记录
    case 5:                                          // 清空运行记录
        skey = "Software\\Microsoft\\Windows\\CurrentVersion\\Policies\\Exp
lorer";
        ::RegCreateKey(HKEY_CURRENT_USER, skey, &sub);      // 创建注册表项
        RegSetValueEx(sub, "ClearRecentDocsonExit", NULL, REG_BINARY, (BYTE
*)&val, 4);
        ::RegCloseKey(sub);                          // 关闭注册表项句柄
        break;
    case 4:                                          // 清空 IE 地址栏中的记录
        skey = "Software\\Microsoft\\Internet Explorer\\TypedURLs";
        ::RegDeleteKey(HKEY_CURRENT_USER, skey);  // 删除键
        break;
    }
}
```

（4）添加 DelFolder()函数，该函数用于递归删除文件，代码如下：

<代码 31　　代码位置：资源包\Code\06\Bits\031.txt>

```
void CDiskDlg::DelFolder(CString path)
```

```
{
    CFileFind file;
    if(path.Right(1) != "\\") {                                 // 如果最后一个不是 '\'
        path += "\\*.*";                                        // 将其替换为 \.*
    }
    BOOL bf;
    bf = file.FindFile(path);                                   // 查找文件
    while(bf) {
        bf = file.FindNextFile();                               // 查找下一个文件
        if(!file.IsDots() && !file.IsDirectory()) {             // 是文件时直接删除
            DeleteFile(file.GetFilePath());                     // 删除文件
        }
        else if(file.IsDots()) {
            continue;                                           // 跳过本次循环
        }
        else if(file.IsDirectory()) {                           // 如果是文件夹
            path = file.GetFilePath();                          // 获得目录路径
            // 是目录时,继续递归调用函数删除该目录下的文件
            DelFolder(path);
            RemoveDirectory(path);                              // 目录为空后删除目录
        }
    }
}
```

（5）处理“清除”按钮的单击事件，在该事件的处理函数中调用 ClearDisk()函数清除选中的项目，代码如下:

<代码 32　　代码位置：资源包\Code\06\Bits\032.txt>

```
void CDiskDlg::OnButclear()
{
    for(int i = 0; i < m_Grid.GetItemCount(); i++) {          // 根据列表数据个数循环
        auto *check = (CButton *)GetDlgItem(IDC_CHECK2 + i);  // 获得复选框指针
        if(check->GetCheck() == 1) {                          // 如果选中
            ClearDisk(i);                                     // 清除对应项目
        }
    }
    MessageBox("完成");                                        // 提示清理完成
}
```

17.8　垃圾文件清理模块

17.8.1　垃圾文件清理模块概述

在垃圾文件清理模块中，用户可以选择要清除垃圾文件的磁盘，并且可以通过“选项”按钮设置垃圾文件类型，单击“开始”按钮执行清理垃圾文件的操作，清理的文件将显示在列表中，单击“停止”按钮可以停止清理垃圾文件的操作，垃圾文件清理模块如图 17.10 所示。

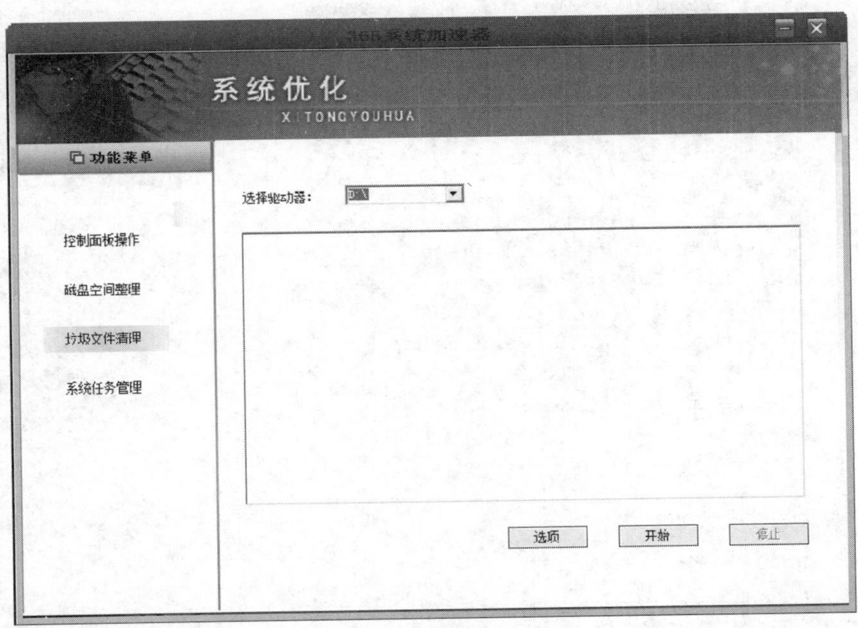

图 17.10 垃圾文件清理

17.8.2 垃圾文件清理模块界面布局

垃圾文件清理模块的界面设计过程如下：

（1）新建对话框资源。

（2）向对话框中添加控件，包括一个静态文本控件、一个列表框控件、一个组合框控件和 3 个按钮控件，控件的属性设置见表 17.4。

表 17.4 控件属性设置

控 件 ID	控 件 属 性	关 联 变 量
IDC_COMBO1	无	CComboBox m_Combo
IDC_LIST1	无	CListBox m_List
IDC_BUTSELECT	勾选 Flat	无
IDC_BUTBEGIN	勾选 Flat	无
IDC_BUTSTOP	勾选 Flat	无

17.8.3 实现垃圾文件清理功能

垃圾文件清理模块的功能实现过程如下：

（1）在垃圾文件清理模块的 OnInitDialog()方法中获得系统驱动器盘符，并将盘符插入到组合框中，代码如下：

<代码 33　　代码位置：资源包\Code\06\Bits\033.txt>

```
BOOL CLitterDlg::OnInitDialog()
```

```
{
    CDialog::OnInitDialog();

    DWORD size;
    size = ::GetLogicalDriveStrings(0, NULL);                    // 获得驱动器盘符
    if(size != 0) {
        HANDLE heap = ::GetProcessHeap();
        LPSTR lp = (LPSTR)HeapAlloc(heap, HEAP_ZERO_MEMORY, size * sizeof(TCHAR));
        ::GetLogicalDriveStrings(size * sizeof(TCHAR), lp); // 获得下一个驱动器盘符
        while(*lp != 0) {
            UINT res = ::GetDriveType(lp);                   // 获得驱动器类型
            if(res = DRIVE_FIXED) {                          // 如果是固定硬盘
                m_Combo.AddString(lp);                       // 记录驱动器盘符
            }
            lp = _tcschr(lp, 0) + 1;
        }
    }
    GetDlgItem(IDC_BUTSTOP)->EnableWindow(FALSE);            // 停止按钮不可用
    return TRUE;
}
```

（2）添加自定义函数 DeleteLitterFile()，该函数用于删除指定磁盘的垃圾文件，代码如下：

<代码 34　　代码位置：资源包\Code\06\Bits\034.txt>

```
void CLitterDlg::DeleteLitterFile()
{
    CString path;
    m_Combo.GetWindowText(path);                             // 获取磁盘
    FileDelete(path);
    ::TerminateThread(m_hThread, 0);                         // 终止线程
    GetDlgItem(IDC_BUTBEGIN)->EnableWindow(TRUE);            // 开始按钮可用
    GetDlgItem(IDC_BUTSTOP)->EnableWindow(FALSE);            // 停止按钮不可用
}
```

（3）添加 FileDelete()函数，该函数用于递归删除垃圾文件，代码如下：

<代码 35　　代码位置：资源包\Code\06\Bits\035.txt>

```
void CLitterDlg::FileDelete(CString FilePath)
{
    CString num, str, Name, FileName;
    CFileFind file;
    if(FilePath.Right(1) != "\\") {
        FilePath += "\\";
    }
    BOOL bf;
    for(int i = 0; i < 25; i++) {
        num.Format("%d", i + 1);
        char ischeck[2];
        // 获得选中垃圾文件
        GetPrivateProfileString("垃圾文件类型", num, "", ischeck,
                                    2, "./litterfile.ini");
        str = ischeck;
```

```
        if(str == "1") {
            num.Format("%d", i + 31);
            char text[8];
            // 获得垃圾文件类型
            GetPrivateProfileString("垃圾文件类型", num, "", text,
                                    8, "./litterfile.ini");
            FileName = text;
            Name = FilePath + FileName;
            bf = file.FindFile(Name);                              // 查找文件
            while(bf) {
                bf = file.FindNextFile();
                if(!file.IsDots() && !file.IsDirectory()) {        // 如果是垃圾文件
                    DeleteFile(file.GetFilePath());                // 删除垃圾文件
                    m_List.InsertString(m_List.GetCount(), FilePath);
                }
            }
        }
    }
    FilePath += "*.*";
    bf = file.FindFile(FilePath);                                  // 查找内容包括目录
    while(bf) {
        bf = file.FindNextFile();                                  // 查找下一个文件
        if(file.IsDots()) {
            continue;
        }
        else if(file.IsDirectory()) {                              // 如果是目录
            FilePath = file.GetFilePath();
            // 是目录时,继续递归调用函数删除该目录下的文件
            FileDelete(FilePath);
        }
    }
}
```

（4）处理“开始”按钮的单击事件，调用线程函数清理垃圾文件，代码如下:

<代码 36　　代码位置：资源包\Code\06\Bits\036.txt>

```
void CLitterDlg::OnButbegin()
{
    GetDlgItem(IDC_BUTSTOP)->EnableWindow(TRUE);
    GetDlgItem(IDC_BUTBEGIN)->EnableWindow(FALSE);       // 使按钮不可用
    ResetEvent(m_hThread);                               // 重置信号量
    DWORD threadID;
   // 启动新线程，并传入当前类作为参数
    m_hThread = ::CreateThread(NULL, 0, &ThreadsProc, (LPVOID)this, 0, &threadI
D);
}
```

（5）处理“停止”按钮的单击事件，终止线程，代码如下:

<代码 37　　代码位置：资源包\Code\06\Bits\037.txt>

```
void CLitterDlg::OnButstop()
```

```
{
    GetDlgItem(IDC_BUTBEGIN)->EnableWindow(TRUE);          // 让开始按钮可用
    GetDlgItem(IDC_BUTSTOP)->EnableWindow(FALSE);          // 让停止按钮不可用
    BOOL ret = SetEvent(m_hThread);
    ::TerminateThread(m_hThread, 0);                       // 结束线程
}
```

17.9 系统任务管理模块

17.9.1 概述

系统任务管理模块中包含一个选项卡，用户可以选择查看当前运行的程序或进程，选择“窗口”选项卡则显示当前运行程序，选择“进程”选项卡则显示正在运行的进程，系统任务管理模块如图 17.11 所示。

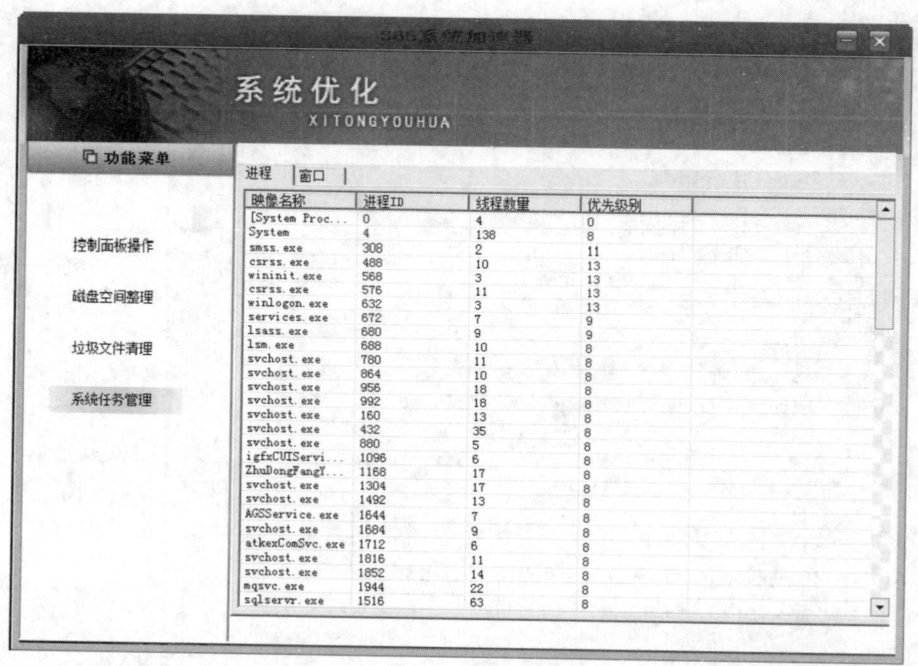

图 17.11 系统任务管理

17.9.2 系统任务管理模块界面布局

系统任务管理模块的界面设计过程如下：

（1）新建对话框资源。

（2）向对话框中添加一个标签控件和一个列表视图控件，设置列表视图控件的 View 属性为 Report 并勾选 Single selection 属性。

17.9.3　进程与窗口管理

系统任务管理模块的功能实现过程如下：

（1）在系统任务管理模块的 OnInitDialog()方法中，设置标签页和列表视图控件的属性，具体代码如下：

<代码 38　　代码位置：资源包\Code\06\Bits\038.txt>

```
BOOL CTaskDlg::OnInitDialog()
{
    CDialog::OnInitDialog();

    m_Menu.LoadMenu(IDR_MENU1);                    // 加载菜单资源
    m_Menu.ChangeMenuItem(&m_Menu);
    m_Tab.InsertItem(0, "进程");                   // 设置进程标签页
    m_Tab.InsertItem(1, "窗口");                   // 设置窗口标签页

    m_Grid.SetExtendedStyle(                       // 设置列表控件的扩展风格
        LVS_EX_FLATSB                              // 扁平风格滚动条
        | LVS_EX_FULLROWSELECT                     // 允许整行选中
        | LVS_EX_HEADERDRAGDROP                    // 允许标题拖拽
        | LVS_EX_ONECLICKACTIVATE                  // 高亮显示
        | LVS_EX_GRIDLINES                         // 画出网格线
    );
    ShowList(0);                                   // 显示数据
    return TRUE;
}
```

（2）添加自定义函数 ShowList()，通过该函数设置列表视图控件的显示内容，代码如下：

<代码 39　　代码位置：资源包\Code\06\Bits\039.txt>

```
typedef BOOL (__stdcall *funIsHungAppWindow)(HWND hWnd);
void CTaskDlg::ShowList(int num)
{
    // 显示进程列表
    if(num == 0) {
        m_Grid.DeleteAllItems();
        for(int i = 0; i < 4; i++) {
            m_Grid.DeleteColumn(0); // 删除列
        }
        // 插入四个列
        m_Grid.InsertColumn(0, "映像名称", LVCFMT_LEFT, 100, 0);
        m_Grid.InsertColumn(1, "进程 ID",   LVCFMT_LEFT, 100, 1);
        m_Grid.InsertColumn(2, "线程数量", LVCFMT_LEFT, 100, 2);
        m_Grid.InsertColumn(3, "优先级别", LVCFMT_LEFT, 100, 3);
        // 生成快照
        HANDLE toolhelp = CreateToolhelp32Snapshot(TH32CS_SNAPPROCESS, 0);
        if(toolhelp == NULL) {                                   // 生成快照失败
            return ;                                             // 直接返回，无法再继续
        }
        PROCESSENTRY32 processinfo;
        int i = 0;
```

```
        CString str;
        BOOL start = Process32First(toolhelp, &processinfo);     // 获得第一个进程
        while(start) {
            m_Grid.InsertItem(i, "");                            // 插入行
            m_Grid.SetItemText(i, 0, processinfo.szExeFile);     // 获得映像名称
            str.Format("%d", processinfo.th32ProcessID);         // 获得进程 ID
            m_Grid.SetItemText(i, 1, str);
            str.Format("%d", processinfo.cntThreads);            // 获得线程数量
            m_Grid.SetItemText(i, 2, str);
            str.Format("%d", processinfo.pcPriClassBase);        // 获得优先级别
            m_Grid.SetItemText(i, 3, str);
            start = Process32Next(toolhelp, &processinfo);       // 获得下一个进程
            i++;
        }
    }
    // 显示窗口列表
    else {
        m_Grid.DeleteAllItems();
        for(int i = 0; i < 6; i++) {
            m_Grid.DeleteColumn(0);                              // 删除列
        }
        m_Grid.InsertColumn(0, "窗口", LVCFMT_LEFT, 200);        // 插入四个列
        m_Grid.InsertColumn(1, "状态", LVCFMT_LEFT, 100);
        m_Grid.InsertColumn(2, "进程 ID", LVCFMT_LEFT, 100);
        HINSTANCE hInstance = LoadLibrary("user32.dll");         // 加载动态库
        auto IsHungAppWindow = (funIsHungAppWindow)
                        GetProcAddress(hInstance, "IsHungAppWindow");
        CWnd *pWnd = AfxGetMainWnd()->GetWindow(GW_HWNDFIRST);  // 获得窗口句柄
        int i = 0;
        CString cstrCap;
        // 遍历窗口
        while(pWnd) {                                            // 遍历窗口
            // 窗口可见,并且是顶层窗口
            if(pWnd->IsWindowVisible() && !pWnd->GetOwner()) {
                pWnd->GetWindowText(cstrCap);
                if(! cstrCap.IsEmpty()) {                        // 如果窗口标不是空
                    m_Grid.InsertItem(i, cstrCap);               // 存放到列表中
                    if(IsHungAppWindow(pWnd->m_hWnd)) {  // 判断程序是否“无响应”
                        m_Grid.SetItemText(i, 1, "不响应");
                    }
                    else {
                        m_Grid.SetItemText(i, 1, "正在运行");
                    }
                    //获取进程 ID
                    DWORD dwProcessId;
                    GetWindowThreadProcessId(pWnd->GetSafeHwnd(), &dwProcessId);
                    CString str;
                    str.Format(_T("%d"), dwProcessId);
                    m_Grid.SetItemText(i, 2, str.GetString());
                    i++;                                         // 接着处理下一个
```

```
                }
            }
            pWnd = pWnd->GetWindow(GW_HWNDNEXT);                    // 搜索下一个窗口
        }
    }
}
```

（3）处理标签控件的 TCN_SELCHANGE 事件，在该事件的处理函数中调用 ShowList 函数设置列表显示内容，代码如下：

<代码 40　　代码位置：资源包\Code\06\Bits\040.txt>

```
void CTaskDlg::OnSelchangeTab1(NMHDR *pNMHDR, LRESULT *pResult)
{
    ShowList(m_Tab.GetCurSel());          // 设置列表显示内容
    *pResult = 0;
}
```

（4）处理"结束任务"菜单项的单击事件，在该事件的处理函数中终止当前选中的进程，代码如下：

<代码 41　　代码位置：资源包\Code\06\Bits\041.txt>

```
void CTaskDlg::OnMenustop()
{
    //获得当前列表项索引
    int pos = m_Grid.GetSelectionMark();
    CString str = m_Grid.GetItemText(pos, 2);                          //获得进程 ID
    DWORD data = atoi(str.GetString());
    HANDLE hProcess;
    hProcess = OpenProcess(PROCESS_TERMINATE, FALSE, data);           // 打开进程
    if(hProcess) {
        if(!TerminateProcess(hProcess, 0)) {                          // 终止进程
            CString strError;
            strError.Format("错误号:%d", GetLastError());
            AfxMessageBox(strError, MB_OK | MB_ICONINFORMATION, NULL);
        }
    }
    else {
        CString strError;
        strError.Format("错误号:%d", GetLastError());
        if(GetLastError() == ERROR_ACCESS_DENIED) {
            strError = _T("拒绝访问!") + strError;
        }
        AfxMessageBox(strError, MB_OK | MB_ICONINFORMATION, NULL);
    }
    Sleep(300);                                                        // 设置延时
    OnMenuref();                                                       // 刷新列表
}
```

说明：

完整的工程源代码在"资源包\Code\06\Project"目录下。

17.10 本章总结

下面通过一个思维导图对本章所讲模块及主要知识点进行总结，如图 17.12 所示。

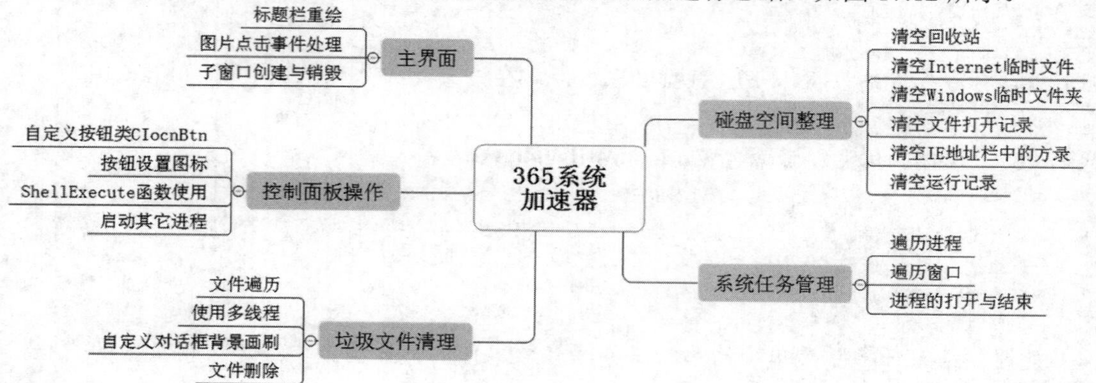

图 17.12　本章总结

第 18 章　Q 友

在互联网上有很多即时通讯软件。在企业内部网中，因安全性等原因，与外网是物理隔离的，无法使用传统的通讯软件。本章将开发一个专门为企业定制的通讯软件：Q 友。

通过本章学习，您将学到：

- 掌握界面类设计原理
- 掌握 RichEdit 显示及保存图片
- 掌握 Windows 异步通信
- 了解建立面向连接和无连接的通信
- 掌握文件在网络中的传输
- 了解 XML 保存数据信息
- 掌握消息群发技术

18.1　开 发 背 景

本软件开发细节设计如图 18.1 所示。

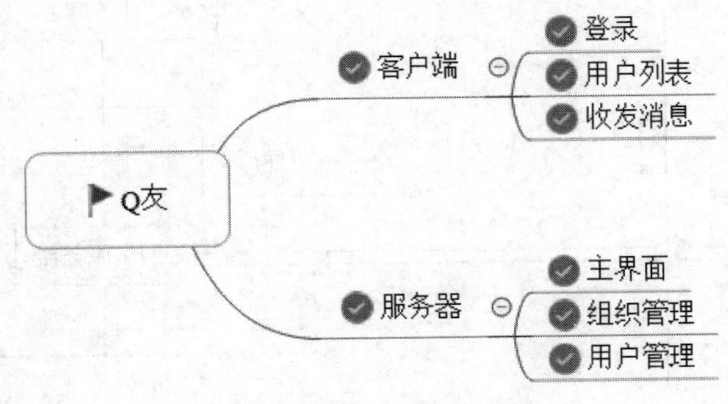

图 18.1　相关开发细节

18.2　系统功能设计

18.2.1　系统功能结构

Q 友功能结构如图 18.2 所示。

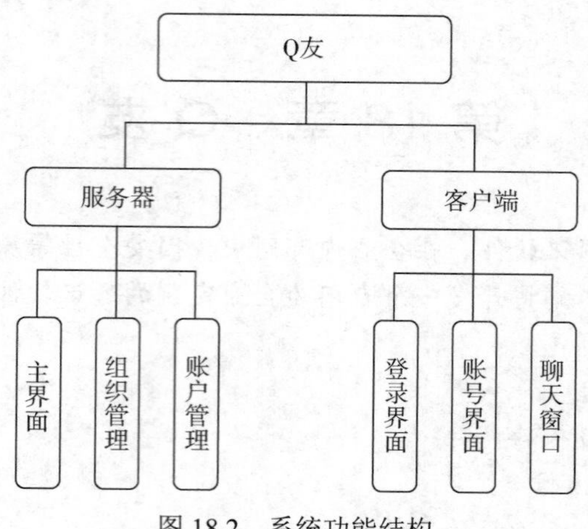

图 18.2　系统功能结构

18.2.2　业务流程图

Q 友的业务流程如图 18.3 所示。

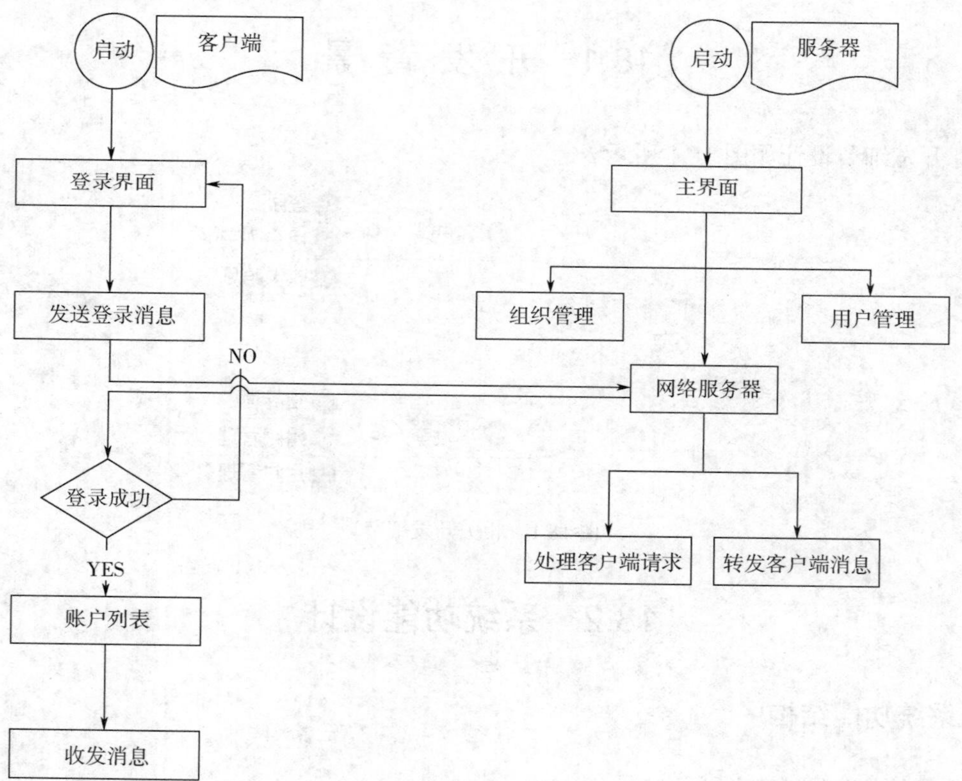

图 18.3　业务流程图

18.3　系统开发环境要求

开发 Q 友软件之前，本地计算机需满足以下条件：

- 开发环境：Visual Studio 2015 免费社区版。
- 开发语言：C++/Win32API。
- 开发环境运行平台：Windows 7（SP1）以上。
- 数据库管理系统软件：Access。

18.4　Q 友软件概述

18.4.1　系统分析

根据对实际情况的分析，Q 友软件应满足以下几个方面功能的实现。

- 具有良好的人机交互界面。
- 实现消息的实时传输。
- 能够发送图片，丰富消息的内容。
- 实现文件的传输。
- 程序分为客户端和服务器端。
- 客户端可以使用不同的用户进行登录。
- 账户可以增加或删除，并可以通过组织结构进行分组管理。

18.4.2　总体设计

程序分为客户端和服务器端，多个客户端可以连接同一个服务器端，通信系统的拓扑结构如图 18.4 所示。

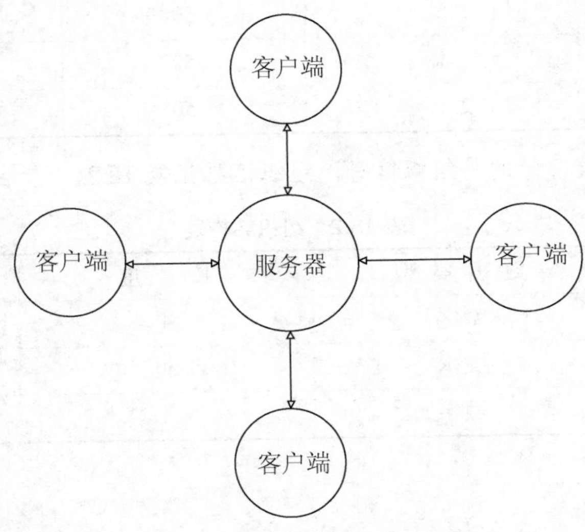

图 18.4　通信系统的拓扑结构

服务器端不但提供接收客户端的连接，还能够对账户进行管理。客户端主要实现相互之间的消息传递和文件传递。

18.5 数据库设计

18.5.1 数据表的建立

服务器端使用 Access 作为后台数据库，用来存储组织结构及账户信息，数据库命名为 SvrInfo，其中包含两张数据表。下面分别进行介绍。

（1）tb_Account 表存储的是账户信息。账户信息见表 18.1。

表 18.1　账户信息表

字 段 名	数 据 类 型	长　度	描　述
AccountID	数字	4	帐户
ECSName	文本	50	姓名
Password	文本	50	密码
Sex	文本	50	性别
Age	数字	4	年龄
DepartID	数字	4	部门
DepartName	文本	50	部门名称
HeaderShip	文本	50	职务
OfficePhone	文本	50	办公电话
Handset	文本	50	手机
Email	文本	50	电子邮件
Address	文本	50	联系地址
Picture	文本	50	图片，以帐户命名

（2）tb_Department 表存储的是组织信息。组织信息见表 18.2。

表 18.2　组织结构表

字 段 名	数 据 类 型	长　度	描　述
DepartID	数字	4	组织编号
DepartName	文本	50	组织姓名
ParentID	数字	4	上一级编号

18.5.2 数据库操作流程

数据库操作流程如下：

（1）引入数据库文件。

<代码 01　　代码位置：资源包\Code\07\Bits\01.txt>

```
#import "C:\\Program Files\\Common Files\\System\\ado\\msado15.dll" \
    rename_namespace ("ADODB") \
rename("EOF","ADOEOF")
using namespace ADODB;
```

说明：

上面第 01 行、02 行结尾的“\”的意思是“本行未写完，下行接着写”。在这个符号之后，不能再有任何其他字符（除了换行符），特别是不能有任何空格。

（2）定义指针。

<代码 02　　代码位置：资源包\Code\07\Bits\02.txt>

```
_ConnectionPtr m_pConnect;
_CommandPtr    m_pCommand;
_RecordsetPtr  m_pRecord;
```

（3）打开数据库。

<代码 03　　代码位置：资源包\Code\07\Bits\03.txt>

```
m_pConnect.CreateInstance("ADODB.Connection");
m_pCommand.CreateInstance("ADODB.Command");
m_pRecord.CreateInstance("ADODB.Recordset");
m_pConnect->ConnectionString = m_ConnectStr.AllocSysString();
m_pConnect->Open("", "", "", -1);
```

（4）执行 SQL 语句。

<代码 04　　代码位置：资源包\Code\07\Bits\04.txt>

```
CString sql = "select * from tb_Department where ParentID = 0";
m_pRecord = m_pConnect->Execute("select * from tb_Department where ParentID = 0",
                                0, adCmdText);
```

（5）获取数据。

<代码 05　　代码位置：资源包\Code\07\Bits\05.txt>

```
while(!m_DBMng.m_pRecord->ADOEOF) {
    // 获得数据库表中 DepartName 字段的内容
    name = m_pRecord->GetFields()->GetItem("DepartName")->Value;
}
```

18.6 服务器端功能设计

18.6.1 服务器端主窗体设计

服务器端可以对组织结构及账户进行管理，并提供通信服务，负责将组织结构信息和账户信息发送给各客户端、验证账户的登录权限及检查客户端是否保持在线。服务器端主窗体模块主要负责通信服务，并且可以调用组织信息管理模块和账户信息管理模块。

服务器端主窗口如图 18.5 所示。

图 18.5　服务器端主界面

服务器端主窗体初始化步骤如下：

（1）在对话框初始化函数 OnInitDialog ()中，对数据库进行初始化，创建套接字并绑定本机 IP 地址和一个端口，然后开始监听，并将网络设置为异步通信。

（2）服务器端创建两个端口，使用 TCP 进行数据传输。TCP 是传输控制协议，是一种提供可靠数据传输的通行协议。它在网际协议模块和 TCP 模块之间传输，该协议允许两个应用程序建立一个连接，并在全双工方向上发送数据，然后终止连接，所有数据都会被可靠地传送。代码如下：

<代码 06　　代码位置：资源包\Code\07\Bits\06.txt>

```
// 初始化数据库
m_DataMgn.InitDatabase();

// 获得本地 IP
char chName[MAX_PATH] = {0};
gethostname(chName, MAX_PATH);
hostent *phost = gethostbyname(chName);
char *chIP = inet_ntoa(*(in_addr *)phost->h_addr_list[0]);

// 指定端口号
BOOL bRet = m_ServerSock.Create(12346, SOCK_STREAM, chIP);

// 设置 socket 属性
char chDisable = 1;
setsockopt(m_ServerSock.m_hSocket, IPPROTO_TCP, TCP_NODELAY,    // 设置套接字参数
        &chDisable, sizeof(chDisable));
BOOL bEnable = TRUE;
m_ServerSock.SetSockOpt(SO_OOBINLINE, &bEnable , sizeof(BOOL)); // 设置套接字参数

// 网络通信 socket 开始进行监听
```

```
bRet = m_ServerSock.Listen(MAXNUM);

// 文件端口号
bRet = m_FileSock.Create(601, SOCK_STREAM, chIP);
setsockopt(m_FileSock.m_hSocket, IPPROTO_TCP, TCP_NODELAY, &chDisable, sizeof(c
hDisable));

int nSize = PACKAGESIZE;
m_FileSock.SetSockOpt(SO_SNDBUF, &nSize, sizeof(nSize)); // 设置发送缓冲区长度
m_FileSock.SetSockOpt(SO_RCVBUF, &nSize, sizeof(nSize)); // 设置接收缓冲区长度

DWORD dwEnable = 1;
m_FileSock.IOCtl(FIONBIO, &dwEnable);        // 设置为非阻塞模式
m_ServerSock.IOCtl(FIONBIO, &dwEnable);      // 设置为非阻塞模式

// 文件 socket 开始进行监听
bRet = m_FileSock.Listen(MAXNUM);

// 启动定时器 ： 定时向客户端发送网络状态测试信息
SetTimer(1, 2000, NULL);
// 启动定时器 ： 广播用户在线消息
SetTimer(2, 2000, NULL)
```

18.6.2　服务器端网络通信

通信模块分为两个部分：

（1）网络消息通讯，对应的类为 CClientSock，为 MFC 框架中 CSocket 类的子类。本类重写了 OnReceive()函数，用来处理通信相关逻辑，相关代码如下：

<代码 07　　代码位置：资源包\Code\07\Bits\07.txt>

```
void CClientSock::OnReceive(int nErrorCode)
{
    DWORD dwMaxNum = 0;
    if(IOCtl(SIOCATMARK, &dwMaxNum) == FALSE) {        // 有外带数据需要读取
        if(dwMaxNum >= sizeof(CMessage)) {
            char *pBuffer = new char[dwMaxNum];        // 定义一个 1024K 的缓冲区
            memset(pBuffer, 0, dwMaxNum);
            CMessage Msg;
            DWORD nLen = Receive(pBuffer, dwMaxNum, MSG_OOB);
            if(nLen == sizeof(CMessage)) {             // 发送的不是文件
                memcpy(&Msg, pBuffer, nLen);
            }
            else {                                     // 消息中包含文件数据
                memcpy(&Msg, pBuffer, sizeof(CMessage));
            }
            if(Msg.m_nMsgType == MT_NETCONNECT) {
                m_nTestNum = 10;
            }
            delete []pBuffer;
```

```
        }
    }
    else if(IOCtl(FIONREAD, &dwMaxNum)) {
        char *pBuffer = new char[dwMaxNum];                 // 定义一个 1024K 的缓冲区
        memset(pBuffer, 0, dwMaxNum);
        CMessage Msg;
        DWORD nLen = Receive(pBuffer, dwMaxNum);
        if(nLen == sizeof(CMessage)) {                      // 发送的不是文件
            memcpy(&Msg, pBuffer, nLen);
        }
        else {                                              // 消息中包含文件数据
            memcpy(&Msg, pBuffer, sizeof(CMessage));
        }
        if(Msg.m_nMsgType == MT_NETCONNECT) {
            m_nTestNum = 10;
            m_bTesting = FALSE;                             // 一次网络测试结束
        }
        else if(Msg.m_nMsgType == MT_DISCONNECT) {  // 用户掉线，转发掉线信息
            int nID = Msg.m_nAccountID[0];

            CPtrList *pList = &((CECSSrvApp *)AfxGetApp())->m_ClientList;
            POSITION pos = pList->GetHeadPosition();
            while(pos) {
                CClientInfo *pClientInfo = static_cast < CClientInfo *>(pList->
GetNext(pos));
                if(pClientInfo != NULL) {
                    CString csID = ((CClientSock *)pClientInfo->m_pClientSock)->
m_csAccountID;
                    if(!csID.IsEmpty()) {                   // 遍历已登录过的帐户套接字
                        int nLoginID = atoi(csID);
                        if(nLoginID != nID) {

                            CMessage cfOrgInfo;
                            cfOrgInfo.m_nMsgType = MT_DISCONNECT;
                            cfOrgInfo.m_nAccountID[0] = nID;
                            pClientInfo->m_pClientSock->Send(&cfOrgInfo, sizeof
(CMessage), MSG_OOB);
                        }
                    }
                }
            }

        }
        else if(Msg.m_nMsgType == MT_FIRSTLOG) {            // 登录信息
            int nID = atoi(Msg.m_chAccount);                // 读取用户 ID 和密码
            // 判断该用户目前是否已登录
            CPtrList *pList = &((CECSSrvApp *)AfxGetApp())->m_ClientList;
            POSITION pos = pList->GetHeadPosition();
            while(pos) {
                CClientInfo *pClientInfo = static_cast < CClientInfo *>(pList->
```

```
GetNext(pos));
                if(pClientInfo != NULL) {
                    CString csID = ((CClientSock *)pClientInfo->m_pClientSock)->
m_csAccountID;
                    if(!csID.IsEmpty()) {              // 遍历已登录过的帐户套接字
                        int nLoginID = atoi(csID);
                        if(nLoginID == nID) {          // 该帐户已经登录

                            CMessage cfOrgInfo;

                            cfOrgInfo.m_nMsgType = MT_CONFIRM;
                            cfOrgInfo.m_nSubType = ST_LOGINCONFIRM;;
                            cfOrgInfo.m_nSrcID = nID;
                            strncpy(cfOrgInfo.m_chContent, "logined", 7);
                            Send(&cfOrgInfo, sizeof(CMessage));
                            delete []pBuffer;
                            return ;
                        }
                    }
                }
            }
            // 验证用户密码
            CECSSrvDlg *pDlg = (CECSSrvDlg *)AfxGetMainWnd();
            BOOL bValid = pDlg->VerifyUser(nID, Msg.m_chPassword);
            CMessage cfInfo;
            cfInfo.m_nMsgType = MT_CONFIRM;
            cfInfo.m_nSubType = ST_LOGINCONFIRM;
            cfInfo.m_nSrcID = atoi(m_csAccountID);
            if(bValid) {                                   // 发送登录成功确认信息
                strncpy(cfInfo.m_chContent, "success", 7);
                Send(&cfInfo, sizeof(CMessage));
                m_csAccountID.Format("%d", nID);      // 在登录成功之后记录用户 ID
                // 发送部门和人员组织结构 org.xml
                CMessage cfOrgInfo;
                cfOrgInfo.m_nMsgType = MT_SENDDATA;
                cfOrgInfo.m_nSubType = ST_FILE;
                cfOrgInfo.m_nSrcID = atoi(m_csAccountID);

                // 通过智能指针创建一个解析器的实例
                CECSSrvApp *pApp = (CECSSrvApp *)AfxGetApp();
                char chFileName[MAX_PATH] = {0};
                strcpy(chFileName, pApp->m_chFullPath);
                strcat(chFileName, "\\File\\");
                strcat(chFileName, "org.xml");

                // 判断文件是否存在
                CFileFind flFind;
                if(flFind.FindFile(chFileName) == FALSE) { // 没有发现文件
                    // 调用窗户管理窗口创建文件
                    CAccountDlg ActDlg;
```

```
                // 调用 ActDlg.OnInitDialog()方法来构建 org.xml 文件
                ActDlg.Create(IDD_ACCOUNTDLG_DIALOG);
            }
            CFile file;
            file.Open(chFileName, CFile::modeRead);
            DWORD dwLen = file.GetLength();
            char *pchBuffer = new char[dwLen + sizeof(CMessage)];
            memset(pchBuffer, 0, dwLen + sizeof(CMessage));
            cfOrgInfo.dwDatalen = dwLen;
            strncpy(cfOrgInfo.m_chContent, "org.xml", 20);
            memcpy(pchBuffer, &cfOrgInfo, sizeof(CMessage));
            char *pchTmp = pchBuffer;
            pchTmp += sizeof(CMessage);

            file.Read(pchTmp, dwLen);
            file.Close();
            Sleep(50);
            int nLen = Send(pchBuffer, sizeof(CMessage) + dwLen);
            Sleep(50);
            delete []pchBuffer;
            // 向其他用户转发用户上线信息
            // 读取用户 ID
            int nID = atoi(Msg.m_chAccount);
            // 判断该用户目前是否已登录
            CPtrList *pList = &((CECSSrvApp *)AfxGetApp())->m_ClientList;
            POSITION pos = pList->GetHeadPosition();
            while(pos) {
                CClientInfo *pClientInfo = static_cast < CClientInfo *>(pLi
st->GetNext(pos));
                if(pClientInfo != NULL) {
                    auto csID = ((CClientSock *)pClientInfo->m_pClientSock)
->m_csAccountID;
                    if(!csID.IsEmpty()) {    // 遍历已登录过的帐户套接字
                        int nLoginID = atoi(csID);
                        if(nLoginID != nID) { // 该帐户已经登录
                            CMessage cfOrgInfo;
                            cfOrgInfo.m_nMsgType = MT_NETCONNECT;
                            cfOrgInfo.m_nAccountID[0] = nID;
                            pClientInfo->m_pClientSock->Send(&cfOrgInfo, si
zeof(CMessage), MSG_OOB);
                        }
                    }
                }
            }


        }
        else {                                          // 发送登录失败确认信息
            strncpy(cfInfo.m_chContent, "failed", 6);
            Send(&cfInfo, sizeof(CMessage));
```

```
            }
        }
        else if(Msg.m_nMsgType == MT_SENDDATA) {                    // 发送信息
            if(Msg.m_nSubType == ST_TEXT) {                         // 发送文本
                CPtrList *pList = &((CECSSrvApp *)AfxGetApp())->m_ClientList;
                int nCount = pList->GetCount();
                POSITION pos = pList->GetHeadPosition();

                if(pos) {
                    for(int i = 0; i < nCount; i++) {
                        if(Msg.m_nAccountID[i] == 0) {
                            continue;
                        }
                        int nID = Msg.m_nAccountID[i];
                        pos = pList->GetHeadPosition();
                        // 获取目标对象的套接字
                        for(int j = 0; j < nCount; j++) {
                            CClientInfo *pClientInfo = static_cast < CClientInfo
 *>(pList->GetNext(pos));
                            if(pClientInfo != NULL)
                                if(atoi(((CClientSock *)pClientInfo->m_pClientS
ock)->m_csAccountID) == nID) {
                                    pClientInfo->m_pClientSock->Send(&Msg, size
of(CMessage));
                                }
                        }
                    }
                }
            }
            else if(Msg.m_nSubType == ST_FILERESPONSE ||
                    Msg.m_nSubType == ST_IMAGERESPONSE ||
                    Msg.m_nSubType == ST_FILEDENY) {
                int nDesID = Msg.m_nAccountID[0];
                CPtrList *pList = &((CECSSrvApp *)AfxGetApp())->m_FileList;
                int nCount = pList->GetCount();
                POSITION pos = pList->GetHeadPosition();
                if(pos) {
                    for(int i = 0; i < nCount; i++) {
                        if(Msg.m_nAccountID[i] == 0) {
                            continue;
                        }
                        int nID = Msg.m_nAccountID[i];
                        pos = pList->GetHeadPosition();
                        // 获取目标对象的套接字
                        for(int j = 0; j < nCount; j++) {
                            CClientInfo *pClientInfo = static_cast < CClientInf
o *>(pList->GetNext(pos));
                            if(pClientInfo != NULL)
                                if(atoi(((CClientFileSock *)pClientInfo->m_pCli
entSock)->m_csAccountID) == nID) {
```

```
                                        pClientInfo->m_pClientSock->Send(&Msg, size
of(CMessage));
                                    }
                                }
                            }
                        }
                    }
                }
                delete []pBuffer;
                CSocket::OnReceive(nErrorCode);
    }
}
```

（2）文件传输，对应的类为 CClientFileSock，为 MFC 框架中 CSocket 类的子类。本类重写了 OnReceive()函数，用来处理通信相关逻辑，相关代码如下：

<代码 08　　代码位置：资源包\Code\07\Bits\08.txt>

```
void CClientFileSock::OnReceive(int nErrorCode)
{
    CSocket::OnReceive(nErrorCode);
    DWORD dwMaxNum = 0;
    if(!IOCtl(FIONREAD, &dwMaxNum)) {
        return;
    }

    char *pBuffer = new char[dwMaxNum];                     // 定义一个缓冲区
    memset(pBuffer, 0, dwMaxNum);
    CMessage Msg;
    DWORD nLen = Receive(pBuffer, dwMaxNum);
    BOOL bMultiPack = FALSE;                                // 判断是否有粘报现象
    // 判断数据报是否完整
    if(m_bRvFull == FALSE) {
        m_nRvNum += nLen;
        if(m_nRvNum >= m_nPackSize) {                       // 完整的数据报接收完成
            m_bRvFull = TRUE;
            m_nRvNum = 0;
        }
    }
    else {
        m_bRvFull = TRUE;
        memcpy(&Msg, pBuffer, sizeof(CMessage));
        memcpy(&m_RvMsg, pBuffer, sizeof(CMessage));

        if((m_RvMsg.m_nSubType == ST_FILE || m_RvMsg.m_nSubType == ST_IMAGE)
            && dwMaxNum < Msg.dwDatalen) {          // 包含 CMessage 结构，但是数据不完整
            m_bRvFull = FALSE;

            m_nRvNum = dwMaxNum;
            m_nPackSize = Msg.dwDatalen;
        }
        else if((m_RvMsg.m_nSubType == ST_FILE ||
```

```
              m_RvMsg.m_nSubType == ST_IMAGE) &&
             dwMaxNum == Msg.dwDatalen) {          // 接收完整的数据报
          m_nPackSize = Msg.dwDatalen;
          m_nRvNum = 0;
      }
      else if((m_RvMsg.m_nSubType == ST_FILE ||
              m_RvMsg.m_nSubType == ST_IMAGE) &&
             dwMaxNum > Msg.dwDatalen) {           // 接收数据大于完整的数据报
          m_nPackSize = Msg.dwDatalen;
          m_nRvNum = 0;
          bMultiPack = TRUE;                        // 出现粘报现象
          char *pTmpBuffer = pBuffer;
          pTmpBuffer += Msg.dwDatalen;
          if(dwMaxNum - Msg.dwDatalen == sizeof(CMessage)) {
              memcpy(&Msg, pTmpBuffer, sizeof(CMessage));
          }
      }
      // 传输的不是文件数据，只是一个 CMessage 结构数据
      else if(m_RvMsg.m_nSubType != ST_FILE ||
              m_RvMsg.m_nSubType != ST_IMAGE) {
          m_nPackSize = nLen;
          m_nRvNum = 0;
      }
  }

  if(m_RvMsg.m_nMsgType == MT_SENDDATA) {
      // 如果为发送文件请求
      if(m_RvMsg.m_nSubType == ST_FILEREQUEST ||
          m_RvMsg.m_nSubType == ST_IMAGEREQUEST) {
          // 获取文件目的帐户
          int nDesID = Msg.m_nAccountID[0];
          int nSrcID = Msg.m_nSrcID;
          // 获取文件名
          CString csFileName = m_RvMsg.m_chContent;
          // 利用之前与客户端建立连接的套接字向目标发送信息,
          // 使其得到消息是否同意或拒绝接收消息
          CPtrList *pList = &((CECSSrvApp *)AfxGetApp())->m_ClientList;
          int nCount = pList->GetCount();
          POSITION pos = pList->GetHeadPosition();
          if(pos) {
              // 获取目标对象的套接字
              for(int j = 0; j < nCount; j++) {
                  auto *pClientInfo = static_cast<CClientInfo *>(pList->GetNe
xt(pos));
                  if(pClientInfo != NULL) {
                      auto pSock = (CClientSock *)pClientInfo->m_pClientSock;
                      auto id = (pSock)->m_csAccountID;
                      if(atoi(id) == nDesID) {
                          pClientInfo->m_pClientSock->Send(&Msg, sizeof(CMess
age));
```

```
                        }
                    }
                }

            }
        }

        else if(m_RvMsg.m_nSubType == ST_FILE || m_RvMsg.m_nSubType == ST_IMAGE
) {
            // 转发数据到目的
            int nDesID = m_RvMsg.m_nAccountID[0];
            CPtrList *pList = &((CECSSrvApp *)AfxGetApp())->m_FileList;
            int nCount = pList->GetCount();
            POSITION pos = pList->GetHeadPosition();
            if(pos) {
                // 获取目标对象的套接字
                for(int j = 0; j < nCount; j++) {
                    CClientInfo *pClientInfo = (CClientInfo *)pList->GetNext(pos);
                    if(pClientInfo != NULL) {
                        int nID = atoi(((CClientFileSock *)pClientInfo->m_pClien
tSock)->m_csAccountID);
                        if(nID == nDesID) {
                            if(!bMultiPack) {
                                pClientInfo->m_pClientSock->Send(pBuffer, nLen);
                            }
                            else {
                                pClientInfo->m_pClientSock->Send(pBuffer, m_RvM
sg.dwDatalen);
                            }
                            break;
                        }
                    }
                }
            }


        }

    }
    if(Msg.m_nMsgType == MT_DISCONNECT) { // 客户端断开了连接
        CPtrList *pList = &((CECSSrvApp *)AfxGetApp())->m_FileList;
        int nCount = pList->GetCount();
        POSITION pos = pList->GetHeadPosition();
        if(pos) {
            while(pos != NULL) {
                POSITION ptTmp = pos;
                CClientInfo *pClientInfo = static_cast < CClientInfo *>(pList->
GetNext(pos));
                if(pClientInfo != NULL)
                    if(atoi(((CClientFileSock *)pClientInfo->m_pClientSock)->m_
```

```
csAccountID) == atoi(m_csAccountID)) {
                        pClientInfo->m_pClientSock->ShutDown();
                        pClientInfo->m_pClientSock->Close();
                        delete pClientInfo;
                        pList->RemoveAt(ptTmp); // 从列表中移除
                        break;
                    }
                }
            }
        }

    if(m_bRvFull == TRUE && m_pchBuffer != NULL) {
        delete [] m_pchBuffer;
        m_pchBuffer = NULL;
    }
    delete []pBuffer;
    pBuffer = NULL;

}
```

18.6.3 服务器端账户管理模块

账户管理模块主要完成向已建好的部门中添加部门成员，账户管理模块如图 18.6 所示。

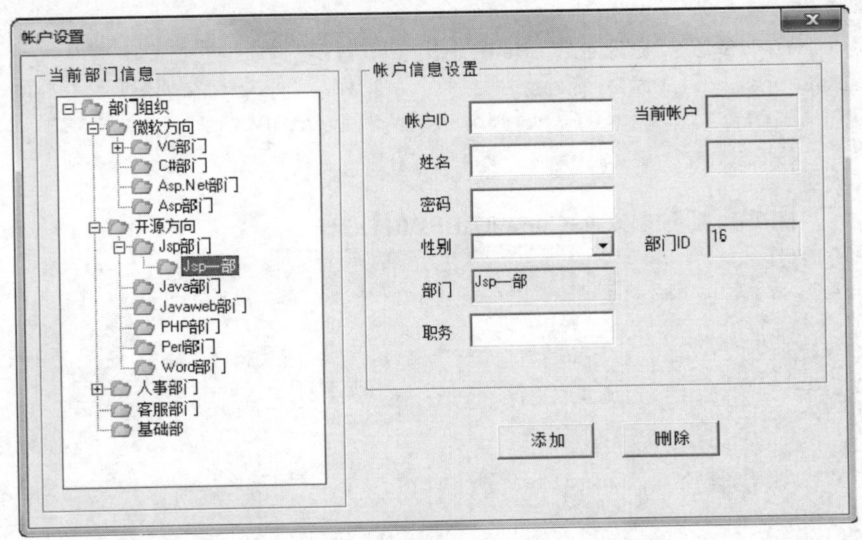

图 18.6 账户管理模块

1. 界面设计

在对话框中摆放控件，如图 18.7 所示。

2. XML 读写

左侧的树形列表用到了 XML 文件的操作。在程序中读写 XML 文件需要借助微软提供的接口，使用微软提供的 XML 接口的步骤如下：

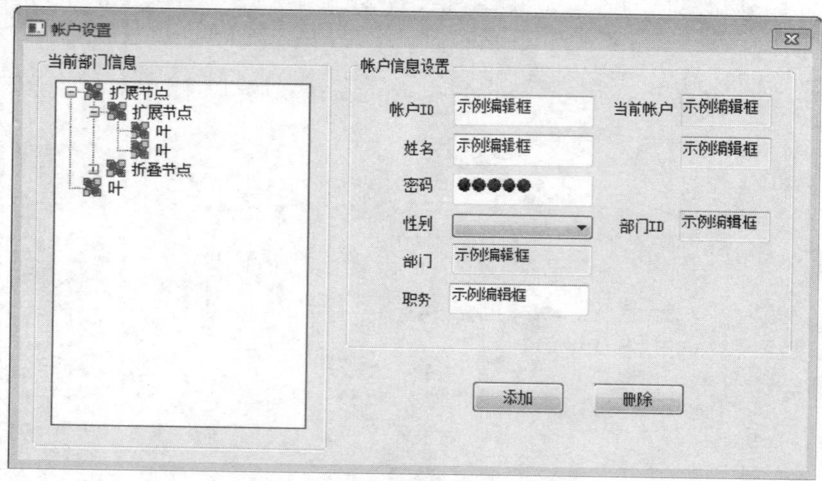

图 18.7　账户管理模块控件设计

（1）引入接口文件。

<代码 09　　代码位置：资源包\Code\07\Bits\09.txt>

```
#import "C:\\WINDOWS\\system32\\msxml6.dll"
using namespace MSXML2;
```

（2）创建接口。

<代码 10　　代码位置：资源包\Code\07\Bits\010.txt>

```
MSXML2::IXMLDOMDocumentPtr pXMLDoc;
hr = pXMLDoc.CreateInstance(__uuidof(DOMDocument30));
pXMLDoc->createComment((_bstr_t)chFileName);
```

（3）写入数据。

<代码 11　　代码位置：资源包\Code\07\Bits\011.txt>

```
// 创建要插入的节点
IXMLDOMNodePtr pInsert = m_pXMLDoc->createNode (_T ("element"), szName, "");
// 创建属性
IXMLDOMAttributePtr pAttr = m_pXMLDoc->createAttribute (csAttr);
VARIANT vrValue = (_variant_t)(_bstr_t)(L"部门组织");
// 设置值
pAttr->put_value (vrValue);
pInsert->attributes->setNamedItem (pAttr);
//保存根节点
pInsert->appendChild (pTmp);
//保存为文件
m_pXMLDoc->save ((unsigned short*)(_bstr_t)szFileName);
```

（4）读取数据。

<代码 12　　代码位置：资源包\Code\07\Bits\012.txt>

```
// 载入文件
m_pXMLDoc->load ((unsigned short*)(_bstr_t)szFileName);
// 读取节点
```

```
IXMLDOMElementPtr childNode;
childNode = m_pXMLDoc->selectSingleNode ("//ITEM[@部门ID = 0]");
VARIANT varVal;
CString strValue = "";
// 获取属性
varVal = pParentNode->getAttribute ("部门ID");
strValue = (char*)(_bstr_t)varVal;
```

3. 功能实现

（1）在对话框的初始化函数 OnInitDialog()中进行初始化设置，并载入部门信息和账户信息，代码如下:

<代码 13　　代码位置：资源包\Code\07\Bits\013.txt>

```
BOOL CAccountDlg::OnInitDialog()
{
    CDialog::OnInitDialog();

    // 数据库初始化
    m_InitSucess = m_DBMng.InitDatabase();
    // 图片列表设置:用于给树控件增加图片
    m_ImageList.Create(16, 16, ILC_COLOR32 | ILC_MASK, 1, 0);
    CBitmap bmp;
    // 部门图片
    bmp.LoadBitmap(IDB_DEPART);
    m_ImageList.Add(&bmp, RGB(255, 255, 255));
    bmp.Detach();
    // 人员图片:男
    bmp.LoadBitmap(IDB_MAN);
    m_ImageList.Add(&bmp, RGB(255, 255, 255));
    bmp.Detach();
    // 人员图片:女
    bmp.LoadBitmap(IDB_WOMAN);
    m_ImageList.Add(&bmp, RGB(255, 255, 255));

    // 把图片列表和树控件关联
    m_DPList.SetImageList(&m_ImageList, TVSIL_NORMAL);

    // 创建 xml 指针
    HRESULT hr;
    hr = pXMLDoc.CreateInstance(__uuidof(DOMDocument30));

    // 载入部门信息
    LoadDepartInfo();
    // 载入账户信息
    LoadAccountInfo();
    return TRUE;
}
```

（2）增加账户信息。该功能获取右侧输入区的数据，把数据插入数据库中，更新左侧树控件的显示，代码如下:

<代码 14　　代码位置：资源包\Code\07\Bits\014.txt>

```
void CAccountDlg::OnBtadd()
{
    CString csAcID, csAcName, csSex, csDepart, csDepartID, csPassword, csHander
Ship;
    m_AccountID.GetWindowText(csAcID);
    m_AccountName.GetWindowText(csAcName);
    m_Depart.GetWindowText(csDepart);
    m_DepartID.GetWindowText(csDepartID);
    m_Password.GetWindowText(csPassword);
    m_HanderShip.GetWindowText(csHanderShip);
    m_Sex.GetWindowText(csSex);
    // 验证信息的完整性
    if(csAcID.IsEmpty() || csAcName.IsEmpty() || csSex.IsEmpty() || csDepart.Is
Empty()
      || csDepartID.IsEmpty() || csPassword.IsEmpty() || csHanderShip.IsEmpty()) {
        MessageBox("帐户信息不能为空!", "提示");
        return;
    }
    if(atoi(csAcID) > 300000) {
        MessageBox("帐户不能大于 30000!", "提示");
        return;
    }
    // 判断帐号是否存在
    CString csSQL;
    csSQL.Format("select AccountID from tb_Account where AccountID = %d",
                atoi(csAcID));
    _RecordsetPtr pRecord = m_DBMng.m_pConnect->Execute(
                                "select * from GetNewDepartID", 0, adCmdText);
    if(pRecord->ADOEOF != pRecord->BOF) {
        MessageBox("该帐户已存在!", "提示");
        return;
    }


    // 保存数据
    csSQL.Format("Insert into tb_Account "
                "(AccountID,ECSName,[Password],Sex, DepartID,DepartName,Header
Ship)"
                " values (%d,'%s','%s','%s',%d,'%s','%s')",
                atoi(csAcID), csAcName, csPassword, csSex,
                atoi(csDepartID), csDepart, csHanderShip);
    try {
        m_DBMng.m_pConnect->Execute((_bstr_t)csSQL, 0, adCmdText);
        HTREEITEM hItem = m_DPList.GetSelectedItem();
        HTREEITEM hInsert;
        // 根据性别决定图片
        if(csSex == "男") {
            hInsert = m_DPList.InsertItem(csAcName, 1, 1, hItem);
```

```
        }
        else {
            hInsert = m_DPList.InsertItem(csAcName, 2, 2, hItem);
        }
        if(hInsert != NULL) {
            // 关联数据
            DWORD dwData = MAKELRESULT(0, atoi(csAcID));
            m_DPList.SetItemData(hInsert, dwData);
        }
        ClearAcInfo();
        MessageBox("操作成功!", "提示");
    }
    catch(_com_error &e) {
        MessageBox("操作失败!", "提示");
    }
}
```

（3）删除账号。该功能获取选中的账号，从树控件和数据库中删除该账号相关信息。代码如下：

<代码 15　　代码位置：资源包\Code\07\Bits\015.txt>

```
// 删除帐户信息
void CAccountDlg::OnBtDelete()
{
    CString csUserID;
    m_UserID.GetWindowText(csUserID);
    if(!csUserID.IsEmpty()) {
        if(MessageBox("确实要删除当前帐户信息吗?", "提示", MB_YESNO) == IDYES) {
            CString csSQL;
            csSQL.Format("Delete From tb_Account where AccountID = %d", atoi(cs
UserID));
            try {
                HTREEITEM hItem = m_DPList.GetSelectedItem();
                if(hItem != NULL) {
                    DWORD dwData = m_DPList.GetItemData(hItem);
                    int ID = LOWORD(dwData);
                    if(ID == 0) {      // 再次确认当前节点是帐户信息
                        m_DBMng.m_pConnect->Execute((_bstr_t)csSQL, 0, adCmdText);
                        m_DPList.DeleteItem(hItem);
                        MessageBox("操作成功!", "提示");
                    }
                    else {
                        MessageBox("当前节点信息与删除信息不匹配!", "提示");
                    }
                }
            }
            catch(...) {
                MessageBox("操作失败!", "提示");
            }
        }
    }
```

```
    else {
        MessageBox("请在列表中选择删除的帐户信息!", "提示");
    }
}
```

18.6.4 服务器端系统组织结构管理模块

系统组织结构管理模块主要完成组织结构的建立，程序运行如图 18.8 所示。

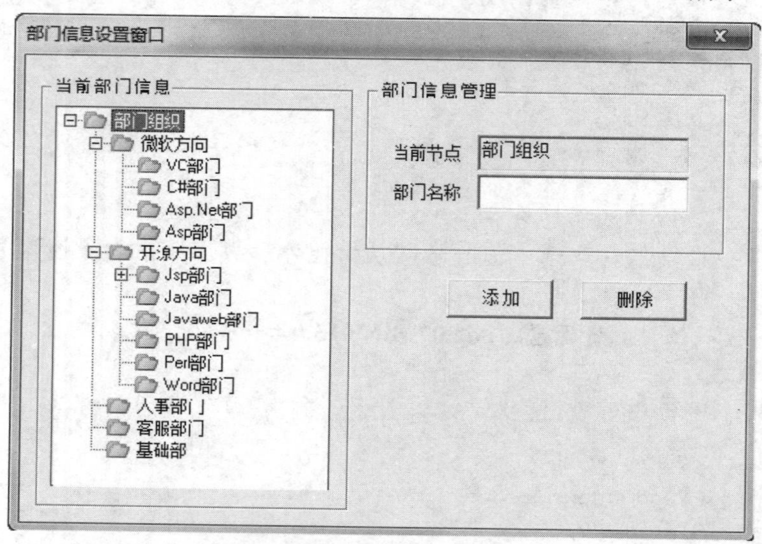

图 18.8 系统组织结构管理模块

服务器端系统组织结构管理模块主要设计步骤如下：

（1）窗体中的各控件属性设置见表 18.3。

表 18.3 控件列表

控件类型	资源值	对应类成员	名称	属性设置
Button	IDC_BT_ADD	OnBtAdd	添加	默认
Button	IDC_BT_DEL	OnBtDel	删除	默认
Tree Control	IDC_ORGLIST	m_OrgList	组织结构	Has button Has line
Edit Box	IDC_CURRENTNODE	m_CurNode	当前节点	ReadOnly
Edit Box	IDC_ORGNAME	m_OrgName	组织名称	默认

（2）系统组织结构管理模块中主要函数见表 18.4。

表 18.4 函数列表

函数名	作用
OnInitDialog	对话框初始化函数
LoadOrgInfo	加载组织结构信息

（续表）

函 数 名	作 用
FindNode	加载指定节点下的子节点
OnSelchangedOrglist	单击树形结构某节点后的处理过程
OnBtAdd	添加组织
OnBtDel	删除组织

（3）LoadDepartInfo()函数从数据库 tb_Department 表中读取组织结构信息，将组织结构信息添加到树形结构中，通过 FindNode()函数查询出子节点数据。代码如下：

<代码 16　　代码位置：资源包\Code\07\Bits\016.txt>

```
// 重新加载部门组织结构
void CDepartmentMng::LoadDepartInfo()
{
    if(m_InitSucess) {
        m_DPList.DeleteAllItems();  // 删除所有节点
        CString sql = "select * from tb_Department where ParentID = 0";
        CString dpName;
        HTREEITEM hRoot, hParent;
        m_DBMng.m_pRecord = m_DBMng.m_pConnect->Execute(
                            "select * from tb_Department where ParentID = 0",
                            0, adCmdText);
        hRoot = m_DPList.InsertItem("部门组织", 0, 0);
        while(! m_DBMng.m_pRecord->ADOEOF) {
            dpName = (TCHAR *)(_bstr_t)m_DBMng.m_pRecord->GetFields()
                    ->GetItem("DepartName")->Value;
            hParent = m_DPList.InsertItem(dpName, 0, 0, hRoot);
            int id = m_DBMng.m_pRecord->GetFields()->GetItem("DepartID")->Value.
iVal;
            // 将每个节点关联一个数据，数据低字节表示当前部门的 ID，高字节表示上一级部门的 ID
            DWORD dwData =  MAKELPARAM(id, 0);
            m_DPList.SetItemData(hParent, dwData);

            // 将所有子节点添加到父节点下
            FindNode(hParent, id);
            m_DBMng.m_pRecord->MoveNext();
        }
        m_DPList.Expand(hRoot, TVE_EXPAND);
    }
}
```

（4）FindNode 函数查询指定的 ID 节点的子节点数据，函数使用递归算法获取指定节点的所有子节点。代码如下：

<代码 17　　代码位置：资源包\Code\07\Bits\017.txt>

```
void CDepartmentMng::FindNode(HTREEITEM hParent, int ParentID)
```

```
{
    // 声明指针
    _ConnectionPtr pCon;
    _RecordsetPtr pRecord;

    // 创建实例
    pCon.CreateInstance("ADODB.connection");
    pRecord.CreateInstance("ADODB.recordset");

    // 设置数据库连接串
    pCon->ConnectionString = m_DBMng.m_ConnectStr.AllocSysString();
    pCon->Open("", "", "", -1);

    // SQL 语句:查询指定 ID 的部门
    CString sql;
    sql.Format("select * from tb_Department where ParentID = %d", ParentID);
    pRecord = pCon->Execute((_bstr_t)sql, 0, adCmdText);
    CString dpName;
    HTREEITEM hTemp;
    DWORD dwData;
    // 遍历数据
    while(! pRecord->ADOEOF) {
        dpName = (TCHAR *)(_bstr_t) pRecord->GetFields()->GetItem("DepartName")->
Value;
        int id = pRecord->GetFields()->GetItem("DepartID")->Value.iVal;
        hTemp = m_DPList.InsertItem(dpName, 0, 0, hParent);
        dwData = MAKELPARAM(id, ParentID);
        m_DPList.SetItemData(hTemp, dwData);
        // 递规调用
        FindNode(hTemp, id);
        // 移动指针
        pRecord->MoveNext();
    }
}
```

18.7 客户端功能设计

18.7.1 客户端登录模块

启动客户端应用程序后会提示用户进行登录，客户端登录模块主要负责向服务器发送登录信息，在登录窗体上需要用户输入服务器的 IP 地址和端口，以及登录账号和密码，如果服务器的 IP 地址和端口输入不正确就无法进行登录，登录账号和密码不正确也无法通过验证。客户端登录模块运行如图 18.9 所示。

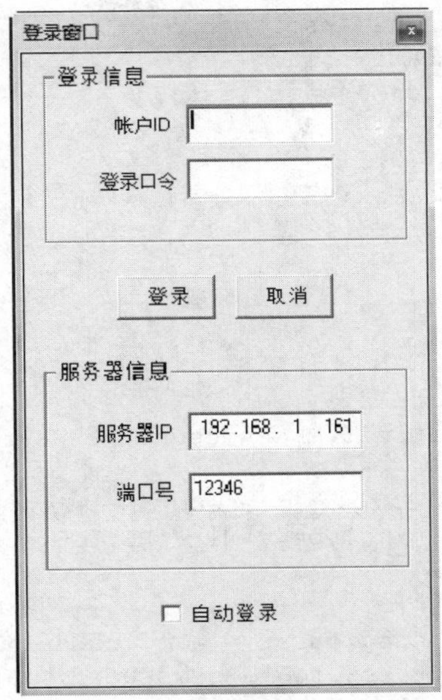

图 18.9　登录窗口

1. 登录功能实现

在 OnBtLogin()函数中获取用户输入的信息；连接服务器，发送账号密码信息到服务器。代码如下：

<代码 18　　代码位置：资源包\Code\07\Bits\018.txt>

```
// 登录服务器
void CLogin::OnBtLogin()
{
    if(m_pMainDlg != NULL) {
        // 获取界面上输入的值
        CString csIP, csPort, csUserID, csPassword;
        m_SvrIP.GetWindowText(csIP);
        m_SvrPort.GetWindowText(csPort);
        m_UserID.GetWindowText(csUserID);
        m_PassWord.GetWindowText(csPassword);

        if(!csIP.IsEmpty() && !csPort.IsEmpty() && !csUserID.IsEmpty()
           && !csPassword.IsEmpty()) {
            m_pMainDlg->m_bLogined = FALSE;

            BOOL bRet = FALSE;

            // 连接服务器
            bRet = m_pMainDlg->m_ClientSock.Connect(csIP, atoi(csPort));
            int nNum = 0;
            while(bRet == FALSE) {
                nNum++;
                bRet = m_pMainDlg->m_ClientSock.Connect(csIP, atoi(csPort));
                MSG msg;
                // 该处为了防止界面卡死，进行分发消息处理
```

```
            if(GetMessage(&msg, m_hWnd, 0, 0)) {
                TranslateMessage(&msg);
                DispatchMessage(&msg);
            }
            if(nNum > 20) {
                MessageBox("连接服务器超时!", "提示");
                return;
            }
        }

        // 构造消息内容
        CMessage cmLoginInfo;
        strncpy(cmLoginInfo.m_chAccount, csUserID, csUserID.GetLength());

        strncpy(cmLoginInfo.m_chPassword, csPassword, csPassword.GetLength());
        cmLoginInfo.m_nMsgType = MT_FIRSTLOG;

        // 把相关值记录下来
        m_pMainDlg->m_nLoginUser = atoi(csUserID);
        m_pMainDlg->m_Password = csPassword;
        m_pMainDlg->m_nPort = atoi(csPort);
        m_pMainDlg->m_ServerIP = csIP;

        // 发送消息
        m_pMainDlg->m_ClientSock.Send(&cmLoginInfo, sizeof(CMessage));
    }
  }
}
```

2．自动登录功能实现

在对话框初始化的时候找到保存在本地的配置文件 Login.ini，从文件中读取登录信息。最后调用上面的登录函数登录服务器，代码如下：

<代码 19　　代码位置：资源包\Code\07\Bits\019.txt>

```
// 读取 Ini 文件，判断是否为自动登录
CECSClientApp *pApp = (CECSClientApp *)AfxGetApp();
char chName[MAX_PATH] = {0};
strcpy(chName, pApp->m_chFullPath);
strcat(chName, "\\Config\\");
// 创建目录

CreateDirectory(chName, NULL);
strcat(chName, "Login.ini");
CFileFind flFind;
if(flFind.FindFile(chName)) {

    // 读取 ini 文件
    char csIP[MAX_PATH] = {0};
    char csPort[MAX_PATH] = {0};
    char csUserID[MAX_PATH] = {0};
    char chPass[MAX_PATH] = {0};
    GetPrivateProfileString("登录信息", "自动登录", "", csIP, MAX_PATH, chName);
    // 自动登录
```

```
    if(strcmp(csIP, "1") == 0) {
        // 读取自动登录信息
        GetPrivateProfileString("登录信息", "帐户 ID", "", csUserID, MAX_PATH, chName);
        GetPrivateProfileString("登录信息", "登录口令", "", (char *)chPass, MAX_
PATH, chName);
        GetPrivateProfileString("登录信息", "服务器 IP", "", csIP, MAX_PATH, chName);
        GetPrivateProfileString("登录信息", "端口号", "", csPort, MAX_PATH, chName);

        // 赋值给本类中的变量
        m_UserID.SetWindowText(csUserID);
        m_PassWord.SetWindowText(chPass);
        m_SvrIP.SetWindowText(csIP);
        m_SvrPort.SetWindowText(csPort);

        CButton *pCheckBox = (CButton *)GetDlgItem(IDC_CHK_AUTOLOGIN);
        pCheckBox->SetCheck(1);
        // 调用登录功能，进行登录
        OnBtLogin();
    }
}
flFind.Close();
```

18.7.2　客户端主窗体模块

用户使用客户端登录服务器，然后和其他登录的用户进行通信。客户端主窗体模块是用户登录服务器后的界面，在主窗体界面中，主要有一个树形列表，树形列表中显示了所有的组织结构及结构下的成员。客户端主窗体运行如图 18.10 所示。

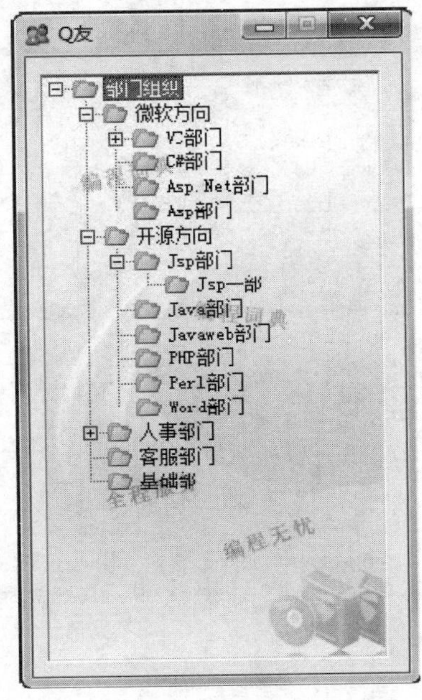

图 18.10　客户端主界面

客户端主窗体的主要功能是接收服务器的消息和显示客户列表和客户状态等。客户端主窗体功能实现步骤如下：

1．初始化函数

OnInitDialog()对话框初始化函数，该函数初始化了树控件要使用的图标，并启动定时器检测在线状态，代码如下：

<代码 20　　代码位置：资源包\Code\07\Bits\020.txt>

```
BOOL CECSClientDlg::OnInitDialog()
{
    // 省略自动生成代码

    // 创建图标列表，为账号列表显示图标用
    m_ImageList.Create(16, 16, ILC_COLOR32 | ILC_MASK, 1, 0);
    CBitmap bmp;
    // 部门图标
    bmp.LoadBitmap(IDB_DEPART);
    m_ImageList.Add(&bmp, RGB(255, 255, 255));
    bmp.Detach();

    // 图标：男
    bmp.LoadBitmap(IDB_MAN);
    m_ImageList.Add(&bmp, RGB(255, 255, 255));
    bmp.Detach();

    // 图标：女
    bmp.LoadBitmap(IDB_WOMAN);
    m_ImageList.Add(&bmp, RGB(255, 255, 255));
    bmp.Detach();

    // 图标：人
    bmp.LoadBitmap(IDB_PERSON);
    m_ImageList.Add(&bmp, RGB(255, 255, 255));

    // 与树控件关联
    m_ACList.SetImageList(&m_ImageList, TVSIL_NORMAL);

    // 设置滚动条
    SkinScrollBar(&m_ACList);

    // 启动定时器:检测在线状态
    SetTimer(1, 2000, NULL);

    return TRUE;  // return TRUE  unless you set the focus to a control
}
```

2．加载部门信息

加载部门信息使用 LoadOrgFromFile()函数，该函数提供给 CClientSocket 类调用，用于从 xml 文件中加载部门、账号信息。代码如下：

<代码 21　　代码位置：资源包\Code\07\Bits\021.txt>

```
// 从xml文件中加载信息
void CECSClientDlg::LoadOrgFromFile(BSTR csFileName)
{
    m_pXMLDoc->load(csFileName);
    MSXML2::IXMLDOMElementPtr childNode ;

    // 删除所有树节点
    m_ACList.DeleteAllItems();
    //查找根节点
    childNode = m_pXMLDoc->selectSingleNode("// ITEM[@部门ID = 0]");
    // 遍历节点
    while(childNode != NULL) {
        // 递归调用
        FindSubNode(childNode, TVI_ROOT);
        childNode = childNode->GetnextSibling();
    }
    // 获得根节点
    HTREEITEM hRoot = m_ACList.GetRootItem();
    // 展开
    m_ACList.Expand(hRoot, TVE_EXPAND);
    // 设置用户状态
    SetUserState(m_nLoginUser, 1);
}
```

3．与指定的账号聊天

双击树控件中指定的用户时，弹出聊天窗口。此功能首先要查找是否存在与该账号的聊天窗口，若不存在，则创建一个新的聊天窗口，代码如下：

<代码 22　　代码位置：资源包\Code\07\Bits\022.txt>

```
// 双击树
void CECSClientDlg::OnDblclkAclist(NMHDR *pNMHDR, LRESULT *pResult)
{
    NM_TREEVIEW *pNMTreeView = (NM_TREEVIEW *)pNMHDR;
    HTREEITEM hItem = m_ACList.GetSelectedItem();
    HTREEITEM hRoot = m_ACList.GetRootItem();
    if(hItem != NULL) {
        // 对于账户节点来说，低字节为0，高字节表示账户ID
        DWORD dwData = m_ACList.GetItemData(hItem);
        int ID = HIWORD(dwData);
        int lowID = LOWORD(dwData);
        // 对于当前登录的账户，不在发送数据的范围内，即不能够向自己发送数据
        if((lowID == SEX_MAN || lowID == SEX_WOMAN) &&
           ID != 0 && ID != m_nLoginUser) {
            CSendDlg *pDlg = NULL;
            POSITION pos = NULL;
            if(SearchSendDlg(ID, pos) == FALSE) {
                pDlg = new CSendDlg();
                // 关联对话框的目标ID
```

```
            pDlg->m_UserID = ID;
            pDlg->Create(IDD_SENDDLG_DIALOG);
            m_pSdDlgList.AddTail(pDlg);
        }
        else if(pDlg == NULL && pos != NULL) {
            pDlg = (CSendDlg *)m_pSdDlgList.GetAt(pos);
        }
        if(pDlg != NULL) {
            // 添加对方账户 ID

            CString csID;
            csID.Format("%d", ID);
            pDlg->m_DesID.ResetContent();    // 清空数据

            pDlg->m_DesID.AddString(csID);
            pDlg->m_DesID.SetCurSel(0);
            CString csName = m_ACList.GetItemText(hItem);
            // 添加对方账户名
            pDlg->m_DesName.ResetContent(); // 清空数据
            pDlg->m_DesName.AddString(csName);
            pDlg->m_DesName.SetCurSel(0);

            // 添加本地账户 ID 和名称
            CString csLocalID;
            csLocalID.Format("%d", m_nLoginUser);
            pDlg->m_LocalID.SetWindowText(csLocalID);
            CString csLocalName = "";
            BOOL bRet = FindUserName(m_nLoginUser, csLocalName);
            if(bRet) {
                pDlg->m_LocalName.SetWindowText(csLocalName);
            }
            // 显示窗口
            pDlg->ShowWindow(SW_SHOW);

            // 在其他发送窗口之上显示当前发送窗口
            pDlg->SetWindowPos(&wndTop, 0, 0, 0, 0, SWP_NOMOVE | SWP_NOSIZE);
        }
    }
  }
  *pResult = 0;
}
```

18.7.3 客户端消息发送模块

登录到服务器后，就可以和在线用户进行通信，发送消息模块就是实现消息和文件的发送。发送消息窗口如图 18.11 所示。

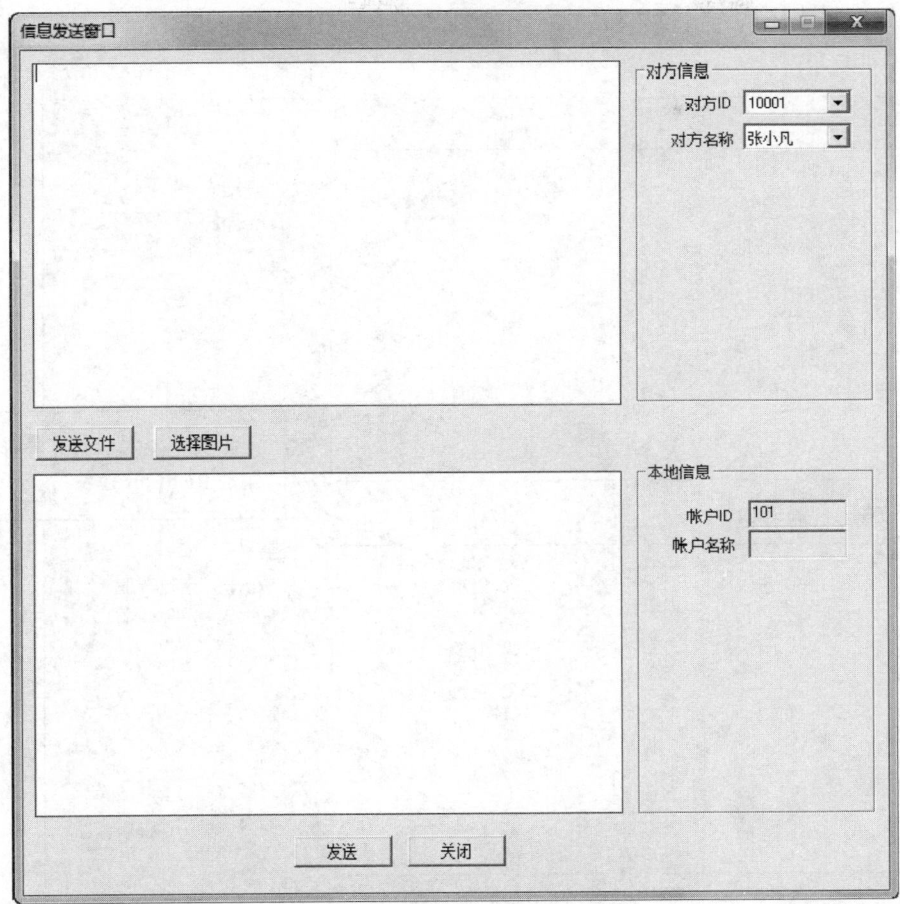

图 18.11　发送消息模块

该窗口布局如图 18.12 所示。

注意图 18.12 中的两个控件，是 RichEdit 控件，而不是普通的文本框控件。该窗口对应的类为 CSendDlg，该类负责消息的收发和文件传输功能，实现步骤如下：

1．启动定时器

在对话框初始函数中启动定时器，作用是定时重绘两个 RichEdit 控件窗口。代码如下：

<代码 23　　代码位置：资源包\Code\07\Bits\023.txt>

```
BOOL CSendDlg::OnInitDialog()
{
    CDialog::OnInitDialog();
    SetTimer(1, 800, NULL);
    return TRUE;
}
void CSendDlg::OnTimer(UINT nIDEvent)
{
    m_ShowEdit.Invalidate();
    m_SendEdit.Invalidate();
```

```
    CDialog::OnTimer(nIDEvent);
}
```

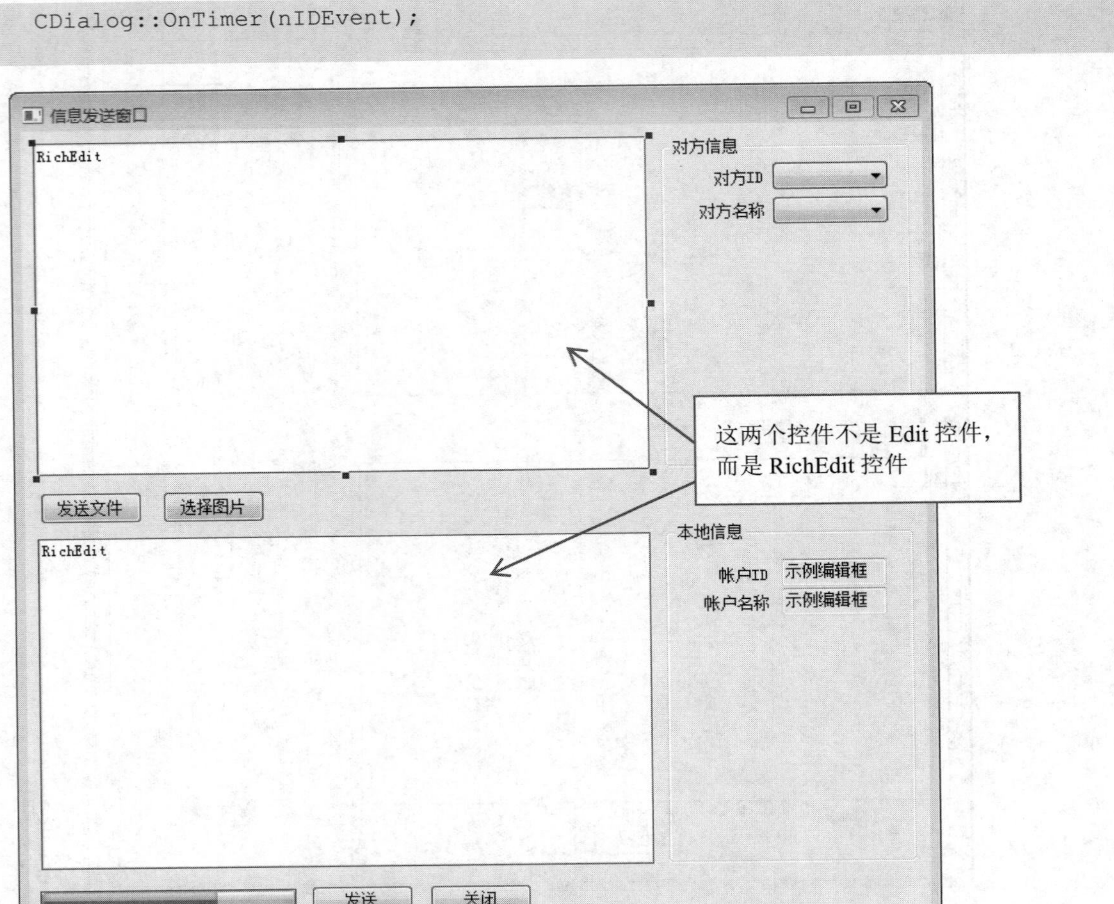

图 18.12　发送消息窗口布局

2. 发送数据

在下面的 RichEdit 控件中输入消息或图片数据，点击发送，会把数据发送给对方，同时显示在上方的 RichEdit 控件中。本部分功能实现代码如下：

<代码 24　　代码位置：资源包\Code\07\Bits\024.txt>

```
// 发送数据 : 按钮事件
void CSendDlg::OnBtSend()
{
    // 获取文本
    CString csText;
    m_SendEdit.GetWindowText(csText);

    // 如果窗口中包含只包含图像，则文本为" "，在用户接收时不显示文本，
    // 只显示对方的编号/时间等信息
    if(csText.IsEmpty()) {
        return;
```

```
}

// 获取用户 ID
CString csUserID;
m_DesID.GetWindowText(csUserID);
if(csUserID.IsEmpty()) {
    return;
}

// 调用主窗口中的套接字发送数据
// 获取本程的主窗口
CECSClientDlg *pDlg = (CECSClientDlg *)AfxGetMainWnd();
// 没发送的消息
CMessage cmSendInfo;
cmSendInfo.m_nMsgType = MT_SENDDATA;
cmSendInfo.m_nSrcID = pDlg->m_nLoginUser;
cmSendInfo.m_nSubType = ST_TEXT;
cmSendInfo.m_nAccountID[0] = atoi(csUserID);    // 设置目标用户
strncpy(cmSendInfo.m_chContent, csText, csText.GetLength());

// 发送文本数据
pDlg->m_ClientSock.Send(&cmSendInfo, sizeof(CMessage));

// 向显示窗口中添加数据
// 先添加用户信息
CString csUsrInfo, csName;
m_LocalID.GetWindowText(csUsrInfo);
m_LocalName.GetWindowText(csName);
csUsrInfo += "(";                           // 拼接字符串“(”
csUsrInfo += csName;
csUsrInfo += ") ";                          // 拼接字符串“)”，拼接结束
CString csTime;
CTime ctNow = CTime::GetCurrentTime(); // 获取当前时间
csTime = ctNow.Format("%H:%M:%S");
csUsrInfo += csTime;                        // 追加时间字符串
m_ShowEdit.SetSel(-1, -1);
CHARFORMAT cf;                              // 获取选择内容相关信息
memset(&cf, 0, sizeof(CHARFORMAT));
BOOL m_bSelect = (m_ShowEdit.GetSelectionType() != SEL_EMPTY) ? TRUE : FALSE;
if(m_bSelect) {
    m_ShowEdit.GetSelectionCharFormat(cf);
}
else {
    m_ShowEdit.GetDefaultCharFormat(cf);
}

// 判断是否选择了内容
cf.dwMask = CFM_COLOR;
cf.dwEffects = CFE_BOLD;
cf.crTextColor = RGB(0, 0, 255);
```

```
    if(m_bSelect) {
        m_ShowEdit.SetSelectionCharFormat(cf);
    }
    else {
        m_ShowEdit.SetWordCharFormat(cf);
    }

    m_ShowEdit.ReplaceSel(csUsrInfo);

    m_ShowEdit.SetSel(-1, -1);
    m_ShowEdit.GetDefaultCharFormat(cf);
    m_ShowEdit.SetSelectionCharFormat(cf);

    m_ShowEdit.ReplaceSel("\n");
    m_ShowEdit.SetSel(-1, -1);
    m_ShowEdit.ReplaceSel(csText);


    // 如果包含图像信息，将图像添加到显示窗口中
    IRichEditOle *pRichOle = m_SendEdit.GetIRichEditOle();
    LONG lNum = 0;
    if(pRichOle != NULL) {
        lNum = pRichOle->GetObjectCount();
        IRichEditOle *pShowEditOle = m_ShowEdit.GetIRichEditOle();
        IOleClientSite *lpOleClientSite = NULL;
        if(lNum != 0) {
            m_ShowEdit.SetSel(-1, -1);
        }
        for(LONG i = 0; i < lNum; i++) {

            if(pShowEditOle != NULL) {
                pShowEditOle->GetClientSite(&lpOleClientSite);
            }

            REOBJECT reObject;
            ZeroMemory(&reObject, sizeof(REOBJECT)); // 初始化一对象

            reObject.cbStruct = sizeof(REOBJECT);

            pRichOle->GetObject(i, &reObject, REO_GETOBJ_ALL_INTERFACES);
            if(lpOleClientSite != NULL) {
                reObject.polesite = lpOleClientSite ;
                reObject.cp = REO_CP_SELECTION; // REO_IOB_SELECTION;

                reObject.dwFlags = reObject.dwFlags | REO_BLANK;

                GIFLib::ICGifPtr lpAnimator = NULL;
                reObject.poleobj->QueryInterface(GIFLib::IID_ICGif, (void **)&
lpAnimator);
                if(lpAnimator != NULL) {
```

```
                // 获取对象关联的文件名称
                char chFullName[MAX_PATH] = {0};
                strcpy(chFullName, (char *)lpAnimator->GetFileName());
                m_csFullName = chFullName;
                CString csTmp = ExtractFilePath(m_csFullName);
                strcpy(chFileName, csTmp);
                // 向服务器发送图像数据
                OnSendImage();
            }

            reObject.poleobj->SetClientSite(NULL);
            reObject.poleobj->SetClientSite(lpOleClientSite);
            pShowEditOle->InsertObject(&reObject);

            m_ShowEdit.RedrawWindow();          // 刷新窗体

            OleSetContainedObject(reObject.poleobj, TRUE);
            lpOleClientSite->SaveObject();
            reObject.pstg->Release();
            reObject.poleobj->Release();
        }
    }
    pRichOle->Release();
    if(pShowEditOle != NULL) {
        pShowEditOle->Release();
    }
    if(lpOleClientSite != NULL) {
        lpOleClientSite->Release();
    }
    pRichOle = NULL;
    if(lNum != 0) {
        m_ShowEdit.SetSel(-1, -1);
        m_ShowEdit.ReplaceSel("\n");
    }
}
if(lNum == 0) { // 没有图像插入
    m_ShowEdit.SetSel(-1, -1);
    m_ShowEdit.ReplaceSel("\n");
}

// 清空发送消息框的内容
m_SendEdit.SetWindowText("");
m_SendEdit.Clear();
}
```

3. 发送图片

单击界面上的“发送图片”按钮，打开一个文件浏览对话框，选中图片之后单击“打开”按钮，则图片被显示在聊天窗口中，如图 18.13 和图 18.14 所示。

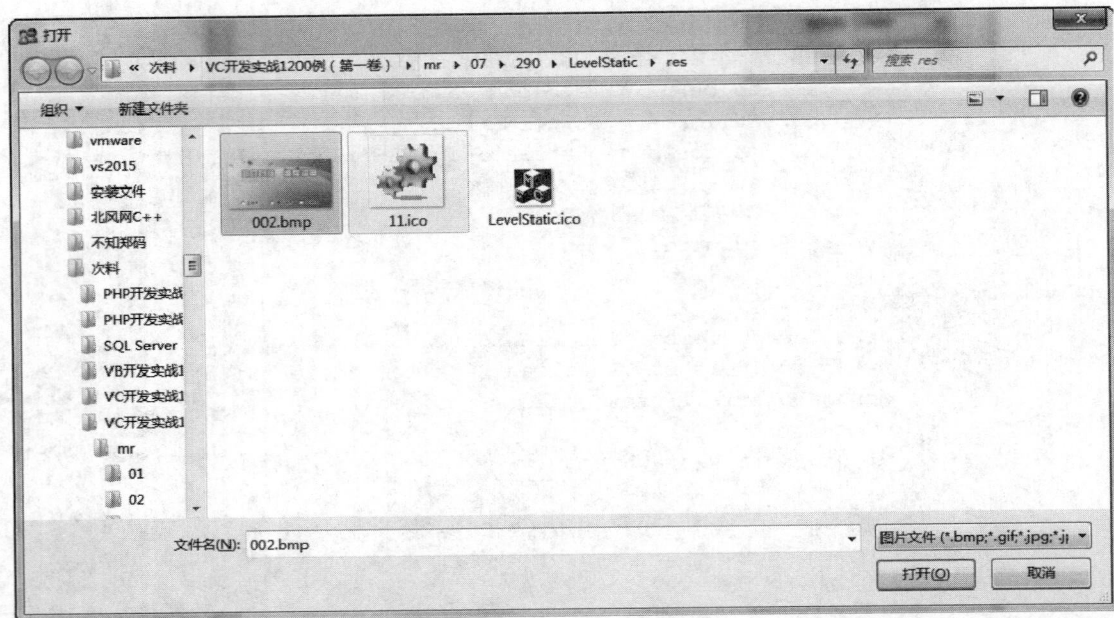

图 18.13　选择图片

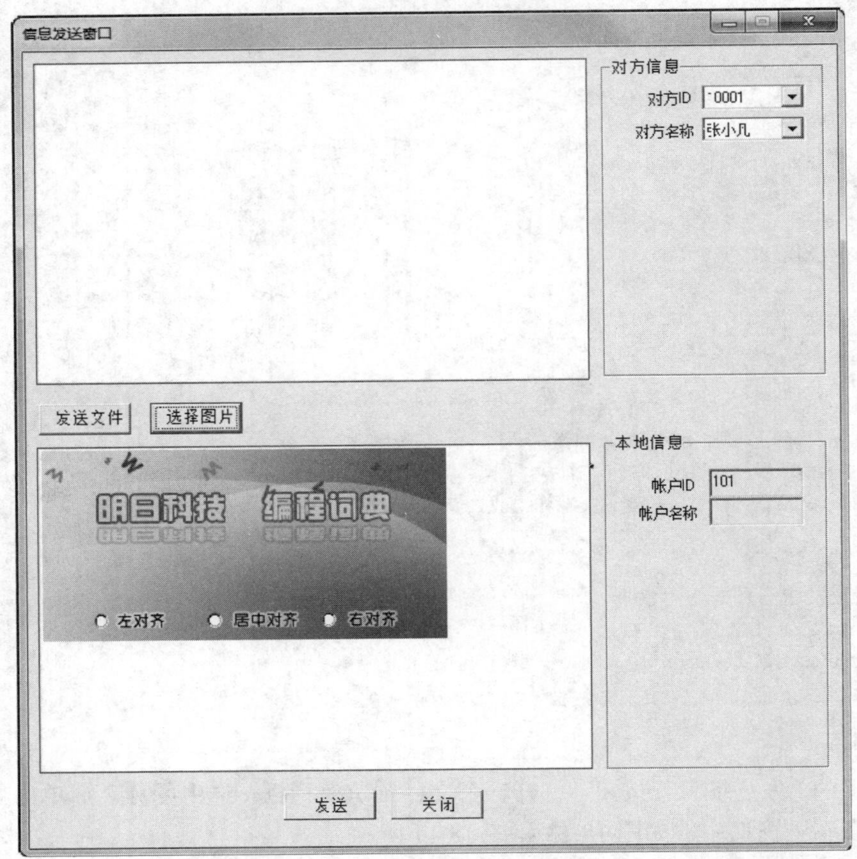

图 18.14　选择图片_显示图片

此时单击“发送”按钮，图片被发送给聊天的对方。该部分功能实现代码如下：

<代码 25　　代码位置：资源包\Code\07\Bits\025.txt>

```
// 选择图片 按钮事件
void CSendDlg::OnSendImg()
{
    CFileDialog flDlg(TRUE, "", "", OFN_HIDEREADONLY | OFN_OVERWRITEPROMPT,
                "图片文件|*.bmp;*.gif;*.jpg;*.jpeg;*.ico;||", this);
    if(flDlg.DoModal() == IDOK) {
        CString csFile = flDlg.GetPathName();
        IRichEditOle *lpRichOle = m_SendEdit.GetIRichEditOle();
        if(lpRichOle != NULL) {
            InsertImage(lpRichOle, csFile);
            lpRichOle->Release();
            lpRichOle = NULL;
        }
    }
    // 防止发送窗口中的对象被选中
    m_ShowEdit.SetSel(-1, 0);
    m_ShowEdit.Invalidate();
}
```

4. 发送文件

本部分功能使用单独的发送文件接口 601，先打开文件浏览对话框，选择要发送的文件，然后连接服务器，发送文件传输请求，接着调用 SendFile()函数发送文件。代码如下：

<代码 26　　代码位置：资源包\Code\07\Bits\026.txt>

```
// 发送文件 按钮事件
void CSendDlg::OnSendFile()
{
    // 首先将文件发送到服务器，再由服务器转发
    // 文件的发送是通过单独的临时通道实现的
    // 在文件发送时临时建立连接
    char chName[MAX_PATH] = {0};
    gethostname(chName, MAX_PATH);
    hostent *phost = gethostbyname(chName);
    char *chIP = inet_ntoa(*(in_addr *)phost->h_addr_list[0]);

    m_csSock.ShutDown();
    m_csSock.Close();

    // 选择要发送的文件
    CFileDialog cfDlg(TRUE);
    if(cfDlg.DoModal() == IDOK) {
        BOOL bRet = FALSE;
        int nPort = 0;
        m_csFileName = cfDlg.GetFileName();
        strcpy(chFileName, m_csFileName);
        m_csFullName = cfDlg.GetPathName();
```

```
        // 网络消息
        CMessage Msg;
        m_csSock.ShutDown();
        m_csSock.Close();

create:
        nPort = 4000 + rand() % 3000;
        bRet = m_csSock.Create(nPort);

        if(bRet == FALSE) {
            goto create;
        }
        char chDisable = 1;

        setsockopt(m_csSock.m_hSocket, IPPROTO_TCP, TCP_NODELAY, &chDisable,
                sizeof(chDisable));
        int nSize = PACKAGESIZE;
        // 设置发送和接收缓冲区
        m_csSock.SetSockOpt(SO_SNDBUF, &nSize, sizeof(nSize));
        m_csSock.SetSockOpt(SO_RCVBUF, &nSize, sizeof(nSize));

        DWORD dwEnable = 1;
        m_csSock.IOCtl(FIONBIO, &dwEnable);

        CECSClientDlg *pDlg = (CECSClientDlg *)AfxGetMainWnd();

        // 连接服务器
connect:
        bRet = m_csSock.Connect(pDlg->m_ServerIP, 601);
        if(bRet == FALSE) {
            goto connect;
        }

        // 首先发送请求信息
        CString csDesID, csSrcID;
        m_DesID.GetWindowText(csDesID);
        m_LocalID.GetWindowText(csSrcID);
        m_csSock.SetSockOpt(SO_SNDBUF, &nSize, sizeof(nSize));
        m_csSock.SetSockOpt(SO_RCVBUF, &nSize, sizeof(nSize));

        Msg.m_nMsgType = MT_SENDDATA;
        Msg.m_nSubType = ST_FILEREQUEST;
        Msg.m_nAccountID[0] = atoi(csDesID);     // 设置目标对象

        Msg.m_nSrcID = atoi(csSrcID);

        m_csSock.Send(&Msg, sizeof(CMessage));  // 发送请求信息

        // 发送文件
        SendFile (m_csSock, ST_FILE);
```

```
        // 防止发送窗口中的对象被选中
        m_ShowEdit.SetSel(-1, 0);
        m_ShowEdit.Invalidate();
    }
}
```

18.8　本章总结

Q 友软件使用了多项技术，主要技术如下：

（1）xml 文件的读写。

（2）RichEdit 控件中接口的使用。

（3）保存 RichEdit 控件中图片内容。

（4）在 RichEdit 控件中显示超级链接，以及处理超级链接。

（5）使用事件（Event）进行线程同步。

（6）随机产生端口。

（7）建立 TCP 连接。

（8）消息的分包处理机制。

（9）ini 文件中数据的读写。

（10）数据库操作。

说明：

完整的工程源代码在“资源包\Code\07\Project”目录下。

下面通过一个思维导图对本章所讲模块及主要知识点进行总结，如图 18.15 所示。

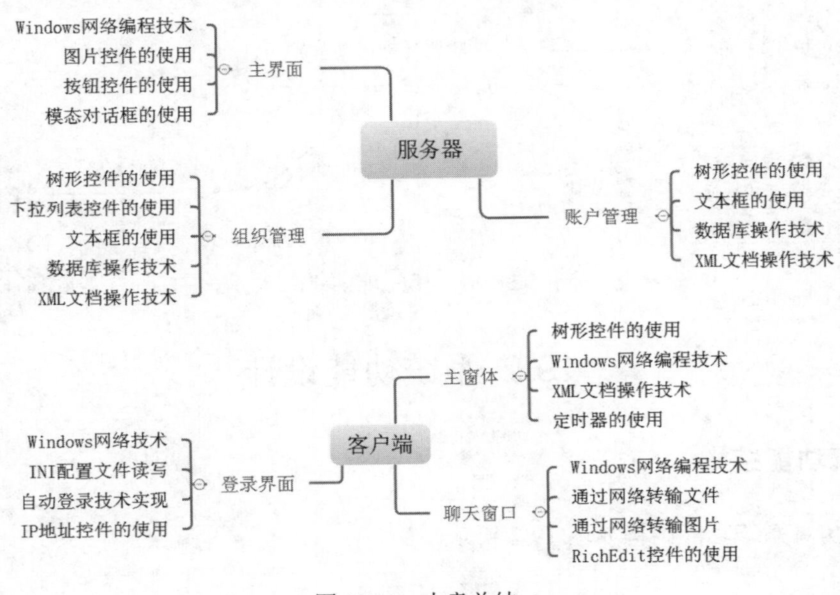

图 18.15　本章总结

第 19 章　股票分析仿真系统

“股市有风险，投资需谨慎”。中国的 A 股市场上有几千支股票，若没有合适的分析工具，纯靠手工分析费时费力，因此市场上应运而生了若干款股票分析软件。本章将使用 C++开发一款自己的股票分析仿真系统。

通过本章学习，您将学到：

- 掌握界面类设计原理
- 第三方库 Libcurl 的使用方法
- GDI 绘制蜡烛图
- 数据库的操作
- 网站数据自动获取
- 解释执行选股公式

19.1　开 发 背 景

股票分析仿真系统开发细节设计如图 19.1 所示。

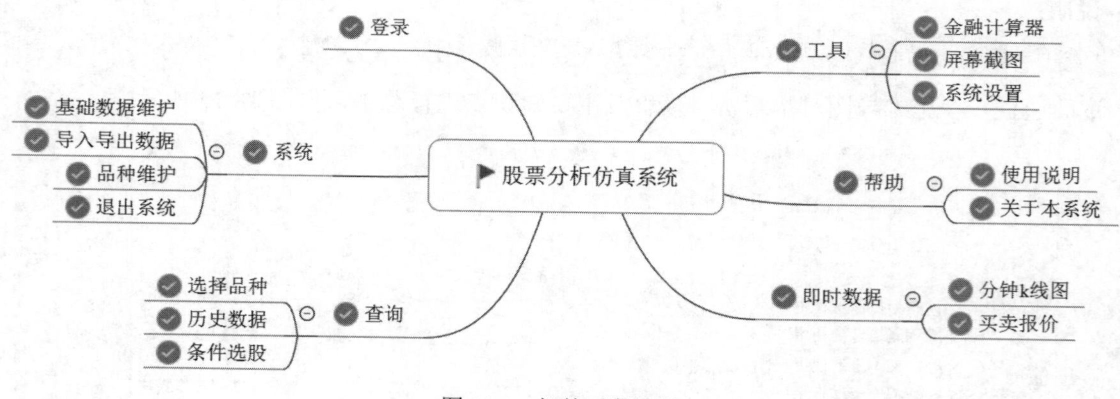

图 19.1　相关开发细节

19.2 系统功能设计

19.2.1　系统功能结构

股票分析仿真系统功能结构如图 19.2 所示。

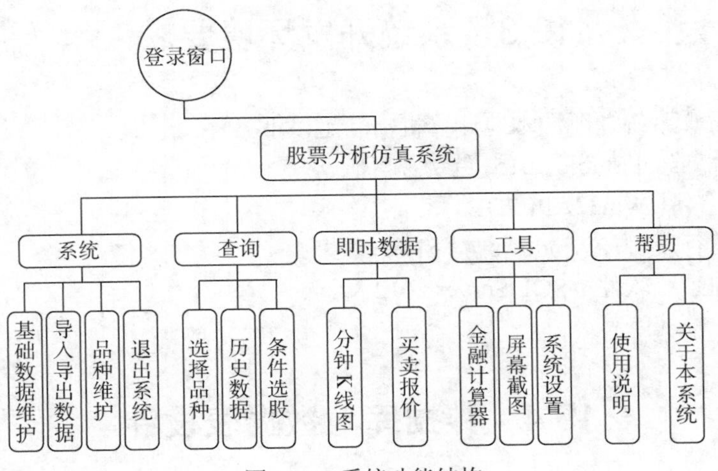

图 19.2　系统功能结构

19.2.2　业务流程图

股票分析仿真系统的业务流程如图 19.3 所示。

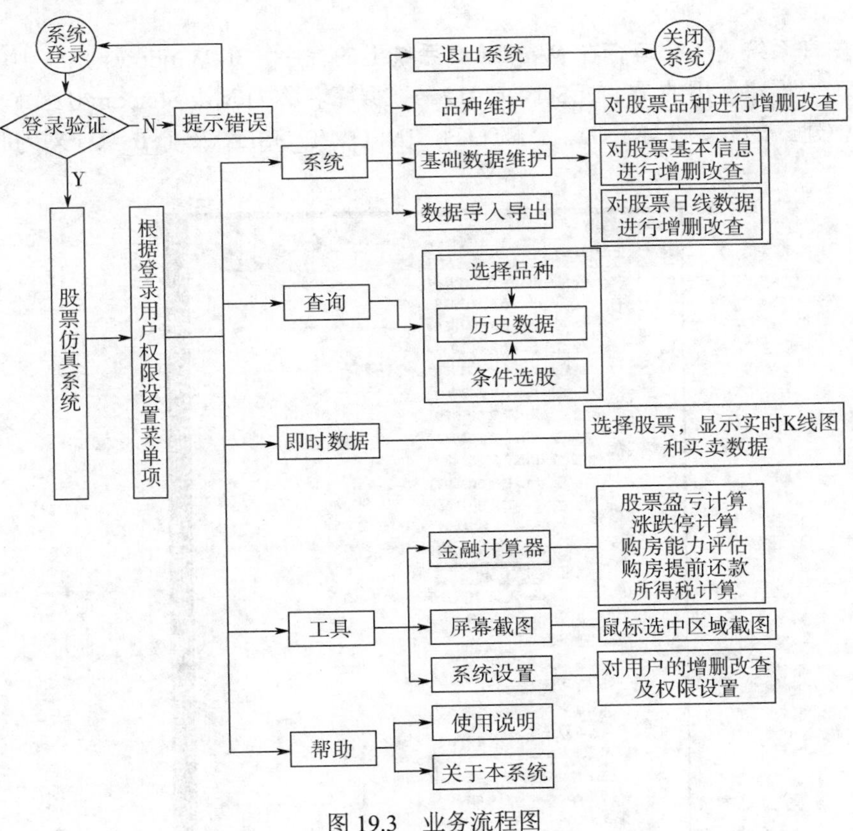

图 19.3　业务流程图

19.3　系统开发环境要求

开发股票分析仿真系统之前，本地计算机需满足以下条件：

- 开发环境：Visual Studio 2015 免费社区版。
- 开发语言：C++/Win32API/SQL。
- 开发环境运行平台：Windows 7（SP1）以上。
- 数据库管理系统软件：SQL Server 2012。
- 第三方库：libcurl。

19.4　数据库与数据表设计

开发应用程序时，对数据库的操作是必不可少的，数据库设计是根据程序的需求及其实现功能所制定的，数据库设计的合理性将直接影响程序的开发过程。

19.4.1　数据库分析

股票分析仿真系统是一款运行在 Windows 系统上的程序，在 Windows 系统中，SQLServer 是常用的数据库。本程序使用的是 SQLServer2012。数据库名称为 MrkjStock.mdf。

该数据库中建立的表为 T_KIND、T_STOCK_INFO、T_USER 及 T_R_X（X 为股票代码），如图 19.4 所示。

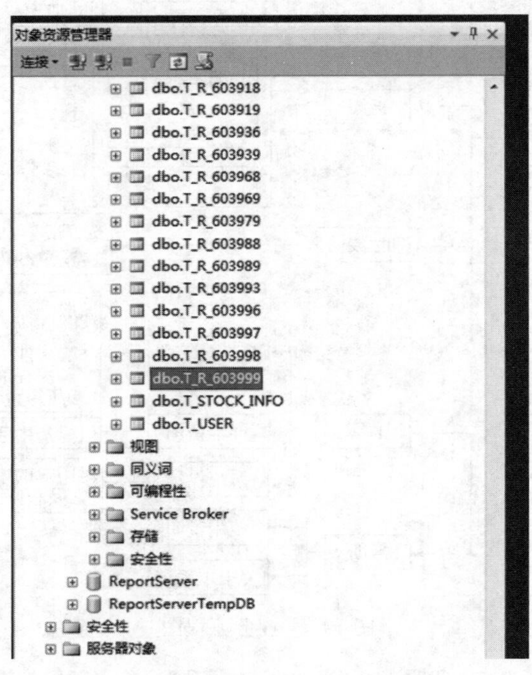

图 19.4　股票分析仿真系统中用到的数据表

19.4.2　创建数据库

本程序使用的数据库，是使用 SQLServer2012 自带的数据库管理软件 Microsoft SQL Server Management Studio 创建的。读者可以直接附加本程序已经创建好的数据库，主要是两个文件“MrkjStock.mdf”和“MrkjStock_log.ldf”。附加方法如下：

（1）把两个文件“MrkjStock.mdf”和“MrkjStock_log.ldf”复制到数据库的 DATA 目录下，如果数据库安装在“C:\Program Files\Microsoft SQL Server”，则把文件复制到“C:\Program Files\ Microsoft SQL Server\MSSQL11.MSSQLSERVER\MSSQL\DATA”下。

（2）打开 Microsoft SQL Server Studio，连接数据库。

（3）右键单击“数据库”项，弹出菜单，如图 19.5 所示。选择“附加（A）”，打开“附加数据库”对话框；单击“添加（A）”按钮，弹出“定位数据库文件”对话框，如图 19.6 所示；选中“MrkjStock.mdf”并单击“确定”按钮，回到“附加数据库”对话框，再单击“确定”按钮，如图 19.7 所示；数据库就附加好了，如图 19.8 所示。

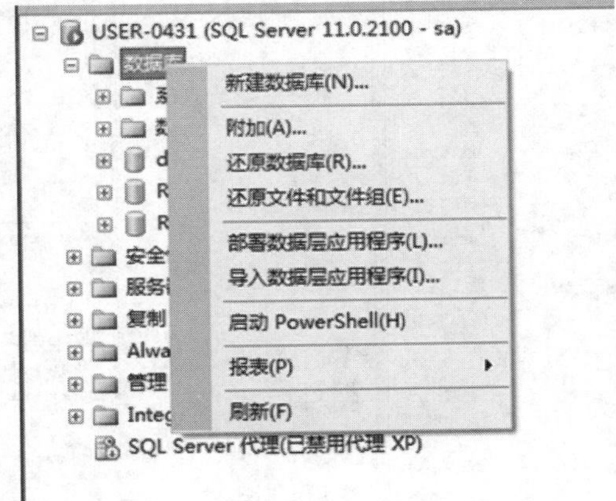

图 19.5　附加数据库-右键菜单

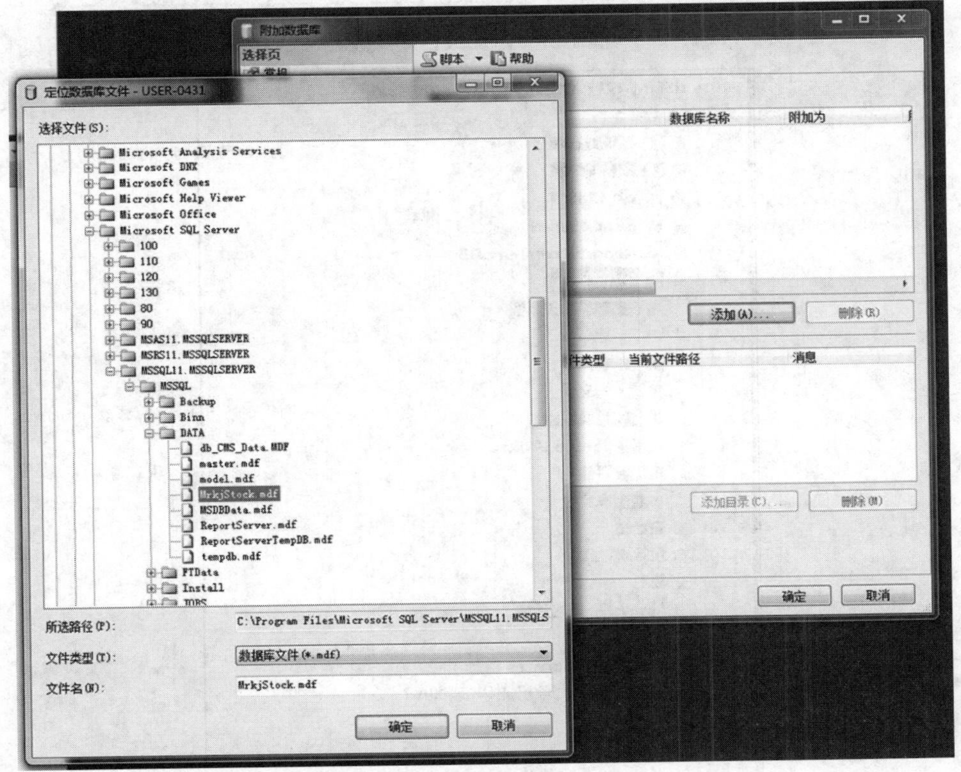

图 19.6　附加数据库-添加文件

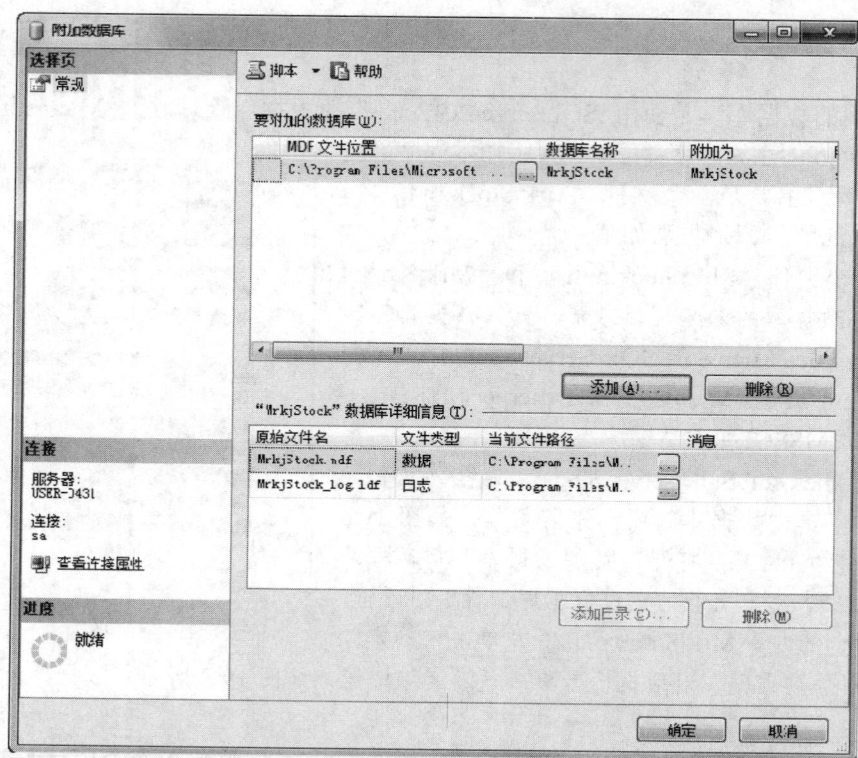

图 19.7　附加数据库-设置

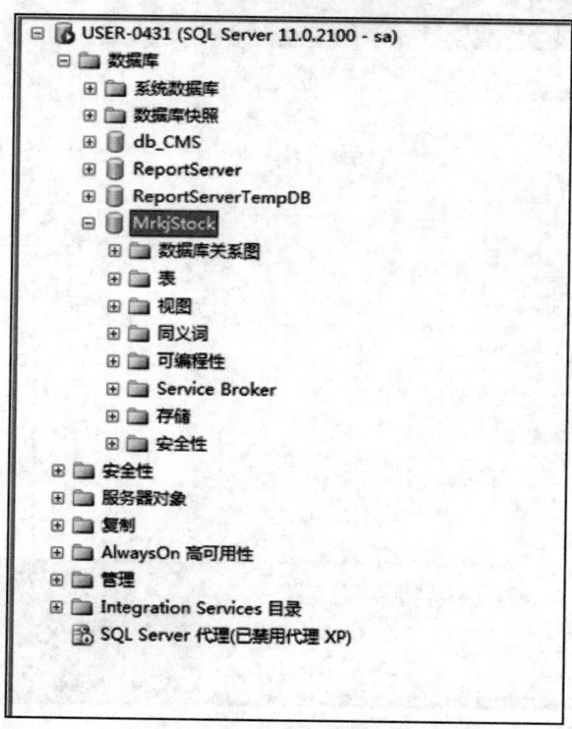

图 19.8　附加数据库-完成

19.4.3　数据库表介绍

在创建数据表前，首先要根据实际要求规划相关的数据表结构，然后在数据库中创建相应的数据表，下面对本数据库中的表进行介绍。

T_USER 表用于保存股票分析仿真系统的用户信息，该表的结构见表 19.1。

表 19.1　T_USER 表结构

字 段 名	数 据 类 型	是否 Null 值	默认值或绑定	描　　述
ID	bigint	☐		自动编号
USERNAME	varchar(128)	☐		用户名
PASSWORD	varchar(128)	☐		密码
P001	varchar(10)	☑		系统权限
P002	varchar(10)	☑		基础数据维护权限
P003	varchar(10)	☑		品种维护权限
P004	varchar(10)	☑		导入导出权限
P005	varchar(10)	☑		查询权限
P006	varchar(10)	☑		即时数据权限
P007	varchar(10)	☑		工具权限
P008	varchar(10)	☑		金融计算器权限
P009	varchar(10)	☑		屏幕截图权限
P010	varchar(10)	☑		系统设置权限

T_STOCK_INFO 表用于保存股票基础信息，该表的结构见表 19.2。

表 19.2　T_STOCK_INFO 表结构

字 段 名	数 据 类 型	是否 Null 值	默认值或绑定	描　　述
CODE	varchar(32)	☐		股票代码
NAME	varchar(64)	☐		股票名字
ID_KIND	bigint	☑	0	股票种类

T_KIND 表用于保存股票种类信息，该表的结构见表 19.3。

表 19.3　T_KIND

字 段 名	数 据 类 型	是否 Null 值	默认值或绑定	描　　述
ID	bigint	☐		自动编号
NAME	varchar(128)	☐		股票种类名

T_R_XXXXXX 表用于保存股票日线数据，每增加一支股票，系统中会增加一张对应的表，表名为 T_R_+股票代码。该表的结构见表 19.4。

表 19.4　T_R_XXXXXX

字　段　名	数 据 类 型	是否 Null 值	默认值或绑定	描　　述
DATA_DATE	varchar(10)	□		日期
PRICE_OPEN	varchar(32)	□		开盘价
PRICE_CLOSE	varchar(32)	□		收盘价
PRICE_MAX	varchar(32)	□		最高价
PRICE_MIN	varchar(32)	□		最低价
TURNOVER	varchar(32)	□		交易量
TRADING_VOLUME	varchar(32)	□		交易额

19.5　数据库操作模块设计

本程序中使用的是 SQL Server2012 数据库。对数据库的操作集中在“DB”筛选器下面。其中“TableFiles”主要定义了一些常量，“DayDataEntry”定义了股票日线数据所使用的类。最重要的是“MRKJDatabase”文件，包含了所有访问数据库的方法，同时管理着数据库的连接、关闭等内容。把数据库操作集中到一个类中，不但实现了项目代码的重用，还提供了程序性能和代码的可读性。本节将介绍股票分析仿真系统中的数据库相关类设计。

19.5.1　数据模型类

CDayDataEntry 是数据模型公共类，它们对应着数据库中的所有“T_R_XXXXXX”数据表，这些模型将被访问数据库的 CMRKJDatabase 类和程序中各模块甚至各组件所使用。数据模型是对数据表中所有字段的封装，主要用于存储数据，并通过相应的 GetXXX()和 SetXXX()方法实现不同属性的访问原则。现在以收入信息表为例，介绍它对应的数据模型类的实现代码，主要代码如下：

<代码 01　　代码位置：资源包\Code\08\Bits\01.txt>

```
class CDayDataEntry
{
public:
    CDayDataEntry();
    virtual ~CDayDataEntry();
    CDayDataEntry(const CDayDataEntry& rhs);
    CDayDataEntry& operator= (const CDayDataEntry& rhs);

    std::wstring code;                     // 股票代码
    std::wstring date;                     // 日期
    std::wstring open;                     // 开盘
    std::wstring max;                      // 最高
    std::wstring min;                      // 最低
    std::wstring close;                    // 收盘
    std::wstring turnover;                 // 成交量
```

```
    std::wstring tradingVolume;        // 成交额

    COleDateTime GetDate() const;
    double GetOpen() const;            // 开盘
    double GetMax() const;             // 最高
    double GetMin() const;             // 最低
    double GetClose() const;           // 收盘
    double GetTurnover() const;        // 成交量
    double GetTradingVolume() const; // 成交额
};
```

上面代码中属性全部定义为“std::wstring”类型，由于在计算过程中用到“double”类型，所以针对相关属性提供了“double GetXXX()”方法。由于本类会经常需要进行赋值和复制，因此还定义了复制构造函数，并重载了符号“operator=”。

有时会从数据库中取出多条数据，因此定义了“typedef std::vector<CDayDataEntry>VDayDataEntry;”方便使用。

整个类的实现代码如下：

<代码 02　　代码位置：资源包\Code\08\Bits\02.txt>

```
#include "stdafx.h"
#include "DayDataEntry.h"


CDayDataEntry::CDayDataEntry()
{
}


CDayDataEntry::~CDayDataEntry()
{
}

CDayDataEntry::CDayDataEntry(const CDayDataEntry& rhs)
{
    if(this != &rhs) {
        this->code = rhs.code;                           // 股票代码
        this->date = rhs.date;                           // 日期
        this->open = rhs.open;                           // 开盘
        this->max = rhs.max;                             // 最高
        this->min = rhs.min;                             // 最低
        this->close = rhs.close;                         // 收盘
        this->turnover = rhs.turnover;                   // 成交量
        this->tradingVolume = rhs.tradingVolume;         // 成交额
    }
}

CDayDataEntry& CDayDataEntry::operator= (const CDayDataEntry& rhs)
{
    if(this != &rhs) {
        this->code = rhs.code;                           // 股票代码
```

```
        this->date = rhs.date;                          // 日期
        this->open = rhs.open;                          // 开盘
        this->max = rhs.max;                            // 最高
        this->min = rhs.min;                            // 最低
        this->close = rhs.close;                        // 收盘
        this->turnover = rhs.turnover;                  // 成交量
        this->tradingVolume = rhs.tradingVolume;        // 成交额
    }
    return *this;
}

static double ToFloat(const std::wstring& strVal)   // 字符串转换为双精度浮点数
{
    using namespace std;                             // 使用标准库命名空间
    wstringstream s(strVal);                         // 构造 wstringstream 对象
    double d;
    s >> d;                                          // 把值输出到 浮点型变量
    return d;
}
static int ToInt(const std::wstring& strVal)        // 字符串转换为整数
{
    using namespace std;                             // 使用标准库命名空间
    wstringstream s(strVal);                         // 构造 wstringstream 对象
    int d;
    s >> d;                                          // 把值输出到 整型变量
    return d;
}

COleDateTime ToDateTime(const std::wstring& strVal) // 字符串转换为DateTime时间类型
{
    std::vector<std::wstring> v;
    StringHelper::SplitString(v, strVal, L"/");  // 拆分符串 2011/01/02=>2001 02 02
    return COleDateTime(ToInt(v[0]), ToInt(v[1]), ToInt(v[2]), 0, 0, 0);
                                                     // 返回日期对象
}

COleDateTime CDayDataEntry::GetDate() const         // 日期
{
    return ToDateTime(this->date);
}

double CDayDataEntry::GetOpen() const               // 开盘
{
    return ToFloat(this->open);
}
double CDayDataEntry::GetMax() const                // 最高
{
    return ToFloat(this->max);
}
double CDayDataEntry::GetMin() const                // 最低
```

```
{
    return ToFloat(this->min);
}
double CDayDataEntry::GetClose() const              // 收盘
{
    return ToFloat(this->close);
}
double CDayDataEntry::GetTurnover() const           // 成交量
{
    return ToFloat(this->turnover);
}
double CDayDataEntry::GetTradingVolume() const      // 成交额
{
    return ToFloat(this->tradingVolume);
}
```

19.5.2　数据库操作类

本程序操作据库使用的是 ADO。ADO 是 Microsoft 提供的应用程序接口，用来访问关系或非关系数据库中的数据。数据库使用步骤如下：

（1）引入库文件：使用#import 指令引入“msado15.dll”即可，其中的路径以实际情况为准。代码如下：

<代码 03　　代码位置：资源包\Code\08\Bits\03.txt>

```
// # ADO 数据库支持
#import "C:\Program Files\Common Files\System\ado\msado15.dll" \
        no_namespace rename("EOF", "adoEOF")
```

（2）初始化：类的构造函数中主要对数据库操作进行了初始化，进行一些配置，例如：连接超时时间。实现代码如下：

<代码 04　　代码位置：资源包\Code\08\Bits\04.txt>

```
CMRKJDatabase::CMRKJDatabase()
{
    // 创建一个连接指针
    if(S_OK != m_pConnection.CreateInstance(__uuidof(Connection))) {
        assert(false);
    }
    // 设置连接超时时间=5 秒
    m_pConnection->ConnectionTimeout = 5;
}
```

（3）连接和关闭数据库：在对数据库进行增删改查等操作之前，先要连接数据库。在程序关闭之前，要关闭数据库。实现代码如下：

<代码 05　　代码位置：资源包\Code\08\Bits\05.txt>

```
bool CMRKJDatabase::Connect(const char *host       /*=nullptr*/
                           , const char *database /*=nullptr*/
                           , const char *username /*=nullptr*/
                           , const char *password /*=nullptr*/)
{
```

```
    using namespace std;
    try {
        // 拼接连接字符串
        std::string connectionString = "driver={SQL Server};Server=" + string
        (host) +
                                        ";Database=" + string(database) + ";UID=" +
                                        string(username) + ";PWD=" +
                                        string(password) + ";";
        // 打开数据库
        HRESULT hr = m_pConnection->Open(connectionString.c_str(), username,
                                         password, adModeUnknown);
        // 确保打开成功,如果打开不成功，则弹出错误对话框，单击之后程序退出
       assert(SUCCEEDED(hr));
    }
    catch(_com_error &e) {
        CTools::MessageBoxFormat(_T("%s"), e.ErrorMessage());
        return false;
    }
    catch(...) {
        TRACE("发生异常\r\n");
        return false;
    }
    return true;
}

void CMRKJDatabase::Close()
{
    if(m_pConnection->State) {                          // 如果是打开状态
        m_pConnection->Close();                         // 关闭数据库连接
    }
    m_pConnection.Release();                            // 释放引计数
    m_pConnection = nullptr;                            // 赋值为空指针，防止后面误用
}
```

19.5.3 对数据库表的操作

打开数据库后，就可以对数据库中具体的表进行操作了。表中存储了相关的股票数据、用户数据等。

这里举例说明对股票日线数据的操作。由于股票的日线数据较多，并且股票数量也很多。因此股票日线数据，是分开存放的。每支股票的数据放在自己的表中，表的命名规则为“T_R_XXXXX”，其中“XXXXXX”为股票代码。因此在对某个股票的日线数据进行操作时，首先应该根据股票代码，获得数据库中的表名，实现代码如下：

<代码 06　　代码位置：资源包\Code\08\Bits\06.txt>

```
static const std::wstring DAY_NAME_PREFIX;
//获得表名
std::wstring GetDayTableName(const std::wstring &code)
{
```

```
    return DAY_NAME_PREFIX + code;      // 表名为 T_R_股票代码
}
```

接下来是对数据库表的常用操作——“增删改查”操作。

1．增加数据

增加数据主要调用 AddDayData 函数。该函数使用_RecordSetPtr 智能指针，打开对应表的结果集，然后增加一条新数据，并依次设置数据库表中各列的值。然后调用 Update()函数把数据存入数据库中。代码如下：

<代码 07　　代码位置：资源包\Code\08\Bits\07.txt>

```
// 增加数据
bool CMRKJDatabase::AddDayData(const CDayDataEntry &data)
{
    using namespace std;
    assert(!data.code.empty());
    // data.code + "r" = 表名
    const wstring wstrTableName = GetDayTableName(data.code);
    // 拼接 SQL 语句
    const wstring sql = L"Select * from " + wstrTableName + L";";
    try {
        // 创建
        _RecordsetPtr rs;
        rs.CreateInstance(__uuidof(Recordset));
        // 打开记录集
        rs->Open(sql.c_str(), m_pConnection.GetInterfacePtr(),
                 adOpenStatic, adLockOptimistic, adCmdText);
        // 移动到最后
        if(!rs->adoEOF) {
            rs->MoveLast();
        }
        // 增加记录
        rs->AddNew();
        // 设置各列的值
        rs->PutCollect(TableFiles::DATA_DATE, _variant_t(data.date.c_str()));
        rs->PutCollect(TableFiles::PRICE_OPEN, _variant_t(data.open.c_str()));
        rs->PutCollect(TableFiles::PRICE_CLOSE, _variant_t(data.close.c_str()));
        rs->PutCollect(TableFiles::PRICE_MAX, _variant_t(data.max.c_str()));
        rs->PutCollect(TableFiles::PRICE_MIN, _variant_t(data.min.c_str()));
        rs->PutCollect(TableFiles::TURNOVER, _variant_t(data.turnover.c_str()));
        rs->PutCollect(TableFiles::TRADING_VOLUME,
                  _variant_t(data.tradingVolume.c_str()));
        // 更新
        rs->Update();
        // 关闭记录集
        rs->Close();
        // 把记录集设置为空,防止后面误用
        rs = nullptr;
    }
    catch(_com_error &e) {
```

```
        CTools::MessageBoxFormat(_T("%s"), e.ErrorMessage());
        return false;
    }
    catch(...) {
        TRACE("发生异常\r\n");
        return false;
    }
    return true;
}
```

2. 删除数据

删除数据使用_RecordsetPtr 定位到指定的行数据，再调用 Delete()方法来删除数据。代码如下：

<代码 08　　代码位置：资源包\Code\08\Bits\08.txt>

```
// 删除数据:删除某支股票指定日期的数据
bool CMRKJDatabase::DelDayData(const std::wstring &strStockCode, const std::wst
ring &date)
{
    using namespace std;
    const wstring wstrTableName = GetDayTableName(strStockCode);
    const wstring sql = L"SELECT * FROM " + wstrTableName +
                        L" WHERE DATA_DATE = '" + date + L"';";
    try {
        //创建
        _RecordsetPtr m_pRecordset;
        m_pRecordset.CreateInstance(__uuidof(Recordset));
        // 打开记录集
        m_pRecordset->Open(sql.c_str(), m_pConnection.GetInterfacePtr(),
                          adOpenStatic, adLockOptimistic, adCmdText);
        // 判断是否到了结果集的尾部
        if(!m_pRecordset->adoEOF) {
            // 删除数据
            m_pRecordset->Delete(adAffectCurrent);
            // 更新,此处保存了上面的删除操作
            m_pRecordset->Update();
        }
        // 关闭
        m_pRecordset->Close();
    }
    catch(_com_error &e) {
        CTools::MessageBoxFormat(_T("%s"), e.ErrorMessage());
        return false;
    }
    catch(...) {
        TRACE("发生异常\r\n");
        return false;
    }
    return true;
}
```

3. 修改数据

修改数据使用_RecordsetPtr 定位到指定的行数据，再调用 PutCollect ()方法来设置要修改的列数据，最后调用 Update()方法保存对数据的修改。代码如下：

<代码 09　　代码位置：资源包\Code\08\Bits\09.txt>

```
// 修改数据
bool CMRKJDatabase::UpdateDayData(const CDayDataEntry &data)
{
    using namespace std;
    assert(!data.code.empty());
    // data.code + "r" = 表名
    const wstring wstrTableName = GetDayTableName(data.code);
    const wstring sql = L"SELECT * FROM " + wstrTableName +
                        L" WHERE DATA_DATE ='" + data.date + L"';";
    try {
        // 创建
        _RecordsetPtr rs;
        rs.CreateInstance(__uuidof(Recordset));
        // 打开记录集
        rs->Open(sql.c_str(), m_pConnection.GetInterfacePtr(), adOpenStatic
               , adLockOptimistic, adCmdText);
        // 此时已经指定到目标记录上面了,因此不需要移动
        // 修改记录
        rs->PutCollect(TableFiles::DATA_DATE, _variant_t(data.date.c_str()));
        rs->PutCollect(TableFiles::PRICE_OPEN, _variant_t(data.open.c_str()));
        rs->PutCollect(TableFiles::PRICE_CLOSE, _variant_t(data.close.c_str()));
        rs->PutCollect(TableFiles::PRICE_MAX, _variant_t(data.max.c_str()));
        rs->PutCollect(TableFiles::PRICE_MIN, _variant_t(data.min.c_str()));
        rs->PutCollect(TableFiles::TURNOVER, _variant_t(data.turnover.c_str()));
        rs->PutCollect(TableFiles::TRADING_VOLUME,
                       _variant_t(data.tradingVolume.c_str()));
        // 更新:保存修改行为到数据库
        rs->Update();
        // 关闭
        rs->Close();
    }
    catch(_com_error &e) {
        CTools::MessageBoxFormat(_T("%s"), e.ErrorMessage());
        return false;
    }
    catch(...) {
        TRACE("发生异常\r\n");
        return false;
    }
    return true;
}
```

4. 查找数据

查找数据，是根据查找条件从数据库中获得结果集，其中获得的结果存储在一个 std::vector 向

量中，函数代码如下：

<代码 10　　代码位置：资源包\Code\08\Bits\010.txt>

```
// 查找数据
bool CMRKJDatabase::QueryDayData(VDayDataEntry &v, const wchar_t *szStockCode,
                                const wchar_t *szDateStart/* = nullptr*/,
                                const wchar_t *szDataEnd/* = nullptr*/)
{
    // 拼接 SQL 语句:查找所有列的数据
    std::wstring sql = L"SELECT * FROM ";
    sql += GetDayTableName(szStockCode);
    if(szDateStart && szDataEnd) {
        // 拼接查询条件:指定开始和结束日期
        wchar_t sqlbuf[1024] = {};
        // 将语句输出到缓冲区
        swprintf_s(sqlbuf, _countof(sqlbuf),
                   L" WHERE '%s' <= DATA_DATE and DATA_DATE <= '%s' "
                   L"ORDER BY DATA_DATE;", szDateStart, szDataEnd);
        sql += sqlbuf;
    }
    else if(szDateStart) {
        // 拼接查询条件:指定开始日期
        wchar_t sqlbuf[1024] = {};
        // 将语句输出到缓冲区
        swprintf_s(sqlbuf, _countof(sqlbuf),
                   L" WHERE '%s' <= DATA_DATE ORDER BY DATA_DATE;",
                   szDateStart);
        sql = sql + sqlbuf;
    }
    else if(szDataEnd) {
        // 拼接查询条件:指定开始日期
        wchar_t sqlbuf[1024] = {};
        // 将语句输出到缓冲区
        swprintf_s(sqlbuf, _countof(sqlbuf),
                   L" WHERE DATA_DATE <= '%s' ORDER BY DATA_DATE;",
                   szDataEnd);
        sql = sql + sqlbuf;
    }
    else {
        // 没有条件
    }
    try {
        //创建
        _RecordsetPtr rs;
        rs.CreateInstance(__uuidof(Recordset));
        // 查询,获得结果集
        rs->Open(sql.c_str(), m_pConnection.GetInterfacePtr(),
                         adOpenDynamic, adLockOptimistic, adCmdText);
        // 循环直到最后一条记录
        while(!rs->adoEOF) {
```

```
            CDayDataEntry obj;
            // 取出各列的值
            _variant_t date           = rs->GetCollect(TableFiles::DATA_DATE);
            _variant_t open           = rs->GetCollect(TableFiles::PRICE_OPEN);
            _variant_t close          = rs->GetCollect(TableFiles::PRICE_CLOSE);
            _variant_t max            = rs->GetCollect(TableFiles::PRICE_MAX);
            _variant_t min            = rs->GetCollect(TableFiles::PRICE_MIN);
            _variant_t turnover       = rs->GetCollect(TableFiles::TURNOVER);
            _variant_t tradingVolume = rs->GetCollect(TableFiles::TRADING_VOLUME);
            assert(date.vt == VT_BSTR);
            // 赋值给类对象相应的成员变量
            obj.code          = szStockCode;
            obj.date          = date.bstrVal;
            obj.open          = open.bstrVal;
            obj.close         = close.bstrVal;
            obj.max           = max.bstrVal;
            obj.min           = min.bstrVal;
            obj.turnover      = turnover.bstrVal;
            obj.tradingVolume = tradingVolume.bstrVal;
            // 放入缓冲区
            v.push_back(obj);
            // 移动到下一条记录
            rs->MoveNext();
        }
    }
    catch(_com_error &e) {
        CTools::MessageBoxFormat(_T("%s"), e.ErrorMessage());
        return false;
    }
    catch(...) {
        TRACE("发生异常\r\n");
        return false;
    }
    return true;
}
```

19.6　登录模块设计

登录模块主要用于通过输入正确的密码进入股票分析仿真系统的主窗体，它可以提高程序的安全性，保护数据资料不外泄。登录模块运行结果如图 19.9 所示。

19.6.1　设计登录对话框

在资源视图中插入一个对话框（Dialog）并命名为“IDD_DIALOG_LOGIN”。添加之后双击“IDD_DIALOG_LOGIN”打开对话框，在上面单击鼠标右键，在弹出的菜单中选择“类向导”命令，在弹出的对话框中输入类名“CDialogLogin”，单击“完成”按钮新建类。接下来在界面上放置图 19.10 所示控件，并关联变量。

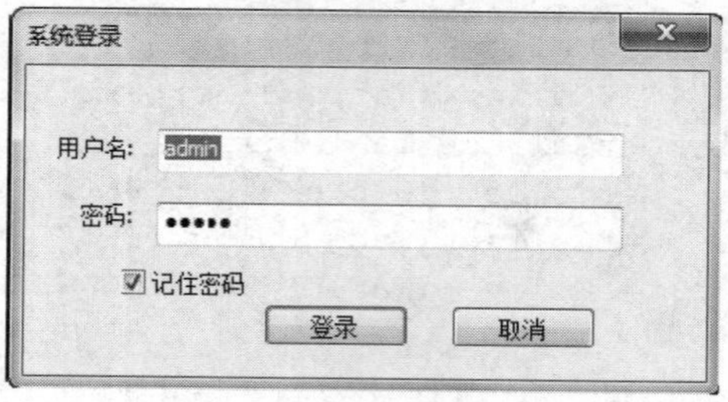

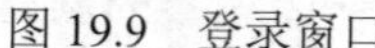

图 19.9　登录窗口

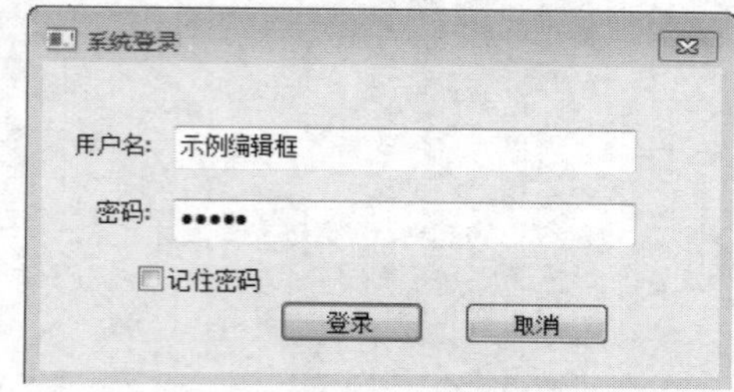

图 19.10　登录窗口控件

19.6.2　登录功能的实现

双击“登录”按钮，进入代码编辑器，IDE 会自动生成此按钮的事件处理代码。在代码中的处理过程是：

（1）记录用户名和密码，记住密码到配置文件中。

（2）把用户名和密码与数据库存在的用户名和密码进行对比，如果不符，则弹出“用户名或密码错误”并返回。

（3）根据用户名查询用户权限相关信息记录在全局变量“g_loginUser ”中，供以后使用。

代码如下：

<代码 11　　代码位置：资源包\Code\08\Bits\011.txt>

```
void CDialogLogin::OnBnClickedButtonLogin()
{
    UpdateData(TRUE);
    // 记录到配置文件
    RecordInfo();
    // 到数据库中进行对比
    if(!DB.CheckUser(m_strUsername, m_strPassword)) {
        AfxMessageBox(_T("用户名或密码错误"));
        return;
    }
    // 查询数据库中的权限信息
    if(!DB.QueryUserByUsername(g_loginUser, m_strUsername)) {
        AfxMessageBox(_T("获取用户信息失败"));
        return;
    }
    // 退出当前对话框
    OnOK();
}

void CDialogLogin::RecordInfo()
{
    // 保存"用户名"到配置文件中
    CFG.SaveFormat(L"登录用户", L"用户名", L"%s", m_strUsername.GetString());
    // 保存"是否记录密码"到配置文件中
    CFG.SaveFormat(L"登录用户", L"是否记录密码", L"%d", m_bRecordPass);
    // 如果选定了了 "记录登录密码",则记录密码到配置文件中
```

```
    if(m_bRecordPass) {
        CFG.SaveFormat(L"登录用户", L"密码", L"%s", m_strPassword.GetString());
    }
}
```

✍ 说明：

本系统中，配置文件操作使用的“CConfig”类,详细代码可参考“CConfig”头文件和类文件。

19.6.3　退出登录窗口

双击“取消”按钮，则“取消”按钮设置监听事件。在监听事件中，调用 OnCancel ()方法实现退出当前程序的功能。代码如下：

<代码 12　　代码位置：资源包\Code\08\Bits\012.txt>

```
void CDialogLogin::OnBnClickedButtonCancel()
{
    // 调用该方法,可以退出 CDialog 窗口
    OnCancel();
}
```

19.7　系统主窗体设计

主窗体在程序操作过程中必不可少，是与用户交互的重要环节。通过主窗体，用户可以调用系统相关的各子模块，快速掌握本系统实现的各功能。股票分析仿真系统中，当登录窗体验证成功后，将进入主窗体。主窗体中有菜单栏、状态栏和客户区，单击相应菜单项可打开相应功能对话框，状态栏显示了当前登录的用户名、登录时间和版权信息。主窗体运行结果如图 19.11 所示。

图 19.11　股票分析仿真系统主窗体

19.7.1 主窗体和各模块功能组织方式

各功能模块都是一个对话框窗口。主窗口为各功能模块窗口的父窗口。当单击主窗口的菜单项时，会隐藏当前正在显示的子窗口，并显示选择的功能模块窗口。

“CMrkjSystemDlg”类中定义并初始化各子功能模块窗口指针，“m_vDlgPtr”成员变量保存各个子窗口的指针，方便显示和隐藏。实现代码如下：

<代码 13　　代码位置：资源包\Code\08\Bits\013.txt>

```
// 代码来自文件：MrkjSystemDlg.h

// 主页 沪深分类股票
CDialogHuShen *m_pDlgHuShen{ new CDialogHuShen()};

// 子对话框 : 数据维护
CDialogDataMaintenance *m_pDlgDataMaintenance{new CDialogDataMaintenance()};

// 子对话框 : 数据导入导出
CDialogDataImpExp *m_pDlgDataImpExp{new CDialogDataImpExp()};

// 子对话框 : 类型维护
CDialogDataKind *m_pDlgDataKind{new CDialogDataKind()};

// 子对话框 : 类型选择
CDialogKindSelect *m_pDlgKindSelect{new CDialogKindSelect()};

// 子对话框 : 历史数据
CDialogHostoryData *m_pDlgHostoryData{new CDialogHostoryData()};

// 子对话框 : 实时数据
CDialogRealtimeData *m_pDlgRealtimeData{new CDialogRealtimeData()};

// 子对话框 : 计算器
CDialogCalc *m_pDlgCalc{new CDialogCalc()};

// 子对话框 : 屏幕截图
// 没有对话框

// 子对话框 : 系统设置
CDialogSetting *m_pDlgSetting{new CDialogSetting()};

// 子对话框 : 帮助
// 没有对话框，弹出网页

// 子对话框 : 关于
// 模态对话框，不必定义成成员变量

// 存储所有对话框的指针
std::vector<CDialogEx *> m_vDlgPtr;
```

```
//只显示自己的窗口,其余的隐藏,并返回上次显示的窗口
void ShowChange(CDialogEx *pDlg);

//记录当前正在显示的对话框
CDialogEx *m_pDlgLastShow{nullptr}
```

19.7.2 显示各功能窗口

窗口显示/隐藏的切换：主要集中在“void ShowChange(CDialogEx * pDlg)”方法中，该方法首先记录最后显示的窗口，再更新窗口显示所需要的数据，最后显示新窗口，隐藏前一个显示的窗口。代码如下：

<代码 14　　代码位置：资源包\Code\08\Bits\014.txt>

```
//代码来自文件: MrkjSystemDlg.cpp

//只显示自己的窗口,其余的隐藏
void CMrkjSystemDlg::ShowChange(CDialogEx *pDlg)
{
    // 查找当前已经显示的窗口
    for(auto p : m_vDlgPtr) {
        if(p->IsWindowVisible()) {
            m_pDlgLastShow = p;
            break;
        }
    }
    // 更新窗口数据
    {
        if(pDlg == m_pDlgDataMaintenance) {
            m_pDlgDataMaintenance->UpdateKindList();
        }
        if(pDlg == m_pDlgHostoryData) {
            m_pDlgHostoryData->UpdateStockInfoComboBox();
        }
        if(pDlg == m_pDlgRealtimeData) {
            m_pDlgRealtimeData->UpdateStockInfoComboBox();
        }
    }
    // 显示新窗口
    if(pDlg && pDlg->GetSafeHwnd()) {
        pDlg->ShowWindow(SW_SHOW);
    }
    //隐藏其它窗口
    for(auto p : m_vDlgPtr) {
        if(p != pDlg) {
            p->ShowWindow(SW_HIDE);
        }
    }
    m_statusBar.ShowWindow(SW_SHOW);
}
```

19.8 公式选股功能实现

股票数量很多，如果想快速选出好的股票，必须使用工具，而不是人工查看。因此本工具提供了公式选股的功能。该功能可以让用户指定公式、指定股票范围、指定时间范围自动选择符合条件的股票，从而快速缩小股票的范围。公式选股功能效果图如图 19.12 所示。

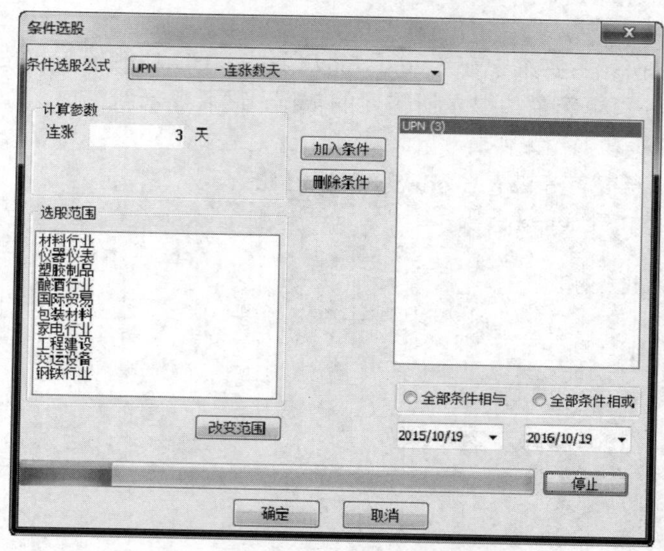

图 19.12　公式选股功能效果图

19.8.1 界面设计

公式选股器的界面如图 19.13 和图 19.14 所示。

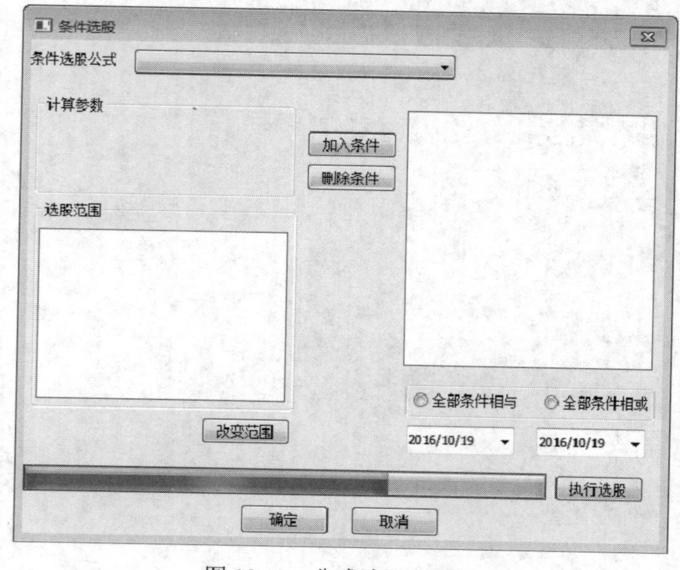

图 19.13　公式选股主界面

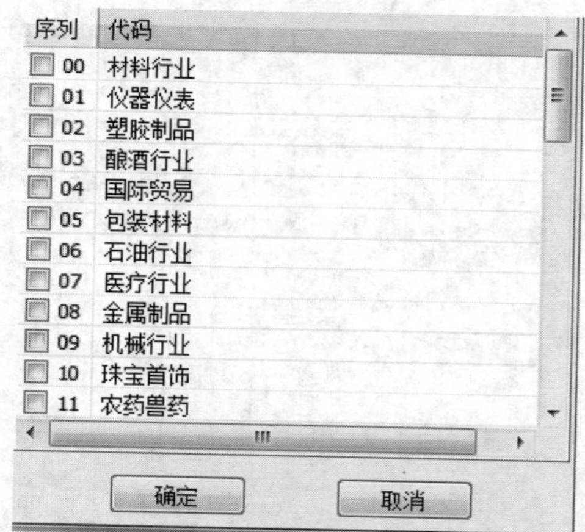

图 19.14　选择股票范围

19.8.2　实现公式选股

公式选股功能的实现主要分成两个部分。

1. 解析公式

需要把用户选择的公式先进行一次解析，包括获得公式名称、获得公式参数，这是一个预处理过程，获得了公式的相关信息之后，后面的代码就可以针对不同的公式分别判断了。具体代码如下：

<代码 15　　代码位置：资源包\Code\08\Bits\015.txt>

```
BOOL CDialogStockFilter::DoFilter(BOOL bFilter)
{
    if(bFilter) {
        // 清空上次选股的结果
        m_vFilterStocks.clear();

        // 进度条放到初始位置
        m_process.SetPos(0);

        // 缩短一下命名空间,方便使用
        namespace t = filter_tread;

        // 取得条件：全部与？ or 全部或
        t::query_condition.bAndOr = (((CButton *)GetDlgItem(IDC_RADIO_ADN))->Ge
tCheck() == BST_CHECKED);

        // 取得所有条件公式，并解析出来
        {
            auto &tmp = t::query_condition;
            tmp.vFuncs.clear();
            for(int index = 0; index < m_listFilters.GetCount(); ++index) {
                CString str;
                m_listFilters.GetText(index, str);
                // 拆分字符串
                int iStart = 0;
                // 函数名
                CString s = str.Tokenize(_T(" ()"), iStart);
                assert(!s.IsEmpty());
                t::SFunc fun;
                fun.strFunc = s;

                // 参数
                s = str.Tokenize(_T(" ()"), iStart);
                for(; !s.IsEmpty(); s = str.Tokenize(_T(" ()"), iStart)) {
                    fun.vParams.push_back(s);
                }
                // 存起来
                t::query_condition.vFuncs.push_back(fun);
            }
```

```
            if(tmp.vFuncs.empty()) {
                AfxMessageBox(_T("请至少选择一个选股公式"));
                return FALSE;
            }
        }

        // 获得日期区间
        {
            COleDateTime dtStart, dtEnd;
            m_dtStart.GetTime(dtStart);
            m_dtEnd.GetTime(dtEnd);
            // 获取日期字符串
            t::query_condition.strDateStart = dtStart.Format(_T("%Y/%m/%d"));
            t::query_condition.strDateEnd = dtEnd.Format(_T("%Y/%m/%d"));
        }

        // 获取选股范围
        {
            t::query_condition.vKinds.clear();
            GetKinds(t::query_condition.vKinds);
            if(t::query_condition.vKinds.empty()) {
                AfxMessageBox(_T("请选择选股范围"));
                return FALSE;
            }
        }

        // 标志正在选股
        m_bFilter = bFilter;
        // 启动线程
        filter_tread::Start(this);
        return TRUE;
    }
    else {
        // 停止选股线程
        filter_tread::Stop();
    }

    return m_bFilter;
}
```

2. 运行公式

前面解析了公式的相关信息，并存入了数组 vFuncs 中，接下来依次遍历这个数组，针对每一个公式进行处理。具体代码如下：

<代码 16　　代码位置：资源包\Code\08\Bits\016.txt>

```
// 辅助函数 : 判断股票数据是否符合条件
BOOL CheckStock(VDayDataEntry const &vdd, BOOL bAndOr, std::vector<SFunc> vFuncs)
{
    // 是否满足连涨N天条件
    auto CheckUPN = [](VDayDataEntry const & vdd, int N)->BOOL {
```

```
    if(N <= 1)
    {
        return FALSE;
    }
    // 至少要有 1+N 天数据，才能判断是否连涨 N 天
    if(vdd.size() <= N)
    {
        return FALSE;
    }
    // 从最后一天向前判断是面连跌了 N 天
    int cnt = 0;
    for(unsigned i1 = vdd.size() - 1; i1 >= 0; --i1)
    {
        unsigned i0 = i1 - 1;
        // 转换成浮点数，比较大小
        wstringstream ss0(vdd[i0].close), ss1(vdd[i1].close);
        float d0, d1;
        ss0 >> d0, ss1 >> d1;
        // 如果前一天 >= 第二天，说明没有涨，则不符条件
        if(d0 >= d1) {
            // 跳出，不必再继续判断了
            break;
        }
        else {
            cnt++;
        }
        if(cnt >= N) {
            return TRUE;
        }
    }
    return cnt >= N;
};
// 是否满足连跌 N 天条件
auto CheckDOWNN = [](VDayDataEntry const & vdd, int N)->BOOL {
    if(N <= 1)
    {
        return FALSE;
    }
    // 至少要有 1+N 天数据，才能判断是否连涨 N 天
    if(vdd.size() <= N)
    {
        return FALSE;
    }
    // 从最后一天向前判断是面连跌了 N 天
    int cnt = 0;
    for(unsigned i1 = vdd.size() - 1; i1 >= 0; --i1)
    {
        unsigned i0 = i1 - 1;
```

```
            // 转换成浮点数，比较大小
            wstringstream ss0(vdd[i0].close), ss1(vdd[i1].close);
            float d0, d1;
            ss0 >> d0, ss1 >> d1;
            // 如果前一天 < 第二天，说明涨了，则不符条件
            if(d0 < d1) {
                // 跳出，不必再继续判断了
                break;
            }
            else {
                cnt++;
            }
            if(cnt >= N) {
                return TRUE;
            }
        }
        return cnt >= N;
    };

    // 如果全部条件与 : 判数是否不符合条件，如果不符合,就提前跳出
    if(query_condition.bAndOr) {
        // 对当前股票数据执行过滤消息
        for(SFunc &fun : query_condition.vFuncs) {
            if(fun.strFunc == _T("UPN")) {
                //取得参数,转化为天，该函数表示连涨 N 天
                wstringstream ss(fun.vParams[0].GetString());
                int N = 0;
                ss >> N;
                TRACE("连涨%d天\r\n", N);
                if(!CheckUPN(vdd, N)) {
                    return FALSE;
                }
            }
            else if(fun.strFunc == _T("DOWNN")) {
                //取得参数,转化为天，该函数表示连跌 N 天
                wstringstream ss(fun.vParams[0].GetString());
                int N = 0;
                ss >> N;
                TRACE("连跌%d天\r\n", N);
                if(!CheckDOWNN(vdd, N)) {
                    return FALSE;
                }
            }
        }
        return TRUE;
    }
    // 全部条件 or : 判断是否符合条件，如果符合,就提前跳出
    else {
```

```
        // 对当前股票数据执行过滤消息
        for(SFunc &fun : query_condition.vFuncs) {
            if(fun.strFunc == _T("UPN")) {
                //取得参数,转化为天，该函数表示连涨 N 天
                wstringstream ss(fun.vParams[0].GetString());
                int N = 0;
                ss >> N;
                TRACE("连涨%d 天\r\n", N);
                if(CheckUPN(vdd, N)) {
                    return TRUE;
                }
            }
            else if(fun.strFunc == _T("DOWNN")) {
                //取得参数,转化为天，该函数表示连跌 N 天
                wstringstream ss(fun.vParams[0].GetString());
                int N = 0;
                ss >> N;
                TRACE("连跌%d 天\r\n", N);
                if(!CheckDOWNN(vdd, N)) {
                    return TRUE;
                }
            }
        }
        return FALSE;
    }

}
```

公式选股的运行效果如图 19.15 所示。

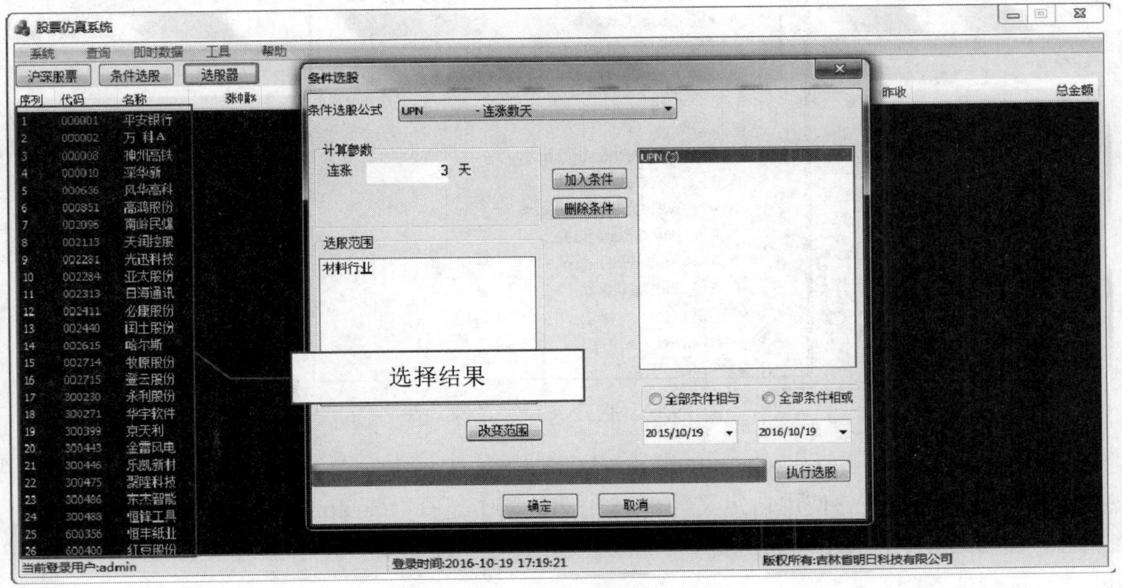

图 19.15　公式选股运行结果

19.9 绘制股票日数据 K 线图

K 线图是股票数据分析的重要工具和手段。本部分主要负责画股票日线数据的 K 线图。

19.9.1 自定义控件

Windows 本身已经提供了很多控件供开发者使用，如前面用的按钮控件、文本框控件等。但是使用已有的控件无法完成 K 线图功能。因此这里自定义一个专门绘制 K 线图的控件。

本程序自定义控件所用到的源文件，如图 19.16 所示。

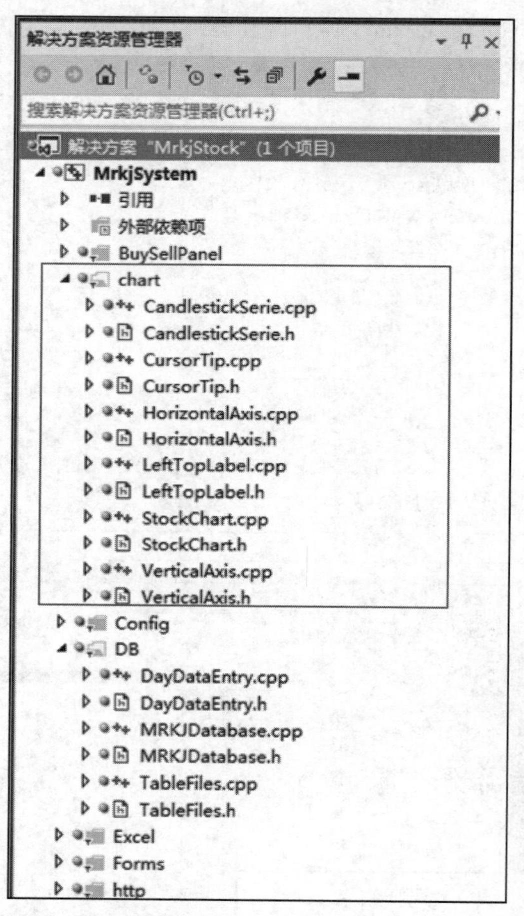

图 19.16　自定义控件之源文件

其中 CStockChart（在 StockChart.h 和 StockChart.cpp 文件中）即为自定义控件类，其余文件为供该类使用的其他小部件。使用自定义控件时在工具箱中选择“Custom Control”放到对话框上，并修改属性，如图 19.17 所示。

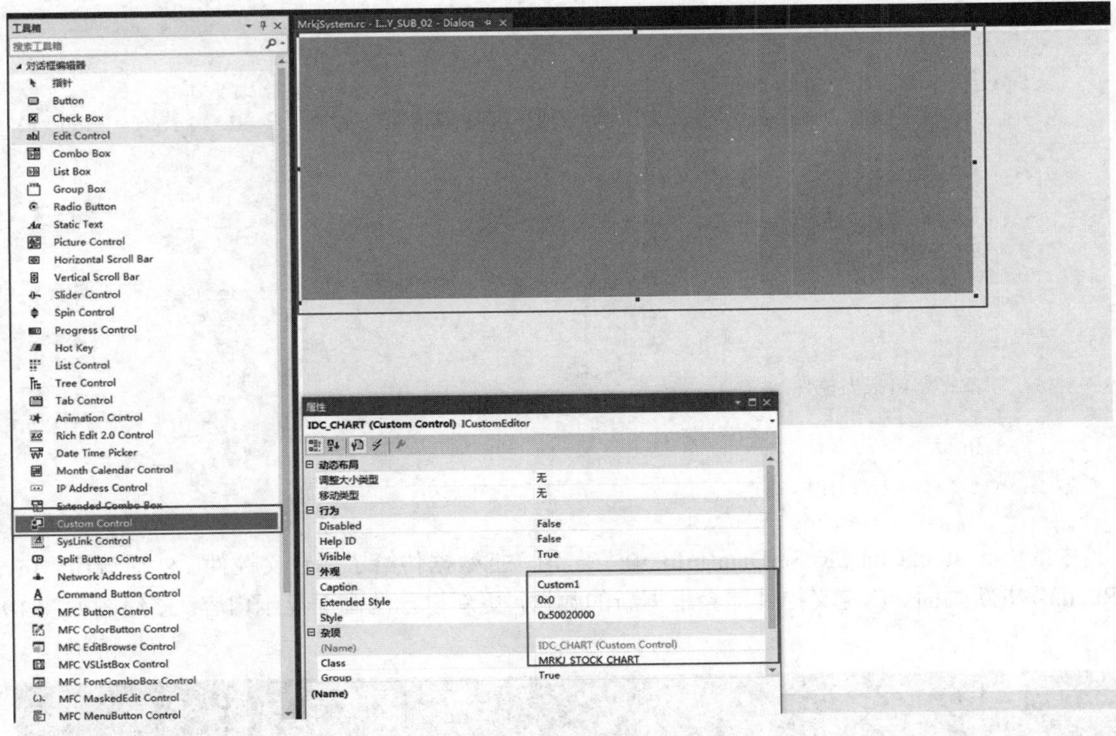

图 19.17　自定义控件使用

为自动定义控件添加关联变量时，选择控件变量，类型为"CStockChart"，之后就可以像使用普通控件一样使用自定义控件了。

19.9.2　K 线图的更新

由于要画的是日线的 K 线图，所以要获取股票的日线数据并传给自定义控件。获取日线数据代码如下：

<代码 17　　代码位置：资源包\Code\08\Bits\017.txt>

```
void CDialogHistorySub02::UpdateKLine(const CString &strCode,
                                      const CString &strDateStart,
                                      const CString &strDateEnd)
{
    using namespace std;
    // 取数据
    CMRKJDatabase::TupleStockInfo info;
    // 从数据库中取股票信息,如名字等.
    if(!DB.QueryStockInfoByCode(info, strCode)) {
        CTools::MessageBoxFormat(_T("没有股票信息[%s]"), strCode.GetString());
        return;
    }
```

```
    // 查询日线数据
    VDayDataEntry v;
    if(!DB.QueryDayData(v, strCode, strDateStart, strDateEnd)) {
        CTools::MessageBoxFormat(_T("股票没有数据[%s]"), strCode.GetString());
        return;
    }
    // 如果没有数据,进行提示
    if(v.empty()) {
        CTools::MessageBoxFormat(_T("股票没有数据[%s]"), strCode.GetString());
        return;
    }
    // 将数据传给报表控件
    m_stockChart.ReSetData(info, v);
    // 并更新
    InvalidateRect(NULL);
}
```

其中的“m_stockChart.ReSetData(info, v);”一句，把数据传给了自定义控件。然后调用“InvalidateRect()”更新画面。自定义控件即会根据新的数据，更新自己的画面显示内容。K 线图如图 19.18 所示。

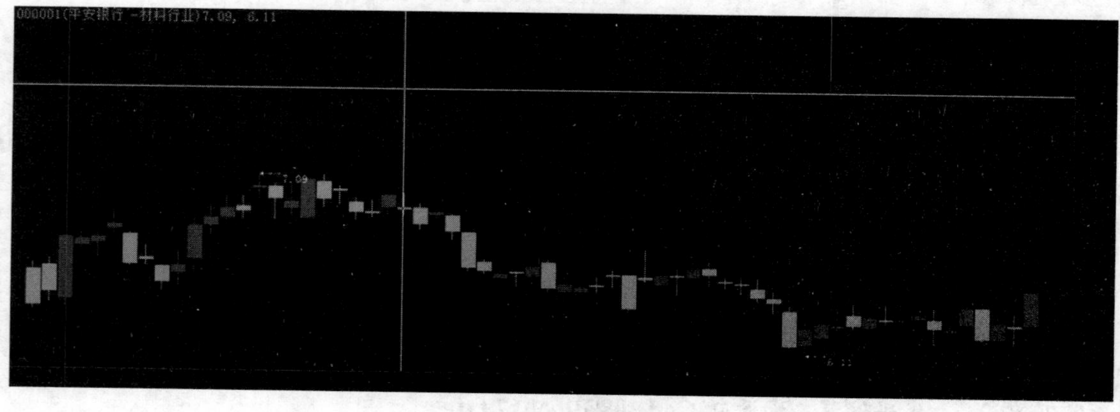

图 19.18　K 线图举例

19.10　其他主要功能模块

19.10.1　基础数据维护模块

基础数据维护模块包括两部分功能：一是股票信息的操作，如股票名称、股票代码及股票所属种类增加修改查询删除操作；二是股票日线数据的增删改查操作。选择程序主窗体菜单“系统”→“基础数据维护”可以打开本部分功能，运行效果如图 19.19 所示。

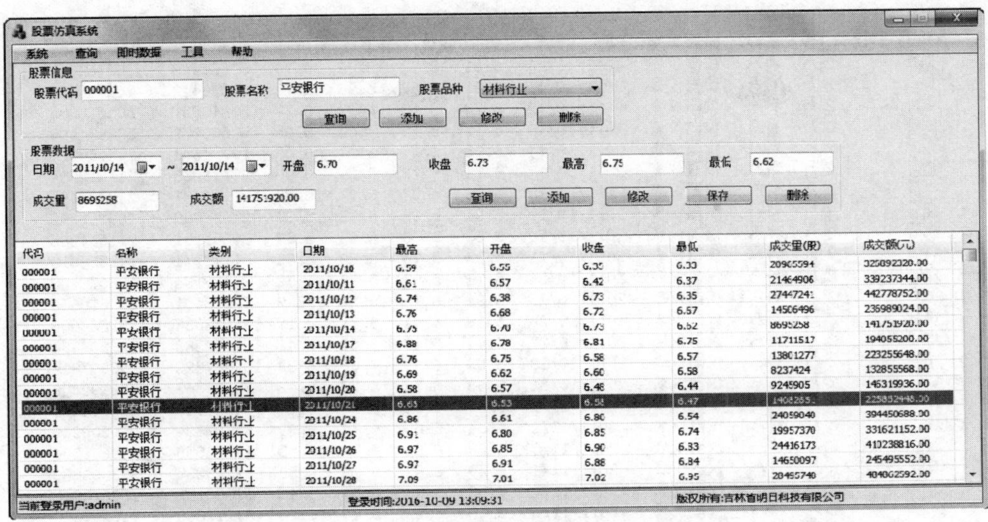

图 19.19　基础数据维护模块运行效果图

19.10.2　导入导出数据模块

股票的数据量是非常大的，用户虽然可以一条一条地输入，但是这样的效率很低。如果恰好用户有现成的数据，则可以使用导入功能，快速地导入到本软件中。同时本软件也可以把数据导出到指定的文件中。本部分功能主要是：

（1）读取 Excel 表格中的股票为数据放入数据库。

（2）将数据库中的数据导出到 Excel 表格中。

（3）根据股票代码显示所有日线数据。

选择程序主窗体菜单“系统”→“导入导出数据”可以打开本部分功能，运行效果如图 19.20、图 19.21 所示。

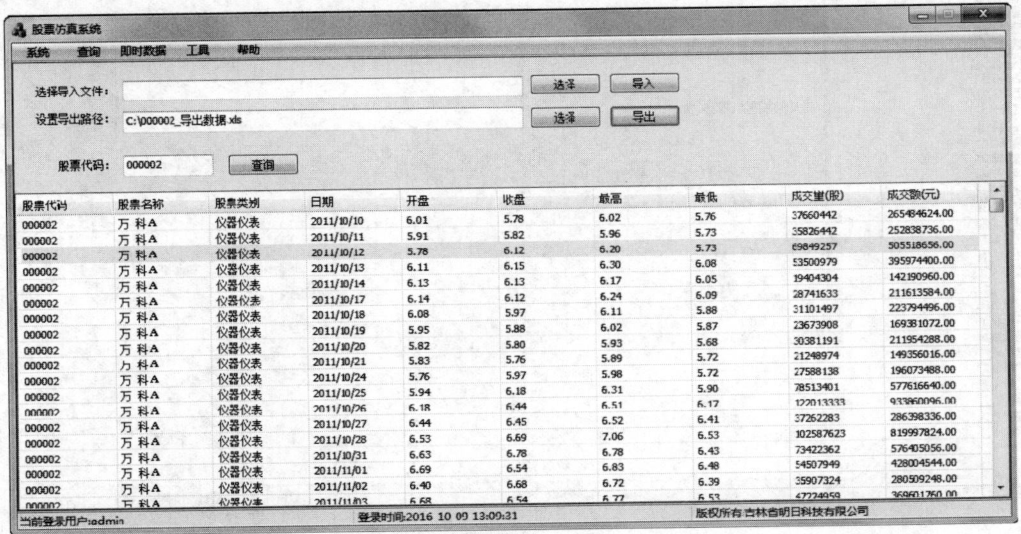

图 19.20　数据导出演示

	A	B	C	D	E	F	G	H	I	J
1	股票代码	股票名称	股票类别	日期	开盘	收盘	最高	最低	成交量	成交额
2	2	万　科A	仪器仪表	2011/10/10	6.01	5.78	6.02	5.76	37660442	265484624
3	2	万　科A	仪器仪表	2011/10/11	5.91	5.82	5.96	5.73	35826442	252838736
4	2	万　科A	仪器仪表	2011/10/12	5.78	6.12	6.2	5.73	69849257	505518656
5	2	万　科A	仪器仪表	2011/10/13	6.11	6.15	6.3	6.08	53500979	395974400
6	2	万　科A	仪器仪表	2011/10/14	6.13	6.13	6.17	6.05	19404304	142190960
7	2	万　科A	仪器仪表	2011/10/17	6.14	6.12	6.24	6.09	28741633	211613584
8	2	万　科A	仪器仪表	2011/10/18	6.08	5.97	6.11	5.88	31101497	223794496
9	2	万　科A	仪器仪表	2011/10/19	5.95	5.88	6.02	5.87	23673908	169381072
10	2	万　科A	仪器仪表	2011/10/20	5.82	5.8	5.93	5.68	30381191	211954288
11	2	万　科A	仪器仪表	2011/10/21	5.83	5.76	5.89	5.72	21248974	149356016
12	2	万　科A	仪器仪表	2011/10/24	5.76	5.97	5.98	5.72	27588138	196073488
13	2	万　科A	仪器仪表	2011/10/25	5.94	6.18	6.31	5.9	78513401	577616640
14	2	万　科A	仪器仪表	2011/10/26	6.18	6.44	6.51	6.17	122013333	933860096
15	2	万　科A	仪器仪表	2011/10/27	6.44	6.45	6.52	6.41	37262283	286398336
16	2	万　科A	仪器仪表	2011/10/28	6.53	6.69	7.06	6.53	102587623	819997824
17	2	万　科A	仪器仪表	2011/10/31	6.63	6.78	6.78	6.43	73422362	576405056
18	2	万　科A	仪器仪表	2011/11/1	6.69	6.54	6.83	6.48	54507949	428004544
19	2	万　科A	仪器仪表	2011/11/2	6.4	6.68	6.72	6.39	35907324	280509248
20	2	万　科A	仪器仪表	2011/11/3	6.68	6.54	6.77	6.53	47224959	369601760
21	2	万　科A	仪器仪表	2011/11/4	6.69	6.62	6.79	6.56	47288837	373003680
22	2	万　科A	仪器仪表	2011/11/7	6.56	6.46	6.64	6.43	32302161	250210848
23	2	万　科A	仪器仪表	2011/11/8	6.46	6.46	6.49	6.24	54172660	410257632
24	2	万　科A	仪器仪表	2011/11/9	6.41	6.45	6.48	6.32	36185438	275059936
25	2	万　科A	仪器仪表	2011/11/10	6.37	6.35	6.43	6.23	42734067	321122432
26	2	万　科A	仪器仪表	2011/11/11	6.28	6.3	6.34	6.23	27030067	202746848
27	2	万　科A	仪器仪表	2011/11/14	6.33	6.41	6.45	6.26	52871932	401141152

图 19.21　导出的数据

19.10.3　品种维护模块

品种即股票所属的“板块”，如“万科 A”这支股票，属于房地产板块。录入“万科 A”这支股票的数据时，数据库中应该事先就存在“房地产板块”这个品种，否则无法设置“万科 A”的品种。本功能是对品种的增删改查操作。

选择程序主窗体菜单“系统”→“品种维护”可以打开本部分功能，运行效果如图 19.22 所示。

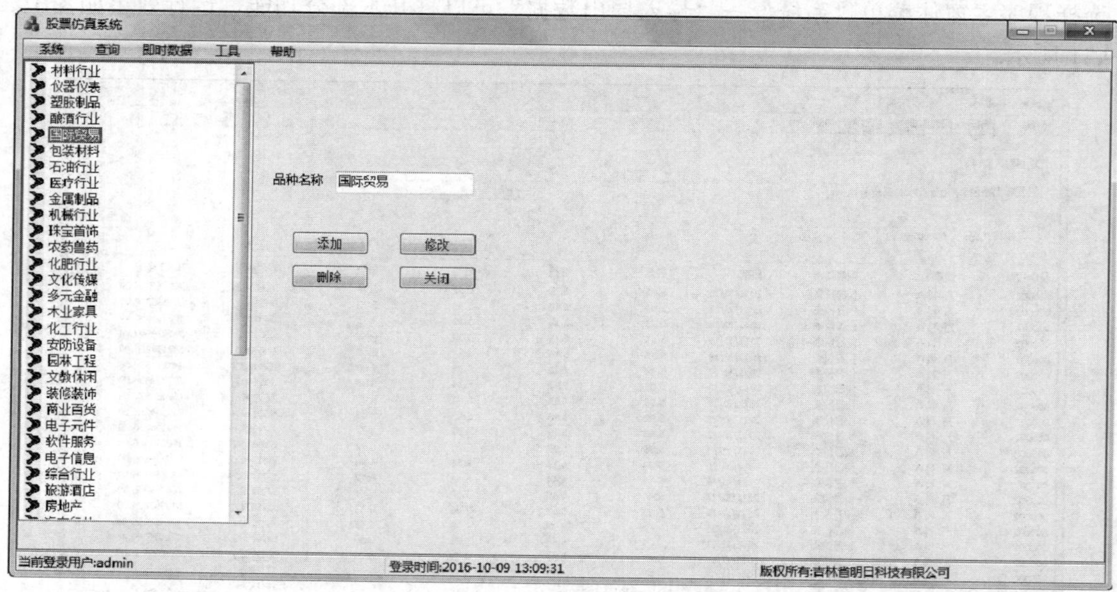

图 19.22　品种维护模块

19.10.4　选择品种模块

选择品种模块类用树形控件展示数据库中的品种信息。当单击某个树形结点时，列出该品种下面的所有股票，可以通过单击股票名字，快速选定一支感兴趣的股票。单击之后跳转到历史数据查询页面，可以对历史数据进行分析。运行效果如图 19.23、图 19.24 所示。

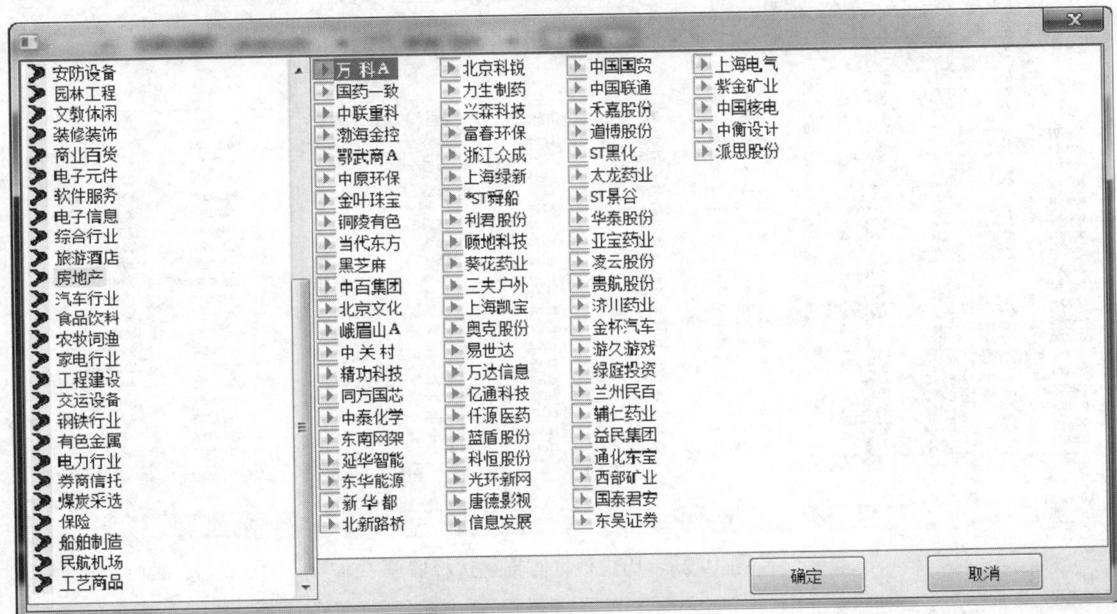

图 19.23　使用品种选择模块-选择股票

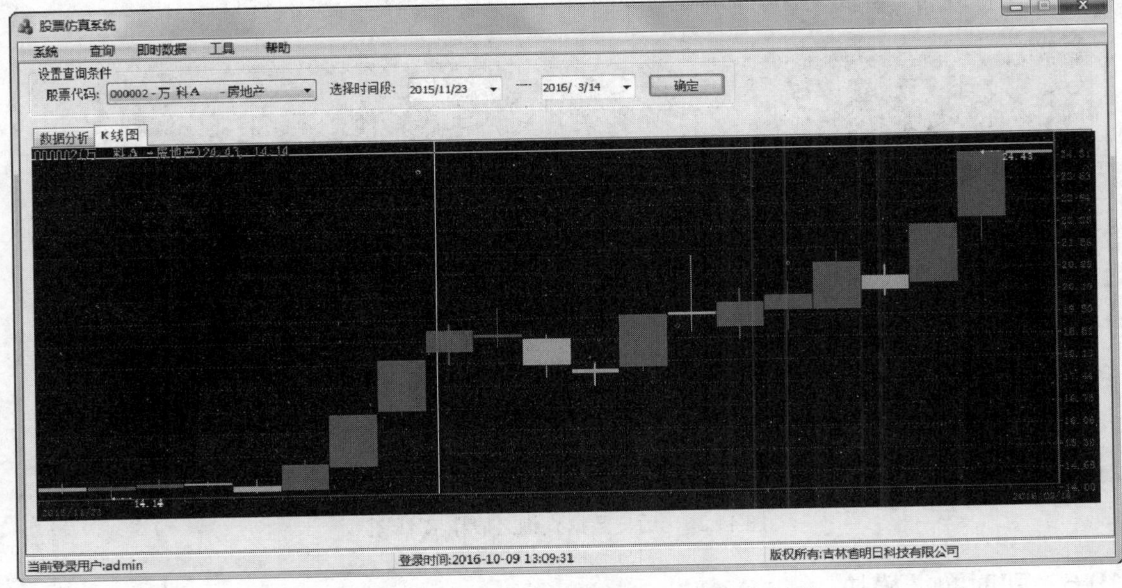

图 19.24　使用品种选择模块选择股票-选择结果

19.10.5 历史数据查询模块

本模块用于显示、分析股票的日线历史数据。查询数据可以输入查询的时间范围，查询之后显示数据表格和当前时间段的 K 线图。运行效果如图 19.25、图 19.26 所示。

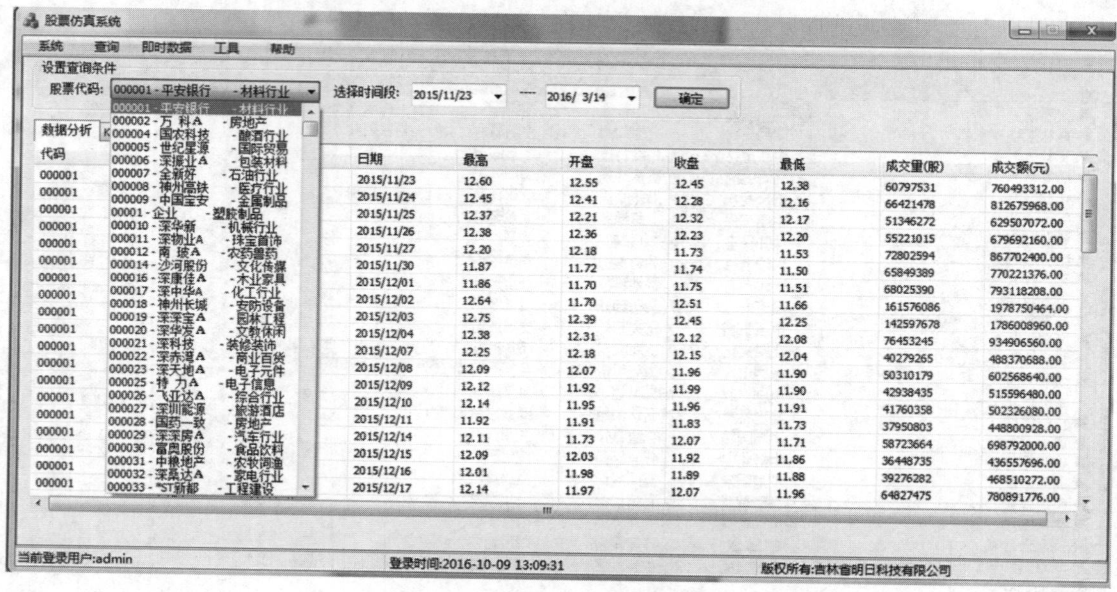

图 19.25　历史数据查询之选择股票

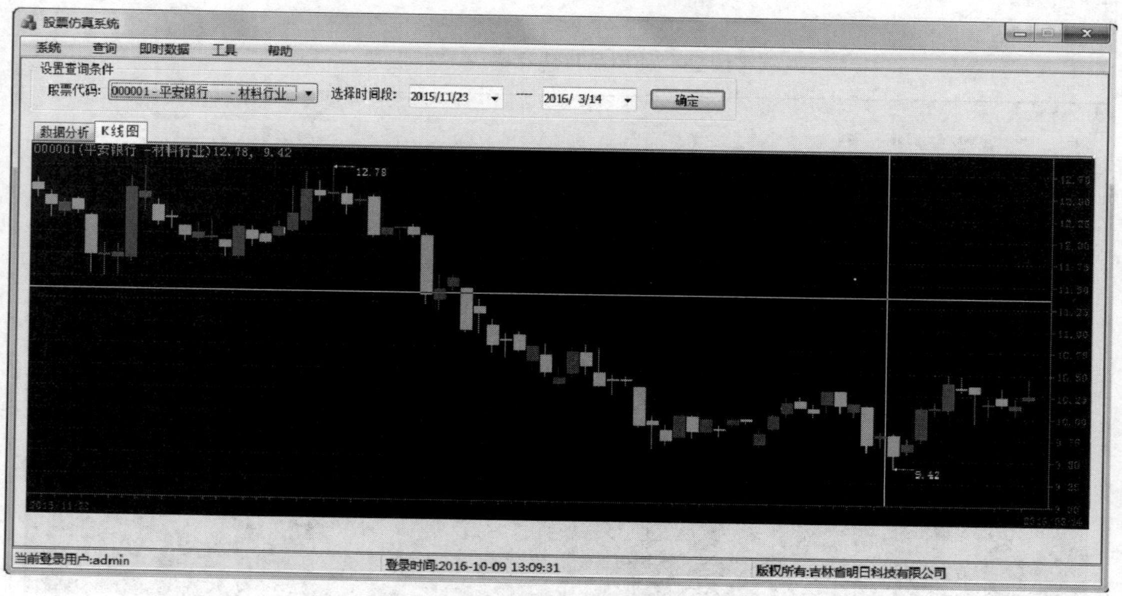

图 19.26　历史数据查询之股票 K 线图

19.10.6 即时数据模块

即时数据即股票在交易时间段的分时数据。新浪财经网站提供各股票的数据，一般情况下，可以通过访问网站的形式获取相关数据，在浏览器的地址栏中输入"http://finance.sina.com.cn/realstock/company/sh000001/nc.shtml"并回车。网页将会展示如图 19.27 所示内容。

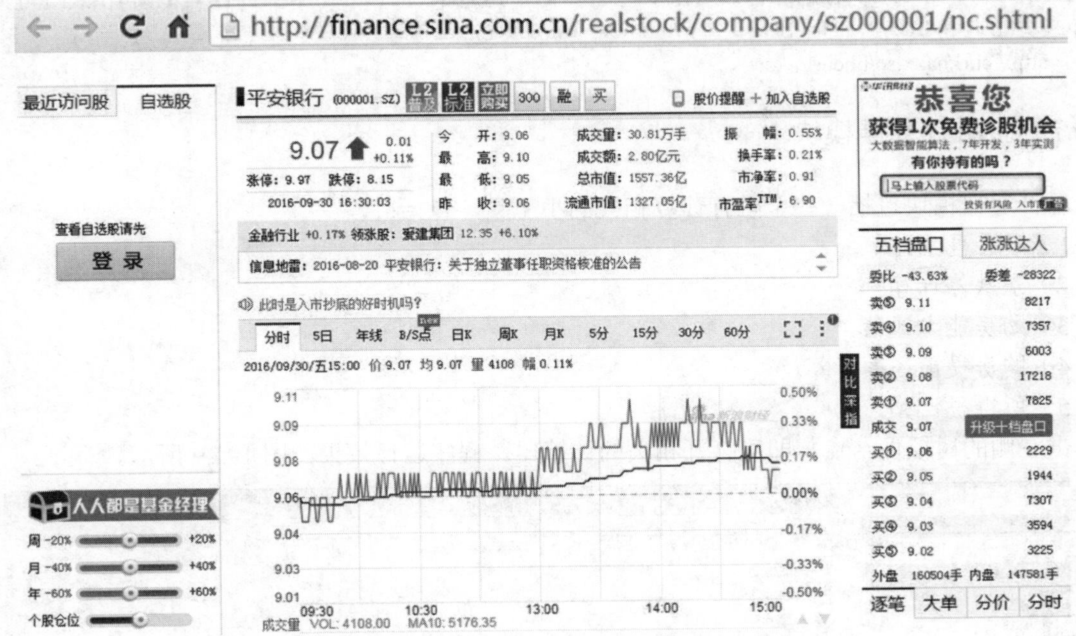

图 19.27　网页展示的股票实时数据内容

网站中内容比较多，其中有一些是本程序中需要的。这里就需要通过程序的方式，自动获取网页内容，并集成在 MrkjSystem 中。

使用程序获取网页信息，可以通过调用 libcurl 这个库来完成。程序运行效果如图 19.28 所示。

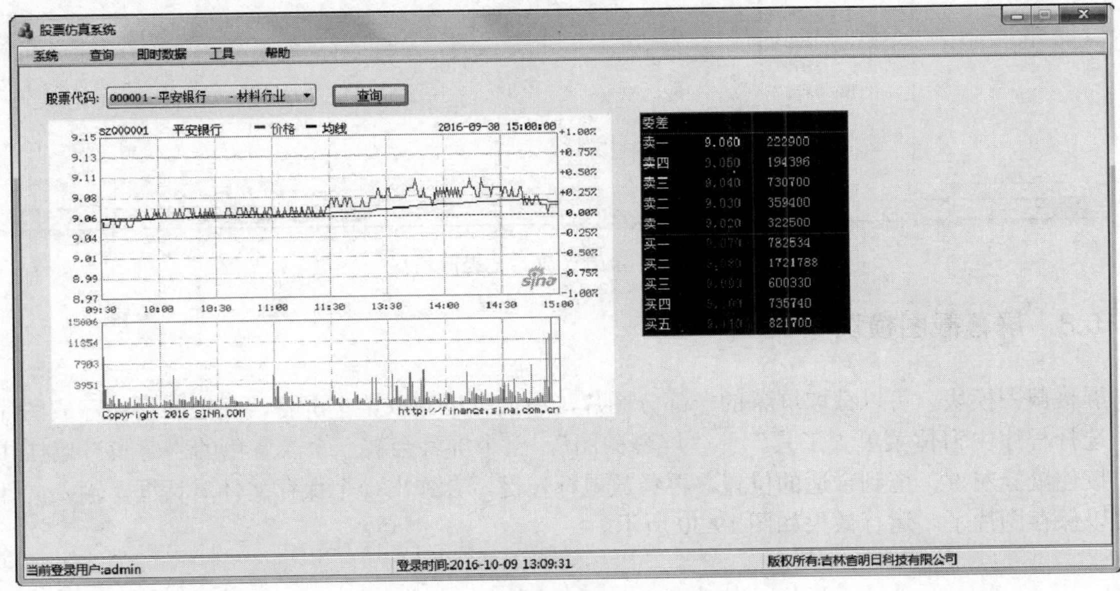

图 19.28　即时数据运行效果

✍ 说明：

Libcurl 为一个免费开源的客户端 url 传输库，支持 FTP、FTPS、TFTP、HTTP、HTTPS、GOPHER、TELNET、DICT、FILE 和 LDAP，跨平台，支持 Windows、Unix 及 Linux 等，线程安全，支持 Ipv6。并且易于使用。网址：http://curl.haxx.se/libcurl/。

19.10.7 金融计算器模块

金融计算器模块包括一些金融行计算相关的小工具，包括：

（1）股票盈亏计算。

（2）涨跌停计算。

（3）购房能力评估。

（4）购房提前还款计算。

（5）所得税计算。

单击左侧的树控件结点，即可打开相关的计算器。程序运行效果如图 19.29 所示。

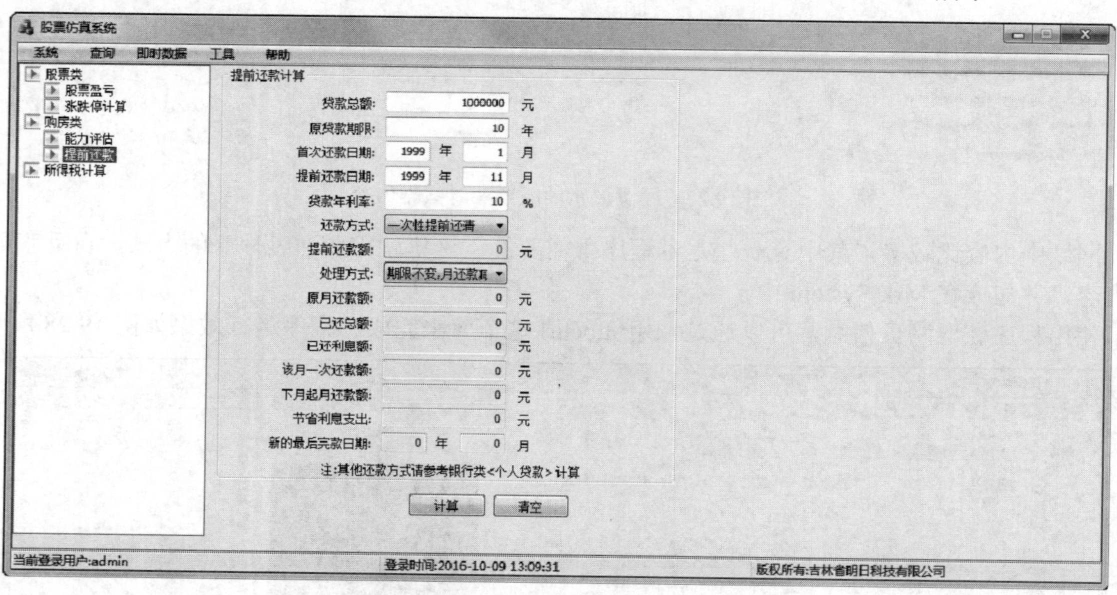

图 19.29 金融计算器之提前还款

19.10.8 屏幕截图模块

屏幕截图模块，可以截取屏幕的一部分图片，最大可以截取整个屏幕，并把图像保存成图片文件。选择程序主窗体菜单“工具”→“屏幕截图”，整个屏幕会被一个淡蓝色的“薄膜”遮挡住。此时按住鼠标左键，拖到合适的位置，再释放鼠标左键，会弹出一个保存文件对话框，输入文件名就可以保存图片了。运行效果如图 19.30 所示。

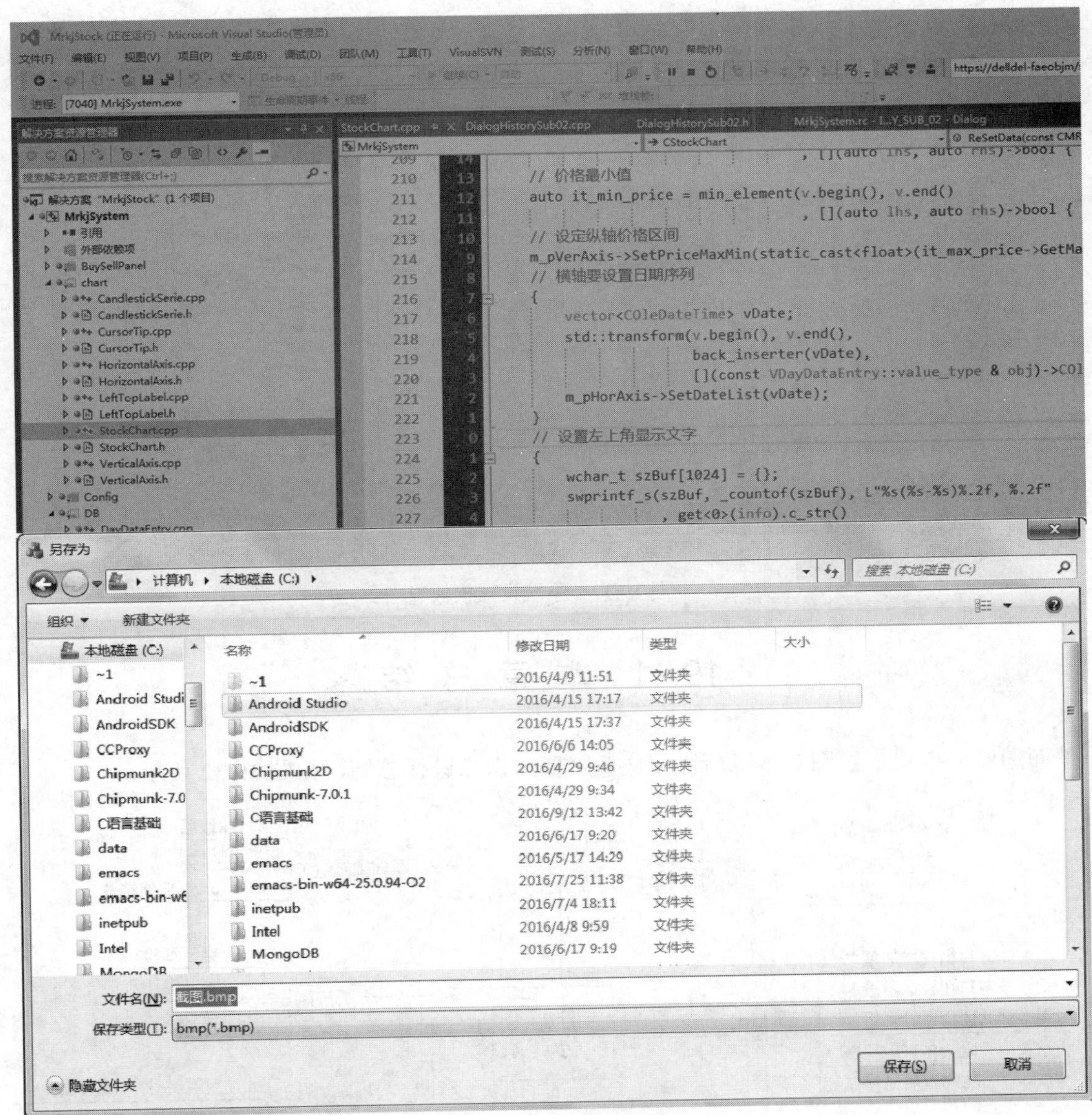

图 19.30　屏幕截图保存图片

19.10.9　系统设置模块

本程序为保证信息的安全，在启动时首先需要登录，且每个登录的用户拥有不同的权限。对用户的管理和用户权限的设置是在“系统设置模块”中进行的。本模块窗口分为左右两部分，左边显示所有的用户及其权限。右边为用户的编辑窗口，可以进行增删改查和授权操作。运行效果如图 19.31 所示。

图 19.31　系统设置模块

19.11　本 章 总 结

下面通过一个思维导图对本章所讲模块及主要知识点进行总结，如图 19.32 所示。

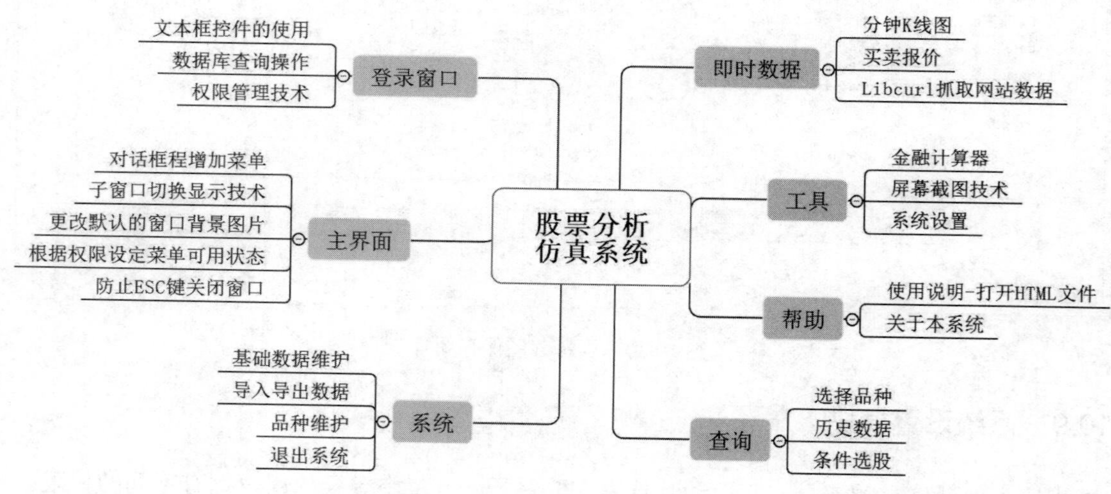

图 19.32　本章总结

开发资源库使用说明

为了更好地学习《C++从入门到精通（项目案例版）》，本书还赠送了 Visual C++开发资源库（需下载后使用，具体下载方法详见前言中“本书学习资源列表及获取方式”），以帮助读者快速提升编程水平。

打开下载的资源包中的 Visual C++开发资源库文件夹，双击 Visual C++开发资源库.exe 文件，即可进入 Visual C++开发资源库系统，其主界面如图 1 所示。Visual C++开发资源库内容很多，本书赠送了其中实例资源库中的“范例整合库 1”（包括 881 个完整实例的分析过程）、模块资源库中的 15 个典型模块、项目资源库中的 16 个项目开发的全过程，以及能力测试题库和面试资源库。

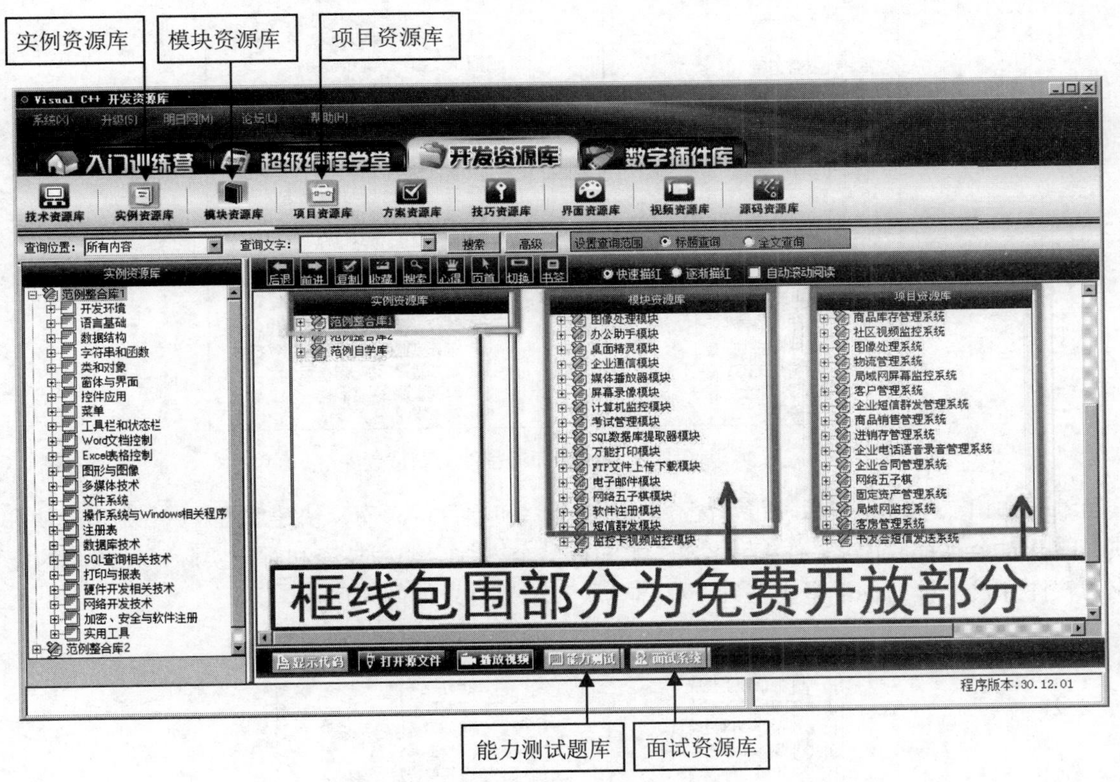

图 1　Visual C++开发资源库主界面

优秀的程序员通常都具有良好的逻辑思维能力和英语读写能力，所以在学习编程前，可以对数学及逻辑思维能力和英语基础能力进行测试，对自己的相关能力进行了解，并根据测试结果进行有针对的训练，以为后期能够顺利学好编程打好基础。本开发资源库能力测试题库部分提供了相关的测试，如图 2 所示。

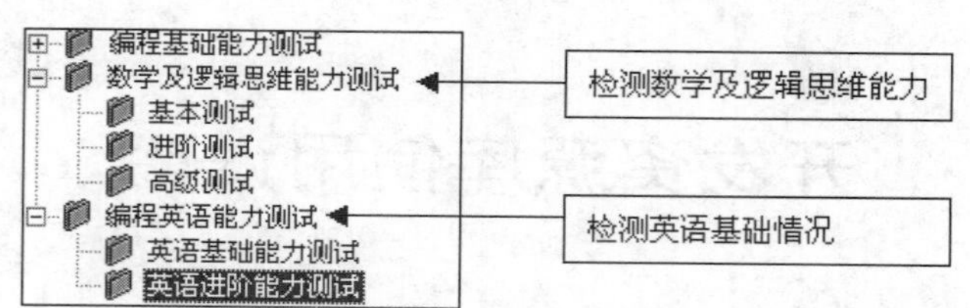

图 2　数学及逻辑思维能力测试和编程英语能力测试目录

在学习编程过程中，可以配合实例资源库，利用其中提供的大量典型实例，巩固所学编程技能，提高编程兴趣和自信心。同时，也可以配合能力测试题库的对应章节进行测试，以检测学习效果。实例资源库和编程能力测试题库目录如图 3 所示。

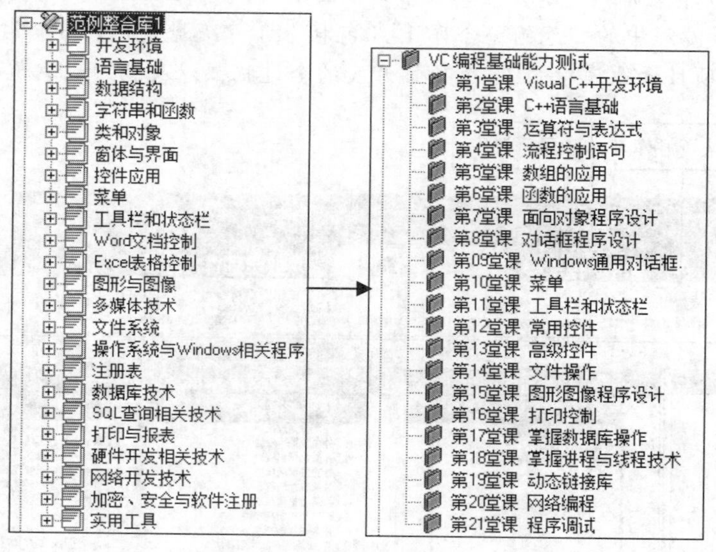

图 3　使用实例资源库和编程能力测试题库

当编程知识点学习完成后，可以配合模块资源库和项目资源库，快速掌握 15 个典型模块和 16 个项目的开发全过程，了解软件编程思想，全面提升个人综合编程技能和解决实际开发问题的能力，为成为软件开发工程师打下坚实基础。具体模块和项目目录如图 4 所示。

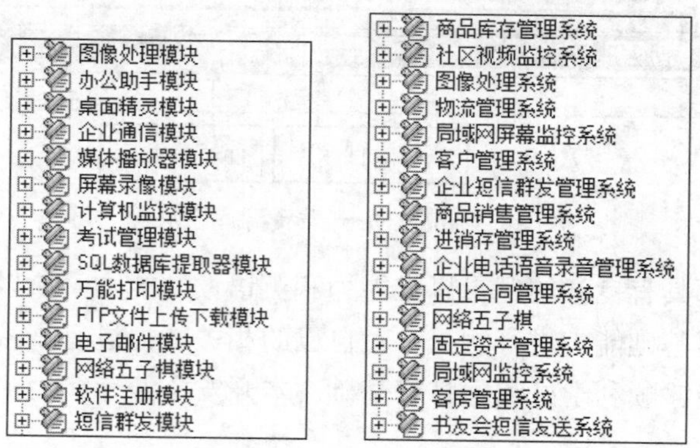

图 4　模块资源库和项目资源库目录

学以致用，学完以上内容后，就可以到程序开发的主战场上真正检测学习成果了。为祝您一臂之力，编程人生的面试资源库中提供了大量国内外软件企业的常见面试真题，同时还提供了程序员职业规划、程序员面试技巧、企业面试真题汇编和虚拟面试系统等精彩内容，是程序员求职面试的宝贵资料。面试资源库的具体内容如图 5 所示。

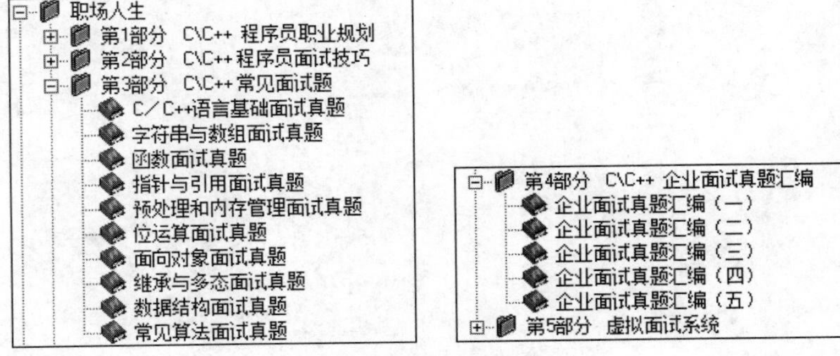

图 5　面试资源库目录

如果您在使用 Visual C++开发资源库时遇到问题，可查看前言中“本书学习资源列表及获取方式”，与我们联系，我们将竭诚为您服务。

150学时在线课程界面展示

明日学院 专注编程教育十八年！
www.mingrisoft.com

课程 ▾ 请输入内容　明日图书　淘宝店铺　登录 | 注册

首页　课程　读书　社区　服务中心　VIP会员

实战课程　从基础到精深，编程语言尽可掌握！　更多>>

命令方式修改数据库	Oracle丨实例	免费	12分9秒	233人学习
实现手机QQ农场的进入游戏界面	Android丨实例	免费	12分19秒	333人学习
第1讲 企业门户网站-功能概述	Java丨模块	免费	1分34秒	359人学习
第1讲 酒店管理系统-概述	Java丨项目	免费	1分32秒	475人学习
编写一个考试的小程序	Java丨实例	免费	3分57秒	938人学习
画桃花游戏	C#丨实例	免费	12分48秒	252人学习
三天打鱼两天晒网	C++丨实例	免费	29分26秒	363人学习
统计学生成绩	C++丨实例	免费	9分51秒	167人学习

体系课程　更多>>

Java入门第一季　C#入门第一季　Oracle入门第一季　Java入门第二季　C++入门第一季　Android入门第一季　Php入门第一季　JavaScript入门第一季

发现课程　返回发现课程

第32讲 贪吃蛇大作战- 游戏说明模…

第1讲 趣味俄罗斯方块- 开发背景

百钱买百鸡

最新动态

1. 第四讲 小恐龙的诞生（七）
2. 第三讲 小恐龙的诞生（六）
3. 第二讲 小恐龙的诞生（五）
4. 第一讲 小恐龙的诞生（四）
5. 第三讲 小恐龙的诞生（三）
6. 第二讲 小恐龙的诞生（二）
7. 第一讲 小恐龙的诞生（一）
8. 第六讲 如何轻松拿到Offer（…

关注学习交流群

专注编程

专业用户，专注编程
提高能力，经验分享

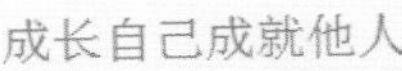

不断学习、成长自己
授人以渔、助人成长

150学时在线课程资源展示及获取方式

体系课程　实战课程

C++入门第一季	C#入门第一季	Java入门第一季
主讲：大米粥　课时：20小时9分11秒　开始学习	课时：20小时18分40秒　开始学习	主讲：根号申　课时：10小时9分15秒　开始学习

体系课程　实战课程　　难 - 中 - 易

实例　　更多>>

猴子吃桃
C++ | 实例　免费
5分24秒　32人学习

判断三角形类型
C++ | 实例　免费
13分51秒　26人学习

难
计算顾客优惠后的金额

计算顾客优惠后的金额
C++ | 实例　免费
17分49秒　15人学习

项目　　更多>>

难
快乐吃豆子游戏

快乐吃豆子游戏
C++ | 项目　免费
2小时15分55秒　17人学习

适中
桌面破坏王

桌面破坏王游戏
C++ | 项目　免费
3小时17分9秒　10人学习

易
坦克动荡游戏 C++

坦克动荡游戏
C++ | 项目　免费
3显示21分10秒　21人学习

150学时在线课程激活方法

150学时在线课程，包括“体系课程”和“实战课程”，其中“体系课程”主要介绍软件各知识点的使用方法，“实战课程”介绍具体项目案例的设计和实现过程，并传达一种软件设计思想和思维方法。

课程激活方法如下：

1、首先登录明日学院网站http://www.mingrisoft.com/。

2、单击网页右上角的“注册”按钮，按要求注册为网站会员（此时的会员为普通会员，只能观看网站中标注为“免费”字样的视频）。

3、鼠标指向网页右上角的用户名，在展开的列表中选择“我的VIP”选项，如下图所示。

4、此时刮开封底的涂层，在下图所示的“使用会员验证”文本框中输入学习码，单击“立即使用”按钮，即可获取本书赠送的为期一年的150学时在线课程。

有会员验证码的用户可在此处激活

使用会员验证　请输入会员验证码　立即使用

5、激活后的提示如下图所示。注意：用户需在激活后一年内学完所有课程，否则此学习码将作废。另外，此学习码只能激活一次，一年内可无限次使用，另外注册的账号将不能使用此学习码再次激活。

会员记录

类型	数量	开始时间	结束时间	备注
V1会员	1年	2017-10-13	2018-10-13	使用优惠码

扫描下面的二维码，可直接进入注册界面，用手机进行注册，在线课程的激活方法与网站激活方法一样，不再赘述。激活后即可用手机随时随地进行学习了。读者也可以下载明日学院app进行学习，APP主界面和观看效果如下图所示。

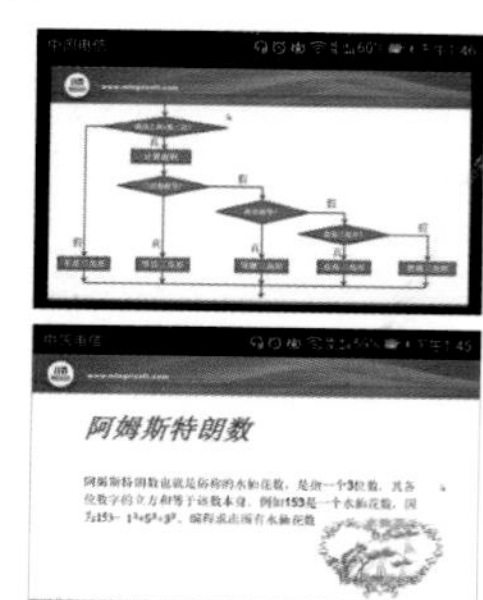

你的未来你做主